国家卫生和计划生育委员会"十二五"规划教材
全国高等医药教材建设研究会"十二五"规划教材
全国高等学校制药工程、药物制剂专业规划教材
供 制 药 工 程 、 药 物 制 剂 专 业 用

制药分离工程

主　编　郭立玮

副主编　万海同　阎雪莹

编　者（以姓氏笔画为序）

万海同（浙江中医药大学）

王宝华（北京中医药大学）

朱华旭（南京中医药大学）

杨　照（中国药科大学）

郭立玮（南京中医药大学）

郭永学（沈阳药科大学）

唐志书（陕西中医学院）

萧　伟（江苏康缘药业股份有限公司）

阎雪莹（黑龙江中医药大学）

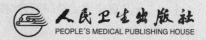

人民卫生出版社
PEOPLE'S MEDICAL PUBLISHING HOUSE

图书在版编目（CIP）数据

制药分离工程/郭立玮主编. —北京：人民卫生出版社，
2014

ISBN 978-7-117-18698-8

Ⅰ.①制… Ⅱ.①郭… Ⅲ.①药物 – 化学成分 – 分离 – 生
产工艺 – 高等学校 – 教材　Ⅳ.①TQ460.6

中国版本图书馆 CIP 数据核字（2014）第 031629 号

人卫社官网　www.pmph.com		出版物查询，在线购书
人卫医学网　www.ipmph.com		医学考试辅导，医学数据库服务，医学教育资源，大众健康资讯

制药分离工程

主　　编：郭立玮
出版发行：人民卫生出版社（中继线 010-59780011）
地　　址：北京市朝阳区潘家园南里 19 号
邮　　编：100021
E - mail：pmph @ pmph.com
购书热线：010-59787592　010-59787584　010-65264830
印　　刷：中农印务有限公司
经　　销：新华书店
开　　本：787×1092　1/16　印张：26
字　　数：649 千字
版　　次：2014 年 6 月第 1 版　2021 年 2 月第 1 版第 6 次印刷
标准书号：ISBN 978-7-117-18698-8/R·18699
定　　价：42.00 元
打击盗版举报电话：010-59787491　E-mail：WQ @ pmph.com
（凡属印装质量问题请与本社市场营销中心联系退换）

出 版 说 明

《国家中长期教育改革和发展规划纲要(2010-2020年)》和《国家中长期人才发展规划纲要(2010-2020年)》中强调要培养造就一大批创新能力强、适应经济社会发展需要的高质量各类型工程技术人才,为国家走新型工业化发展道路、建设创新型国家和人才强国战略服务。制药工程、药物制剂专业正是以培养高级工程化和复合型人才为目标,分别于1998年、1987年列入《普通高等学校本科专业目录》,但一直以来都没有专门针对这两个专业本科层次的全国规划性教材。为顺应我国高等教育教学改革与发展的趋势,紧紧围绕专业教学和人才培养目标的要求,做好教材建设工作,更好地满足教学的需要,我社于2011年即开始对这两个专业本科层次的办学情况进行了全面系统的调研工作。在广泛调研和充分论证的基础上,全国高等医药教材建设研究会、人民卫生出版社于2013年1月正式启动了全国高等学校制药工程、药物制剂专业国家卫生和计划生育委员会"十二五"规划教材的组织编写与出版工作。

本套教材主要涵盖了制药工程、药物制剂专业所需的基础课程和专业课程,特别是与药学专业教学要求差别较大的核心课程,共计17种(详见附录)。

作为全国首套制药工程、药物制剂专业本科层次的全国规划性教材,具有如下特点:

一、立足培养目标,体现鲜明专业特色

本套教材定位于普通高等学校制药工程专业、药物制剂专业,既确保学生掌握基本理论、基本知识和基本技能,满足本科教学的基本要求,同时又突出专业特色,区别于本科药学专业教材,紧紧围绕专业培养目标,以制药技术和工程应用为背景,通过理论与实践相结合,创建具有鲜明专业特色的本科教材,满足高级科学技术人才和高级工程技术人才培养的需求。

二、对接课程体系,构建合理教材体系

本套教材秉承"精化基础理论、优化专业知识、强化实践能力、深化素质教育、突出专业特色"的原则,构建合理的教材体系。对于制药工程专业,注重体现具有药物特色的工程技术性要求,将药物和工程两方面有机结合、相互渗透、交叉融合;对于药物制剂专业,则强调不单纯以学科型为主,兼顾能力的培养和社会的需要。

三、顺应岗位需求,精心设计教材内容

本套教材的主体框架的制定以技术应用为主线,以"应用"为主旨甄选教材内容,注重学生实践技能的培养,不过分追求知识的"新"与"深"。同时,对于适用于不同专业的同一课程的教材,既突出专业共性,又根据具体专业的教学目标确定内容深浅度和侧重点;对于适用于同一专业的相关教材,既避免重要知识点的遗漏,又去掉了不必要的交叉重复。

四、注重案例引入,理论密切联系实践

本套教材特别强调对于实际案例的运用,通过从药品科研、生产、流通、应用等各环节引入的实际案例,活化基础理论,使教材编写更贴近现实,将理论知识与岗位实践有机结合。既有用实际案例引出相关知识点的介绍,把解决实际问题的过程凝练至理性的维度,使学生对于理论知识的掌握从感性到理性;也有在介绍理论知识后用典型案例进行实证,使学生对于理论内容的理解不再停留在凭空想象,而源于实践。

五、优化编写团队,确保内容贴近岗位

为避免当前教材编写存在学术化倾向严重、实践环节相对薄弱、与岗位需求存在一定程度脱节的弊端,本套教材的编写团队不但有来自全国各高等学校具有丰富教学和科研经验的一线优秀教师作为编写的骨干力量,同时还吸纳了一批来自医药行业企业的具有丰富实践经验的专家参与教材的编写和审定,保障了一线工作岗位上先进技术、技能和实际案例作为教材的内容,确保教材内容贴近岗位实际。

本套教材的编写,得到了全国高等学校制药工程、药物制剂专业教材评审委员会的专家和全国各有关院校和企事业单位的骨干教师和一线专家的支持和参与,在此对有关单位和个人表示衷心的感谢!更期待通过各校的教学使用获得更多的宝贵意见,以便及时更正和修订完善。

全国高等医药教材建设研究会

人民卫生出版社

2014 年 2 月

附:国家卫生和计划生育委员会"十二五"规划教材
全国高等学校制药工程、药物制剂专业规划教材目录

序号	教材名称	主编	适用专业
1	药物化学 *	孙铁民	制药工程、药物制剂
2	药剂学	杨 丽	制药工程
3	药物分析	孙立新	制药工程、药物制剂
4	制药工程导论	宋 航	制药工程
5	化工制图	韩 静	制药工程、药物制剂
5-1	化工制图习题集	韩 静	制药工程、药物制剂
6	化工原理	王志祥	制药工程、药物制剂
7	制药工艺学	赵临襄 赵广荣	制药工程、药物制剂
8	制药设备与车间设计	王 沛	制药工程、药物制剂
9	制药分离工程	郭立玮	制药工程、药物制剂
10	药品生产质量管理	谢 明 杨 悦	制药工程、药物制剂
11	药物合成反应	郭 春	制药工程
12	药物制剂工程	柯 学	制药工程、药物制剂
13	药物剂型与递药系统	方 亮 龙晓英	药物制剂
14	制药辅料与药品包装	程 怡 傅超美	制药工程、药物制剂、药学
15	工业药剂学	周建平 唐 星	药物制剂
16	中药炮制工程学 *	蔡宝昌 张振凌	制药工程、药物制剂
17	中药提取工艺学	李小芳	制药工程、药物制剂

注:* 教材有配套光盘。

全国高等学校制药工程、药物制剂专业教材评审委员会名单

主任委员

尤启冬　中国药科大学

副主任委员

赵临襄　沈阳药科大学

蔡宝昌　南京中医药大学

委　员（以姓氏笔画为序）

于奕峰　河北科技大学化学与制药工程学院

元英进　天津大学化工学院

方　浩　山东大学药学院

张　珩　武汉工程大学化工与制药学院

李永吉　黑龙江中医药大学

杨　帆　广东药学院

林桂涛　山东中医药大学

章亚东　郑州大学化工与能源学院

程　怡　广州中医药大学

虞心红　华东理工大学药学院

前　言

制药分离工程是化学制药、生物制药与中药制药的共性关键技术,鉴于药物的纯度和杂质含量与其药效、毒副作用、价格等息息相关,分离过程在制药行业中具有重要的作用与地位。

本书根据全国高等学校制药工程、药物制剂专业国家卫生和计划生育委员会"十二五"规划教材编写原则与要求,系统介绍目前制药工程领域常见的或具有产业化前景的各种现代分离技术。旨在引导学生通过本课程的学习,熟悉各种现代制药分离技术的基本原理、基本方法,了解其主要特点、应用范围,掌握其用于药物制备研究的设计思路及实验技能,为培养和造就高级制药工程专门人才奠定基础。

本书选材新颖、内容丰富、方便实用,可供高等院校制药工程及相关专业作为教材使用,也可供医药科研单位与药品、药械生产开发单位的技术人员作为科研参考书使用。

本书共分 16 章。第一章主要介绍现代分离科学技术的基本概念和与制药工程的关系,及其基于速度差分离、平衡分离与反应分离的分类方法,以对初涉制药分离工程领域的学生起到提纲挈领的作用。第二章至第十三章基本按照场分离原理、相平衡原理及反应分离原理的顺序对各种分离技术进行编排。但为顺应制药工艺基本流程,将建立在固液相平衡原理基础上的"固体浸取及其强化技术"列为第二章先行介绍。此后的第三、第四章主要介绍基于场分离原理的速度差分离技术及其在制药工程中的应用。第五章至第十一章主要介绍相平衡原理及其在制药分离中的应用。第十二章介绍反应分离原理及其在制药工程中的应用。第十三章介绍分子印迹、模拟移动床色谱及泡沫分离等其他新型制药分离技术。第十四章介绍分离过程的耦合(集成)概念及其在制药工程的应用。第十五章介绍如何针对物料体系的特征选择合适的分离技术,以提高工艺过程的合理性、有效性与经济性。第十六章介绍制药分离工程研究发展动向与存在问题。此章亦可为有兴趣、有潜力的学生开展大学生科技创新活动提供参考。

本书由朱华旭协助拟订编写大纲及目录、样稿等编写技术文件。第一章由郭立玮编写,第二章由阎雪莹编写,第三章由唐志书编写,第四章由郭立玮、杨照编写,第五章由唐志书编写,第六章由朱华旭编写,第七章由阎雪莹编写,第八章由郭永学编写,第九章、第十章由王宝华编写,第十一章由杨照编写,第十二章由万海同编写,第十三章由郭永学、王宝华编写,第十四章由万海同编写,第十五章由朱华旭编写,第十六章由郭立玮、杨照编写。全书由郭立玮统稿并作部分修改。萧伟作为行业专家,对本书的编写提出了宝贵意见。

本书作者的部分研究生协助开展文献检索、图表处理、文字校对等工作,并由南京中医药大学李博博士对全书图表统一加工处理,浙江中医药大学的葛立军老师承担了教材审定稿会议的大量组织工作,并参与了第十二章、第十四章的编写,在此表示衷心的感谢! 同时对本书撰写中所引用资料的作者一并致以深切的谢意。

本书在编写中得到编者所在学校各级领导的大力支持和校内外许多专家的帮助,在此深表谢意。

由于水平有限、经验不足,同时由于制药分离工程研究正处于蓬勃发展之中,新论点、新方法、新技术不断涌现,有些问题还有待进一步探讨、验证与解决,书中难免有错漏之处,谨请专家和读者指正,以便今后修改、完善。

郭立玮

2014 年 2 月于南京中医药大学

目　录

第一章　制药分离工程概述

第一节　现代分离科学与制药工程的关系

分离科学是以"分离、浓集和纯化物质"作为宗旨的一门学科,它是人类剖析认识自然、充分利用自然、深层开发自然的重要手段;也是科技工作者获取真实和准确的分析、鉴定信息的前提条件和技术保证。

近年来,由于精细化工、生命科学和材料科学等新兴学科的发展,加之计算机和现代分离手段的广泛应用,促使分离科学的基础理论日臻完善,技术水平不断提高,使其逐渐发展成为一门相对独立的学科。

随着现代工业的发展和科学技术的不断进步,人们对分离技术提出了越来越高的要求,促进了分离理论及新技术的研究,逐步掌握了分离理论及技术的规律,建立了接近于实际情况的数学模型,使溶剂萃取、超临界流体萃取、膜分离、离心分离、结晶与沉淀、超声提取分离、模拟移动床色谱技术等各种新的现代分离技术不断涌现,形成了崭新的现代分离工程科学。

一、现代分离科学的特点

1. 引进以信息技术为代表的高新技术　高新技术和分离技术的联系变得越来越紧密,激光、计算机、微生物及电子技术等被引进分离过程,是现代分离科学的重要标志之一。特别是信息技术带动了分离技术的迅猛发展,对分离科学新研究领域的开拓具有深远的影响。信息技术在分离过程中的运用涉及的热力学和传递性质、多相流、多组分传质、分离过程和设备的强化和优化设计等,如分子模拟大大提高了预测热力学平衡和传递性质的水平;分子设计加速了高效分离剂的研究、开发;化工模拟软件的商品化及其在化工与制药工程中的广泛应用,大大推动了分离过程和设备的优化设计和优化控制。

以中药制药分离领域为例,采用计算机化学、近红外光谱(NIR)等新技术所开展的丹参提取过程终点快速判断方法、红参醇提液浓缩过程 NIR 在线分析等一系列研究,使得中药提取分离工艺在线自动控制技术取得重要进展。

其中,前者以丹参素含量作为丹参提取过程的终点指标,建立提取终点 NIR 标准光谱库,将 NIR 光谱在线分析技术和标准偏差绝对距离法相结合,应用于丹参提取过程的终点快速判断。

后者以红参醇提液的浓缩过程为例,配制浓缩液标准样品,获得其乙醇浓度和总皂苷浓度的参考值和近红外光谱,用标准正态变量方法(standard normal variate,SNV)和一阶导数预处理光谱,建立近红外光谱与浓度参考值之间的校正模型,并将模型用于在线分析红参醇提液浓缩除醇过程。所建立的近红外光谱校正模型能够实时测得红参醇提液浓缩过程中浓缩液的乙醇和人参总皂苷的浓度,在线反映了浓缩过程的状态,为中药制药过程的质量控制提供了新方法。

2. 生物工程及现代化工业产品成为重要分离对象　生物和医药是当今发展迅速的行业之一,随着以基因工程和细胞工程为基础的生物药品的迅速发展,高附加值的产品不断涌现,品种和产量也在迅速扩大。该领域要求高效而无污染地提取高纯产品,并避免高温、高压以保持生物制品的活性,这对分离技术、分离设备和分离剂提出了更高的要求。现代分离科学的一个重要特点是,瞄准现代科学技术中对分离和纯化要求最迫切的对象,解决生产、临床等现实工作中的关键问题,以提高经济效益和医疗效果。生命科学中的蛋白质、核酸、酶及多糖等的分离和纯化,原子能科学中同位素的分离,材料科学中新材料的制备等生物工程及现代化工业产品,已经成为现代分离科学的重要分离对象。

令人十分关注的是,分离理论与技术在中医药现代化中的应用已成为重要研究领域。近年来,以中医经典方及经验方为基础的创新药物研制,正在成为我国现代分离科学领域最重要的研究目标之一。以各种现代分离理论与技术开发一类药(未在国内上市销售的从植物、动物、矿物等物质中提取的有效成分及其制剂)、五类药(未在国内上市销售的从植物、动物、矿物等物质中提取的有效部位及其制剂)以及六类药(未在国内上市销售的中药、天然药物复方制剂)的研究方兴未艾。正因为如此,在分离过程研究和新颖分离技术进展方面形成了空前未有的踊跃局面。例如:解决生物酶、蛋白质的分离和纯化的高效液相色谱技术、双水相萃取分离技术、电动毛细管色谱技术、毛细管电泳技术及超临界分离技术等的相继出现就是其中明显的例子。

3. 分离技术观念不断更新　经典评价分离方法的优劣,仅从宏观效果,如对有关物质的回收率、分离度等指标进行评估。而现代分离科学对某些体系,如蛋白质药物的分离,除上述指标外,还要对其分离过程中的微观变化,如分子构象进行评估,它将直接影响蛋白质的生物活性。有时为了满足这个指标,不得不放弃高的质量回收率和高分离度。对传统分离科学而言,提高或降低 1% 的回收率,往往是不予考虑的,然而现代分离的对象有些是十分昂贵的,若回收率降低 1%,损失就十分惊人,如对某些总量 1g 的稀贵蛋白质而言,若回收率减低 1%,损失可达几十万元。

又如,研究显示,多糖的活性与分子量、溶解度、黏度、初级结构和高级结构有关。概括起来,具有生理活性的多糖具备的特性是:①水溶性 D- 葡聚糖;②具线状结构或尽可能短的分枝;③具有 D- 螺旋型立体结构,且不被体液中的 D- 葡聚糖酶水解。有些多糖的一级结构相同,但活性不同,其原因是它们的二级结构和三级结构不同。近三十年的研究结果充分证明,就对活性的影响而言,二级结构和三级结构的作用远远大于一级结构的作用。这样,如何获得具有理想活性的多糖二、三级结构,就成为多糖分离技术领域的首要问题。

再如,传统膜工程的工艺设计是以特定的膜材料为基础的,其目的是通过工艺条件的优化而发挥膜材料的功能,从而实现膜工程的高效运转。问题在于,膜工程的运行效果不仅与工艺条件相关,也与膜材料的性能有直接的联系。目前处理方法是以现有的商品化膜材料为基础,通过实验的方法来为应用过程筛选合适的膜材料。这是一种选择的方式,而非设计的概念,显然存在局限性。如何跳出这一窠臼,针对膜科学领域这一值得探索的重要课题,一个崭新的概念"面向应用过程的膜材料设计与制备"跃然而出:通过学科的交叉研究,建立面向应用过程的膜材料设计与制备研究的基本框架,将膜工程的设计从工艺设计为主推进到工艺与材料微结构同时设计,实现依据应用过程的需要进行膜材料的设计、制备和膜过程操作条件的优化。该概念的提出大大推进了我国膜科学技术的进程,已取得一系列可喜的成果。

二、分离技术在制药工业中的作用

(一)制药工业概述

制药工业包括生物制药、化学制药与中药制药。生物药物、化学药物与中药构成人类防病、治病的三大药源。

生物药物是利用生物体、生物组织或其成分,综合应用生物学、生物化学、微生物学、免疫学、物理化学和药学等的原理与方法进行研发、制造而成的一大类预防、诊断、治疗制品。广义的生物药物包括从动物、植物、微生物等生物体中制取的各种天然生物活性物质及其人工合成或半合成的天然物质类似物。

化学药物一般由化学结构比较简单的化工原料经过一系列化学合成和物理处理过程制得(称全合成);或由已知具有一定基本结构的天然产物经对化学结构进行改造和物理处理过程制得(称半合成)。

中药则是在中医理论指导下用于防病、治病的物品,其组成以天然植物药、动物药和矿物药为主。但自古以来也有一部分中药来自人工合成(如无机合成中药汞、铅、铁,有机合成中药冰片等)和生物转化(如利用生物发酵生产的六神曲、淡豆豉等)。

制药工业是国民经济的重要部门,医药产品是直接保护人民健康和生命的特殊商品,事关国家强盛与民族兴旺,因而得到政府的高度重视。许多国家和地区,制药工业的发展速度多年来都高于其他工业,中国也是如此。特别是 20 世纪 90 年代以来,我国制药工业以每年 20% 左右的速度增长,逐渐成为国民经济的重要支柱产业。进入 21 世纪,人类社会文明的进步和人们对健康需求的日益提高,将会使制药工业取得更大发展。

(二)分离技术在制药过程中的作用

制药工业涵盖化学制药、中药制药和生物制药,由于药物的纯度和杂质含量与其药效、毒副作用等息息相关,使得分离技术在制药过程中的地位和作用非常重要。

无论化学制药、中药制药和生物制药,其制药过程均包括原料药生产和制剂生产两个阶段。原料药属于制药工业的中间产品,是药品生产的物质基础,必须加工制成适于服用的药物制剂,才能成为制药工业的终端产品。制药分离工程的主要研究对象是原料药生产过程中的分离技术。

原料药的生产一般包括两个阶段。第一阶段系将基本原材料通过化学合成(合成制药)、微生物发酵、酶催化反应等(生物制药),或提取(中药制药),而获得含有目标药物成分的混合物。在化学合成或生物制药过程中,该阶段以制药工艺学为理论基础,针对所需合成的药物成分的分子结构、光学构象等要求,制定合理的化学合成或生化合成工艺路线和步骤,确定适当的反应条件,设计或选用适当的反应器,完成合成反应操作以获得含药物成分的反应产物。而对于中药制药,该阶段则是根据中药的主要化学组成及其与临床疗效的相关性,设计科学、合理的提取工艺路线,对中药材进行初步提取,以获得含有药效物质的粗品。因此,第一阶段是原料药制造过程的开端和基础。

原料药生产的第二阶段常称为下游加工过程。该过程主要是采用适当的分离技术,将反应产物或天然产物粗提取品中的药物成分进行分离纯化,使其成为高纯度的、符合药品标准的原料药。一般而言,化学合成制药的分离技术与精细化工分离技术基本相同;而生物制药和中药制药的分离纯化技术相对特殊一些。就分离纯化而言,原料药生产(尤其生物制药和中药制药)与化工生产存在明显的三大差别。第一,制药合成产物或中草药粗品中的药物成分含量很低,例如以质量百分含量计,抗生素为1%~3%,酶为0.1%~0.5%,维生素B_{12}为0.002%~0.003%,胰岛素及单克隆抗体分别不超过0.01%、0.0001%等。而杂质的含量却很高,且杂质往往与目的产物结构相似,很难分离。第二,药物成分的稳定性通常较差,特别是生物活性物质对温度、酸碱度都十分敏感,遇热或使用某些化学试剂会造成失活或分解,使分离纯化方法的选择受到很大限制。例如,蛋白质只在很窄的温度和pH值变化范围内保持稳定,超过该范围将会发生功能的变性而失活,因而对分离过程有严格的工艺要求,并需在较快的速度下操作。第三,由于药品是直接涉及人类健康和生命的特殊商品,原料药的产品质量必须达到药典要求,特别是对产品所含杂质的种类及其含量均有严格的规定。例如,青霉素产品对其中的一种杂质——青霉噻唑蛋白类(强过敏原),必须控制在RIA值(放射免疫分析值)小于100(相当于1.5×10^{-6})。因此,对原料药的分离要求要比一般化工产品严格得多。为了适应原料药生产中原料含量低、药物成分稳定性差和产品质量要求高的特点,药物分离纯化技术往往需要对化工分离技术加以改进和发展,才能用于制药生产。

在原料药生产的下游加工过程中,将反应产物或中草药粗品中的药物成分纯化成为符合药品标准的原料药一般常须经过复杂的多级加工程序,即多个分离纯化技术的集成。例如,生物发酵液经过初步纯化(或称产物的提取)、高度纯化(或称产物的精制)后还需根据产物的最终用途和要求采用浓缩、结晶、干燥等工序进行成品加工。对于中药制药工程而言,通常第一阶段多用浸取方法得到粗提物,然后一般需要经过沉淀、纯化、浓缩、干燥等多个步骤才能将粗提物中含有的大量溶剂、无效成分或杂质分离除去,使最终获得的中药原料药产品的纯度和杂质含量符合中药制剂加工的要求。

基于上述原因,通常原料药生产的下游加工过程分离纯化处理步骤多、要求严,其费用占产品生产总成本的比例一般在50%~70%之间。其中,化学合成药的分离纯化成本一般是合成反应成本费用的1~2倍;抗生素分离纯化的成本费用约为发酵部分的3~4倍;有机酸或氨基酸生产则约为1.5~2倍;特别是基因工程药物,其分离纯化费用可占总生产成本的80%~90%。由于分离纯化技术是生产获得合格原料药的重要保证,研究和开发分离纯化技术,对提高药品质量和降低生产成本具有举足轻重的作用。

第二节　制药分离工程的基本概念

一、制药分离工程的广义与狭义概念

制药原料主要由植物、动物和矿物等天然产物构成,不可避免的需要"去伪存真,去粗取精",因而"分离"是制药工程领域的共性关键技术。

制药分离工程是制药工程的一个重要组成部分。它是描述医药产品生产过程所采用的分离技术及其原理的一门学科,主要涉及从动植物原料,生物发酵或酶催化,化学合成物料中分离、纯化医药目标产物,以及制成成品的过程。

毫无疑问,制药分离的目标是获取"药效物质"。从狭义理解,制药分离是获取单体成分、有效部位、有效组分等药效物质的过程;而从广义来认识,制药分离的概念,即药效物质获取(药品生产)过程,包括通过"提取"等工序将药效物质从构成药材的动、植物组织器官

中分离出来;通过"过滤"等工序将药液与药渣进行分离;通过"澄清"等工序实现细微粒子及某些大分子非药效物质与溶解于水或乙醇等溶剂中的其他成分分离;通过"浓缩"、"干燥"等工序实现溶剂与溶质的分离等。制药生产的每一阶段都包括一个或若干个混合物的分离操作,其目的是最大限度地保留有效物质,去除无效和有害的物质。本课程主要从广义的角度讨论制药分离技术问题。

二、分离程度及其基本表示方式

(一) 分离程度的基本表示方式

依其分离的程度,混合组分的分离可分为完全分离和不完全分离两大类。完全分离可以表示为:

$$(a+b+c+d+\cdots)\rightarrow(a)+(b)+(c)+(d)+\cdots \tag{1-1}$$

式中 a,b,c,d…表示组分种类,括号表示在分离空间中所占有的区域。从式(1-1)看出,a,b,c,d…组分原来是混在一起的,经分离后成为单个组分,故此分离为完全分离。就中药,特别是中药复方分离技术领域而言,这种分离模式在理论上可能成立,但在实际上是难以实现的。不完全分离可表示为:

$$(a+b+c+d+\cdots)\rightarrow(a)+(b+c+d+\cdots) \tag{1-2}$$

$$或:(a+b+c+d+\cdots)\rightarrow(\bar{a},b)+(\bar{b},a)+\cdots \tag{1-3}$$

在式(1-2)中,仅是组分 a 与其他组分的分离,为不完全分离。在式(1-3)中,字母上标有横杠表示为主组分,不带杠的表示存在的杂质。因式(1-3)中没有一种组分能够被完全分离,所以,它亦是一种不完全分离,或部分分离。

不完全分离,或部分分离的状态,在制药分离技术领域处处可见。比如从某单味药材或某复方中获取某种或者某几种有效成分、有效部位或者有效组分即属于不完全分离,或部分分离操作。

上述三种情况概括说明了分离的一般模式,即在分离过程中,组分需迁移(即分子向一定方向移动)并在分离体系的空间中进行再分配,只有这样才能达到分离的目的。因为迁移还涉及所需的驱动力、体系的宏观和微观性质、分子本身的结构、试样本身的性质以及分离能进行到什么程度等各方面的因素,所以,分离过程的影响因素极为复杂,这也是制药分离工程成为一门独立学科的原因。

(二) 表示分离效果的若干概念

1. 回收因子 R_i　回收因子是分离过程中被回收目标产物占样品总量的比例。回收因子 R_i 为欲回收量 Q 占样品总量 Q_0 的分数。它的数学表达式为:

$$R_i=Q/Q_0 \tag{1-4}$$

在任何一个分离过程中,欲回收组分的回收因子都是愈高愈好。

2. 分离因子 $S_{B/A}$　分离因子是分离过程中混合物内各组分所能达到的分离程度的表征。对于 A,B 二种组分而言,A 为欲分离的组分,B 为伴随组分,其 B 对 A 的分离因子 $S_{B/A}$ 定义为:

$$S_{B/A}=\frac{Q_B/Q_A}{Q_{0,B}/Q_{0,A}}=\frac{R_B}{R_A} \tag{1-5}$$

或:

$$\frac{Q_B}{Q_A}=S_{B/A}\frac{Q_{0,B}}{Q_{0,A}}$$

因在一般定量分离中，$R_A \approx 1$，所以

$$S_{B/A} \approx \frac{Q_B}{Q_{0,B}} = R_B \qquad (1-6)$$

由此可见，在分离过程中，要求分离因子愈小愈好，即 R_B 值愈小愈好。

分离因子取决于两个因素：

(1) 样品中 B 对 A 的比例即 $Q_{0,B}/Q_{0,A}$。

(2) 实现分离后二者的比例即 Q_B/Q_A。

3. 不同浓度组分的分离   分离的目的，除了获得纯的欲分离组分外，还要求提高欲分离组分的浓度，依据欲分离组分在原始溶液中浓度的不同，分离科学界提出了下述三个概念以示区分。

(1) 富集：对摩尔分数小于 0.1 组分的分离。

(2) 浓缩：对摩尔分数处于 0.1~0.9 范围内组分的分离。

(3) 纯化：对摩尔分数大于 0.9 组分的分离。

生物制药分离方法包括细胞破碎、絮凝、过滤、离心、萃取、吸附、色谱、干燥、蒸发、沉淀和结晶等。采用这些分离技术可将初始浓度较低并处于水溶液中的生物产品转化成相当纯度的固态产品。表 1-1 显示了在提取和纯化过程不同阶段中，所采用的技术及其所处理的生物产品的典型浓度范围。

表 1-1   不同提取和纯化技术所适用的生物产品浓度范围

步骤	浓度（g/L）	质量分数（%）
细胞培养液	0.1~5	0.1~1
过滤或离心	0.1~5	0.1~2
粗分离	5~10	1~10
纯化	50~200	50~80
沉淀或结晶	不适用	90~100

（三）中药与天然药物的纯度概念

纯度系指分离产物中含杂质的多少。对于中药与天然药物的纯度如何要求，要视具体情况而定。

1. 我国中药、天然药物注册分类办法对纯度的规定   我国现行实施的中药、天然药物注册分类办法将中药、天然药物分为以下 9 类。

(1) 未在国内上市销售的从植物、动物、矿物等物质中提取的有效成分及其制剂。

(2) 新发现的药材及其制剂。

(3) 新的中药材代用品。

(4) 药材新的药用部位及其制剂。

(5) 未在国内上市销售的从植物、动物、矿物等物质中提取的有效部位及其制剂。

(6) 未在国内上市销售的中药、天然药物复方制剂。

(7) 改变国内已上市销售中药、天然药物给药途径的制剂。

(8) 改变国内已上市销售中药、天然药物剂型的制剂。

(9) 仿制药。

其中第 1 类的定义为，国家药品标准中未收载的从植物、动物、矿物等物质中提取得到

的天然的单一成分及其制剂,其对纯度的要求是:单一成分的含量应当占总提取物的90%以上。

第5类的定义为,国家药品标准中未收载的从单一植物、动物、矿物等物质中提取的一类或数类成分组成的有效部位及其制剂,其对纯度的要求是:有效部位含量应占提取物的50%以上。

第6类内容最丰富,包括中药复方制剂,天然药物复方制剂,中药、天然药物和化学药品组成的复方制剂三大类。它们的含义分别如下:

中药复方制剂应在传统医药理论指导下组方。主要包括:来源于古代经典名方的中药复方制剂、主治为证候的中药复方制剂、主治为病证结合的中药复方制剂等。

天然药物复方制剂应在现代医药理论指导下组方,其适应证用现代医学术语表述。

中药、天然药物和化学药品组成的复方制剂包括中药和化学药品,天然药物和化学药品,以及中药、天然药物和化学药品三者组成的复方制剂。

上述三种药品对纯度均未作规定,应该说这是尊重医疗实践,尊重客观规律的做法。因为中药是在我国传统医药理论指导下使用的药用物质及其制剂,其多元性、复杂性与整体性是难以用一般意义上的"纯度"概念所表达的。

2. 生物大分子活性物质纯度的确认　　从植物大分子活性物质如蛋白质、多糖类成分中寻找新的药物是今后一个重要的发展方向,此类物质的纯度应描述可参照以下情况进行。

(1) 蛋白质:已有的研究表明,植物蛋白具有多方面的生物活性。同时一些蛋白也是中药的一类重要有效成分。如天花粉蛋白是从葫芦科植物栝楼 *Trichosanthes kirilowii* Maxim. 的块根中提取的毒蛋白,系由247个氨基酸组成的单链、碱性蛋白质,属核糖体失活蛋白,同时也是中药天花粉、栝楼的主要活性成分,有较好的抗肿瘤活性。蓖麻毒素是从大戟科植物蓖麻 *Ricinus communis* L. 的种子(蓖麻籽)中分离到的蛋白,其毒性是目前所发现的植物毒素中最强的之一。蓖麻毒素是由分别含263和259个氨基酸的A、B两条链组成的糖蛋白,A链为活性链,可用于制备免疫毒素进行癌症的靶向治疗。葫芦科植物苦瓜 *Momordica charantia* L. 为药食同源的中药,从其种子中分离获得了多种活性蛋白,研究较多的MAP30是一种相对分子质量为30 000的碱性糖蛋白。苦瓜中的活性蛋白不仅具有抗肿瘤作用,还可将苦瓜蛋白与单克隆抗体或与叶酸偶联制成免疫毒素用于肿瘤治疗。通常对蛋白质等物质以比活及杂质含量来确认其纯度,即以单位纯蛋白质质量的活性来定义蛋白质的比活。因纯蛋白的比活是一定的,所以比活愈高,则表明该蛋白的纯度愈高。

(2) 植物多糖:多糖的纯度不能用通常化合物的纯度标准进行衡量,因为多糖纯品在结构上也不是完全一致的,通常所说的多糖纯品实际上是一定分子量范围的均一组分。如用柱层析方法,可从山豆根多糖中分得8种纯多糖组分,而各组分的纯度测定、中性糖基和酸性糖基、分子量、糖组成、比旋度以及红外光谱均各自不同。由于自然界的多糖大多为相对分子质量连续分布的一类成分,其结构特点决定了多糖有效部位难以像其他成分那样,可以采用HPLC等方法直接进行准确的含量测定。因而,多糖的相对分子质量及相对分子质量分布检测,就成为多糖有效部位质量控制的重要且具有特点的方法。多糖的相对分子质量分布情况,可以反映出不同批次多糖组分的相对稳定性。对于多糖有效部位新药进行相对分子质量分布研究,对控制多糖的质量具有重要的意义。

三、分离过程的热力学分析

（一）混合与分离的熵变过程

分离与混合是互为相反的过程,假设在图 1-1 所示的用隔膜分开的两个小室内,分别存在着处于同一压力 p 下的,可看作是理想气体纯组分的 A 和 B,其物质的量分别为 n_A 和 n_B。如果取掉这层隔膜,组分 A 和 B 就要进行扩散而相互混合,最终变成均匀的混合物,正如所知那样,此时混合的熵依下式增大:

$$\Delta S_{\text{mixing}} = -R\left[n_A \ln\left(\frac{n_A}{n_A+n_B}\right) + n_B \ln\left(\frac{n_B}{n_A+n_B}\right)\right] \tag{1-7}$$

若混合物为 1mol,则有:

$$\Delta S_{\text{mixing}} = -R(X_A \ln X_A + X_B \ln X_B) \tag{1-8}$$

其中,X_A 与 X_B 分别为组分 A 和 B 的摩尔分数。

若:$X_A = X_B = 0.5$

则:$\Delta S_{\text{mixing}} = +5.76 \text{J}/(\text{mol}\cdot\text{K})$

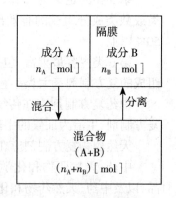

图 1-1　混合与分离

由上面的讨论可以看到,混合是使熵增大的过程,所以是自然发生的现象。与之相反,要把熵增大了的混合物 $(A+B)$ 分离成纯组分 A 和 B,返回原先的状态,就必须把增大了的熵用某一方法除去。换句话说,就是必须要把负的熵加到混合物 $(A+B)$ 上。

怎么才能产生负熵呢? 利用图 1-2 所示蒸馏器,可以对蒸馏过程的熵变化情况作一分析。

加热下部的烧瓶,冷却上部的冷凝器,就可以把混合溶液分离成馏出液与瓶残液。如果蒸馏装置是绝热的,与外界没有热量交换,下部烧瓶的温度为 T_1,稳定地把热量 Q 供给蒸馏器,上部冷凝器温度为 T_2 且 $(T_2 < T_1)$,则可把这个热量 Q 稳定地从蒸馏器取出。此时,在烧瓶处进入系统的熵是 Q/T_1,而在冷凝器处带出系统的熵是 $-Q/T_2$,因此,在整个蒸馏装置中,熵的生成速度 $\text{d}(\Delta S)/\text{d}t$,可由下式表示:

$$\text{d}(\Delta S)/\text{d}t = Q\left(\frac{1}{T_1} - \frac{1}{T_2}\right) < 0 \tag{1-9}$$

可见,在蒸馏装置内,熵的生成速度是负值。

（二）分离所需要的理论耗能量及其热力学限制

1. 分离所需要的理论耗能量

（1）能量的种类:通常只要向某个系统投入能量,就可以使之产生负熵。而作为能量的存在形式,有各种各样。如:①力学能(机械能、流体动能、位能等);②热能;③电能;④化学能(浓度差、化学结合能等);⑤光能;⑥核能等。

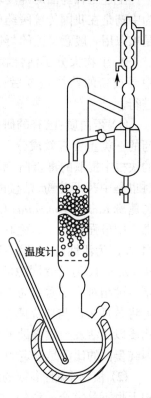

图 1-2　蒸馏器

把这些能量巧妙地作用于混合物各组分那些有差异的性质上,就可进行混合物的分离。上述蒸馏装置的例子,是利用了混合物的蒸气压。为了在装置中能够利用各组分间蒸气压的差异,则需在操作压力下,使下部烧瓶的加热温度为 T_1,来确保易挥发组分的蒸气压,即从外部提供分离所需的能量气化潜热。但若混合物中各组分的蒸气压大致相同,或混合物是由几乎不能蒸发的组分组成的,上述的蒸馏装置也就失去了分离作用。这就需要根据混合物各组分其他性质的差异来确定分离方法。

(2) 分离的理论耗能量:日本学者大矢晴彦把复杂的分离理论耗能量问题做了如下风趣的解释:把混合物变成各个纯组分的分离,类似于把凌乱的房间收拾整洁的过程。要把室内散乱的报纸、杂志、CD唱片、坐垫等物品整理归回到报纸架、杂志架、书橱、CD盒、唱片盒、壁橱等处,就要在房间里来回走动,因此而消耗能量。如果不太乱,收拾起来轻松些,会少消耗些能量。但若乱得一塌糊涂,收拾的工作量就很大,消耗的能量也会比较多。另外对于不同的人,即对于是否擅长收拾的人来说,能量的消耗程度也会有很大差别。

熵在某种意义上可被视为体系的混乱程度,体系越混乱,熵值就越大。非常凌乱的房间熵值很大,要把它收拾整洁,当然要付出艰辛的劳动,把因物件乱放而增大了的熵除去。换句话说,收拾房间就是把负的熵加到凌乱的物件上面的过程。

分离混合物的过程也是如此。把只含有少量不纯组分的混合物分离成纯组分,使用较少的能量就可以了。当然,采用的分离方法和过程不一样,所消耗的能量也会不同。

因此,热力学理论认为,如果分离是在恒温恒压条件下进行的,那么其所耗能量即为分离的理论耗能量(最小功)。将图 1-1 所示的混合气体看作是理想气体,在温度 T 下分离为各自纯组分 A 和 B,则所需的最小功,可由式(1-7)改写为下式:

$$W_{\min,T} = -RT\Big[n_A\ln\frac{n_A}{n_A+n_B} + n_B\ln\frac{n_B}{n_A+n_B} \Big] \tag{1-10}$$

若混合物为 1mol,则:

$$W_{\min,T} = -RT(X_A\ln X_A + X_B\ln X_B) \tag{1-11}$$

使用上式可以求得无因次功($W_{\min,T}/RT$)与组分 A 摩尔分数 X_{AF} 的关系。图 1-3 给出了这个计算的结果。

由图 1-3 可见,对半的混合物,即 $X_{AF}=0.5$,分离所需的功最大。图 1-4 则给出了要得到 1molA 组分纯产物,其分离所需最小功与组成 X_{AF} 之间的函数关系。当 X_{AF} 很小时,最小功急剧增大,若 X_{AF} 接近 0,最小功将趋于无限大。

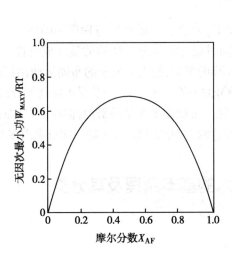

图 1-3　将 1mol 双组分理想混合液分离为各自纯组分所需要的最小功

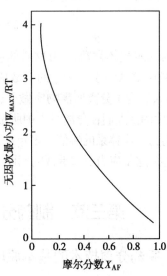

图 1-4　从理想的混合液中分离出 1mol 纯组分需要的最小功

实际中的混合物常常是多组分非理想混合溶液，要想把各个组分都分离为纯产物是不可能的。设混合物由 J 个组分组成，要分离为 i 个产品时，根据 King 的理论，在恒温、恒压的操作条件下，将 1mol 混合物进料，从原料浓度的 X_{jF} 分离提纯至产品浓度 X_{ji} 所需的最小功应为：

$$W_{\min,T} = -RT\left[\sum_{J}^{J} X_{jF}\ln(\gamma_{jF}X_{jF}) - \sum_{I}^{I}\Phi_{i}\sum_{J}^{J}\ln(\gamma_{ji}X_{ji})\right] \tag{1-12}$$

式中，γ_{jF}、γ_{ji} 分别为原料 F 和产品 i 中 j 组分的活度系数；Φ_i 为产品 i 所占进料的摩尔分数；X_{ji} 为产品 i 中 j 组分的摩尔分数。

设一个双组分 A 和 B 的混合物，且为理想溶液（γ_{AF}、γ_{Ai} 为 1.0）。则将其分离成产品 (1,2) 所需的最小功为：

$$W_{\min,T} = -\frac{-RT}{X_{A1}-X_{A2}}\left\{(X_{A1}-X_{A2})\left[X_{A1}\ln\frac{X_{AF}}{X_{A1}}+(1-X_{A})\ln\frac{1-X_{AF}}{1-X_{A1}}+\right.\right.$$
$$\left.\left.(X_{A1}-X_{AF})\left[X_{A2}\ln\frac{X_{AF}}{X_{A2}}+(1-X_{A2})\ln\frac{1-X_{AF}}{1-X_{A1}}\right]\right\} \tag{1-13}$$

2. 分离过程的热力学限制　在分离过程中，人们经常会遇到这样一些问题，即有时为了把一个组分与其他组分分离，不得不从各方面进行努力，但结果仍不很满意。这是因为总是要发生式(1-14)及式(1-15)所表示的自发过程。

$$(a)+(b)+(c)+(d)\xrightarrow{\text{混合至一定体积}}(a+b+c+d) \tag{1-14}$$

式(1-14)显示出了与式(1-1)相反的过程，即分离是混合的逆过程。因为混合是一个体系熵值增大的自发过程，为了分离，人们不得不与这种自发的混合过程，即热力学第二定律所描述的自发过程作"斗争"。其次，分离过程往往要求组分的浓集，这又是一个体系熵减过程，与式(1-15)所示的自发稀释过程相反。所以，这仍然是一个与热力学第二定律描述的自发过程相反的过程：

$$(a)\xrightarrow{\text{稀释}}(a) \tag{1-15}$$

在一个理想气体或理想液体中，组分的稀释熵增可以表示为：

$$\Delta S = 2.303nR\ln\frac{V_{\text{终}}}{V_{\text{始}}} \tag{1-16}$$

式中，R 为摩尔气体常数，n 为物质的量，$V_{\text{终}}$ 和 $V_{\text{始}}$ 分别表示稀释后与稀释前的体积。可以看出，其稀释熵增 ΔS 与 $V_{\text{终}}/V_{\text{始}}$ 的对数成正比，同时也与该组分的物质的量 n 成正比。

尽管人们为了分离所需物质做了这样或那样的努力，但由于分子的布朗运动，混合和稀释总是要发生的。人们在分离过程中所做的各种努力不外乎两方面：一是尽可能增大分离的驱动力，二是努力减小体系的熵值。多年来，人们在第一方面做了大量的努力，但在第二方面做的工作并不很多，这是应当引起重视的问题。只有在这两方面同时努力，才能一次分离出多个组分。

第三节　制药分离技术的基本原理及其分类

一、制药分离技术的基本原理

（一）分离过程的概念性描述

图 1-5 是对分离过程的概念性描述。一股或 n 股物流作为原料进入分离装置，在分离

装置中对原料施加能量或者分离剂(在利用化学能时使用),对混合物各组分所持有的性质差产生作用,使分离得以进行,产生两个以上的产品。

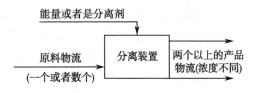

图1-5 分离过程的概念性描述

(二)可被分离利用的物性

分离之所以能够进行,是由于混合物待分离的组分之间,其在物理、化学、生物学等方面的性质,至少有一个存在着差异。我们把这些差异,按其物理、化学以及生物学性质进行分类,列于表1-2中。

表1-2 可用于分离的性质

物理方面的性质	
力学性质	密度,摩擦因数,表面张力,尺寸,质量
热力学性质	熔点,沸点,临界点,转变点,蒸气压,溶解度,分配系数,吸附平衡
电、磁性质	电导率,介电常数,迁移率,电荷,淌度,磁化率
输送性质	扩散系数,分子飞行速度
化学方面的性质	
热力学性质	反应平衡常数,化学吸附平衡常数,离解常数,电离电位
反应速度性质	反应速度常数
生物学方面的性质	生物学亲和力,生物学吸附平衡,生物学反应速度常数

在表1-2所列的物理以及化学性质当中,属于混合物平衡状态的参数有:溶解度,分配系数,平衡常数等;属于各个组分自身所具有的性质有:密度,迁移率,电离电位等;而属于生物学方面的性质,可以认为有:由生物体高分子极大分子复合后的相互作用,立体构造,有机体的复杂反应,以及三者综合作用产生的特殊性质等。

这些性质上的差异与能量的组合,可以有各种形式。并且对发生作用的方式还可以进行很多推敲与改进。到目前为止,人们设计了许多分离方法,并努力加以完善以致实用化。

制药分离过程主要是利用待分离物系(原料)中,活性成分与共存杂质之间在物理、化学及生物学性质方面的差异进行的。根据热力学第二定律,混合过程属于自发过程,而分离则需要外界能量。因所用分离方法、设备和投入能量方式的不同,使得分离产品的纯度、能耗大小以及分离过程的绿色程度有很大差别。

二、分离技术的分类

目前科学界与工业界所用的分离方法甚多,对各种分离方法如何进行分类并研究它们之间的联系,属于分类学问题。而把表面上看起来似乎毫无联系的一些方法进行归类,找出其内在联系的过程本身,又会反过来促进发现新的分离方法。

基于上述认识,科学家们提出了各自不同的分离分类法,如史春(Strain H H)根据分离对阻力类型的不同进行分类;卡格尔(Karger BL)采用相平衡、速率和颗粒大小三种不同类型的分离分类方法;吉丁斯(Giddings JC)提出利用"作用场"和"分子流向"的类型不同来进行分类的"场-流分类法"等等。

日本学者大矢晴彦则采用现象学分类法,依据待分离体系中组分的群体分子所表现出来的物理或化学性质的不同,将常见主要用于工业生产中的分离方法大致分为下述三类:

（1）速度差分离过程：输入能量，强化特殊梯度场的方法。

（2）平衡分离过程：输入能量，使原混合物系形成新的相界面的方法。

（3）反应分离过程：输入能量，促进反应的方法。

下面对以上三类分离过程作简要的说明。

（一）建立在场分离原理基础上的分离技术

在均一的或者是非均一的空间里，制造一个某种驱动力的作用场，使之可以在被分离的物体之间产生移动速度差，从而得到分离，这就是场分离原理。利用重力梯度、压力梯度、温度梯度、浓度梯度、电位梯度等作用场中各组分的移动速度差进行分离的方法，称为速度差分离操作。当原料是由固体和液体，或者是固体和气体，或者是液体和气体所构成的非均相混合物时，可以利用力学能量如重力或压力来对它们进行分离。例如，在固 - 液或者固 - 气系统中，当固体粒子尺寸较大，处于重力场时短时间内就可沉下去或浮上来而实现分离。然而当固体粒子较小，两相密度差又较小时，粒子下沉或上浮的速度会很低，这时就要用到离心力场，甚至超高速离心力场，或者过滤材料等来形成移动速度差，才能实现分离。进一步当粒子尺寸小到与分子的大小相当时，还要用到其他的驱动力来强化移动速度的差别，以实现分离。

再如，将电解质溶液置于直流电场中，并把阳离子交换膜作为分离介质，在电位梯度的作用下，溶液中的荷电离子就要移动。这时具有选择性的阳离子交换膜只允许阳离子优先通过，于是就实现了对阳离子的分离。当然，为了保持电中性，还需再使用一枚阴离子交换膜。成对地使用阴阳离子交换膜，就可对电解质物质进行分离浓缩或是除去。这就是电渗析法。

表 1-3 所示为按所利用的能量及其与场的组合，对各种速度差分离操作做的整理分类。

表1-3 速度差分离操作

能量类别 / 场		热能（温度梯度）	化学能（浓度差）	机械能			电能（电位梯度）
				压力梯度	势能梯度		
					重力的	离心力的	
均匀空间	真空	分子蒸馏				超速离心	质谱
					沉降	旋风分离	电集尘
	气相	热扩散	分离扩散		沉降	旋液分离	电泳
	液相				浮选	离心	
						超速离心	磁力分离
非均匀空间	多孔滤材 气相			气体扩散 过滤集尘			
	液相			过滤（包括超滤、微滤）	重力过滤	离心过滤	
	膜 凝胶相			气体透过			电泳
	固相	渗透气化	透析	反渗透			电渗析

能够产生速度差的场，可以分为中间不存在任何介质的均一空间和存在着某种介质的非均一空间。非均一空间一般指多孔体，其孔径大至毫米，小至分子尺寸，范围很广。由线性高分子和球状粒子所构成的网状结构，在客观上可视为连续的凝胶相（如图 1-6 所示），即属于非均一空间。

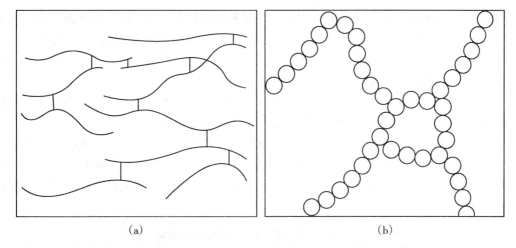

图 1-6 凝胶相非均一空间的基本概念示意图
(a)线状高分子架桥产生的凝胶构造;(b)球状粒子接触产生的凝胶构造

速度差分离原理及其技术改进思路如图 1-7 所示:作用于混合物中待分离组分某一特定性质上的力,可使这一组分移动,移动的速度会因组分不同而产生差异,从而实现了组分间的分离。

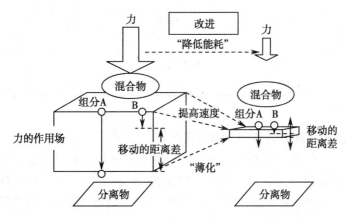

图 1-7 速度差分离原理及其技术改进示意图

也就是说,力及其作用性质的组合与产生速度差的场,成为分离中两个重要因素。移动速度过于缓慢,实施分离所需要的场的面积就要很大,将因场的建设投资太高而失去实用价值,况且移动速度的差达不到一定程度也无法进行所希望的分离。另外,分离所需的能量是作用力与移动距离的乘积,因此要想降低能耗,就需尽量使用较小的力,尽量缩短移动的距离。而且从分离的角度来说,还应在较小的范围内确保有足够的移动距离差。

所谓缩小移动距离,即是要尽可能使场的厚度变薄,这刚好与膜的概念一致。利用可以产生速度差的材料构成场,即构成具有某种机能的非均一空间场,这就是膜。另一方面,若能利用重力作驱动力,则能源的成本实际上为零。有时即使在场的建设中需要增加一定的投资,但利用重力仍是比较划算的。

(二)建立在相平衡原理基础上的分离技术

平衡分离过程系借助分离媒介(如热能,溶剂或吸附剂)使均相混合物系变为两相系统,再以混合物中各组分在处于相平衡的两相中分配关系的差异为依据而实现分离。根据两相状态的不同,平衡分离可分为:①气体传质过程(如吸收、气体的增湿和减湿等);②气液传质过程(如精馏等);③液液传质过程(如液液萃取等);④液固传质过程(如浸取、结晶、吸附、离子交换、色谱分离等);⑤气固传质过程(如固体干燥、吸附等)。

常常使用不互溶的两个相界面上的平衡关系,来对由气体或者液体的均相混合物进行分离。前述图1-2所示的蒸馏过程,就是利用了下部烧瓶被加热所产生的蒸气与上部冷凝器冷凝所形成的液相,这两者之间的气液平衡关系,使易挥发组分集于气相,难挥发组分集于液相,从而将液相均相混合物分离成顶部的馏出组分与底部的釜残组分。像这种利用相间平衡关系进行分离的方法,称为平衡分离操作。表1-4所列为具有代表性的平衡分离操作。

表1-4　以从第1相移向第2相为主的平衡分离操作示例

第1相 / 第2相	气相	SCF 相	液相	固相
气相	×	×	气提 蒸发 蒸馏	脱吸 升华 (冷冻干燥)
SCF 相	×	×	SCF 萃取	SCF 萃取
液相	吸收 蒸馏	SCF 吸收	萃取	固体萃取 带域熔融
固相	吸附 逆升华	SCF 吸附	晶析 吸附	×

注:SCF,超临界流体

(三) 建立在反应分离原理基础上的分离技术

反应分离原理在于:化学反应常常只对混合物中某种特定成分发生作用,而且多数情况下,反应物都能完全被化学反应改变为目的物质,因此通过化学反应可以对指定物质进行充分的分离。利用反应进行分离操作的方法很多。例如,通过调整 pH 值,把溶解于水中的重金属变成氢氧化物的不溶性结晶而沉淀分离的方法;利用离子交换树脂的交换平衡反应的离子交换分离法;以及通过微生物进行生物反应,将溶解于水中的有机物质分离除去的方法等等,都可以看作是反应分离操作。表1-5把反应分离操作按反应种类做了分类,大体可以分为利用反应体的分离和不利用反应体的分离。反应体又可分为再生型反应体,一次性反应体和生物体型反应体。再生型的反应体在可逆或平衡交换反应中利用反应体进行分离反

表1-5　反应分离方法分类

反应体类型		特点	反应分离操作
反应体	再生型	可逆的或平衡交换反应分离	离子交换,反应萃取,反应吸收,反应晶析
	一次性	不可逆反应分离	中和沉淀,化学解吸等
	生物体	利用酶、抗原抗体亲和力、微生物的生命活动等进行	酶解反应,免疫亲和反应与利用微生物的反应等
无反应体		电化学反应	湿式精炼

应,当其分离作用逐渐消失时需要进行适当的再生反应,使其活化得到再生。而一次性反应体在与被分离物质发生反应后,它的化学构造将发生不可逆的改变。例如,在利用微生物进行污水处理时,溶解于水中的有机物最后会被分解为二氧化碳和水。

在对再生型反应体进行再生操作时,需要使用再生剂。这时,再生剂在制造时所吸纳的能量就有一部分转移到了反应体上,分离反应时,就会利用到这部分能量。也有用加热的方法来再生反应体的,此种情况下,可认为反应体再生时所吸纳的热能变成了分离所需的能量。不可逆反应过程中所需要的能量,有来自于一次性反应体在制造时所吸纳的能量,还有采用其他手段从外部向反应场补充的能量。在生物学反应中,一般是使用光能或者是原料中所含有机物的基质来推进反应的。

不需要反应体而进行反应分离的例子是电化学反应,使用电能作为反应所需的能量。

除了上述分类方法,分离操作也通常分为机械分离和传质分离两大类。机械分离过程的分离对象是非均相混合物,可根据物质的大小、密度的差异进行分离,例如过滤、重力沉降、离心分离、旋风分离和静电除尘等。这类过程在工业上是非常重要的,本课程将在第三章中对其中制药工业常用的非均相物系的分离技术——过滤、沉降等进行介绍。而传质分离主要用于各种均相混合物的分离,其特点是有质量传递现象发生。依据物理化学原理的不同,工业上常用的传质分离过程又分为平衡分离过程和速率分离过程。

固体干燥、气体的增湿和减湿、结晶等操作同时遵循热量传递和质量传递的规律,一般将其列入传质单元操作。

由于相际的传质过程都以其达到相平衡为极限,因此,需要研究相平衡以便决定物质传递过程进行的极限,为选择合适的分离方法提供依据。同时,由于两相的平衡需要经过相当长的接触时间才能建立,而实际操作中,相际的接触时间一般是有限的,因此需要研究物质在一定接触时间内由一相迁移到另一相的量,即传质速率。传质速率与物系性质、操作条件等诸多因素有关。例如,精馏是利用各组分挥发度的差别实现分离目的,液-液萃取则利用萃取剂与被萃取物分子之间溶解度的差异将萃取组分从混合物中分开。

在制药工业领域的下游加工过程中,也经常使用浸取、液液萃取、精馏、膜分离、吸附、离子交换、色谱分离、电泳、结晶、干燥等传质分离单元操作,它们均是制药工程领域重要的分离技术。

(郭立玮)

参 考 文 献

[1] 耿信笃. 现代分离科学理论导引. 北京:高等教育出版社,2001

[2] 郭立玮. 中药分离原理与技术. 北京:人民卫生出版社,2010

[3] Delnoij E,J.A.M Kuipers,W.P.M van Swaaij,et al.Measurement of gas-liquid two-phase flow in bubble columns using ensemble correlation PIV.Chem Eng Sci,2000,55:3385

[4] Baten J M,Krishna R.Modelling sieve tray hydraulicsusing computational fluid dynamics.Chem Eng J,2000,77:143

[5] 黄文强. 吸附分离材料. 北京:化学工业出版社,2005

[6] 徐南平. 面向应用过程的陶瓷膜材料设计、制备与应用. 北京:科学出版社,2005

［7］李淑芬,白鹏.制药分离工程.北京:化学工业出版社,2009

［8］加西亚(美国,Garcia,A.A.).生物分离过程科学.刘铮,詹劲,等译.北京:清华大学出版社,2004

［9］李计萍.新药研究中的中药多糖有效部位常见问题分析.中国中药杂志,2006,31(17):1479-1480

［10］大矢晴彦.分离的科学与技术.张谨译.北京:中国轻工业出版社,1999

［11］国家药典委员会.中国药典(二部).2010年版.北京:中国医药科技出版社,2010

第二章　固体浸取及其强化技术

一般而言,制药工程面临的物质存在状态主要有四种:气相、固相、液相和超临界流体相。其中,气体的液化、固体的溶解、液体的蒸发、溶液的结晶等许多物理化学过程,都涉及相的改变和平衡问题。利用物质在两相或多相界面上的平衡关系,来达到分离目的的过程称为平衡分离过程。其中,利用液固相平衡原理进行分离的技术主要有固体浸取、晶析、吸附(大孔树脂吸附技术)等,本章主要介绍固体浸提技术。

第一节　固体浸取技术原理及其影响因素

一、相平衡原理及其强化技术手段

(一)相平衡原理

一个系统可以包括多组分和多个相。只有一相存在的系统称为单相或均相系统,存在两个以上的相的系统一般称为多相或非均相系统。在一定的条件下,当一个系统中各相的数量和性质随时间的推移均不发生变化时,称此系统处于相平衡。总体上说,由 M 个组分,P 个相组成的系统,想要达到相平衡,所要满足的条件是各相的温度和压力相等,同一组分在每个相中的逸度或化学势相等。此时宏观上讲,相与相间不发生物质的净迁移;微观上讲,分子在不同相间迁移并且迁移的速率相同。相平衡是传质分离过程的理论基础之一。如萃取就是利用物质在两种不互溶或部分互溶的液相中不同的溶解度,来达到混合物的分离的过程;结晶则是利用固体在液体中受限的溶解度,而使固体从溶液中析出的过程。这些过程实际上都涉及物质在相间的传递。有关相平衡的研究可为选择适宜的分离方法提供依据,如用相平衡数据可计算出传质设备(如萃取、精馏设备)的平衡级数或传质单元数。

(二)强化相平衡原理的技术手段

从技术角度上讲,根据相界面上的平衡关系进行分离时,为了强化相平衡原理,所要采取的措施主要是增大相界面的面积以及充分利用平衡关系。另外,如果仅仅是建立了平衡关系,分离并不能持续进行。还必须研究如何不断地一边错开平衡关系,一边来进行所期望的分离。

1. 增大界面面积的方法　气 - 液、液 - 液的界面,实际上就是气泡的表面或者是液滴的界面,要想增大界面面积,必须尽量减少这些球状物的直径。因此,研究的重点一直都是在寻求如何有效获得细小气泡和液滴的方法。

图 2-1(a)所示为"泡罩",一种气泡发生装置。下部上来的气相物质从泡罩的细长间隙吹出,进入液相变成气泡并上升。图 2-1(b)所示为用刻痕代替细长间隙的较为简单的装置,亦能制成气泡。如图 2-1(c)所示,还可以直接用多孔板来制造气泡,方法更简便。利用具有

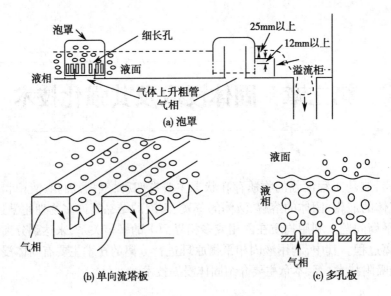

图 2-1　气泡发生装置

小孔的多孔质材料不仅可以制造气泡,还可以产生具有均一直径的液滴,常使用喷嘴来制造液滴。为了使液滴在液相中能够保持一定的运动速度,液滴需要做得大一些。但如果是把液滴喷入气相,则要求液滴要小一些,这时常使用文丘里型以及旋转流型的喷嘴。而在混合 - 澄清型萃取装置中,则是利用搅拌器给予液体能量来产生液 - 液间界面,也就是制造液滴。此外,还有将液相以脉冲流形式通过筛孔板,通过液体在细孔上消耗了能量,产生了界面而制造出液滴。

　　对于固体而言有两种情况,一种是原本就存在着固体界面,例如吸附;另一种则是可以产生新的固体界面,例如结晶。对于前者,因固体界面原本是存在的,因此增大界面的方法基本上是尽量减少固体粒子的直径。但若固体粒子变得太小,又不容易将其与流体分离开。所以出现了被称为宏网(macro reticular)构造的固体造型。即在保持一定大小的固体颗粒内部,形成某种式样的流道,液体或者气体可以在这个流道上滞留,由此来获得界面的扩大。

　　2. 充分利用平衡关系的方法　　如果混合物中待分离组分的浓度很高,那么另一相中该组分的浓度也应比较高才能与之平衡。因此要用浓度都比较高的两相组合起来进行分离。同样道理,也是把待分离组分浓度很低的、可互成平衡的两个相组合起来进行分离。这样的做法,对于平衡关系的利用才是比较充分的。

　　两相平衡关系的表示方法有很多。例如就组分 1 来说,可以用 x_1 表示其在 X 相的浓度(摩尔分数),用 y_1 表示其在 Y 相中的摩尔分数,如图 2-2 所示。设把 X 相作为混合物,其中组分 1 的浓度为 x_1^0,我们来分析一下这个混合物在平衡分离要素内,其组分 1 移向浓度为 y_1^0 的 Y 相的分离过程。

　　在第 1 级分离要素内,X 相中组分 1 的浓度变为 x_1^1,Y 相中组分 1 的浓度变为 y_1^1 时,达到了平衡。在图 2-2 上,从点 (x_1^0, y_1^0) 移向了点 (x_1^1, y_1^1)。

　　由于 x_1^1 还没有降低至目的浓度,于是要使用比 y_1^0 更低的 y_1^2 之 Y 相,与 X 相再一次进入第 2 级分离要素内,当两相达到第二次平衡时,Y 相中组分 1 的浓度为 y_1^0,正好用于进入第 1 级分离要素内的 Y 相。

　　3. 多级化、多段化　　综上所述,使含有待分离组分的混合物和与之发生相平衡的另一相,呈逆向流动(称为逆流)的方法,对平衡关系的利用是比较充分的。

在图 2-2 所示的过程中,为了使 x_1^0 降低至 x_1^2,使用了 2 次分离要素。当混合物由组分 1 与组分 2 组成时(称为双组分物系),其分离系数可如下定义:

$$\alpha_{1/2} = \frac{y_1/y_2}{x_1/x_2} \tag{2-1}$$

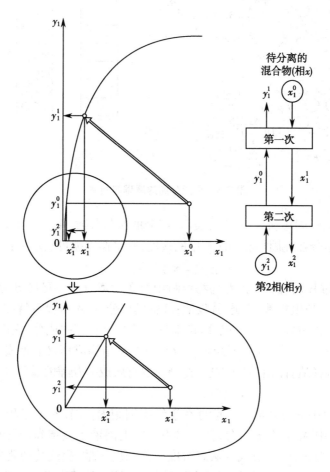

图 2-2　关于组分 1 平衡关系的 X-Y 图

而要从 x_1^0 分离至 x_1^n,所需要的平衡分离要素的理论级数 n 可由下式给出:

$$n = \frac{\ln\left[\dfrac{x_1^0}{x_2} \cdot \dfrac{(1-x_1^n)}{(1-x_1^0)}\right]}{\ln\alpha_{1/2}} \tag{2-2}$$

为了提高相平衡分离的效率,可根据分离过程的原理采取相应的技术措施,并实施某些改进,其思路如图 2-3 所示。

二、固体浸取技术原理

(一)固体浸取过程及机制

1. **固体浸取的液固相平衡条件**　固体浸取实际上就是用溶剂将固体原料中的有效成分提取出来的过程。因而对于一个固液平衡系统来说,系统中的两相处于同一温度和压力

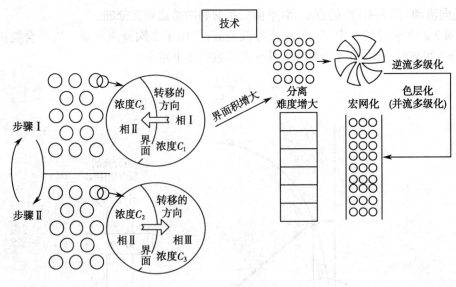

图 2-3   平衡分离的原理与技术

下,分别用 S 和 L 表示固相和液相,用 x_i 表示 i 组分的摩尔分数,用 γ_i 表示 i 组分的活度系数,用 f_i^S 和 f_i^L 表示 i 组分在纯固相和纯液相中的逸度,则平衡判据可表示为:

$$x_i^L \gamma_i^L f_i^L = x_i^S \gamma_I^S f_i^S \tag{2-3}$$

2. 固体浸取过程及机制   天然药物原料中所含的成分主要可区分为:①有效成分,指起主要药效的物质,如生物碱、苷类、挥发油;②辅助成分,指本身没有特殊疗效,但能增强或缓和有效成分作用的物质;③无效成分,指本身无效甚至有害的成分,它们往往影响溶剂浸取的效能、制剂的稳定性、外观以至药效;④组织物,是指构成药材细胞或其他不溶性物质。浸取的目的在于选择适宜的溶剂和方法,充分获取有效成分及辅助成分,尽量减少或除去无效成分。

天然药物原料中的有效成分一般存在于组织细胞内,故在浸取过程中,溶剂首先进入动、植物药材组织中,溶解有效成分,使药材组织内的溶液浓度增高,而药材外部溶液浓度低,形成传质推动力,这样有效成分从高浓度向低浓度扩散,呈现传质现象。对动、植物药材的浸取过程一般认为由湿润、渗透、解吸、溶解及扩散、置换等几个相互联系的作用综合组成。

(1) 浸润、渗透阶段:当药材被粉碎时,一部分细胞可能破裂,其中所含成分可直接被溶剂浸出而转入浸出液中;而大部分细胞在粉碎后仍保持完整状态。当它们与溶剂接触时,被溶剂浸润,溶剂渗透进入细胞中。

浸取溶剂在上述过程中是否能有效地附着于粉粒表面使其湿润并进入细胞组织中,与浸取溶剂与药材的性质及二者之间的界面情况有关。

(2) 解吸、溶解阶段:细胞中各种成分间因存在一定的亲和力而所具有的相互吸附作用被渗入药材的溶剂解除,溶质被转入溶剂(解吸阶段),继以分子、离子或胶体粒子等形式分散于溶剂中(溶解阶段)。

解吸与溶解是两个紧密相连的阶段,其快慢主要取决于溶剂对目标成分的亲和力大小。此外,加热或于溶剂中加入酸、碱、甘油及表面活性剂,由于可加速分子运动,有助于目标成分的解吸与溶解。

(3) 扩散、置换阶段：浸取溶剂溶解大量药物成分后，细胞内液体浓度显著增高，细胞内外出现浓度差，从而形成扩散点，不停地向周围扩散其溶解的成分以平衡其渗透压，因此浓度差是渗透或扩散的动力。

一般在药材表面附有一层很厚的溶液膜，称为扩散"边界层"，浓溶液中的溶质向表面液膜扩散，并通过此边界膜向四周的稀溶液中扩散。在静止条件下，完全由于溶质分子浓度不同而扩散的称为分子扩散。扩散过程中有流体运动而加速扩散的称为对流扩散。浸取过程中两种类型的扩散方式均有，而后者对浸出效率影响更大。

相对于上述对浸取过程的一般描述，矿物药、植物药、动物药因其来源不同，在浸提过程中的表现又各有特点。

(1) 矿物药：矿物药材没有细胞结构，其有效成分可以直接溶解或分散悬浮于溶剂之中。

(2) 植物药：无论是植物的初生代谢成分(糖类、脂类、蛋白、激素等)或次生代谢成分(生物碱、黄酮、苷类、萜类等)和异常次生代谢成分(如树脂、树胶等)，在植物体内多是以分子状态存在于细胞内或细胞间的，少数以盐的形式(如生物碱、有机酸)、结晶形式(如草酸钙结晶)、分子团形式(如五倍子单宁)等存在。提取时要求有效成分透过细胞膜渗出，其浸提由湿润、渗透、解析、溶解及扩散、置换等相互关联的过程组成。植物性药材有效成分的分子量一般都比无效成分的分子量小得多，与其周围的新鲜溶剂介质相比，植物组织内外浓度差无限大。此时，随着时间的延长，溶剂将自动向植物细胞内渗透、充盈甚至破坏细胞膜而彻底打开内外通道。同时细胞内的成分因溶剂分子的渗入、包围而使细胞内的原存在状态解离并开始向低浓度的细胞组织外扩散，经过一定时间即达到内外平衡。为了提高浸出效率，必须用浸出溶剂或稀浸出液随时置换药材颗粒周围的浓浸出液，以保证最大的浓度梯度。

(3) 动物药：动物性药材的有效成分绝大多数是蛋白质或多肽类，分子量较大，难以透过细胞膜，且对热、光、酸、碱等因素较敏感，故提取前的细胞破碎及提取条件显得尤为重要。

(二) 固体浸取传质模型

在研究浸取过程时，一般可把固体药物看成由可溶物(溶质)和不溶物(载体或基质)两部分组成。浸取的实质是溶质由复杂的原料药材固体基质中通过内外扩散，传递到液相溶剂的传质过程。虽然由于原料药材基质和溶质均很复杂，很难定量研究原料药材的浸取速率，但由于固液萃取的传质过程是以扩散原理为基础，因此可借用质量传递理论中的费克定律对原料药材的浸取速率进行近似描述。

1. 浸取速率方程　浸取过程实际上包括分子扩散和流体的运动引起的对流扩散，而对流传质过程用费克定律表示时应为分子扩散与涡流扩散共同的结果，即：

$$J_{AT} = -(D + D_E)\frac{dc_A}{dz} \tag{2-4}$$

式中，J_{AT} 为物质 A 的扩散通量，或称扩散速率，$kmol/(m^2 \cdot s)$；$\frac{dc_A}{dz}$ 为物质 A 在 z 方向上的浓度梯度，$kmol/m^4$；D 为分子扩散系数，m^2/s；D_E 为涡流扩散系数，m^2/s。

式(2-4)右端的负号表示扩散方向为沿浓度梯度降低的方向。D_E 不仅与流体物性有关，而且还主要受流体湍动程度的影响，随位置而变，难以测定、计算。

对于发生在某一提取容器内的浸取过程，可近似认为是分子扩散，而涡流扩散系数 D_E 可忽略不计，因此，原料药材被浸出时，自药材颗粒单位时间通过单位面积的有效成分量，即扩散通量 J，可由式(2-4)简化，表示如下：

$$J = \frac{dM}{Fd\tau} = -D\frac{dc}{dz} \qquad (2\text{-}5)$$

如图 2-4 所示,当传递是在液相内扩散距离 z 进行,有效成分浓度自 c_2 变化到 c_3 时,由积分式(2-5)得到

$$J\int_0^z dz = -D\int_{c_2}^{c_3} dc$$

$$J = -\frac{D}{Z}(c_3 - c_2) = k(c_2 - c_3) \qquad (2\text{-}6)$$

式中,k 为传质分系数,$k=D/Z$。

如果传递是在有孔固体物质中进行,有效成分浓度自 c_1 变化到 c_2 时,同理可得:

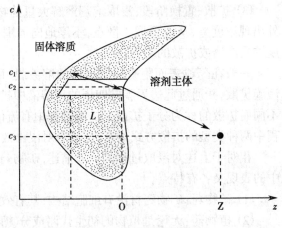

图 2-4　固体浸取示意图

$$J = \frac{D}{L}(c_1 - c_2) \qquad (2\text{-}7)$$

式中,L 为多孔固体物质的扩散距离。

解式(2-6),并将 c_2 代入式(2-7)得:

$$c_1 - c_3 = J\left(\frac{1}{k} + \frac{L}{D}\right)$$

于是得到药材浸出过程中的速率方程:

$$J = \frac{1}{\left(\dfrac{1}{k} + \dfrac{L}{D}\right)}(c_1 - c_3) = K\Delta c \qquad (2\text{-}8)$$

式中,K 为浸出时总传质系数,$K=1/\left(\dfrac{1}{k} + \dfrac{L}{D}\right)$,m/s;$\Delta c$ 为药材固体与液相主体中有效物质的浓度差,kmol/m³。

实际浸取过程中,药材固体与液相主体中有效成分的浓度差并非为定值,则 Δc 可用下式表示:

$$\Delta c = \frac{\Delta c_{始} - \Delta c_{终}}{\ln(\Delta c_{始}/\Delta c_{终})} \qquad (2\text{-}9)$$

式中,$\Delta c_{始}$、$\Delta c_{终}$ 为浸出开始和终结时固、液两相的浓度差,kmol/m³。

2. 扩散系数　扩散系数是物质的特性常数之一,同一物质的扩散系数会随介质的性质、温度、压力及浓度的不同而异。一些物质的扩散系数可从有关物性手册查到,但对于医药物质,普遍数据缺乏。求解上述药材浸出过程中的速率方程,须先知道溶质在扩散过程中的扩散系数并求得传质系数。

(1)溶质(A)在液相(B)中的扩散系数:溶质在液相中的扩散系数,其量值通常在 10^{-9}~10^{-10} m²/s 之间。由于液相中扩散理论至今不成熟,目前对于溶质在液体中的扩散系数多采用半经验法。式(2-10)与式(2-11)分别为通过斯托克斯 - 爱因斯坦(Stockes-Einstein)公式、威尔盖(Wike)公式换算而获的扩散系数。其中式(2-10)适用于相对分子质量大于1000,非水合的大分子溶质,水溶液中的溶质的摩尔体积大于 $0.5\text{m}^3/\text{kmol}$;而式(2-11)适用于溶质为较小分子的稀溶液。

$$D_{AB} = \frac{9.96 \times 10^{-17} T}{\mu_B V_A^{1/3}} \tag{2-10}$$

式中,D_{AB} 为扩散系数,m^2/s;V_A 为正常沸点下溶质的摩尔体积,$m^3/kmol$;μ_B 为溶剂的黏度,$Pa \cdot s$;T 为绝对温度。

对溶质为较小分子的稀溶液,可用威尔盖(Wike)公式计算:

$$D_{AB} = 4.7 \times 10^{-7} (\varphi M_B)^{1/2} \frac{T}{\mu_B V_A^{0.6}} \tag{2-11}$$

式中,D_{AB} 为扩散系数,m^2/s;M_B 为溶剂的摩尔质量;μ_B 为溶剂的黏度,$Pa \cdot s$;V_A 为正常沸点下溶质的摩尔体积,$m^3/kmol$;φ 为溶剂的缔合参数,对于水为 2.6,甲醇为 1.9,乙醇为 1.5,苯、乙醚、庚烷以及其他不缔合溶剂均为 1.0;T 为绝对温度。

(2) 溶质在固体中的扩散系数:如果固体内存在浓度梯度,固体中组分可由某一部分向另一部分扩散。通常在固体中有两种扩散类型:一种是遵从费克定律、基本上与固体结构无关的外扩散;另一种是与固体结构有关的多孔介质内扩散,由于药材的组织结构中存在孔隙和毛细管及其作用,致使分子在毛细管中运动速度很缓慢。

外扩散系数随溶剂对流程度的增加而增加,在带有搅拌的浸取过程中,外扩散系数值很大,计算时可忽略其作用。在此情况下,浸取全过程的决定因素就是内扩散系数。表 2-1 给出了一些植物药材的内扩散系数。

表 2-1 植物药材的内扩散系数

药材名	浸出物质	溶剂	内扩散系数 /(cm^2/s)
百合叶	苷类	70% 乙醇	0.45×10^{-8}
颠茄叶	生物碱	水	0.9×10^{-8}
缬草根	缬草酸	70% 乙醇	0.82×10^{-7}
甘草根	甘草酸	25% 氨水	5.1×10^{-7}
花生仁	油脂	苯	2.4×10^{-8}
芫荽籽	油脂	苯	0.65×10^{-8}
五倍子	丹宁	水	1.95×10^{-9}

3. **总传质系数** 药材在浸出过程中,总传质系数应由内扩散系数、自由扩散系数和对流扩散系数组成。

总传质系数 H 为:

$$H = \frac{1}{\dfrac{h}{D_{内}} + \dfrac{S}{D_{自}} + \dfrac{L}{D_{对}}} \tag{2-12}$$

式中,L 为颗粒尺寸,cm;S 为边界层厚度(cm),其值与溶解过程液体流速有关;h 为药材颗粒内边界层厚度,cm。$D_{内}$ 为内扩散系数(cm^2/s),表示药材颗粒内部有效成分的传递速率;$D_{自}$ 为自由扩散系数(cm^2/s),即在药物细胞内有效成分的传递速率;$D_{对}$ 为对流扩散系数(cm^2/s),即在流动的萃取剂中有效成分的传递速率。

$D_{自}$ 是式(2-10)和式(2-11)的 D_{AB},自由扩散系数与温度有关,还与液体的浓度有关,温度值取操作时的温度,浓度取算术平均值。由于物质结构中存在孔隙和毛细管及其作用,使分子在毛细管中运动速度很缓慢,所以 $D_{内}$ 值比 $D_{自}$ 值小得多。叶类药材 $D_{内}$ 值为 $10^{-8} cm^2/s$

左右；根茎类 $D_{内}$ 为 $10^{-7}\text{cm}^2/\text{s}$ 左右；树皮类 $D_{内}$ 为 $10^{-6}\text{cm}^2/\text{s}$ 左右（见表 2-1）。

内扩散系数与有效成分含量、温度及流体力学条件等有关，故不是固定常数。此外，$D_{内}$ 还和浸泡时药材的膨胀、药物细胞组织的变化和扩散物质的浓度变化等有关。

$D_{对}$ 值大于 $D_{自}$ 值，而且 $D_{对}$ 值随溶剂对流程度的增加而增加，在湍流时 $D_{对}$ 值最大。在带有搅拌的浸取过程中，$D_{对}$ 值很大，计算时可忽略其作用，在此情况下，浸取全过程的决定因素就是内扩散系数。

（三）影响固体浸取过程的主要因素

在提取的过程中，影响浸出固 - 液相平衡和提取效率的因素主要有：溶剂的性质、物料的性质、外力和温度。针对于不同特点的矿物药、植物药和动物药，影响程度各有不同。

（1）溶剂性质：溶剂的选择对于提取过程来说很重要。在选择溶剂时，不但要考虑溶剂本身的渗透能力，更重要的是关注每种溶剂的溶解特性，按照相似相溶的原理来筛选溶剂。也就是说，当提取极性有效成分时，要选用极性较强的溶剂；当提取成分为非极性时，要选用非极性类溶剂进行提取。另外，还要考虑溶剂的用量问题。如果溶剂用量较少，导致组织内外迅速达到平衡，由于饱和作用而降低提取率；用量过多，不但提取时间延长，而且浪费试剂。

（2）物料的性质：物料粒度也是影响平衡时间和提取效率的关键因素。虽然较小粒度的物料有利于缩短平衡时间，提高提取率，但是在实际粉碎过程中，仍存在许多问题。如药材的根、茎、叶部位的粉碎方法各不相同，如果粉碎过细又会影响后期的过滤操作等。

（3）温度的影响：通常情况下，随着温度的升高，分子热运动加快，从而缩短平衡时间，提高提取率。但对于某些植物成分来说，升高温度反而降低了其在溶剂中的溶解度，如葛根素；另外，某些成分受热会发生分解或变性等现象，如含淀粉较多的材料受热后，淀粉糊化而影响溶出。因此，在提取过程中，要根据具体情况选择适宜的温度。

（4）外力的影响：近年来许多强化提取技术，如超声波、微波等，主要目的都是提高传质和传热的速度，虽然取得了一定的效果，但均未实现重大突破。

三、浸取过程对药效物质的影响

认识天然药物，特别是复方中药的浸取过程对其中药效物质的影响及其作用机制，对于提取路线的设计与工艺参数的优化具有重要的意义。

（一）浸取过程对药效物质的影响

浸取过程对药效物质的影响比较复杂，从制药分离工程的角度考虑，除了不同的中药配伍可影响有效成分的提取量外，浸取过程中化学动力学产物的生成和沉淀的产生，可能会引发增效、减毒或改变药效的作用，或对后续固液分离操作产生影响，须加以注意。

1. 不同的中药配伍影响有效成分的浸取量　中药通过配伍，可改变或影响药效，减低毒性与副作用，其主要原因之一是中药的配伍状态可影响药效成分的提取率。如以甘草单煎的煎出率为 100% 计，甘草与厚朴、茯苓、龙胆配伍煎出率为 110%，与陈皮、山栀子、泽泻、大枣、橙皮、桑白皮、柴胡、川芎、地黄、牡蛎、当归等配伍煎出率为 90%~110%，与黄芪、天冬、人参、白术、牛蒡子、薄荷、黄柏、麦冬、五味子、半夏、桂枝等配伍煎出率下降至 60% 以下。且配伍比例和炮制方法不同，已知成分的溶出率也不相同，如甘草与附子配伍在水中共煎，黄酮含量（1.85%）明显高于甘草单煎（1.18%）。

再如对大承气汤（大黄、芒硝、枳实、厚朴）和小承气汤（大承气汤去芒硝）的研究发现，厚朴、枳实与大黄配伍,可提高大黄中泻下成分的溶出率。且大、小承气汤需生用大黄,煎煮时后下,以防止大黄蒽醌类中大黄酸苷水解变性,减弱泻下作用。上述研究表明,传统药味配伍理论与煎煮方法对中药复方提取工艺路线的设计具有重要参考价值。

2. 化学动力学产物的生成　所谓化学动力学产物,就是指制剂中各成分在提取的过程中发生水解、聚合等反应而生成的新物质。这些生成的化学动力学产物将改变制剂的药效,可表现为药效增加,毒性降低,或药效降低等现象。如麻黄汤主要成分有麻黄、桂枝、杏仁、甘草等,麻黄碱是麻黄用于平喘的主要药效物质,苦杏仁苷是杏仁的镇咳成分,桂皮醛是桂枝的镇痛解热成分。研究表明,复方中的苦杏仁苷分解成的苯甲醛,与桂皮醛、麻黄碱二者发生化学反应,生成新物质,然后该物质发生分解,从而使麻黄碱、桂皮醛、苦杏仁苷的药效作用得以发挥。

如上所述,中药复方在煎煮过程中,各成分之间可能会发生络合、水解、氧化、还原等各种化学反应,产生化学配伍变化,或生成新物质。由于这些新物质的产生,使中药复方的药效不同于各单味药的药效,而发挥增效、减毒或改变药效的作用,体现了中药复方用药的特点。

3. 沉淀的生成　提取过程中沉淀的生成可造成药效物质的损失,应加以防备,除了工艺路线设计方面注意避开可能产生沉淀反应的药味外,趁热过滤也是有效手段之一。

(1) 有机酸与生物碱发生反应,产生沉淀:如甘草酸与附子乌头碱借助酸碱离子对生成沉淀;甘草与黄连合煎时,甘草酸与小檗碱结合成络合物。葛根黄酮、黄芩苷等羟基黄酮衍生物及大黄酸、大黄素等羟基蒽醌衍生物在溶液中也能与小檗碱生成沉淀。

(2) 大多数生物碱类可以与蒽醌、黄酮、鞣质等结合产生沉淀:如大黄附子汤中,大黄能抑制附子的毒性,主要是由于乌头碱与大黄中的鞣酸反应,生成鞣酸型乌头碱。金银花中的绿原酸与小檗碱、延胡索乙素等多种生物碱配伍使用,均生成难溶性生物碱有机酸盐。

(3) 某些无机离子可以与许多中药成分结合生成不溶性的盐:如石膏中的钙离子与绿原酸、甘草酸结合生成不溶于水的钙盐。硬水中的钙、镁离子能与大分子有机酸生成沉淀。

(4) 皂苷类与生物碱、酚类或甾萜类等结合生成沉淀:如复方天麻钩藤饮中牛膝皂苷与桑寄生中酚酸类之间可以生成分子络合物,产生沉淀。

(5) 鞣质可以与蛋白质、皂苷相互结合生成沉淀:如柴胡皂苷可与鞣质生成沉淀。鞣质还可与蛋白质、白及胶等生成沉淀,使酶类制剂降低疗效或失效。含鞣质的中药制剂如五倍子、大黄、地榆等与抗生素如红霉素、灰黄霉素、氨苄西林等配伍,可生成鞣酸盐沉淀物,不易被吸收,降低各自的生物利用度;与含金属离子的药物如钙剂、铁剂、生物碱配伍也易产生沉淀。

(二) 浸取过程影响药效物质的作用机制

1. 物理学作用机制　物理变化主要就是指在制备过程中,药物的物理性质或状态发生改变,从而导致制剂的外观或质量发生改变。如在浸取过程中出现的吸附、增溶、盐析、助溶、沉淀等现象。

(1) 溶解特性的改变:在浸取过程中,通过改变溶液 pH,某些含弱电解质的物质的电离度发生改变,从而影响其水溶性。如通过降低甘草酸溶液的 pH,使乌头碱的脂溶性增加;麻黄、地龙合煎时,地龙微粒表面的蛋白质由于麻黄中的碱性成分而发生变性现象,这将导致地龙中的氨基酸等成分溶出降低。

(2) 增溶效应:如当归承气汤中的磷脂成分可以作为表面活性剂降低表面张力,促使大黄总蒽醌、绿原酸和麻黄碱被解吸、乳化或溶解,增加溶出。

(3) 助溶效应:如与单煎相比,丹参与芍药合煎后,酚酸类化合物和芍药苷类化合物两者之间的助溶作用会增加丹酚酸类和芍药苷类的含量;麻黄、地龙两药合煎,地龙中的酸性成分会增加麻黄碱的溶出。

(4) 药渣吸附:甘草与不同药物配伍时甘草酸的含量受药渣吸附的影响。甘草与44种中药配伍的实验表明,由于药渣吸附的影响,甘草与黄芩、麻黄、芒硝、黄连共煎时,甘草酸的含量下降约为60%。

(5) 盐析作用:盐析作用会使某些药物中的成分析出。例如甘草配合芒硝($Na_2SO_4 \cdot 10H_2O$),由于芒硝的盐析作用,使部分甘草酸析出与药物残渣一起被滤除。

2. 化学机制　化学变化是指通过药物间的化学反应(氧化、还原、分解、聚合等)改变药物成分,从而制剂的外观、质量和疗效等发生改变,如出现变色、沉淀等现象。

(1) 配位络合物:配位络合物是由中心原子或离子和配位体的分子或离子通过配位键结合而成的一类具有特征化学结构的化合物。在提取过程中,含有配位体的生物碱、蒽醌等物质常与组方中药中的金属离子发生配位结合,形成络合物。如麻杏石甘汤中麻黄碱可以和甘草酸结合生成锌络合物、黄芩苷与铝离子结合生成黄芩苷铝络合物、蒽醌类与金属离子生成可溶性络合物。

(2) 分子络合物:分子络合物是指某些有机单体分子可以通过疏水作用、静电作用或交叠作用等互相结合而形成的化合物。形成分子络合物后,使原单体的物理性质如溶解度发生改变,也可能影响其药效,如甘草酸不仅可提高喜树碱的抗癌疗效,而且还可降低其毒性;甘草反甘遂是中药"十八反"之一,在煎煮过程中,甘草中的甘草皂苷和甘遂中的甾萜类物质两者之间形成的分子复合物使毒性成分甾萜类物质的溶出率有所增加,从而导致煎液毒性增加,所以甘草不能与甘遂配伍使用。

总而言之,在浸取过程中,中药复方中的有效成分相互作用时,有些成分不改变原有状态,但有些成分会由于物理或化学反应而改变原有状态,最终表现为药效增减或是变性。所以中药复方的药理作用不可以看成是各化学成分药理作用的简单加和,而是整体作用大于部分作用的总和。

3. 配伍中不同成分群的溶出关系及识别研究　中药成分与中药材的组织有不同的物理化学结合状态,这些物理化学作用和组织的空隙分布都会直接影响其提取率。因而即使其他条件完全相同,也会导致提取率的变化。

中药中的不同成分群具有不同的溶出过程,在相同样品不同批次的平行实验中,每种成分群的溶出也表现出较大的波动性。这种变化的根本原因在于中药组织结构中的孔隙的分布具有较大的可变性。因此造成不同成分群的渗透动力学过程发生显著改变。根据相关实验研究,一组平行实验中,以三氯甲烷为溶剂的提取物的绝对吸光度变化最大,无水乙醇提取物次之,水提物的波动性最小。这是因为极性大的溶剂可以很好地渗入生物组织,发生较大的溶胀作用,扩大了组织孔隙,使得各种中药成分的渗透溶出过程趋于一致,绝对提取率变化较小。三氯甲烷提取后的样品形态和提取前一致,没有发生明显的变化,说明三氯甲烷较难渗透到所试验药材组织中,溶胀能力差,难以改变药材组织中原有孔隙的大小,不能使脂溶性成分群的溶出过程均匀一致,表现出成分群溶出过程差异较大。

因此,在不同的提取溶剂中,中药的不同成分群在平行实验中绝对提取率一般具有较大的变化。中药中不同成分群之间有可能存在协同溶出关系,虽然每次平行实验的绝对提取率有显著变化,但存在协同溶出关系的成分群的相对吸光度及相对提取率保持恒定不变。一般来讲,极性大的溶剂由于溶胀作用强,中药成分的绝对提取率变化较小。通过不同溶剂提取的结果比较,可以较好地确定中药不同成分群的溶出关系,同时可以识别中药中含有的不同成分群。

第二节 浸取工艺流程与设备

一、浸取工艺流程

浸取的操作一般有三种基本形式:单级浸取、多级错流浸取、多级逆流浸取。浸出工艺可分为单级浸出工艺、单级回流浸出工艺、单级循环浸出工艺、多级浸出工艺、半逆流多级浸出工艺、连续逆流浸出工艺等。

1. 单级浸出工艺 单级浸出是指将药材和溶剂一次加入提取设备中,经一定时间的提取后,放出浸出药液,排出药渣的整个过程。在用水浸出时一般用煎煮法,乙醇浸出时可用浸渍法或渗漉法等,但药渣中乙醇或其他有机溶剂需先经回收,然后再将药渣排出。

单级浸出工艺比较简单,其浸出速度,开始大,以后逐渐降低,直至达到平衡状态,为非稳定过程。该工艺常用于小批量生产,其缺点是浸出时间长,药渣能吸收一定量的浸出液,可溶性成分的浸出率低,浸出液的浓度亦较低,浓缩时消耗热量大。

2. 单级回流浸出工艺 单级回流浸出又称索氏提取,主要用于醇提或有机溶剂(如乙酸乙酯、三氯甲烷或石油醚)浸提药材及一些药材脱脂。

由于溶剂的回流,使溶剂与药材细胞组织内的有效成分之间始终保持很大的浓度差,加快了提取速度和提高了萃取率,而且最后生产出的提取液已是浓缩液,使提取与浓缩紧密结合在一起。此法生产周期一般约为 10 小时。其缺点是使提取液受热时间长,不适宜于热敏性药材。

3. 单级循环浸出工艺 单级循环浸出系将浸出液循环流动与药材接触浸出,它的特点是固液两相在浸出器中有相对运动,由于摩擦作用,使两相间边界层变薄或边界层表面更新快,从而加速了浸出过程。循环浸出法的优点是,提取液的澄明度好,这是因为药渣成为自然滤层,提取液经过 14~20 次的循环过滤之故;由于整个过程是密闭提取,温度低,因此在用乙醇循环浸渍时,所损耗乙醇量也比其他工艺低。其缺点是液固比大,在制备药酒时,其白酒用量较其他提取工艺用得多。因此,此法对于用酒量大,又有高澄明度要求的药酒和酊剂生产是十分适宜的。

4. 多级浸出工艺 药材吸液引起的成分损失,是浸渍法的一个缺点。为了提高浸提效果,减少成分损失,可采用多次浸渍法。它是将药材置于浸出罐中,将一定量的溶剂分次加入进行浸出;亦可药材分别装于一组浸出罐中,新的溶剂分别先进入第一个浸罐与药材接触浸出,浸出液放入第 2 浸出罐与药材接触浸出,这样依次通过全部浸出罐成品或浓浸出液由最后 1 个浸出罐流入接受器中。当 1 罐内的药材浸出完全时,则关闭 1 罐的进、出液阀门、卸出药渣,回收溶剂备用。续加的溶剂则先进入第 1 罐,并依次浸出,直至各罐浸出完毕。

浸渍法中药渣所吸收的药液浓度是与浸液相同的,浸出液的浓度愈高,由药渣吸液所引起的损失就愈大,多次浸渍法能大大降低浸出成分的损失量。但浸渍次数过多也并无实用意义。

5. 逆流浸出工艺   在固体浸出操作时,常常是将被包容在固体中的溶质溶液与浸出剂置于同一容器内,随着浸出的进行,浸出剂中溶质浓度就要上升并与被浸出之溶质的浓度趋于一致。所以,只做一次浸出,很难使溶质得到充分的分离。若要得到全部溶质,就需不断地将纯溶剂(浸出液)送入浸出装置内,但这样一来,整个过程得到的浸出溶液溶质浓度很低。因此就希望能使浸出液与固体逆向接触来改善这种状态。然而问题在于即使是细小的颗粒,其流动性也较流体差很多,不容易实现两相的逆流。若将固体颗粒充填入容器内,而溶剂的流动靠切换阀门来控制,可得到相当于两相逆流的效果。或者还可以利用传动机械,如链斗、带式、螺旋式输送装置来装载固体与溶剂逆向运行,也可收到同样的效果。

(1) 半逆流多级浸出工艺:此工艺是在循环提取法的基础上发展起来的,它主要是为保持循环提取法的优点,同时用母液多次套用克服醇用量大的缺点。罐组式逆流提取法工艺流程见图 2-5。经粗碎或切片或压片之药材,加入醇提罐 A 中。乙醇由 I_1 计量罐计量后,经阀 1 加入醇提罐 A_1 中。然后开启阀 2 进行循环提取 2 小时左右。提取液经循环泵 C_1 和阀 3 打入计量罐 I_1,再由 I_1 将 A_1 的提取液经阀 4 加入醇提罐 A_2 中,进行循环提取 2 小时左右(即母液第 1 次套用)。A_2 的提取液经泵 C_2、阀 6、罐 I_2、阀 7 加入醇提罐 A_3 中进行循环提取(即母液经第 2 次套用),如此类推,使提取液与各醇提罐之药材相对逆流而进,每次新鲜乙醇经 4 次提取(即母液第 3 次套用)后即可排出系统,同样每罐药材经 3 次不同浓度的提取外液和最后 1 次新鲜乙醇提取后再排出系统。

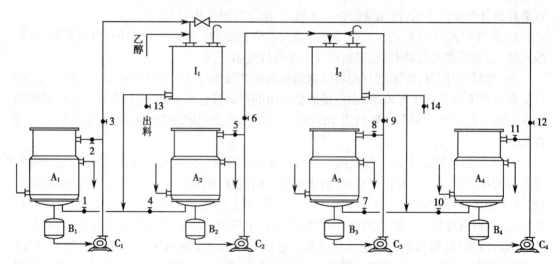

图 2-5   罐组式逆流提取法工艺流程示意图

I_1、I_2—计量罐,A_1、A_2、A_3、A_4—醇提罐,B_1、B_2、B_3、B_4—循环泵,1~14—阀门,$C_1 \sim C_4$—料液/循环泵

在一定范围内,罐组式的醇提罐数越多,相应提取率越高,提取液浓度越大,醇用量越少。但是相应投资增大,周期加长,电耗增加。从操作上看,奇数罐组不及偶数罐组更有规律性。因此一般采用 4 只或 6 只罐为佳。

(2) 连续逆流浸出工艺:该工艺是药材与溶剂在浸出器中沿反向运动,并连续接触提取。它与单级浸出相比具有如下特点:浸出率较高,浸出液浓度亦较高,单位重量浸出液浓缩时消耗的热能少,浸出速度快。连续逆流浸出具有稳定的浓度梯度,且固液两相处于运动状态,使两相界面的边界膜变薄,或边界层更新快,从而加快了浸出速度。

二、浸取过程的物料衡算

对浸取过程的计算一般基于理论级或平衡状态基础上进行物料衡算。

1. 单级和多级固体错流浸取　单级和多级固体错流浸取流程如图 2-6 所示,式(2-13)为应用物料平衡和相平衡关系,所导出计算浸取率和所需级数的关系式。

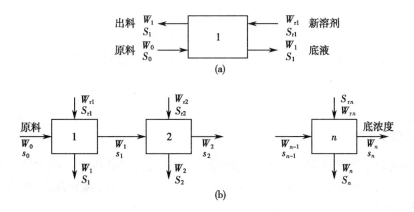

图 2-6　固体浸取流程示意图

(a)单级提取;(b)多级错流浸取

其中,s_0 为最初原料中的溶质量,s_n 为 n 级浸取后原料中的溶质量,S_n 为 n 级溢液中的溶质量,S_{rn} 为 n 级所用的溶剂中的溶质量,w_n 为 n 级浸取后的底流液量,W_n 为 n 级溢流液量,W_{rn} 为 n 级所用的溶剂量。

$$s_n = \frac{s_0}{(1+\alpha)^n} \tag{2-13}$$

式中,s_n 为经过 n 级浸取后原料中的溶质量,kg;s_0 为最初原料中的溶质量,kg;α 为各级溢流液量与底流液量的比值。

2. 多级逆流浸取　多次逆流浸取的流程如图 2-7 所示,新溶剂 C 和新药材 S_5 分别从首尾两级加入,加入溶剂的称为第一级,加入新药材的称为末级(图中第 V 级),溶剂与浸出液以相反方向流过各级即为多级逆流浸出。

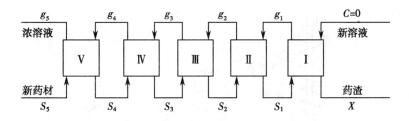

图 2-7　多级逆流浸出流程示意图

如为 n 级逆流浸取时,则下面两式成立:

$$g_n = X(\alpha_n + \alpha_n\alpha_{n-1} + \alpha_n\alpha_{n-1}\alpha_{n-2} + \cdots + \alpha_n\alpha_{n-1} + \cdots + \alpha_3\alpha_2\alpha_1) \tag{2-14}$$

$$S_n = X(1 + \alpha_n + \alpha_n\alpha_{n-1} + \alpha_n\alpha_{n-1}\alpha_{n-2} + \cdots + \alpha_n\alpha_{n-1} + \cdots + \alpha_3\alpha_2\alpha_1) \tag{2-15}$$

图(2-7)中,设 C 为加到第一级浸出器的溶剂所含溶质量,C=0;X 为从第一级浸出器放出的药渣内溶剂中所含的溶质量;α 为浸出器放出的溶剂量与药材中所含溶剂量之比;g_1、

g_2、g_3、g_4、g_5……g_n 为各级浸出器浸渍后溶剂中所含的溶质量；S_1、S_2、S_3、S_4、S_5 为进入各级浸出器的固体药材内溶剂中所含的溶质量。上述两计算式中，S_n 为随药材进入浸出系统的溶质量；X 为随药渣离开浸出系统的溶质量。

不同工艺的浸渍效果可用药材中浸出物质的浸出率 $\overline{E}$ 表示，$\overline{E}$ 代表浸取后所放出的倾出液中所含浸出物质量与原药材中所含浸出物质总量的比值。其计算公式为：

$$\overline{E} = 1 - F = \frac{\alpha + \alpha^2 + \alpha^3 + \cdots + \alpha^n}{1 + \alpha + \alpha^2 + \cdots + \alpha^n} \tag{2-16}$$

上式中，F 为浸出物质的浸余率，其计算式如下，其中，n 为浸出器的级数。

$$F = \frac{1}{1 + \alpha + \alpha^2 + \alpha^3 + \cdots + \alpha^n} \tag{2-17}$$

三、常用设备

固液浸取设备按其操作方式可分为间歇式、半连续式和连续式。按固体原料的处理方法，可分为固定床、移动床和分散接触式。按溶剂和固体原料接触的方式，可分为多级接触型和微分接触型。

在选择设备时，要根据所处理的固体原料的形状、颗粒大小、物理性质、处理难易及其所需费用的多少等因素来考虑。处理量大时，一般考虑用连续化。在浸取中，为了避免固体原料的移动，可采用几个固定床，使浸取液连续取出。也可采用半连续式或间歇式。迄今，植物资源有效成分加工的提取方法中，以间歇单罐（多功能提取罐）分批提取为主，一些多能罐中设有搅拌器、超声波发生器以及微波加热等装置，有效成分的浸出多在封闭单元中完成。

1. 浸渍式连续浸取器　此类浸取器有 U 形螺旋式、螺旋推进式、肯尼迪式等。

（1）U 形螺旋式浸取器：亦称 Hildebran 浸取器。如图 2-8 所示，整个装置处于一个 U 形组合的浸取器中，分装有三组螺旋输送器来输送物料。在螺旋板表面上开孔，这样溶剂可以通过孔进入另一螺旋管中以达到与固体成逆流流动。螺旋浸取器主要用于浸取轻质的、渗透性强的药材。

（2）螺旋推进式浸取器：如图 2-9 所示，浸取器上盖可以打开（以便清洗和维修），下部带

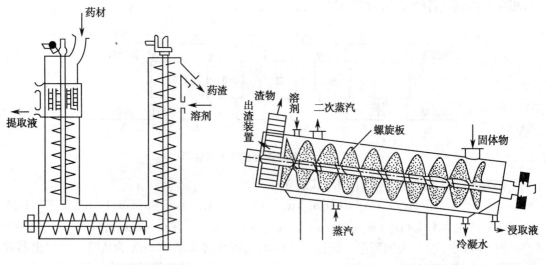

图 2-8　U 形螺旋式浸取器　　　　　　　图 2-9　螺旋推进式浸取器

有夹套,其内通入加热蒸汽进行加热。如果采用煎煮法,其二次蒸汽由排气口排出。浸取器安装时有一定的倾斜度,以便液体流动。浸取器内的推进器可以做成多孔螺旋板式,螺旋的头数可以是单头的也可以是多头的,也可用数十块桨片组成螺旋带式。在螺旋浸取器的基础上,把螺旋板改为桨叶,则成为旋桨式浸取器,其工作原理和螺旋式相同。

(3) 肯尼迪(Kennedy)式逆流浸取器:如图 2-10 所示,具有半圆断面的槽连续地排列成水平或倾斜的,各个槽内有带叶片的桨,通过其旋转,固体物按各槽顺序向前移动,溶剂和固体物逆流接触,此浸取器的特点是可以通过改变桨的旋转速度和叶片数目来适应各种固体物的浸取。

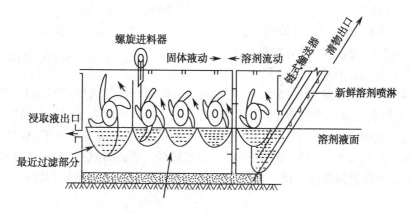

图 2-10 肯尼迪式逆流浸取器

2. 喷淋渗漉式浸取器 此类浸取器中液体溶剂均匀地喷淋到固体表面,并过滤而下与固体物相接触浸取其可溶物。

(1) 波尔曼(Bollman)式连续浸取器:如图 2-11 所示,该装置包含一连串的带孔的料斗,其安排的方式犹如斗式提升机,这些料斗安装在一个不漏气的设备中。固体物加到向下移动的那一边的顶部的料斗中,而从向上移动的那一边的顶部的料斗中排出。溶剂喷洒在那些将排出的固体物上,并经过料斗向下流动,以达到逆向的流动。然后,又使溶剂最后以并流方式向下流经其余的料斗。典型的浸取器每小时大约转一圈。该浸取器一般处理能力大,可以处理物料薄片。但是因在设备中只有采用逆流流动,并且有时发生沟流现象,因而效率比较低。

(2) 平转式连续浸取器:图 2-12 所示是一种平转式连续浸取器,其结构为在一圆形容器内有间隔 18 个扇形格的

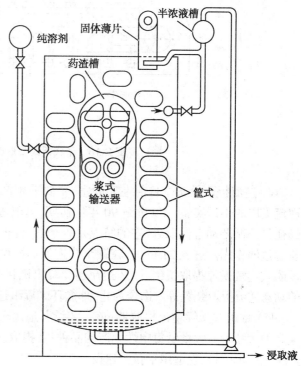

图 2-11 波尔曼连续浸取器

水平圆盘,每个圆形格的活底打开,物料卸到器底的出渣器上排出。在卸料处的临近扇形格位置上部喷新鲜的浸取溶剂,由下部收集浸取液,并以与物料回转相反的方向用泵将浸取液打至相邻的扇形格内的物料上,如此反复逆流浸取,最后收集到浓度很高的浸取液。平转式浸取器结构简单,并且占地较小,适用于大量植物药材的浸取,在中药生产中得到广泛使用。

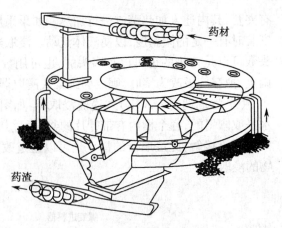

图 2-12　平转式连续浸取器

3. 混合式连续浸取器　所谓混合式就是在浸取器内有浸渍过程,也有喷淋过程。图 2-13 为千代田式 L 形连续浸取器。固体原料加进供料斗中,调整原料层高度,横向移动于环状钢网板制的皮带输送上,期间通过浸取液循环泵进行数次溶剂喷淋浸取,当卧式浸取终了,固料便落入立式部分的底部,并浸渍于溶液中,然后用带有孔、可动底板的提取篮捞取上来,在此一边受流下溶剂渗滤提取一边上升,最后在溶剂入口上部加入,积存于底部,经过过滤器进入卧式浸取器,在此和固体物料成逆流流动,最后作为浸取液排出。此种浸取器的特点是浸取比较充分和均匀。

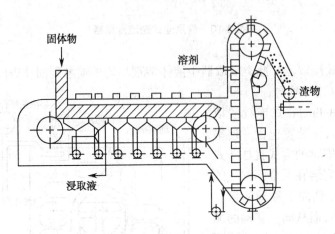

图 2-13　千代田式 L 形连续浸取器

4. 逆流提取设备　目前在实验室,主要采用锥形瓶或烧瓶等化学仪器,来模拟罐组式逆流提取的小试实验。20 世纪 90 年代初期,出现适合工业化生产的罐组式逆流提取设备,最初是外循环动态提取罐,它的特点是外加热,外循环动态提取,在排渣口有滤网、滤板,主要起过滤作用。进入 21 世纪,在罐组式逆流提取设备方面的研究日渐增多,先后提出了多段罐式连续逆流提取机组、中药逆流连续浸出机和三级四罐式中药逆流浸出机以及中药材的动态逆流提取装置等。迄今为止,外循环式罐组逆流提取机组较为常用。

(1) 罐组式连续逆流提取器:该工艺设备适用于经试验生产后的成熟工艺;可用于常年生产的大品种或大批量集中性生产的品种;及提取次数较多的药材提取;既可适用于老厂生产工艺技术改进,也适用于新厂建设。

如图 2-14 所示,该提取机组通常由 4~9 个单元罐组成,以 7 单元为例,成套设备由

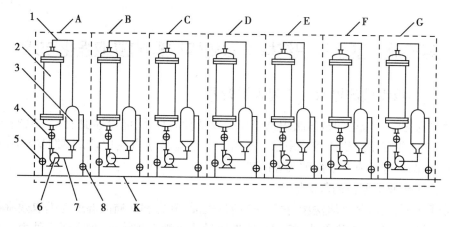

图2-14 动态循环阶段连续逆流提取器

A~G共7个相同的动态循环提取单元组成,通过总管K连接。提取单元A由提取罐2、储液罐3、循环泵6、阀门4,5,8、管道1,7等组成。循环泵6的进口是通过进液管道7和储液罐3的底部相连接,循环泵6的出口是通过阀门4,5分别与提取罐2的下封头和总管K相连接,而提取罐2的上封头则通过管道1和储液罐3连接在一起,储液罐3再通过阀门8和总管K连接起来,管道连接通常采用市面上销售的卡箍式快装接头,方便设备的拆卸和清洗。

如河南某制药厂采用五级加压逆流提取冬凌草的实验证明,五级逆流提取浓度为单罐错流二次提取液的2.9倍,热能单耗降低56.7%,逆流提取的乙醇用量仅为错流提取的1/3左右,单耗降低约40%。

(2)螺旋输送式连续逆流提取装置与工艺:该装置是一种较新型动态提取设备,已获国家专利,如配套冷凝器等辅助设备,可满足溶媒回收要求。

适用于小品种或批量不大的生产品种,或是试验性生产,摸索工艺参数和操作条件等。该装置载热体可为蒸汽、热水、导热油,浸出温度可为60~100℃,物料和溶剂在不断逆流翻动中加热,受热均匀,适用于热敏性药材的提取。整套装置属封闭系统,较适宜于挥发性有机溶媒浸出,亦可用于以水为溶剂的药材浸出。适用于自动化要求较高的新建药厂。

(3)柱组式连续逆流提取装置与工艺:该装置具有高效、低耗的优点,以五级提取单元为例,溶剂对物料的绝对用量为4倍量,比常规提取(按10倍量计)增加1倍的相对溶剂用量,实际节约溶剂达6倍物料重量,降低浓缩能耗50%以上。特别适用于实验室研究提取工艺。为工业生产提供理论依据;适用于小批量贵重药材的提取,或较难浸出需多次提取的药材的提取;亦适用于热敏性药材的提取。

(4)槽式连续逆流提取装置与工艺:此类设备适用于大中型生产品种中药提取生产。因可密闭操作,适用于有机溶媒提取。并且能有效控制浸出温度和搅拌强度,可选择合适的浸出槽级数和药材在各级浸出槽内停留时间,适应大多数中药材的提取。

(5)半逆流多级提取装置与工艺:除了上述连续逆流提取工艺外,亦有企业采用半逆流多级提取工艺。其工艺设备与单罐提取工艺设备基本相同,仅在管道配置上加以调整。该工艺既可单罐生产,也可用于多级浸出工艺的试验或生产,亦可实现连续逆流提取工艺。可适用于常年生产的大品种或者是大批量集中性生产的品种。该工艺优点之一是可利用老厂单级提取生产设备,在管道配置上稍作调整即可实现,尤其适合于老厂生产工艺改进。

第三节　基于组织结构细微粉碎原理的浸取强化技术

一、植物组织破碎提取法及闪式提取器

根据生物化学领域里的常规组织捣碎技术以及食品豆浆、淀粉等加工工艺原理,国内研究人员于1993年提出组织破碎提取法。该提取方法与传统方法比较,主要具有快速高效、无需加热、可保护有效成分不被破坏等优势。

(一) 组织破碎提取法的基本原理

通常情况下,在溶剂提取法中,溶剂、物料的性质,外力和介质的温度对提取效率都有一定的影响。物料颗粒的粒度越小,溶剂与所提取的成分极性越接近,加之适当外力作用与适宜介质温度,越能提高提取效率。组织破碎提取法的基本原理就是在适当溶剂、室温条件下,利用特殊的提取设备使物料高度粉碎,在高速搅拌、振动、负压渗滤这三种外力条件下,所需提取的有效成分被快速转移至溶剂中。

在这一过程中,为了既能充分发挥粒度小易达到组织内外平衡的优势,又不至于因颗粒度太细而影响后期的过滤,在破碎刀具的设计方面控制了破碎颗粒范围在40~60目左右。这样细小的颗粒与溶剂在一起,在高速搅拌与振动下,组织内外的化学成分在极短的时间内即可达到平衡,而药渣在抽滤过程中略经洗滤即可达到提取基本完全的目的。

(二) 闪式提取器

闪式提取器是以组织破碎原理为基础研制的一种新型提取装置,其主要利用高速机械剪切力和强力分子渗透技术,在室温的条件下,植物的根、茎、叶等软、硬原料可被迅速粉碎,使有效成分迅速达到组织内外平衡,从而达到快速提取的目的。与传统方法相比,该装置进行一次提取时间大约30秒左右,故被称为闪式提取器。

1. 闪式提取器的作用原理　闪式提取器的主要作用原理就是内刃的高速旋转与外刃的切割作用同时进行。内刃的高速转动将导致如中草药根、茎等物料快速破碎,已粉碎的物料被内刃中心的强力涡流翻动,外刃对物料起到剪切作用。与此同时,内外刃间将产生涡流负压,这种负压将导致溶剂包围、解离已破碎的物质分子,使物质分子迅速转移到溶剂中。在整个破碎的过程中,提取溶剂与物料颗粒间的化学成分一直进行快速交替,最后粉碎彻底时,提取将达到完全平衡状态。另外,在高速旋转的过程中,闪式提取器能够产生振动,这种振动也能够促进被破碎物料的化学成分达到内外溶解平衡。

2. 闪式提取器的基本结构　闪式提取器(图2-15)主要有三个组成部分:高速电机,破碎提取刀头和控制系统。其工作的关键部件是破碎提取刀头,刀头由两部分组成:内刃和外刃。外刃固定,在高速电机的带动下,控制系统可以调节内刃及其速度,双刃由同心轴连接。内外刃同时配合工作,达到破碎提取分离的目的。闪式提取器的设计吸收并结合了真空、渗透、剪切、流体动力等原理,是技术间组合相承的成果。

3. 闪式提取器的特点　闪式提取器可在室温条件下进行操作,能最大限度地避免对植物有效成分的破坏,在中药、天然药物等物质的提取方面具有以下优势。

(1) 时间短,效率高:与传统方法相比,闪式提取器进行一次提取时间大约30秒左右。

(2) 室温下进行:该仪器在室温下进行提取工作,从而能最大限度地保护有效成分不因受热而破坏。

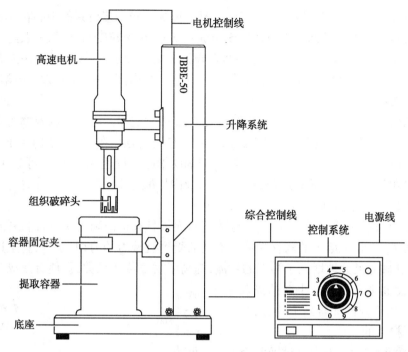

图 2-15　闪式提取器的基本结构图

（3）适用范围广：闪式提取器可以快速提取植物的根、茎、叶等各个部位和多种成分，如糖类、蛋白、多肽、黄酮等。并且其适用于多种溶剂，除乙醚等易燃易挥发溶剂外，可根据被提取的有效部位或化学成分的性质不同，选用丙酮、甲醇、冷（热）水等溶剂进行提取。另外，闪式提取器不仅能提取单品种，还能进行多品种的混合提取。

（4）节约能源：针对不同型号的闪式提取器将配置不同功率的电机。如实验型 JHBE-50A 闪式提取器，配置额定功率为 840 瓦的电机，其进行一次提取仅耗费电量为 0.014 度（1 分钟），而同等功率的回流提取法将耗电 1.68 度（两小时），显而易见，闪式提取器无疑大大地降低了研究和生产的成本。

除此之外，闪式提取器还具有操作简便，安全可靠，环保等优点，作为一种高新技术设备，其被广泛地应用于食品、化工、化妆品、生物技术等领域。

4. 闪式提取器的应用　目前闪式提取器已经被应用于当归中阿魏酸、银杏叶中萜类内酯、绞股蓝总皂苷、积雪草总皂苷等天然药物的提取工艺中。以闪式提取器对芫花叶、长白瑞香叶、柳叶、尖瓣瑞香叶、木瓜叶、算盘子叶等六种植物材料进行提取试验，并与回流提取法进行比较，结果表明，闪式提取器具有快速充分、无需加热、节约溶剂和能源等显著优势。

二、湿法超微粉碎提取技术

采用常规超微粉碎技术，使药材达到细胞级粉碎，然后再加水煎煮的方法，虽然提取效率得到了提高，却往往导致药材微粒在煎煮时由于粒径过小而糊化、粘壁、过滤困难等问题，工艺无法工业化。而湿法超微粉碎技术，可使粉碎与提取一步完成。由于是常温粉碎，可避免淀粉在高温下糊化，以克服细粒径药材煎煮时粘壁、过滤困难等问题。

（一）湿法超微粉碎提取原理及其动力学过程

超微粉碎技术是粉体工程中的一项重要内容，包括对粉体原料的超微粉碎，高精度的分级和表面活性改变等内容。该技术可将中药材从传统粉碎工艺得到的中心粒径150~200目的粉末(75μm以上),提高到中心粒径达5~10μm以下,在该粒度条件下,一般药材细胞的破壁率大于95%。湿法超微粉碎是上述超微粉碎技术的一种延伸,该技术应用强大的机械振动研磨药材动、植物组织,在粉碎的同时使溶剂到达组织内部,使其中有效成分溶于溶剂中,实现快速有效提取。

　　提取的传质过程以扩散原理为基础,符合Fick第一定律。影响提取效率的主要影响因素有三个:扩散速率、传质路径与传质面积。由于有效成分存在于药材的组织内部,当用大颗粒药材提取时,成分要经过溶剂润湿药材、溶剂向细胞内渗透、细胞内部可溶性物质溶解、物质从药材颗粒内部的扩散和从药材表面向溶液内扩散等多个阶段。因此,扩散的阻力大,传质的路径长,传质的面积小。

　　在湿法超微粉碎的过程中,有效成分的溶出除了具有扩散阻力小、溶出路径短、溶出面积大的优势外,吸收了溶剂的药材颗粒还不断的受到机械力的剪切、挤压,直至达到细胞级粉碎,这些机械力极大地增加了溶剂的对流,提高了质量传递系数,促使有效成分迅速的向溶剂转移,使通常需要几个小时的提取过程缩减为几十分钟甚至是十几分钟,大大提高了提取的效率。

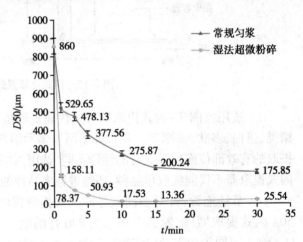

图2-16　常规匀浆与湿法超微粉碎法所得地龙微粒的粒径(D_{50})值比较

　　图2-16所示为0~30分钟地龙常规匀浆和湿法超微粉碎提取的粉碎动力学过程。由该图可知,地龙常规匀浆30分钟所达到的粉碎粒径,湿法超微粉碎法只用不到1分钟即可完成。值得注意的是,湿法超微粉碎15分钟到30分钟之间,粒径出现增大趋势,其原因可能是因为随着粒径减小,粒子表面能增大,出现了聚集、吸附现象。从而提示,粒径大小与成分溶出可能存在一个临界值。

　　图2-17所示为0~30分钟地龙常规匀浆与湿法超微粉碎提取法的蛋白质累积溶出百分率随时间变化的曲线。由此图可知,湿微法0~5分钟可溶性蛋白质成分与溶剂之间浓度差

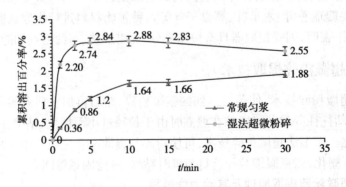

图2-17　常规匀浆与湿法超微粉碎法所得地龙蛋白质累积溶出百分率比较

大,扩散快,蛋白质累积溶出百分率急剧增大;5~10分钟蛋白质累积溶出百分率呈缓慢增加趋势,可能是随着浓度差变小,扩散速度缓慢,蛋白质溶出速度降低;而15分钟后蛋白质累积溶出百分率出现下降,这可能是因为出现了大量过小颗粒,表面能增大,吸附了部分可溶性蛋白,导致蛋白质溶出下降。由该图同样可看出,常规匀浆30分钟蛋白质累积溶出百分率,湿微法1分钟之内即可完成,说明湿微法可以在较短时间内完成地龙蛋白质的提取,并且蛋白质累积百分溶出率明显高于常规匀浆。

（二）影响湿法超微粉碎提取效果的主要因素

湿法超微粉碎时,溶剂的浓度,溶剂的用量,粉碎的时间对提取的效果有着重要的影响,工艺研究可就上述几个因素进行正交考察,其中主要的影响因素如下。

(1) 湿法超微粉碎时间:时间对湿法超微粉碎的影响主要体现在药材颗粒的粒径分布与破碎程度。如分别取麻黄湿法超微粉碎5、10、15、30分钟混悬液样品滴加入粒径分布仪,可发现随时间的增加,粒径越来越小。5分钟时大部分为$100\mu m$以上颗粒,仅有20%左右为$10\mu m$的超微粒度,粉碎10分钟后达30%,30分钟时粒径以$10\mu m$左右均匀分布。

电镜下观察上述样品微观形态可发现:粉碎5分钟的样品麻黄药材细胞结构仍然明显,多为长条形的纤维组织;粉碎10分钟后这种长条形的微粒变少,多为$80\mu m$左右的团状微粒,主要是细胞破壁后的碎片;30分钟时,已少有大颗粒,粒子破碎的比较完全,大小以$10\sim20\mu m$左右的居多。结合麻黄湿法超微粉碎提取率与时间的关系发现,其提取率30分钟比5分钟有所降低。可能是后者粒子的破碎程度较高,比表面积增大,表面能变大,因而对指标成分的吸附力增强,造成提取率下降。

(2) 浸泡时间:中药饮片多为植物或动物的干燥组织,其细胞干枯萎缩,有效的药物成分多已结晶或定形沉淀存在于细胞内,组织外表也变紧密,使水分不易渗入和溶出。因而在湿法超微粉碎之前先用凉水浸泡一段时间,使药材变软,细胞膨胀,有利于有效成分在药材组织内形成高浓度的溶液。如有关研究表明,浸泡能增加指标成分的提取率。其中麻黄浸泡6小时效果最佳,提取率可提高11%。延胡索、丹参均为浸泡2小时效果最佳,提取率分别可提高14%、12%。

(3) 助溶剂:提取溶剂中加酸可促进生物碱的浸出。如研究表明,加入0.001mol/L、0.01mol/L的盐酸可在30分钟分别使麻黄碱的湿法超微粉碎提取率提高8.82%、16.97%,其原因可能是盐酸与麻黄碱反应生成了溶解性的盐。

在提取溶剂中加入适量的表面活性剂,能降低药材与溶剂间的界面张力,使湿润角变小,促进药材表面的润湿性,有利于某些药材成分的提取。表面活性剂对药物的增溶效应主要靠临界胶束的作用,而不同的药物分子结构不同,分子极性不同,因此应根据具体实验体系选择合适的表面活性剂。十二烷基磺酸钠、泊洛沙姆188、司盘-80等几种常用的表面活性剂都能不同程度地提高麻黄、延胡索与丹参等药材中指标成分的提取率,其幅度依药材品种、提取时间而异,一般在10%左右。

（三）湿法超微粉碎设备

湿法超微粉碎设备可在溶剂存在的状态下,对具有不同韧性的物料进行超微粉碎。与传统粉碎设备相比,湿法超微粉碎设备一般具有以下特点:

(1) 模块化设计:粉碎头方便更换,可以实现超微颗粒的分级;

(2) 放热量小:物料经过刀头迅速,停留时间少,发热量降低,物料不易变性;

(3) 刀具耐磨性强:刀头由几百片特殊材料制成,能在粉碎过程中降低磨损量,因而能降低生产成本。

可用于湿法超微粉碎的设备主要有均质机、胶体磨、液流粉碎机等。图 2-18 为均质机的结构简图。均质机主要用于生物技术领域的组织分散、医药领域的物料提取等方面。该装置采用不锈钢系统,可有效地提取分离原材料中的有效成分。物料装在一次性无菌均质袋中,不与仪器接触,满足快速、结果准确、重复性好的要求。均质机由高压泵和均质阀组成。它的主要结构包括:产生高压推动力的活塞泵、一个或多个均质阀以及底座等辅助装置。活塞泵一般有 3 个、5 个或 7 个活塞,多个活塞连续运行以确保产生平稳的推动力。

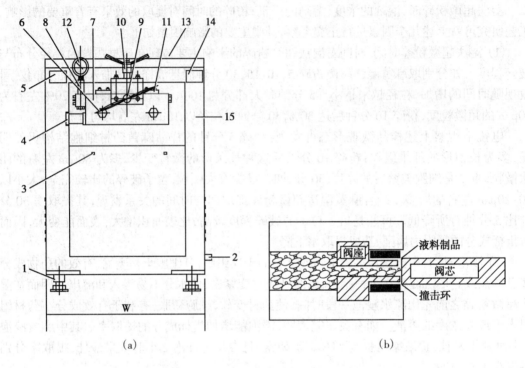

图 2-18 用于湿法超微粉碎的均质机

(a)整机示意图:1.底脚,2.出水口,3.拉把,4.进料口,5.铭牌,6.泵体螺母,7.泵体,8.传压缸,9.高压手轮,10.低压手轮,11.压盖,12.压力表,13.上盖,14.标牌,15.外罩;(b)工作原理图

(四)湿法超微粉碎提取技术的优势及其在天然药物中的应用

与常规提取工艺比较,湿法超微粉碎提取技术具有以下优势。

(1) 提取迅速,提高利用率,无需加热:与传统的机械粉碎不同,湿法超微粉碎技术不发生局部受热现象,在低温条件下粉碎与提取同时进行,可大大减少时间,提高提取效率。

(2) 粒径小且均匀分布:由于其对物料进行微粉化粉碎,所以获得粒径分布均匀的超细粉,微粉的比表面积被增大,同时溶解性和吸附性均得到增加,从而能更好地溶解、分散在溶剂中,无疑也大大提高了药物利用度。

(3) 节约成本、环境污染小:湿法超微粉碎通常情况下在密闭的系统中进行粉碎,不仅避免了微粉对周围环境进行污染的情况的发生,同时也可以防止空气中污染物对药品产生污染。

湿法超微粉碎提取技术在天然药物中的应用主要有以下方面。

(1) 在植物药提取中的应用:文献报道已见有延胡索、麻黄、山茱萸、丹参等采用湿法超微粉碎与回流法等多种常规提取手段比较的研究。总体而言,湿法超微粉碎提取技术作业时间短,效率高,其目标产物的有效成分种类与含量与常规回流相比不存在较大差异,具有工业化生产前景。

(2) 在动物药提取中的应用:蛋白质作为动物药中的主要成分,常存在于复杂的混合体系中,稳定性较差,对温度、pH 值、有机试剂等非常敏感、易于变性。湿法超微粉碎提取技术,可充分保证生物活性物质不受破坏,应用于动物药的提取具有特定的优势。目前已见有用于地龙、全蝎等药物提取的报道。

第四节　微波协助浸取

一、微波协助浸取的作用原理与技术特点

(一) 微波的作用原理

微波是一种频率介于 300MHz~300GHz 之间,波长在 1~1000mm 之间的电磁波。因为微波具有选择性高、穿透性强、反射性强等特点,自 20 世纪 50 年代起,微波就被人们广泛应用,如加热、杀虫、灭菌等。

因为微波场中介质的偶极子转向极化和界面极化的时间要与微波频率保持一致,所以在微波的变频电场中,随着电场方向的改变,极性分子也相应发生旋转、振动等变化,从而导致转动能级发生跃迁,加剧其热运动,即电能转化为热能,这就表现为微波的热效应。实际上,微波的加热方式可以称作内加热,即微波辐射后,极性分子通过分子偶极的高速旋转产生的热效应。相对于内加热来说,传统的热萃取可以看成是外加热,即加热过程只涉及热传导和热对流。内加热的主要特点是速度快,受热温度均匀。微波加热过程是整个物料系统的体加热过程,因此温度上升快,也能做到充分传导和利用能量。

(二) 微波强化浸取过程及其影响因素

微波在天然药物浸取过程中的应用亦被称为微波协助萃取(microwave-assisted extraction, MAE),即在天然药物的提取过程中引入微波场,利用微波的特点达到强化浸出有效成分的目的。近年来,在中药提取方面,微波提取技术被视为一种新型、高效的方法,得到了广泛的应用。

1. 微波技术强化提取过程的作用原理　在传统的天然植物有效成分提取过程中,若想将目标成分从细胞内浸提到液相中,所经过的传质过程主要是液泡和细胞器的膜透过、细胞浆中的扩散、细胞膜和细胞壁的透过。因为浸取主要依赖于细胞壁的渗透作用,如果细胞壁完整地存在,则导致浸提的速度缓慢。若细胞壁遭到破坏,则减小了传质的阻力,目标成分更易溶解到溶剂中,也提高了萃取的速度和效率。MAE 主要就是利用微波的热效应来破坏细胞壁,达到萃取的目的。在微波加热的过程中,细胞内的水分子等极性物质吸收微波,产生热量使温度升高,导致细胞膜和细胞壁被液态水蒸气产生的压力破坏。从而出现孔洞和裂纹,以致于细胞外的溶媒容易进入细胞内与细胞内物质接触,使细胞内的物质被溶解释放,然后可经过进一步的过滤和分离,获得所需物料。

2. 溶剂极性对萃取效率的影响　溶剂的极性对萃取效率有很大的影响。利用微波能从含水植物物料中萃取精油或其他有用物质,一般选用非极性溶剂。这是因为非极性溶剂介电常数小,对微波透明或部分透明。如上所述,微波射线自由透过对微波透明的溶剂,可到达植物物料的内部维管束和腺细胞内,使细胞内温度突然升高。由于物料内的水分大部

分是在维管束和腺细胞内,细胞内温度升高更快,而溶剂对微波是透明(或半透明)的,受微波的影响小,温度较低。

许多实验结果表明,溶剂的介电常数越大,提取率越小。如非极性溶剂正己烷和等体积极性溶剂丙酮混合后,提取率有明显下降。环己烷和二氯甲烷混合也有同样的现象。这也证明了非极性溶剂适用于微波萃取含水物料。

3. 物料性质对微波萃取的影响　因为物料的性质各有不同,所以微波在传递中会产生不同的现象。微波遇到极性物质如水等,会选择性吸收而加热;对于金属材料,电磁场因为不能穿透内部而发生反射;对于某些由非极性分子组成的物质,也可以在一定程度上吸收微波。吸收微波的最好介质是水,因此当微波提取含水的极性化合物时,将显示出明显优势。另外,由于不同物料对微波的吸收能力不同,在整个萃取体系中,可以选择性地加热某些成分,导致其产生能量差,从而达到选择性分离的目的。

(三) 微波协助浸取的技术特点

MAE 是一种新型萃取技术,它是以传统溶剂浸提法原理为基础发展起来的。因为其具有快速、提取效率高、选择性强、重现性好、污染少等优点,所以微波协助提取技术被认为是用于提取天然产物的一种极具发展潜力的新型技术。和其他提取技术相比,该技术具有更广泛的适用范围,并且在设备投资方面更低。微波技术应用于制药分离工程领域所具有的优越性如下:

1. 加热迅速,提取效率高　微波极强的穿透力可使反应物内外同时加热,使反应物本身成为发热体,而非简单的热传导过程,加热均匀,迅速,简单,高效。但热敏性成分不适用于微波加热法萃取。

2. 均匀性高　在常规的干燥过程中,以升高外部温度的方式提高干燥速度,易使被干燥物料(如药丸等)表面形成一层硬壳。微波加热可克服这一弊端,它是内外同时加热,电磁波可均匀渗透物料。

3. 选择性好　微波提取技术可以对物料体系中的不同组分进行选择性加热,以达到选择性溶出的目的。不仅能保证目标组分的纯度,同时还可在同一装置中利用不同的提取剂进行不同成分萃取,从而降低工艺费用。

4. 节能高效　微波通过分子极化或离子导电效应直接作用于物料,与常规的方法相比,可大大减少热能的损失,也缩短了时间。与远红外相比,节电30%;与超声提取法相比,时间缩短几十倍、几百倍甚至几千倍。

5. 溶剂选择多,用量少　微波提取不受溶剂亲和力的限制,因此溶剂选择性多,也可减少用量。

6. 工艺先进、简单方便　设备即开即用,微波功率、传输速度均可调控,无热惯性。安全可靠,无污染。如果用于大生产,生产线组成简单,可节约投资。

MAE 虽然具有效率高,选择性强等优点,但也具有一定的局限性。如微波提取不适用于一些具有挥发性或热敏性成分的中药材;提取介质的极性对提取效果也有很大的影响;同时,在放大生产过程中,微波对人体健康也有一定的影响,微波的泄漏与防护等问题需要引起关注。

二、微波协助浸取的工艺流程与设备

(一) 微波协助浸取的工艺流程

微波协助浸取的基本工艺流程如图 2-19 所示。

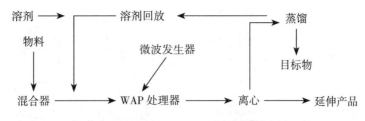

图 2-19 微波协助浸取的基本流程图

1. 微波提取方法　主要可分为常压法、高压法和连续流动法。

（1）常压法：常压微波提取指在敞口容器中提取。主要优点是容量大，价格低，安全操作；不足之处是容易污染原料药，不适用于含有挥发性有效成分的提取，提取有时不完全。

（2）高压法：高压微波提取应用比较普遍，其在封闭容器中进行操作。如在消解某些酸时，高压可以提高酸的沸点，产生的高温也可以使反应速度加快，并且酸也不会出现损失的现象，节约用量。

（3）连续流动提取法：其方法主要是将微波消解与流动注射结合起来，目前主要用于提取谷物、牛奶中的维生素。

2. 操作步骤　通常情况下，MAE 的操作步骤一般分为以下几步：

（1）切碎物料，目的是使其能更充分地吸收微波。

（2）用适宜的溶剂混合物料，放置于微波设备中，进行照射。

（3）除去提取液中的杂质。

（4）获得所需的有效成分。如有需要，可通过反渗透，色层分离等方法从提取液中离析所需有效成分。

（二）微波协助浸取的设备

1. 实验室微波提取装置　普通家用微波炉是实验室用于微波提取的最早装置。目前，在实验室中应用的微波提取装置主要有两种，即多模腔体式和单模聚焦式。

（1）多模腔体式 MAE 装置：主要由美国的 CEM 公司和意大利的 Milestone 公司生产，主要优点是可以一次性进行多个样品的萃取，可以自动调节温度和压力，提取时间短，但这类装置的价格偏高。

（2）单模聚焦式 MAE 装置：主要由法国 Prolabo 公司生产，主要优点是可以选定功率和时间，无需考虑控温和控压，进样量大，不足之处是一次只可以提取一种样品，提取时间较长。

2. 工业化生产的微波提取设备　用于工业化生产的微波提取设备一般应具备的条件有：①要有足够大的微波发生功率，一般情况下，要配备相应的温控装置；②设备整体结构要设计合理，易于拆装和运输，可以连续运转，便于操作；③操作安全，微波泄漏指标要符合具体要求。

总体上说，MAE 装置主要由微波加热装置，提取容器和用于选择功率，控温控压等的附件组成（图 2-20）。提取罐一般是密闭容器，主要是用四氟乙烯等材料制成，其特点是密封性良好，微波可自由通过，同时能耐高压高温，不与溶剂发生反应。

三、微波协助浸取的主要工艺参数

MAE 技术的工艺参数主要有微波功率、提取溶剂、提取时间、提取温度等。在提取过程中，提取剂、温度和时间、溶剂的 pH 值、微波剂量、试样中水分的含量以及操作压力都对提

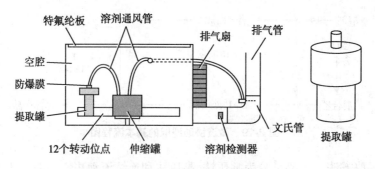

图 2-20　微波协助浸取装置

取结果有不同程度的影响。研究表明,在这些影响因素中,提取剂的选择至关重要。

1. 提取剂　在进行提取操作时,要尽可能选择介电常数相对小的介质,这些介质对微波来说呈现透明或者半透明状态。与此同时,还要选择那些对于物料组分的溶解性能较好的溶剂,这样才能不妨碍后续的操作过程。通常情况下,应用较多的无机微波提取剂有盐酸、磷酸、硝酸、硫酸等;有机微波提取剂有苯、甲酸、醋酸、丙酮、二氯乙烷;混合溶剂系统有正丁烷 - 丙酮、二氯甲烷 - 甲醇、水 - 乙苯等。

提取剂的选择原则一般可概括为:①根据基体的不同性质,选择相应的萃取剂;②物料中若含有挥发性或者不稳定的成分,要选择对微波具有高度透明性的溶剂,如正己烷;③如不需要这类挥发性或不稳定的成分,则选用对微波具有部分透明性的溶剂,如此一来,这类萃取剂就能部分将微波能化为热能,继而无用的成分被挥发除去。

2. 提取温度与作用时间　微波提取连续辐照(投射在单位面积上的辐射能量)时间与样品的质量、加热时的功率和溶剂的体积均有联系,一般情况下是 10~100 秒,针对于不同的试样,最佳作用时间也是不同的。如果辐照时间过长,会升高溶剂的温度,浪费原料,也会损失有效成分,使产率下降。如利用微波技术提取葛根总异黄酮,当功率固定为 750W 时,随着微波辐照时间增加,物料和溶剂的温度也随之增加,总异黄酮的浸出率也有所提高,66℃时,浸出率达到最高。但是随着温度继续升高,浸出率却出现下降的现象,这主要是由于葛根淀粉的糊化温度是 59~69℃,温度增高,淀粉开始糊化,间接使溶液的黏度增加,淀粉糊吸附部分黄酮,因此提取率也减少。

一般情况下,药材浸泡的时间越长,提取效果越好。但是针对于某些特殊药材,长时间的浸泡可能导致药材发生水解等反应,使提取效率下降。如用 MAE 提取薄荷挥发油的实验结果表明,浸泡时间较短,提取的挥发油的量较少;随着浸泡时间增加,挥发油的溶解量也随之增加。

3. 溶剂的 pH 值　溶剂的 pH 值对提取效果有一定影响。如用 MAE 技术浸提桔皮滤渣,并用乙醇沉析以得到果胶。结果显示当 pH 处于 2.0~2.5 之间,果胶提取率最高。pH 过低时,酸度过大,果胶大量发生水解和脱酯降解,致使提取率较低;酸度过低,果胶质水解转移不完全,果胶提取率也低。

4. 试样的湿度或水分　因为水的介电常数较大,可有效将吸收到的微波能转化为热能,因此,试样的含水量很大程度上会影响萃取率。可用增湿的方法增加物料的含水量,从而提高对微波能的吸收。除此之外,试样的含水量对萃取时间的长短也有影响。应根据待处理物料特性的不同,通过实验优化工艺条件。

5. 微波剂量　选择微波剂量的主要目的就是最大限度地获取目标成分,通常情况下,选择 200~1000W 之间的微波功率,2000 到 300 000Hz 的频率。

实际上,微波剂量与连续辐照时间有关。如果辐射的时间过长,将升高系统的温度,因此微波连续辐射时间不宜过长。即使对于非极性溶剂,如果辐射时间过长,溶剂与含水物料之间亦将发生传热反应,从而温度升高,导致溶剂剧烈沸腾。这不仅浪费溶剂,更重要的是会损失已溶入溶剂中部分溶质,降低提取率。

四、微波协助浸取在制药工程中的应用

目前,微波已被广泛应用于中药及天然药物的有效成分提取过程,所报道的药物成分类型主要有黄酮类、萜类、苷类、挥发油、多糖等。

1. 黄酮类　如用 77% 乙醇、固液比为 1:14,在体系温度低于 60℃ 的前提下,微波间隙处理 3 次,葛根总黄酮的浸出率达到 96% 以上。与传统的热浸提相比,不仅产率高,而且速度快、节能。再如以水为介质,在萃取前对银杏叶、水混合液进行短时间的微波处理,在固液比为 1:30 的条件下,仅用 30 分钟即可达到 62.3% 的提取率,与传统乙醇 - 水浸提 5 小时的效果相近,该法开辟了以水为溶剂提取银杏黄酮的新途径。

2. 苷类　如以 MAE 法提取高山红景天苷,不仅提取率高、提取时间短,并且可显著降低提取液中杂蛋白的含量。再如以 MAE 法提取重楼皂苷,微波辐射 5 分钟的效果与常规加热 2 小时相同,而且杂质含量少。此外,分别以正丁醇 - 水及水为萃取剂,用微波提取三七中有效成分人参皂苷 Rg_1、长叶斑鸠菊叶 V. esculenta Hemsl. 中的环烯醚萜苷等也具有快速、有效的特点。此外,尚有用微波法从甘草中提取甘草酸的报道等。

3. 多糖　用微波技术从马齿苋中提取多糖和黄酮,时间可缩短 12 倍,多糖含量由传统方法的 6.28% 提高 8.93%,黄酮含量为 5.79%。提取海藻多糖的实验表明,经 20 秒连续微波处理后,海藻糖酶已被灭活,从而防止了海藻糖的降解。此外,亦有用微波技术提取刺五加多糖、红景天多糖等的报道。

4. 萜类　以 MAE 法提取紫杉中的紫杉醇,用 95% 的乙醇可得到与传统纯甲醇提取法相同的得率。微波提取丹参中的丹参酮 II_A 等成分,仅需连续辐照 2 分钟,可避免丹参酮类成分长时间处于高温下造成的不稳定、易分解问题。同样的提取率,室温浸提、加热回流、超声提取和索氏抽提所需的时间分别为 24 小时、45、75、90 分钟。

5. 挥发油　微波提取挥发油的报道较多。如将剪碎的薄荷叶经微波短时间处理后,薄荷油释放到正己烷中。显微镜观察表明叶面上的脉管和腺体破碎,说明微波处理有一定的选择性,因为新鲜薄荷叶的脉管和腺体中包含水分,因此富含水的部位优先破壁。与传统的乙醇浸提相比,微波处理得到的薄荷油几乎不含叶绿素和薄荷酮。20 秒的微波诱导提取与 2 小时的水蒸气蒸馏、6 小时的索氏提取相当,且提取产物的质量优于传统方法的产物。

此外,以微波法提取马郁兰油产量较高,其原因是微波作用具有的选择性尤其对萜烯等成分很有效;用微波萃取鱼肝油与一般的提取方法相比,脂溶性维生素破坏较少;应用微波萃取大蒜油,在接近环境温度的情况下,萃取时间短,得到的萃取成分重复性佳,产品质量均一,热敏性成分损失少。微波萃取还用于从莳萝籽、蒿、洋芫荽、茴香、甘牛至、龙蒿、牛膝草、鼠尾草、百里香等物料中提取挥发性成分,其质量相当或优于溶剂回流、水蒸气蒸馏、索氏提取和超临界二氧化碳萃取的同类产品,而且具有操作方便、装置简单、提取时间短、提取率高、溶剂用量少、产品纯正等优点。

在挥发油微波提取过程中要注意几个问题:①不同植物的挥发油不同,其对应的最佳的

微波功率是不同的;②微波辐射的时间不能过长,长时间的微波辐射可能使挥发油中不稳定的成分降解;③微波功率不能太高,这样挥发油可能来不及冷凝就逸出了,导致挥发油产量的降低。

6. 果胶 依据原果胶在稀酸及加热下水解成可溶性果胶原理,可用微波技术萃取植物果胶。在 MAE 条件下,桔皮中果胶的提取是一快速的组织崩解过程,这一过程使提取时间由通常的 1 小时以上缩短到 5 分钟,且果胶得率和品质提高。桔皮用微波加酸液提取果胶,与传统法相比,工时缩短 1/3 左右,乙醇用量节约 2/3,且耗能低,工艺操作容易控制,劳动强度小,产品质量有保证,在色泽、溶解性、黏度等方面更佳。

7. 生物碱 微波法以水为溶剂提取白屈菜中生物碱、木贼麻黄中麻黄碱,以及从千里光、烟草、古柯叶等植物中以微波提取生物碱亦见有报道。

8. 其他成分 尚见有报道运用微波法提取黄花蒿中的青蒿素、大黄中游离蒽醌等。

第五节 超声波协助浸取

一、超声波协助浸取的作用原理与技术特点

超声波是指频率高于 20kHz 的一种弹性机械波,其主要特征为:①波长短,可近似看成直线传播;②振动剧烈,能量集中,可产生高温。正因为超声波具有一些特殊的物理性质,随着科学的发展,超声技术已经被应用到各个领域中,如工业上,人们可以用超声波进行清洗、干燥、杀菌等工序。近年来,人们越来越多地关注超声波技术在中药及天然药物提取工艺中的应用。超声波产生的振动、空化效应、热效应等增加了溶剂的穿透力,可使有效成分加速溶出,大大减少提取时间,提高提取效率。

(一)超声波的作用原理

超声波协助浸取主要就是利用超声波特殊的物理性质来进行中药材的提取。具体地说,超声波产生的空化效应、热效应和机械效应可以提高介质分子的运动速度、增大介质的穿透力,从而有利于中药及天然药物有效成分被快速提取。

1. 空化效应 通常情况下,一些微小气泡存在于介质内部中,当超声波作用于介质时,一部分尺寸适宜的气泡将发生共振现象。在超声的作用下,比共振尺寸大的气泡将逸出介质外,小于共振尺寸的气泡逐渐变大,最终接近共振尺寸。在声波的稀疏段期间,气泡迅速增大;声波的压缩段时,气泡突然被压缩至闭合,在闭合的过程中将产生几千个大气压的压力,可能伴有放电、发光等现象,这就是超声波的空化效应。这种空化效应可以使植物细胞壁甚至是整个生物体发生破裂,并且瞬间完成破裂的全过程,达到迅速溶出有效成分的目的。

超声空化作用瞬间温度可高达 5000℃,脉冲压力达 $5×10^4$kPa,脉冲的持续时间很短,涉及声化学、光化学等作用,产生巨大能量。其参与化学反应的几种能量形式如图 2-21 所示。

2. 热效应 和其他的物理波一样,在介质中超声波的传播也是一个传播和扩散能量的过程。也就是说,在超声波的传播过程中,其声能不断被介质的质点吸收,所吸收的能量被介质大部分甚至全部转变成热能,从而提高了介质本身和药材组织的温度,增大了药物有效成分的溶解速度。由于这种吸收声能引起的药物组织内部温度的升高是瞬间的,因此可使被提取成分的生物活性保持不变,同时这种因吸收声能而升高的温度呈现稳定状态。

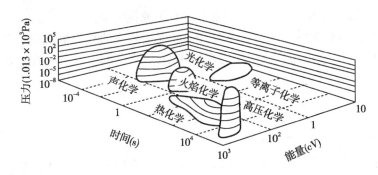

图 2-21　超声空化作用参与化学反应的几种能量形式

3. 机械效应　超声波在介质中的传播是机械振动能量的传播,其在介质中有效地进行搅动和流动,强化介质的扩散和传播,从而使介质中的颗粒被粉碎,这就是超声波的机械效应。在传播过程中,超声波会产生一种辐射压强,可以强力破坏物料结构,使细胞组织发生形变;同时,它还可以导致介质和悬浮体产生速度差,使两者之间因为运动速度不同而产生摩擦,生物分子在这种摩擦力的作用下发生解聚,促进有效成分从细胞壁上溶解到溶剂之中。

除上述的三种作用外,超声波还有四个附加效应,即湍动效应、微扰动效应、界面效应和聚能效应。这些效应共同作用,促进了有效成分在介质中的溶解,从而整体上加速了提取过程,使提取效率大幅度提高。

(二) 超声波强化浸取过程

1. 固 - 液提取　固 - 液提取即用合适的溶剂从固态物料中提取有用成分,传统方法系采用热处理或机械搅拌来加强这一过程。现已发现超声波能显著强化和改善提取过程。超声的微扰效应增大了溶剂进入提取物细胞的渗透性,加强了传质过程;超声的另一作用是超声空化产生的强大剪切力能使介质细胞壁破裂,使细胞容易释放出内含物。超声强化固 - 液提取过程主要就是通过质量传递和使细胞发生破裂而完成的。超声提取比常规的热提取更有效,并且缩短了提取时间,大部分物质在较短时间内就被提取出来。

2. 液 - 液萃取　液 - 液萃取涉及两个互不相溶的有机相(非水相)和水相之间的质量传递过程。超声波的空化作用所引起的界面效应可增加两相间的接触面积,而空化崩溃时冲击波引起的湍动效应可消除两相交界的阻滞,从而提高了液 - 液萃取速率。对于一般受传质速率控制的液 - 液萃取体系来说,超声波的作用十分显著。

(三) 超声波协助浸取的特点

1. 不需高温,能耗低　超声波提取中药材的最佳温度为 40~60℃,尤其适用于提取热敏性、易水解或氧化的药材;超声提取过程中,无需加热或加热温度较低,因此可降低能耗。

2. 提取时间短　超声波强化提取在 20~40 分钟内即可获得最佳提取率,所需时间是水煮、醇沉法等传统方法的三分之一甚至更少,但是提取量却是传统方法的二倍以上。

3. 提取效率高　具有特殊的物理性质的超声波可以使植物细胞组织破壁或发生形变,从而充分提取中药材的有效成分。与传统工艺相比,提取率显著提高达 50%~500%。被提取出的药液的杂质较少,提取物的有效成分含量高,利于进一步分离、纯化有效成分。

4. 适应性广　超声波提取中药材不受药材成分极性、分子量大小的限制,适用于绝大多数种类中药材的各类成分的提取。操作简单易行,设备维护、保养方便。

5. 对酶的特殊作用　低强度的超声波可以提高酶的活性,促进酶的催化反应,但不会破坏细胞的完整结构;而高强度的超声波能破碎细胞或使酶失活。

中药中存在大量有生物活性的苷类及许多能促进相应的苷酶解的酶。因此,如何在药物有效成分的提取中,利用超声波对酶的双向作用,解决由酶引起的种种问题,有待于今后进一步的研究。

二、超声波协助浸取的工艺流程与设备

(一)超声波协助浸取的工艺流程

超声波协助浸取的工艺流程如图 2-22 所示。其中换能器振子的工艺指标要求:环境温度在 −20~40℃之间;大气压力为 86~106kPa 之间;电源电压在 220V±10%,50Hz±1% 时正常工作。

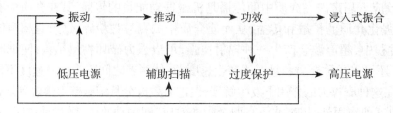

图 2-22　超声波协助浸取的工艺流程图

通常情况下,利用超声技术提取,操作步骤一般包括以下几步:①将药材破碎;②将药材与溶剂充分混合,放于超声设备中,进行超声;③从提取相中除去残渣;④获得有效成分后根据具体情况,确定是否继续分离。

(二)超声波协助浸取的设备

超声提取器的用途很多,主要可以用于生物和植物细胞的破碎、中草药有效成分的提取等。除此之外,还可用于低能量状态下激活细菌、DNA 的提取和剪切、基因导入等。超声波设备的基本构造如图 2-23 所示,主要包括超声波发生器(超声频电源)、换能器振子和处理容器三部分。

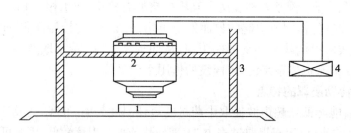

图 2-23　超声波协助浸取装置的基本构造
1. 反应台, 2. 超声波发射器, 3. 金属支架, 4. 变压器

1. 超声波发生器　主要用于电信号的转化,同时驱动换能器振子发出超声波。

2. 换能器振子　用于发出超声波的装置。通常分为两种,一种是展宽喇叭形夹心式压电换能器,主要优点是面积大、性能稳定、低成本;不足之处是功率太小。另一种是聚焦式换能器,优点是顶端能产生较强的超声能量;不足之处是作用面积小,自身产热太大,导致无法长时间运行,成本高,因此不适用于工业化生产应用。

3. 处理容器　用于盛装被超声的物质,如中药材和溶媒两者的混合物。作为提取设备,

形状须为内壁圆滑的圆形管或罐。

实际生产中,超声波提取器的常见机型如表2-2所示。

表2-2　超声波提取机常见机型

	THC-2B	THC-5B	THC-10B	THC-20B	THC-30B	THC-50B	THC-100B
外形尺寸 L×W×H mm	360×300× 650	420×300× 750	650×400× 750	700×550× 850	800×500× 850	960×650× 1000	1200×650× 1200
超声功率 W	400	1000	1200	1500	2500	3000	6000
功率调节 kHz	连续可调						
超声频率 kHz	20/28/40 单频或双 频任选	20/28/40 单频或双 频任选	20/28/40 单频或双 频任选	20/28/40 单频或双 频任选	20/28/40 单频或双 频任选	20/28/40 单频或双 频任选	20/28/40 单 频 或 双 频 任选
搅拌电机 功率 W	80	80	150	150	150	200	300
最大加热 功率 W	260	500	600	800	1000	1800	2600
可控温 度℃	室温~80℃ 可调						
材质			主体部分为 SUS304 不锈钢				
容积 L	2	5	10	20	30	50	100
循环过滤 系统	选配	选配	选配	选配	选配	选配	选配

三、超声波协助浸取的主要工艺参数

1. 超声波的频率　超声波的作用原理主要有热效应、机械效应和空化效应,这些效应相互之间关联很大,利用对超声波频率的控制,可以增强某一效应对提取过程的影响,同时减弱其他效应的影响,从而提高提取效率。

许多实验研究表明,超声波的频率对提取工艺的影响显著。对于大多数药材来说,超声波的频率越高,提取率越低;但在提取益母草总生物碱时,提取率却随着超声波频率的增大而增大。从而提示,不同的有效成分各有其提取的适宜频率。

2. 超声波强度　超声波的强度对超声波与介质之间的相互作用起决定性的影响。如在提取党参皂苷的实验中,$0.28W/cm^2$ 的低强度超声法提取的粗品量是常规法的近两倍;而用不同强度超声提取大黄蒽醌,提取率随超声强度变化不大。超声波的强度与频率相关,频率越高,获得的强度越大。在提取时,超声波频率有一个变化范围,因此在提取过程中应控制适当的超声波强度。

3. 超声时间　超声提取比常规提取时间短,一般超声处理时间在20~45分钟可获得较好的提取效果。超声作用时间的影响取决于不同药物的各自性质,主要存在三种情况:①对于某些成分,超声时间越长,提取率越高,如绞股蓝皂苷;②随着超声时间的延长,提取率不断增高,但当达到一定时间后,超声时间再延长,提取率的增高呈缓慢趋势,如大黄蒽醌;③随着超声时间的延长,提取率不断增高,但当达到一定时间后,超声时间再延长,提取率反而减小,如益母草总碱。其原因可能是长时间作用下,有效成分分解或杂质增加导致有效成分含量下降。

4. 溶剂浸渍时间　为了提高提取效率,常在施加超声波前,先用一定量的溶剂将药材浸渍一段时间,使有效成分在溶剂中的溶解度增加。浸渍时间可根据不同药材的特性适宜控制。一般来说,应将药材浸泡至透心为度。时间过短,溶剂不能深入药材组织内部,有效成分不能充分提取;时间过长,药材组织中的黏液质、糖类会扩散至药材表面,导致溶剂不能进入组织内部,影响有效成分的提出率。不同药材的浸渍时间可通过实验来确定。如用0.5%的硫酸溶液对黄柏小片分别浸泡12小时、24小时、36小时、48小时后,然后再用20kHz的超声处理30分钟,最终结果显示浸泡时间不同,提取率也不同,浸泡24小时的小檗碱的提取效率最好。

5. 溶剂的选择　在提取过程中,应根据有效成分的性质来选择溶剂,如有效成分为水溶性,则选用水为提取溶剂;如提取生物碱类物质时,则可将其与酸反应生成盐来提取。

6. 温度的选择　超声波能产生热效应,且介质的温度对空化作用的强度也有一定影响。适当增加温度有利于提高溶剂的溶解度,但温度过高反而导致溶剂挥发,浓度变小。所以温度也是影响提取工艺的重要参数。当以水为介质时,超声波提取的温度宜控制在60℃;当采用其他溶剂时,提取的温度可通过实验来确定。

7. 占空比　占空比是超声波工作时间与脱气时间之比,对于间歇式超声波提取器来说,工作一段时间后要进行脱气,因此占空比也是超声波提取的影响因素之一,其对控制液体中的空化现象及附加作用有明显影响。

四、超声波协助浸取在制药工程中的应用

目前,超声波提取技术已在中药及天然药物提取分离工艺中得到应用,其适用目标产物包括生物碱类、黄酮类、蒽醌类、苷类、皂苷类、多糖等。

1. 生物碱类化合物　从黄连根茎中提取小檗碱,将20kHz超声波处理30分钟与酸浸泡24小时、碱性浸泡时间24小时的提出率作比较,结果表明超声法的提出率最高,杂质含量亦较少。其提取物经核磁共振波谱仪等证明,超声波对小檗碱的结构没有影响。

用超声波从曼陀罗、萝芙木、吐根、耶仆兰胡椒、金鸡纳、天麻、颠茄、罂粟、马钱子、益母草、北草乌、延胡索等植物中提取各种生物碱均可得到同样的效果。

2. 苷类化合物　由于苷类常与能水解苷的酶共存于植物细胞中,因此在提取苷时,必须设法抑制和破坏酶的活性,超声波可起到这种作用。从黄芩根茎中提取黄芩苷,应用20KHz、0.5W/cm² 超声波处理10分钟的提出率就高于煎煮3小时的提出率。亦有报道用超声波提取刺五加的紫丁香苷、侧柏叶的槲皮苷、鹿衔草的熊果苷等。

3. 蒽醌类化合物　对含有蒽醌苷类衍生物的何首乌、大黄、番泻叶等采用超声提取,可避免蒽醌类物质因久煎而破坏。

4. 黄酮类化合物　用超声波提取银杏叶、槐米,在相同温度、相同时间下所得黄酮苷、芸香苷提取率,与常规方法相比大大提高。超声波亦可提取山楂、水芹等中的总黄酮。

5. 皂苷类化合物　应用超声波提取西洋参、白头翁、绞股蓝、党参、刺五加等中的皂苷类物质,与传统方法相比,也具有省时、节能、杂质少、提出率高等优点;并可避免常规提取方

法所出现的乳化问题。

6. 多糖类物质 超声波可激活某些酶与细胞参与的生理生化过程,通过改变反应物的质量传递机制,提高酶的活性,加速细胞的新陈代谢。与传统工艺相比,超声波催化酶法提取虫草多糖、香菇多糖、猴头多糖等真菌多糖,操作简单,提出率高,反应过程无副反应发生。此外,超声波还可用于提取多种葡聚糖及金针菇多糖、灵芝多糖、芦荟多糖、海藻多糖、枸杞多糖、茯苓多糖等。

7. 芳香油类物质 超声波可明显提高缬草精油、桔皮精油的提出率。但必须防止由于超声空化作用使得不挥发组分进入溶剂,而对目标产物纯度造成的影响。

8. 其他成分 中药及天然产物中的氨基酸、蛋白质、酶等成分,也可应用超声波进行提取。超声波用于淀粉的降解,可显著增加淀粉在水中的溶解度而保留明显的淀粉特征,但超声波多次处理后酶活性有所降低。

(阎雪莹)

参 考 文 献

[1] 刘延泽.植物组织破碎提取法及闪式提取器的创制与实践.中国天然药物,2007,5(6):401-407

[2] 郭立玮.中药分离原理与技术.北京:人民卫生出版社,2010

[3] 张兆旺.中药药剂学.北京:中国中医药出版社,2003

[4] 李赛君,王凡,赵晶晶,等.黄连与甘草化学成分的相互作用研究之一:混浊汤剂中沉淀部分的成分研究.光谱学与光谱分析,2007,27(4):730

[5] 褚襄萍,徐朝晖,邱明丰,等.药对麻黄地龙单煎合用与合煎的比较.中成药,2007,29(5):777

[6] 胡兴江,贺庆,程翼宇.HPLC-MS研究丹参与丹皮配伍的化学成分.药物分析杂志,2007,27(5):621

[7] 刘振洋,刘延泽,刘改岚,等.绞股蓝总皂苷的闪式提取和纯化工艺研究.中草药,2009,40(7):1071-1073

[8] 张英,俞卓裕,吴晓琴.中草药和天然植物有效成分提取新技术——微波协助萃取.中国中药杂志,2004,29(2):104-108

[9] 周荣,王艳,任吉君,等.MAE法萃取薄荷挥发油的研究.云南农业大学学报,2010,25(5):747-750

[10] 梁志鸿,刘晓红,李建敏.从桔皮中微波提取果胶及分离.南昌大学学报(理科版),2011,35(6):550-554

[11] 郭孝武.超声提取分离.北京:化学工业出版社,2008

[12] 白中明.工业化超声波中药提取装备研究.中草药,2005,36(8):1274-1276

[13] 韩丽.实用中药制剂新技术.北京:化学工业出版社,2003

第三章 基于场分离原理的分离技术

关于场分离原理的基本概念已在第一章第三节做过介绍。场是以时空为变量的物理量,为物质存在的一种基本形式,它是一种特殊物质,看不见摸不着,但确实存在。随着人们对场的属性认识的不断加深,基于场的应用技术越来越受到人们的重视。而与其他分离技术相比,场分离技术具有设备简单、易于实现等优势,故在医药分离中被广泛采用。本章主要讨论建立在重力场、离心力场与电场上的分离技术,如沉降分离、筛分与过滤、电泳等;基于场分离原理的膜分离技术将在第四章进行介绍。

第一节 沉降分离

沉降分离系在某种力场中由于非均相物系中分散相和连接相之间存在密度差异,在力的作用下使之发生相对运动而实现分离的操作过程。从原理的角度来看,沉降分离就是场分离原理用于密度差物质的分离技术。实现这种分离的作用力可以为重力,亦可以为离心力,因此有重力沉降和离心沉降两种方式。

一、重力场分离技术

(一)重力场分离的原理

重力场是指地球重力作用的空间。在该空间中,每一点都有唯一的一个重力矢量与之相对应。在各种力当中,如果作用于物体的驱动力主要是重力,就称之处于重力场。这时,重力作用于物体使之移动,同时物体需要推开包裹于周围的流体才能前进,所以物体还会受到来自流体的阻力。

1. 球形粒子重力沉降速度 沉降粒子的受力情况如图3-1所示。

设球形粒子的直径为d,粒子的密度为ρ_s,流体的密度为ρ。则重力F_g、浮力F_b和阻力F_d分别为:

$$F_g = \frac{\pi}{6}d^3\rho_s g \qquad (3-1)$$

$$F_b = \frac{\pi}{6}d^3\rho g \qquad (3-2)$$

$$F_d = \zeta A \frac{\rho u_t^2}{2} \qquad (3-3)$$

式中,A为沉降粒子沿沉降方向的最大投影面积,对于球形粒子$A=\frac{\pi}{4}d^2$,m^2;u_t为粒子相对于流体的降落速度,m/s;ζ为沉降阻力系数;g为重力加速度。

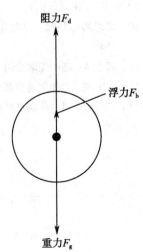

图3-1 沉降粒子的受力情况

沉降过程一般存在两个阶段,(1)加速阶段,由牛顿第二定律:$F_g-F_b-F_d=m\alpha$ 开始时 $u=0$,阻力 $F_d=0$,$F_g>F_b$,α 最大。

(2)匀速阶段:$F_g-F_b-F_d=0$,则:

$$\frac{\pi}{6}d^3g(\rho_s-\rho) - \zeta \cdot \frac{\pi}{4}d^2\left(\frac{\rho u_t^2}{2}\right) = \qquad (3-4)$$

沉降速度 u_t 为:

$$u_t = \sqrt{\frac{4dg(\rho_s-\rho)}{3\rho\zeta}} \qquad (3-5)$$

对于微小粒子,沉降的加速阶段时间很短,可以忽略不计,因此,整个沉降过程可以视为匀速沉降过程,加速度 α 为 0。

2. 阻力系数 ζ ζ 是粒子与流体相对运动时,以粒子形状及尺寸为特征量的雷诺数 $Re_t=\frac{du_t\rho}{\mu}$ 的函数,一般由实验测得。由于阻力系数 ζ 与粒子的形状有关,须引入粒子的球形度(或称形状因数)的概念,球形度 ϕ_S 系指一个任意几何形状粒子与球形的差异程度:

$$\phi_S = \frac{S}{S_p} \qquad (3-6)$$

式中,S_p 为任意几何形状粒子的表面积,m^2;S 为与该粒子体积相等的球体的表面积,m^2。

图 3-2 为几种不同 ϕ_S 值粒子的阻力因数 ζ 与 Re_t 的关系曲线,对于球形粒子($\phi_S=1$),此图可分为三个区域,各区域中 ζ 与 Re_t 的函数关系可表示为:

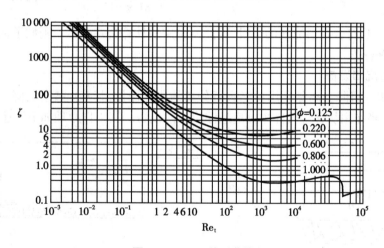

图 3-2 ζ-Re_t 关系曲线

层流区 $\qquad\qquad\qquad \zeta = \frac{24}{Re_t}, \quad 10^{-4}<Re_t<1 \qquad (3-7)$

过渡区 $\qquad\qquad\qquad \zeta = \frac{18.5}{Re_t^{0.6}}, \quad 1<Re_t<10^3 \qquad (3-8)$

湍流区 $\qquad\qquad\qquad \zeta=0.44, \quad 10^3<Re_t<2\times10^5 \qquad (3-9)$

上述三个区域又依次称为斯托克斯定律区、艾仑定律区、牛顿定律区。由相关公式可推导得各区域的沉降速度公式:

层流区 $\qquad\qquad\qquad u_t = \frac{d^2(\rho_s-\rho)g}{18\mu}, \quad 10^{-4}<Re_t<1 \qquad (3-10)$

过渡区
$$u_t = 0.27\sqrt{\frac{d(\rho_s-\rho)g}{\rho}Re_t^{0.6}}, \quad 1 < Re_t < 10^3 \qquad (3-11)$$

湍流区
$$u_t = 1.74\sqrt{\frac{d(\rho_s-\rho)g}{\rho}}, \quad 10^3 < Re_t < 2\times10^5 \qquad (3-12)$$

分别称为斯托克斯公式、艾仑公式、牛顿公式。由此三式可看出,在整个区域内,u_t与d、$(\rho_s-\rho)$成正相关,d与$(\rho_s-\rho)$越大则u_t越大;在层流区由于流体黏性引起的表面摩擦阻力占主要地位,因此层流区的沉降速度与流体黏度μ成反比。

3. 非球形粒子的自由沉降速度　粒子的几何形状及投影面积A对沉降速度都有影响。粒子向沉降方向的投影面积A愈大,沉降阻力愈大,沉降速度愈慢。一般对于相同密度的粒子,球形或近球形粒子的沉降速度大于同体积非球形粒子的沉降速度。

例 3-1 试计算球形固体粒子在空气中的沉降速度。固体粒子密度为3500kg/m³,直径为25μm,空气密度为1.205kg/m³(20℃),黏度为1.81×10⁻⁵Pa·s。

解:采用试差法计算。先假设粒子运动处于层流区,选用斯托克斯公式进行计算:

$$u_t = \frac{d^2(\rho_s-\rho)g}{18\mu}$$

$$= \frac{(25\times10^{-6})\times(3500-1.205)\times9.81}{18\times1.81\times10^{-5}} = 0.066\text{m/s}$$

计算Re_t为:
$$Re_t = \frac{du_t\rho}{\mu} = \frac{25\times10^{-6}\times0.066\times1.205}{1.81\times10^{-5}} = 0.110$$

$Re_t=0.110<1$,符合在层流区的假设,因此所选用的计算公式合适。则粒子在空气中的沉降速度:$u_t=0.066$m/s。

(二) 重力沉降设备

1. 降尘室　沉降分离是利用位能进行分离的典型操作,其基本装置为降尘室(图 3-3),是利用重力沉降作用从含尘气体中分离悬浮尘粒的设备。其工作原理如下所述。

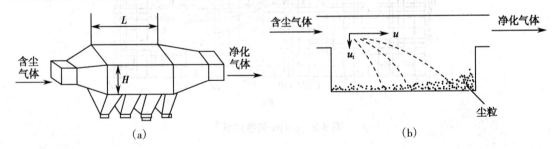

图 3-3　降尘室工作原理图
(a)降尘室结构;(b)尘粒在室内运动情况

含尘气体以一定流速进入降尘室后,因流道截面积扩大而速度减慢,气流中的悬浮尘粒因自身重力而产生垂直向下的分速度,只要颗粒能在气体通过沉降室的时间内降至降尘室底部,便可从气流中分离出来。

上述降尘室具有结构简单,阻力小,体积大等特点,但分离效率比较低。仅适用于分离粒径在75μm以上的粒子,多用于初步除尘。

设H为降尘室高度,m;L为降尘室长度,m;u_g为气流在降尘室内流速,m/s。那么气体通过降尘室的时间为：$t_1 = \dfrac{L}{u_g}$；粒子完全沉降所需最长时间为：$t_2 = \dfrac{H}{u_t}$。显然，必须 $t_1 > t_2$，降尘室出口气流中才能除去尘粒，即：$\dfrac{L}{u_g} \geqslant \dfrac{H}{u_t}$，

则：
$$H \leqslant \frac{L}{u_g} u_t \tag{3-13}$$

由式(3-13)可知，降低沉降距离 H，可有效提高降尘室的除尘效率。为此一般降尘室内均匀设置多层折流板，从而提高除尘效率。

2. 沉降槽　沉降槽是利用重力沉降使混悬液中的固相与液相分离，得到澄清液与稠厚沉渣的设备。一般分为间歇式沉降槽及连续式沉降槽。

（1）间歇式沉降槽：是底部稍呈锥形并有出渣口的大直径贮液罐。需静置澄清的药液装入罐内静置足够的时间后，用泵或虹吸管将上部清液抽出，由底口放出沉渣。中药前处理工艺中的水提醇沉或醇提水沉工艺可选用间歇式沉降槽来完成。

（2）连续式沉降槽：主体是一个平底圆柱形罐。悬浮液从顶部中心 0.3~1m 的管进入，重力沉降，增浓后的稠浆状物料从底部出口排出。任何沉积在底部的固体物均被以转速为 0.1~1 转 /min 缓慢转动的倾斜耙刮动并送入底部出口。澄清液从上部的溢流口排出。工作示意图如图 3-4。

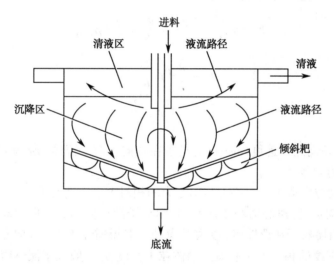

图 3-4　连续式沉降槽

几乎所有沉降生产设备都做成比较简单的沉降槽。根据沉降的目的来区别沉降过程。如果注重液流的澄清度，则称该过程为澄清，进料的浓度一般较稀。如果旨在获得较稠的底流，则称该过程为增浓，进料的浓度一般较浓。重力沉降的缺点是分离的推动力仅靠液固两相密度差，耗时长，分离效率低。对于一些密度差小的微细粒子是很难依靠重力沉降来分离的。如果添加絮凝剂或凝聚剂可强化沉降过程。

二、离心力场分离技术

（一）离心力场分离原理

离心沉降是在离心惯性力作用下，用沉降方法分离液 - 固混合体系，使其中的粒子与液体分离开的分离技术。与重力沉降相比，其优点是沉降速度快，分离效果好，尤其当粒子较

小或两相密度相差较小时更适合。

当采用自然重力沉降的方法很难实现极小的固体粒子的液 - 固快速分离时,提高最终沉降速度或缩短达到最终沉降速度所需的时间显得尤为关键。在其他因素不变的情况下,最有效的途径就是提高加速度。离心法是提高加速度的最有效的途径。加速度越大,离心力就越大,分离因数越高,离心沉降速度与重力沉降速度的比越大,固 - 液分离速度就越快。

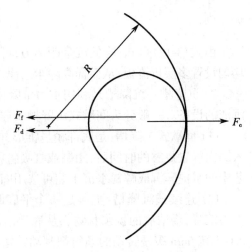

1. 受力分析　流体绕中心轴作圆周运动形成流体惯性离心力场。当流体带着质量为 m 的粒子,在直径为 d 的圆周以线速度(即切向运动速度)为 u_T 绕中心轴作水平旋转时,惯性离心力将会使粒子在径向上与流体发生相对运动,粒子在径向将受到惯性离心力 F_c、向心力 F_f 和阻力 F_d 三个力的作用。如图 3-5 所示,设悬浮粒子呈规则球形,其密度为 ρ_s,粒子与中心轴距离为 R,流体密度为 ρ,则:作用于粒子上的上述三种力分别为:

图 3-5　离心沉降粒子的受力情况

$$F_\mathrm{c} = m\frac{u_\mathrm{T}^2}{R} = \frac{4\pi}{3}R^3\rho_\mathrm{s}\frac{u_\mathrm{T}^2}{R} = \frac{\pi}{6}d^3\rho_\mathrm{s}\frac{u_\mathrm{T}^2}{R} \tag{3-14}$$

$$F_\mathrm{f} = \frac{\pi}{6}d^3\rho\frac{u_\mathrm{T}^2}{R} \tag{3-15}$$

$$F_\mathrm{d} = \zeta\frac{\pi}{4}d^2\rho\frac{u_\mathrm{r}^2}{2} \tag{3-16}$$

式中,u_T 为粒子的切向运动速度,m/s;u_r 为粒子在径向相对于流体的运动速度,即离心沉降速度,m/s;ζ 为阻力因数。

沉降粒子运动方向取决于离心力与向心力的相对大小。离心力大于向心力,粒子沿径向朝远离轴心方向运动;离心力小于向心力,则粒子沿径向朝轴心方向运动。式(3-14)和式(3-15)分别显示:沉降粒子在惯性离心力场中某位置获得惯性离心力和向心力的相对大小与粒子密度和流体密度的相对大小有关。固体粒子密度 ρ_s 一般大于流体密度 ρ,因此,粒子多为朝远离轴心方向运动,而阻力的大小则与粒子在径向对于流体的相对运动速度 u_r 有关。三力平衡时,$F_\mathrm{c}-F_\mathrm{f}-F_\mathrm{d}=0$,则有:

$$\frac{\pi}{6}d^3(\rho_\mathrm{s}-\rho)\frac{u_\mathrm{T}^2}{R} - \zeta\frac{\pi}{4}d^2\rho\frac{u_\mathrm{r}^2}{2} = 0 \tag{3-17}$$

2. 离心分离因数　由上式可推导出离心沉降速度 u_r。当离心沉降时,如果沉降速度所对应的粒子 Re_t 位于层流区,则阻力因数 ζ 亦符合斯托克斯定律,将 ζ 的关系式代入(3-17)式,可得:

$$u_\mathrm{r} = \frac{d^2(\rho_\mathrm{s}-\rho)}{18\mu}\left(\frac{u_\mathrm{T}^2}{R}\right) \tag{3-18}$$

将式(3-18)与式(3-10)相比,可得同一粒子在同种流体中的离心沉降速度与重力沉降速度的比值为:

$$\frac{u_r}{u_t} = \frac{u_T^2}{gR} = K_c \tag{3-19}$$

比值 K_c 称为离心分离因数,表示粒子所在位置上的惯性离心力场强度与重力场强度之比。其数值大小是离心分离设备的重要性能指标。K_c 值越大,离心分离设备的分离效率越高。

例 3-2 SS-600 离心机转鼓的内径为 600mm,转速为 1600r/min,试计算其分离因数 K_c。

解: 已知 $R=D/2=600/2=0.3$m,n=1600r/min

代入公式(3-19),计算:

$$K_c = \frac{0.3 \times (1600)^2}{900} = 853$$

(二) 离心沉降设备

1. 旋风分离器 旋风分离主要用于大颗粒粉体的气固分离,在制药领域多用于普通气流粉碎后处理时的一级、二级分离和尾气的回收,也用于药物超细粉体的初级分离。如图 3-6 所示,当被分离的固体微粒被气体携带以高速进入旋风分离器的内腔时,固体微粒随气流作圆周运动。在离心力作用下,固体微粒沿圆周的切线方向运动。

旋风分离器是利用惯性离心力对气体中的微粒子进行连续分离的装置,如图 3-6 所示。当含尘气体,沿着安装于圆筒容器上部切线方向的宽为 b,高为 a 的导入管,以平均速度 u_t 进入圆筒容器中,并沿圆周做螺旋流运动。

设粒子的旋转半径取平均值 R_m;能产生有效沉降的外旋气流的旋转圈数为 Ne;粒子的沉降距离为 B,则粒子的运行距离为:$2\pi R_m \cdot Ne$。

若粒子在滞流情况下作离心沉降,则径向沉降速度:

$$u_r = \frac{d^2(\rho_s - \rho)}{18\mu}\left(\frac{u_i^2}{R_m}\right) \tag{3-20}$$

粒子到达器壁的沉降时间为:

$$t_1 = \frac{B}{u_r} = \frac{18\mu R_m B}{d^2(\rho_s - \rho)u_i^2} \tag{3-21}$$

粒子在外旋流中的停留时间为:

$$t_2 = \frac{2\pi R_m N_e}{u_t} \tag{3-22}$$

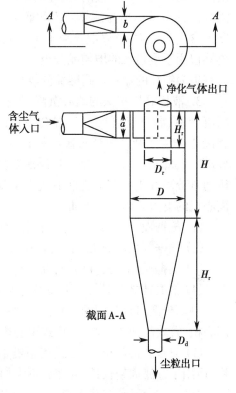

图 3-6 旋风分离器

若某粒径的粒子所需的沉降时间 t_1 恰好等于在外旋流停留时间 t_2,该粒子就是理论上能被分离的最小粒子,称为临界粒径(d_c)。

因为 $\rho_s \gg \rho$,所以 $\rho_s - \rho \approx \rho_s$,则由 $t_1 = t_2$ 可推导出:

$$d_c = \sqrt{\frac{9\mu B}{\pi N_e \rho_s u}} \tag{3-23}$$

由式 3-23 可知,临界粒径随分离器尺寸 B 增大而增大,而 B 与圆筒直径 D 成正比,因此分离效率随分离器尺寸增大而减小。为降低 d_c,提高分离效率,应选择小筒径的旋风分离器。当气体处理量很大时,可将若干个小尺寸的旋风分离器并联成旋风分离器组使用,以满足较高除尘效率要求。

实验证明,对于超细粉体的分离来说,物体与气流进入旋风分离器的入口速度以 10~25m/s 为宜。当旋风分离器的筒体直径为 800~1500mm 范围时,离心加速度比重力加速度约大几百倍,这时利用旋风分级器对超细粉体进行分级会有较好的结果。

然而,多年的生产实践及研究表明,利用单个旋风分离器很难对超细粉体进行高效高精度分级。当将多个旋风分级器串联使用,组成多级旋风分级时,其分级产品粒度可达 $d_{50}<2\mu m$ 以下,但处理量极小,分级效率极低,根本无法满足大规模工业化生产需要。

2. 旋液分离器　旋液分离是利用液体自身旋转产生的惯性离心力的作用进行分离。旋液分离器用于混悬液的增稠或分级。其结构和工作原理与旋风分离器相似。混悬液在旋液分离器中被分离为顶部溢流和底流两部分。由于混悬液中固 - 液两相密度差较小,且黏度比含尘气体大,所以混悬粒子不易完全分离,顶部溢流中往往含有部分颗粒,因此旋液分离器仅用于混悬液的增稠或分级。为了提高离心分离效率,旋液分离器与旋风分离器相比,具有更为细长的器身且圆锥部分较长。

3. 液相非均相系的离心沉降设备　离心沉降设备适于分离液态非均相物系,包括液 - 固混合系(混悬液)和液 - 液混合系(乳浊液)。离心分离过程一般分为离心过滤、离心沉降和离心分离 3 种。过滤式离心机适用于含固量较高、固体颗粒较大(>10μm)的悬浮液的分离。沉降式离心机适用于悬浮液含固量较少、固体颗粒较小的悬浮液的分离。离心分离机通常分离互不相溶的乳浊液或含微量固体的乳浊液。用于离心分离的设备称为离心机,离心机的类型大体可分类如下。

(1) 根据设备结构和工艺过程分为:离心过滤式与离心沉降式两种类型。

(2) 根据分离因数 K_c 分为:常速离心机、高速离心机、超速离心机。

(3) 根据操作方式分为:间歇式与连续式离心机。

(4) 根据转鼓轴线与水平面平行与垂直关系分为:立式与卧式离心机。

制药分离过程常用的离心机主要有三足式离心机、卧式刮刀卸料离心机、卧式活塞推料离心机、管式高速离心机、碟片式离心机等,简述如下。

(1) 三足式离心机:三足式离心机是使用最多的一种间歇操作离心机,构造简单,运行平稳,适用于过滤周期较长、处理量不大的物料,分离因子为 500~1000。

如图 3-7 所示,三足式离心机工作时,待分离的混悬液由进料管加入转鼓内,转鼓带动料液高速旋转产生惯性离心力,固体颗粒沉降于转鼓内壁与清液分离。为了减轻加料时造成的冲击,离心机的转鼓支撑在装有缓冲弹簧的杆上,外壳中央有轴承架,主轴碰装有动轴承,卸料方式有上部卸料与下部卸料两种,可做过滤(转鼓、壁开孔)与沉降(转鼓壁无孔)用。

(2) 卧式刮刀卸料离心机:卧式刮刀卸料离心机转鼓转速为 450~3800r/min,分离因数为 250~2500。如图 3-8 所示,卧式刮刀卸料离心机在转鼓全速运转情况下,能在不同时间阶段自动地循环加料、分离、洗涤、甩干、刮刀卸料、冲洗滤网等工序。该机操作简便,生产能力大,适于含固体颗粒粒径大于 10μm,固相的质量浓度大于 25% 而液相黏度小于 $10^{-2}Pa\cdot s$ 的混悬液的分离。

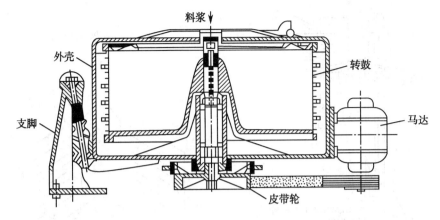

图 3-7 三足式离心机

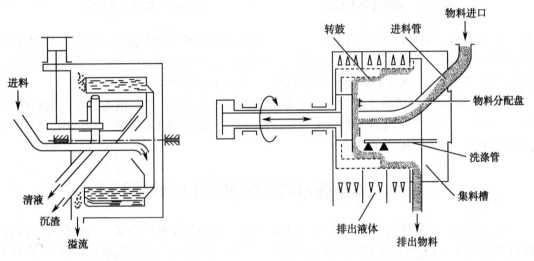

图 3-8 卧式刮刀卸料离心机　　　　图 3-9 卧式双级活塞推料离心机

(3) 卧式活塞推料离心机:卧式活塞推料离心机的转鼓转速为 400~3000r/min,分离因数为 300~1300。

如图 3-9 所示,卧式双级活塞推料离心机工作时,混悬液由进料管将料浆均匀分布到转鼓的分离段,滤液被高速旋转的转鼓甩出滤网,经滤液出口排出,被截留的滤渣每隔一定时间间隔被往复运动的活塞推料器推至滤网进行冲洗。该离心机适于分离固相颗粒直径较大(0.15~1.0mm)、固相浓度较高(30%~70%)、滤液黏度较小的混悬液,多用于晶体颗粒与母液的分离,具有较大生产能力。缺点是对混悬液的浓度较敏感,若料浆太稀(<20%)则滤饼来不及生成,料液便流出转鼓,若料浆浓度不均匀,易使滤渣在转鼓上分布不匀而引起转鼓的振动。

(4) 管式高速离心机:图 3-10 所示为一种高转速的沉降式离心机,常见转鼓直径为 0.1~0.15m,转速为 10 000~50 000r/min,分离因数高达 15 000~65 000。

管式高速离心机分离效率高,适合分离一般离心机难以分离的物料,如稀薄的悬浮液、难分离的乳浊液以及抗生素的提纯,广泛应用于生物制药等。

(5) 碟片式离心机:碟片式离心机属于沉降式离心机。转鼓内装许多倒锥形碟片,碟片

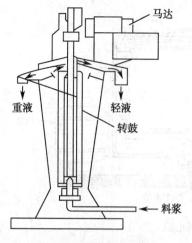

图 3-10 管式高速离心机

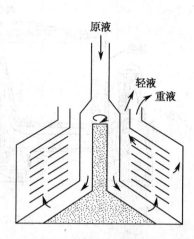

图 3-11 碟片式离心机

数为 30~100 片。料浆由顶端进料口送到锥形底部,料浆贯穿各碟片的垂直通孔上升的过程中,分布于各碟片之间的窄缝中,并随碟片高速旋转,靠离心作用力而分离。它可以分离乳浊液中轻、重两液相,例如油类脱水、牛乳脱脂等,也可澄清有少量颗粒的悬浮液。

图 3-11 所示为分离乳浊液的碟式分离机,碟片上开有小孔,乳浊液通过小孔流到碟片间隙。在离心力作用下,重液倾斜沉向于转鼓的器壁,由重液排出口流出。轻液则沿斜面向上移动,汇集后由轻液排出口流出。

第二节 基于重力沉降原理的中药醇沉工艺

在中药制剂前处理环节中,利用重力沉降实现分离的典型操作应属中药浸提液的静置澄清工艺,它是利用混悬液中固体颗粒的密度大于浸提液的密度而使颗粒沉降分离的一种方法。

醇沉工艺具有操作步骤简单,投入成本相对低廉,能显著提高药液澄明度、减少得膏率等优点,应用非常普遍,近几十年来一直是我国中药生产企业的首选分离精制技术之一。2010 年版《中国药典》中,几乎所有的中药口服液和中药注射剂的制法都涉及醇沉工艺,有的甚至要经过 2 至 3 次醇沉工序。因此,醇沉工艺是中药口服液和中药注射剂生产过程的关键环节和共性技术。

然而,目前中药醇沉工艺在有效成分保留量、操作时间、能耗等方面仍然存在诸多问题,且其应用基础研究手段和方法还比较薄弱,特别缺乏醇沉工艺参数和沉降颗粒之间的相关性研究,因此,进一步加强醇沉技术研究,努力提高醇沉工艺的先进性及其质量控制水平,对于提高中药产品的安全性、稳定性和有效性,进而提高药品的质量,具有重要的实际意义。

一、醇沉工艺的技术特点

水提醇沉法是先以水为溶剂提取中药有效成分,再用适宜浓度的乙醇使提取液中的杂质沉淀而除去的方法。其原理是根据中药大多数成分,如生物碱盐、苷类、有机酸盐、氨基酸等易溶于水的特性,将中药材或饮片经过水提取得到水提液,然后利用中药中大多数有效组分和杂质成分在不同浓度乙醇溶液中溶解度不同,用一定体积倍数的乙醇选择性沉淀去除杂质成分。该方法保留了既溶于水又溶于醇的生物碱盐、苷类、有机酸等有效组分,而除去了大部分蛋白质、糊化淀粉、黏液质、油脂、脂溶性色素、树脂等,可达到澄清液体,提高药液质量的目的。目前中药生产企业普遍采用醇沉工艺操作方式是:快速搅拌下缓缓加入规定含醇量的乙醇,5~10℃冷藏静置 12~24 小时,然后过滤或离心除去沉淀颗粒,得到含醇澄清液,减压回收乙醇至规定要求。中药醇沉过程的本质是颗粒的沉降过程,根据文献报道,目前中药醇沉工艺具有以下几方面的特点。

1. 沉降颗粒形态随中药品种而异　不同中药品种的醇沉过程中的沉降颗粒在形态上存在较大的差异(球形、絮状、成团或结块等)。通常醇沉颗粒的粒度分布为 20~100μm,平均粒径一般在 80μm 左右。而有些中药品种的醇沉颗粒的粒径很小,如枳壳,其粒度分布为 0.8~1.3μm,平均粒径仅为 1μm 左右。而且醇沉过程产生沉淀的形状往往随着药材不同而有较大的变化。如丹参的醇沉颗粒很容易粘连产生团聚现象,对沉淀效果及有效成分的得率影响较大;而苦参的醇沉颗粒呈现很明显的白色絮状,且沉淀层随时间的推移而下移,颗粒与上清液的界面较为明显;枳壳的醇沉颗粒则是较细小的块状沉淀。

2. 沉降过程的无序性和随机性　在醇沉颗粒析出沉降的过程中,成千上万种颗粒在同一条件下进行沉降。由于体系中的颗粒具有不同的粒径和密度,它们的沉降速度亦不同,属于多分散体系,不同于一般的单分散体系,从而使醇沉工艺过程具有较大的无序性和随机性。而在实际生产过程中,因为沉降颗粒形态随中药品种而存在的差异性及其沉降过程的无序性和随机性,又通常造成包括药液温度、pH 值、乙醇浓度、加醇方式、药液密度、醇沉时间等醇沉工艺参数的设置具有较大的随意性、盲目性和波动性,难以保证产品批次间的稳定性,进而难以保证产品的质量和疗效。

3. 药效物质被包裹损失严重　包裹损失是中药醇沉过程中引起有效成分流失的主要环节之一。在醇沉过程中,不同粒径的颗粒同时进行沉降,蛋白质、淀粉等大分子沉降颗粒之间互相吸附,相互交联,在某一特定的环境下(临界乙醇浓度)易造成药液包裹其中。而且随着沉淀时间的增长、乙醇浓度的增加,包裹层越来越致密,使得有效成分(部位)的损失严重。资料显示,造成有效成分包裹损失的因素有多种,如初膏浓度过大、搅拌不均匀、药液温度过高等。

4. 受阻沉降,操作时间长　中药醇沉过程的沉降阻力大,沉降颗粒为多分散体系,符合多分散体系受阻沉降模型。中药提取液中多糖和蛋白质等大分子含量比较高,在醇沉溶液中呈胶体分散体系,黏度大。传统的醇沉过程完全依靠颗粒的自身重力,由于醇沉颗粒非常细小(粒度 5~100μm),沉降速度受到极大的限制。即使醇沉温度保持在 0~5℃的低温下,沉降过程也往往需要 12~24 小时,甚至更长。

二、影响醇沉工艺沉淀物形态的若干因素

醇沉过程中沉降颗粒的形态随中药品种的不同差异显著,而且沉降颗粒的形态与有效成分的包裹损失有一定的关系。另外,由于中药悬浮液中固体颗粒太细,同时带有同性电荷,且悬浮液体系的黏度较大,因此颗粒与液相、颗粒与颗粒之间的相互作用也不能忽视。

目前中药醇沉技术研究基本停留在工艺参数的优化上,对醇沉过程的微观方面,如沉降颗粒的形态结构、粒度分布和沉降速度以及它们与工艺因素之间的联系却少有涉及。研究表明,因为不同的形成机制,醇沉工艺沉淀物可呈泥沙状、黏团状、块状等形态,从而对醇沉效果及其后续工艺制造成不同影响,增加了整个生产过程的不可控性,并直接导致产品批次

间稳定性差。

1. 乙醇浓度对醇沉工艺沉淀物的影响　乙醇浓度对醇沉工艺除了在去杂效果、指标成分方面的影响外,还可能对沉淀物的形态与后续滤过工艺的难易造成影响。如在由葛根、益母草等5味药组成活血养阴颗粒醇沉工艺研究中,以君药主要活性成分葛根素为考察指标,比较不同的醇沉浓度的去杂效果:50%乙醇沉淀时指标成分损失最大,去杂率较好,但沉淀呈泥沙状,滤过困难,可行性较差;60%乙醇沉淀时,指标成分损失较小,去杂效果较好,且沉淀呈絮状,静置后呈块状,易滤;70%乙醇沉淀时,指标成分损失和去杂效果均与60%醇沉接近,但沉淀呈黏团块状,搅拌困难。总之,从节约成本和醇沉效果方面考虑最终确定去杂工艺为60%乙醇沉淀。

特别要注意的是,由于多种原因,醇沉工艺可能不适用于某些品种。如在复方制剂"苍脂颗粒剂"工艺研究中发现,用乙醇对浓缩药液进行沉淀时,不同的醇沉浓度对补骨脂素溶出度影响很大。补骨脂水煎后醇沉,在含醇量为50%、60%、70%这三种常用的醇沉浓度中,补骨脂素的损失都非常严重。其原因可能是在上述三个醇浓度中,补骨脂素被沉淀包裹及溶解度下降,提示补骨脂水煎后不宜采用醇沉工艺。

2. pH值对醇沉工艺沉淀物的影响　通过调节料液的pH值,可有效提高目标成分的含量,改变沉淀物的形态,从而有利于后续工艺的进行。如以黄芩苷含量及药液澄清度为主要考察指标,对清热解毒口服液醇沉工艺进行的研究表明,在醇沉过程中,通过调整醇液的pH值可增加黄芩苷的含量,同时pH值对沉淀效果的影响也非常明显。调pH值为6~7时,沉淀物的板结较明显,便于醇液过滤(黄芩苷在碱性的醇液中溶解度增大)。并发现,醇沉液的乙醇含量对黄芩苷的含量及药液的澄清度也有较大影响。结合澄明度与黄芩苷的含量,优选最佳醇提工艺为:乙醇含量为68%,pH值为6.8。

三、醇沉过程中离心技术的应用

有关醇沉工艺的研究表明,当颗粒直径小于20μm时,仅靠重力作用使其自由沉降所需的时间是工业生产无法接受的,因此必须以外力加速沉降过程。一般情况下首先考虑采用离心沉降的方法。

1. 分离因数与颗粒沉降速度　图3-12所示为在粒径小于20μm的颗粒群中,分离因数与颗粒沉降速度的相互关系。

由图3-12(a)可看出,粒径小于10μm的颗粒利用分离因数为100的离心机很难沉降下来。可再选用分离因数为1000的离心机进行第二级分离,其分离速度见图3-12(b)。而粒径为2μm的颗粒在分离因数为1000的离心条件下也很难在1小时内分离出来,所以,还需要再考虑分离因数为5000的离心分离条件,见图3-12(c)。由图(c)可知,在颗粒直径小于1μm时,即使采用分离因数为5000的离心机也很难在1小时内将其分离出来。再考虑分离因数为15 000的离心分离速度,见图3-12(d)。

从上述各图中可以得出这样一个结论,即直径小于1μm的颗粒无论采用多大的分离因数进行离心分离,都很难在1小时内沉降至醇沉釜底,而被分离出来,因此必须采用其他分离方法除去。如在中药注射剂与口服液的生产中,为了确保产品安全性和稳定性,通常还需要在醇沉、离心工序的基础上,采用膜分离等手段去除极其微小的颗粒。

2. 不同粒径颗粒选用离心机的原则　不同粒径的颗粒要想在工业适用的时间范围内沉降至釜底,必须要借助离心分离机的帮助。不同分离因数对应不同的分离能力和分离效

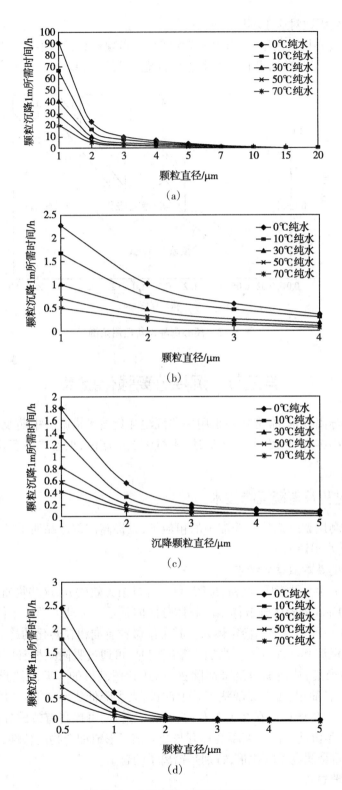

图 3-12 分离因数与颗粒沉降速度
(a)分离因数为 100 的离心分离速度;(b)分离因数为 1000 的离心分离速度;
(c)分离因数为 5000 的离心分离速度;(d)分离因数为 15 000 的离心分离速度

果,同时,不同分离因数对应于不同的机型。

不同类型的离心机适用于不同的料液浓度和分离颗粒直径。根据经验和相关计算,可得出颗粒直径、进料量与适用离心机类型之间的关系见图3-13。

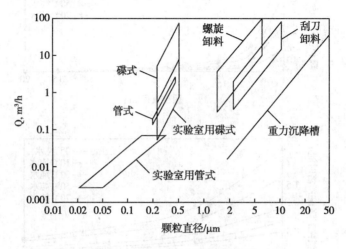

图 3-13   离心沉降设备适用范围

第三节   沉降分离强化技术

为利用沉降分离技术,常常需要采用一些沉淀强化技术措施。中药及生物制药中常用的沉淀强化技术措施有:絮凝、盐析沉淀法、有机溶剂沉淀法、聚乙二醇沉淀法、选择性变性沉淀法等。

一、絮凝过程及絮凝沉降技术

絮凝技术是利用絮凝剂除去药液中的粗粒子,以提高制剂成品质量的一种沉降分离方法,广泛用于中药水提液的精制。

(一)絮凝法的基本原理与特点

中药水提液中含有黏液质、淀粉、果胶、色素等复杂无效成分,这些物质共同形成分散相颗粒半径为 1~100nm 的胶体分散体系。胶体分散体系是一种动力学稳定体系,而因具有较大的表面能,又是一种热力学不稳定体系。其中细微粒有向粗粒转化的趋势,可逐渐聚成较大的粒子而产生沉淀和浑浊现象。当加入絮凝剂时,可通过吸附架桥和电中和等作用大大促进细小微粒的聚集,从而加速沉降而除去,以达到精制目的。絮凝法具有以下的特点:①原料消耗少,设备简单,可在原醇法工艺上改进,大大降低成本;②生产周期短,絮凝过程只需 3~6 小时,一般生产周期在 2 天左右;③产品质量好,可提高有效成分含量及液体制剂的稳定性,不易产生沉淀。由于絮凝剂具有与金属离子形成配合物的特性,在中药絮凝过程中可减少药液中重金属离子的含量,特别是铅离子的含量。

(二)絮凝沉降过程

重力沉降的推动力仅靠液固两相密度差,时间较长、分离效率较低,密度小的微粒很难依靠重力沉降实现分离。在大多数实际操作过程中,具有几微米级的颗粒直径的物料沉降太慢,常需要使用凝聚剂来强化沉降过程。使料液体系中悬浮微粒集聚变大,或形成絮团,从而加快粒子的聚沉,达到固-液分离的目的,这一现象或操作称作絮凝。

絮凝颗粒团的沉降是一个复杂的过程,已经下沉很久以后的絮团本身会在沉淀中重新排列。由于絮团常常是由微弱的力集合在一起的粒子群,而且在絮团的结构中夹带了相当数量的液体介质,故处于底层的絮团由于受到沉积在它上面的其他絮团的重量而被压缩。这样便产生了密实程度不同的沉淀。图3-14(a)所示为絮凝颗粒团沉降模拟试验的简化过程。上部分是已经观察到的发生在沉降期间的由4个区域组成的一条连续曲线,而下部分各量筒则表示絮凝沉降过程不同阶段的状况。其中量筒A:含有均匀混合且絮凝的悬浮液。量筒B:放置后不久的状况,此时在量筒的最底层,有一个由絮疑团和沉积底部的相互靠近的相当大的颗粒混合组成的区域。量筒C:继续沉降的结果,当上层和下层区域的体积增加时,悬浮液区域减小,而承受压缩的沉淀区体积基本保持不变,仅向上移动。此过程延续到量筒D状态。量筒D:悬浮液区消失和以所有固体的沉淀的形式存在,这一状态称为临界沉降点。在趋近该点以前,固液界面与时间大约遵循直线关系。在一个短的过渡段之后,沉降以均匀的较慢的速度继续进行。量筒E:最终状态。

区域1是最上面的液体,如果悬浮液絮凝好,理论上是澄清的。区域2维持初始悬浮液的浓度。区域3是密度介于沉淀和悬浮液之间的过渡层,该区域是液体从絮团的网状组织中被积压出来的区域,又叫做压缩区。区域4在量筒的最底层,有一个由絮疑团和沉积底部的相互靠近的相当大的颗粒混合组成的区域,这个区域由最初紧靠容器底部的絮团组成。沉淀的压缩过程发生在量筒D和量筒E之间,压缩阶段占用的时间占整个过程耗用的时间的较大部分。伴随絮团进入沉淀中的液体,在上面沉淀的重力作用下慢慢地被挤压出来,这个过程延续到絮团的重量和本身的机械强度之间建立起平衡为止。浓度对沉降的影响可见图3-14(b)。

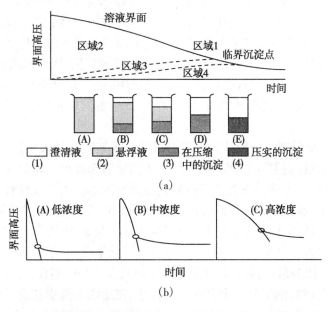

图3-14 絮凝混悬液的间歇沉降(a)及浓度对沉降的影响(b)

絮凝总过程的时间常常取决于所用絮凝剂(助沉降剂)的类型,如石灰絮凝剂可能需要好几个小时的过程时间,而聚丙烯聚合物絮凝剂只需上述时间的几分之一。在助沉降剂选择中,过程要求和经济成本是很重要的因素。

(三)絮凝剂的种类

常用的絮凝剂一般分为三类:无机絮凝剂,有机合成高分子絮凝剂和天然高分子絮凝剂。

1. **无机絮凝剂** 无机絮凝剂又可分为无机低分子絮凝剂和无机高分子絮凝剂。无机低分子絮凝剂是一类低分子的无机盐,以金属盐类为主,品种较少,主要是铝、铁盐及其水解聚合物等低分子盐类,其中氯化铝($AlCl_3$)是常用的无机絮凝剂。其絮凝机制为无机盐溶解于水中,电离后形成阴离子和金属阳离子。由于胶体颗粒表面带有负电荷,在静电的作用下金属阳离子进入胶体颗粒的表面中和一部分负电荷而使胶体颗粒的扩散层被压缩,使胶体颗粒的 ζ 电位降低,在范德华力的作用下形成松散的大胶体颗粒沉降下来。

无机高分子絮凝剂主要是聚铝和聚铁。常见的有聚合氯化铝(PAC)、聚合硫酸铝(PAS)、聚合磷酸铝(PAP)、聚合硫酸铁(PFS)、聚合氯化铁(PFC)、聚合磷酸铁(PFP)等。这类絮凝剂在水中存在多羟基络离子,能强烈吸引胶体微粒,通过黏附、架桥和交联作用,促进胶体凝聚。同时还可通过物理化学作用,中和胶体微粒及悬浮物表面的电荷,降低ζ电位,从而使胶体离子互相吸引,破坏胶团的稳定性,促进胶体微粒碰撞,形成絮状沉淀。与无机盐类絮凝剂相比,无机高分子絮凝剂絮凝体形成速度快,颗粒密度大,沉降速度快,对色度、微生物等有较好的去除效果,对处理水的温度和 pH 值适应范围广,具有原料价格低廉,生产成本较低等优点。但其分子量和絮凝架桥能力仍较有机高分子絮凝剂有较大差距。

2. **有机合成高分子絮凝剂** 有机合成高分子絮凝剂是一类利用有机单体经化学聚合或高分子化合物共聚而成的有机高分子化合物,含有带电的官能基或中性的官能基,能溶于水中而具有电解质的行为。主要有(甲基)丙烯酰氧乙基三甲基氯化铵 - 丙烯酰胺共聚物(DMC-AM),二甲基二烯丙基氯化铵 - 丙烯酰胺共聚物(DMDAAC-AM),双氰胺 - 甲醛类阳离子絮凝剂,有机胺 - 环醚聚合物阳离子絮凝剂,聚丙烯酰胺(PAM)等。其中以聚丙烯酰胺(PAM)的应用最多。根据其所带基团能否离解及离解后所带离子的电性,可将其主要分为非离子型、阳离子型、阴离子型和两性型 4 种。其絮凝机制是通过电中和,使高分子链与多个胶体颗粒以化学键相结合;同时高分子具有较强的吸附作用,因而形成大的胶体颗粒分子团而沉降下来。另外,其絮凝过程还具有网捕卷扫作用,使得沉降更加迅速。有机高分子絮凝剂相对分子质量比较高,具有种类繁多、用量少、产生的絮体粗大、沉降速度快、处理过程时间短等优点。

3. **天然高分子絮凝剂** 一般认为天然有机高分子絮凝剂是天然物质中的有机高分子物质经提取或加工改性后制成的絮凝剂产品。按其原料来源可大体分为淀粉衍生物、纤维素衍生物、改性植物胶、其他多糖类及蛋白质改性絮凝剂等。由于其原料来源广泛、价格低廉、无毒、易于生物降解、无二次污染及具有分子量分布广等特点,受到了国内外研究工作者的关注。其中对淀粉衍生物和壳聚糖类改性絮凝剂的研究较为广泛。在自然界中淀粉资源非常丰富,其含量远大于其他物质。通过对淀粉进行化学改性,使其活性基团增加,分子链呈枝化结构,絮凝基团分散,可对悬浮体系中颗粒物具有更强的捕捉与促进作用。壳聚糖是直链型的高分子聚合物,由于分子中存在游离氨基,在稀酸溶液中被质子化,从而使壳聚糖分子链带上大量正电荷,成为一种典型的阳离子絮凝剂。壳聚糖兼有电中和絮凝和吸附絮凝双重作用,具有无毒副作用、能杀菌抑菌等优良特性。

絮凝技术可单独操作,也可和过滤、离心等固液分离方法组合使用,作为预处理、中间处理或深度处理的手段。它具有设备投资少、处理效果好、易于操作、管理简单等优点,广泛地用于水和废水处理、矿物分离、废漆处理、糖蜜和蛋白质的回收以及制药等领域。

目前应用于中药及天然药物领域的絮凝剂主要有甲壳素、壳聚糖、ZTC1+1 系列澄清剂、101 澄清剂、明胶、丹宁、CE-1 澄清剂、CZ-1 澄清剂、果胶酶以及蛋清等。

（1）101 果汁澄清剂：水溶性胶状物质，安全无毒，是一种不引入杂质并可随沉淀物一起除去的絮凝剂，通常配制成 5% 的水溶液使用，使用量一般为药液的 2%~20%。

（2）ZTC1+1 澄清剂：人工合成絮凝剂与聚丙烯酰胺的复合物。絮凝机制是聚合铝加入后，在不同的可溶性大分子间架桥连接使分子迅速增大，聚丙烯酰胺在聚合铝所形成的复合物的基础上再架桥，使絮状物尽快形成沉淀以除去。

（3）壳聚糖：一种新型的天然高分子絮凝剂。壳聚糖是甲壳素经强碱水解或酶解脱去糖基上的部分或全部乙酰基后的产物，也称甲壳胺、壳多糖、脱乙酰甲壳素以及可溶性甲壳素等。壳聚糖由于良好的安全性和絮凝能力，在药液精制中的应用越来越广泛。壳聚糖通常以 1%~2% 的醋酸溶液配成 1% 溶液后使用，药液温度一般控制在 40~50℃。

（四）絮凝过程影响因素

絮凝剂的合理选用，是絮凝技术应用是否成功的一个重要因素。选用的絮凝剂首先应满足安全卫生要求，其次应满足药液中有效成分的保留、成药的稳定性以及澄明度等方面的需求。了解絮凝过程的影响因素以及各因素之间的关系对于合理使用絮凝剂，充分发挥絮凝剂的作用，提高絮凝效果至关重要。影响絮凝过程的因素有絮凝剂的用量、温度、体系的 pH 值、搅拌速度和时间、悬浮液的固含量、絮凝剂的相对分子质量、絮凝剂的种类以及悬浮液中离子的种类和浓度等。

二、变溶液体系为固液混悬体系的技术

为了使沉降分离技术可用于溶液体系中不同物质的分离，可采用变溶液体系为固液混悬体系的方法。物质溶解在水中而形成稳定的溶液是需要一定条件的，这些条件就是溶液的各种理化参数，任何能够影响这些条件的因素都会破坏溶液的稳定性。变溶液体系为固液混悬体系的沉降分离技术就是采取适当的措施改变溶液的理化参数，控制溶液中各种成分的溶解度，使部分成分析出，从而将溶液中目标成分和其他成分分开的技术。

（一）盐析沉淀法

盐析沉淀法是在含有某些生物分子的溶液中加入一定量无机盐，使其溶解度降低沉淀析出，而与其他成分分离的一种方法。

1. 盐析原理　蛋白质（酶）等生物分子的表面有很多亲水基团和疏水基团，这些基团按照是否带电荷又可分为极性基团和非极性基团。它们以亲水胶体的形式存在于水溶液中，无外界影响时，呈稳定的分散状态。其主要原因是：生物分子在一定 pH 下表面显示一定的电性，由于静电斥力作用，使分子间相互排斥；同时生物分子周围的水分子呈有序排列，在其表面形成了水化膜，避免其因碰撞而聚沉。当向溶液中逐渐加入中性盐时，盐离子与生物分子表面的带相反电荷的极性基团互相吸引，中和生物分子表面的电荷，使生物分子之间的电排斥作用减弱而能相互靠拢聚集起来；同时由于中性盐的亲水性比生物分子大，盐离子在水中发生水化而使生物分子表面的水化膜逐渐被破坏。当盐浓度达到一定的限度时，生物分子之间的排斥力降到很小，生物分子很容易相互聚集而沉淀析出。

盐析沉淀法由于共沉淀作用，其选择性不是很高，但配合其他手段完全能达到很好的分离效果。这种方法成本低、操作安全简单、对生物分子具有很好的稳定作用，所以被广泛采用。

2. 盐析沉淀的影响因素

（1）盐离子种类及浓度：能够造成盐析沉淀效应的盐类很多，每种盐的作用大小不同。半径小而带电荷高的离子的盐析作用较强，而半径大、带电荷量低的离子的盐析作用则较弱。盐浓度很低时，对生物分子具有促进溶解的作用，即"盐溶"现象；当盐浓度达到某个值后，随着盐浓度的升高，生物分子的溶解度不断降低，即"盐析"现象。对于不同的生物分子来说，"盐溶"与"盐析"的分界值是不同的。不同的生物分子达到"完全盐析"的盐浓度也是不一样的，这就为采用盐析技术分离纯化生物药物活性成分提供了可能。

（2）生物分子的浓度：溶液中生物分子的浓度对盐析也有影响。作为分离原料的溶液一般都含有多种成分，当某种成分析出的盐浓度一定时，如果溶液中生物分子的浓度过高，其他成分就会有一部分随着要沉淀的成分一起析出，即所谓的共沉现象；如果将溶液中生物分子稀释到过低的浓度，可以大大减少共沉现象，但必然造成反应体积加大，需要使用更大的反应容器，加入更多的沉淀剂，配备处理能力更大的固-液分离设备，而且还会造成要沉淀的成分不能完全析出，降低了回收率。所以要想得到理想的沉淀效果，必须将生物分子的浓度控制在一定的范围内。

（3）pH 值：通常情况下，生物分子表面的净电荷越多，就会产生越强的排斥力，使生物分子不容易聚集，此时溶解度就很大。如果调整溶液的 pH，在某一个临界的 pH 值处出现生物分子对外表现净电荷为零的情况，此时生物分子间的排斥力很小，生物分子很容易聚集后析出，也就是说此时溶解度最低。这种情况下的 pH 值称为该生物分子的等电点（pI）。对特定的生物分子，有盐存在时的 pI 与在纯粹水溶液中的 pI 会有一定的偏差。在盐析时，如果要沉淀某一成分，应该将溶液的 pH 值调整到该成分的等电点；如果希望某一成分保留在溶液中不析出，则应该使溶液的 pH 值偏离该成分的等电点。

（4）温度：多数物质的溶解度会受温度变化的影响。一般情况下，盐析在室温就可以完成，但是有些天然药物活性成分（如某些酶类）对温度很敏感，需要将盐析反应的温度控制在一定的范围内，防止其活性改变。

（二）有机溶剂沉淀法

有机溶剂沉淀法是在含有溶质的水溶液中加入一定量的亲水性有机溶剂，降低溶质的溶解度而使其沉淀析出的一种方法。有机溶剂对许多蛋白质（酶）、核酸、多糖和小分子生化物质都能发生沉淀作用。

1. 基本原理　亲水性有机溶剂能破坏溶质分子周围形成的水化层，使溶质分子因为脱水而相互聚集析出，降低了溶质的溶解度；有机溶剂的介电常数比水小，随着有机溶剂的加入，溶液的介电常数降低，带电的溶质分子之间的库仑引力逐渐增强，发生相互吸引而聚集。一般来说，溶质分子量越大，越容易被有机溶剂沉淀，发生沉淀所需要的有机溶剂浓度越低。一些物质的介电常数见表 3-1。

表 3-1　一些溶剂的介电常数

溶剂	介电常数	溶剂	介电常数
水	78	丙酮	21
甲醇	31	乙醚	9.4
甘油	56.2	醋酸	6.3
乙醇	26	三氯乙酸	4.6

沉淀蛋白质常用的有机溶剂有乙醇、甲醇和丙酮;沉淀核酸、多糖、氨基酸和核苷酸的常用的有机溶剂是乙醇。乙醇沉析作用强,挥发性适中,无毒,是最常用的有机沉淀剂;丙酮沉析作用更强,用量少,但毒性大,应用范围有限。

与盐析法相比,有机溶剂沉淀法有较高的分辨能力。这是因为使某种溶质发生沉淀的有机溶剂浓度范围比较窄,另外有机溶剂能使很多溶于水的生物大分子(如核酸、蛋白质及多糖等)和小分子生化物质发生沉淀,所以应用比较广泛。但有机溶剂沉淀法也有一些明显的不足之处,如有机溶剂作为沉淀剂时,更易使生物活性分子变性。为了防止这种变性的发生,常常需要在较低的温度下进行沉淀反应。在选择有机溶剂作为沉淀剂时,还需考虑以下几个问题:①有机溶剂是否与水互溶,在水中是否有很高的溶解度;②有机溶剂毒性的大小;③有机溶剂是否与待沉淀的物料发生化学反应;④有机溶剂的价格是否很昂贵。

2. 影响有机溶剂沉淀效果的因素

(1) 有机溶剂的种类及浓度:一般来说,有机溶剂的介电常数越低,其沉淀能力越强。同一种有机溶剂对不同溶质分子产生的作用大小也不一样。溶液中加入有机溶剂后,随着有机溶剂浓度的增大,溶液的介电常数逐渐降低,溶质的溶解度在某个阶段出现急剧的降低,从而沉淀析出。正是由于溶质溶解度的急剧变化,使有机溶剂沉淀法具有较好的分辨率。不同溶质分子的溶解度发生急剧变化时的有机溶剂浓度范围是不同的,所以,应该严格控制有机溶剂的加入量。否则不是因为有机溶剂浓度低造成沉淀不完全甚至不能沉淀,就是因为有机溶剂浓度过高,造成其他组分一起沉淀出来。

(2) 物料的浓度:物料的浓度较高时,需要的有机溶剂较少,反应体积也较小,欲沉淀的组分损失较少,但由于共沉淀作用可使分离的分辨率降低。物料的浓度较低时,虽然分离过程具有较好的分辨率,但增大了总反应体积,需要消耗更多的有机溶剂,同时还会产生其他的问题(如回收率降低、生物活性成分稀释变性、固液分离困难等)。一般认为,对于蛋白质溶液,0.5%~2% 的起始浓度比较合适;而对于黏多糖,起始浓度以 1%~2% 为宜。

(3) pH 值:生物分子的溶解度可随 pH 值的变化而改变。为了达到良好的沉淀效果,在保证生物分子的结构不被破坏、药物活性不丧失的 pH 范围内,需要找到溶解度最低时的pH。一般情况下这个 pH 值就是生物分子的 pI(等电点),选择该 pH 值可有效地提高沉淀的效果。由于溶液中各种成分的溶解度随 pH 变化的曲线不同,控制 pH 值还可提高沉淀分离的分辨能力。应注意的是,有少数生物分子在等电点附近不太稳定,其活性可能会受到影响。另外要避免待分离体系中的目标产物与其他生物分子(特别是主要杂质)带有相反的电荷,以防止加剧共沉淀现象。

(4) 温度:在常温下,有机溶剂可渗入生物分子内部,与生物分子的某些结构基团发生作用,从而破坏分子结构的稳定性,甚至使生物分子变性。当温度降低时,生物分子表面变得"坚硬",有机溶剂无法渗入其中,此时虽可防止变性的发生,但又会降低生物分子的溶解度。而温度过高时,不但造成生物分子的溶解度升高而无法被有效地沉淀下来,有时还会使生物分子发生不可逆变性。小分子物质的结构比生物大分子要稳定得多,不易被破坏,因此用有机溶剂分离小分子物质时对温度的要求不必过分严格。鉴于低温可减少有机溶剂的挥发,有利于安全,用有机溶剂沉淀物料的温度一般控制在 0℃以下。

(5) 离子强度:离子强度是影响溶质溶解度的重要因素。在低浓度范围内,盐浓度的增加会造成溶质溶解度的升高,即所谓"盐溶"现象;当盐浓度达到一定的值后,再增加盐浓度反而造成溶质溶解度的降低,这就是"盐析"现象。由于离子强度与盐浓度是相关的,盐浓度对溶质溶解度的影响等价于离子强度对溶质溶解度的影响。因此在实际应用中，应控制与离子强度相关的参数——电导率。需注意的是，以电导率仪测量电导率时，温度是重要的影响因素。不同温度下电导率的读数只能代表该温度下溶液体系的电导率。

（6）金属离子：一些金属离子（如 Ca^{2+}、Zn^{2+} 等）可与某些呈阴离子状态的蛋白质形成复合物，这种复合物的溶解度大大降低而不影响其生物活性，有利于沉淀的形成，并降低有机溶剂的用量。

实际上每个因素都不是单独发挥作用的，也不可能只控制其中的一个因素就能很好地完成沉淀反应。在应用时，需要对各种影响因素进行优化，通过它们的综合作用，才能获得理想的分离效果。需要注意的是，用有机溶剂沉淀的成分应该尽快进行后续的加工处理，否则就要采取适当的措施（如冻干）去除有机溶剂后保存，或者密封后在低温下保存，以避免有机溶剂破坏沉淀物中药物成分的活性。

（三）其他沉淀分离技术

其他的沉淀分离法还有变性沉析法及共沉析法等。所使用的沉淀剂有金属盐、有机酸类、表面活性剂、离子型或非离子型的多聚物、变性剂及其他一些化合物。

1. 水溶性非离子型聚合物沉析法　非离子多聚物最早应用于提纯免疫球蛋白（IgG）和沉析一些细菌与病毒，近年来逐渐广泛应用于核酸和酶的分离纯化。这类非离子多聚物包括各种不同分子量的聚乙二醇（PEG）、壬苯乙烯化氧、葡聚糖、右旋糖酐硫酸酯等，其中应用最多的是聚乙二醇。

非离子多聚物沉析生物大分子和微粒时有两种方法，一是选用两种水溶性非离子多聚物，组成液 - 液两相系统，使生物大分子或微粒在两相系统中不等量分配，而造成分离。该法是因不同生物分子和微粒表面结构不同而具有不同的分配系数，且因离子强度、pH 值和温度等因素的影响，而使分离效果增强的。第二种方法是选用一种水溶性非离子多聚物，使生物大分子或微粒在同一液相中，由于相互排斥凝集而沉淀析出。对于第二种方法，操作时应先离心除去粗大悬浮颗粒，调整溶液 pH 值和温度至适度，然后加入中性盐和多聚物至一定浓度，冷贮一段时间后，即形成沉淀。

聚乙二醇沉淀法是非离子聚合物沉淀法的代表。PEG 是一种水溶性非离子型聚合物，用于不稳定的生物大分子的分离。PEG 的沉淀效率很高，用量少，这也是非离子聚合物沉淀法的共同优点。

PEG 造成生物分子沉淀的作用机制还不明确，有人认为其作用类似于有机溶剂，降低生物分子的水化度，增强生物分子之间的静电引力而使生物分子沉淀；也有人认为 PEG 具有空间排斥作用，将生物分子"挤压"到一起而引起沉淀。

采用 PEG 作为沉淀剂时，同样受到 pH、离子强度、温度、PEG 浓度等多种因素的影响。例如，溶液的 pH 越接近被分离成分的等电点，所需要 PEG 的浓度越低。沉淀蛋白质时，在pH 不变的情况下，盐浓度越高，所需要 PEG 的浓度越低，即二者成反比关系。

非离子型聚合物沉析法所得到的沉淀中含有大量的沉淀剂。除去的方法有吸附法、乙醇沉淀法及盐析法等。如将沉淀物溶于磷酸缓冲液中，用 35% 硫酸铵沉淀蛋白质，PEG 则留在上清液中。用 DEAE 纤维素吸附目的物的方法也常用，此时 PEG 不被吸附。用 20% 乙醇处理沉淀复合物，离心后也可将 PEG 除去（留在上清液中）。

2. 选择性变性沉淀法　选择性变性沉淀法是根据溶液中各种分子在不同物理化学因子作用下稳定性不同的特点，选择适当的条件，使欲分离的成分存在于溶液中而保持其活性;其他成分(即杂质)由于环境的变化而变性,从溶液中沉淀出来,从而达到纯化的目的。选择性变性沉淀的方法有多种,常用的选择性变性沉淀法如下。

(1) 选择性热变性:这种变性沉淀法的关键因素是温度。不同生物分子的热稳定性是不同的,当温度较高时,热稳定性差的生物分子将发生变性、沉淀,热稳定性强的生物分子则稳定地存在于溶液中。例如,核糖核酸酶的热稳定性比脱氧核糖核酸酶强,通过加热处理可以将核糖核酸酶中混杂的脱氧核糖核酸酶变性沉淀后去除。热变性沉淀法简单易行,特别是在提取小分子物质时,由于小分子物质的热稳定性通常远远高于大分子的蛋白质、核酸等物质,可采用加热的方法将大分子的物质除去。实际应用时还可以通过调节 pH、加入一定量的有机溶剂等手段来促进变性沉淀,也可加入某种能使目标产物更稳定的稳定剂。使用这种方法的前提条件是:对溶液中的各种生物分子的热稳定性有充分的了解。

(2) 选择性酸碱变性:用酸或碱调节溶液的酸碱度,当达到一定的 pH 时,目标产物不变性,而杂质却由于超出可使其稳定的 pH 范围被变性沉淀,或处于杂质的等电点造成杂质的溶解度急剧降低,从而达到纯化的目的。采用这种方法时,还可以利用一些其他的辅助手段来增强目标产物的 pH 稳定性或扩大其 pH 稳定范围。例如,有些酶与底物或竞争性抑制物结合后,对 pH 的稳定性显著增强。

(3) 使用选择性变性剂:利用蛋白质或其他杂质对某些试剂敏感的特点,在溶液中加入此类试剂(如表面活性剂、有机溶剂、重金属盐等),使蛋白质或其他杂质变性,从而使之与目的产物分离。如三氯甲烷具有使蛋白质变性沉淀而不影响核酸活性的特点,在提取核酸时,往溶液中加入三氯甲烷就可以将核酸与蛋白质分离。

上述类型的沉淀剂或沉淀方法普遍存在选择性不强,或易引起变性失活等缺点,应注意使用时的环境条件,并在沉淀完成后尽快除去沉淀剂。有时仅在沉淀物不作收集的特殊情况下使用。

三、离心沉降分离技术在制药工程中的应用

1. 离心技术在固体制剂中的应用　采用管式离心机(20 000r/min)来代替醇沉法制备流浸膏,能够达到类似的效果。

利用包衣制粒机转盘平面旋转所产生的离心力和物料间产生的摩擦力,使若干单一母核在运动状态下吸附黏合剂雾滴,黏附主辅料干粉,逐渐增大并趋于圆整平滑,而形成颗粒(微丸)的方法被称为离心包衣造粒法。采用该技术在优化条件下制备的中药复方微丸,表面光滑、圆整度高,粒径易控制,收率可稳定在 90% 左右,不同指标成分体外溶出迅速且同步性良好。

2. 离心技术在其他方面的应用

(1) 在浓缩过程中的应用:综合离心分离与薄膜蒸发两种工艺原理的离心薄膜浓缩技术,可利用离心力大大提高料液在加热面上传递能力(薄膜厚度在 0.1mm 左右),缩短药液在加热面上的停留时间,使单位液滴在瞬间完成浓缩。该技术具有传热系数高,浓缩比高,受热时间短等优点,尤其适用热敏性物质。

(2) 在溶剂萃取方面的应用:根据萃取分离时两种溶剂的比重不同,可利用离心力破坏乳化层,避免溶剂萃取过程中产生的乳化现象。

(3) 在质量控制方面中的应用:在蜜丸显微鉴别的玻片制作中采用离心沉淀取样,能较彻底地清除炼蜜等干扰物质,有效富集具有专属性显微特征的组织细胞,且不影响蜜丸中原

药材组织细胞的结构和数量比,简便、准确、可靠。此方法经过改进,还可用于含有原药材粉末的颗粒剂、栓剂等中成药的显微鉴别取样。

(4) 在超细粉碎方面的应用:利用高速气流旋转产生的离心力而设计的气流粉碎机,可使物料通过自身的碰撞而粉碎,粉碎后的物料进入分级室。由于物料持有不同的离心力,故细粒从分级室排出,粗粒则重新进入粉碎室,与新进入的气固混合流相互冲撞,再次被粉碎。超细粉末的分级则可根据离心力场中大小颗粒离心沉降速度的不同,对粒径大小不同的颗粒进行分离。在离心惯性力的作用下,还可用沉降方法实现液-固分离,使其中的超细颗粒与液体或气体分离开,达到较好的分离效果。

第四节　筛分与过滤

重力场、离心力场及电力场都是处于真空、气体或液体那样的连续且均匀的自由空间。为了获取某些特定目标产物,还可以人为地设置一些障碍物来构成非均一空间,把分离所需的能量引导到那些障碍物上,使特定物质的移动不那么顺畅,从而与目标成分产生速度差而实现分离。基于这种思想,本章节对利用筛分分离作用及存在障碍物的场进行分离的技术给予分析和讨论。

具有一定大小开孔的金属丝网及筛、利用各种材料制成的滤布,以及有着各式开孔的多孔介质膜等,都可以作为具有筛分分离作用,即筛分效应的障碍物场来加以利用。气体、液体能够通过这个场,比开孔大的颗粒就会被拦截而不能通过。

一、筛分与筛滤技术

1. 筛分技术　具有一定尺寸开孔的金属筛,利用重力把大小不同的混合颗粒分开的方法叫做筛分或过筛。筛的作用可以把因重力通过筛孔后失去位能而落下的粒子与尽管也被重力吸引却被筛孔卡住不能通过的粒子分离开。一般情况下,只有当颗粒的尺寸小于1/2的筛孔边长,即在筛孔边长的一半之内,这个颗粒才会比较容易地通过筛孔,如果再大就较难通过。而当粒子大小与筛孔相当时,筛孔还会被粒子堵塞。为了解决这些问题,发明了振动筛、摇动筛、倾斜筛等等。还有能上下翻转,给粒子以一定的落下速度,即使粒子撞到丝网上,只要稍微振动一下也可以通过筛孔的回转筛。

2. 筛滤技术　筛不仅可以把大小不同的粒子分开,也能把含在流体中的粒子分开,这种操作称为筛滤。例如靠重力及高低位差而流淌的水中,如果含有粗大的垃圾或浮游物,可以用筛网拦截后除去。过滤也属于筛滤操作,而药渣清除的效果与所用筛具关系密切。表3-2将各种筛的筛孔形状及大小和它们的主要用途列出。

表 3-2　各种筛及筛孔和其主要用途

筛的类型		筛孔		主要用途
		形状	孔径 /mm	
固定型	筛滤栅	平板	大型:15~200	河水、湖水、海水取水口,泵场入水口、下水处理
		圆棒	小型:0.5~50	及工业废水处理
	金属网筛	金属丝	0.15~2.5	制药原料或产品颗粒分级,工业废水处理
	圆弧筛	平板	0.5~10	工业废水处理,小规模下水处理

续表

筛的类型		筛孔		主要用途
		形状	孔径 /mm	
可动型	移动筛	网	5~10	河水、湖水、海水取水口,泵场入水口、水道
	滚筒筛	网	0.8~5	粪尿处理
		金属丝	0.15~2.5	工业废水处理
		楔形钢板	1~8	小规模下水处理
	振动筛	网	50~30(筛孔)	中药材预处理,含油废水处理
		金属丝	0.3~1	制药原料或产品颗粒分级
		波纹金属丝	0.5~1	高黏度废水处理

二、过滤机制、过滤装置及影响过滤的因素

筛只能除去液体中的粗大浮游物,而对于那些再小一点的固体粒子,则要用多孔介质构成的障碍物场把它们从流体中除去,这就是一般所说的过滤。过滤是利用多孔介质构成的障碍物场从流体中分离固体颗粒的过程。过滤的推动力可以是重力、离心力或压力差等。被作为障碍物的多孔介质称之为滤材。用于除去气体中微小颗粒的技术则常称为袋滤集尘。

过滤或者集尘操作能否顺利地进行分离,取决于滤材的开孔和待分离粒子的大小,特别是当固体粒子靠自身架桥形成多孔介质作为滤材时,开孔会因粒子的架桥作用而变小,使过滤的分离更彻底。这种情况被特别地称之为滤饼过滤或是粉尘集尘。

1. 过滤机制　由过滤介质(滤材)对流体中固体粒子的拦截作用所构成的过滤分离机制,根据颗粒大小与开孔尺寸的比较,大致可分为四种模式。图 3-15 和表 3-3 分别展示和说明了这几种情况。

由图 3-15(a)可见,当固体颗粒尺寸大于滤材开孔时,粒子会在开孔处被拦截,而流体则穿过细孔而流走。被拦截的颗粒将细孔堵塞后就使得能够通过流体的细孔逐渐减少,流体的流动变得困难。而在图 3-15(b)中,因粒子的相互重叠,常常出现一些不参与堵塞的粒子,这种情况下,与被拦截捕捉的粒子数相比较,堵塞孔数较少,所以流体的通过量并不减少。如果颗粒尺寸小于滤材开孔,颗粒会进入到开孔中,如图 3-15(c),这时粒子则被孔壁吸附而捕捉。如果滤材是纤维织物,粒子会在纤维的交错处被捕捉,或是被织物表面的纤维吸附所捕捉,如图 3-15(d)所示。这种情况下,滤材开孔并没有被堵塞,只是流体通道在渐渐变细,所以流体通过量的减少并不那么急剧。这也被称为内部过滤模式,特别适用于集尘处理。另一种情况如图 3-15(e)所示,尽管固体微粒的尺寸小于滤材开孔,但许多粒子一齐涌向开孔时,会在开孔处(此时可看作是毛细管)形成架桥,靠粒子自身形成新的滤材(这里称之为饼层或粉尘层)。后来到的粒子就会在饼层表面被捕捉。当固体微粒浓度较高时,架桥是很容易生成的。

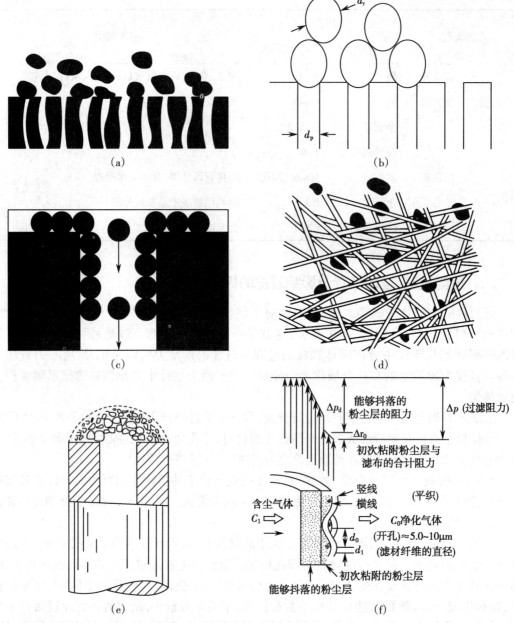

图 3-15　过滤分离的机制

（a）粒子对细孔的全闭塞过滤；（b）粒子对细孔的半闭塞过滤；（c）粒子对细孔的标准过滤；（d）纤维内部
捕捉微粒子情况；（e）毛细管方式的滤饼层情况；（f）表面过滤方式中滤布对粒子的捕捉情况

表 3-3　过滤分离机制的分类

模型及方式 *		开孔与颗粒尺寸的关系
（a）	全闭塞过滤模型	孔径 < 粒径
（b）	半闭塞过滤模型	
（c）、（d）	标准过滤（或称内部过滤）模型	孔径 > 粒径
（e）	饼层过滤（或称表面过滤）方式	由粒子构成的饼层空隙小于固体微粒子的尺寸

注：* 集尘处理时使用"方式"这个说法

2. 过滤介质　允许非均相物系中的液体或气体通过而固体被截留的可渗透性的材料通称为过滤介质。它是过滤设备的关键组成部分,无论何种过滤设备,都需要选配与其相适应的过滤介质。

过滤介质的分类有多种方法,常用的有以下三种。

(1) 过滤原理分类:按过滤原理,过滤介质分为表面过滤介质和深层过滤介质。对于前者,如图 3-15(f)所示,固体颗粒是在过滤介质表面被捕捉的,如滤布、滤网等,其用途多数是回收有价值的固相产品;对于后者,固相颗粒被捕捉于过滤介质之中,如砂滤层、多孔塑料等,主要用途是回收有价值的液相产品。有的过滤介质既有表面过滤介质的作用,同时也有深层过滤介质的作用,借助两种过滤原理的综合作用而实现液固分离。

(2) 按材质分类:按过滤介质的材质分为天然纤维(棉、麻、丝等)、合成纤维(涤纶、锦纶、丙纶等)、金属、玻璃、塑料及陶瓷过滤介质等。

(3) 按结构分类:可分为柔性、刚性及松散性过滤介质,详见表 3-4。

表 3-4　过滤介质分类

结构类型	形状	材质
柔性	织物类	金属:丝编织、滤网
		非金属:天然、合成纤维织物
	非织物类	金属:板状、不锈钢纤维毡
		非金属:滤纸、非织造布、高分子有机滤膜
刚性	多孔类	塑料、陶瓷、金属、玻璃
	滤芯或膜类	高分子滤芯、无机膜
松散	颗粒状或块状	活性炭、石英砂、磁铁矿等

3. 过滤装置　制药工业生产中需要分离的悬浮液性质差异较大,原料处理和过滤目的也各不相同。为适应不同的要求,过滤设备的形式也是多种多样的。按操作方式可分为间歇式过滤机和连续式过滤机两大类。按过滤推动力,过滤设备又可分为加压式、真空式、离心式三大类。

(1) 加压过滤:板框压滤机是加压过滤机的代表,主要由固定板、滤框、滤板、压紧板和压紧装置组成。制造板和框的材料有金属材料、木材、工程塑料和橡胶等。并有各种形式的滤板表面槽作为排液通路,滤框是中空的,板和框间夹着滤布。在过滤过程中,滤饼在框内集聚。滤板和滤框成矩形或网形,垂直悬挂在两根横梁上。滤板一端固定,另一端可推压,可通过手动、机械、液压、自动操作四种方式使滤板前后移动,把滤板和滤框压紧在两板之间,使其紧固而不漏液,如图 3-16 所示。

操作方式基本是间歇式,每个操作循环由过滤、洗涤、卸渣、整理组装四个阶段组成。板框压滤机优点是结构简单,制造容易,设备紧凑,过滤面积大,占地面积小,操作压强高,所得滤饼含水量少,对各种物料适应能力强;缺点是不能连续自动操作,管理劳动量多且强度大,滤布损耗非常快。

(2) 真空过滤:转筒真空过滤机是工业上应用最广的一种连续操作的过滤设备,它是依靠真空系统造成的转筒内外的压差进行过滤的。图 3-17 为该类设备原理及工作示意图:回转的多孔圆筒表面包裹有滤布,圆筒内部用间壁隔成数个小室。随着圆筒的转动,依次将各小室浸没于滤浆中,由于受到真空抽吸的作用,浸没在滤浆中的小室的过滤表面就会形成滤

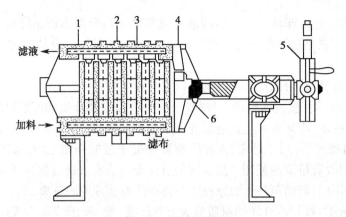

图 3-16　板框压滤机
1.固定板,2.滤框,3.滤板,4.压紧板,5.压紧手轮,6.滑轨

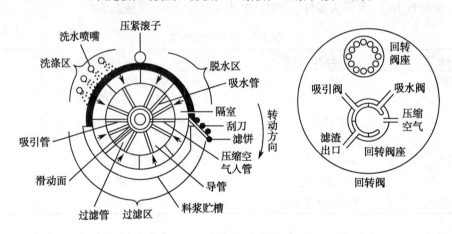

图 3-17　转筒真空过滤机

饼,而滤液则穿过滤布经导管和回转阀流向过滤机外部的滤液贮槽。随着圆筒的转动,该小室离开滤浆贮槽,其表面附着的滤饼中的滤液被继续吸出,接着进入喷淋部位洗涤滤饼,再用加压滚子挤干其中的水分后又进入干燥部位,经过干燥后再利用压缩空气反吹使滤饼与滤布的接触松开以便容易地用刮刀除下滤饼。由于圆筒的转动,使这些工作小室依次按过滤、水洗、榨干、干燥、刮下的顺序连续完成过滤操作。

转筒真空过滤机突出优点是连续自动操作,适用于处理固体颗粒含量很大的悬浮液,在过滤细且黏的物料时采用预涂助滤剂的方法也比较方便,只要调整刮刀的切削深度就能使助滤剂层在长时间内发挥作用。其缺点是设备系统比较复杂,投资大,依靠真空过滤推动力受限制,滤饼难以充分洗涤,不宜于过滤高温悬浮液。

(3) 离心式过滤:此类设备的离心转鼓周壁开孔为过滤式转鼓,转鼓内铺设滤布和筛网。旋转时悬浮液被离心力甩向转鼓周壁,固体颗粒被筛网截留在鼓内,形成滤饼;而液体经筛饼和筛网的过滤由鼓壁开孔甩离转鼓,从而达到分离的目的。三足式离心机是一种常用的离心式过滤分离设备,利用离心力使滤筐旋转起来,是为了加快过滤速度。如图 3-18 所示,在贴着滤筐的内侧装有圆形或细缝样开孔的筛网,供液泵打入悬浮液,其中的固体颗粒被筛网拦截,而液体则穿过开孔排出机外。螺旋推渣器的转速略高于滤筐的转速,把滤饼渣推向锥型滤筐的大头一侧并排出机外。这样的精心设计使间歇的过滤操作得以连续进行。

4. 过滤影响因素 过滤操作的原理虽然比较简单,但影响过滤的因素很多。

(1) 悬浮液的性质:悬浮液的黏度会影响过滤的速率,悬浮液温度增高、黏度减少,对过滤有利,故一般料液应趁热过滤。如果料液冷却后再过滤,若料液浓度很大,还可能在过滤时析出结晶,堵塞滤布使过滤发生困难。

(2) 过滤推动力:过滤推动力有重力、真空、加压及离心力。以重力作为推动力的操作,设备最为简单,但过滤速度慢,一般仅用来处理含固量少而且容易过滤的悬浮液。真空过滤的速率比较高,

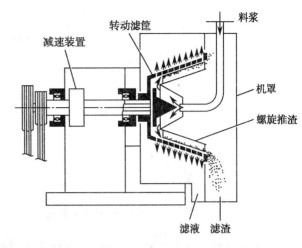

图 3-18 离心过滤机

能适应很多过滤过程的要求,但它受到溶液沸点和大气压力的限制,而且要求设置一套抽真空的设备。加压过滤可以在较高的压力差下操作,可加大过滤速率,但对设备的强度、紧密性要求较高。此外,还受到滤布强度和堵塞、滤饼的可压缩性以及滤液澄清程度的限制。

(3) 过滤介质与滤饼的性质:过滤介质及滤饼可对过滤过程产生阻力,所以过滤介质的性质对过滤速率的影响很大。例如金属筛网与棉毛织品的空隙大小相差很大,滤液的澄清度和生产能力的差别也就很大,因此要根据悬浮液中颗粒的大小来选择合适的介质。一般来说,对不可压缩性的滤饼,提高过程的推动力可以加大过滤的速率;而对可压缩性滤饼,压差的增加使粒子与粒子间的孔隙减小,故用增加压差来提高过滤速率有时反而不利。另外,滤渣颗粒的形状、大小、结构紧密与否等,对过程也有明显的影响。如扁平的或胶状的固体,滤孔常可发生阻塞,采用加入助滤剂的办法,可以提高过滤速率,从而提高生产能力。

此外,生产工艺及经济要求,例如是否要最大限度地回收滤渣,对滤饼中含液量的大小以及对滤饼层厚度的限制等,均将影响到过滤设备的结构和过滤机的生产能力。

三、颗粒特性与中药固液分离特征与难点

液固分离是制药工业中经常使用且十分重要的操作单元,对于中药制药而言尤其如此,过滤技术的效果将直接影响产品的质量、分离精度、收率、成本以及安全和环境保护。

1. 颗粒特性及其所适用的固液分离装置 颗粒特性是对颗粒系统中颗粒基本性质的描述,是颗粒工艺中各种操作的基础,也与固液分离工艺密切相关。颗粒大小及分布、形状、密度、表面特性和其他一些颗粒基本特性(颗粒的一次性质)与液体的黏度、密度等基本性质以及悬浮液的浓度和分散状态等决定着颗粒的沉降速度、滤饼层的渗透性及滤饼的比阻等颗粒的二次性质。这些特性知识对于固液分离设备的设计和操作都很重要。鉴于在固液分离过程中,颗粒的基本特性与其沉降速度、滤饼层的渗透性等二次性质的关系相当复杂,目前难以准确定量,所以颗粒的基本特性大多只是用来对悬浮液状态做定性的评定,以作为选择分离设备的指南。就颗粒粒度来说,粒度越细分离就越困难,而固体的浓度对分离也有很大的影响。图 3-19 以图解法给出了不同颗粒粒度所适用的固液分离装置。

2. 中药固液分离特征与难点 目前大多数中药制剂都需通过浸提得到药用组分,以减少用量,提高疗效,方便服用。一般而言,中药浸取后的药液与固体残渣的分离呈现以下特征。

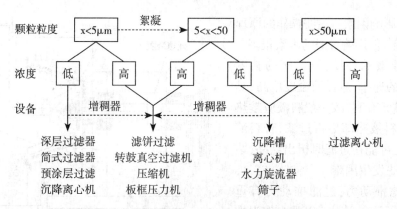

图 3-19　不同颗粒粒度所适用的固液分离装置

（1）大多数中药以动植物为药源,如对药源浸取后的液体进行精密过滤,浸取液中必然含有动植物蛋白、多糖等胶体与胶状体物质。

（2）由动植物药源浸取后,药源固体所形成的滤饼比阻较大,且具有较高的可压缩性,在进行过滤分离时比较困难;如加大过滤压力,更易增加滤饼比阻。

（3）药液中存在的某些可溶性蛋白质与多糖类会逐渐自然聚合成大分子,而此类呈胶状体的物质非常难以过滤与分离,且如果条件合适还会不断析出,使已滤清的液体又出现絮状物,造成液体产品混浊,质量下降。

（4）若采用普通工业滤布为过滤介质,滤液不可能澄清。如稍增加过滤压力,一方面会使滤饼阻力加大,减慢过滤速度;另一方面,一些胶状物也极易变形而透过滤布空隙。如改用一次性过滤介质又极易堵塞,且消耗大、操作成本高。因此在过滤介质选用上有一定难度。

（5）若固相(药渣)含量高,且液固两相密度差小,则采用高速管式离心机排渣与清洗难以达到理想效果;采用沉降离心机又只能排出湿的滤渣,药效成分损失较大。目前很多药厂对中药液的沉降分离还停留在只用重力沉降的方法(即自然沉降),沉降时间很长,回收率不高,损失太大。

针对以上问题,应采用合理的分离技术及集成工艺加以解决。如对中药浸取液进行预过滤或加热、冷冻处理,使其中高分子非药效物质加速析出;或加入添加物,使可能聚合的大分子分解成小分子不再析出;或对不同分子量的物质用一定孔径的滤芯或滤膜进行精密过滤等,均可使过滤速度加快,收率提高。

第五节　基于电场分离原理的电泳技术

电泳是指带电粒子在电场作用下发生定向迁移的过程。许多重要的生物分子,如氨基酸、多肽、蛋白质、核酸等都具有可电离基团,在特定的 pH 值下可以带正电或负电。在电场的作用下,这些带电粒子会向着与其所带电荷相反的电极方向移动。电泳技术就是在电场的作用下,利用样品体系中不同粒子带电性质以及粒子大小、形状等性质的差异,使带电粒子产生不同的迁移速度,从而对样品进行分离、鉴定或提纯的技术。

一、电泳技术原理与分类

1. 基本原理　在电场中,推动粒子运动的库仑力 F_e 等于粒子的净电荷 Q 与电场强度 E

的乘积,即:

$$F_e = QE \tag{3-24}$$

而荷电粒子在运动时又受到流体的黏性阻力 F_f,对于球形粒子,此阻力服从 Stoke 定律。

$$F_f = 6\pi r\eta v \tag{3-25}$$

式中,r 为粒子半径,η 为溶液黏度,v 为电泳迁移速度。

当粒子以稳态运动时,粒子所受的库仑力等于阻力,即:

$$F_e = F_f$$

因此,

$$QE = 6\pi r\eta v \tag{3-26}$$

电泳淌度(μ_e),又称电泳迁移率,是指在单位电场强度(1V/cm)时的泳动速度,即:

$$\mu_e = \frac{v}{E} \tag{3-27}$$

将(3-26)代入(3-27)得:

$$\mu_e = \frac{Q}{6\pi r\eta} \tag{3-28}$$

由式(3-28)可以看出,电泳淌度与带电粒子所带净电荷成正比,与粒子的大小和溶液的的黏度成反比。

2. 电泳的分类　虽然各种电泳技术的基本原理都相同,但在实际应用中,由于研究对象及目的等不同,又可将电泳分为以下几类。

(1) 界面电泳:是指在溶液中进行的电泳,没有固体支持物。由于没有固定支持介质,所以扩散和对流都比较强,因此分离效果较差。当溶液中有几种带电粒子时,通电后由于不同种类粒子泳动速度不同,在溶液中形成相应的区带界面,但区带界面由于扩散而易于互相重叠,不易得到纯品,且分离后不易收集。界面电泳因电泳仪构造复杂、体积庞大、操作要求严格、价格昂贵等原因,发展并不迅速,目前已很少应用界面电泳。

(2) 区带电泳:是指待分离的各组分在支持介质中被分离成许多条明显区带的电泳过程。区带电泳以不同类型的物质作为支持体,样品在固定的介质中进行电泳,减少了扩散和对流等干扰作用,故区带电泳的分离效果远比界面电泳要好。区带电泳因电泳仪构造简单、体积小、操作方便等原因,发展迅速,是当前应用最为广泛的电泳技术。

常用的区带电泳可分为以下几类:

1) 按支持物的物理性状分类:①滤纸及其他纤维(如醋酸纤维、玻璃纤维、聚氯乙烯纤维)薄膜电泳;②粉末电泳:如纤维素粉、淀粉、玻璃粉电泳;③凝胶电泳:如琼脂、琼脂糖、硅胶、淀粉胶、聚丙烯酰胺凝胶电泳等;④丝线电泳:如尼龙丝、人造丝电泳。

2) 按支持物的装置形式分类:①平板式电泳:支持物水平放置,是最常用的电泳方式;②垂直板式电泳:聚丙烯酰胺凝胶常做成垂直板式电泳;③垂直柱式电泳:聚丙烯酰胺凝胶盘状电泳即属于此类;④连续流电泳:早期以纸为电泳支持物,将滤纸垂直竖立,两边各放一电极,溶液自顶端向下流,与电泳方向垂直。后来亦有用淀粉、纤维素粉、玻璃粉等代替滤纸,可用以分离血清蛋白质,分离量大。

3) 按 pH 的连续性分类:①连续 pH 电泳:即在整个电泳过程中 pH 保持不变,常用的纸电泳、醋酸纤维薄膜电泳等属于此类;②非连续性 pH 电泳:缓冲液和电泳支持物间有不同 pH,如聚丙烯酰胺凝胶盘状电泳分离血清蛋白质时常用这种形式。它的优点是易在不同 pH

区之间形成高的电位梯度区,使蛋白质移动加速并压缩为一极狭窄的区带而达到浓缩作用。

4) 按所用电压分类:①低压电泳:100~500V,电泳时间较长,适于分离蛋白质等生物大分子。②高压电泳:1000~5000V,电泳时间短,有时只需几分钟,多用于氨基酸、多肽、核苷酸和糖类等小分子物质的分离。

(3) 等速电泳:是一种不连续介质电泳技术,在电泳稳态时,各区带相随,分成清晰的界面,具有相同的泳动速度。

将样品置于含慢离子和快离子的缓冲液中,快离子的电泳迁移率大于其他离子,使其后面的离子浓度降低,形成一个由低到高的电势梯度场,减慢了快离子的迁移速度,并促使后面的离子加速向前移动;而慢离子电泳迁移率小于其他所有的离子,同理会加速向前移动去靠近比它迁移快的离子;结果所有的离子都被压缩在慢离子和快离子之间,以几乎相等的速度迁移。

(4) 等电聚焦电泳:含多氨基多羧基的一系列聚合物混合形成的两性电解质在电场作用下,能形成一个从阳极到阴极 pH 值逐渐增加的 pH 梯度场。当不同的粒子处于这种环境中时,处于比其等电点低的 pH 环境中的粒子会带正电荷,向阴极方向移动;处于高于其等电点的 pH 环境的粒子会带负电荷,而向阳极方向移动。在移动过程中随环境 pH 改变,到达与其等电点相同的 pH 环境中,其所带电荷数为零,在电场中不再移动而集聚成区带,从而达到使不同粒子分离的目的。根据这一原理发展了管式等电聚焦电泳和平板等电聚焦电泳,两者主要用于实验室内进行分析检测,也可用于少量样品制备。

二、毛细管电泳技术

毛细管电泳(capillary electrophoresis,CE) 又称高效毛细管电泳(high performance capillary electrophoresis,HPCE),是指以毛细管为分离通道,以高压电压为驱动力,依据样品中各组分之间在淌度和分配行为上的差异而实现分离的一类液相分离技术。

根据分离原理的不同,毛细管电泳可分为 7 种不同的分离模式。即:毛细管区带电泳(capillary zone electro-phoresis,CZE),毛细管凝胶电泳(capillary gel electrophoresis,CGE),胶束电动毛细管色谱(micellar electrokinetic capillary chromatography,MECC),亲和毛细管电泳(affinity capillary electrophoresis,ACE),毛细管电色谱(capillary electroosmotic chromatography,CEC),毛 细 管 等 电 聚 焦 (capillary isoelectric focusing,CIEF),毛 细 管 等 速 电 泳 (capillary isotachphoresis,CITP)。其中以 CZE 模式最为常用,而 CGE 即为在毛细管管中充入凝胶以起到分子筛的作用,蛋白分析中常用此技术;MECC 即为改变缓冲液;此外的各分离模式大多可看成是 CZE 的变种。目前国际上由贝克曼、安捷伦等公司生产的流行机种均以 CZE 分离模式为基础设计(表 3-5)。

表 3-5 毛细管电泳分离模式

分离模式	载体电解质	类型
自由溶液毛细管电泳	缓冲溶液	区带电泳
毛细管胶束电动色谱	胶束 - 缓冲溶液	区带电泳
毛细管凝胶电泳	凝胶 - 缓冲溶液	区带电泳
毛细管等电聚焦	不同等电点的两性电解质	等电聚焦
毛细管等速电泳	前导电解质,终止电解质	等速电泳

（一）毛细管电泳的基本原理

在毛细管电泳中，电泳和电渗现象是影响组分分离的重要因素。

1. 电泳迁移　不同分子所带电荷性质、多少不同，形状、大小各异，在一定电解质及 pH 的缓冲液或其他溶液内，受电场作用，样品中各组分按一定速度迁移，从而形成电泳。电泳迁移速度 v 可用下式表示：

$$v=\mu_e E \tag{3-29}$$

式中，E 为电场强度（$E=V/L$，V 为电压，L 为毛细管总长度），μ_e 为电泳淌度。迁移时间可表示为：

$$t_m=\frac{Ll}{\mu_e V} \tag{3-30}$$

式中，l 为毛细管有效长度，即从进样端到检测器的距离。从上式可以看出，高电压和短毛细管可缩短迁移时间，但必须避免焦耳热的产生。

2. 电渗迁移　电渗迁移指在电场作用下，溶液相对于带电管壁移动的现象，其大小与毛细管壁表面电荷有关。对石英毛细管来说，在一般情况下，由于硅羟基 SiOH 电离成 SiO⁻，使管壁表面带负电，为了保持电荷平衡，溶液中对离子（在一般情况下是阳离子）被吸附到表面附近，形成了双电层。当在毛细管两端加上电压时，双电层中的阳离子向阴极移动，由于离子是溶剂化的，所以带动了毛细管中整体溶液向阴极移动，形成电渗流（EOF）。整个过程如图 3-20 所示。电渗在各种电泳模式中均存在，但在 CE 中由于采用了细内径的毛细管，毛细管的表面体积比较大，且使用高电场，因此电渗显得特别重要。

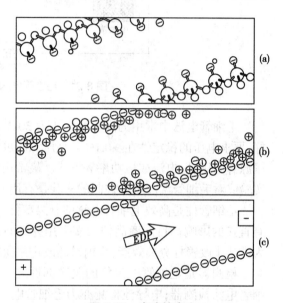

图 3-20　电渗的产生

（a）石英毛细管表面的负电荷（SiO⁻）；（b）水合阳离子在毛细管表面聚集；（c）加电场后向阴极流动的电渗流（EOF）

带电微粒在毛细管内实际移动的速度为电泳流和电渗流的矢量和。可表示为：

$$v=\frac{(\mu_e+\mu_{e0})V}{L} \tag{3-31}$$

式中，μ_{eo} 为电渗淌度。考虑电渗流后，迁移时间则为：

$$t_m=\frac{Ll}{(\mu_e+\mu_{eo})V} \tag{3-32}$$

由于通常情况下，电渗流的速度远远大于电泳流，所以所有组分均向负极移动，但速度各不相同。正离子的运动方向和电渗流一致，最先流出；中性粒子的电泳流速度为"零"，其迁移速度相当于电渗流速度；负离子的运动方向和电渗流方向相反，但因电渗流速度一般都大于电泳流速度，故它将在中性粒子之后流出。也就是说，在毛细管电泳中，阳离子迁移速度最快，中性离子次之，阴离子最慢。

但对小离子（如钠、钾、氯等）分析时，组分的电泳速率一般大于电渗速率。另外，毛细管壁电荷的改性会使电渗发生变化,在这些情况下,阳离子和阴离子可能向不同的方向移动。必须指出的是电渗是溶液整体的流动,它不能改变分离的选择性。

(二)毛细管电泳的仪器装置

图 3-21 为毛细管电泳装置结构示意图。毛细管电泳装置主要由高压电源、毛细管、检测器以及两个供毛细管两端插入而又可和电源相连的电泳槽。

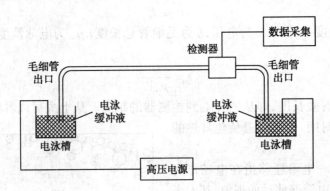

图 3-21　毛细管电泳仪器装置结构示意图

毛细管电泳中常用的高压源电压为 30kV,电流 200~300μA。为保持迁移时间的重现性好,要求电压的稳定性在 ±0.1%。高压源应可以更换极性,最好是使用双极性的高压源。高压源有恒压、恒电流或恒功率等方式。最常用的是恒压源,恒电流或恒功率方式对等速电泳实验或对毛细管温度难以控制的实验是有用的。

毛细管柱是高效毛细管电泳的分离部件。柱子的材质、几何尺寸、内壁的处理对柱效都有直接的影响。目前商品柱大多采用弹性石英柱,尺寸为内径 25~100μm,长 200~400mm。为进一步改善柱分离效能,管内壁的改进是研究工作的方向和重点。

检测器是毛细管电泳仪的关键部件之一。紫外和荧光光学检测器是应用最广泛的毛细管电泳检测器;电导池检测亦为毛细管电泳分析常用的检测方法之一,对金属离子、有机酸、无机离子十分有效。电化学检测器具有极高的灵敏性,检测下限可达 200~400 阿摩尔(amol),还可与质谱、放射性同位素技术联用。如毛细管电泳 - 质谱(CE-MS)联用可使理论塔板数提高 10^5,检测下限达飞摩尔(fmol)。高灵敏性、高选择性的同位素检测技术与毛细管电泳技术联用亦显示了广阔的应用前景,检测下限可达 nmol/L。

毛细管电泳所使用的毛细管内径只有几十微米,进样体积一般在纳升级,不能使用一般的进样器进样。静压力进样和电动进样是毛细管电泳中常用的进样方法。前者可在毛细管进样端加压,或在检测端抽真空,或通过提高进样端由虹吸作用进样。后者则用样品瓶代替缓冲溶液瓶,再加电压,通常使用的电场强度比分离时小 3~5 倍,样品组分由电迁移和电渗流进入毛细管中。

(三)毛细管电泳的特点及注意问题

毛细管电泳通常使用内径为 25~100μm 的弹性(聚酰亚胺)涂层熔融石英管,其孔径可向下缩减到数百纳米,向上可扩展到 300~500μm,具有容积小,表面积大,散热快,可加高电场(100~1000V/cm)的特点。由此,毛细管电泳具有以下的优点:

(1)高效:自由溶液毛细管电泳的效率在 10^5~10^6 理论板之间,毛细管凝胶电泳的效率可达 10^7 理论板以上。

（2）快速：几十秒至十几分钟完成分离。

（3）微量：进样所需的体积可小到 1μl，消耗体积在 1~50nl 间。

（4）应用范围广：从无机离子到整个细胞，具有"万能"分析功能或潜力。

（5）经济：实验样品仅需几毫升缓冲溶液，维持费用低。

毛细管电泳的主要问题有：

（1）样品收集能力低。

（2）用于特殊用途的毛细管柱中需要填充一些非液体介质如凝胶等，填充柱的价格相对较高。

（3）毛细管容积小而侧面积相对大，管壁对样品的作用容易被放大，有吸附性的样品如蛋白质等容易粘壁而不利于分析。

（4）电渗变化影响分离重现性和分离模式的选用，必须对电渗进行定量控制。

（5）细长的毛细管柱虽然对样品的分离起到了较好的作用，但由于吸附、电渗变化、不规则层流等因素，往往会使实验的重现性较差，必须不断摸索条件以提高实验重现性。

（四）毛细管电泳技术在医药领域中的应用

毛细管电泳（CE）在医药领域的应用较广泛，适用对象有离子、小分子药物、基因工程产品、蛋白、脱氧核糖核酸（DNA）基因诊断、手性对映体等；样品来源可为各种化学药物及其制剂，天然产物、中药材及其复方制剂，各种生物样品如血清、尿液、脑髓液，及离体及活体组织、单细胞样品等。择其与制药工程相关的部分主要应用简介如下。

1. 药物分析

（1）主药成分分析：CE 能用于片剂、注射液、大输液及糖浆、滴耳液等各种剂型中主药成分的定量测定，其结果和 HPLC 相当。CE 比 HPLC 优越之处在于：可减少样品前处理过程，方法简单，成本低。如 HPLC 为防止污染色谱柱，往往需要进行萃取、过滤和离心，而在 CE 中就可减免。如用低 pH 值的缓冲液测定糖浆中碱性主药含量时，为防止因赋形剂呈中性，停留在进样端不迁移而在清洗时冲走，可将糖浆样品稀释后直接进样，无需前处理。对于发色基团少的样品，HPLC 很难定量，而 CE 可用低波长紫外（如 180~200nm）或用间接紫外法进行测定。

（2）相关杂质检测：CE 用于药物相关杂质检测时的优点在于低波长、快速、简单、在线检测。许多杂质及中间体因生色团弱，用 HPLC 很难或不可能测定，特别对那些在降解过程中丢失生色团的药物可用 CE 在低波长下（180~200nm）进行测定。用低波长紫外测定还可以弥补浓度、灵敏度不足的缺点，如对硫酸沙丁胺醇和相关杂质检测，CE 用 200nm 比用 276nm（HPLC）时的信号增强 10 倍。

2. 中药成分的分离、分析

（1）各类有效成分的测定：CE 法可用于生物碱、黄酮类、苷类、有机酸类、醌类、酚类及香豆素类等多种中药成分的分离和含量测定。其中，生物碱在缓冲体系中大多带有部分正电荷，一般可用毛细管区带电泳模式；蒽醌类化合物结构中多有羟基和羧基，可采用 CZE 和 MECC 分析。

（2）中药复方制剂的成分分析：如 CE 法测定戊己丸中盐酸小檗碱与芍药苷的含量；MECC 法分析小承气汤中大黄、枳壳、厚朴等药味所含柑橘苷、厚朴酚、大黄素、番泻苷等 6 种不同的活性成分，可在 20 分钟内将上述成分基线分离，并可作定量分析。

（3）在中药鉴定中的应用：如采用 HPCE 法对不同属群的大青叶药材进行研究，结果表明:异地栽培的不同居群大青叶酸性提取液的化学成分及含量有显著差别,依据电泳图谱中特征峰的迁移时间和峰面积,能有效地鉴别大青叶的不同来源。

3. 手性对映体分离分析　由于 CE 的分离效率高、分离模式多和分析时间短等优点,CE 在分离手性对映体方面的应用发展很快。其方法之一是将手性对映体和某些试剂反应后,利用两对映体产物间微小差别用 CE 进行分离。常用的手性选择剂有环糊精、冠醚、手性选择性金属络合物、胆酸盐、手性混合胶束等。目前在相关机制研究上,已提出 CE 分离手性对映体的数学模型。

三、凝胶电泳技术

(一) 凝胶电泳的基本原理

以淀粉胶、琼脂或琼脂糖凝胶、聚丙烯酰胺凝胶等凝胶作为支持介质的区带电泳法称为凝胶电泳。凝胶电泳中不同物质的相互分离除了依赖于基本的电荷效应外,还依靠于凝胶物质所特有的分子筛效应。凝胶物质具有一定孔径大小的网络结构,分子量或分子大小和形状不同的粒子通过一定孔径的网络结构时,受阻滞的程度不同,因此表现出不同的迁移率,即所谓分子筛效应。即使粒子的净电荷相似,不同的粒子也会由于分子筛效应而分离开。在凝胶电泳中,电荷效应和分子筛效应共同决定着粒子的分离行为。

(二) 聚丙烯酰胺凝胶电泳

聚丙烯酰胺凝胶电泳(polyacrylamide gel electrophoresis,PAGE)是一种常用的凝胶电泳,普遍用于分离蛋白质及较小分子的核酸。聚丙烯酰胺凝胶是由单体丙烯酰胺和交联剂甲叉双丙烯酰胺在催化剂作用下聚合并交联而形成的具有三维空间结构的一种人工合成凝胶。可根据不同的实验要求和目的,采用不同的方法。如根据在聚丙烯酰胺凝胶中是否加十二烷基硫酸钠(SDS),分为天然聚丙烯酰胺凝胶电泳和 SDS- 聚丙烯酰胺凝胶电泳(SDS-PAGE);根据聚丙烯酰胺凝胶分离胶的浓度,分为单一浓度凝胶电泳和梯度凝胶电泳;根据在聚丙烯酰胺凝胶中是否加浓缩胶,分为连续性凝胶电泳和不连续性凝胶电泳;根据电泳所使用的电泳槽形状,分为盘状凝胶电泳、垂直板状凝胶电泳和水平板状凝胶电泳。

电泳作为一种分离蛋白质的手段已成为含蛋白中药材鉴定、评价的常用方法,如以 PAGE 方法对紫河车新鲜品、干燥品与炮制品 3 种药材规格的结果表明,其新鲜品与干燥品,无论在蛋白质谱带数目与位置均有一定的对应,说明所用加工法(50~60℃干燥),基本上保持新鲜品蛋白质成分;相反,炮制品无明显谱带产生,说明炮制过程对其蛋白质的损失较大,从其温肾补精,益气养血的角度,应以新鲜品和干燥品为宜。

(唐志书)

参 考 文 献

[1] 刘落宪.中药制药工程原理与设备.北京:中国中医药出版社,2003

[2] 郭立玮.中药分离原理与技术.北京:人民卫生出版社,2010

[3] 戴颖,鞠建明.活血养阴颗粒提取纯化工艺研究.现代中药研究与实践,2006,20(1):52-54

[4] 马刚欣.清热解毒口服液醇沉工艺的优选.中成药,2006,28(3):439-440

[5] 王寅,乔传卓.高效毛细管电泳法用于不同种群大青叶药材鉴别.中药材,2010,31(8):547

[6] 肖琼,沈平壤.中药醇沉工艺的关键影响因素.中成药,2005,27(2):143-144

[7] 陈勇,李页瑞,金胤池,等.中药醇沉工艺及装备研究进展与思考.世界科学技术——中医药现代化, 2007,9(5):16-19

[8] 刘小平,李湘南,徐海星.中药分离工程.北京:化学工业出版社,2005

[9] 於娜,黄山.壳聚糖絮凝法精制黄精水提液.化学工业与工程,2012,29(2):32-36

[10] 刘春海,李跃辉,杨永华.离心技术在中药研究中的应用.中成药,2004,26(1):68-70

[11] 袁亮,张建琴,林婷婷,等.离心造粒法制备复方丹参微丸.中国实验方剂学杂志,2010,16(5):10-14

[12] 陈义.毛细管电泳技术与应用.北京:化学工业出版社,2005

第四章　膜分离技术

第一节　膜科学与技术概述

膜分离是一种新型分离技术,它是利用经特殊制造的具有选择透过性的薄膜,在外力(如膜两侧的压力差、浓度差、电位差等)推动下对混合物进行分离、分级、提纯、浓缩而获得目标产品的过程。

一、膜技术的基本概念

1. 两种主要的膜分离机制　膜技术的分离机制主要有两类。

(1) 机械过筛分离机制:依靠分离膜上的微孔,利用待分离混合物各组成成分在质量、体积大小和几何形态的差异,用过筛的方法使大于微孔的组分很难通过,而小于微孔的组分容易通过,从而达到分离的目的。如微滤、超滤、纳滤和渗析。

(2) 膜扩散机制:利用待分离混合物各组分对膜亲和性的差异,用扩散的方法使那些与膜亲和性大的成分,能溶解于膜中并从膜的一侧扩散到另一侧,而与膜亲和性小的成分实现分离。包括反渗透、气体分离、液膜分离、渗透蒸发。

2. 物质尺度与分离膜的相关性　第三章中所讨论的过滤分离机制,几乎都是在滤材表面拦截粒子后形成饼层,并借助这些颗粒层来完成固液分离的。也就是说只有在过滤初始时,滤材才用到自身所具有的性能。

如果滤材的细孔变得更小,分离机制就将趋向于半闭塞或完全闭塞的模式。由于细孔很小,所以像微胶粒、亚微米粒子那么大小的胶体和高分子物质也能够分离。作为与一般滤材的区别,可以处理这样小的粒子的滤材被称之为分离膜。可根据处理粒子的大小对分离膜进行分类。如图 4-1 所示,能拦截 $0.1~10\mu m$ 粒子的分离膜被称为微滤(micro-filtration,MF)膜。而可以处理 $1~20nm$ 的高分子以及胶体粒子的分离膜称之为超滤(ultrafiltration,UF)膜。

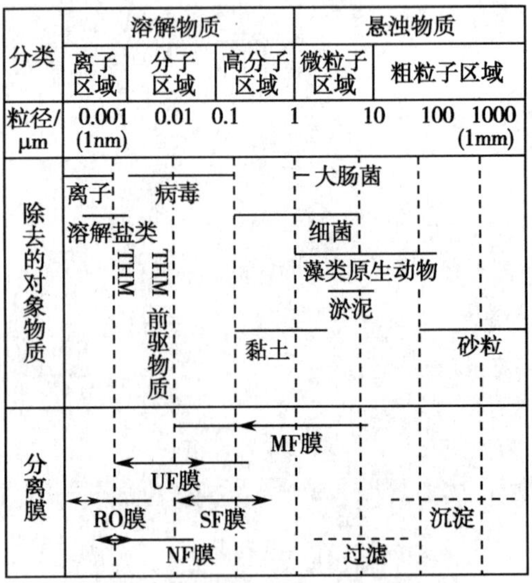

3. 错流及其对分离膜表面工作状态的影响　在膜分离过程中,随着运行时间的延长,膜面上的滤饼层和凝胶层可逐渐增厚,从而影响到分离效果。为了提高膜分离过程的效率,采取了错流(cross flow)的运行模式。即,使处理

图 4-1　物质的粒径与分离膜的关系

MF:微滤,UF:超滤,RO:反渗透,SF:精滤,NF:纳滤,THM:三卤代烷

液平行地流过分离膜面,而滤液与处理液的流向互相垂直,且成直角穿过膜的过滤方式。这样在分离膜表面形成的滤饼层(凝胶层)不会太厚,因而透过速度也就比较大。其原因在于适宜选择微滤膜或超滤膜分离的微小粒子,其运动方向很大程度上被处理液体的流动形态所左右,如果流体湍动较大,粒子会从膜面返回流动主体而并不向膜面移动,沿着膜面随处理液流走。图 4-2 所示为分离膜工作时膜面的情况。

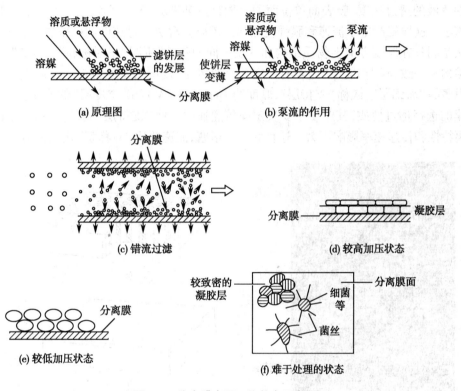

图 4-2 分离膜表面工作状态示意图

二、常见膜材料和分离膜的基本结构

(一)常见膜材料

根据材料特性,膜可以分为无机膜和有机膜两大类。无机膜材料主要有金属、陶瓷、金属氧化物(氧化铝、氧化锆、氧化钛)、多孔玻璃等。其中陶瓷膜具有耐高温、化学稳定性好、孔径分布窄、强度高、易于清洗等特点。陶瓷膜所具有的优异的材料性能使其在化学工业、石油化工、冶金工业、生物工程、环境工程、食品、发酵和制药等领域有着广泛的应用前景。

高分子膜材料目前主要由以下五类组成。

(1) 纤维素类:包括二醋酸纤维素(CA)、三醋酸纤维素(CTA)、醋酸丙酸纤维素(CAP)、再生纤维素(RCE)、硝酸纤维素(CN)、混合纤维素(CN-CA)。

(2) 聚烯烃类:主要有聚丙烯(PP)、聚乙烯(PE)、聚偏氟乙烯(PVDF)、聚四氟乙烯(PTFE)、聚氯乙烯(PVC)。

(3) 聚砜类:主要有聚砜(PS)、聚醚砜(PES)、磺化聚砜(PSF)、聚砜酰胺(PSA)。

(4) 聚酰胺类:主要有芳香聚酰胺(P1)、尼龙 -6(NY-6)、尼龙 -66(NY-66)、聚醚酰胺(PEl)。

(5) 聚酯类:主要有聚酯、聚碳酸酯(PC)等。

（二）分离膜的基本结构及性能

现代分离膜的结构一般分三层，即支持层、过渡层与分离层（也称皮层），每一层膜的厚度及所含的微孔形态、大小和数量不一，其中分离层对分离膜的性能起决定性影响（见图4-3）。

膜构造是膜技术的关键内容，早期的膜是所谓"对称膜"，其纵切面的模式图如图4-4（a）所示，膜的厚度较大，孔隙为一定直径的圆柱形。这种膜流速低，易堵塞。为了提高膜分离过程中滤液的透过速度，膜表面单位面积上能穿某种分子的"孔穴"应该多，而孔隙的长度应该小。这样就产生了流速和膜强度之间的矛盾。解决透过速度和机械强度的矛盾的最好办法是制备在厚度方向上物质结构和性质不同的膜，即所谓"不对称膜"。该类膜正反两面的结构不一致，其"功能层"是具有一定孔径的多孔"皮层"，厚度为0.1~1μm；另一层是孔隙大得多的"海绵层"，或称"支持层"，厚度约1mm，见图4-4（b）。"皮层"的孔径和材料性质决定膜的选择透过性质，其厚度主要决定膜传递速率。而"支持层"可增大它的机械强度，对分离特性和传递速率影响不大。这种膜不易堵塞，流速要比"对称膜"快数十倍。

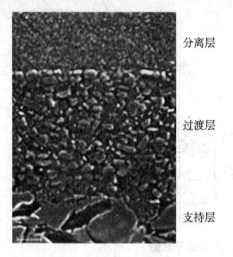

图4-3　分离膜的三层结构

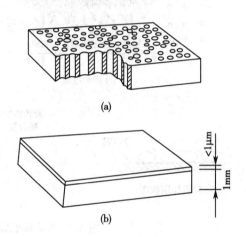

图4-4　不同类型膜纵切面的模式图

对分离膜的性能要求主要体现在以下方面。

（1）分离能力：选择性透过某些物质的能力。

（2）透过能力：膜通量大小，即单位时间、单位膜面积通过膜的料液量。

（3）理化稳定性：耐热性、耐酸性、耐碱性、抗氧化性、抗微生物分解性和机械强度。

（4）经济性：价格取决于分离膜材料和制造工艺。

在使用膜技术时须了解各种膜的使用条件，它们主要是：

（1）操作温度：不同的膜基材料对温度的耐受能力差异很大。某些膜使用温度不超过50℃，而另外一些膜则能耐受高温灭菌（120℃）。

（2）化学耐受性：不同材质的膜与各种溶剂或药物作用也存在很大差异。使用前必须查明膜的化学组成，了解其化学耐受性。有的膜禁用强碱、氨水、肼、二甲基甲酰胺、二甲基亚砜、二甲基乙酰胺等；有的膜禁用丙酮、乙腈、糠醛、硝基乙烷、硝基甲烷、环酮、胺类等；另一些材质膜则禁用强离子型表面活性剂和去污剂，而且可用的溶剂也不能超过一定浓度。

（3）膜的吸附性质：由于各种膜的化学组成不同，对各种溶质分子的吸附情况也不相同。使用超滤膜时，希望它对溶质的吸附尽可能少些。此外，某些介质也会影响膜的吸附能力，例如磷酸缓冲液常会增加膜的吸附作用。

（4）膜的无菌处理：许多生化物质及生化药物需要在无菌条件下进行处理，所以必须对膜组件实行无菌化。有机膜组件一般不耐受高温，通常采用化学灭菌法。常用的试剂有70%乙醇、5%甲醛、20%的环氧乙烷等，许多膜设备还有配套的清洁剂和消毒剂。

三、膜分离装置和常见膜组件类型

膜分离装置至少应包括膜分离组件、泵、阀门、仪表和管道，此外还可配备常规预滤器、贮液罐和自动化控制装置等。膜分离组件简称膜组件或组件，又叫膜分离器，它将分离膜以某种形式组装在一个基本单元设备内，在外力的驱动下能对混合物进行分离。膜组件是膜分离装置的核心部件，泵提供分离压力和药液等待分离混合物流动的能量，阀门和仪表对各种操作参数进行显示和控制。

工业上常用的膜组件主要类型有四种：即板式、管式、螺旋卷式和中空纤维式。不论何种形式其使用和设计的共同要求是：①尽可能大的有效膜面积；②为膜提供可靠的支撑装置，这是因为膜很薄，其中还含有百分之几十的水分，仅仅靠膜本身是不能承受很高压力的。因此，除了增加膜本身强度外，还必须采用辅助支撑装置；③提供可引出透过液的方法；④使膜表面的浓差极化达最小值。

（1）板式：板式又称板框式，图4-5为典型的平板超滤组件示意图。平板组件的基本单元由刚性的支撑板、膜片及置于支撑板和膜片间的透过液隔网组成。透过液隔网提供透过液流动的流道。支撑板两侧均放置膜片和透过液隔网。将膜片的四周端边与支撑板、透过液隔网密封，且留有透过液排出口，遂构成膜板。两相邻膜板借助其间放置进料液隔网（进料液隔网较透过液隔网厚且网眼大）或其间周边放置密封垫圈而彼此间隔。此间隔空间作进料液/截留液流动的流道，该

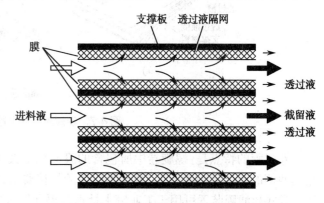

图4-5　平板超滤组件示意图

流道高度为0.3~1.5mm。目前，许多新型的超滤组件都采用进料液隔网以改进局部混合，提高组件的传质性能，此进料液隔网是湍流促进器之一。若干膜板、进料液隔网（或垫圈）有序叠放在一起，两端用端板、螺杆紧固便构成平板组件。

（2）管式：管式膜的形式很多，管的组合方式有单管（管径一般为25mm）及管束（管径一般为15mm）；液流的流动方式有管内流和管外流；管的类型有直通管和狭沟管。

若干根单根膜管或若干根整装成一体的束状膜管放在塑料和不锈钢筒体内用合适的端帽定位紧固，构成管式组件。依据端帽的结构可对各膜管进行串联、并联或并串联兼而有之的"双入口"连接。在双入口连接下，料液同时平行地流入两根膜管，然后各自流过串联的其他膜管。料液流经膜管的内腔，透过液通过膜和多孔支撑管径向外流出，汇集后由筒侧透过液出口孔排出（图4-6）。

需要注意的是，为使透过液移出，组件在膜管的透过液侧和透过液出口孔间需有一定的压力梯度，即膜透过液侧需有一定的背压，该背压可通过增加透过液管路的流动阻力实

现,但背压不可过高,以免损失通量和损伤膜。

管式超滤装置由于其结构简单,适应性强,压力损失小,透过量大,清洗、安装方便,并能耐高压,适宜于处理高黏度及稠厚液体,故比其他类型的超滤装置应用得更为广泛。

(3) 卷式:卷式装置的主要元件是螺旋卷,它是将膜、支撑材料、膜间隔材料依次选好,如图 4-7(a) 所示围绕一中心管卷紧,形成一个膜组,见图

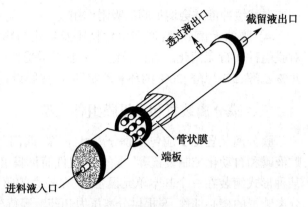

图 4-6 管式超滤组件示意图

4-7(b)。料液在膜表面通过间隔材料沿轴向流动,而透过液则以螺旋的形式由中心管流出。

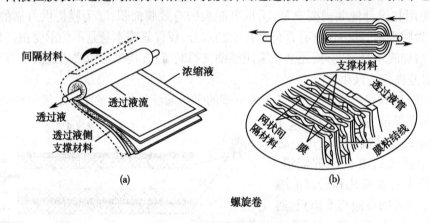

螺旋卷

图 4-7 卷式膜组件示意图

卷式膜的特点是:螺旋卷中所包含的膜面积很大,湍流情况较好,适用于反渗透。缺点是膜两侧的液体阻力都较大,膜与膜边缘的粘接要求,以及制造、装配要求高,清洗、检修不便。卷式超滤膜装置可用于工业废水处理及再利用、料液的浓缩和提纯、乳品果汁及蛋白质浓缩、电泳漆回收、矿泉水制造、医用除热原、印染等领域。

(4) 中空纤维式:中空纤维膜实质是管式膜,两者的主要差异是中空纤维膜为无支撑体的自支撑膜,其基本结构如图 4-8。中空纤维超滤膜的皮层一般在纤维的内侧,也有的在纤维内、外两侧,称双皮层。该双皮层结构赋予中空纤维超滤膜更高的强度和可靠的分离性。中空纤维超滤膜的直径通常为 200~2500μm,壁厚约 200μm。由于中空纤维很细,它能承受很高压力而不需任何支撑物,使得设备结构大大简化。中空纤维膜组件的一个重要特点是可采用气体反吹或液体逆洗的方法来除去粒子,以恢复膜的性能。

中空纤维超滤膜的主要用途:各种纯水与饮用水的净化与除菌;医用无菌水与注射用水的净化与除热原;生化发酵液的分离与精制;血液制品的分离与精制;生产与生活用水的除污净化;果汁饮料的浓缩与精制;低度白酒的除污净化;葡萄酒的澄明化过滤;中药提取液的分离与精制。

料液在进入膜装置前,一般都要经过预先处理,以除去其中的颗粒悬浮物等物质,这对延长膜的使用寿命和防止膜孔的堵塞非常重要。料液的预处理还包括调节适当的 pH 值和

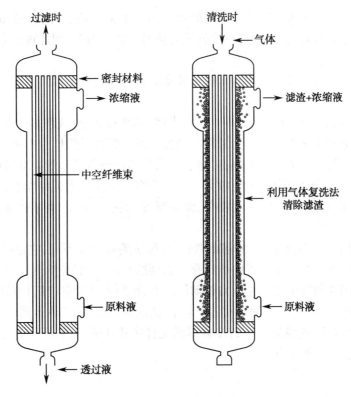

图 4-8　中空纤维膜组件示意图

温度。对料液需进行循环操作的场合,料液温度会逐渐升高,故还需设置冷却器加以冷却。

　　表 4-1 对上述四种常用膜组进行了综合性能比较。一般地说,管式膜组件在投资方面较昂贵,但这类膜组件能较好的控制浓差极化,料液预处理简单,而且清洗方便,从而节省了大量的费用。因此,管式膜组件在化工、环保、生化等领域仍比其他类型膜组件有更广泛的应用。

表 4-1　四种膜组件的特性比较

比较项目	卷式	中空纤维	管式	板框式
填充密度(m^2/m^3)	200~800	500~30 000	30~328	30~500
料液流速[$m^3/(m^2 \cdot s)$]	0.25~0.5	0.005	1~5	0.25~0.5
料液侧压降(Mpa)	0.3~0.6	0.01~0.03	0.2~0.3	0.3~0.6
抗污染	中等	差	非常好	好
易清洗	较好	差	优	好
膜更换方式	组件	组件	膜或组件	膜
组件结构	复杂	复杂	简单	非常复杂
膜更换成本	较高	较高	中	低
对水质要求	较高	高	低	低
配套泵容量	小	小	大	中
工程放大	中	中	易	难
相对价格	低	低	高	高

　　板框式膜组件虽然投资费用比较高,但由于膜的更换方便、清洗容易,而且操作灵活。尤其是小规模板框式装置,在经常需更换处理对象时就特别有利,因此被较多地应用于生化制药、食品、化工等工业中。

　　螺旋卷式和中空纤维式组件在海水或苦咸水淡化方面占统治地位,目前,大量用于纯水和超纯水处理。

　　目前,已商品化的无机膜几何结构有三种类型,即平板式、管式和多通道管式(蜂窝型)。其中管式和多通道管式无机膜组件为常用的两种形式。管式膜组件是由多支单流道膜元件组装成换热器形式的微滤或超滤组件;多通道蜂窝型结构是单管和管束型结构的改进,每支蜂窝型管膜元件的流道数可以为 7、19 及 37 个不等。这种多通道结构膜组件,具有单位体积内膜面积装填密度大、组件强度较高、设备紧凑、更换成本低、可在高温下连续运行等优点。

　　多通道管状结构的陶瓷膜,管壁密布微孔,与传统终端过滤不同,它是一种"错流过滤"形式的流体分离过程。在过滤过程中始终存在着两股流体,一股是渗透液,另一股是用于提供膜表面冲刷作用的循环流体。在压力驱动作用下,原料液在膜管内侧(或外侧)流动,小分子物质(或流体)透过膜,大分子物质(或固体)被膜截留,从而使流体达到分离、浓缩和纯化的目的。管状结构的陶瓷膜见图 4-9;多通道膜元件中流体的渗透途径示意图见图 4-10;陶瓷膜组件的进出料示意图见图 4-11。

图 4-9　管状结构的陶瓷膜

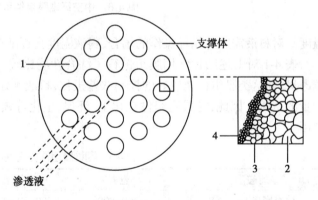

图 4-10　多通道膜元件中流体的渗透途径示意图
1. 通道,2. 多孔载体,3. 过渡层,4. 分离层

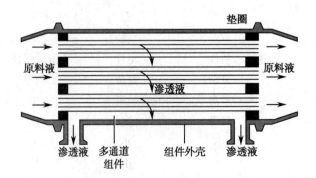

图 4-11　陶瓷膜组件的进出料示意图

第二节 制药工程常用的膜分离技术

一、微滤技术

微滤过程主要应用于分离大分子、胶体粒子、蛋白质以及其他微粒,它们的分离原理是根据分子或微粒的物理化学性能、所使用膜的物理化学性能和它们的相互作用(如大小、形状和电性能)不同而实现分离的。

(一)微滤膜的分离原理

微滤膜是指 0.01~10μm 微细孔的多孔质分离膜,它可以把细菌、胶体以及气溶胶等微小粒子从流体中比较彻底地除去。膜的这种分离能力称为膜对微粒的截流性能。

微滤膜的截留作用大体可分为以下几种(图 4-12)。

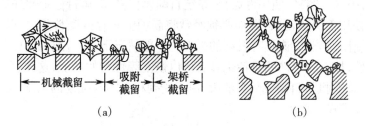

图 4-12 微滤膜截留机制示意图
(a)在膜的表面层截留;(b)在膜内部的网络中截留

(1)机械截留作用:是指膜具有截留比其孔径大或与其孔径相当的微粒等物质的作用,即筛分作用。

(2)物理作用或吸附截留作用:除了要考虑孔径因素造成的筛分作用之外,还要考虑其他因素的影响,其中包括吸附和电性能的影响。

(3)架桥作用:通过电镜可以观察到,在孔的入口处,微粒因为架桥作用也同样可被截留。

(4)网络型膜的网络内部截留作用:这种截留是将微粒截留在膜的内部,而不是在膜的表面。

由上可见,对滤膜的截留作用来说,机械作用固然重要,但微粒等杂质与孔壁之间的相互作用有时较其孔径的大小更为重要。

目前的微滤膜已发展成两种结构形态,一种为非对称深层过滤型微滤膜,膜的孔径沿膜厚度方向呈明显的梯度;另一类为筛网式表面过滤型微滤膜,其膜孔径与孔结构确定,孔径分布较狭窄。

微滤膜的截留作用因其结构上的差异而不相同。表面层截留(表面型),膜易清洗,但杂质捕捉量相对于深层型较少;而膜内部截留(深层型),杂质捕捉量较多,但不易清洗,多属于用毕废弃型。

微滤分离的过程一般经历几个阶段:①过滤初始阶段,比膜孔径小的粒子进入膜孔,其中一些由于各种力的作用被吸附于膜孔内,减小了膜孔的有效直径;②当膜孔内吸附趋于饱和时,微粒开始在膜表面形成滤饼层;③随着更多微粒在膜表面的吸附,微粒开始部分堵塞膜孔,最终在膜表面形成一层滤饼层,膜通量趋于稳定。

流体中含有粒子的浓度不同,微滤膜的使用方式也不同。当浓度较低时,常常使用一次性滤膜。当浓度较高时,需选择可以反复使用的膜。

(二) 微滤过程的应用

目前,微滤无机膜的工业应用主要在液体的澄清与分离领域,其中微孔陶瓷膜约占市场的80%,主要为氧化锆、氧化铝两种材料。法国的 SFEC 公司、Ceraver 公司、美国的 Norton 公司最早将无机膜推向商品化,其氧化铝膜的商品名分别为 CarbosepTM、MembraloxTM 和 CerafloTM。目前,我国开发的无机膜及其组件已达到国际先进水平。陶瓷微滤膜应用发展到今天,呈现出新的需求特点:在中药体系开始获得规模化应用,而在生物制药行业,从有机酸、氨基酸到抗生素,陶瓷膜系统普遍得到应用,成套装置的规模一般在 500m² 以上,在提高产品收率和质量、降低能耗和工业废水量等方面,取得了极好的技术经济效益。

一般要求陶瓷膜具有孔径分布窄,分离效率高;化学稳定性好,耐酸、碱、有机溶剂及氧化剂;耐高温;机械强度大;分离过程中无二次溶出物产生;膜通量稳定,适合处理高黏度、高含固量的料液;膜再生容易;使用寿命长;系统自动化程度高;运行稳定性好等。

膜因反复使用而会被污染,因而必须经常将膜面上积存的微粒除去,以恢复膜的性能。同时由于反复使用,膜还应该具有较高的强度。一般情况下,用金属和陶瓷制成的微滤膜具有足够的耐久性,加上膜组件的设计也具有可以恢复膜性能的功能,这样就可以适应长期反复使用的要求。而有机材料制成的微滤膜,由于受到材料本身强度的限制,为了能反复使用,往往制成中空纤维式。

二、超滤技术

超滤是近几十年迅速发展起来的一项分子级分离技术,它以超滤膜为分离介质,以膜两侧的压力差为推动力,将不同相对分子质量的物质进行选择性分离。

(一) 超滤的基本原理

超滤是通过膜的筛分作用将溶液中大于膜孔的大分子溶质截留,使它们与溶剂及小分子组分分离的过程。膜孔的大小和形状对分离效果起主要影响。由于超滤过程分离的对象是大小分子,所以超滤膜通常不以其孔径大小作为指标,而以截留相对分子质量作为指标。所谓"相对分子质量截留值"是指截留率达 90% 以上的最小被截留物质的相对分子质量。它表示每种超滤膜所额定的截留溶质相对分子质量的范围,大于这个范围的溶质分子绝大多数不能通过该超滤膜。理想的超滤膜应该能够非常严格地截留与切割不同相对分子质量的物质。

由于额定截留相对分子质量的水平多以球形溶质分子的测定结果表示,而受试溶质分子能否被截留及截留率的大小还与其分子形状、化学结合力、溶液条件及膜孔径差异有关,所以相同相对分子质量的溶质截留率不尽相同。用具有相同相对分子质量及截留值的不同膜材料制备的超滤膜对同一物质的截留也不完全一致,故相对分子质量截留值仅为选膜的参考,需通过必要的试验来确定膜的种类。

(二) 超滤动力学过程分析

1. 超滤的传质方程　超滤用以分离、净化和浓缩溶液,一般是从含小分子溶液中分离出相对分子质量大的组分,即分离相对分子质量为数千到数百万、微粒直径约为 $1 \times 10^{-9} \sim 100 \times 10^{-9} m$ 的混合物。超滤过程中,往往是水(或溶剂)与相对分子质量低的组分一起通过膜,较大相对分子质量的组分则截留于膜的高压侧。

表示超滤膜基本参数的是水通量与截留率,水通量是指一定压力下单位时间内通过单位膜面积的水量。设水通量的 J_W 和所受的外力成正比,即

$$J_W = \frac{W}{A \cdot \tau} \tag{4-1}$$

或:

$$J_W = L_p \cdot \Delta p \tag{4-2}$$

式中,J_W 为单位时间单位面积透过的溶剂量,$mol/(m^2 \cdot s)$;L_p 为穿透度,$m^3/(m^2 \cdot h \cdot MPa)$;$\Delta p$ 为施加的外压,Pa;W 为透过的水量,kg;A 为膜的有效面积,m^2;τ 为超滤过程时间,s。

把待分离物质超滤除去的百分数称作截留率,即:

$$R = \frac{c_1 - c_2}{c_1} \times 100\% \tag{4-3}$$

式中,c_1 为料液中目的溶质的浓度,$kmol/m^3$;c_2 为透过液中目的溶质的浓度,$kmol/m^3$。

通常,溶剂(水)通量与施加的压力 Δp 成正比,与膜的阻力 R_M 成正比,故可用 Poiseills 定律表示,即:

$$J_W = \frac{\Delta p}{R_M} = \frac{\varepsilon r^2 \Delta p \rho}{8 \eta^2 \mu \delta_m} \tag{4-4}$$

式中,r 为滤膜微孔半径,m;ρ 为料液密度,kg/m^3;ε 为膜材空隙率,常等于膜含水量;μ 为溶剂黏度,$Pa \cdot S$;δ_m 为膜的厚度,m;η 为微孔弯曲系数。

式(4-1)有时会有较大的误差,因为由于超滤过程的浓差极化现象,式(4-2)或式(4-4)的压力差 Δp 需减去渗透压 π 后才能代入计算。此外,还需考虑膜对溶质的排斥系数 α。若膜对所有溶质都有排斥,则 $\alpha = 1.0$;反之,若膜可让溶质和溶剂自由通过,则 $\alpha = 0$。由上述可知,式(4-2)和式(4-4)的 Δp 应用 $(\Delta p - \alpha \pi)$ 代替。故式(4-2)变成:

$$J_W = L_p (\Delta p - \alpha \pi) \tag{4-5}$$

式(4-5)即为超滤的基本方程。

例 4-1 鲜啤生产新工艺拟用超滤法从啤酒中分离出酵母,若过滤前啤酒的酵母含量为 0.1%(V/V),且酵母细胞均匀分散于酒中。当施加的外压力差为 1.0MPa 时,处理量达 0.072m^3/($m^2 \cdot h$)。求:(1)穿透度 L_p;(2)水透过膜的流速。

[解] 因酵母细胞的相对分子质量很高,故其摩尔浓度及渗透压很小,且其排斥系数 $\alpha \approx 1$。

(1)根据式(4-5),有

$$L_p = J_W / (\Delta p - \alpha \pi) = \frac{0.072}{(1.0 - 0)}$$
$$= 0.072 m^3 / (m^2 \cdot h \cdot MPa)$$

(2)水透过膜的流速为

$$V = J_W = 0.072/3600 = 2 \times 10^{-5} m/s$$

2. 超滤过程中的浓差极化 为了计算一定体积的样品超滤所需要的时间,必须对超滤过程进行分析。根据前述的理论,如式(4-5)溶剂透过膜的速度为:

$$J_W = L_p (\Delta p - \alpha \cdot \Delta \pi) \tag{4-6}$$

若溶质被滤膜排斥,则排斥系数 $\alpha \approx 1$;对于稀溶液,渗透压 $\pi = RTc$,代入式(4-5),得:

$$J_W = L_p (\Delta p - RTc) \tag{4-7}$$

式中，R 为气体常数，8.31J/(mol·K)；T 为溶液的绝对温度，K；c 为膜表面的溶质浓度，kmol/m³。因此，只要知道 c 就可算出渗透压 π 的值。

由于超滤是在外压作用下进行的。外源压力迫使相对分子质量较小的溶质通过薄膜，而大分子被截留于膜表面，并逐渐形成浓度梯度，造成"浓差极化"现象(图 4-14)。越接近膜，大分子的浓度越高，构成一定的凝胶薄层或沉积层。浓差极化现象不但引起流速下降，同时影响到膜的透过选择性。在超滤开始时，透过单位膜面积的流量因膜两侧压力差的增高而增大，但由于沉积层也随之增厚，当沉积层达到一个临界值时，滤速不再增加，甚至反而下降。这个沉积层，又称"边界层"，其阻力往往超过膜本身的阻力，就像在超滤膜上又附加了一层"次级膜"。所以克服浓差极化，提高透过选择性和流率，是设计超滤装置时必须考虑的重要因素。

克服极化的主要措施有震动、搅拌、错流、切流等技术，但应注意，过于激烈的措施易使蛋白质等生物大分子变性失活。此外，还可将某种水解酶类固定于膜上，能降解造成极化现象的大分子，提高流速，但这种措施只适用于一些特殊情况。

对超滤操作过程进行分析，可根据质量守恒原理，由于大分子溶质不能透过膜，从液流主体传递到膜表面的大分子溶质量应等于该溶质从壁面通过扩散回到液流主体的量，即：

$$cJ_W = -D\frac{\mathrm{d}c}{\mathrm{d}z} \tag{4-8}$$

上述微分方程边界层条件为：

$$\begin{cases} x=0, c=c_0 \\ x=l, c=c_s \end{cases} \tag{4-9}$$

上式中，l 为膜表面存在的滞流边界层厚度，m；c_0 为液流主体的溶质浓度，kmol/m³；c_s 为膜表面的溶质浓度，kmol/m³。其边界层浓度变化如图 4-13 所示。

应用式(4-9)的边界层条件，对式(4-8)积分，得：

$$J_W = \frac{D}{l}\ln\frac{c_s}{c_0} \tag{4-10}$$

由式(4-10)可知，对一定的过滤系统，超滤速度与浓差系数(c_s/c_0)的对数值成正比。

对于蛋白质大分子稀溶液，浓差极化可忽略，即 $c_s=c_0$，结合式(4-7)对溶剂进行的质量衡算，可得超滤系统的过滤速度为：

$$\frac{\mathrm{d}V}{\mathrm{d}t} = -AJ_W = -AL_p\Delta p\left(1 - \frac{RTc_0}{\Delta p}\right) \tag{4-11}$$

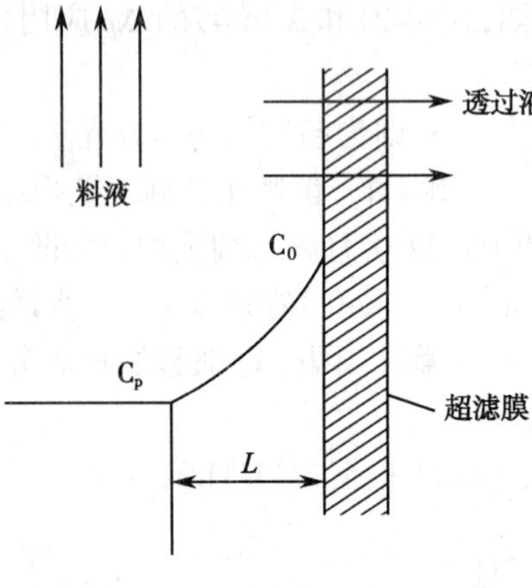

图 4-13　超滤的浓差极化示意图

上式中，V 为透过液体积，m³。

对于间歇超滤系统，大分子溶质数 N 在浓缩前后维持不变，即：

$$c_0 = N/V \tag{4-12}$$

故式(4-11)变成：

$$\frac{\mathrm{d}V}{\mathrm{d}t} = -AL_p\Delta p\left(1 - \frac{RTN/\Delta p}{V}\right) \tag{4-13}$$

式(4-13)微分方程的初始条件为：

$$t=t_0 \text{ 时,} \quad V=V_0 \tag{4-14}$$

以式(4-14)的初始条件代入,对式(4-13)微分方程积分并整理,可得出料液体积从超滤开始时的 V_0 减少至 V 时,所经历的间歇操作时间为:

$$t = \frac{1}{AL_p\Delta p}\left[(V_0 - V) + \frac{RTN}{\Delta p}\ln\left(\frac{V_0\Delta p - RTN}{V\Delta p - RTN}\right)\right] \tag{4-15}$$

例 4-2　用平板式超滤装置精制浓缩木瓜蛋白酶溶液,其重量体积浓度为 0.5%,此蛋白酶的扩散系数 $D=1.45\times10^{-10}\text{m}^2/\text{s}$,滤膜表面的滞流边界层厚度为 $1.7\times10^{-5}\text{m}$。求滞流边界层滤膜表面的蛋白酶浓度。

[**解**]　根据式(4-10),可得边界层滤膜表面的蛋白酶浓度 c_s 与主体浓度 c_0 的比值:

$$\frac{c_s}{c_0} = \exp\left(\frac{J_w l}{D}\right)$$

$$= \exp\left(\frac{9.2\times10^{-6}\times1.7\times10^{-5}}{1.45\times10^{-10}}\right)$$

$$= 2.94$$

故膜表面的蛋白酶浓度为:

$$c_s = 2.94c_0 = 2.94\times0.5\% = 1.47\%$$

可见,在料液含蛋白酶 0.5% 时,超滤过程已产生明显的浓差极化。

例 4-3　应用中空纤维膜超滤器精制牛痘疫苗溶液,使原浓度 0.08% 的疫苗增至 2.1% (W/V),其相对分子质量为 $M=18\,000$,扩散系数 $D=1\times10^{-10}\text{m}^2/\text{s}$。超滤器过滤面积为 10m^2,操作温度为 4℃,超滤压力差 3.0MPa。经实验测定,超滤的初始滤速为 $2.16\times10^{-3}\text{m}^3/(\text{m}^2\cdot\text{h})$。求:

(1) 若忽略浓差极化,估算超滤处理 1.0m^3 疫苗原液所需的时间 t。

(2) 估算浓差极化对超滤时间的影响。

[**解**]　(1) 根据式(4-15),忽略浓差极化,则超滤时间为:

$$t = \frac{1}{AL_p\Delta p}(V_0 - V)$$

$$= \frac{1}{(10\times2.16\times10^{-3})/3600}\left(1 - \frac{1.0\times0.08\%}{2.1\%}\right)$$

$$= 1.6\times10^5\text{s} \approx 44.5\text{h}$$

(2) 考虑浓差极化,则超滤时间为:

$$t = \frac{1}{AL_p\Delta p}\left[(V_0 - V) + \frac{RTN}{\Delta p}\ln\left(\frac{V_0 - RTN/\Delta p}{V - RTN/\Delta p}\right)\right]$$

而

$$\frac{RTN}{\Delta p} = \frac{8.31\times277.2(1\times10^6\times0.08\%/18\,000)}{3\times10^6}$$

$$= 3.41\times10^{-5}\text{m}^3$$

$$V = V_0\times c_0/c = (1.0\times0.08\%)/2.1\% = 0.038\text{m}^3$$

故:

$$t = \frac{\left[1 - 0.038 + 3.41\times10^{-5}\ln\left(\frac{1 - 3.41\times10^{-5}}{0.038 - 3.41\times10^{-5}}\right)\right]}{(10\times2.16\times10^{-3})/3600}$$

$$= 1.6002\times10^5\text{s}$$

由计算结果可见,这种情况下浓差极化对超滤几乎没有影响,这是因为溶质是大分子蛋白质的缘故。

(三)超滤系统工艺流程

超滤过程的操作方式有间歇式和连续式两种。连续操作的优点是产品在系统中停留时间短,这对热敏或剪切力敏感的产品是有利的。连续操作主要用于大规模生产,它的主要特点是在较高的浓度下操作,故通量较低。

间歇操作平均通量较高,所需膜面积较小,装置简单,成本也较低,主要缺点是需要较大的储槽。在药物和生物制品的生产中,由于生产规模和性质,故多采用间歇操作。

在超滤过程中,有时在被超滤的混合物溶液中加入纯溶剂(通常为水),以增加总渗透量,并带走残留在溶液中的小分子溶质,达到更好分离、纯化产品的目的,这种超滤过程被称为洗滤(diafiltration)或重过滤。洗滤是超滤的一种衍生过程,常用于小分子和大分子混合物的分离或精制,被分离的两种溶质的相对分子质量差异较大,通常选取的膜的截留相对分子质量介于两者之间,对大分子的截留率为100%,而对小分子则完全透过。

图 4-14(a)所示为间歇洗滤过程,洗滤前的料液体积100%,料液中含有大分子和小分子两类溶质,随着洗滤过程的进行,小分子溶质随溶剂(水)透过膜后,溶液体积减少到20%,再加水至100%,将未透过的溶质稀释,重新进行洗滤。这种过程可重复进行,直至料液中的小分子溶质全部经由透过液被分离。

连续洗滤过程如图 4-14(b)所示,其主要特点是通过连续加入水,不断稀释料液,而实现大、小分子物质的较完全分离。

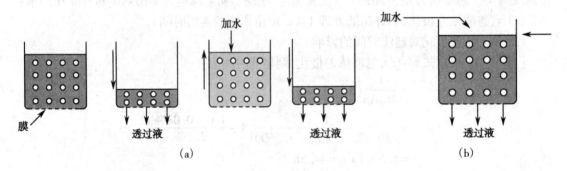

图 4-14　间歇洗滤和连续洗滤过程
(a)间歇洗滤;(b)连续洗滤

(四)超滤技术的应用

1. 多级分离与纯化　当溶液中不同溶质的相对分子质量相差较大时,可采用不同相对分子质量截留值的超滤膜进行多次超滤。串联式超滤装置如图 4-15 所示,按相对分子质量截留值由大到小串联几个超滤器,各自保持一定体积,用 10~20 倍体积的缓冲液逐级洗下。较小相对分子质量物质相应下移,在各滤器中获得不同相对分子质量范围的组分,从而使大分子得到分离和纯化,同时也进行了浓缩。如 Pellicon Cassette 系统及 Amicon Corporation DC$_2$ 系统可用于胸腺素的脱热原、除盐及浓缩,并可成功地从释放出血红蛋白的红细胞系统中将红细胞膜、血红蛋白及无机盐分开。

在采用超滤装置进行不同分子质量溶质的分级分离时,浅道系统型串联装置比搅拌系统型装置分离效果好。

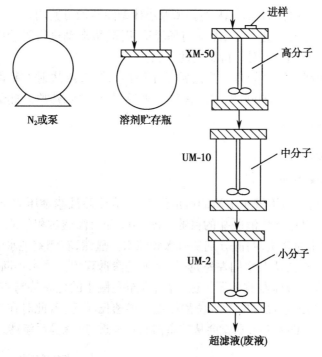

图 4-15 串联式超滤装置

2. 超滤分离与酶反应器(或发酵罐)联用 超滤分离与酶反应器联用多见于酶促分解
反应。即使大分子底物返回反应器再
行反应,连续除去底物,反复进行反
应。超滤分离与酶反应器联用装置见
图 4-16。这类装置已广泛用于纤维素
糖化、蛋白酶对蛋白质的水解、淀粉酶
对淀粉的水解以及大豆酶解产物的分
离等。

超滤与发酵联用可以使超滤回收
的营养物继续供给细菌利用,而产物
及有毒物质不断滤去,以减少对微生
物的抑制。微生物分泌至胞外的大分

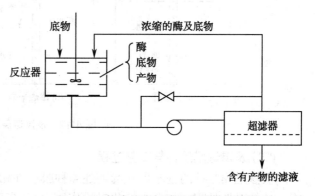

图 4-16 超滤分离与酶反应器联用装置

子产物在超滤时被截留还是透过膜,主要取决于对膜的选择。如果超滤时营养物的损失太
多,还需适当补充,以维持微生物的正常生长环境。

3. 浓缩和脱盐 使用超滤方法对生物大分子溶液进行浓缩或脱盐,其优点是不消耗
试剂,无相转移,可在低温下进行,操作简便。浓缩的同时还可脱掉盐和其他小分子杂质,
既节省了能源和溶剂,也提高了经济效益。浓缩的效果随具体样品而异,蛋白质的最终浓
度可达 40%~50%。

脱盐的方法有稀释法和渗滤法两种。

(1) 在稀释超滤法的操作过程中,盐离子等小分子杂质随溶剂(水)不断透过滤膜而除
去,当浓缩到一定程度时再加入溶剂至原体积,如此反复多次,绝大部分小分子物质可被除

去。稀释超滤是分批进行的,振动型、搅拌型及小棒型滤器均可使用。

(2) 渗滤法脱盐是连续进行的,原理与稀释法相同,可自动进行脱盐操作。在整个超滤过程中大分子浓度始终不变,对保持稳定性有利。

4. 中药液体制剂的终端处理 超滤常用于中药口服液或注射液制备工艺中的终端处理,主要目的是解决澄明度的问题,对于注射液来说,并可去除热原。此部分内容将在本章第四节作比较详细的介绍。

三、反渗透技术

(一) 反渗透技术原理

反渗透借助半透膜对溶液中溶质的截留作用,以高于溶液渗透压的压差为推动力,使溶剂渗透通过半透膜,以达到溶液脱盐的目的。图 4-17 为反渗透过程的原理图。把只允许水透过的凝胶半透膜作为介质,两侧分别是海水和纯水。显然,右侧室纯水的浓度要高于左侧海水室中水的浓度,水会从右室向左室透过,这就是渗透现象。当水不断地进入左侧,使左侧海水面升高,相应地膜面左侧的压力也升高,直至左侧水的化学势与右侧相等时,渗透即停止。这时海水面与纯水面之间的水位静压差与渗透压相等,若此时在右侧的海水面上施加大于渗透压的压力(图 4-17),水就会从左室向右室渗透,这就是反渗透过程的原理。

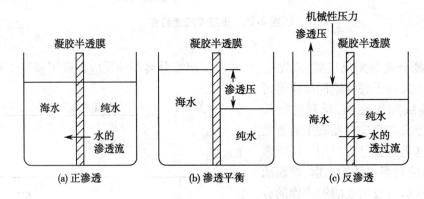

图 4-17 反渗透原理图

(二) 反渗透膜组件与工艺过程

反渗透膜组件的基本形式与前述 4 种膜组件相同。由于操作压力较高,设计上相应地有一些针对性处理。如海水淡化时操作压力高,多采用中空纤维式组件;制造超纯水时,操作压力相对较低,则多采用卷式组件。

反渗透工艺流程的基本情况如图 4-18 所示。由于反渗透只对水进行选择性透过,不能透过膜的物质都滞留在膜面上,使膜不能充分发挥出其本来所具有的分离功能。例如悬浮物可能会形成凝胶层或者是饼层,使透过速度下降,膜的劣化又使分离效率降低。所以原料液事先要经过严格的预处理,除去劣化因素,尽量减缓膜的劣化速度。另外,流程中还应该配置高压泵,将原料液压

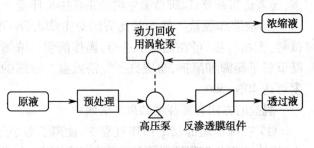

图 4-18 反渗透流程的基本构成

力提高至操作压力再送至膜组件,由膜组件完成透过液与浓缩液的分离。这时浓缩液仍处于高压状态,如果其量较大时,可在流程中设置动力回收用的涡轮泵(turbine),来回收浓缩液的压力能。

四、纳滤技术

纳滤是介于传统分离范围的超滤和反渗透之间,又一种新型分子级分离技术,它是分离膜家族的新成员。实验证明,它能使 90% 的 NaCl 透过膜,而使 99% 的蔗糖被截留。由于该膜在渗透过程中截留率大于 95% 的最小分子约 1nm(非对称微孔膜平均孔径为 2nm),故被命名为"纳滤膜",这就是"纳滤"一词的由来。

与其他分离膜的分离性能比较,纳滤膜恰好填补了超滤与反渗透之间的空白,它能截留透过超滤膜的那部分小分子量的有机物,透析被反渗透膜所截留的无机盐。

纳滤类似于反渗透与超滤,均属压力驱动型膜过程,但其传质机制却有所不同。一般认为,超滤膜由于孔径较大,传质过程主要为孔流形式,而反渗透膜通常属于无孔致密膜,溶解 - 扩散的传质机制能够满意地解释膜的截留性能。由于大部分纳滤膜为荷电型,其对无机盐的分离行为不仅受化学势控制,同时也收到电势梯度的影响,所以,其确切的传质机制至今尚无定论。

由于无机盐能透过纳滤膜,使其渗透压远比反渗透膜的低,因此,在通量一定时,纳滤过程所需的外加压力比反渗透的低得多;而在同等压力下,纳滤的通量则比反渗透大得多。此外,纳滤能使浓缩与脱盐同步进行。所以用纳滤代替反渗透时,浓缩过程可有效、快速地进行,并达到较大的浓缩倍数。

纳滤膜组件的操作压力一般为 0.7MPa 左右,最低的为 0.3MPa。它对相对分子质量大于 300 的有机溶质有 90% 以上的截留能力,对盐类有中等程度以上的脱除率。

纳滤膜材料基本上和反渗透膜材料相同,主要有醋酸纤维素(CA)、醋酸纤维素 - 三醋酸纤维素(CA-CTA)、磺化聚砜(S-PS)、磺化聚醚砜(S-PES)和芳香族聚酰胺复合材料以及无机材料等。目前,使用最广泛的是芳香族聚酰胺复合材料。

商用的纳滤膜组件多为卷式,另外还有管式和中空纤维式。

五、膜蒸馏技术

膜蒸馏以微孔疏水膜为介质,由膜两侧温度差造成两侧蒸气压差,使易挥发组分(水)的蒸气分子通过膜,从高温侧向低温侧扩散,并冷凝,非均匀温度场是其必需条件。

(一)膜蒸馏技术原理

膜蒸馏技术是一种新型的膜分离技术。当疏水性微孔高分子膜把不同温度的水溶液分隔开时,由于表面张力的作用,膜两侧的水溶液都不能通过膜孔进入另一侧。但高温侧的水蒸气在两侧水蒸气压差的作用下,会通过膜孔进入冷侧,然后冷凝下来,从而达到分离目的。与以压力为动力的膜分离方式不同,膜蒸馏是以温度为驱动力。同其他膜分离方式相比,膜蒸馏就可以在普通操作条件下得到更高的分离能力以及更少的膜堵塞,而后者一直是大规模生产一个很难突破的瓶颈。膜蒸馏可以在常温下工作,这一点尤其适合于分离热敏性物质。

膜蒸馏法的原理可用图 4-19 加以说明。在疏水性多孔膜的一侧与高温原料水溶液相接(即暖侧),而在膜的另外一侧则与低温冷壁相邻(即冷侧)。正是借助这种相当于暖侧与冷侧之间温度差的蒸气压差,促使暖侧产生的水蒸气通过膜的细孔,再经扩散到冷侧的冷壁表面被凝缩下来;而液相水溶液由于多孔膜的疏水作用无法透过膜被留在暖侧,从而达到与气相水分离的目的。膜蒸馏的冷侧既可如图4-19所示设一与膜保持一定距离(Z)的冷壁,称为"间接接触法";也可不设冷壁而直接与冷却水相接,称为"直接接触法"。

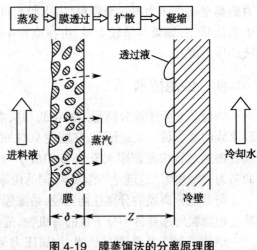

图4-19 膜蒸馏法的分离原理图
δ:膜的厚度,Z:扩散层厚度

(二)膜蒸馏所用膜及其装置

用于膜蒸馏法的膜有 PP、PTFE、PVDF 等疏水微孔膜,尤其是 PVDF,疏水性强、耐热性好,且可制成中空纤维多孔膜,是理想的材料。对膜的另一方面要求是膜孔径与孔隙率,高孔隙率可提供高蒸发面积,提高蒸馏通量;但高孔隙率膜通常孔径比较大,从而增加膜浸润的危险。一般适用于膜蒸馏的膜,孔隙率为60%~80%,孔径为 0.1~0.5μm。

膜蒸馏系统由预处理装置、加热装置、冷却装置、膜蒸馏组件、热能回收装置等组成,膜组件可为中空纤维、卷式和板框式。实验室用膜蒸馏装置可参考图4-20。

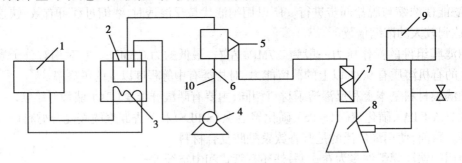

图4-20 真空膜蒸馏实验装置图
1.恒温控制器,2.料液槽,3.恒温加速器,4.供液泵,5.膜组件,6.温度表,7.冷凝器,8.收集瓶,9.真空泵,10.流量计

膜蒸馏技术可以分为:①直接接触式膜蒸馏(DCMD);②气隙式膜蒸馏(AGMD);③扫气式膜蒸馏(SAMD);④真空膜蒸馏(VMD);⑤渗透膜蒸馏(OMD)等。

对于热敏性中药的浓缩分离,采用真空薄膜分离的方式存在着接触面积小,效率不高等问题。而采用常规蒸馏的方法,又造成中药有效成分的破坏,并影响产品的外观。因此,采用工作温度 60℃以下,压力条件为低于常压的真空膜蒸馏技术可能是比较适当的浓缩方法。近年来膜蒸馏的研究引起了广泛的重视,成果也逐渐在牛奶、果汁、咖啡等产品的浓缩中得到应用。而中药提取液的膜蒸馏研究刚起步不久,有关其技术原理,如膜蒸馏传热和传质过程及应用方面的很多问题尚待深入研究。

六、电渗析技术

电渗析技术是在直流电场作用下,溶液中的荷电离子选择性地定向迁移,通过离子交换膜得以去除的一种膜分离技术。

（一）电渗析技术原理

电渗析技术工作原理如图 4-21 所示,在正负两电极之间交替地平行放置阳离子和阴离子交换膜,以隔出一个个小室,加入电解质溶液并通电,阳离子向着阴极,阴离子向着阳极的电泳就开始进行。如将 NaCl 电解质水溶液加入各小室作为原料液,通电后 Na^+ 向右,Cl^- 向左同时电泳。Na^+ 可以穿过阳离子交换膜 C,却不能透过阴离子交换膜 A,而 Cl^- 则正好相反。其结果是产生了相互交替的 NaCl 浓度降低和 NaCl 浓度增高的小室。这样一来,NaCl 或其他电解质溶液就可以被浓缩,或者其中的某些离子被分离除去。因为电解质水溶液中的电解质是溶质,而水是溶剂;又因为有把溶质的膜透过现象称为透析的惯例,加上电是这个分离过程的驱动力,所以这种方法就被称为电渗析法。

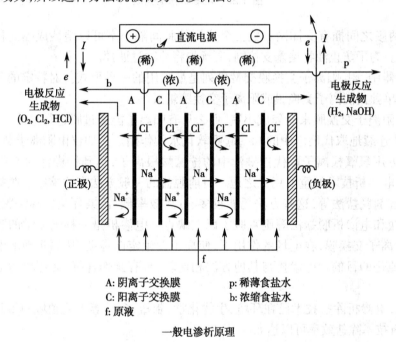

A: 阴离子交换膜　　　p: 稀薄食盐水
C: 阳离子交换膜　　　b: 浓缩食盐水
f: 原液

一般电渗析原理

图 4-21　电渗析法工作原理

在实际的电渗析系统中,电渗析器通常由 100~200 对阴、阳离子交换膜与特制的隔板等组装而成,具有相应数量的浓缩室与淡化室。含盐溶液从淡化室进入,在直流电场的作用下,溶液中荷电离子分别定向迁移并透过相应离子交换膜,使淡化室溶液脱盐淡化并引出,而透过离子在浓缩室中增浓排出。由此可知,采用电渗析过程脱除溶液中的离子基于两个基本条件:(1)直流电场的作用,使溶液中正、负离子分别向阴极和阳极作定向迁移;(2)离子交换膜的选择透过性,使溶液中的荷电离子在膜上实现反离子迁移。

电渗析脱盐过程与离子交换膜的性能有关,高选择性渗透率、低电阻力、优良的化学和热稳定性以及一定的机械强度是评价离子交换膜的关键因素。

（二）电渗析工艺流程

在电渗析法中,膜的分离装置不是作为一个单元组件来考虑的。例如,图 4-21 所示的电渗析原理,其本身就可以成为电渗析装置。图 4-22 为电渗析槽的典型结构。为了减少焦耳热,尽量把膜的间隔做的很狭窄,为 0.5~2mm;为保持这个间隔同时也为使间隔小室的液

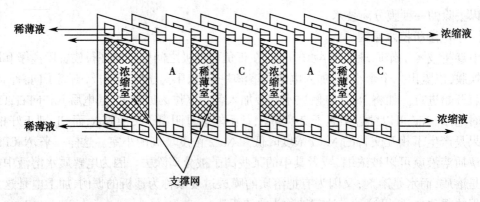

图 4-22　电渗析槽的构成

流均匀,在两膜之间插有支撑网。数百个这样的膜间隔小室可以组装成膜面积为 $0.5\sim2m^2$ 的电渗析槽。为了防止浊物堵塞支撑网,要预先将浊物过滤掉。

电渗析器中,阴、阳离子交换膜交替排列是最常用的一种形式。对特定的分离要求,电渗析器也可单独由阴离子交换膜或阳离子交换膜组成。

如只用阳离子交换膜来间隔成小室,那么只有阳离子能透过膜进行电泳。利用这种性质,可使 Na^+ 连续地取代硬水中的 Ca^+,起到软化水的作用。又如仅由阴离子交换膜构成的电渗析器,可用氢氧根离子取代柠檬汁中的柠檬酸根离子,达到柠檬汁的增甜作用。

脱盐是电渗析技术的重要用武之地。目前脱盐的一般方法有浓缩结晶脱盐法、离子交换脱盐法、溶剂脱盐法等,这些方法耗能较多、分离效率低、污染环境。膜法脱盐如反渗透法、纳滤脱盐和电渗析脱盐法等则克服了以上缺点。电渗析是一种电化学的膜分离过程,运用带电的离子交换膜,在电场的作用下,使离子发生定向运动,从而实现溶液的淡化、浓缩、精制和纯化的目的。电渗析与其他方法相比较,具有操作连续、无环境污染、成本低廉等优点。

近年来,电渗析除盐技术已在环境、生物化学、制盐、食品等工业领域中得到广泛应用。目前,电渗析技术除盐效率可以达 85% 以上。

第三节　制药工程常见膜污染及其防治

膜污染是膜过程的一种综合现象,一般可分为物理污染和化学污染两大类。其中,物理污染包括膜表面的沉积和膜孔内的阻塞,与膜孔结构、膜表面粗糙程度、溶质的尺寸和形状有关;化学污染则包括膜表面和孔内的吸附,与膜表面的荷电性、亲水性、吸附活性点及溶质的理化性质有关。对于不同的物料体系,过滤的不同阶段,不同污染类型占不同的地位。污染机制研究主要从理论和实验两方面来探讨膜通量下降的原因,确定影响膜污染的各种因素,指导膜污染的控制方法和膜清洗方法的研究。

一、膜的污染机制

1. 浓差极化的形成原因及对过滤性能的影响　在膜分离过程中,料液中的溶剂在压力驱动下透过膜,溶质被截留,从而在膜与本体溶液界面或临近膜界面区域的浓度越来越高;在浓度梯度作用下,溶质又会由膜面向本体溶液扩散,形成边界层,使流体阻力与局部渗透压增加,从而导致溶剂透过流量下降。当溶剂向膜面流动引起溶质向膜面流动的速度与浓度梯度使溶质向本体溶液扩散的速度达到平衡时,在膜面附近形成一个稳定的浓度梯度区,该区域称为浓差极化边界层,这一现象称为浓度差极化。浓差极化只有在膜设备运行过程中才发生。

浓差极化的危害主要体现在以下方面:①浓差极化使膜表面溶质浓度增高,引起渗透压的增大,从而减小传质驱动力,主要发生在 RO,NF 过程;②当膜表面溶质浓度达到饱和浓度时,便会在膜表面形成沉积层或凝胶层,增加透过阻力,主要发生在 RO、NF 和 UF 浓缩过程;③膜表面沉积层或凝胶层的形成会改变膜的分离特性;④有机溶质在膜表面达到一定浓度时,有可能使膜发生溶胀或溶解,以至劣化膜的性能;⑤严重的浓差极化可导致结晶析出,阻塞流道,运行恶化。

浓差极化是一个可逆过程,通过降低料液浓度或改善膜面附近料液侧的流体力学条件,如提高流速、采用湍流促进器和设计合理的流通结构等方法,可以减轻已经产生的浓差极化现象,使膜的分离特性得以部分恢复。

2. 膜污染及其影响因素 膜污染是指由于被过滤料液中的微粒、胶体离子或溶质分子与膜存在物理化学作用,而引起的各种粒子在膜表面或膜孔内吸附或沉积,造成膜孔堵塞或变小并使膜的透过流量与分离特性产生不可逆变化的现象。膜污染的过程可以分为两个阶段:第一阶段是溶质等被吸附在膜上,这个过程在溶质分子同膜接触后的 10 分钟内便完成,它可使膜通量下降 30%;第二阶段是膜表面缓慢形成凝胶层,膜孔道堵塞,致使膜通量相对缓慢地进一步连续下降。

如上所述,浓差极化是一个可逆过程,降低膜两侧压差或原料液浓度,可以减轻已产生的浓差极化现象;而对于膜污染,即使膜两侧没有压差,只要料液与膜接触就会产生。在实际过程中,膜污染和浓差极化又相互联系,相互影响。浓差极化增加了膜面被截留物质的浓度,加速了膜的污染;而膜污染也会促成浓差极化。

计算膜污染度 F_d 的公式为:

$$F_d(\%) = (F_0 - F_w)/F_0 \times 100\% \tag{4-16}$$

式中,F_0 为初始纯水通量,$L/(m^2 \cdot h)$;F_w 为膜被污染后稳定通量,$L/(m^2 \cdot h)$。

F_d 值越大,表示透过量衰减越大,膜污染越严重。

膜污染度同膜材质、孔径、膜过程的操作压力,及待分离体系中大分子溶质的浓度、性质,料液的 pH、离子强度、电荷组成等有关。

如关于中药体系膜污染物质及其形成过程的研究表明,中药提取液体系中高分子物质的溶解性、流变学特征、电化学性质、絮凝作用、增稠作用等对膜分离过程可产生较大的影响,而水溶性高分子是造成膜污染的重要因素。

膜材料对待处理溶液体系中有关物质的吸附是造成膜污染的主要原因。特别是待处理溶液体系中的蛋白质,有很强的表面活性,极容易吸附在聚合物表面而造成膜污染。

3. 用于确定污染阻力分布的阻力模型 理论分析中常用的污染模型包括阻力模型和阻塞模型。阻力模型用于确定污染阻力分布情况,较为直观。目前,Darcy-Poiseuille 定律过滤模型是最常用的研究阻力分布的模型。

Darcy-Poiseuille 定律过滤模型如下:

$$J_v = \frac{\Delta P}{\mu \times R} \tag{4-17}$$

根据上述模型可将滤膜在过滤过程中引起膜通量减小的过滤阻力分成膜本身、膜与溶质的相互吸附、溶质的堵孔、膜面形成的凝胶层和浓差极化几个部分。由于浓差极化的程度很难确定,常把凝胶层引起的阻力和浓差极化引起的阻力统一考虑。即在过滤过程中,膜的总阻力 $R_总$等于膜阻力 R_m、吸附阻力 R_e、堵孔阻力 R_i 和浓差极化阻力 R_p 之和。各部分过滤阻力可按下列公式计算:

$$R_m = \Delta P/\mu J_i \tag{4-18}$$

$$R_e = \Delta P/\mu J_a - R_m \tag{4-19}$$

$$R_i = \Delta P/\mu J_f - R_m - R_e \tag{4-20}$$

$$R_p = \Delta P/\mu J_v - R_m - R_e - R_i \tag{4-21}$$

式中,J_i 为干净膜的清水通量;J_a 为静态吸附料液后膜的清水通量;J_f 为过滤料液后膜的清水通量;J_v 为过滤料液时膜的通量,上述通量单位均为 $L/(m^2 \cdot h)$;ΔP 为膜压差,Pa;μ 为黏度,$Pa \cdot S$。

M. MDa-Cin 等指出,采用上述阻力模型来比较各部分过滤阻力的相对大小时,往往过高估计浓差极化阻力而过低估计因溶质吸附引起的阻力。因而对该模型进行了修正,采用如下的公式来比较各部分过滤阻力的相对大小。下述 D_m、D_e、D_i 和 D_p 可分别称之为修正后的膜阻力、吸附阻力、堵孔阻力和浓差极化阻力。

$$D_m = R_m \tag{4-22}$$

$$D_e = R_e \frac{R_总}{R_m + R_e} \tag{4-23}$$

$$D_i = R_i \frac{R_m R_总}{(R_m + R_e)(R_m + R_e + R_i)} \tag{4-24}$$

$$D_p = R_p \frac{R_m}{R_m + R_e + R_p} \tag{4-25}$$

二、膜污染防治思路与方法

目前膜科技领域关于膜污染防治思路与方法主要包括膜污染控制、料液预处理、膜材料选择、膜结构选择、组件结构选择、操作条件优化、阻垢剂与杀菌剂选择等,这些措施常常组合起来应用。

1. 操作过程中膜污染防治的主要思路

(1) 膜过程前:采取粗滤、絮凝、调整 pH 等手段,针对料液中主要污染物进行前处理;使用对膜有更强吸附作用的物质对膜作预吸附处理,以改良膜面性能。

(2) 膜过程中:流速、压力、温度和浓度等操作参数的优化以及改善膜面水力学条件(膜面搅拌、脉冲等);外加电场、磁场,利用电泳、电渗和磁动力学原理减少电荷物质在膜面堆积,改变待滤液表面张力等。

(3) 膜过程后:膜清洗剂(酸、碱、酶等)、清洗时间、清洗方式的优选。

2. 常用膜清洗方法　膜清洗方法与膜的化学特性及膜污染物的特性有密切关系。膜的化学特性是指耐酸、碱性、耐温性、耐氧化性和耐化学试剂特性,它们对于选择化学清洗剂类型、浓度、清洗液温度等极为重要。膜污染物特性主要是指污染物在不同 pH 溶液中,不同种类盐及浓度溶液中,不同温度下的溶解性、荷电性及其可氧化性、可酶解性等。

(1) 膜清洗效果的表征:清洗效果以膜通量恢复程度来表示,为消除膜性能差异带来的

误差,定义膜通量恢复率:

$$J_r = (J/J_w) \times 100\% \tag{4-26}$$

式中,J 为清洗后的膜通量,$L/(m^2 \cdot h)$;J_w 为清洁膜初始水通量,$L/(m^2 \cdot h)$。

(2) 物理清洗手段:膜表面沉积层阻力可借助毛刷刷洗或超声波进行清洗;浓差极化阻力可借助水流的冲洗除去;而堵孔阻力为不可逆阻力,很难用常规的物理方法消除,需采用化学清洗剂。

(3) 化学清洗手段:有的放矢地选择清洗剂,可达到最佳清洗效果,并可防止化学清洗剂对膜的损害。通常采用的清洗剂主要有稀碱、稀酸、酶、表面活性剂、络合剂和氧化剂等。选用酸类清洗剂,可以溶解除去矿物质及 DNA,而采用 NaOH 水溶液可有效地脱除蛋白质污染;对于蛋白质污染严重的膜,用含 0.5% 胃蛋白酶的 0.01mol/L NaOH 溶液清洗 30 分钟可有效地恢复透水量。在某些应用中,如针对多糖类膜污染物质等,温水浸泡清洗即可基本恢复膜初始透水率。

第四节 膜分离技术在制药工程领域的应用

膜科学技术是材料科学与过程工程科学等诸多学科交叉结合、相互渗透而产生的新领域。与一般的分离技术比较,膜技术具有以下特点:①无相变,操作温度低,适用于热敏性物质;②不耗用有机溶媒(尤其是乙醇),降低有效成分的损失,节约资源,保护环境;③以膜孔径大小特征将物质进行分离,分离产物可以是单一成分,也可以是某一相对分子质量区段的多种成分;④分离、分级、浓缩与富集可同时实现,分离系数较大,适用范围广;⑤装置和操作简单,周期短,易放大;可实现连续和自动化操作,易与其他过程耦合。正因为如此,膜技术特别适合现代工业对节能、低品位原材料再利用和消除环境污染的需要,成为推动国家支柱产业发展,改善人类生存环境的共性技术。膜技术自 20 世纪 60 年代开始工业化应用之后发展十分迅速,其品种和应用领域不断发展,广泛应用于水处理、石油化工、制药、食品等领域。欧洲和日本明确提出"在 21 世纪的工业中,膜分离技术扮演着战略角色"。

一、中药传统精制工艺的改造

口服液是中药制剂中品种广泛的一类,传统的水提醇沉制备工艺能耗高,乙醇消耗大,生产周期长,中药提取液中的鞣质、淀粉、树脂和蛋白等不易除尽,故成品黏度大,质量不稳定。一定截留值的微/超滤膜,可替代水提醇沉工艺除去这些杂质,提高澄明度与有效成分含量。据报道,国内某年产万吨中药口服液的陶瓷膜成套装备,经过长期运行考核,膜渗透通量可稳定在 $70L/(m^2 \cdot h)$ 以上,生产周期由原来的 15 天缩短为 9 天,仅乙醇消耗每年可节约达 180 万元,并使产品的收率和品质得到了显著的提高。

同理,微/超滤工艺也可用于固体浸膏制剂的制备,在有效成分含量基本相同的前提下,服用量比常规方法制得的浸膏减小 1/3~1/5,并可使片、丸等剂型的崩解速度加快。中药固体制剂是中成药的主体,可为膜分离技术提供巨大的用武之地。

膜分离技术为从植物中制备医药工业中间体/原料药,提供了新的工业模式。利用中药的目标成分和非目标成分相对分子质量的差异,可用截留相对分子质量的超滤膜将两者分开。如从麻黄中提取麻黄碱,采用膜法脱色取代传统的活性炭脱色;利用膜法浓缩取代传统的苯提或减压蒸馏两个步骤。与传统工艺相比,收率高,质量好,生产安全可靠,成本显著降低,且避免了对环境的污染。

二、制药工业能耗的调控

膜分离过程,如反渗透、膜蒸馏、超滤、纳滤等作为一种高效浓缩技术,近年来已逐渐用于医药中间体、食品等工业生产。

与真空减压浓缩工艺相比,膜浓缩具有能耗小、成本低等优点。如浓缩 16 倍的水,纳滤浓缩与真空浓缩的能耗成本各约为 33 元 / 吨、360 元 / 吨,前者约为后者的 1/12;分离 1000kg 水的费用,反渗透、超滤、电渗析等膜法仅为其他工艺的 30%~1.25%(表 4-2)。

表 4-2　几种常用浓缩技术的费用比较

分离技术	分离 1000kg 水费用 / 元	分离技术	分离 1000kg 水费用 / 元
反渗透、超滤	0.44~11	凝胶过滤	440~880
真空蒸发	0.88~33	离心分离	0.66~2.2
冷冻浓缩	0.99~99	电渗析	0.44~11

如,采用 NF/RO 系统浓缩中药胡芦巴提取液的研究结果表明,反渗透技术能耗低、分离效率高、常温操作,能充分保护热敏性有效成分 4- 羟基异亮氨酸不受破坏,可代替常规的加热浓缩方式。再如,采用纳滤技术浓缩中药乙醇提液及水提液,与原三效蒸馏相比,每天节约乙醇约 1.5 吨,能耗显著降低;因无相变运行产品质量更加稳定,对三七皂苷截留率达到 99.5%,生产周期缩短为原来的 1/3~1/5。

其他有关研究报道,如膜蒸馏技术浓缩益母草与赤芍提取液;电渗析法分离提纯 N- 乙酰 -L- 半胱氨酸、处理苹果酸废水溶液、对大豆低聚糖溶液脱盐等均具有重要的工业应用前景。

制药生产工艺有时需使用大量的有机溶剂乙醇,丙酮、甲醇、乙酸乙酯等也时有应用。膜分离法是一种净化回收有机蒸气(VOC)的新型高效技术,对大多数间歇过程,因温度、压力、流量和 VOC 浓度会在一定范围内变化,所以要求回收设备有较强的适应性,膜系统恰能满足这一要求。与传统的吸附法和冷凝法相比,具有高效、节能、操作简单和不产生二次污染并能回收有机溶剂等优点。

三、制药用水与注射液的安全保障

膜法生产制药用水是时代发展的必然趋势。中国药典(2005 版)开始将反渗透法作为制备纯化水的方法,与世界先进国家的药典实现接轨,这是我国制药用水生产发展史上的一大进步。

膜技术与常规水处理工艺处理效果的对应关系为,反渗透对应于离子交换、吸附法和蒸馏法;超滤法对应于凝聚法、紫外线杀菌法;微滤法对应于固 - 液分离法。

采用膜分离法结合常规处理工艺,可以缓冲因原水、树脂交换能力变化等因素而引起的产品水质量的变化,并使常规处理工艺得以改善。因树脂再生所消耗的药品费、人工费以及由于再生工序而造成的废水处理费用均可大幅度下降。

热原又称内毒素,是一种脂多糖物质,相对分子质量介于几千至几十万之间,对人体的危害很大,是注射剂的大敌。目前常规除热原的高温消毒法与吸附法的成本都较高,且前者耗费能源,还可能造成有效成分的破坏;后者效能低,吸附剂的再生也较困难。膜分离法是近年发展起来的除热原新技术,一般可用 5 千至 1 万截留分子量的超滤膜去除有效成分为低分子量物质的注射液中的热原。如果注射液中的热原形成较大分子量缔合体,可采用截留分子量较大的超滤膜;若药液中热原浓度很高,则应采用超滤加吸附法二级工艺。由于药物中热原存在的性状比较复杂,一般都应经过充分的前期试验,以确定最为合适的超滤膜及其处理运行工艺。超滤在去除热原的同时,还可去除大于膜孔的致敏性物质及高分子物质,大大提高注射液的安全性、澄明度和稳定性。

四、制药工业污水的处理

制药企业的工艺用水占总用水量的 70% 左右,所产生的工业废水因药物产品、生产工艺的不同而差异较大。例如中药制药工业废水,有机污染物种类多,浓度高;COD(化学需氧量)浓度高,一般为 14 000~100 000mg/L,某些浓渣水甚至更高;BOD(生化需氧量)/COD 一般在 0.5 以上,适宜进行生物处理;SS(悬浮物)浓度高,色度深;NH_3-N(氨氮)浓度高、pH 值波动较大。

膜生物反应器(MBR)技术可为解决污水处理问题提供更有力的技术支撑。MBR 由 MF、UF 或 NF 膜组件与生物反应器组成,在污水处理中用得比较多的是通过活性污泥法与膜过程相组合,将活性污泥和已净化的水分开。与常规二沉池相比,MBR 不但装置紧凑,且可通过活性污泥回用,使反应器中微生物浓度高达 20g/L(常规 AS 工艺为 3~6g/L)。因此,COD 脱除率可大于 98%,SS 脱除率达 100%,并可回收水资源,大大减少总用水量。

五、为制药工业技术创新提供宽阔平台

制药工业特别是中药制药现代化的进程,使传统的分离方法面临着挑战。以中药药效物质精制为目标的待分离体系,原料液浓度低,组分复杂,回收率要求较高,现有的建立在既有化工分离技术基础上的中药精制分离方法,往往难以满足这类分离任务的要求。

膜科学技术为上述问题的解决提供了一个宽阔的平台。为使整个生产过程达到优化,可把各种不同的膜过程集成在一个生产循环中,组成一个膜分离系统。该系统可以包括不同的膜过程,也可包括非膜过程,称其为"集成膜过程"。进入 21 世纪以来,膜集成工艺日益成为膜科技领域的新生长点,如基于膜集成技术的中药挥发油高效收集成套技术,可用于中药含油水体中挥发油及其他小分子挥发性成分的富集;由膜过程和液液萃取过程耦合所构成的"膜萃取"技术,可避免萃取剂的夹带损失和二次污染,拓展萃取剂的选择范围,提高传质效率和过程的可操作性。该技术已用于从麻黄水提液中萃取分离麻黄碱和从北豆根中分离北豆根总碱,后者在优化条件下,平均萃取率达到 86.0%。

膜技术在乳剂、现代给药系统等制剂领域也有着广泛的用途。膜乳化技术原理如图 4-23 所示:利用加压方法使分散相液体通过孔径分布窄的多孔质膜,形成微细的液滴分散到分散介质(连续相)中,而成为微乳液。该法所制备的乳液粒径分布窄,具有单分散特征,体系乳稳定,通过将膜管阵列式组装到膜组件中,可以实现规模放大。

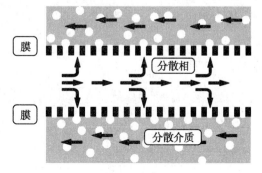

图 4-23　膜乳化技术原理

用膜乳化方法制备药用与食用乳状液、W/O/W 型抗癌药物复乳,国外多有报道;用此法制备聚乳酸微球、乳酸 - 羟基乙酸共聚物微球、白蛋白微球、海藻酸钙微球,因具有良好的生物相容性,在药物控释领域有着广泛的应用前景。

(郭立玮　杨　照)

参 考 文 献

[1] 大矢晴彦.分离的科学与技术.张谨译.北京:中国轻工业出版社,1999

[2] 王维一,丁启圣,等.过滤介质及其选用.北京:中国纺织出版社,2008

[3] 朱长乐.膜科学技术.北京:高等教育出版社,2004

[4] 徐南平.面向应用过程的陶瓷膜材料设计、制备与应用.北京:科学出版社,2005

[5] 欧阳平凯,胡永红.生物分离原理及技术.北京:化学工业出版社,2001

[6] 李津,俞咏霆,董德祥.生物制药设备和分离纯化技术.北京:化学工业出版社,2003

[7] 郑领英,王学松.膜技术.北京:化学工业出版社,2003

[8] 王姣,姜忠义,吴洪,等.中药有效成分和有效部位分离用膜.中国中药杂志,2005,30(3):165-170

[9] 丁启圣,王维一,等.新型实用过滤技术.第 2 版.北京:冶金工业出版社,2005

[10] 刘忠洲,张国俊,纪树兰.研究浓差极化和膜污染过程的方法与策略.膜科学与技术,2006,26(5):1-15

第五章 晶析分离技术

结晶是固体物质以晶体状态从蒸气、溶液或熔融物中析出的过程,它是医药、化工、生化等工业生产中常用的制备纯物质的技术,在物质分离纯化过程中起着重要的作用。随着国民经济的发展,高效低耗的结晶分离技术在医药、化工、生物技术及环境保护等领域的应用越来越广泛,工业结晶技术及其相关理论的研究亦被推向新的阶段,国内外新型结晶技术及新型结晶器的开发设计工作取得了较大进展。

溶液中的溶质可在一定条件下,因分子有规则的排列而结合成晶体。晶体的化学成分均一,具有各种对称的晶状,其特征为离子和分子在空间晶格的结点上成有规则的排列。固体有结晶和无定形两种状态,两者的区别就是构成单位(原子、离子或分子)的排列方式不同,前者有规则,后者无规则。在条件变化缓慢时,溶质分子具有足够时间进行排列,有利于结晶形成;相反,当条件变化剧烈,溶质分子来不及排列就被迫快速析出,结果形成无定形沉淀。

由于只有同类分子、原子或离子才能排列成晶体,故结晶过程具有良好的选择性。在结晶过程中,溶液中的大部分杂质留在了母液中,再通过过滤、洗涤等就可得到纯度较高的晶体。此外,结晶过程成本低、设备简单、操作方便,所以许多氨基酸、有机酸、抗生素、维生素、核酸等医药产品以及高纯度中药对照品的精制均采用结晶法。

常见的结晶方法主要有溶液结晶和熔融结晶两大类,其中,溶液结晶是晶体从过饱和溶液中析出的过程;而熔融结晶是根据待分离物质之间凝固点的不同而实现物质结晶分离的过程。

与其他分离单元操作相比,结晶过程具有如下重要特点:①能从杂质含量相当多的溶液或多组分的熔融混合物中形成纯净的晶体。对于许多使用其他方法难以分离的混合物系,例如同分异构体混合物系、共沸物系、热敏性物系等,采用结晶分离往往更为有效;②结晶过程可赋予固体产品以特定的晶体结构和形态(如晶形、粒度分布、堆密度等)。

第一节 晶析分离原理

一、溶液晶析法的晶析平衡

溶质从溶液(或熔液)中结晶出来,要经历两个步骤:首先要产生被称为晶核的微小晶粒作为结晶的核心,这个过程称为成核;然后晶核长大,成为宏观的晶体,这个过程称为晶体生长。无论是成核过程还是晶体生长过程,都必须以溶液的过饱和度(或熔液的过冷度)作为推动力,其大小直接影响成核和晶体生长过程的快慢,而这两个过程的快慢又影响着晶体产品的形态结构和纯度。因此,过饱和度(或过冷度)是结晶过程中一个极其重要的参数。

图 5-1 是几种常见无机盐溶解度与温度的关系曲线。由该图可知,随着温度的变化,这些作为溶液晶析平衡关系的溶解度数据也随之改变,有正向的,也有负向的,有变化幅度很大的,也有变化不大的。

当改变固体结晶与溶液(常称为母液)间平衡条件时,那些高于平衡浓度以上溶解着的溶质就要析出,系统移向新的平衡,这就是结晶(晶析)过程。溶液高于平衡浓度以上的状态称为过饱和,过饱和状态下溶解了的溶质与平衡时溶解了的溶质的比例被定义为过饱和比,用 S 表示,即:

$$S = \frac{溶解了的溶质的份数/100 份溶媒}{平衡时溶解了的溶质的份数/100 份溶媒} = \frac{B}{A} \tag{5-1}$$

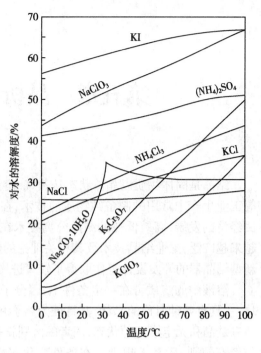

图 5-1 无机盐在水中的溶解度与温度的关系曲线

如果不发生晶析现象,过饱和状态可以保持很长时间。例如砂糖水溶液的过饱和比 S 可达到 1.5~2,若添加少量的阿拉伯树胶,S 还会进一步增大变成胶状糖浆。然而食盐水溶液的 S 值很小,以致难以测定。

溶液的晶析平衡可以用溶解度曲线和过饱和度曲线来表示,如图 5-2。其中 SO 为饱和溶解度曲线,SU 为过饱和溶解度曲线。SO 曲线以下的区域为不饱和区,称为稳区;在 SU 曲线以上的区域称为不稳区;而介于 SU 曲线和 SO 曲线间的区域为亚稳区,即介稳区。

过饱和溶解度曲线与溶解度曲线不同,溶解度曲线是恒定的,而过饱和溶解度曲线在坐标系的位置会受很多因素的影响而变动,例如

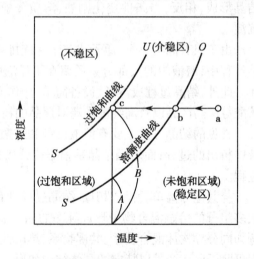

图 5-2 析晶原理示意图

有无搅拌、搅拌强度的大小、有无晶种、晶种的大小与多少、冷却速度的快慢等。所以过饱和溶解度曲线视为一簇曲线。要使过饱和溶解度曲线有较确定的位置,必须将影响其位置的因素确定。

如在溶解度曲线右侧的点 a 处,待结晶的溶质是溶解着的,将其冷却,系统状态就在点 b 处通过溶解度曲线进入两曲线所夹着的亚稳区域。若溶液中事先加入有晶种,这时这些晶种就会成长。进一步再将系统冷却至 c 点,在通过过饱和曲线进入曲线左侧不稳定区域的瞬间,溶液即能自发地产生晶核,而使溶解在溶液中的溶质量减少。由于浓度下降,状态点重新回到曲线右侧,晶核的产生亦停止,只有结晶可继续生长。

在稳定区的任一点,溶液都是稳定的,不管采用什么措施都不会有结晶析出。在亚稳区

的任一点,如不采取措施,溶液也可以长时间保持稳定;如加入晶种,溶质会在晶种上长大,溶液的浓度随之下降到 SO 线。亚稳区中各部分的稳定性并不一样,接近 SU 线的区域极易受刺激而结晶。因此有人提出把亚稳区再一分为二,上半部为刺激结晶区,下半部为养晶区。

在不稳区的任一点,溶液能立即自发结晶,当温度不变时,溶液浓度自动降至 SO 线。因此,溶液需要在亚稳区或不稳区才能结晶。但在不稳区,结晶生成很快,来不及长大,浓度即降至溶解度,所以形成大量细小结晶,这对工业结晶是不利的。为得到颗粒较大而又整齐的晶体,通常需加入晶种并把溶液浓度控制在亚稳区的养晶区,让晶体缓慢长大,因为养晶区自发产生晶核的可能性很小。

二、结晶过程的动力学分析

结晶分离过程为一同时进行的多相非均相传热与传质的复杂过程。结晶是指溶质自动从过饱和溶液中析出,形成新相的过程。这一过程不仅包括溶质分子凝聚成固体,还包括这些分子有规律地排列在一定晶格中。这种有规律的排列与表面分子化学键力变化有关,因此结晶过程又是一个表面化学反应的过程。

形成新相(固相)需要一定的表面自由能,因为要形成新的表面就需要对表面张力做功。所以溶液浓度达到饱和浓度时,尚不能析出晶体;当浓度超过饱和浓度,达到一定的过饱和浓度时,才可能有晶体析出。最先析出的微小颗粒是此后结晶的中心,称为晶核。晶核形成后,靠扩散而继续成长为晶体。因此,结晶包括三个过程即:过饱和溶液的形成、晶核的形成及晶体的生长。溶液达到过饱和状态是结晶的前提,过饱和度是结晶的推动力。

1. 结晶成核速度　晶核作为过饱和溶液中新生成的微小晶体粒子,是晶体生长过程中必不可少的核心。在晶核形成之初,快速运动的溶质质点相互碰撞结合成线体单元,线体单元增大到一定限度后可称为晶胚。当晶胚生长到足够大,能与溶液建立热力学平衡时就可称之为晶核。晶核的大小粗估算为数十纳米至几微米。形成晶核的方式可分为初级成核和二次成核。在没有晶体存在的条件下自发产生晶核的过程称为初级成核;在已有晶体存在的条件下产生晶核的过程为二次成核。

前已述及,洁净的过饱和溶液进入介稳区时,还不能自发地产生晶核,只有进入不稳区后,溶液才能自发地产生晶核。这种在均相过饱和溶液中自发产生晶核的过程称为均相初级成核。均相初级成核速度为单位时间内在单位体积溶液中生成新晶核的数目。从绝对反应速度理论的 Arrhenius 公式出发,可近似得到成核速度公式:

$$B=ke^{-\Delta G_{\max}/RT} \tag{5-2}$$

式中,B 为成核速度;$\Delta G_{\max}$ 为成核时临界吉布斯自由能;k 为常数;R 为气体常数;T 为绝对温度。

在工业结晶器中发生均相初级成核的机会比较少,实际上溶液中常常难以避免有外来的固体物质颗粒,如大气中的灰尘或其他人为引入的固体粒子,在非均相过饱和溶液中自发产生晶核的过程称为非均相初级成核。这些外来杂质粒子对初级成核过程有诱导作用,在一定程度上降低了成核势垒,所以非均相成核可以在比均相成核更低的过饱和度下发生。

工业上一般采用简单的经验关联式来描述初级成核速率与过饱和度的关系:

$$B_p=K_p\Delta C^a \tag{5-3}$$

式中,B_p 为初级成核速度;K_p 为速率常数;ΔC 为过饱和度;a 为成核指数。K_p 和 a 的大小与具体结晶物系和流体力学条件有关,一般 $a>2$。

相对二次成核,初级成核速率大得多,而且对过饱和度变化非常敏感,很难将它控制在一定的水平。因此,除了超细粒子制造外,一般结晶过程都要尽量避免初级成核的发生。

目前普遍认为二次成核的机制主要是流体剪应力成核及接触成核。剪应力成核是指当过饱和溶液以较大的流速流过正在生长中的晶体表面时,在流体边界层存在的剪应力能将一些附着于晶体之上的粒子扫落,而成为新的晶核。接触成核是指当晶体与其他固体物接触时所产生的晶体表面的碎粒。

在工业结晶器中,晶体与搅拌桨、器壁或挡板之间的碰撞,以及晶体与晶体之间的碰撞都有可能发生接触成核。一般认为接触成核的概率往往大于剪应力成核。影响二次成核速率的因素很多,主要有温度、过饱和度、碰撞能量、晶体的粒度与硬度、搅拌桨的材质等。

2. 结晶生长速率　大多数溶液结晶中晶体生长过程为溶质扩散控制,由传递理论可推导出晶体生长速率:

$$G=k_g\Delta C \tag{5-4}$$

式中,G 为晶体线生长速率;k_g 为生长速率常数。

对于表面反应控制的晶体生长过程,其表达式为:

$$R=k_m\Delta C^P\tanh(B/\Delta C) \tag{5-5}$$

式中,R 为单位表面晶体质量生长速率;K 为晶体质量生长速率常数;P 和 B 为特征参数。

对于溶质扩散与表面反应共同控制的结晶生长过程,其生长速率是两步速率的叠加。在工业结晶中,常使用经验式:

$$G=K_g\Delta C^g \tag{5-6}$$

式中,K_g 为晶体总生长速率常数,它与物系性质、温度、搅拌等因素有关;g 为生长指数。

上述晶体质量生长速率 R 与晶体线生长速率 G 之间的换算关系为:

$$R=\frac{1}{A}\frac{dm}{dt}=\frac{3k_v\rho G}{k_a} \tag{5-7}$$

式中,A 为晶体表面积;m 为晶体质量;ρ 为晶体密度;k_v 为晶体体积形状因子;k_a 为晶体表面形状因子。

对于大多数物系,悬浮于过饱和溶液中的几何相似的同种晶体都以相同的速率生长,即晶体的生长速率与原晶粒的初始粒度无关。

第二节　结晶操作模式

结晶过程与操作方式具有密切关系,而影响整个结晶过程的因素很多,如溶液的过饱和度、杂质的存在、搅拌速度以及各种物理场等。其中最为关键的是过饱和溶液的形成与成核速度。

一、溶液结晶操作模式

结晶过程一般可采用连续操作与间歇操作两种模式。为能生产出符合粒度分布及晶形要求、质量合格的产品,在考虑结晶器的操作方式和控制策略时,应根据生产规模、产品质量要求以及结晶过程的具体特点,进行详细的分析与论证,其具体内容可参考有关专门论著。

一般而言,连续结晶操作具有以下优点:①连续操作的结晶器单位有效体积的生产能力比间歇结晶器高数倍至十数倍之多,占地面积也较小;②连续结晶过程的操作参数是稳定的,而间歇操作需要按一定的操作程序不断地调节其操作参数;③连续结晶过程的产品质量比较稳定,而间歇操作可能存在批间差异;④冷却法及蒸发法结晶(真空冷却法除外)采用连续操作时操作费用较低等。

但对于许多较大规模结晶过程,至今仍宁愿采用间歇操作方式,这是因为间歇结晶过程具有以下独特的优点:①对于某些结晶物系,只有使用间歇操作才能生产出指定纯度、粒度分布及晶形的合格产品;②间歇结晶操作产生的结晶悬浮液可以达到热力学平衡态,而连续结晶过程的结晶悬浮液不可能完全达到平衡态,需要放入一个中间储槽中等待它达到平衡态,以防止在后序处理设备及管道中继续结晶,而出现不希望有的固体沉积现象;③设备相对简单,热交换器表面结垢现象不严重等。

制药行业一般采用间歇结晶操作,以便于批间对设备进行清理,可防止产品的污染,保证药品的高质量;同样对于高产值低批量的精细化工产品也适宜采用间歇结晶操作。

二、过饱和溶液的形成方法

结晶的关键是溶液的过饱和度。因此,过饱和溶液的形成成为影响晶析过程,获得理想晶体的先决要素。工业生产上通常采用以下方法制备过饱和溶液,可以根据具体条件选用。

1. **热饱和溶液冷却**   该法也称之为等溶剂结晶,基本不除去溶剂,而是使溶液冷却降温,适用于溶解度随温度降低而显著减小的体系;而溶解度随温度升高而显著减小的体系宜应采用加温结晶。

冷却法可分为自然冷却、间壁冷却和直接接触冷却。自然冷却是使溶液在大气中冷却而结晶,此法冷却缓慢、生产能力低、产品质量难于控制,在较大规模的生产中已不采用。间壁冷却是被冷却溶液与冷却剂之间用壁面隔开的冷却方式,此法广泛应用于生产。间壁冷却法缺点在于器壁表面上常有晶体析出(称为晶疤或晶垢),使冷却效果下降,要从冷却面上清除晶疤往往需消耗较多工时。直接接触冷却法包括:以空气为冷却剂与溶液直接接触冷却的方法;以与溶液不互溶的碳氢化合物为冷却剂,使溶液与之直接接触而冷却的方法;以及近年来所采用的液态冷冻剂与溶液直接接触,靠冷冻剂气化而冷却的方法。

2. **部分溶剂蒸发**   蒸发法是借蒸发除去部分溶剂的结晶方法,也称等温结晶法,它使溶液在加压、常压或减压下加热蒸发达到过饱和。此法主要适用于溶解度随温度的降低而变化不大的物系或随温度升高溶解度降低的物系。蒸发法结晶消耗热能多,加热面结垢问题又易使操作遇到困难,一般不常采用。

3. **真空蒸发冷却**   真空蒸发冷却法是使溶剂在真空下迅速蒸发而绝热冷却,实质上是以冷却及除去部分溶剂的两种效应达到过饱和度。此法是自20世纪50年代以来一直应用较多的结晶方法,设备简单,操作稳定。最突出的特点是器内无换热面,不存在晶垢的问题。

4. **化学反应结晶方法**   化学反应结晶方法是通过加入反应剂或调节 pH 值,使生成溶解度很小的新物质的方法,当其浓度超过溶解度时,就有结晶析出。例如在头孢菌素 C 的浓缩液中加入醋酸钾即析出头孢菌素 C 钾盐;在利福霉素 S 的醋酸丁酯萃取浓缩液中加入氢氧化钠,利福霉素 S 即转为其钠盐而析出。四环素、氨基酸及 6-氨基青霉烷酸等水溶液,当其 pH 调至等电点附近时也都会析出结晶或沉淀。

5. **盐析结晶方法**   盐析结晶法是向物系中加入某些物质,使溶质在溶剂中的溶解度降低而使溶液达到过饱和的方法。这些物质被称为稀释剂或沉淀剂,它们既可以是固体,也可以是液体或气体。稀释剂或沉淀剂最大的特点是极易溶解于原溶液的溶剂中。这种结晶的方法所以叫作盐析法,就是因为常用固体氯化钠作为沉淀剂,使溶液中的溶质尽可能地结晶出来。甲醇、乙醇、丙醇等是常用的液体稀释剂,例如在氨基酸水溶液中加入适量乙醇后氨基酸即可析出。因一些易溶于有机溶剂的物质,向其溶液中加入适量水亦可析出沉淀,所以此法也叫"水析"结晶法。另外,还可以将氨水直接通入无机盐水溶液中,以降低其溶解度使无机盐结晶析出。盐析法是上述方法的统称。

盐析法的优点:①可与冷却剂结合,提高溶质从母液中的回收率;②结晶过程可将温度保持在较低水平,有利于热敏性物质的结晶;③某些情况下,杂质在溶剂与稀释剂的混合液中有较高溶解度,这样可使杂质保留在母液中,有利于简化晶体的提纯操作。

盐析法最大的缺点是常需处理用于母液、分离溶剂和稀释剂等回收的设备。

三、成核速度与起晶方法

1. 影响成核速度的因素　由式(5-2)可知,随温度升高,成核速度增大。温度对成核速度影响的曲线见图 5-3,从中可看出,成核速度随温度升高而加快;达到最大值后,成核速度反而随温度升高而下降。图 5-4 所示为一定温度下,过饱和度对成核速度的影响。即成核速度在某一过饱和度达到最大值后,随过饱和度增大,反而下降。

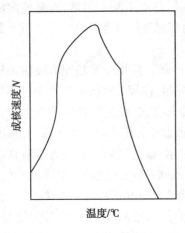

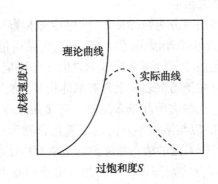

图 5-3　温度对成核速度的影响　　　　图 5-4　过饱和度对成核速度的影响

成核速度与物质种类有关。对于无机盐类,有下列经验规则:阳离子或阴离子的化合价愈大,愈不易成核;而在相同化合价下,含结晶水愈多,愈不易成核。对于有机物质,一般化学结构愈复杂,分子愈大,成核速度就愈慢。例如过饱和度很高的蔗糖溶液,可保持长时间不析出。

2. 起晶方法　由于真正自动成核的机会很少,结晶技术中通常采用一种称为"起晶"的操作以协助晶核的形成。起晶方法源于晶析原理,如加晶种能诱导结晶,晶种可以是同种物质或相同晶型的物质,有时惰性的无定形物质也可作为结晶中心,例如尘埃也能导致结晶。

饱和溶液中的机械振动可促使生成晶核。机械振动是相变开始的原因之一,这是因为机械振动的作用可使溶液体系出现浓度的波动,因而产生高过饱和区,并在其中开始生成晶体。

超声波亦可以加速成核。它对过饱和溶液的有效作用,主要取决于辐射的功率,辐射强度越高,则成核开始的极限过饱和度愈低。在过饱和溶液中附加声场,会产生空化气泡,气泡的非线性振动以及气泡破灭时产生的压力,可使体系各处的能量发生变化。体系的能量起伏很大时,可使分子间作用力减弱,溶液黏度下降,从而增加了溶质分子间的碰撞机会而易于成核。且气泡破灭时除产生压力外,还会产生云雾状气泡,这有助于降低界面能,使具有新生表面的晶核质点变得较为稳定,得以继续长大为晶核。

工业生产中常有下面三种不同的起晶方法。

(1) 自然起晶法:在一定温度下使溶液蒸发进入不稳区形成晶核,当生成晶核的数量符合要求时,加入稀溶液使溶液浓度降低至亚稳区,使之不生成新的晶核,溶质即在晶核的表面长大。因该法要求过饱和度较高,蒸发时间长,且蒸气消耗多,不易控制,同时还可能造成溶液色泽加深等现象,现已很少采用。

(2) 刺激起晶法:将溶液蒸发至亚稳区后,将其加以冷却,进入不稳区,从此时起即有一定量的晶核形成,由于晶核析出使溶液浓度降低,随即将其控制在亚稳区的养晶区使晶体生长。

(3) 晶种起晶法:将溶液蒸发或冷却到亚稳区的较低浓度,投入一定量和一定大小的晶种,使溶液中的过饱和溶质在所加的晶种表面上长大。晶种起晶法是普遍采用的方法,如掌握得当可获得均匀整齐的晶体。

四、重结晶

溶质的结晶一般是纯物质,但大部分晶体中或多或少总残留有杂质,其原因:①杂质的溶解度与产物类似,因此会发生共结晶现象;②杂质被包埋于晶阵内;③晶体表面黏附的母液虽经洗涤,但很难彻底除净。所以,工业生产中往往采用重结晶方法以获得纯度较高的产品。

重结晶是利用杂质和结晶物质在不同溶剂和不同温度下的溶解度不同,将晶体用合适的溶剂溶解再次结晶,从而使其纯度提高。

重结晶的关键是选择合适的溶剂,选择溶剂的原则为:①溶质在某溶剂中的溶解度随温度升高而迅速增大,冷却时能析出大量结晶;②溶质易溶于某一溶剂而难溶于另一溶剂,若两溶剂互溶,则需通过试验确定两者在混合溶剂中所占比例。

最简单的重结晶方法是把收获的晶体溶解于少量的热溶剂中,然后冷却使之再结成晶体,分离母液或经洗涤,就可获得更高纯度的新晶体。若要求产品的纯度很高,可重复结晶多次。

五、熔融结晶的基本操作模式

根据熔融结晶的析出方式及结晶装置的类型,熔融结晶过程有以下三种基本操作模式:

(1) 在冷却表面上从静止的或者熔融体滞流膜中徐徐沉析出结晶层,即逐步冻凝法,或称定向结晶法。

(2) 在具有搅拌的容器中从熔融体中快速结晶析出晶体粒子,该粒子悬浮在熔融体之中,然后再经纯化,融化而作为产品排出,亦称悬浮床结晶法或填充床结晶法。

(3) 区域熔炼法,使待纯化的固体材料,或称锭材,顺序局部加热,使熔融区从一端到另一端通过锭块,以完成材料的纯化或提高结晶度,改善材料的物理性质。

在第(1)和第(2)模式熔融结晶过程中,由结晶器或结晶器中的结晶区产生的粗品,还需经过净化器或结晶器中的纯化区来移除多余的杂质而达到结晶的净化提纯。按照杂质存在的方式,所使用的移除技术如表 5-1 所示。

表 5-1　杂质存在方式及净化技术

杂质存在方式	杂质存在的部位	杂质的移除技术
母液的黏附	结晶表面物质粒子之间	洗涤,离心
宏观的夹杂	结晶表面和内部包藏	挤压 + 洗涤
微观的夹杂	内部的包藏	发汗 + 再结晶
固体溶液	晶格点阵	发汗 + 再结晶

前两种模式的结晶方法主要用于有机物的分离与提纯,第三种模式专门用于冶金材料精制或高分子材料的加工,目前已有数十万吨有机化合物用熔融结晶法分离提纯。

第三节　晶体质量评价及其影响因素

晶体的质量主要是指晶体的大小、形状和纯度三个方面。影响医药产品药效及生理活性的因素,不仅在于药物的分子组成,而且还在于其中的分子排列及其物理状态,对于固体药物来说即是晶形、晶型、晶格参数、晶体粒度分布等。例如氯霉素、利福平、林可霉素等抗生素,都有可能形成多种类型的晶体,但只有其中的一种或两种晶型的药物才有药效。有的药品一旦晶型改变,对于患者甚至可能由良药变为不利于健康的毒物。医药领域对于晶型和固体形态的严格要求,赋予医药结晶产品不同于一般工业产品的特点。

如一般工业应用通常希望得到粗大而均匀的晶体,因为粗大而均匀的晶体较细小不规则的晶体便于过滤与洗涤,在储存过程中不易结块。但非水溶性抗生素,药用时需配成悬浮液,为使人体容易吸收,粒度要求较细。如普鲁卡因青霉素 G 混悬剂,直接注射到人体中去,对晶体大小有严格要求。如果颗粒过大,不仅不利于吸收而且注射时易阻塞针头,或注射后可产生局部红肿疼痛,甚至发热等症状。但晶体过分细小,有时粒子会带静电,由于其相互排斥,造成四处跳散。并且会使比容过大,给成品的分装带来不便。

一、关于晶体结构的若干概念

晶体是内部结构中的质点(原子,离子,分子)呈三维有序规则排列的固态物质。如果晶体生长环境良好,则可形成有规则的多面体外形,称为结晶多面体,该多面体的表面称为晶面。晶体具有自发地生长成为结晶多面体的可能性,即晶体经常以平面作为与周围介质的分界面,这种性质称为晶体的自范性。

晶体中每一宏观质点的物理性质和化学组成以及每一宏观质点的内部晶格都相同,这种特性称为晶体的均匀性。晶体的这个特性保证了工业生产中晶体产品的高纯度。另一方面,晶体的几何特性及物理效应一般说来常随方向的不同而表现出数量上的差异,这种性质称为各向异性。

构成晶体的微观质点(分子、原子或离子)在晶体所占有的空间中按三维空间点阵规律排列,各质点间存在力的作用,使质点得以维持在固定的平衡位置,彼此之间保持一定距离,晶体的这种空间结构称为晶格。对于同一种物质,有些只能属于某一种晶系,而有些则根据结晶条件的不同可能形成属于不同晶系的晶体,这就是"多晶型"现象。当物系中的固体存在多晶型现象,而且各晶型之间能够相互转化时,不同操作条件可得到不同晶型的结晶产品。例如甘氨酸在不同结晶条件下可以形成 α、β 和 γ 三种晶型。

通常所说的晶形是指晶体的宏观外部形状,它受结晶条件或所处的物理环境(如温度、压强等)的影响比较大,对于同一种物质,即使基本品系不变,晶形也可能不同。

二、晶体的粒度分布

晶体粒度分布(crystal size distribution,CSD)是晶体产品的一个重要质量指标,它是指不同粒度的晶体质量(或粒子数目)与粒度的分布关系。通常通过筛分法(或粒度仪)加以测定,一般将筛分结果标绘为筛下(或筛上)累积质量百分率与筛孔尺寸的关系曲线,并可进一步换算为累积粒子数及粒子密度与粒度的关系曲线,如图 5-5 所示。

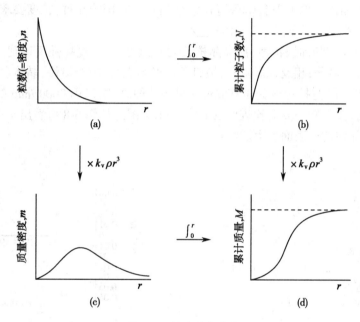

图 5-5　粒度分布曲线

而更简便的方法是以中间粒度和变异系数来描述粒度分布。"中间粒度"(medium size,MS)定义为筛下累积质量百分率为 50% 时对应的筛孔尺寸值,"变异系数"(coefficIent of variation,CV)为一统计量,与 Gaussian 分布的标准偏差相关,定义式为:

$$CV = \frac{100(r_{84\%} - r_{16\%})}{2r_{50\%}} \quad (5-8)$$

式中,γ_m 为筛下累积质量分数为 m 时的筛孔尺寸。

对于一个晶体样品,MS 越大,表示其平均粒度大;CV 值越小,表明其粒度分布越均匀。

前面已经分别讨论了影响晶核形成及晶体生长的因素,但实际上成核及其生长是同时进行的,因此必须同时考虑这些因素对两者的影响。图 5-6 为过饱和度 S 对成核速度 N,晶体生长速度 $\frac{dm}{dt}$ 和最

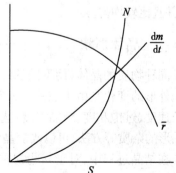

图 5-6　过饱和度 S 对成核速度 B、晶体生长速度 $\frac{dm}{dt}$ 和最终晶体平均半径 $\bar{r}$ 的影响

终晶体平均半径 $\bar{r}$ 的影响示意图。从图 5-6 可以看出,过饱和度增加能使成核速度和晶体生长速度增快,但成核速度增加更快,因而得到细小的晶体。尤其过饱和度很高时影响更为显著。例如生产上常用的青霉素钾盐结晶方法,由于形成的青霉素钾盐难溶于醋酸丁酯,造成过饱和度过高,因而形成较小晶体。采用共沸蒸馏结晶法时,在结晶过程中始终维持较低的过饱和度,因而可得到较大的晶体。

当溶液快速冷却时,能达到较高的过饱和度而得到较细小晶体;反之,缓慢冷却常得到较大的晶体。例如土霉素的水溶液以氨水调至 pH=5,温度由 20℃降低到 5℃,使土霉素碱结晶析出,温度降低速度愈快,得到的晶体比表面愈大,即晶体愈细(图 5-7)。

当溶液的温度升高时,使成核速度和晶体生长速度都增快,但对后者影响更显著。因此低温度得到较细晶体。例如普鲁卡因青霉素结晶时所需用的晶种,粒度要求在 $2\mu m$ 左右,所以制备这种晶种时温度要保持在 -10℃左右。

搅拌能促进成核和加快扩散,提高晶核长大的速度,但当搅拌强度达到一定程度后,再加快搅拌效果就不显著;相反,晶体还会被打碎。经验表明,搅拌愈快,晶体愈细。例如普鲁卡因青霉素微粒结晶搅拌速度为 1000r/min;制备晶种时,则采用 3000r/min 的转速。图 5-8 为土霉素结晶时,搅拌转速 n 对比表面 α 的影响示意图。从图 5-8 可看出土霉素碱结晶时,搅拌转速愈高,晶体的比表面愈大。

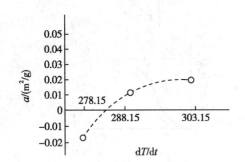

图 5-7　土霉素结晶时,温度变化速度 $\dfrac{\mathrm{d}T}{\mathrm{d}t}$ 对比表面 α 影响

（纵坐标表示偏离平均值的数值）

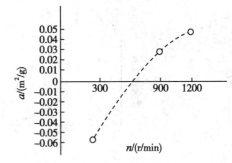

图 5-8　土霉素结晶时,搅拌转速 n 对比表面 α 的影响

（纵坐标表示偏离平均值的数值）

晶种是控制晶体的形状、大小和均匀度的重要因素,为此要求晶种具有一定的形状、大小,并且比较均匀。

三、晶体形状

同种物质的晶体,用不同的结晶方法产生,虽然仍属于同一晶系,但其外形可以完全不同。外形的变化是由于在一个方向生长受阻,或在另一方向生长加速所致。通过控制晶体生长速度、过饱和度、结晶温度;选择不同的溶剂;调节溶液 pH 值和有目的地加入某种能改变晶形的杂质等方法,可以改变晶体外形。

在结晶过程中,对于某些物质来说,过饱和度对其各晶面的生长速度影响不同,所以提高或降低过饱和度有可能使晶体外形受到显著影响。如果只有在过饱和度超过亚稳区的界限后才能得到所要求的晶体外形,则需向溶液中加入抑制晶核生长的添加剂。

在不同溶剂中结晶常得到不同的外形,如普鲁卡因青霉素在水溶液中结晶得到方形晶体,而在醋酸丁酯中结晶得到长棒形晶体;普卡霉素在醋酸戊酯中结晶得到微粒晶体,而在丙酮中结晶则得到长柱状晶体。

杂质的存在会影响晶形。例如普鲁卡因青霉素结晶中,作为消沫剂的丁醇存在会影响晶形,醋酸丁酯存在会使晶体变得细长。

晶粒形状可对晶体结块产生影响。均匀整齐的粒状晶体结块倾向较小,即使发生结块,由于晶块结构疏松,单位体积的接触点少,结块易弄碎;粒度不齐的粒状晶体由于大晶粒之间的空隙充填着较小晶粒,单位体积中接触点增多结块倾向较大,而且不易弄碎;晶粒均匀整齐但为长柱形,能挤在一起而结块;晶体呈长柱状,又不整齐,紧紧地挤在一起,很易结块形成空隙很小的晶块。

四、晶体纯度

结晶过程中,母液中的杂质含量是影响产品纯度的一个重要因素。晶体表面具有一定的物理吸附能力,因此很多母液和杂质会黏附在晶体上。如图5-9(a)所示,结晶的成长是在结晶面上呈台阶状地形成下一个结晶面。在此过程中,若有杂质混入结晶内就会导致结晶的纯度下降。另外,如图5-9(b)所示,呈台阶状成长的结晶面其扩张方向不一致可造成结晶面缺陷。这时若有不纯物或母液混入,以及结晶表面黏附有母液都会导致结晶的纯度下降。若单纯只考虑母液的附着量,因其与表面积成正比,就应尽量减少单位质量结晶的表面积,也就是要尽量设法获得大颗粒结晶。

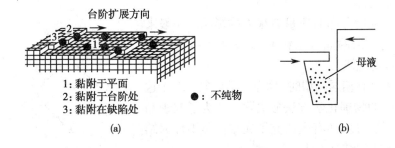

图 5-9　造成结晶纯度降低的两种主要原因
(a)结晶生长时不纯物的黏附;(b)相向扩展的台阶将母液包住

晶体愈细,比表面积愈大,表面自由能愈高,吸附杂质愈多。若处理不当,势必降低产品纯度。为了评价产品纯度,可引入结晶因素 E 作定量描述。

对目的产物 P,结晶因素 E_P 为晶体中 P 的量与其在滤液中的量的比值。对于杂质 I,结晶因素 E_I 为晶体中 I 的量与其在滤液中的量的比值。而 E_P 与 E_I 的比值被称作分离因素,即:

$$\beta = E_P / E_I \tag{5-9}$$

显然,β 值越大,分离程度越好,产物纯度越高。

例5-1　用结晶方法从大豆甾醇中把豆谷甾烯醇和谷甾醇分离,已知豆甾烯醇和谷甾醇总量为 1000kg,混合物中豆甾烯醇的含量为 86.5%(w/w),结晶后得到豆甾烯醇晶体 550kg,纯度为 96.5%(w/w),分离结晶后母液中固形物的豆甾烯醇含量为 75%。求结晶过程豆甾烯醇和谷甾醇的分离因素 β。

[**解**]　根据式(5-9),分离因素为:

$$\beta = E_1 / E_2$$

其中豆甾烯醇的结晶因素：

$$E_1 = \frac{550 \times 96.5\%}{(1000-550) \times 75\%} = 1.573$$

而谷甾醇的结晶因素：

$$E_2 = \frac{550 \times (1-96.5\%)}{(1000-550) \times (1-75\%)} = 0.171$$

故所求的分离因素为：

$$\beta = \frac{E_1}{E_2} = \frac{1.573}{0.171} = 9.2$$

由上述计算可看出，β 通常是混合物组分的函数。

为了提高产物纯度，一般把结晶和溶剂一同放在离心机或过滤机中，搅拌后再离心或抽滤，这样洗涤效果好。而边洗涤边过滤的效果较差，因为易形成沟流使有些晶体不能洗到。对于非水溶性晶体，常可用水洗涤，如红霉素、麦迪霉素、制霉菌素等。灰黄霉素也是非水溶性抗生素，若用丁醇洗涤，其晶体由黄变白，其原因是丁醇将吸附在表面上的色素溶解所致。

当结晶速度过大时（如过饱和度较高，冷却速度很快），常发生若干颗晶体聚结成为"晶簇"现象，此时易将母液等杂质包藏在内，或因晶体对溶剂亲和力大，晶格中常包含溶剂。为防止晶簇产生，在结晶过程中可以进行适度的搅拌。为除去晶格中的有机溶剂，只能采用重结晶的方法。如红霉素碱从丙酮中结晶时，每 1 分子红霉素碱可含 1~3 个分子丙酮，只有在水中重结晶才能除去。

晶体粒度及粒度分布对质量有很大的影响。一般来说，粒度大、均匀一致的晶体比粒度小、参差不齐的晶体含母液少而且容易洗涤。

杂质与晶体具有相同晶型时，称为同晶现象。对于这种杂质需用特殊的物理化学方法分离除去。为了改善晶体性能、提高产品纯度，还有人研究了在结晶釜中加入结晶调节剂等添加剂的结晶方法。

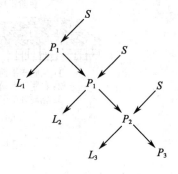

图 5-10　简单的重结晶纯化过程

如上所述，为了提高产品的纯度，可采用重结晶工艺。图 5-10 所示为简单的重结晶操作。图中 PI 表示原结晶产物（其中 P 代表目的产物，I 代表杂质），S 为新加入溶剂，L_n 为 n 次结晶母液，P_n 为 n 次结晶后产物。

利用式(5-9)表述的分离纯化因素，可得产物 P 的回收率为：

$$y_P = \left[E_P/(1+E_P) \right]^n \tag{5-10}$$

式中，n 为重结晶操作次数。

上述简单的重结晶操作，未能对母液加以利用，产品收率低。为了提高结晶产物收率，可采用如图 5-11 所示的分步结晶方法。

如图 5-11 所示，初级结晶产品含目的产物 P 和杂质 I，加入新鲜热溶剂 S 使之溶解，冷却之，析出晶体 P_1，母液为 L_1；再使晶体 P_1 溶于少量新鲜溶剂中，再冷却之而获得

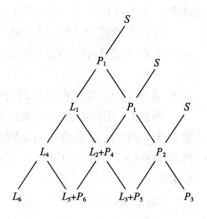

图 5-11　分步结晶纯化方法

纯度更高的结晶产品 P_2，余下母液为 L_2；如此重复结晶三次，最后获得高纯度产物 P_3；而母液 L_1 经浓缩、冷却、析出晶体 P_4，相应的母液为 L_4；其中，分离出晶体 P_4，使之溶解于前述的热的母液 L_2 中，冷却之，析出晶体 P_5，相应母液为 L_5。最后获得的纯度不够高的晶体 P_5 和 P_6 可归并到初级结晶产物 PI 中，再经重结晶纯化之。相应的母液 L_3、L_5 和 L_6 可部分重新利用。

例 5-2　已知大豆甾醇中含 20% 的豆甾烯醇和 80% 谷甾醇，拟应用 6 次简单重结晶技术分离纯化之。由实验知，豆甾烯醇和谷甾醇的结晶因素分别为 $E_1=2.0$ 和 $E_2=0.5$。求：(1) 最终产物中豆甾烯醇和谷甾醇的回收率；(2) 终产品(豆甾烯醇)的纯度。

[**解**]　(1) 根据式 5-10，豆甾烯醇的回收率为：

$$y_1=\left[E_1/(1+E_1)\right]^6=\left[2.0/(1+2.0)\right]^6=0.0878=8.78\%$$

同理得谷甾醇的回收率为：

$$y_1=\left[E_2/(1+E_2)\right]^6=\left[0.5/(1+0.5)\right]^6=0.14\%$$

(2) 在最终结晶产物中，含豆甾烯醇量为：

$$p=\frac{8.78\%\times20}{8.78\%\times20+0.14\%\times80}=94\%$$

由上述计算结果知，简单重结晶技术虽然可实现较高的产品纯度，但目的产物的回收率却很低，大部分的产物都在母液中。

第四节　结　晶　装　置

结晶器是结晶分离的关键设备，合理设计结晶器及结晶工艺是实现结晶分离工业化的可靠保证。多年来结晶分离技术的研究重点集中在结晶器的结构设计及结晶工艺流程的设计。目前工业结晶装置的种类比较多，例如，溶液结晶装置有 MSMPR 型结晶器、DTB 型结晶器、Standard Messo 湍动结晶器和带有机械搅拌的蒸发结晶器等；工业熔融结晶装置则主要有 Brodie 提纯器、KCP 结晶装置、Phillips 结晶装置、MWB 结晶装置等。

实用型的结晶装置是在考虑上述的影响结晶的各种重要因素的基础上进行设计的，较典型的有以下几种。

一、冷却式结晶装置

图 5-12 是典型的利用冷媒直接或间接冷却的结晶装置。直接式的没有固体传热面，故换热容易，但所用冷媒与母液必须是完全不互溶的。由图示可知，冷媒是在装置外部的氨蒸发冷却器中被冷却的。

间接式的无论是运转和控制都比直接式简单。但由于传热面上常有结晶析出，所以需要很好的控制冷媒温度。如果析出不可避免，则必须设计能除去传热面垢层的装置。

二、真空冷却结晶装置

图 5-13 是真空冷却式结晶装置的原理图。依靠溶媒的蒸发带走结晶时放出的潜热和原料降温时放出的显热。而结晶装置的操作温度、产品回收、晶浆浓度等都由真空度来控制。该装置无需加热，一部分冷凝液顺着装置的壁面流下，对积于壁上的垢层可以起到溶解的作用。但是晶浆浓度和产品回收率完全被物料及能量的平衡所决定，这仍是当前一个难以解决的问题。

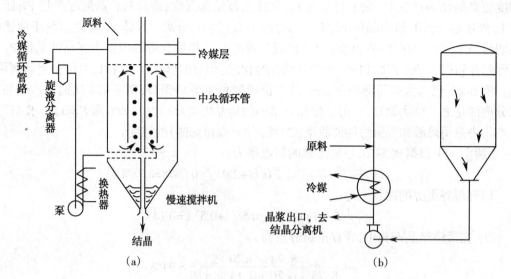

图 5-12 冷却式结晶装置
(a)直接接触式;(b)间接接触式

三、蒸发式结晶装置

图 5-14 是应用最为广泛的一种蒸发式结晶装置。从装置中溢流出来的母液由换热器为其提供溶媒蒸发时所需的潜热。母液升温后由底部进入装置,在导流筒内一边上升一边形成蒸气泡进行蒸发,使溶液达到过饱和状态。结晶在澄清区成长并沉降至淘析腿。没有沉降下去的小颗粒结晶向着导流筒流去,与泵入的已升温的母液一道进行再循环。另还有部分热的母液从淘析腿下部进入,可使晶粒上浮,小颗粒的结晶会随着母液重新返回装置。

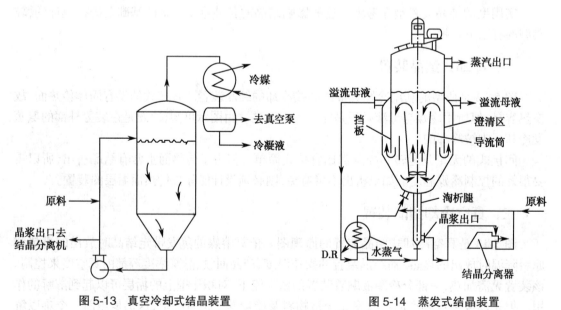

图 5-13 真空冷却式结晶装置

图 5-14 蒸发式结晶装置

晶析操作的目的在于提高产品的纯度,为此,要尽可能地保持较为缓慢的结晶成长速度,以得到颗粒较大的结晶,才能得到理想的效果。结晶装置除以上介绍的外,还有其他的形式。原则上都是适当控制装置内溶液的流动状态,只取出大颗粒结晶,对于小粒结晶,如有可能,甚至使之进入换热器溶解后再重新结晶。

四、其他新型结晶装置

随着结晶分离技术研究的深入,新型结晶设备正被不断地开发出来。

1. 降膜结晶装置与工艺　降膜结晶是一种新型高效的分离提纯技术,广泛应用于沸点接近的有机物的同系物、同分异构体的精制以及大量热敏物系的分离提纯,以制备高纯及超高纯度产品。降膜结晶分离过程主要经过降膜结晶、部分熔融(发汗)和熔化3个步骤完成,装置主要由制冷分离器、结晶器、冷凝器和蒸发器等组成。

2. Bremband 结晶装置与工艺　该分离提纯流程设计类似于多级精馏,主要设备为一倾斜向上运动的受冷却滚动钢带。待处理物料由钢带上方喷撒分布于钢带上表面,在钢带下方设置多个温度水平不同的控温区域对钢带进行冷却,使钢带自上而下在不同位置具有高低不同的温度。随着钢带不断移动,物料在钢带的不同位置发生结晶而获得不同纯度的晶体,未结晶母液则沿钢带自上而下流动进入钢带下方的母液收集器。钢带上得到的晶层可由刮刀刮除,得到晶体产品。

3. 板式结晶器　结晶过程中,待提纯物料均匀分布在结晶板一侧并沿结晶板向下流动,另一侧板壁上通冷却剂,物料与冷却剂通过间壁换热进行结晶。设备构造上每两块结晶板成对设置,装置特点是结构简单,便于形成规模化生产且加工方便。

五、熔融结晶装置

1. 塔式结晶器　塔式结晶器如图 5-15 所示,其操作原理与精馏塔相似。从上到下可分为冻凝段、提纯段及熔融段三部分,中央装有螺旋式输送装置。在结晶器中液体为连续相,固体为分散相。液体原料从结晶器的中部或冻凝段加入。在冻凝段,晶体自液相析出,剩余的母液作为顶部产品或废物排出。晶体析出后,不断向结晶器底部沉降,与液相成逆流通过提纯段。晶体在向下运动时接触到的液体的纯度越来越高,由于相平衡的作用,晶体的纯度也不断提高。晶体达到熔融段后被加热熔融,一部分提供向上的回流,其余作为产品排出。

2. 通用结晶器

(1) 苏尔寿 MWB 结晶器:如图 5-16 所示,MWB结晶装置的主体设备为立式列管换热器式的结晶器,结晶母液循环于管方,冷却介质运行于壳方。在冷的列管内壁面上晶体不断形成。待晶体层达到一定厚度后,停止结晶母液的循环,并将壳方介质切换为加热介质,使晶层温度升高并趋向其对应的融化温度(可根据晶体纯度由相图中的固相融化线确定)。这样粗晶体在逐步升高的温度下多次达到固液平衡,

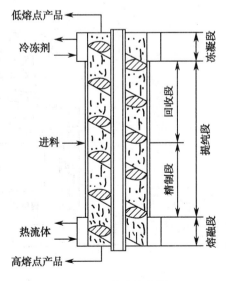

图 5-15　塔式结晶器

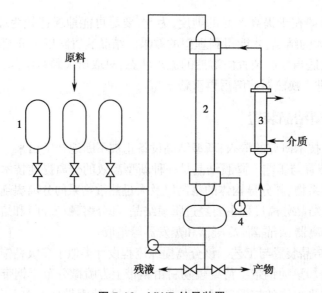

图 5-16　MWB 结晶装置
1. 计量槽, 2. MWB 结晶器, 3. 热交换器, 4. 循环泵

不纯的母液不断从晶层排出,使晶体纯度不断提高。这种操作称为发汗过程。发汗过程完成后,将介质温度进一步升高,使晶体全部融化,即得最终产品。该结晶器对低共熔及固体溶液物系的分离都适用,得到的产品纯度非常高。

(2) 布朗迪提纯器:图 5-17 为布朗迪提纯器的示意图。它由提纯段、精制段及回收段组成,其中精制段及回收段水平放置,内装刮带式输送器。输送器的转速很低,用于推送冷却所产生的晶体和刮除冷却面上结出的晶体,并维持晶体在母液中的悬浮状态。原料与来自精制段的回流液在流经回收段的过程中被徐徐冷却,高凝固点组分不断从液相中结晶出来,残液由回收段冷端排出。回收段中结出的晶体被送到精制段,途中与液相互成逆流,在纯度及温度都越来越高的回流液的作用下,高凝固点组分的含量不断升高,然后进入提纯段。提纯段垂直放置,内装缓慢运转的搅拌器。在提纯段里,缓缓沉降的晶体与纯度较高的回流液

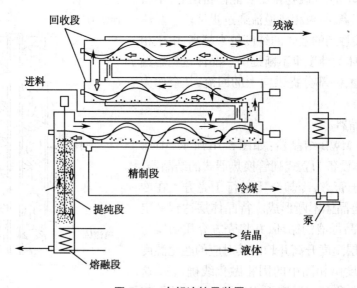

图 5-17　布朗迪结晶装置

互成逆流而得以进一步提纯。到达底部的晶体被加热融化,一部分作为产品取出,一部分则作为回流液。该结晶装置有较强的适应能力,产品纯度高。

(3) 液膜结晶器:图 5-18 为液膜结晶装置,它由一塔式列管结晶器与一卧式结晶器组成。分离精制过程主要在塔式结晶器内完成。列管结晶器内装有高效填料及再分配筛板,塔顶有一精密分配器,使待分离的熔融原料液在各列管内均布,高凝固点组分不断在管内壁及填料表面结晶出来,循环的料液则在晶层表面形成液膜。待晶层达到一定厚度后,停止料液循环,进行发汗操作。最后熔融态的产品进入卧式结晶器,进行晶粒化过程。该装置已成功应用于高纯对二氯苯、精萘等产品的大规模生产。

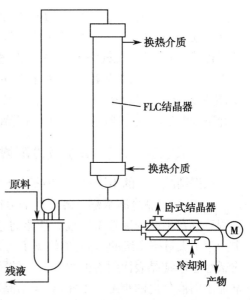

图 5-18 液膜结晶(FLC)装置

第五节 基于结晶原理的冷冻浓缩技术

一、冷冻浓缩的理论依据

冷冻浓缩操作是将稀溶液降温,直至溶液中的水部分冻结成冰晶,并将冰晶分离出来,从而使得溶液变浓。因此,冷冻浓缩涉及固 - 液两相之间的传热传质与相平衡规律。

1. 冷冻浓缩的相平衡图 稀溶液的相图如图 5-19 所示,横坐标表示溶液的浓度 X,纵坐标表示溶液的温度 T。曲线 DABE 是溶液的冰点线,D 点是纯水的冰点,E 是低共熔点。当溶液的浓度增加时,其冰点是下降的(在一定的浓度范围内)。

2. 冷冻浓缩的物料平衡 某一稀溶液起始浓度为 X_1,温度在 A_1 点。对该溶液进行冷却降温,当温度降到冰点线 A 点时,如果溶液中有"冰种",溶液中的水就会

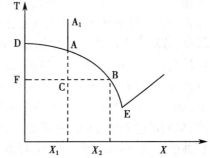

图 5-19 冷冻浓缩的相平衡图

结成冰。如果溶液中无"冰种",则溶液并不会结冰,其温度将继续下降至 C 点,变成过冷液体。过冷液体是不稳定液体,受到外界干扰(如振动),溶液中会产生大量的冰晶,并成长变大。此时,溶液的浓度增大为 X_2,冰晶的浓度为 0(即纯水)。如果把溶液中的冰粒过滤出来,即可达到浓缩目的。这个操作过程即为冷冻浓缩。设冰晶量为 G,浓缩液量为 P,根据溶质的物料平衡,有:

$$(G+P)X_1=PX_2 \tag{5-11}$$

即:

$$GX_1=P(X_2-X_1) \tag{5-12}$$

或,

$$G/P=(X_2-X_1)/X_1=BC/FC \tag{5-13}$$

上式表明,冰晶量与浓缩液量之比等于线段 BC 与线段 FC 长度之比,这个关系符合化学工程精馏分离的"杠杆法则"。根据上述关系式可计算冷冻浓缩的结冰量。当溶液的浓度大于低共熔点 E 时,如果冷却溶液,析出的是溶质,使溶液变稀,这即是传统的结晶操作。所以,冷冻浓缩与结晶操作不一样,结晶操作是溶液中的溶质变成固体,操作结果是溶液变稀;而冷冻浓缩是溶剂变成固体(结冰),操作结果是溶液变浓。

二、冷冻浓缩技术分类及冷冻浓缩装置

根据结晶方式的不同,冷冻浓缩可分为悬浮结晶冷冻浓缩和渐进冷冻浓缩。

1. 悬浮结晶冷冻浓缩   悬浮结晶冷冻浓缩将晶核生成、晶体成长、固液分离 3 个主要过程分别在不同的装置中完成。悬浮结晶冷冻浓缩时,冰晶自由悬浮于母液中。由于母液中产生了大量毫米级的冰晶,单位体积冰晶的表面积很大,造成冰晶与母液的分离和有效回收微小悬浮结晶表面附着的浓缩液比较困难。另外,由于低温条件下,浓缩液黏度较大,也增加了固液分离的难度。因此,悬浮结晶冷冻浓缩对重结晶器的过冷度的控制要求比较严格,以避免二次晶核的生成,使冰晶缓慢成长,制得粒度较大的冰晶,利于固液分离。这种考虑使装置系统比较复杂,投资大,操作成本高,限制了此法的实际应用。

悬浮结晶冷冻浓缩在 20 世纪 70 年代开始应用于在速溶咖啡、速溶茶、橙汁、甘蔗汁、葡萄酒、乳制品等的工业生产。近年来,悬浮结晶冷冻浓缩也开始用于中药水提取液的浓缩,并进行了中试研究。

2. 渐进冷冻浓缩   针对悬浮结晶冷冻浓缩存在的问题,提出了渐进冷冻浓缩工艺和技术。渐进冷冻浓缩时,冰晶沿结晶器冷却面生成并成长为整体冰块。在固液相界面,溶质从固相侧被排除到液相侧。番茄汁液和咖啡液等的小试和中试浓缩实验研究表明,该方法可以将一定浓度的稀溶液浓缩到原体积的 1/4~1/5。进料浓度低时,冰晶融解液中的溶质浓度较低,分离较为彻底。也可实现高浓度液体的浓缩。进料浓度高时,冰晶融解液中的溶质浓度较高,分离不很彻底。如果进行二次处理或与膜过滤组合使用,溶质也容易回收。渐进冷冻浓缩需要进一步解决的难题主要是:如何消除结晶初期的过冷却,以避免形成树枝状冰晶;如何提高冰晶纯度,以减少溶质损失;如何增大溶液与传热面的接触面积,以提高传热效率;如何促进固液界面的物质传递,以提高浓缩效果。渐进冷冻浓缩最大的特点是形成一个整体的冰晶,固液相界面积小,母液与冰晶的分离容易。同时,由于冰晶的生成、成长、与母液的分离及脱冰操作均在一个装置内完成,无论是设备数量还是动力消耗都少于悬浮结晶冷冻浓缩,装置简单且容易控制,设备投资与生产成本降低。渐进冷冻浓缩目前在葡萄糖液、咖啡液、番茄汁液、柠檬汁液等的浓缩方面取得了较好的效果。

3. 冷冻浓缩中试装置   图 5-20 所示为某冷冻浓缩中试实验装置,由回转制冰机、减速电机、制冷机与药液罐等组成。回转制冰机是夹层结构,夹层内通冷媒(如不

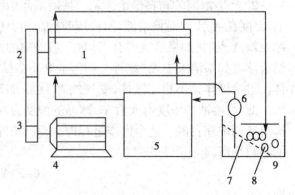

图 5-20   冷冻浓缩中试实验装置
1. 回转制冰机,2. 大皮带轮,3. 小皮带轮,4. 减速电机,
5. 制冷机,6. 低温药液泵,7. 滤网,8. 冰晶,9. 药液罐

冻液),内筒体通中药水提取液。中药水提取液与冷的筒体内壁接触即可结冰。筒体内装有刮刀,刮刀由减速电机通过皮带驱动回转,能把筒体内壁的冰晶刮下来。这些冰晶漂浮在中药水提取液中,不断成长长大成纯冰粒。药液罐内有滤网,能把粗大的冰粒截留下来。每隔一段时间,用离心机甩干这些粗冰粒。这种回转制冰机传热效率高,工作温度可低达 –15℃。

三、关于中药水提取液冷冻浓缩的研究

目前,中药生产常用的浓缩方法为三效真空蒸发浓缩,其操作温度在 60~90℃之间。由于存在减压操作,所以一些中药的芳香成分以及一些易挥发有效成分,会被真空泵抽出去。同时,由于长时间受热,一些有效成分有可能聚合变性。而在常压下用冷冻浓缩工艺浓缩中药水提液,理论上可避免在真空蒸发过程中某些易挥发有效成分的损失。采用冷冻浓缩工艺对中药水提取液进行中试规模的实验结果表明,冷冻浓缩制得的冰晶粒径小于1mm;分离后得到的冰晶色泽与冰块无异。与三效真空蒸发浓缩相比,该法可改善口服液的口感。但是,冷冻浓缩产品的指标成分含量比三效真空蒸发浓缩产品的稍低,其原因可能是母液夹带所致。

冷冻浓缩具有低温操作,可将微生物繁殖、溶质的变性及挥发性成分的损失控制在极低的水平等优点,在不少领域已有应用研究报道。但是,应用于工业化阶段的范例却很少,尤其是对复杂的中药提取液物系,需要进一步研发。冷冻浓缩技术领域目前存在的主要问题是:①研究对象大多为水提取液,醇提取液的冷冻浓缩尚未见报道。②对于浓度和黏度较大的提取液的适应性需进一步研究,冷冻浓缩的浓缩比率一般在 1~1/10,尚难以使比率小于1/10。③从系统论角度考虑,冷冻浓缩与低温提取、冷冻粉碎、冷冻干燥等操作组合使用,才可充分发挥冷冻浓缩的优势,达到提高药品质量和节能降耗的目的。

(唐志书)

参 考 文 献

［1］大矢晴彦.分离的科学与技术.张谨译.北京:中国轻工业出版社,1999

［2］欧阳平凯,胡永红.生物分离原理及技术.北京:化学工业出版社,2001

［3］郭立玮.中药分离原理与技术.北京:人民卫生出版社,2010

［4］李淑芬,白鹏.制药分离工程.北京:化学工业出版社,2009

［5］庄银凤,朱仲祺,朱诚身,等.尼龙1010非等温结晶动力学过程的计算机模拟.化学研究,2000,11(1):23-25

［6］陈伟元,钟晓征,谭锐,等.多晶材料晶粒生长的计算机模拟研究.原子与分子物理学报,2000,17(2):297-302

［7］冯毅,宁方芬.中药水提取液冷冻浓缩的初步研究.制冷学报,2002,3:52-54

第六章　吸附分离技术

第一节　吸附分离原理及其分类

一、吸附分离原理

固体物质表面对固体或液体分子的吸着现象称为吸附(adsorption)。就原理而言,吸附作用是两个不可混合的物相(固体、液体或气体)之间的界面性质,在这种两相界面上,其中一相的组分得到浓缩或者两相互相吸附形成界面薄膜。吸附作用基本上由界面上分子间或原子间作用力所产生的热力学性质所决定。

吸附体系由吸附剂(adsorbent)和吸附质(adsorbate)组成。吸附剂一般指固体,吸附质一般指能够以分子、原子或离子的形式被吸附的固体、液体或气体。吸附分离法是指利用固态多孔性吸附剂对液态或气态物质中某些组分具有的较强吸附能力,通过吸附操作而达到分离该组分的方法。

二、吸附类型的分类

根据吸附剂与吸附质之间相互作用力的不同,吸附可分为物理吸附、化学吸附和交换吸附三种类型。

1. 物理吸附　由吸附质和吸附剂分子间作用力所引起,只通过弱相互作用进行的吸附;吸附剂和吸附质之间是非共价的。在物理吸附过程中,液体或气体中的分子通过范德华引力、偶极 - 偶极相互作用、氢键等在固体材料的表面上结合。物理吸附无选择特异性,但随着物系的不同,吸附量有较大差异。物理吸附不需要较大的活化能,在低温条件下也可以进行。物理吸附既可以发生单分子层吸附,也可以形成多分子层吸附;物理吸附速率较快,过程通常是可逆的,吸附作用力较弱,解吸过程较容易在吸附的同时进行,被吸附的分子由于热运动离开固体表面而被解吸。如活性炭对许多气体的吸附,被吸附的气体很容易解脱出来而不发生性质上的变化。

2. 化学吸附　吸附质分子与固体表面原子(或分子)发生电子的转移、交换或共有,形成吸附化学键的吸附。固体表面原子的价态未完全被饱和,还有剩余的成键能力,导致吸附剂与吸附质之间能发生化学反应而产生吸附作用。化学吸附一般涉及吸附剂和吸附质之间的强相互作用,包括吸附质内或吸附质之间原子的重排,吸附剂表面和吸附质之间发生化学反应形成共价键、配位键或离子键。

化学吸附的选择性较强,即一种吸附剂只能对某一种或特定的几种物质有吸附作用。化学吸附需要一定的活化能。由于化学吸附生成化学键,因而只能发生单分子层吸附,化学吸附不易解吸。

物理吸附与化学吸附既有区别又难以截然分开,在一定条件下,二者可以同时发生。在不同的温度下,产生吸附的主导作用会发生变化。一般规律是低温易发生物理吸附,高温易发生化学吸附。物理吸附与化学吸附的比较见表6-1。

表6-1　物理吸附与化学吸附的比较

理化性质指标	物理吸附	化学吸附
吸附作用力	范德华力	化学键力(多为共价键)
吸附热	近似等于气体凝结热,较小,$\triangle H<0$	近似等于化学反应热,较大,$\triangle H<0$
选择性	低	高
吸附层	单或多分子层	单分子层
吸附速率	快,易达平衡	慢,不易达平衡
可逆性	可逆	不可逆
发生吸附温度	低于吸附质临界温度	远高于吸附质沸点

3. 交换吸附　吸附剂表面如果由极性分子或者离子组成,则会吸引溶液中带相反电荷的离子,形成双电层,同时在吸附剂与溶液间发生离子交换,这种吸附称为交换吸附。交换吸附的能力由离子的电荷决定,离子所带电荷越多,它在吸附剂表面的相反电荷点上的吸附力就越强。静电力的吸附特征包括:吸附区域为极性分子或离子;吸附为单层或多层;吸附过程可逆;吸附的选择性较好。与交换吸附相关的分离技术从原理上讲属于反应分离技术,将在第十二章详细介绍。

第二节　吸附剂及其特性

一、吸附剂的分类

吸附剂是吸附分离过程的载体,由吸附分离材料所构成,是一个涉及多学科的交叉领域。吸附分离功能材料在数十年内获得了突飞猛进的发展,材料新品种不断出现,应用范围日益扩展。吸附剂的分类有多种方法。

1. 按照化学结构分类　可分为无机吸附剂、高分子(有机)吸附剂以及碳质吸附剂三类。无机吸附剂是指具有一定晶体结构的无机化合物,大多数是天然的无机物,往往只有离子交换性质,因此通常称为无机离子交换剂。例如,沸石、蒙脱土等,其中应用最为广泛的无机分离材料是合成的硅胶和分子筛,常用作高选择性吸附剂(色谱的固定相)和催化剂载体。

高分子(有机)吸附剂是由烯类单体聚合制得的。通过改变聚合单体的组成和聚合的方法,可以制得不同结构的吸附材料。这类材料还可以进一步用化学方法进行功能基化,从而制得带有各种功能基团的吸附材料,因而种类更多,应用范围更广。这类材料不但能像无机吸附剂那样通过阳离子交换机制和孔径选择性机制吸附分离物质,而且吸附作用包括螯合、阴离子与阳离子间的电荷相互作用、化学键合、范德华引力、偶极-偶极相互作用、氢键等,是无机吸附材料不可比拟的。

碳质吸附剂是一类介于无机吸附剂和有机吸附剂之间的吸附材料,包括活性炭、活性炭纤维以及炭化树脂。制备活性炭的原料来源广泛且成本低廉,因此活性炭在工业领域受到广泛欢迎。

2. 按照吸附机制分类 可分为化学吸附材料、物理吸附材料和亲和吸附材料三类。在吸附过程中通过生成化学键的吸附称为化学吸附。能够生成化学键进行吸附的材料又称化学吸附剂。化学吸附剂一般都是以有机高分子材料为基础的吸附材料。吸附过程形成的化学键可以是离子键、配位键和容易经过一定的化学反应发生裂解的共价键,相应的吸附剂分别为离子交换剂、螯合剂、高分子试剂或高分子催化剂。

离子交换剂又分为阳离子交换剂、阴离子交换剂以及两性离子交换剂(例如一些热再生树脂)。螯合吸附剂属于特殊的离子交换剂,其对金属离子的吸附作用除了形成离子键之外,还形成若干配位键。例如,含有氨基二乙酸基、膦酸基、氨基膦酸基等的聚合物树脂。高分子试剂是一类通过一定的化学键,包括离子键和共价键,与小分子的试剂或反应底物结合形成的高分子材料。这种材料经历进一步化学反应之后,生成的产物通过温和的条件从高分子材料上解脱释放出来。在高分子试剂上进行有机合成,通过简单的过滤方法就可以实现反应中间体或反应产物的分离,可大大简化合成的操作过程。高分子催化剂是将有催化活性的功能基或小分子,通过共价键、配位键或离子键结合到高分子的载体上形成的固相催化剂。高分子催化剂的特点是用简单的过滤方法就可以实现与反应溶液体系分离及重复使用。通过形成共价键的化学吸附,也可以实现物质的分离。随着组合化学的发展,这类吸附分离功能高分子材料作为清除树脂已在溶液相组合合成过程中广泛用于清除过量的反应物和副产物。

物理吸附剂是一类通过弱相互作用,包括范德华引力、偶极 - 偶极相互作用、氢键等作用力进行吸附的吸附剂。其中,具有典型的弱相互作用的吸附分离材料是高分子吸附剂(通常称为吸附树脂)。依据这类材料的极性,可分为非极性、中极性、强极性三类。以二乙烯基苯交联的聚苯乙烯大孔树脂以及由低交联聚苯乙烯以"后交联"方法制备的大孔网状树脂为非极性吸附剂的代表。它们的化学结构类似,只是孔径和比表面积不同,从而对不同大小的吸附质分子呈现出不同的选择性。这类树脂吸附剂主要通过范德华引力,从水溶液中吸附具有一定疏水性的物质。由于树脂内含有极性的酯基,交联聚丙烯酸甲酯、交联聚甲基丙烯酸甲酯及甲基丙烯酸酯与苯乙烯的共聚物制备的树脂属于中极性吸附剂,这类吸附剂从水中吸附物质时,除了范德华引力作用之外,氢键也起一定作用。带有强极性功能基团的树脂,包括树脂内含有亚砜基团的吸附树脂、含有酰氨基团的聚丙烯酰胺树脂、脲醛树脂、两种功能基团和多种功能基团的复合吸附树脂,例如 ADS-7、XAD-1 树脂等,属于一类强极性的吸附分离材料。这些吸附剂对吸附质的吸附主要是通过氢键作用和偶极 - 偶极相互作用进行的,因此其中的一些品种也称为氢键吸附剂。这类吸附剂在天然产物和中药成分的分离纯化中具有重要的应用价值。

亲和吸附剂是根据生物亲和原理,利用氢键、范德华力、偶极 - 偶极相互作用等多种作用力的空间协同作用,对目标物质的吸附呈现专一性或高选择性的吸附剂,在生化物质分离、临床检测、血液净化治疗等方面具有重要作用。这类吸附剂将诸如抗原 - 抗体、药物(或激素)- 受体、酶 - 底物、互补 DNA 链等这些互相识别的主客体中的主体分子或客体分子固定在高分子载体上,形成亲和吸附剂,可对客体分子或主体分子专一性地结合。由于抗原、抗体、酶、受体、DNA 等均为生物大分子,亲和吸附剂在固定化过程中容易失活,因此人们多采用识别部位的某一片段或其中的一个或几个基团共价结合在高分子载体上,合成出具有较高选择性的吸附剂,这类吸附剂也称为仿生吸附剂。

二、常用吸附剂的物理性能

吸附剂一般应具有以下的形态结构与表面特征,常用吸附剂的物理性能可参考表6-2。

表6-2 常用吸附剂的物理性质

吸附剂类型		粒径范围（mm）	孔隙率（%）	干填充密度（g/ml）	平均孔径直径(nm)	比表面积（m²/g）	吸附容量（g/g）
氧化铝		1.00~7.00	30~60	0.70~0.90	4~14	0.20~0.40	0.20~0.33
分子筛		各种	30~40	0.60~0.70	0.3~0.1	0.7	0.10~0.36
硅胶		各种	38~48	0.70~0.82	2~5	0.6~0.8	0.35~0.50
硅藻土		各种	—	0.44~0.50	—	约0.002	—
活性炭		各种	60~85	0.25~0.70	1~4	0.7~1.8	0.3~0.7
树脂	聚苯乙烯	0.250~0.841	40~50	0.64	4~9	0.3~0.7	—
	聚丙乙烯	0.250~0.841	50~55	0.65~0.70	10~25	0.15~0.4	—
	酚	0.297~1.17	45	0.42		0.08~0.12	0.45~0.55

1. 颗粒尺寸和分布 用于吸附剂的颗粒的尺寸应尽可能小,以增大外扩散传质表面,缩短粒内扩散的路程。在采用固定床吸附操作时,考虑到物料通过床层的流动阻力和动力消耗,所处理的液相物料尺寸以 1~2nm 为宜,所处理的气相物料以 3~5nm 为宜。在采用流化床吸附操作时,既要保持颗粒悬浮又要不使之流失,因此物料尺寸以 0.5~2nm 为宜。在采用槽式吸附操作时,应使用数十微米至数百微米的细粉,太细则不易于过滤。在上述操作情况下,均要求颗粒尺寸均一,这样可使所有颗粒的粒内扩散时间相同,以达到颗粒群体的最大吸附效能。

2. 比表面积 比表面积是吸附剂最重要的性质之一,可以采用 BET 吸附等温方程获得比表面积。常用于测定固体比表面积的吸附质有氮气、水蒸气、苯或环己烷的蒸气等。测定实验可采用以下方法:在液氮温度下(−196℃),用吸附剂吸附氮气,在吸附剂表面形成单分子吸附层,测定氮气的吸附体积 V_m(cm^3/g),计算比表面积 A(cm^2/g):

$$A=NSV_m/22\,400 \tag{6-1}$$

式中,N 为阿弗加德罗常数;s 为被吸附分子的横截面积,−196℃时氮气分子的 $s=1.62\times10^{-15}cm^2$。

物理吸附在分离过程中的应用较多,通常只发生在固体表面分子直径级的厚度区域内,单位面积固体表面的吸附量非常小,因此作为工业用的吸附剂,必须有足够大的比表面积。

3. 孔径大小和分布 孔径的大小及其分布对吸附剂的选择性影响很大。通常认为,孔径为 200~10 000nm 的孔为大孔,10~200nm 的孔为过滤孔,1~10nm 的孔为微孔。孔径分布是指各种大小的孔体积在总孔体积中所占的比例。如果吸附剂的孔径分布很窄(如沸石分子筛),其选择性能与吸附性能较强。通常的吸附剂,如活性炭、硅胶等,都具有较宽的孔径分布。

孔径分布是表示孔径大小与之对应的孔体积的关系,由此来表征吸附剂的孔特性。吸附剂的孔径及分布可采用水银压入法,利用汞孔度计测定。当压力升高时,水银可进入到细孔中,压力 p 与孔径 d 的关系为:

$$d=-4\sigma\cos\theta/p \tag{6-2}$$

式中,σ 为水银的表面张力,$\sigma=0.48N/m^2$;θ 为水银与细孔壁的接触角,$\theta=140°$。通过测定水银体积与压力之间的关系即可求孔径的分布情况。

三、常用吸附剂简介

常用的吸附剂主要包括有机吸附剂,例如活性炭、吸附树脂、纤维素、聚酰胺等;以及无机吸附剂,例如硅胶、氧化铝、沸石等。其中活性炭、大孔树脂等在制药工业中的应用较多。

1. 活性炭　活性炭是最普遍使用的吸附剂,它是一种多孔、含碳物质的颗粒粉末,常用于脱色和除臭等过程。活性炭为非极性吸附剂,在极性介质中,对非极性物质具有较强的吸附作用。活性炭具有吸附能力强、分离效果好、来源广泛、价格便宜等优点。但是活性炭的标准较难控制,而且其色黑、质轻、容易造成环境污染。常用活性炭的吸附能力顺序为:粉末活性炭>颗粒活性炭>锦纶活性炭。

活性炭主要用于分离水溶性成分,例如氨基酸、糖类及某些苷。活性炭的吸附作用在水溶液中最强,在有机溶剂中则较弱。故水的洗脱能力最弱,而有机溶剂则较强。例如以醇-水进行洗脱时,洗脱力随乙醇浓度的递增而增加。活性炭对芳香族化合物的吸附力大于脂肪族化合物,对大分子化合物的吸附力大于小分子化合物。利用这些差异,可将水溶性芳香族物质与脂肪族物质分开,单糖与多糖分开,氨基酸与多肽分开。

2. 硅胶　即 $SiO_2 \cdot nH_2O$,为多孔、网状结构。硅胶吸附作用的强弱与硅醇基的含量有关。硅醇基吸附水分后能够形成氢键,因此硅胶的吸附力随着所吸附水分的增加而降低。硅胶属于极性吸附剂,因此在非极性介质中,对极性物质具有较强的吸附作用。

硅胶有天然和人工合成之分。天然硅胶即多孔 SiO_2,通常称为硅藻土,人工合成的则称为硅胶。人工合成硅胶杂质含量少,质量稳定,耐热耐磨性好,且可根据工艺要求的形状、粒度和表面结构制备。硅胶也是一种酸性吸附剂,适用于中性或酸性成分的层析。同时硅胶又是一种弱酸性阳离子交换剂,其表面上的硅醇基能够释放弱酸性的质子,当遇到较强的碱性化合物,则可通过离子交换反应而吸附碱性化合物。

3. 氧化铝　活性氧化铝的化学式为 $Al_2O_3 \cdot nH_2O$,它是常用的吸附剂。活性氧化铝表面的活性中心是羟基和路易斯酸,极性较强,其吸附特性与硅胶相似,广泛应用于生物碱、核苷类、氨基酸、蛋白质及维生素、抗生素等物质分离,尤其适用于亲脂性成分的分离。

活性氧化铝价格便宜,容易再生,活性易控制;但操作繁琐,处理量有限。

一般的氧化铝带有碱性,对于分离一些碱性中草药成分,如生物碱类较为理想。因碱性氧化铝可使醛、酮、酸、内酯等化合物发生异构化、氧化、消除等反应,因此分离上述成分时应选择酸性氧化铝。

4. 沸石　沸石分子筛是结晶铝硅酸金属盐的水合物,其化学通式为:$M_{X/m}\left[(AlO_2)_x \cdot (SiO_2)_y\right] \cdot zH_2O$,其中 M 代表阳离子,m 表示其价态数,z 表示水合数,x 和 y 是整数。沸石分子筛活化后,水分子被除去,余下的原子形成笼形结构。分子筛晶体中有许多一定大小的空穴,空穴之间有许多同直径的孔(也称"窗口")相连。由于分子筛能将比其孔径小的分子吸附到空穴内部,而把比孔径大的分子排斥在其空穴外,起到筛分分子的作用,故得名分子筛。沸石的吸附作用有两个特点:表面上的路易斯酸中心极性很强;沸石中的笼或通道的尺寸很小,为 0.5~1.3nm,使得其中的引力场很强。因此沸石对外来分子的吸附力远远超过其他吸附剂。即使吸附质的分压(浓度)很低,吸附量仍然很大。

5. 大孔网状聚合物吸附剂　该类吸附剂的基本特征是由有机高分子聚合物组成的多

孔网状结构,其性质与活性炭、硅胶的性质相似。基本特点:吸附选择性好,吸附质容易解吸,流体阻力较小,机械强度高,使用寿命长,但是价格较高。聚合物吸附剂主要类型包括非极性吸附剂(苯乙烯等)、中等极性吸附剂(甲基丙烯酸酯等)、极性吸附剂(含硫氧、酰胺、氮氧等基团)。鉴于此类吸附剂常应用于制药行业,如抗生素和维生素等的分离浓缩,尤其在以中药等天然产物为原料的制药工业中得到大量应用,本教材将在第七章作专门介绍。

第三节　吸附过程的基本原理及其应用

一、吸附热力学基本原理及其应用

吸附平衡是指在一定的温度和压力下,吸附剂与吸附质充分接触,最后吸附质在两相中的分布达到平衡的过程。吸附平衡是主体相浓度、吸附相浓度和吸附量三者之间的关系。这种关系与物性有关,还与温度有关,是选择吸附剂的依据,也是工程设计的基础数据。

作为吸附现象方面的特性有吸附量、吸附强度、吸附状态等,而宏观地总括这些特性的是吸附等温线。当流体(气体或液体)与固体吸附剂经长时间充分接触后,吸附剂所吸附的量不再增加,吸附相与流体达到平衡时的吸附量叫做平衡吸附量。平衡吸附量通常用等温下单位质量吸附剂的吸附容量 q 表示。在一定的温度下,吸附质的平衡吸附量与其浓度或分压间的函数关系的图线称为吸附等温线。由于吸附剂与吸附质之间不同的相互作用,以及不同的吸附剂表面状态,因此会得到相应的不同的吸附等温线。

在研究吸附过程的特性和吸附分离工艺时常需要测定并绘制吸附等温线,以平衡吸附量 q 对相对压力 p/P_0(P_0 为该温度下吸附质的饱和蒸气压)作图。通常情况下,吸附剂的平衡吸附量随吸附质的浓度或压力的增大而增加,但吸附等温线的形状却不一样,Brunauer S.、Deming L. S.、Deming W. E. 和 Teller E. 等人把典型的吸附等温线分为 5 种,称为 BDDT 分类,见图6-1。1985 年,在 BDDT 分类的基础上,IUPAC(International Union of Pure and Applied Chemistry,国际理论与应用化学协会)提出了吸附等温线 6 种分类,该分类是对 BDDT 吸附等温线分类的一种补充和完善。随着气固等温线研究的不断深入,有学者提出了基于 Ono-kondo 晶格模型的新的吸附等温线分类——Gibbs 吸附等温线分类,该分类涵盖了一些新类型的气固吸附等温线,特别体现在气体超临界吸附上,并因其准确性而逐渐引起人们的重视。

本课程重点介绍 BDDT 分类中 5 种类型吸附等温线。

1. Ⅰ型为 Langmuir 型,如 N_2、O_2 或有机蒸气在孔径只有几个分子大小的活性炭上的吸附,接近于单分子层吸附。

2. Ⅱ型常称为 S 型等温线,是最普通的多分子层吸附,如在 -195℃时 N_2 在硅胶上的吸附。

3. Ⅲ型为反 Langmuir 型曲线,比较少见,Br_2、I_2 在非孔硅胶上的吸附属此类型,其特点是吸附热与液化热大致相等。

4. Ⅳ型是类型Ⅱ的变型,能形成有限的多层吸附。曲线后段对应毛细管凝聚现象的发生,如水在活性氧化铝上的吸附。

5. Ⅴ型曲线的后段也对应于毛细管凝聚现象,如 100℃的水蒸气在活性炭或多孔硅胶上的吸附,其特点是吸附质分子间的作用力大于吸附剂与吸附质分子间的作用力。

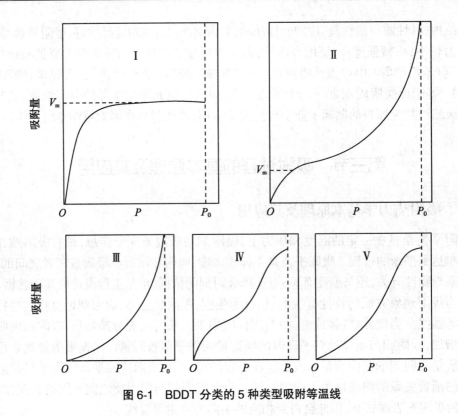

图 6-1　BDDT 分类的 5 种类型吸附等温线

在一定温度下,分离物质在液相和固相中的浓度关系可用吸附方程式来表示,其中液相吸附平衡常用于中药药效成分吸附工艺过程的筛选研究。

1. 气体单组分吸附平衡　吸附质在吸附剂的表面只形成均匀的单分子层,则吸附量随吸附质分压的增加平缓接近平衡吸附量。

吸附是在吸附剂的活性中心上进行的;这些活性中心具有均匀的能量,且相隔较远,吸附物分子间无相互作用力;每一个活性中心只能吸附一个分子,即形成单分子吸附层。常用的数学模型有 Langmuir 等温线方程(6-3)和 Freundlich 等温线方程(6-4)。

$$q = q_m \frac{bp}{1+bp} \tag{6-3}$$

式中,q、q_m 分别为平衡吸附量和单分子吸附量,g/g;b 为与温度有关的常数;p 为气体分压。

$$q = Kp^{\frac{1}{n}} \tag{6-4}$$

式中,K、n 为常数,与物性和温度有关,$10 > n > 1$。

2. 气体多组分吸附平衡　多组分气体吸附平衡方程可用式(6-5)表达,其 i、j 表示组分的数量。

$$q_i = q_{mi} \frac{b_i p_i}{1 + \sum b_j p_j} \tag{6-5}$$

3. 液相吸附平衡　Langmuir 等温线和 Freundlich 等温线同样适用于低浓度溶液的吸附,当用于液体时,压力 p 用浓度 c 代替,即:

$$q = q_m \frac{bc}{1+bc} \tag{6-6}$$

或 $$q=Kc^{\frac{1}{n}} \tag{6-7}$$

如丙腈水溶液在 25℃ 用活性炭吸附的等温方程:

$$q=\frac{0.173c}{1+0.096c} \qquad 或 \qquad q=0.138c^{0.658}$$

吸附等温线的研究远早于吸附树脂的问世,在研究吸附树脂的吸附规律时也可用上面 5 种吸附等温线为参照模型。如在研究 D101 大孔树脂对绞股蓝皂苷的吸附性能研究时,考察了树脂的吸附平衡等温线:准确称取树脂 0.22~0.25g,移取准确计量的一定浓度的绞股蓝溶液 30ml,二者置于 50ml 具塞三角瓶中。将其分别置于恒温 20℃、50℃ 下的培养箱,振荡 24 小时后,吸取 200μl 溶液比色分析,测定其吸光度值,按标线求得吸附的平衡浓度 C_e,按公式 $q=V_o(C_o-C_e)/G$,计算树脂的平衡吸附量(其中,V_o 为移取绞股蓝溶液的体积,ml;G 为树脂的质量,g;C_o 为初始绞股蓝皂苷的浓度,mg/ml)。以 Langmuir 和 Freundlich 式对实验数据拟合,得到相关吸附等温式。由表 6-3 可知,Langmuir 等温方程对 D101 大孔树脂吸附绞股蓝皂苷的拟合较好。

表 6-3　D101 树脂对绞股蓝皂苷的吸附等温线方程

温度	方程类型	等温线方程式	相关系数
20℃	Langmuir	$q=1031.1C/(1+3.581C)$	0.994
	Freundlich	$q=273.6C^{1/1.86}$	0.978
50℃	Langmuir	$q=637.5C/(1+2.285C)$	0.993
	Freundlich	$q=229.0C^{1/1.66}$	0.983

二、吸附动力学基本原理及其应用

吸附动力学主要研究吸附质在吸附剂颗粒内的扩散性能,通过测定吸附速率,计算微孔扩散系数,进而推算吸附活化能。

1. 吸附速率　吸附速率是指单位质量吸附剂在单位时间内所吸附的吸附质的量。吸附速率与物系、操作条件及浓度有关。在吸附操作中,吸附速率决定了物料与吸附剂的接触时间。吸附速率是设计吸附装置的重要依据,吸附速率越大,所需的接触时间越短,吸附设备体积也可以相应地减小。

吸附速率曲线可用与测定吸附等温线相同的方法,在不同吸附时间测得吸附量,以吸附量为纵坐标,时间为横坐标绘图,即得到吸附速率曲线。Langmuir 提出了吸附速率方程。在生产工艺设计中,该方程可初步应用于固液吸附中各类型树脂的筛选分析:

$$\ln Q_e/(Q_e-Q_t)=Kt \tag{6-8}$$

可变换为:

$$-\ln(1-Q_t/Q_e)=Kt \tag{6-9}$$

式中,Q_t 为 t 时刻树脂的吸附量,mg/g;Q_e 为平衡时刻树脂的吸附量,mg/g;K 为吸附平衡速率常数,h^{-1}。

对于各树脂,用其 $\ln(1-Q_t/Q_e)$ 对时间 t 作直线回归,得出各类型树脂的吸附平衡速率常数 K,见表 6-4。

表 6-4   吸附树脂的吸附平衡速率常数(20℃)

树脂	$K(h^{-1})$	r	树脂	$K(h^{-1})$	r
S-8	0.5135	0.9188	NKA	0.6213	0.8478
AB-8	0.4855	0.9612	D3520	0.8008	0.9483
R-A	0.4615	0.9264	H107	0.2961	0.9755
X-5	0.4042	0.9591	SIP-1300	0.3186	0.9768
SIP-1400	0.4053	0.9746	D4006	0.7246	0.8370

在生产工艺设计中,可以进一步通过绘制吸附动力学曲线,直观地了解树脂的某些动态吸附性能,判定该树脂对吸附质的吸附特性。如在银杏叶黄酮的吸附研究中,考察了 10 种树脂的吸附动力学过程:准确称取经预处理好的 10 种树脂各 400mg(除去水分后约 100mg)于 50ml 具塞磨口三角瓶中,精密加入银杏叶总黄酮水溶液 30ml,黄酮浓度为 1mg/ml,置电动振荡机上振荡,振荡频率为 140 次 /min。测定各树脂在 t 时刻内(t=1,2,3······10h)达到平衡时的吸附量 Q_t 和 Q_e(mg/g),以 Q_t 对 t 作图,得各树脂的吸附动力学曲线,见图 6-2。

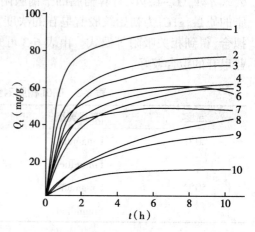

图 6-2   吸附树脂对银杏叶黄酮的吸附动力学曲线
1. S-8,2. AB-8,3. RA,4. X-5,5. SIP-1400,6. NKA-9,7. D3520,8. H107,9. SIP-1300,10. D4006

从图 6-2 可见,各大孔吸附树脂吸附银杏叶黄酮的动力学过程大致为 3 种状况:①如树脂 H107、SIP-1300,自起始阶段吸附量较小,而且达到平衡时间长,饱和预吸附量亦不大,为慢速吸附类型树脂;②如树脂 S-8、AB-8、RA、SIP-1400、X-5,起始阶段吸附量较大,然后吸附量逐渐增加,达到平衡时间较长,为中速吸附类型树脂;③如树脂 NKA-9、D3520、D4006 起始阶段吸附量有大有小,但均迅速达到平衡,饱和吸附量也不大,为快速吸附类型树脂。从吸附量和时间的关系来看,树脂 S-8、AB-8、RA 的吸附性能是比较好的,因此,选择树脂时,树脂对某一特定成分的吸附动力学曲线的类型是一个重要的参考依据。

通常根据吸附动力学曲线研究吸附量和温度、浓度及时间的关系,建立相关的吸附动力学方程。有了这种关系式,就容易得到不同状态下的吸附速度,对树脂的实际应用非常有意义。

2. 吸附传质过程   吸附速率取决于吸附过程中的传质过程。吸附过程中的物质传递基本上可分为三个阶段:第一阶段称为颗粒外部扩散(简称外扩散,又称膜扩散)阶段,吸附质从主体相中扩散到吸附剂的外表面上;第二阶段称为孔隙扩散阶段(简称内扩散),吸附质从吸附剂外表面通过吸附剂孔隙继续向吸附的活性中心扩散;第三阶段称为吸附反应阶段,吸附质被吸附到吸附剂孔隙内表面的活性中心上。在整个吸附质的传递过程中,在不同的阶段具有不同的阻力,某一阶段的阻力越大,克服此阻力所需要的浓度梯度越大。

吸附过程的总速率取决于最慢阶段的速率。如果在吸附质的传递过程中,某一阶段的阻力比其他各阶段要大得多,为了简化数学模型,可用控制这一阶段的数学表达式代表整个传递过程。对于物理吸附,吸附质在吸附剂内表面活性中心上的吸附过程(反应阶段)很快,吸附速率主要由前两个阶段——外扩散或者内扩散过程来控制。一般高浓度的流动相系统，其传质速率为内扩散控制，低浓度的流动相系统为外扩散控制。对于某些体系，其中两种过程也可能同时存在。

（1）外扩散传质速率方程：吸附质通过外扩散传递到吸附剂外表面的过程中，传质速率可以表示为：

$$\frac{\partial q}{\partial t} = k_f a_p (c - c_i) \tag{6-10}$$

式中，t 为时间，h；a_p 为以吸附剂颗粒外表面计的比表面积，m^2/g；c 为流体相中吸附质的平均浓度，mg/ml；c_i 为吸附剂外表面上流体相中吸附质的浓度，mg/ml；k_f 为流体相一侧的传质系数（m/s），与流体特性、吸附剂颗粒的几何特性、温度、压力等因素有关。

（2）内扩散传质速率方程：内扩散阶段的传质过程非常复杂，通常与固体颗粒的形状和微孔的结构有关。实际中经常采用简化处理的方法，即将内扩散过程处理成从外表面向颗粒内的拟稳态的传质过程，即：

$$\frac{\partial q}{\partial t} = k_s a_p (q_i - q) \tag{6-11}$$

式中，k_s 为固体相一侧的传质系数，与固体颗粒的微孔结构、吸附质的物性等有关；q_i 为吸附剂外表面上的吸附量（mg/g），与 c_i 成平衡关系；q 为吸附剂颗粒中的平均吸附量，mg/g。

（3）总传质速率方程：实际上，固体颗粒外表面上的浓度 c_i 和 q_i 很难确定，因此，通常采用总传质速率方程来表示吸附速率，即：

$$\frac{\partial q}{\partial t} = K_f a_p (c - c^*) = K_s a_p (q^* - q) \tag{6-12}$$

式中，c^* 为流体相中与 q 呈平衡的吸附质的浓度，mg/ml；q^* 为与 c 呈平衡的吸附量，mg/g；K_f 为以 $\Delta c = c - c^*$ 为推动力的总传质系数，m/s；K_s 为以 $\Delta q = q^* - q$ 为推动力的总传质系数，m/s。

若内扩散很快，则过程为外扩散控制，q_i 接近 q，则 $K_f = k_f$；若外扩散过程很快，则吸附过程为内扩散控制，c_i 接近 c，则 $K_s = k_s$。

根据式（6-10），吸附剂颗粒直径越小，比表面积越大，外扩散速度就越快；此外，增加流体相与颗粒之间的相对运动速度可增加 k_f 值，可提高外扩散速度。研究表明，内扩散速度与颗粒直径的较高次方成反比，即吸附剂颗粒越小，内扩散速度越大，因此，采用粉状吸附剂比粒状吸附剂有利于提高吸附速率。其次，吸附剂内孔径增大可使内扩散速率加快，但会降低吸附量，此时要根据实际的具体情况选择合适的吸附剂。

第四节　吸附分离技术的操作与装置

一、吸附分离基本方式

20 世纪 70 年代以来，吸附分离技术作为低能耗的固相萃取分离技术，已广泛应用于石油化工、医药、冶金等领域，尤其在环境保护领域受到广泛关注。在制药工业过程中，吸附分离技术的应用主要有以下两种方式。

1. 选择性吸附分离　选择性吸附分离是依靠吸附剂的选择性能将被吸附和不被吸附的物质分开，这种分离方法只包括吸附、洗脱两个过程，操作简单。以大孔吸附树脂为例，其技术关键是选用性能优良的吸附树脂,装于树脂柱中,让溶有混合物的溶液通过树脂柱,被吸附的物质留在树脂上,不能被吸附的物质流出柱外,使混合物得到分离。这种方法可用于以下几种场合。

(1) 有机/无机物的选择性吸附:一般的吸附树脂对溶液中的无机离子没有吸附能力,在有机物与无机物共存的混合体系中,有机物可被树脂吸附,无机离子则随水流出,因而很容易将二者分离。在中药成分的提取中,此特征可使提取物中的重金属和灼烧灰分降至要求的范围内。

(2) 不同有机物的选择性吸附:一般有机物,包括大多数中药有效成分,是指有一定的水溶性、但溶解度不大的物质,这些物质容易被树脂吸附。强水溶性物质如低级醇类、低级胺类、糖及多糖、多数氨基酸、肽类、蛋白质等,难被普通吸附树脂吸附。用普通树脂可很容易地将此两类物质分离。再如,维生素 B_{12} 可用 Amberlite XAD-2、XAD-4 或国产 X-5 吸附树脂从发酵液中提取出来,而发酵液中水溶性较大的氨基酸、多肽、蛋白质等则不被吸附,因而可得到纯度较好的维生素 B_{12},回收率几近 100%;维生素 B_2 和维生素 C 也可用吸附树脂进行分离。

在吸附-洗脱难于实现预期的分离效果时,有时可采用分步洗脱的方式。我国银杏叶提取物的生产工艺,在高选择性吸附树脂出现以前,大都采用了分步洗脱分离的方法。如以含氰基的吸附树脂吸附银杏叶提取液中的黄酮苷和萜内酯(要求产品中的含量分别≥24%和≥6%),大量其他成分也同时被吸附。用乙醇-水溶液洗脱,所得产品的黄酮苷和萜内酯的含量较低。若先用 10%、25% 的乙醇-水溶液洗去部分杂质,再用 50%、70% 的乙醇水溶液洗脱就得到黄酮苷含量较高的产品(表6-5)。在高选择性吸附树脂出现后,分步洗脱工艺正在被逐步淘汰,但是分步洗脱的方法在工艺筛选研究中依然值得借鉴。

表 6-5　分步洗脱与一次洗脱的比较

吸附树脂及洗脱方式	洗脱剂	黄酮苷含量 /%	产品质量 /g
普通树脂分步洗脱	10% 乙醇 - 水	—	0.030
	25% 乙醇 - 水	3.95	0.146
	50% 乙醇 - 水	25.6	0.275
选择性树脂一次洗脱	70% 乙醇 - 水	>25.2	0.371

2. 吸附色谱分离　在欲分离物质的性质比较接近,用选择性吸附法不能将其分离时,可根据它们在结构和性质上的微小差别,选择适当的吸附剂,进行色谱分离。色谱分离方法最先用于色谱分析和实验室少量纯物质的制备。20 世纪 70 年代以后逐步应用于工业色谱分离。

以树脂为例,用于色谱分离的吸附树脂除其吸附性能之外,最严格的要求是树脂的平均粒径及粒径分布。工业色谱分离所需的树脂平均粒径($\overline{D}$)在 0.04~0.20mm 之间,粒径分布应是 90% 树脂球的粒径在平均粒径 $\overline{D} \pm 20\%$ 的范围内。粒径太大会降低树脂柱的理论塔板数,并有可能使粒内扩散成为控制步骤。粒径过小则会使柱子的阻力增大,需要较高的工作压力。过宽的粒径分布则会使"拖尾"现象严重。目前已有非常均匀的树脂出现,其90%粒径在 $\overline{D} \pm 10\%$ 的范围内。吸附树脂在非极性或弱极性的有机溶剂中会有显著的溶胀现象,吸附树脂色谱分离又多用于水溶液中的物质分离,因此,流动相多为水或水和极性有机溶剂的混合溶液。常用的极性溶剂有乙醇、甲醇、乙腈、四氢呋喃等。这种极性流动相不会使固定相发生变化,也与被分离的体系(水溶液)互溶。调节水和极性有机溶剂的比例,常可显著地改善分离效果。

二、吸附分离基本过程

吸附分离过程包括吸附过程和解吸过程。吸附分离过程中,吸附质通过压力、温度等的改变,实现在吸附剂中吸附和脱附交替进行的循环过程。在制药生产过程中,吸附剂必须进行再生处理,而未被脱附的吸附质是回收还是废弃,要根据它的浓度或纯度以及价值来确定。

1. 常见的三类吸附过程

(1) 变温吸附:吸附通常在室温下进行,而解吸在直接或间接加热吸附剂的条件下完成,利用温度的变化实现吸附和解吸的再生循环操作。

(2) 变压吸附:在较高压力下选择性吸附气体混合物中的某些组分,然后降低压力使吸附剂解吸,利用压力的变化完成循环操作。

(3) 变浓度吸附:液体混合物中的某些组分在特定环境条件下选择性的吸附,然后用少量强吸附性液体解吸再生。

2. 吸附剂的再生 吸附剂的再生是指在吸附剂本身不发生变化或变化很小的情况下,采用适当的方法将吸附质从吸附剂中除去,以恢复吸附剂的吸附能力,从而达到重复使用的目的。吸附剂再生的条件与吸附质有关。一般是采用置换吸附质或使之脱吸的方法来再生吸附剂,若当吸附质被牢固地吸附于吸附剂上,还可采用燃烧法使吸附剂再复活。

常用的再生方法有:

(1) 加热法:利用直接燃烧的多段再生炉使吸附饱和的吸附剂干燥、炭化和活化(活化温度达 700~1000℃)。

(2) 蒸汽法:用水蒸气吹脱吸附剂上的低沸点吸附质。

(3) 溶剂法:利用能解吸的溶剂或酸碱溶液造成吸附质的强离子化或生成盐类。

(4) 臭氧化法:利用臭氧将吸附剂上吸附质强氧化分解。

(5) 生物法:将吸附质生化氧化分解。每次再生处理的吸附剂损失率不应超过5%~10%。

对于性能稳定的大孔聚合物吸附剂,一般用水、烯酸、稀碱或有机溶剂就可以实现再生,例如硅胶、活性炭、分子筛等。在采用加热法进行再生时,需要注意吸附剂的热稳定性,吸附剂晶体所能承受的温度可由差热分析(DTA)曲线的特征峰测出。工业吸附装置的再生大多采用水蒸气(或者惰性气体)吹扫的方法。

三、吸附分离操作方式及常用装置

吸附操作有多种形式,实际操作中所选形式与需处理的流体浓度、性质及吸附质被吸附程度有关。工业上利用固体的吸附特性进行吸附分离的操作方式及装置主要有:搅拌槽吸附,固定床吸附,移动床和流化床吸附。移动床和流化床吸附主要应用于处理量较大的过程,而相比而言,搅拌槽吸附和固定床吸附在制药工业中的应用较为广泛。

1. 搅拌槽吸附操作 搅拌槽吸附通常是在带有搅拌器的釜式吸附槽中进行的。在此过程中,吸附剂颗粒悬浮于溶液中,搅拌使溶液处于湍动状态,其颗粒外表面的浓度是均一的。由于槽内溶液处于激烈的湍动状态,吸附剂颗粒表面的液膜阻力减小,有利于液膜扩散控制的传质。这种工艺所需设备简单。但是吸附剂不易再生、不利于自动化工业生产,并且吸附剂寿命较短。主要用于液体的精制,如脱水、脱色和脱臭等。

搅拌槽吸附操作适用于外扩散控制的吸附传质过程。其传质过程的表达式如下:

$$-\frac{1}{\alpha_{\mathrm{p}}}\left(\frac{\mathrm{d}c}{\mathrm{d}t}\right) = k_{\mathrm{L}}(c - c^{*}) \tag{6-13}$$

式中,α_{p} 为单位液体体积中吸附剂颗粒的外表面积,$\mathrm{m^2/m^3}$;k_{L} 为传质系数,$\mathrm{m/s}$;c^{*} 为与吸附剂吸附量平衡的液相质量浓度,$\mathrm{kg/m^3}$;c 为与时间 t 对应的质量浓度,$\mathrm{kg/m^3}$。

2. 固定床吸附操作　固定床吸附操作的主要设备是装有颗粒状吸附剂的塔式设备。在吸附阶段,被处理的物料不断地流过吸附剂床层,被吸附的组分留在床层中,其余组分从塔中流出。当床层的吸附剂达到饱和时,吸附过程停止,进行解吸操作,用升温、减压或置换等方法将被吸附的组分脱附下来,使吸附剂床层完全再生,然后再进行下一循环的吸附操作。为了维持工艺过程的连续性,可以设置两个以上的吸附塔,至少有一个塔处于吸附阶段。固定床吸附的特点是设备简单,吸附操作和床层再生方便,吸附剂寿命较长。

在固定床吸附过程的初期,流出液中没有溶质。随着时间的推移,床层逐渐饱和。靠近进料端的床层首先达到饱和,而靠近出料端的床层最后达到饱和。图6-3是固定床层出口浓度随时间的变化曲线。若流出液中出现溶质所需时间为 t_{b},则 t_{b} 称为穿透时间。从 t_{b} 开始,流出液中溶质的浓度将持续升高,直至达到与进料浓度相等的 e 点,这段曲线称为穿透曲线,e 点称为干点。穿透曲线的预测是固定床吸附过程设计与操作的基础。

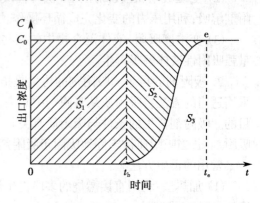

图 6-3　固定床层出口浓度随时间的变化曲线

当达到穿透点时,相当于吸附传质区前沿已到达床层出口,此时阴影面积 S_1 对应于床层中的总吸附量,而 S_2 对应于床层中尚能吸附的吸附量。因此,到达穿透点时未利用床层的高度 Z_{u} 为:

$$Z_{\mathrm{u}} = \frac{S_2}{S_1 + S_2} Z \tag{6-14}$$

已利用床层的高度为:

$$Z_{\mathrm{s}} = \frac{S_1}{S_1 + S_2} Z \tag{6-15}$$

对于特定的吸附体系和操作条件,根据固定床吸附器的透过曲线,可计算出试验条件下达到规定分离要求所需的床层高度 Z。

固定床吸附操作的特点:①固定床吸附塔结构简单,加工容易,操作方便灵活,吸附剂不易磨损,物料的返混少,分离效率高,回收效果好;②固定床吸附操作的传热性能差,当吸附剂颗粒较小时,流体通过床层的压降较大,吸附、再生及冷却等操作需要一定的时间,生产效率较低。

固定床吸附操作主要用于气体中溶剂的回收、气体干燥和溶剂脱水等方面。

3. 流化床吸附操作　流化床吸附操作时料液从床底自下而上流动输入,其流速控制在一定的范围,保证吸附剂颗粒被托起,但不被带出,而处于流态化状态,同时料液中的溶质在固相上发生吸附作用(图6-4)。流化床吸附可以在连续操作中使吸附剂粒子从床上方输入,

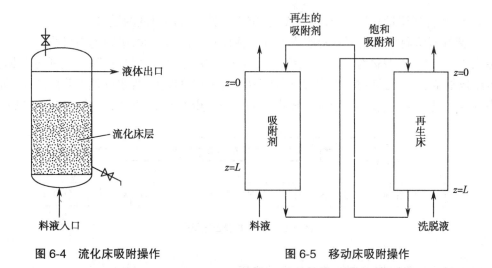

图 6-4　流化床吸附操作　　　　图 6-5　移动床吸附操作

从床底排出;料液在出口仅少量排出,大部分循环流回流化床,以提高吸附效率。

　　流化床的主要优点是压降小,可处理高黏度或含固体微粒的粗料液。与后述的移动床相比,流化床中固相的连续输入和排出方便,即比较容易实现流化床的连续化操作。其缺点是床内的固相与液相的返混剧烈,特别是高径比较小的流化床。流化床的吸附剂利用效率一般低于固定床。

　　4. 移动床吸附操作　　如果吸附操作中固相可以连续地输入和排出吸附塔,与料液形成逆流接触流动,则可以实现吸附过程连续、稳态的操作。这种操作法称为移动床(moving bed)操作。图 6-5 为包括吸附剂再生过程在内的连续循环移动床操作示意图。因为在稳态操作条件下,溶质在液、固两相中的浓度分布不随时间的延长而发生改变,设备和过程的设计与气体吸收塔或液 - 液萃取塔基本相同。但在实际操作中,需要解决的问题是吸附剂的磨损和如何通畅地排出固体。为了防止固相出口的堵塞,可以采用床层振动或利用球形旋转阀等特殊的装置将固相排出。

　　这种移动床容易堵塞,使固相移动的操作有一定的难度。因此,使固相本身不移动,而改为移动、切换液相(包括料液和洗脱液)的入口和出口位置,就如同移动固相一样,会产生与移动床相同的效果,这就是模拟移动床(simulated moving bed)。鉴于模拟移动床主要用于手性药物等难分离体系的分离,该项技术将在第十三章"其他新型制药分离技术"中作介绍。

第五节　吸附技术的应用

本节主要介绍以活性炭、氧化铝、聚酰胺为吸附剂的分离技术在制药工业中的应用。

一、固液吸附分离技术的应用

(一)活性炭吸附技术在制药工业中的应用

　　1. 活性炭吸附技术用于中药注射液精制　　活性炭是一种常用的吸附剂,用于注射液的精制可提高溶液的澄明度,吸附热原及其他杂质。如以紫杉醇注射液为实验对象,考察活性炭用量、温度对紫杉醇注射液中紫杉醇含量及其他有关物质、澄明度和细菌内毒素的影响。

结果表明,活性炭用量0.25%,温度35℃时,能保证紫杉醇注射液的质量。

2. 活性炭吸附技术用于制药废水处理　活性炭表面积巨大,吸附能力极强。常用于除去废水中的有机物、胶体分子、生物、痕量重金属等,并可使废水脱色、除臭。制药工业废水具有组成复杂、有机污染物种类多、浓度高等特点,治理难度大。废水处理工艺如图6-6所示,其中活性炭过滤槽通过过滤、吸附等操作对废水进一步处理,最终达到达标排放的目的。

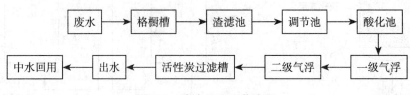

图6-6　废水处理工艺流程

（二）氧化铝吸附技术在制药工业中的应用

氧化铝是一种具有巨大比表面积的分子吸附剂,其吸附色素能力较大孔吸附树脂强,可用于液体制剂的色素去除。但其对某些成分,如苷类的吸附能力较弱,在应用时应根据具体药物体系综合考虑相关效应。如从参芪口服液中纯化党参苷I的研究,根据党参苷I的结构,选用中性氧化铝与D-101型大孔吸附树脂作吸附分离材料进行对比。其提纯液分别用高效液相-质谱(HPLC-MS)仪进行液相分离和质谱检测。

(1) 由提取离子流质谱图6-7可知,大孔吸附树脂和氧化铝富集提取、纯化党参苷I的离子流质谱图较相似,两种提纯液中均含有 t_R=29.6min, [M-H]⁻m/z 791 的主要离子峰;大孔树脂提纯液的杂质种类比氧化铝提纯液少,且主成分(m/z 677.6, t_R=26.7min)的质谱响应峰相对主要杂质的质谱响应峰高许多,各主峰附近杂质的分离也较完全。

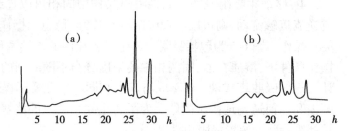

图6-7　大孔吸附树脂和氧化铝提纯液的提取离子流质谱图
(a)大孔树脂提纯液;(b)氧化铝提纯液

(2) 由选择离子质谱图6-8可知,大孔吸附树脂提纯液在[M-H]⁻m/z 677处分别有 t_R=19.6min和 t_R=26.7min 的两个峰,通过解析其二级质谱图可知,前者为党参苷I,后者为党参苷I的同分异构体;氧化铝提纯液在[M-H]⁻m/z 677

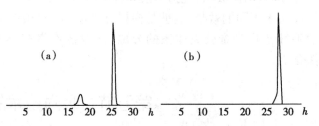

图6-8　大孔吸附树脂和氧化铝提纯液的选择党参苷I的离子质谱图
(a)大孔树脂提纯液;(b)氧化铝提纯液

处仅有 t_R=26.7min 的峰,虽峰形不太对称、周围有干扰,这可能与提纯过程中所用的吸附剂有关,但对党参苷II无吸附作用。

根据上述分析可知,可选用中性氧化铝从参芪口服液中纯化党参苷I。

（三）聚酰胺吸附技术在制药工业中的应用

聚酰胺是一类结构中含有重复单位酰胺键的高分子聚合物,酰胺基团上的 O、N 原子在酸性介质中结合质子而带正电荷,以静电引力吸附溶液中的阴离子,故可与酚类、酸类、醌类、黄酮类等富含酚羟基的化合物形成氢键而吸附。吸附的强度主要取决于这两种化合物中羟基的数目与位置,以及溶剂与化合物或溶剂与聚酰胺之间形成氢键的缔合能力大小。

鞣质为多元酚化合物,易被聚酰胺吸附,且吸附力极强,不易被醇洗脱,因此,利用单萜苷和小分子酚酸类物质在醇溶液中不易被聚酰胺吸附的特性,可以实现鞣质与上述成分的分离。如赤芍含有大量的鞣质,为保证以赤芍为主要原料的注射用冻干粉针剂的安全性,采用传统方法(明胶过滤法、碱性醇沉淀法)和聚酰胺法对上述针剂中间体除鞣质的效果进行比较。结果表明,聚酰胺法明显优于传统除鞣质方法,不仅除鞣质效果好,而且指标成分损失少,芍药苷转移率达 95% 以上;家兔注射部位肌肉均未见明显红肿、充血等现象。在异常毒性试验中,发现残留鞣质对小鼠的毒性较大。通过聚酰胺除鞣质,可以使小鼠的异常毒性明显降低,小鼠的致死浓度达 120 倍以上,远高于明胶法(30 倍)与碱性醇沉法(60 倍),有效地提高了制剂的安全性。

二、气固吸附分离技术的应用

1. 气固吸附分离技术的基本操作　利用吸附分离操作,可以将混合气体中的不同组分实施分离。如图 6-9 所示,使混合气体通过充填着吸附剂的固定床层,首先易吸组分 i 的大部分在床层入口附近已被吸附,随着气体进入床层深处,组分 i 的其余部分也被吸附掉。图 6-9 中左侧曲线为组分 i 的分压分布曲线,表示组分 i 的起始状态;正在进行吸附的部分称为吸附带(adsorption zone)或者是物质移动带(mass transfer zone,MTZ)。随着混合气体的不断进入,入口附近吸附剂的能力达到饱和,吸附向着固定床层内部推进,这时的分压分布情况

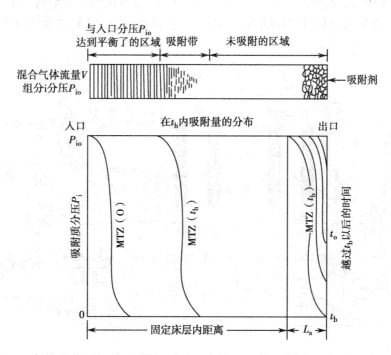

图 6-9　气体吸附组分 i 在吸附剂固定床层内的 MTZ 的形成(0)、移动(t_h)和穿透(t_b)

可由图 6-9 中部的曲线 MTZ(t_h) 来表示。而该图上方窄条内所表示的则是床层吸附剂在时间 t_h 内所吸附的吸附质的质量分布情况。随着操作的进行，吸附剂饱和带也不断地进行向右移动，一直到未吸附部分消失，则开始出现吸附质的逸漏。此时的分压分布如图右端曲线 MTZ(t_b) 那样，这个时间称为穿透时间 (breakthrough point, t_b)。超过穿透时间 t_b 后，混合气体仍继续流动。在此后的时间段中，所对应的逸漏吸收质分压不断增大，最后达到与入口分压 P_{io} 相等，说明固定床层已被充分饱和。

2. **低浓度有机物废气的处理**　制药生产工艺过程有时需使用大量的乙醇，其他有机溶剂，如丙酮、异丙醇、甲醇、乙酸乙酯等也有应用，因而制药废气中常存在低浓度有机物废气 (volatile organic compounds, VOCs)，造成严重的环境污染问题。这种废气的危害主要表现为对眼、鼻、皮肤和呼吸道等产生强力的刺激，并对心、肝、脾、肺和肾脏等重要器官产生危害。有些种类的 VOCs 甚至对人体和动物存在严重的"三致"危害(即致癌、致畸和致突变)。美国在 1990 年确定的 189 种有毒有害气体中，绝大多数都属于 VOCs。

对于不同类型的 VOCs 的处理，合理吸附剂的选择是该处理工艺成败和效率高低的关键。实践证明，活性炭、活性炭纤维、分子筛和某些特种大孔吸附树脂等对液态和气态有机物都具有很强的吸附能力。图 6-10 所示为活性炭纤维有机溶剂回收装置，其主要特点为：①吸附率和回收率高，尾气出口浓度低。通常，吸附率达 99% 以上，出口浓度(甲苯)小于 10μl/L(入口为 1500μl/L)；②吸附容量大，吸附速率快，再生效率高，压力损失小，动力消耗低，设备质量小、体积小，自动化程度高；③可回收易分解的、易反应的或高沸点的溶剂。如二氯甲烷、二氯甲烷在加热条件下易分解，但经过活性炭纤维吸附回收装置时，由于吸附速率很快，解吸温度较低(100℃左右)，因此对溶剂的热影响小；④运行安全，活性炭纤维吸附回收装置吸附和脱附周期短，溶剂分解少，不会产生过多的热量；⑤回收溶剂质量高，一般能直接回收；⑥活性炭纤维在运行时损失小，寿命长。

3. **混合气体的分离精制**　气固吸附技术可用于混合气体的分离精制。在高压下吸附，在常压或减压下脱吸，以及利用热能除去吸附质，把这些作为一个整体就构成了吸附分离的

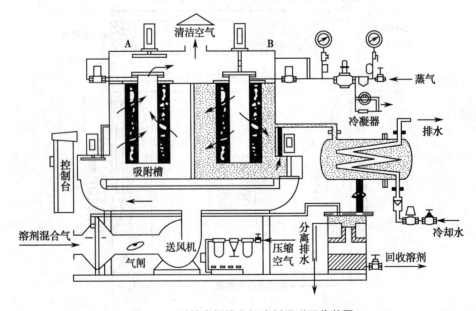

图 6-10　活性炭纤维有机溶剂吸附回收装置

操作系统。由于全部过程均实现了自动化,整个系统的运转仅仅是操作阀门,变得十分简单。如果吸附和脱附的操作采用了在两个压力间反复进行的方式,这就是 PSA 法(pressure swing adsorption)。例如用空气生产氧气和氮气的多塔连续吸附工艺中,用易于吸附氮的泡沸石作为吸附剂可从空气中得到浓度为 90%~95% 的氧(残留量中 5% 是氩),用快速吸附氧的活性炭可得到浓度为 95%~99.9% 的氮。

图 6-11 为 4 塔式 PSA 法的工艺流程示意图。第Ⅰ塔用来吸附氮气,不被吸附的氧气则成为产品。氮气的穿透点开始于第Ⅱ塔,并从该塔塔顶排出有较高浓度的氧的吸附带(MTZ),随之进入第Ⅳ塔的下部(均压操作)。接着进行减压排气,除去被吸附的氮气。第Ⅲ塔的排气结束后,将产品氧气的一部分作为氧气加压,使之回流入塔顶,并将氮气从塔底推出。这时第Ⅳ塔由均压变为加压,第Ⅳ塔将替代第Ⅰ塔改为吸附操作。其他各塔的操作按Ⅰ→Ⅱ,Ⅱ→Ⅲ,Ⅲ→Ⅳ的顺序改变。

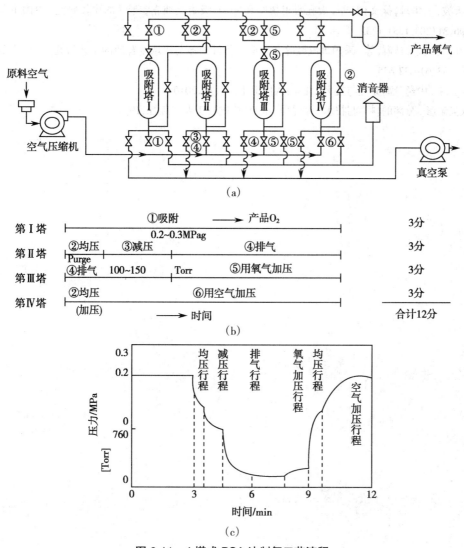

图 6-11　4 塔式 PSA 法制氧工艺流程

(a)4 塔式 PSA 法制氧工艺设备配置图;(b)塔Ⅰ至塔Ⅳ的操作顺序;(c)吸附塔内的压力变化

(朱华旭)

参 考 文 献

［1］李淑芬,白鹏.制药分离工程.北京:化学工业出版社,2009

［2］黄文强.吸附分离材料.北京:化学工业出版社,2005

［3］北川浩,铃木谦一郎.吸附的基础与设计.鹿政理译.北京:化学工业出版社,1983

［4］何余生,李忠,奚红霞,等.气固吸附等温线的研究进展.离子交换与吸附,2004,20(4):376-384

［5］麻秀萍,蒋朝晖,杨育琴,等.大孔吸附树脂对银杏叶黄酮的吸附研究.中国中药杂志,1997,2(9):539-542

［6］刘莉,罗佳波,邢学锋.活性炭在紫杉醇注射液中的应用研究.中国中药杂志,2006,31(9):735-736

［7］阎娥,姜桂荣,秦俊.中藏药生产中废水的净化处理.青海师范大学学报(自然科学版),2002,(2):42-44

［8］赵天波,王华琼,徐文国,等.大孔吸附树脂和Al_2O_3吸附提纯党参苷Ⅰ的比较研究.中国中药杂志,2006,31(20):1731-1733

［9］苏红,兰燕宇,马琳,等.采用聚酰胺除辛芍冻干粉针中赤芍提取物鞣质的工艺研究.中国中药杂志,2008,33(6):632-635

［10］郭立玮.中药分离原理与技术.北京:人民卫生出版社,2010

［11］大矢晴彦.分离的科学与技术.张谨译.北京:中国轻工业出版社,1999

第七章　大孔吸附树脂精制技术

第一节　大孔吸附树脂概述

一、大孔吸附树脂分类

大孔吸附树脂是天然药物,特别是中药分离领域常用的一类物理吸附剂。按照不同的技术要求,大孔吸附树脂可采用多种交叉分类法进行分类,如按键合的基团分类、按极性分类、按骨架类型分类等等。

1. 按基团及原子分类

(1) 非离子型大孔吸附树脂。

(2) 离子型大孔吸附树脂。

(3) 配位原子型大孔吸附树脂(螯合树脂)。

2. 按极性大小分类

(1) 非极性大孔吸附树脂:由偶极距很小的单体聚合制得,不带任何功能基,孔表的疏水性较强,可通过与小分子内的疏水部分的作用吸附溶液中的有机物,最适于由极性溶剂(如水)中吸附非极性物质。

(2) 中极性大孔吸附树脂:系含酯基的吸附树脂,其表面兼有疏水和亲水两部分,既可由极性溶剂中吸附非极性物质,又可由非极性溶剂中吸附极性物质。

(3) 极性大孔吸附树脂:主要为具有酰胺基、氰基、酚羟基等含氮、氧、硫极性功能基的吸附树脂,通过静电相互作用吸附极性物质。

3. 按骨架类型分类

(1) 聚苯乙烯型大孔吸附树脂:通常聚苯乙烯骨架中的苯环化学性质比较活泼,可以通过化学反应引入极性不同的基团,如羟基、酮基、氰基、氨基、甲氧基、苯氧基、羟基苯氧基、乙酰苯氧基等,甚至离子型基团,从而改变大孔吸附树脂的极性特征和离子状态,制成用途各异的吸附树脂,以适应不同的应用要求。该类树脂的主要缺点是机械强度不高,质硬而脆,抗冲击性和耐热性较差。目前80%的大孔吸附树脂品种的骨架为聚苯乙烯,在中药提取液的精制中常用树脂也多为聚苯乙烯骨架型大孔树脂。

(2) 聚丙烯酸型大孔吸附树脂:该类吸附树脂品种数量仅次于聚苯乙烯型,可分为聚甲基丙烯酸甲酯型树脂、聚丙烯酸甲酯型交联树脂和聚丙烯酸丁酯型交联树脂等。该类大孔吸附树脂含有酯键,属于中等极性吸附剂,经过结构改造的该类树脂也可作为强极性吸附树脂。

(3) 其他类型:聚乙烯醇、聚丙烯腈、聚酰胺、聚丙烯酰胺、聚乙烯亚胺、纤维素衍生物等也可作为大孔吸附树脂的骨架。

虽然大孔树脂吸附技术在天然药物有效成分提取、分离中的应用已很多,但天然药物品种繁多,有效成分性质千差万别,相对而言,目前树脂的种类还远远不能满足需要。

二、大孔吸附树脂的形态结构、表征参数及产品标准状况

1. 大孔吸附树脂的基本形态结构与特点　大孔吸附树脂通常由聚合单体和交联剂、致孔剂、分散剂等添加剂经聚合反应制备而成,交联剂起着在聚合链之间搭桥的作用,它使树脂中的高分子链成为一种三维网状结构。改变交联度的大小可以调节树脂的一些物理化学性能。聚合开始后,生成的高分子链溶解在单体与致孔剂组成的混合体系中,当高分子链逐步增大后,便会从混合体系中析出。最初分离出的聚合物形成 5~20nm 的微胶核,微胶核又互相聚集成 60~500nm 的微球。随着聚合反应的继续进行,微胶核与微胶核及微球与微球都互相连接在一起,而致孔剂(特别是不良溶剂)则最终残留在核与核或微球与微球之间的孔隙中。聚合物形成后,致孔剂被除去,在树脂中留下了大大小小、形状各异、互相贯通的不规则孔穴。因此大孔吸附树脂在干燥状态下其内部具有较高的孔隙率,且孔径较大,在100~1000nm 之间,故称为大孔吸附树脂。

大孔吸附树脂为有机合成的高分子聚合物,一般具有以下的基本形态结构与性质:

(1) 具有三维立体空间结构的网状骨架,可联接各种功能基团,如极性调节基团、离子交换基团和金属螯合基团等。

(2) 具有多孔结构,比表面积大,孔径大,为物理孔,孔径多在 100~1000nm 之间。

(3) 外观一般为直径在 0.3~1.0mm 的白色球状颗粒,粒度多为 20~60 目,具有一定的机械强度,密度略大于水。

(4) 具有吸附功能,能选择性吸附气体、液体或液体中的某些物质。

(5) 理化性质稳定,不溶于酸、碱及有机溶剂,热稳定性好。

(6) 对有机物选择性较好,有浓缩、分离作用,且不受无机盐类及强离子低分子化合物存在的影响。

(7) 比表面积较大、交换速度较快。

(8) 机械强度高、抗污染能力强、在水溶液和非水溶液中都能使用;再生处理较容易等。

2. 大孔吸附树脂的基本表征参数

(1) 孔径:指微观小球之间的平均距离,以 nm 表示。

(2) 比表面积:指微观小球表面积的总和,以 m^2/g 来表示。

(3) 孔体积:亦称孔容,系指孔的总体积,以 ml/g 表示。

(4) 孔隙率(孔度):指孔体积占多孔树脂总体积(包括孔体积和树脂的骨架体积)的百分数。

(5) 交联度:交联剂在单体总量中所占质量百分数。

此外还有大孔树脂的粒度、强度及吸附容量等。

3. 国内外大孔吸附树脂产品标准状况　日本生产的大孔吸附树脂产品质量标准严格,并且具有"药用标准"的产品,树脂性能稳定,分离纯化效能高,寿命长。目前尚未检索到美国关于大孔吸附树脂的规格标准,但 FDA 制定有关于离子交换树脂的标准,要求提取剂中二乙烯苯的含量小于 $50\mu g/L$。

相比之下,国内大孔吸附树脂产品标准状况尚不尽人意。主要问题表现在以下方面:树

脂材料缺乏统一、严格的质量控制标准;树脂产品对于药品生产而言缺乏药用标准;在生产应用中缺乏规范化的技术要求。

三、国内外常见大孔吸附树脂产品简介

1. 美、日等国的大孔吸附树脂产品简介　大孔吸附树脂材料作为一个崭新的技术领域,受到欧美及日本等国的高度重视,研制开发了一批类型不同、性能良好的吸附树脂,并形成了商品供应。目前,美、英、法、德及日本等国均有专业公司研究生产,其产品性能见表7-1、7-2。

表 7-1　美国 AmberliteXAD 系列树脂产品性能表

牌号	树脂结构	极性	骨架密度 / (g/ml)	比表面积 / (m²/g)	孔径 / (nm)	孔度 / (%)	交联剂
AmberliteXAD-1	苯乙烯	非极性	1.07	100	20	37	二乙烯苯
AmberliteXAD-2	苯乙烯	非极性	1.07	330	9	42	二乙烯苯
AmberliteXAD-3	苯乙烯	非极性		526	4.4		二乙烯苯
AmberliteXAD-4	苯乙烯	非极性	1.08	750	5	51	二乙烯苯
AmberliteXAD-5	苯乙烯	非极性		415	6.8		
AmberliteXAD-6	丙烯酸酯	中级性		498	6.3		双(α-甲基丙烯酸酯)乙二醇酯
AmberliteXAD-7	α-甲基丙烯酸酯	中级性	1.24	450	8	55	双(α-甲基丙烯酸酯)乙二醇酯
AmberliteXAD-8	α-甲基丙烯酸酯	中级性	1.23	140	25	52	双(α-甲基丙烯酸酯)乙二醇酯
AmberliteXAD-9	亚砜	强极性	1.26	250	8	45	
AmberliteXAD-10	丙烯酰胺	强极性		69	35.2		
AmberliteXAD-11	氧化氮类		1.18	170	21	41	
AmberliteXAD-12	氧化氮类		1.17	25	130	45	

表 7-2　日本 Diaion HP 系列树脂产品性能表

牌号	粒度分布	有效直径 / (mm)	比表面积 / (m²/g)	微孔容积 / (ml/g)	最频度半径 / (mm)	吸附容量 / (mg/g)
Diaion HP-10			400			
Diaion HP-20			600			
Diaion HP-30			500~600			
Diaion HP-40			600~700			
Diaion HP-50			400~500			

续表

牌号	粒度分布	有效直径 /（mm）	比表面积 /（m²/g）	微孔容积 /（ml/g）	最频度半径 /（mm）	吸附容量 /（mg/g）
Sepaheads SP850	≥90%（≥250μm）	≥0.25	1000	1.2	3.8	85
Sepaheads SP825	≥90%（≥250μm）	≥0.25	1000	1.4	5.7	76
Sepaheads SP70			800	1.6	7	60
Sepaheads SP700			1200	2.3	9	76
Diaion HP21	≥90%（≥250μm）	≥0.25	570	1.1	8	18
Sepaheads SP207	≥90%（≥250μm）	≥0.25	630	1.3	10.5	119
Diaion HP2MG	≥90%（≥300μm）	≥0.25	470	1.2	17	<10

2. 国内大孔吸附树脂的研发、生产概况　我国对大孔吸附树脂的研究,从 20 世纪 70 年代由南开大学开始,北京、上海、四川的科研单位,如中国科学院化学研究所、上海医药工业研究院、四川晨光化工研究院等相继研制并开发了各类产品。目前国内大孔吸附树脂的主要生产单位所推出的各种类型的系列产品性能见表 7-3 至表 7-7。

表 7-3　GDX 系列树脂产品性能表

牌号	树脂结构	极性	比表面积 /（m²/g）
GDX-104	苯乙烯	非极性	590
GDX-401	乙烯,吡啶	强极性	370
GDX-501	含氮极性化合物	极性	80
GDX-601	有强极性基团	强极性	90

注:交联剂为二乙烯苯

表 7-4　D-101 系列树脂产品性能表

牌号	粒度 /（mm）	吸附量 /［mg（酚）/g（干基）］
D-101	0.9~0.28	≥30
D-101- I	0.9~0.355	≥45
DA-201	0.9~0.28	≥45

注:DA201 为弱极性,其余为非极性;外观均为白色或微黄色球状;含水量均为 65%~75%

表 7-5　SIP 系列树脂产品性能表

牌号	含水量 /（%）	比表面积 /（m²/g）	孔体积 /（ml/g）	平均孔径 /（nm）
SIP-1100	60	450~550	1.2~1.3	9
SIP-1200	66	500~600	1.5~2.0	12
SIP-1300	50	550~580	0.85~0.92	6
SIP-1400	60	600~650	1.0~1.11	7

注:均为非极性

表 7-6 H、X、AB-8、NKA 等系列树脂产品性能表

牌号	极性	含水量/(%)	密度/(g/ml)		比表面积/(m²/g)	密度/(g/ml)		平均孔径/(nm)	孔隙率/(%)	孔容/(ml/g)
			湿真密度	湿视密度		表观密度	骨架密度			
H103	非极性	45~50	1.05~1.07	0.70~0.75	1000~1100	0.53~0.57	1.20~1.24	8.5~9.5	55~59	1.08~1.12
H107	非极性	45~50	1.05~1.07	0.80~0.85	1000~1300	0.48~0.52	1.35~1.39	4.1	62~66	1.25~1.29
X-5	非极性	45~60	1.03~1.07	0.65~0.70	500~600	0.44~0.48	1.03~1.07	29~30	50~60	1.20~1.24
AB-8	弱极性	60~70	1.05~1.09		480~520		1.13~1.17	13~14	42~46	0.73~0.77
NKA-Ⅱ	极性	50~66			160~200			14.5~15.5		0.62~0.66
NKA-9	极性				250~290			15.5~16.5	46~50	

表 7-7 HPD 系列树脂产品性能表

牌号	极性	比表面积/(m²/g)	平均孔径/(nm)
HPD100	非极性	650~700	9~10
HPD300	非极性	800~870	5~5.5
HPD400	中极性	500~550	7.5~8
HPD450	中极性	500~550	9~11
HPD500/600	极性	500~550	10~12
HPD700	非极性	650~700	8.5~9
HPD750	中极性	650~700	8.5~9

注:湿真密度均为 1.03~1.07g·ml⁻¹;湿视密度均为 0.68~0.75g·ml⁻¹

第二节 大孔吸附树脂的分离原理

大孔吸附树脂的分离原理源于吸附性与筛分性相结合。树脂的极性(功能基)和空间结构(孔径、比表面、孔容)是影响吸附性能的重要因素。有机物通过树脂的网孔扩散至树脂孔内表面而被吸附,因此树脂吸附能力大小与吸附质的分子量和构型也有很大关系,树脂孔径大小直接影响不同大小分子的自由出入,从而使树脂吸附具有一定的选择性。由于大孔吸附树脂具有吸附性和筛选性,有机化合物根据吸附力的不同及分子量的大小,在树脂上先被吸附,再经一定的溶剂洗脱而分开,从而达到分离精制的目的。

总的来说,选择树脂时要考虑吸附质分子体积的大小(如多糖类、皂苷类、取代苯类等,它们分子体积的大小相差明显),分子极性的大小,同时分子是否存在酚羟基、羧基或碱性氮原子等也都需要考虑。分子极性的大小直接影响分离效果,通常极性较大的化合物一般适于在中极性的树脂上分离,而极性小的化合物适于在非极性树脂上分离。但极性大小是个相对概念,要根据分子中极性基团(如羟基、羧基等)与非极性基团(如烷基、苯环、环烷母核等)的数量与大小来确定。对于未知化合物,可通过一定的 TLC、PC 等预试验及文献资料大致确定。研究表明,在一定条件下,化合物体积越大,吸附力越强,如碱性红霉素、叶绿素等,能被非极性大孔吸附树脂较好地吸附,这与大分子体积憎水性增大有关。分子体积较大的化合物选择较大孔径的树脂,否则影响到分离效果,但对于中极性大孔树脂来说,被分离化

合物分子上能形成氢键的基团越多,在相同条件下吸附力越强。所以,树脂对某一化合物吸附力的强弱最终取决于上述因素的综合效应结果。

一、吸附性原理

大孔吸附树脂的吸附性是由于范德华力或产生氢键的结果。大孔吸附树脂以范德华力从很低浓度的溶液中吸附有机物,其吸附性能主要取决于吸附剂的表面性质。

1. 吸附力的大小与分子结构有关　有关研究表明,D101 等 6 种不同非极性树脂对 3 种具有不同类型母核苷类总体静态吸附能力为:黄芩苷 > 芍药苷 > 栀子苷,当洗脱剂分别为 75%、25%、45% 的乙醇时,洗脱率分别为 60%、93%、93%。从而提示,吸附力的大小与分子结构有关。对聚苯乙烯型树脂而言,被吸附的分子母核双键数目越多,分子与树脂吸附作用力越大。

研究并发现,S-8 等不同极性树脂对银杏叶黄酮的吸附量分别为:极性的 S-8 树脂 126.7mg/g;弱极性的 AB-8 树脂 102.8mg/g;非极性的 H107 树脂 47.7mg/g。这主要是因为银杏叶黄酮具有多酚结构和糖苷链,有一定的极性和亲水性,有利于弱极性和极性树脂的吸附。又如对葛根中总黄酮进行吸附研究时,选用了聚苯乙烯型极性、非极性、弱极性 3 种类型树脂。其中 S-8、AB-8、ZTC(黄酮专用)等极性或弱极性的树脂对葛根黄酮吸附量较大;相对来说,非极性树脂对葛根黄酮的吸附量偏小。据分析,这同样是由于葛根黄酮所具有的酚羟基和糖苷链,生成氢键的能力较强,有一定的极性和亲水性,有利于弱极性和极性树脂的吸附。

2. 吸附力的大小与树脂比表面积的关系　大孔树脂吸附原理主要为物理吸附,比表面积增加,表面张力随之增大,吸附量提高,对吸附有利。所以具有适当的功能基还不够,具有较高的比表面积对吸附将更为有利。有关实验指出,树脂 AB-8 的孔径虽然与 NKA-9 相近,但由于比表面明显大于 NKA-9,其黄酮吸附量也显著大于 NKA-9。SIP1300、SIP1400 树脂由于比表面较大,虽为非极性树脂,但仍有一定的吸附量。比重较大的吸附树脂可提高单位体积湿树脂总表面积,从而使树脂吸附量明显增加。被吸附物通过树脂的网孔扩散到树脂孔内表面而被吸附,只有当孔径足够大时,比表面积才能充分发挥作用。

二、筛分性原理

大孔吸附树脂的筛分性原理是由于其本身多孔性结构所决定的。有机物通过树脂的网孔扩散到树脂网孔内表面而被吸附,树脂孔径直接影响不同大小分子的出入,而使树脂吸附具有一定的选择性。树脂吸附力与吸附质分子量也密切相关,分子体积较大的化合物选择较大孔径的树脂。

1. 大孔吸附树脂特征基本参数与吸附量的关系　孔径、比表面积、孔体积(孔容)、孔隙率等大孔吸附树脂特征基本参数与吸附量具有密切的关系。以孔径为例,S-8、D4006 树脂的孔径各为 28.0~30.0nm 与 6.5~7.5nm,它们对平均分子量为 760 的银杏总黄酮吸附量分别是 126.7mg/g 与 19.0mg/g。

葛根黄酮各组分的分子量较大(大豆苷元分子量为 254.2,葛根素为 416.4,7- 木糖 - 葛根素、大豆苷元 -4,7- 二葡萄糖苷等的分子量更高),使用孔径较大的树脂有利于吸附。若平均孔径较小,会造成吸附速度较慢,解吸不够集中,杂质分离效果差。吸附量大的树脂 AB-8、S-8 具有较大的孔径,而孔径小于 100nm 的树脂吸附量都不够大。

2. 吸附能力与吸附质分子构型的关系　树脂吸附能力与吸附质的分子构型也有很大关系。如多糖类、皂苷类、取代苯类等,它们的分子所占有空间体积的大小相差明显,在选择树脂时就要加以考虑。

(1) 吸附量、比表面积和孔径三者的关系:并非在比表面积高的前提下孔径越大越好,这是因为,第一,孔径太大便失去了选择性;第二,孔径大,比表面积又高,势必使孔体积增大,到一定程度树脂强度便下降;第三,孔体积增大还会引起体积比表面积下降,反而会使吸附量下降。在实际应用中,对吸附量真正起作用的是体积比表面积。

(2) 孔容的影响:孔容的大小直接影响树脂的体积比表面积,孔体积增大引起体积比表面积下降,反而使吸附量下降。对 D3520 来讲,孔容大是其吸附量较小的原因之一。而 S-8、AB-8 树脂孔容都小,体积比表面积大,因而吸附量都较大。

对大孔吸附树脂的分离性能的评价,还有很重要的一方面。即大孔吸附树脂的应用是利用吸附的可逆性(即解吸),由于树脂极性不同,吸附作用力强弱不同,解吸难易亦不同。因此,解吸剂及其解吸率的测定是树脂分离性能筛选试验的重要环节。在中药提取液的精制方面,药物中的有效成分经大孔吸附树脂吸附后,只有解吸完全才有真正的实用价值,吸附、解吸的可逆性是其推广运用的前提。

三、大孔吸附树脂的吸附动力学特征

大孔吸附树脂在吸附时所显示的吸附平衡和吸附动力学特性,是树脂对溶液的一系列吸附性能,如吸附量、吸附率、吸附速度、脱附性能等的基础,因此有必要对吸附树脂的吸附动力学过程进行研究,用量化的指标来阐明其吸附分离的特性。

1. 大孔吸附树脂吸附平衡的概念　所谓吸附平衡,从宏观上看,当吸附量不再增加时就达到了吸附平衡。即在一定的条件下,当流体与固体吸附剂接触时,流体中的吸附质被吸附剂吸附,经过足够长的时间,吸附质在两相中的分配达到一个定值,此时吸附剂对吸附质的吸附量称为平衡吸附量。平衡吸附量的大小与吸附剂的物化性能,如比表面积、孔结构、粒度、化学成分等有关,与吸附质的物化性能以及浓度、温度等也都有关系。这种吸附平衡实际上是一种动态平衡,而平衡关系是决定吸附过程的方向和进行程度的基础,通常用吸附等温线、吸附公式和分配系数等来描述。

大孔树脂的吸附动力学特性在不同的吸附剂与吸附质时表现会不一样,如在有充分时间吸附的情况下,一些树脂对某一成分可能具有相近的饱和吸附量。但是由于各树脂的物理、化学性质的差别,其吸附动力学过程可能是不同的。因而需要通过不同的试验比较各树脂的吸附动力学规律,清楚地了解树脂吸附分离的具体过程,为工艺过程的放大提供可靠、实用、可行的动力学参数及数学模型,以便大孔吸附树脂吸附分离技术更好的产业化。

2. 常用的吸附洗脱特性参数

(1) 比上柱量(S):系指达吸附终点时,单位质量干树脂吸附夹带成分的总和,表示树脂吸附、承载的总体能力。S 越大,承载能力越强,是确定树脂用量的关键参数。

$$S = (M_上 - M_残)/M \qquad (7\text{-}1)$$

(2) 比吸附量(A):系指单位质量干树脂吸附成分的总和,表示树脂起初吸附能力。A 越大吸附能力越强,是评价树脂种类与评价树脂再生效果的重要参数。

$$A = (M_上 - M_残 - M_{水洗})/M \qquad (7\text{-}2)$$

(3) 比洗脱量(E):系指吸附饱和后,用一定量溶剂洗脱至终点,单位质量干树脂洗脱成

分的质量,表示树脂的解吸附能力与洗脱溶剂的洗脱能力。E 越大表示洗脱溶剂的洗脱能力与树脂的解吸附能力越强,是选择洗脱溶剂的重要参数。

$$E=M_{洗脱}/M \tag{7-3}$$

以上公式中,M 为干树脂质量,即为树脂干燥至恒重测得的质量;$M_{上}$ 为上柱液中成分的质量,为上柱液体积与指标成分浓度的乘积;或以上柱液相当于药材质量表示,则为上柱液的体积与单位体积浸出液相当于药材质量的乘积;$M_{残}$ 为过柱流出液中成分的质量,为流出液体积与其指标成分浓度的乘积;$M_{水洗}$ 为上柱结束后,最初用水洗脱下来的成分的质量,为水洗液体积与其指标成分浓度的乘积;$M_{洗脱}$ 为用洗脱溶剂洗脱出的成分的质量,由洗脱液体积与其中指标成分浓度计算而得。

(4) 吸附量(Q):

$$Q=(C_0-C_e)\times V/W \tag{7-4}$$

(5) 吸附率(E_a):

$$E_a(\%)=(C_0-C_e)/C_0\times100\% \tag{7-5}$$

上两式中,Q 为吸附量(mg/g),C_0 为起始浓度(mg/ml),C_e 为剩余浓度(mg/ml),V 为溶液体积(ml),W 为树脂重量(g)。

(6) 解吸率(E_d):

解吸率(%)= 解吸液浓度 × 解吸液体积 /(原液浓度 – 吸附液浓度)× 吸附液体积 ×100%

$$\tag{7-6}$$

3. 吸附动力学曲线　吸附动力学曲线的绘制可以比较直观地了解树脂的某些动态吸附性能,判定该树脂对吸附质的吸附特性。

例如为研究不同大孔树脂对葛根素的吸附能力,以筛选分离葛根素的最佳树脂,可通过对测定的各树脂达到平衡时的吸附量作图,得到各树脂的吸附动力学曲线,见图7-1。

结果表明,AB-8、NKA、NKA-9、X-5树脂的吸附速度较快,在30分钟之内就能达到吸附平衡。相对来说,S-8 的吸附速度较慢,在140分钟内尚未完全达到吸附平衡。树脂S-8、X-5及NKA对葛根素的吸附量较大,其中S-8 的吸附量最大,为 55.1mg/g,X-5 次之,51.8mg/g,再次为 NKA 树脂,吸附量为49.3mg/g。葛根素具有酚羟基和糖苷链,

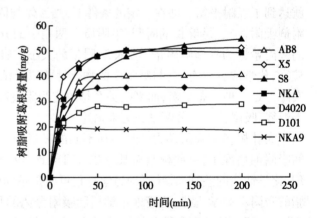

图 7-1　不同树脂对葛根素静态吸附曲线

有一定的极性和亲水性,生成氢键的能力较强,有利于极性树脂的吸附。S-8 为极性树脂,故对葛根素吸附量较大。非极性树脂 X-5 及 NKA 具有较高的比表面积,主要靠物理吸附作用吸附葛根素,因此也具有较高容量。

4. 吸附等温线及吸附动力学方程　在等温的情况下,大孔树脂的吸附量与吸附质的浓度(或压力)的关系的称为吸附等温线。在研究吸附过程的特性和吸附分离工艺时常需要测定并绘制吸附等温线,吸附剂的平衡吸附量随吸附质的浓度或压力的增大而增加,但吸附等温线的形状却不一样。

在研究吸附树脂的吸附规律时,可用第六章所介绍的吸附等温线及吸附动力学方程为参照模型。如为从 4 种大孔树脂(AB-8、S-8、NAK-Ⅱ及 NKA-9)中选取适于吸附紫甘薯色素的品种,研究了上述大孔树脂的静态吸附动力学,及其中 AB-8 大孔树脂的静态吸附热力学。结果表明:AB-8 大孔树脂是较理想的吸附剂,其吸附平衡速率常数为每分钟 0.0246,吸附过程和 Freundlich 公式拟合较好;当溶液的色素含量为 0.992(以 A535 表示)、吸附温度为40℃、吸附时间为 30min 时具有最佳的吸附效果,有关吸附方程见表 7-8。

表 7-8 不同温度下 AB-8 大孔树脂对紫甘薯色素的吸附等温线方程

温度	方程类型	等温线方程式	相关系数
20℃	Langmuir	$Q/161.29=8.8571\times C/(1+8.8571C)$	0.9572
	Freundlich	$Q=141.51C_e^{0.3382}$	0.9862
30℃	Langmuir	$Q/156.25=7.1111\times C/(1+0.1111C)$	0.9537
	Freundlich	$Q=131.84C_e^{0.3462}$	0.9854
50℃	Langmuir	$Q/151.52=11.0000\times C/(1+11.0000C)$	0.9508
	Freundlich	$Q=134.81C_e^{0.3057}$	0.9777

通常根据吸附动力学曲线研究吸附量和温度、浓度及时间的关系,建立相关的吸附动力学方程。有了这种关系式,就容易得到不同状态下的吸附速度,对树脂的实际应用非常有意义。

工程化吸附工艺设计通常需要研究目标成分在备选树脂上的吸附等温线,及该体系的吸附动力学规律,以得到相应的吸附动力学方程。如为了优选 D101 树脂对绞股蓝皂苷的吸附工艺参数,可在固定床上测定连续流动过程中,D101 树脂对绞股蓝皂苷的吸附行为,拟合其吸附透过曲线;并用微分固定床测定吸附过程的总传质系数,得到总传质系数与相对饱和吸附量的关系,从而为吸附过程的设计提供参考。

5. 吸附速率 根据吸附率和解吸率的测定比较,判定树脂的吸附速率,也可为选择适宜的树脂提供参考。

在大孔树脂吸附紫小麦麸皮花色苷的研究中,由于各种树脂的化学性质和物理结构的差别,对紫小麦麸皮花色苷吸附动力学不同,吸附速率常数和到达吸附平衡的时间也不相同。由表 7-9 可知,HP-10 型树脂吸附速率常数最大,因此,其达到吸附平衡所需的时间短,其次是 AB-8 型树脂,再次是 LSA-10,而 NKA-Ⅱ型树脂吸附速率常数最小。表明大孔树脂HP-10 在本试验中对紫小麦麸皮花色苷选择吸附效果最好。

表 7-9 4 种大孔树脂的吸附平衡速率常数

树脂类型	速率常数(k)	相关系数	树脂类型	速率常数(k)	相关系数
HP-10	0.7777	0.9773	AB-8	0.7231	0.9751
LSA-10	0.5068	0.9630	NKA-Ⅱ	0.4201	0.9809

6. 解吸曲线 由于大孔吸附树脂极性不同,吸附作用力强弱不同,解吸难易亦不同。因此,解吸剂解吸动力学过程就不同。解吸曲线就是考察解吸剂特性的动力学曲线。

图 7-2 为不同树脂对葛根素静态解吸动力学曲线,从中可看出,D4020、X-5、D101、NKA、AB-8 这五种树脂在 15min 之内所吸附的葛根素能基本上解吸完全,达到一个平衡值,而 S-8

及 NKA-9 解吸速率较慢,特别是 S-8 在 75min 之内还没有达到解吸平衡。

如前所述,极性树脂 S-8 对葛根素的吸附量虽然大,但 S-8 因具有强极性功能基,能和葛根素产生较强的相互作用,较难洗脱,这是其解吸率较低的主要原因。故极性树脂 S-8 不适合于葛根素的分离纯化;而非极性树脂 X-5 和 NKA 主要靠物理吸附作用吸附葛根素,较易洗脱。

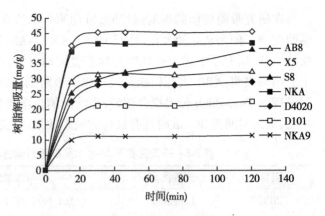

图 7-2　不同树脂对葛根素静态解吸动力学曲线

上述关于大孔树脂的吸附动力学方面的研究内容表明,吸附动力学的研究可为树脂大规模的合理运用提供一系列量化的依据,以正确选用不同种类的大孔树脂,使工业化运用更合理、经济。

四、常见天然药物成分的大孔吸附树脂精制机制

(一)生物碱类成分

生物碱是天然药物有效成分的主要类别之一。生物碱分子的共性是有一定的碱性,可与酸生成盐。其氨基部分是亲水的,与憎水部分一起形成既亲水又亲油的结构。憎水部分使其能被非极性树脂吸附,吸附的推动力是范德华力。另一方面,生物碱分子中氨基的存在使其既可以被一些选择性吸附树脂吸附,这些吸附的推动力可以是静电力、氢键作用或配位作用;也可以用阳离子交换树脂进行交换。可供选择的树脂有含磺酸基或羧基酸性基团的离子交换树脂,含酚羟基的可与生物碱形成氢键的吸附树脂和含过渡金属离子的、与生物碱的氨基具有配位作用的吸附树脂等。

生物碱的碱性可用其共轭酸 pK_a 的值表征,而生物碱的 pK_a 值可从小于 0 变化到大于 13,可见它们的碱性有很大的差别。特别是,亲水的氨基在遇到酸时可形成盐,使其亲水性大大增加。因此,从中药中用酸性水就可以将某些生物碱萃取出来。当用树脂吸附时,将水溶液调成中性或微碱性,可使生物碱的水溶性降低,其憎水部分很容易被吸附到树脂的非极性表面,而亲水的氨基部分朝向水溶液。提取生物碱的另一个特点是在使用高选择性树脂时,既可以从水溶液中吸附,还可以从有机溶剂中进行吸附。这为难溶性生物碱的提取提供了方便。下面以若干类型的生物碱为例,讨论生物碱类成分的大孔吸附树脂精制机制。

1. 弱碱性生物碱　以喜树碱(VCS-LT)为例,喜树碱的分子中有两个叔胺基,属于弱碱,整个分子的水溶性也较弱。可用乙醇作为溶剂从喜树果中提取生物碱,将提取液中的乙醇回收之后,得到喜树碱的水溶液。将溶液的 pH 值调到 8,通入 AB-8 吸附树脂柱,喜树碱即被树脂吸附。然后再用乙醇或乙醇和三氯甲烷的混合溶液把喜树碱洗脱下来,经浓缩、干燥、重结晶,可得到喜树碱含量很高的提取物。若在喜树碱溶液中加入 6%~15% 的 NaCl,产生盐析作用,可使吸附量进一步增加。因水溶性较差,喜树碱用醋酸水溶液进行解吸附效果极差。用常用的洗脱剂乙醇洗脱时效果较好,而用 1:1 的三氯甲烷/乙醇的解吸率最高,洗脱峰非常集中。当解吸液的 pH 值调到 3 时,解吸率可达 96%。解吸液经浓缩、干燥,再用三氯甲烷/甲醇(1:1)重结晶,可得到纯度 90% 以上的喜树碱。

喜果苷(CPT)是喜树果中存在的另一种成分,对 P388 白血病也有细胞毒活性。喜果苷

的分子中有 1 个葡萄糖基,亲水性较大。而喜树碱分子中存在着内酯环,在碱性条件下会开环,在酸性条件下还可闭环。基于两种分子的这种差别,用氨基吸附树脂可容易地将此两种生物碱分离。

从喜树碱和喜果苷在 ADS-5 树脂上洗脱的曲线(图 7-3)可看出,在 ADS-5 树脂中两种组分不能很好地得到分离。而图 7-4 表明,用氨基吸附树脂吸附喜树碱和喜果苷之后,依次用 50%、70% 的乙醇进行洗脱,可有效地将两种生物碱分离,得到纯度较高的单体生物碱。

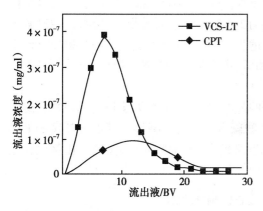

图 7-3 喜树碱和喜果苷从 ADS-5 树脂上洗脱的曲线

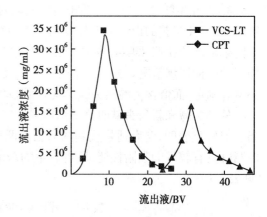

图 7-4 喜树碱和喜果苷从氨基吸附树脂上洗脱的曲线

2. 强碱性生物碱 小檗碱(berberine)是一种季铵盐,具有强碱性。季铵基的强亲水性使整个小檗碱分子具有很好的水溶性,从而用酸性水就能从药材中把小檗碱萃取出来。图7-5 所示为从三棵针中提取小檗碱的过程。

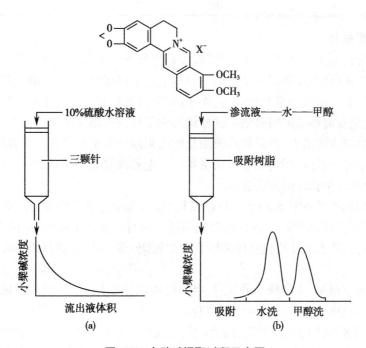

图 7-5 小檗碱提取过程示意图

将 10% 的硫酸溶液慢慢通入装有三棵针粉的渗漉柱中,流出液中小檗碱的浓度如渗漉柱下面的图 7-5(a)所示,开始较高,以后逐渐降低。当流出液中小檗碱的浓度很低时,停止渗漉。然后把流出液用 10%NaOH 中和至中性,过滤后通入树脂柱,小檗碱被树脂吸附,如树脂柱下面的图 7-5(b)所示。当树脂吸附将近饱和时,小檗碱开始泄漏,停止吸附。随后通入纯水,将小檗碱洗出柱外。浓缩流出液并加以干燥,得到黄色粉末。然后换用甲醇洗脱,又出现第二个洗脱峰,浓缩流出液,得到棕色胶状物。两份产物中小檗碱的含量为原生药含量的 97%。

3. 毒性生物碱　中药马钱子、雷公藤、乌头等所含有的生物碱既是药效成分,又是毒性物质,在分离工艺的设计上不仅要求吸附树脂要有好的吸附 - 洗脱效果,还要考虑控制其中不同生物碱的比例,即要求树脂对某类生物碱有适当的吸附选择性,这是不同于提取其他生物碱的一种特殊情况。如附子中含有二萜类生物碱,主要包括乌头碱、新乌头碱等。其中乌头碱有剧毒,而低含量的乌头碱又具有强心功效。

从乌头碱和新乌头碱的分子结构来看,二者的差异并不大,似乎无法找到选择性大的树脂。但研究表明,含有适量羧基的树脂对两种生物碱有较好的选择性。其中含羧基的 RF6 树脂既具有较好的吸附性能,所得总生物碱的纯度又较高,新乌头碱 / 乌头碱的比例也较大(见表 7-10)。

表 7-10　不同结构树脂的动态吸附性能比较

树脂牌号	X-5	AB-8	RF6	RF7	RF7d
静态吸附量 /(mg/g)	21.0	26.9	29.1	26.0	16.0
总生物碱纯度 /%	17.8	18.9	29.5	16.3	57.0
质量分数 /%					
新乌头碱	73	59	65	69	58
乌头碱	27	41	35	31	42

(二) 皂苷类成分

皂苷类成分包括人参皂苷、三七皂苷、绞股蓝皂苷等。人参中所含的药用成分是结构相似的多种皂苷类化合物,其共同点是它们在结构上均由两部分构成:一部分是羧基与葡萄糖基(或其他糖基)相连形成的皂苷结构,是亲水的部分,使皂苷能够溶于水;另一部分是苷元,是不亲水的,使皂苷能够被树脂吸附。这样就形成了可用树脂吸附法进行提取的条件,即先把人参皂苷浸取到水溶液中,再以树脂吸附技术吸附溶于水中的皂苷。曾被废弃的人参茎、叶也含有人参皂苷,同样可用树脂吸附法富集。三七和绞股蓝等的茎、叶含有的三七皂苷和绞股蓝皂苷,也可以用相似的方法获取。

芍药苷也是由憎水的苷元和亲水的糖基构成的,与上述皂苷类成分的共同点是具有两亲性,并且没有可供提高吸附选择性的功能基团。因有较大的亲水性,可用水进行浸取;浸取液中的皂苷可用普通的非极性吸附树脂有效地吸附,继而可用乙醇(或甲醇、丙酮)很容易地洗脱下来。

甜菊苷是研究最早、生产技术最成熟、吸附树脂用量最大的一种皂苷类成分。甜菊苷的提取工艺可为其他皂苷类药物提供技术借鉴。

甜菊苷共有 8 种结构相似的组分,为相同苷元的同系物,相对分子质量均在 600 以上。其苷元为四环双萜结构,是憎水部分;所连接的糖基的数量或种类不同,主要为葡萄糖基或鼠李糖基,是亲水的,可使甜菊苷溶于水。这种由憎水部分和亲水部分构成的天然产物可用非极性吸附树脂(如 AB-8)来提取。用水从甜叶菊中浸取甜菊苷时,约有 3 倍于甜菊苷的杂质(多糖、蛋白质、有机酸、无机盐、色素等)也被浸取出来。其疏水部分可被树脂的非极性表面以范德华力吸附;糖类、蛋白质、无机盐等亲水性较强的物质不能被吸附,从而被分离除去。被吸附的甜菊苷在乙醇中溶解度较大,因而用一定浓度(一般为 50%~80%)的乙醇或甲醇便可从树脂上洗脱下来,得到纯度达 85% 的甜菊苷。从甜叶菊中提取甜菊苷的工艺流程如图 7-6 所示。

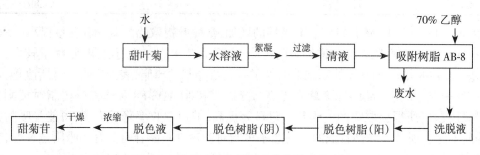

图 7-6　从甜叶菊中提取甜菊苷的工艺流程

(三) 黄酮类成分

1. 银杏叶黄酮苷和萜内酯的分离　银杏叶的主要有效成分是黄酮苷和萜内酯。普通吸附树脂对有机物主要是靠疏水性吸附,缺乏吸附选择性。黄酮苷的结构特点是含有多个 -OH 基,能与羰基形成氢键,提高了树脂的吸附选择性。萜内酯则不同,只能与含有羟基的基团形成氢键。Amberlite XAD-7 含有酯基,对黄酮苷的吸附选择性很好,可得到含量较高的提取物(>30%)。但对萜内酯的吸附不好,提取物中内酯的含量难以达到要求。Duolite S-761 对黄酮苷和萜内酯的吸附比较均衡,可以得到符合标准的提取物,但两类成分的含量都不太高。ADS-17 兼顾了对黄酮苷和萜内酯的吸附选择性,在性能上远超过前两种树脂。

采用图 7-7 所示的"ADS-17 吸附树脂"工艺流程,只需用 70% 乙醇一步洗脱即可得到高含量的银杏叶提取物(GBE)。并且通过简单的调节控制,就可以生产出从一般合格品到高含量提取物多种规格的产品(黄酮苷 25%~45%,萜内酯 6%~13%),远高于用非极性吸附树脂的分步洗脱法所生产的提取物。

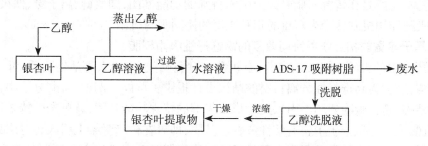

图 7-7　吸附树脂精制银杏叶提取物的提取工艺过程

2. 沙棘叶黄酮苷的分离　表 7-11 所示为树脂表面化学结构对沙棘叶提取物质量的影响。沙棘干叶中黄酮苷的含量和苷元的种类结构与银杏叶相似。黄酮类分子的特点是含有多个酚羟基,能与树脂的羰基等形成氢键,从而增强吸附的选择性。

表 7-11　表面化学结构对沙棘叶提取物质量的影响

树脂编号	树脂孔表面化学结构	黄酮苷含量 /%	产率 /%
ADS-5	非极性	14.96	5.27
ADS-8	非极性 + 少量羰基	18.01	4.78
ADS-F8	酰氨基	24.93	2.56
ADS-7（Ⅰ）	季铵盐基	20.18	4.26
ADS-7（Ⅱ）	季铵碱基	29.8	1.67
ADS-22	环己胺基	39.1	1.89

　　由表 7-11 可看出,随着树脂表面极性的增加,沙棘叶提取物的黄酮苷含量提高。ADS-5 为非极性孔结构的高比表面广谱性吸附树脂,主要靠疏水作用进行吸附,吸附量较大,但选择性差。ADS-8 是在 ADS-5 的基础上引入了一定量酯基的树脂,表面亲水性有所改善,但仍属非极性树脂,所得产品的纯度略有提高。酰胺基树脂 ADS-F8 和季铵基树脂对黄酮苷吸附选择性较好,所得提取物的黄酮苷含量显著提高,但提取收率降低太多,可能是吸附力较强,洗脱不完全所致。碱性较低的环己胺基树脂对沙棘叶黄酮苷有更好的吸附选择性,在黄酮苷的含量高达 39.1% 的情况下仍有 1.89% 的收率,是其他树脂难以达到的。

五、高选择性吸附树脂分离原理与应用

　　一般而言,普通大孔吸附树脂在使用中具有如下局限性:①由于树脂骨架结构单一,在水溶液中的吸附以疏水作用机制为主,而水溶液中的疏水作用是非特异性作用,这势必带来树脂选择性的降低;②树脂的孔径分布很宽,孔径极不均匀,因而对于分子尺寸差别较小的吸附质没有筛分能力,在去除杂质的同时,难以避免有效成分的损失。另外,大分子吸附质常会堵塞孔道,造成树脂有效吸附面积的降低,吸附容量与树脂比表面积并不相符;③受交联剂分子结构、聚合反应几率、聚合物链空间结构的限制,普通吸附树脂的交联度相对较低,特别是常用的聚苯乙烯型吸附树脂,即使全部以高纯度交联剂二乙烯苯聚合(目前工业化生产中二乙烯苯的最高纯度为 80%),在树脂骨架上仍能检测到大量残留双键,吸附树脂比表面也仅为 800m^2/g 左右。

　　近年来,随着大孔吸附树脂应用领域的拓展,对大孔吸附树脂的吸附性能提出了更高的要求。为了制备高纯度天然产物提取物,高选择性的大孔吸附树脂引起了人们极大的研究兴趣。其基本思路是在传统树脂骨架上引入特殊的功能基团,如氢键、离子键、偶极基团等,将疏水性吸附作用机制转变为多重弱相互作用的协同吸附机制。

(一) 基于多重弱相互作用协同效应的高选择性吸附树脂

　　天然药物中的黄酮、生物碱、皂苷、有机酸、多糖、萜类、木脂素等活性物质,都有其独特的分子结构,这就为高选择性分离材料的结构设计提供了可能。例如,黄酮分子中含有特征的酚羟基结构,若在吸附树脂上引入与之形成氢键的特殊功能基团,就可产生特异性的氢键作用;有机酸或生物碱分子中含有酸性或碱性基团,即可在树脂骨架上引入相对应的功能基团,因酸碱作用而产生特异性吸附。但是天然产物的树脂分离过程主要发生在水溶液中,过强的非特异性疏水作用常常掩盖了特异性作用对吸附选择性的影响;而疏水作用力过弱,水分子的干扰又使得树脂无法单纯以特异性作用吸附目标物质。因此,目前高选择性吸附树脂常常表现出较低的吸附容量,也就是说,树脂吸附选择性的提高是以损失其吸附容量为代价的。解决这一矛盾的办法是:通过系统研究待分离目标成分在水体系中弱相互作用的产

生条件、协同效应及对树脂吸附性能的影响，开发新型聚合单体、交联剂、引发剂、致孔剂，改变聚合方法，在保持大孔树脂高吸附容量的基础上，提高树脂的吸附选择性。

1. 基于氢键 - 疏水协同作用　以黄酮类化合物为例，其分子结构上的酚羟基是有效的氢键给体（或受体）基团。水溶液中树脂骨架的疏水性是它与黄酮分子之间氢键作用得以发生的保证，正是疏水作用力帮助黄酮分子克服水分子的干扰而有效地接近吸附树脂上的氢键作用位点。但是过强的疏水作用力将导致树脂吸附选择性下降，即水溶液中氢键作用的发生并不意味着吸附选择性的必然提高。

为此，可针对黄酮分子特殊的结构，将氢键这一特异性作用引入吸附分离过程中，使吸附机制从单纯的疏水作用向氢键 - 疏水协同作用转变，大大提高树脂对黄酮的吸附选择性。图 7-8 为一种通过改变树脂骨架中丙烯酸甲酯（MA）和二乙烯苯（DVB）的比例，精确调控疏水 - 氢键的协同作用，而合成的带有酰胺基团的氢键吸附树脂（其疏水性随共聚物中 DVB 的含量增加而增大，并依次按照疏水性的增加，将树脂编号为 No.1-4），对黄酮（以芦丁为例，rutin）和内酯（以银杏内酯 B 为例，ginkgolide B）的吸附曲线。由该图可知，随着疏水性的增加，酰胺树脂对黄酮和内酯的吸附能力发生了变化，只有疏

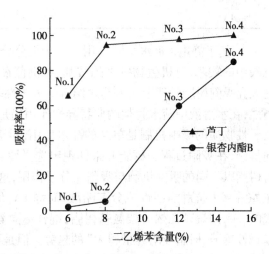

图 7-8　疏水性不同的酰胺树脂对芦丁和银杏内酯 B 吸附曲线

水作用力适宜时，树脂对黄酮和内酯的吸附能力才能产生最大的差别，从而对黄酮类化合物具有最高的吸附选择性。

图 7-9 和表 7-12 为 VT 树脂（No.1A-No.4A，一系列疏水性逐渐降低的羟基树脂），用于分离茶多酚（TPh）与咖啡因（CAF）的研究结果。由表 7-12 可知，随着树脂疏水性的降低，对 CAF 的平衡吸附量 Q_e 明显降低，但是对 TPh 的吸附结合力却逐渐增强。当树脂具有一定的疏水性时，疏水作用力足以帮助黄酮分子克服水分子的干扰而接近吸附剂的作用位点，此时树脂氢键作用的强度与树脂上氢键功能基的含量有关。但是当树脂的疏水性进一步降低时，难以克服水分子的干扰，对黄酮分子的作用力也随之降低，如表 7-12 中的 No.4A 树脂。综合两方面考虑，疏水性适中的 No.3A 树脂对 TPh 和 CAF 具有高的吸附选择性。图 7-9 为 No.3A 树脂对 TPh 和 CAF 的吸附曲线，可知树脂对两者的吸附能力有明显的差别，CAF 基本不被树脂吸附而从树脂柱流出，接收这部分流出液得到产品Ⅰ。此时，TPh 被有效吸附在树脂柱上，用一定浓度的乙醇水溶液可将其解吸下来，收集这部分解吸液，得到产品Ⅱ。

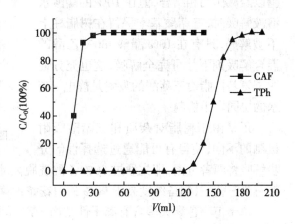

图 7-9　No.3A 树脂对 TPh 和 CAF 的动态吸附曲线

表 7-12　疏水性不同的树脂对 TPh 和 CAF 的吸附量

吸附剂	$C_0/(mg/L)$		$C_e/(mg/L)$		$Q_e/(mg/g)$	
	TPh	CAF	TPh	CAF	TPh	CAF
No.1A	2040	26.0	944.5	23.1	441.7	1.17
No.2A			728.3	24.2	541.1	0.742
No.3A			228.5	24.9	891.5	0.541
No.4A			375.4	25.3	700.6	0.295

2. 基于静电 - 疏水协同作用　对于组分分子结构上带有酸碱基团或离子性部分,如有机酸中的羧基、有机生物碱中的胺基、有机色素中的离子性基团等的目标成分,可以在疏水性大孔吸附树脂骨架上引入与之结合的离子性基团,利用静电作用选择性地吸附目标物质。当然,在水溶液中疏水骨架的非特异性作用仍是干扰树脂吸附选择性的主要原因,树脂对非离子性物质的吸附机制是单纯的疏水作用,对于离子性物质的吸附基于"疏水 - 静电"的协同机制,在吸附过程中树脂并未体现出选择性。但是,正是由于离子性功能基团的引入,使得树脂以不同的吸附机制与吸附质分子作用,这就给选择性洗脱带来了可能。例如,针对白花蛇舌草中抗肿瘤活性成分三萜酸(简称 TA,代表性组分为齐墩果酸和熊果酸),分离所合成的一系列聚苯乙烯骨架氨基树脂,键合不同氨基后,树脂对三萜酸的吸附容量呈现出"氨基碱性越强,树脂吸附容量越大"的趋势。但是当氨基为二乙胺时,树脂吸附容量明显下降,其原因在于二乙胺的空间位阻较大,不利于分子尺寸较大的三萜酸与其接近并发生静电相互作用。这也从另一侧面证明,聚苯乙烯氨基树脂对三萜酸的吸附并非单纯的疏水作用,功能基团的静电作用是主要的吸附结合力。

　　基于以上研究,针对吸附体系中的疏水性杂质,可首先选择一定浓度的乙醇水溶液解吸,它足以破坏杂质与树脂之间的疏水结合力而达到解吸杂质的目的,此时,三萜酸分子由于静电相互作用而在树脂上保留,两者可实现分离。图 7-10 给出了不同洗脱条件下杂质与三萜酸解吸性质的差别。由图 7-10 也可发现,虽然三萜酸与树脂以酸碱作用相结合,但在 10% 的醋酸水溶液解吸时,三萜酸基本保留在树脂柱上不被解脱,只有在 10% 醋酸 -80% 乙醇的混合解吸剂下才可完全解吸,这也充分证明了氨基树脂对三萜酸的吸附是静电 - 疏水的协同作用机制。

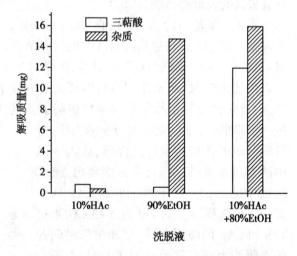

图 7-10　不同解吸剂下杂质和三萜酸的解吸结果

　　正是由于树脂对杂质和三萜酸吸附机制的不同,使得有可能通过选择性的分步解吸将两者分离,即先通过 90% 乙醇洗脱大部分杂质,再以含 10% 醋酸的 80% 乙醇水溶液解吸三萜酸,制备纯度高于 90% 的白花蛇舌草三萜酸提取物。

　　由于植物色素大多含有离子性结构,若在大孔树脂骨架上有目的地引入离子性基团,选择合适的选择性解吸条件,即可在一个"吸附 - 解吸"工艺流程中同时完成脱色和富集的双重任务,大大简化了精制工艺。该流程在三七茎叶皂苷的提取和脱色中已在生产上得到成功应用。

3. 基于偶极-疏水协同作用　对于母核相同,而配基的取代位置、数量、种类不同的某一类药效组分,难以采用一般带有氢键、酸碱等特殊功能基团的高选择性树脂完成单体组分的分离。但取代配基的不同使单体组分间的分子极性存在一定差别,因此,可精确控制树脂与吸附质之间的疏水-亲水平衡,便可改变其吸附作用。如改变树脂骨架中酯基等极性基团的含量,可以在降低树脂疏水作用力的同时,调节偶极-偶极作用力的强弱,使吸附质之间极性差异对其吸附结合力的影响在梯度洗脱中表现出来。即吸附结合力弱的组分在较弱的解吸条件下优先洗脱,最终按照吸附质极性的强弱达到分离的目的。

图 7-11 所示为极性不同的树脂吸附两种异喹啉类生物碱:血根碱(SAN)和白屈菜红碱(CHE)后的梯度解吸曲线。由该图可知,随着树脂极性的变化,对极性不同的血根碱和白屈菜红碱的吸附结合力的强弱差别逐渐变化。当树脂"偶极-疏水"协同作用达到合理的强度,树脂对较亲水的白屈菜红碱结合较为松散,该成分即可在低浓度乙醇水溶液中完全被解吸;而此时较疏水的血根碱仍可被树脂有效结合,必须在更高浓度的乙醇水溶液中才能完全解吸,由此可实现两者的分离。

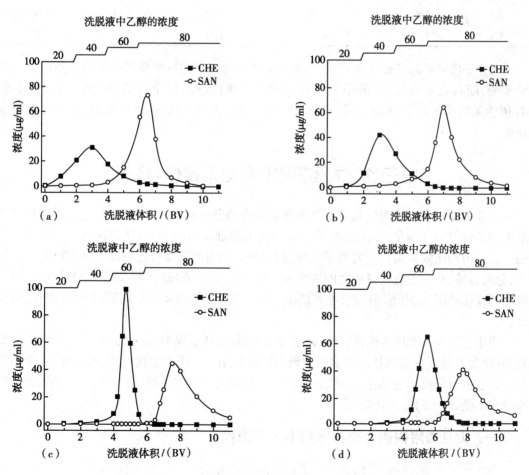

图 7-11　极性不同的树脂对血根碱和白屈菜红碱的梯度解吸曲线
(a)MA 40%;(b)MA 45%;(c)MA 50%;(d)MA 55%

值得指出的是,上述单体组分的分离不同于传统意义的色谱分离,因为此类树脂的分离度并不依赖于分离塔板数的极大提高,而是基于树脂本身分离能力(即分离因子)的提高。因此在工业化生产中,此类树脂的装填与常规吸附树脂无异,可在常压下操作,无需传统色谱分离所需要的外加压力以克服填料的传质阻力,这在大规模的工业生产中至关重要。

（二）高比表面筛分型吸附树脂的孔结构、筛分效应及应用

普通大孔树脂的骨架是二乙烯苯和苯乙烯的交联共聚物,同时在致孔剂的存在下经微相分离形成了多孔性结构,因此普通大孔树脂的孔径分布较宽,孔径不均匀,尺寸筛分能力、比表面积、容量吸附能力等相对较低。

为了在一定范围内有目的地控制树脂孔径尺寸,以满足不同大小吸附质分子的筛分离需要,研究人员合成了一系列高比表面、孔径均匀且孔尺寸可控的新型筛分型吸附树脂(R_1、R_2、R_3,孔径顺序减小),其孔结构参数列于表7-13。由该可知,该类树脂的比表面积均远高于普通大孔树脂。

表 7-13　某类新型筛分型吸附树脂孔结构参数

树脂编号	表面积 /(m^2/g)	表观密度 /(g/ml)	骨架密度 /(g/ml)	孔体积 /(ml)	平均孔径 /(nm)
R1	1380	0.52	1.23	1.11	3.22
R2	1460	0.72	1.24	0.58	1.60
R3	1370	0.75	1.21	0.51	1.28

以分子尺寸不同的模型化合物(苯酚和芦丁),考察上述三种树脂的筛分吸附能力。结果表明,随着孔径的减小,分子尺寸较大的芦丁难以进入树脂孔道被吸附;孔径最小的R_3树脂无法吸附芦丁;而小分子苯酚可顺利扩散进入R_3树脂孔道被吸附,两者实现完全分离。

第三节　大孔吸附树脂分离操作与装置

大孔吸附树脂为吸附性和筛分性原理相结合的分离材料,不同的有机化合物可根据吸附力的不同及分子量的大小,在树脂上经一定的溶剂洗脱而分开,从而达到分离精制的目的。大孔树脂吸附分离技术与离子交换过程相似,吸附的选择性比较高,适应性强,多相操作,分离容易。可以通过选择合适的树脂和操作条件,对所处理的物质进行选择性分离精制,吸附选择性较高,应用范围广泛,尤其适用于从大量样品中浓集微量物质;且易于操作,便于维护。

由于它本身具有许多优良特性,目前在工业脱色、环境保护、药物分析、抗生素等的分离提纯、中药有效成分提取精制等多个领域有广泛应用。中药中生物碱类、有机酸类、酚类等均可用它进行分离精制,但因其解吸时需要用酸、碱或盐类洗脱剂,引入了异物,给后续的操作带来不便,应用时需综合考虑。

一、大孔吸附树脂分离技术基本工艺流程

大孔吸附树脂分离技术的基本工艺流程如下:

树脂型号的选择→树脂前处理→考察树脂用量及装置(径高比)→样品液的前处理→树脂工艺条件筛选(浓度、温度、pH、盐浓度、上柱速度、饱和点判定、洗脱剂的选择、洗脱速度、

洗脱终点判定)→目标产物收集→树脂的再生。

关于工艺设计的一般考虑,主要涉及树脂的型号选择、树脂的前处理、树脂的用量及径高比、树脂的再生及吸附饱和点与洗脱终点的判定等方面的内容。

1. 大孔吸附树脂的型号选择　根据上节的讨论,我们知道大孔吸附树脂的实际应用效果是由树脂的极性、孔径、比表面积、孔容等多方面的综合性能决定的,对其性能的评价要从吸附量、解吸率和吸附动力学试验的结果综合考虑。一般而言,有效的吸附树脂应吸附量大、分离效果好,下述步骤常用来进行考察。

(1) 将适量的树脂加入已知指标成分含量的药液中,搅拌后放置一定的时间,使树脂充分吸附后,滤出树脂,测定药液中指标成分的含量,计算树脂的吸附量。

(2) 选择吸附量较大者再进行分离性能试验。

(3) 将适量的药液加入选定的各种型号的树脂柱中,先用水洗脱,再用不同浓度的乙醇从低到高进行梯度洗脱,测定各流分中指标成分的含量,分析树脂的分离性能。

(4) 选择目标成分在流分中较集中、含量高的树脂。

不同极性和含不同官能团的树脂对各类化合物的吸附能力不同,对于中药有效成分或有效部位的纯化,树脂型号的选择非常重要。一般来说,脂溶性成分(包括甾体类、二萜、三萜、黄酮、木脂素、香豆素、生物碱等)应选择非极性或弱极性树脂,如 D101、AB-8、HPD100等;皂苷和生物碱苷类应选择弱极性或极性树脂,如 D201、D301、HPD300、HPD600、AB-8、NKA-9 等;黄酮苷、蒽醌苷、木脂素苷、香豆素苷等应选择合成原料中加有甲基丙烯酸甲酯或丙烯腈的树脂,如 D201、D301、HPD600、NKA-9 等;环烯醚萜苷类成分在树脂上吸附能力较差,应选择极性或弱极性树脂,如 HPD600、AB-8、NKA-9。

2. 树脂的前处理　由于大孔吸附树脂在制备时一般均采用工业级的原料,加入了一些有毒的致孔剂等,以及后期产品贮存期加入防腐剂等,因此新树脂在使用前一般仍应根据树脂的组成与性能、可能存在的有害残留物的性质,及待分离纯化物料的性质与制成品类别、给药途径等的不同,进行相应的前(预)处理。为保证树脂应用的安全性,必须建立切实可行的前处理的具体方法及评价指标与方法,以确保无树脂残存的有害物质引入分离纯化后的成品中。

目前有关大孔吸附树脂前处理并没有一个绝对的标准操作规程,文献上各处理方法不完全相同。通常树脂的预处理应在树脂柱中进行,已见报道的前处理常用溶剂有乙醇、酸、碱、丙酮等,常见方法有回流法、渗漉法、水蒸气蒸馏法等。目前常用的前处理合格的标准大都为"至加数倍水于乙醇溶液中不显混浊",也有的标准为"至 200~400nm 无紫外吸收峰",较少用树脂的吸附量及残留物限量为标准。实验中,通常于吸附柱内加入 0.5 倍装填体积的乙醇或丙酮等,将树脂投入柱中,使其液面高出树脂表面约 30cm,浸泡 24 小时以上。再用数倍树脂体积的乙醇以 2BV/h 的流速通过树脂层,并浸泡 4~6 小时,继续用乙醇以 2BV/h 的流速通过树脂层,直到流出液加 2BV 蒸馏水不显白色浑浊并且在 200~400nm 范围内除了乙醇本身的吸收外无其他吸收为止。然后用蒸馏水以同样流速洗至无醇味,再用 2BV 的 2%~5%HCl 溶液以一定的流速通过树脂层,并浸泡 4~6 小时,然后用水以同样的流速洗至出水 pH 中性,用 2BV 的 2%~5%NaOH 溶液以一定的流速通过树脂层并浸泡 4~6 小时,同样用水以同样的流速洗至出水 pH 中性即可。

3. 树脂的用量及径高比　每种树脂特定的结构决定着它的比表面积和孔隙率,也就决定了其吸附容量,不可超过负荷,否则会有大量有效成分流失,但上样量太少则不经济。单位质量树脂的吸附量是设备设计的重要参数，而且影响到生产成本。因而可通过选定树脂对纯化液中被吸附物的比上柱量或比吸附容量的测定，提供预算树脂用量与可上柱药液量的依据；特别要注意复方成分各自吸附速率不同，其方法应具针对性，防止泄漏，提高树脂纯化的质量与效益。

树脂柱的径高比对吸附工艺过程有一定的影响，选择合适的径高比可保证有效的吸附效率。如为考察不同装柱长度(树脂量)对黄芪甲苷提取效果的影响，选用直径40mm×800mm 的砂芯层析柱，设计装柱长度分别为 22cm、33cm、44cm、55cm、66cm(树脂用量分别约为 100g、150g、150g、200g、250g 和 300g)。结果表明，一定范围内黄芪皂苷粗品得率随树脂柱长的增加而增加，柱长为 55cm 时得率最高，达 1.23%，随后得率下降。

4. 大孔吸附树脂的再生 所谓大孔吸附树脂的再生即树脂在完成一轮或几轮上柱吸附、洗脱分离后，由于药液中杂质的污染或操作不当，使树脂吸附分离功能下降或消失，为恢复其正常功能所采取的方法称为再生。再生工艺是为了使再生后树脂的性能相对稳定，以保证树脂纯化工艺的稳定性。

树脂再生可采用动态法也可采用静态法，动态法简便，效率也高。通常应根据树脂失效原因选择再生剂，一般仍是酸和碱，有时是中性盐。再生树脂时，流速比通液交换时要低，柱内有气泡和孔隙，再生时应除去。通常是在通过再生剂前用水反洗，水流逆向通过交换柱，使树脂松动，排除气泡。一般可选择的再生剂有 50%~95% 乙醇、50%~100% 甲醇、异丙醇、50%~100% 丙酮、碱性乙醇溶液、2%~5% 盐酸、2%~5%NaOH 等，滤去溶剂用水充分洗涤至下滴液呈中性时即达再生目的。

再生处理的程度依要求而定，有时不一定都经过酸碱处理，只需转型即可。如仅是恢复容量，为避免浪费再生剂，只达一定的再生程度即可，此时用水洗去溶剂即可达再生的目的。但面向分析或容量测定目的时，再生须进行彻底。

因影响树脂再生的因素较多，树脂的再生次数用比吸附洗脱量或吸附容量是否稳定来衡量较适宜。一般同一品种在使用过程中，当吸附容量下降 30% 以上时，则认为不宜再用。或经一段时间摸索积累后，提出某定型树脂一般情况下的使用期。应建立再生工艺的标准方法和评价再生树脂是否符合要求的指标，只有再生符合要求后方能进行下一轮纯化分离。

5. 吸附饱和点及洗脱终点的判定 吸附饱和点是指吸附达动态平衡时的临界点。通常在静态吸附实验时大致计算出树脂的吸附量，在树脂柱中进行吸附时，每隔一定的时间，采用颜色反应、TLC 法、HPLC 法等判定吸附饱和点，防止有效成分的泄漏。

同样，也可以通过考察被洗脱成分的洗脱率，同时采用定性、定量的方法确定指标成分洗脱的终点。

二、吸附分离装置

1. 静态吸附装置 静态吸附特点是吸附平衡，吸附质在树脂和溶液中进行分配，吸附率一般不会达到 100%，因此多用于研究，很少用于生产。可在带搅拌的釜或槽中进行。适合溶液黏度较大，悬浮物较多或分配比较大的情况。实验室常用多个具有磨口塞子的锥形瓶置于振荡器上进行平行静态吸附实验，研究吸附平衡、吸附热力学、吸附动力学，或对不同吸附树脂或不同吸附条件进行对比，效率较高。

2. 固定床动态吸附装置 常用的为几百升至几立方米的不锈钢或搪瓷柱(图 7-12)，下部或上、下部装有 80 目的滤网,实验室则常用玻璃柱。

固定床因装填的不均匀性、气泡、壁效应或沟流的存在,吸附饱和层面的下移常是不整齐的,即存在所谓"偏流"现象。这使吸附过程临近结束,部分吸附质从柱子随溶剂漏出时,柱子底部的树脂层尚未达到吸附平衡,因而采用柱式吸附装置时树脂的装填应当均匀。

3. 中试及生产设备　由于大孔吸附树脂分离工艺涉及树脂预处理、上样吸附、洗杂与洗脱、树脂再生等多个工艺步骤,中试及生产规模一般采用多根树脂柱通过输送管道连接,对工艺进行组合优化,以达到稳定、连续的工艺流程(图 7-13)。

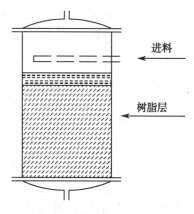

图 7-12　吸附树脂柱

图 7-13　吸附树脂柱中试设备

为了适应大生产的需要,研究人员对树脂吸附装置作了许多革新,图 7-14 所示即为一种新型大孔吸附树脂柱。该树脂柱主要由柱体、水浴夹层、过滤装置和洗脱液出液口等部分组成,柱体部分设有逆流洗脱出液口、进样喷头、观察镜;水浴夹层外壁设有进水口和出水口,夹层用于水浴加热,以增强树脂的预处理、洗脱、再生效果;柱体顶部的过滤装置用于防止逆流冲洗时树脂随其碎片流出;洗脱液出液口既可用于逆流洗脱,防止树脂结块,又可用于逆流冲洗,排除树脂内的气泡和树脂碎片;分流口用于连接紫外检测器或其他类型检测器,便于动态监测,实现自动化生产。

三、基于大孔吸附树脂分离机制的吸附、洗脱工艺参数优选

应用大孔吸附树脂吸附分离技术时,在恰当选择树脂型号、用量、配比的前提下,还要注意正确使用该项技术,即优选其工艺条件。首先要充分考虑影响吸附纯化的诸多因素,提供适宜的上柱工艺条件,如温度、pH 值以及流速等,以及洗脱工艺条件,通过洗脱曲线或洗

脱量的测定筛选最佳洗脱溶剂并确定其用量。对于中药复方样品,还应对所含主要组分进行测定,采用定量与定性相结合的方法证明选定的洗脱溶剂的洗脱效果,建立洗脱终点判定方法,要特别注意方法的针对性,避免同类化合物不同结构物质的漏洗等。各影响因素具体介绍如下。

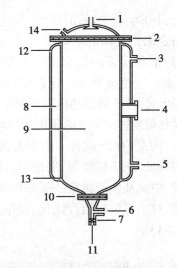

图 7-14　一种新型大孔吸附树脂柱剖面图

1. 进样喷头, 2. 过滤装置, 3. 出水口, 4. 观察镜, 5. 进水口, 6. 分流口, 7. 调节阀门, 8. 水浴加热夹层, 9. 树脂柱内腔, 10. 多层过滤网, 11. 分流口, 12. 柱体外壁, 13. 柱体, 14. 逆流洗脱出液口

(一) 吸附工艺条件的筛选

1. 上柱液温度　吸附是一种界面现象,经过这种吸附作用,可以使吸附剂界面上溶质的浓度高于溶剂内溶质的浓度,其结果引起体系内放热和自由能下降。也有极少数相反现象,即经过吸附作用后,体系内温度反而上升。物理吸附放热量小,约为 8~60J/g 分子,是由范德华力产生的;化学吸附放热量大,约为 120~418.68J/g 分子,是由表面上分子化学键相互作用引起的(但有极少数是吸热的)。

不同温度对黄柏总生物碱在 AB-8 树脂上的吸附过程的影响研究表明,随着温度的降低平衡吸附量随之增加,这与黄柏总生物碱在 AB-8 树脂上的吸附为放热的物理过程相符。降低温度有利于该吸附的进行,且温度越低,吸附速率常数越大,达到吸附平衡的时间越短。所以生产上为了强化吸附,应适当的降低操作温度,如在设备外面装夹套,通入冷却剂对系统降温。

对于溶解度受温度影响较明显的目标成分,尤其要注意上柱液温度对树脂吸附效果的影响。如常温下芦丁在水中的溶解度为 1g/10 000ml,而在沸水中溶解度为 200g/10 000ml,因此,高温有利于芦丁的提取,低温可使芦丁析出。而相关树脂吸附荞麦中芦丁的研究表明,温度高,不利于芦丁的吸附,上柱时温度以不超过 40℃为宜;温度低,不利于芦丁的提取,芦丁亦可以从提取液中析出,所以最佳上柱温度为 30~40℃。

2. 上柱溶液的浓度　树脂吸附量是温度和溶液浓度的函数,遵守等温吸附方程,上样液的浓度不同,树脂的吸附规律亦有所不同,在进行研究时,不同的样品需做一定的预试验,确定最佳上样浓度。如在对荞麦芦丁的研究中发现,芦丁浓度越高越有利于吸附,用 10 倍量水浸提原料所得的上柱液中总黄酮平均高达 1.46mg/ml,总黄酮中芦丁量占 80% 左右。在提取液中浓度达 1.2mg/ml,处于过饱和状态,有利于吸附,故过滤后的浸提液可直接上柱,不需浓缩。

上柱溶液的适宜浓度可以通过有关吸附实验进行确定。如不同上样浓度对 XDA-1、LSA-20、D101、ISA-10 等四种树脂的吸附性能影响研究表明,每一种树脂的吸附量开始时都是随着上样液浓度的增大而增大,但当到达一饱和吸附点时就会下降,故可采用这点的浓度作为上样液浓度。

3. 上样液 pH 值　pH 值对吸附过程的影响的基本原理在于,中药有效成分在不同 pH 值条件下溶解性能不同,因而易于吸附或解吸附。

上样液 pH 值对化合物的分离效果影响比较大,既要使成分不被破坏,也要有利于树脂的吸附,应根据化合物结构特点综合考虑,来调整溶液 pH。一般酸性化合物在适宜酸性溶液中充分吸附,碱性化合物在适宜碱性条件下较好地吸附,中性化合物可在大约中性情况下吸附。

pH 值对酸性化合物及碱性化合物的吸附影响特别明显。如不同 pH 下多种树脂分离麻黄碱的研究表明,树脂的吸附量随着 pH 值的增加而逐渐增大。在 pH 为 11 时均达到最大值,其中 XAD-4、XAD-7 树脂在 pH5.0、pH7.0 时吸附量极低。这是由于麻黄碱在此 pH 值下已质子化,形成了极易溶于水的盐类,而不带功能基团的大孔树脂对于盐类的吸附力很低。

4. 盐浓度　盐离子浓度对成分的吸附有一定的影响,一定的盐浓度有助于主要成分在大孔吸附树脂上的吸附。可能由于盐离子的存在,减少了“自由水”的量,这相当于增大了自由水中溶质的浓度,因而吸附量提高了。

有关溶解性与盐浓度的另一种理解是,通常一种成分在某种溶剂中溶解度大,则在该溶剂中,树脂对该物质的吸附力就小,反之亦然。在上样溶液中加入适量无机盐(如氯化钠、硫酸钠、硫酸铵等),降低成分的溶解度,可使树脂的吸附量加大。

关于盐溶液对黄连水提液吸附纯化效果的研究表明,中药上柱液中加入盐会对树脂的吸附能力产生一定的影响,这种影响因盐的种类和用量不同而不同。当氯化钾的浓度为 5%~15% 时,小檗碱的比上柱量降低;当加入高浓度氯化钾和氯化钠时,其比上柱量增加,且氯化钠浓度的变化与残液中小檗碱的浓度满足一定的数学关系:$\log C=-0.7738-0.01703P$,$r=0.995,n=6$。

大孔树脂分离菝葜总皂苷的研究表明,NaCl 浓度在 0.5~1.5mol/L 时,总皂苷吸附量随 NaCl 浓度增加而增加,尤其是在 1.0~1.5mol/L 范围,总皂苷吸附量增加十分明显,两者之间近乎呈线性关系。但当 NaCl 浓度大于 1.5mol/L 时,单位体积树脂的总皂苷吸附量增加较小,再添加 NaCl 对吸附量的影响已经很小,故吸附液的 NaCl 浓度以 1.5mol/L 为宜。

5. 上柱流速　上柱时的流速要根据每个特定品种及分离要求来控制,流速太快,吸附和洗脱会不完全,流速太慢又不经济,通常流速一般控制在 0.5~5ml/(cm²·min)。PYR 树脂对甜菊糖的吸附研究表明,当流速从 1BV/h 提高到 4BV/h 时,PYR 树脂的吸附量下降了约 4%,而 AB-8 则下降了 33%。这说明由于 PYR 树脂的吸附速率较快,其动态吸附性能随流速的变化十分敏感,这一性能有利于树脂的工业化应用。

(二)洗脱工艺条件的筛选

洗脱过程由以下几步组成:洗脱剂分子由溶液主体向树脂外表面及内孔道扩散;洗脱剂分子与吸附在树脂孔道内表面的目标吸附分子碰撞和相互作用;洗脱产物经树脂孔道向溶液主体扩散。因此影响洗脱效率的因素包括:洗脱剂浓度、洗脱剂及脱附产物在树脂孔道内的扩散速度、洗脱剂与目标吸附分子的作用机制等。

1. 洗脱剂的极性　洗脱剂及浓度应根据吸附力的强弱选用,常用洗脱剂有甲醇、乙醇、乙酸乙酯、丙酮等,也有用混合溶剂的,可通过相应的预试验,依具体品种而定。即使吸附量大的树脂,如果不具备较好的洗脱性能,也不利于工业化生产。

一般对非极性大孔树脂,洗脱剂极性越小,洗脱能力越强;对于中极性大孔树脂和极性较大的化合物,则用极性较大的溶剂较为合适。为达满意效果,可设几种不同浓度洗脱,以确定最佳洗脱浓度。实际操作中,需综合考虑多种因素选择合适的洗脱剂。如对银杏叶黄酮类化合物洗脱性能进行研究时,由于选用的 DM-130 型大孔树脂属于弱极性。首先根据相似相溶原理,应选择极性较小的洗脱剂;其次因为黄酮类化合物在溶液中呈弱酸性,因而可使用碱液洗脱,同时考虑到其生物活性,不宜使用强碱;再次黄酮类化合物易溶于甲醇、乙醇、丙酮等有机溶剂,但考虑到甲醇的毒性和丙酮的挥发性,选择乙醇水溶液较宜。

2. 洗脱剂的 pH 值 通过改变洗脱剂的 pH 值,可使吸附质形成离子化合物,易被洗脱下来,从而提高洗脱率。例如,黄连生物碱被树脂吸附后,用 50%、70%、100% 甲醇洗脱,小檗碱的回收率低,为 24.31%~83.46%;用含 0.5%H_2SO_4 的 50% 甲醇洗脱,则小檗碱的回收率可达 100.03%。

3. 洗脱剂用量 洗脱剂的用量根据每个具体品种的吸附量来定,用量太多会造成浪费,不经济;用量不够则洗脱不完全,达不到分离效果,可先通过预试验积累一定的数据再进行放大操作。

4. 洗脱流速 不同的流速解吸率略有不同,如对喜树碱的研究中,当解吸流速分别为1、1.5、2、3、6BV/h 时,解吸率各为 96.5%、96.4%、96.2%、94.3%、90.3%,即解吸率随解吸流速增大而降低。综合解吸效果与节省时间等多方面因素,选择解吸流速为 2BV/h。

四、大孔吸附树脂分离技术的在线检测研究

通过大孔吸附树脂的纯化,往往期望得到纯度较高的产品,因此在实际的工业生产中,对工艺的稳定性、产品的纯度、产率、原料的利用率等方面都提出了较高要求,需要对整个树脂纯化工艺进行精细的全程监控。目前常规的质量监控方式主要依赖经验,辅助以简单的薄层色谱法,这些方法很难保证工艺的重现性和产品的质量,同时也难以实现工程化和自动化。尤其对于树脂纯化技术而言,准确判断洗脱的起点和终点是工艺过程控制的关键,其准确性直接影响产品的纯度和收率,是树脂纯化工艺中的重点和难点。由于受到上样溶液、树脂性能、洗脱温度等多种因素的影响,洗脱的起点和终点会有所变化。使用在线检测的方法则可以根据实际情况,不断调整洗脱起点和终点,从而保证工艺的稳定性,以及产品的纯度与产率,同时也更加便于及时发现问题、解决问题。因而建立能够在线检测的大孔树脂柱色谱系统,是当前中药工业中迫切需要解决的问题。

下面以目前见有报道的大孔树脂分离纯化中药成分的在线检测系统为例,结合大孔树脂分离纯化贯叶金丝桃总黄酮的工艺过程,对该在线检测系统的设计问题进行分析、讨论。

(一) 在线检测系统的设计

1. 大孔树脂纯化贯叶金丝桃总黄酮的问题分析 在贯叶金丝桃总黄酮制备过程中,大孔吸附树脂纯化的具体步骤是:贯叶金丝桃提取物的水溶液部分徐徐注入已处理好的 D101 大孔树脂柱中,先用 1BV 的水洗脱,弃去水洗脱液,再用 1.5BV 的 20% 乙醇洗脱,弃去 20% 乙醇洗脱液,最后用 40% 乙醇洗脱,收集 2BV 的 40% 乙醇洗脱液,回收乙醇并浓缩即得。

以该方法对大孔树脂进行洗脱时,先采用水洗脱,除去未能被树脂吸附的杂质,如糖、氨基酸、多肽等水溶性杂质,洗脱液由最初的浑浊胶体样溶液变为澄清溶液,现象十分明显,很容易掌握水洗脱终点。水洗脱后,改用 20% 乙醇进行洗脱,主要是除掉大极性非黄酮苷类杂质,由于大量的 20% 乙醇也能洗脱下黄酮苷类成分,如何控制 20% 乙醇的洗脱终点,既保证除去杂质,又不损失目标成分,是该纯化工艺的关键。20% 乙醇洗脱后,再用 40% 乙醇洗脱下黄酮苷类成分,40% 乙醇洗脱液是应该被收集的部分。但是,由于树脂柱自身的体积造成洗脱液的延迟,很难判断 40% 乙醇洗脱液何时被完全替换,目标成分何时流出,而且此时溶液显橙红色,与 20% 洗脱液的橙黄色相比差别不大,使洗脱液收集的起始点很难掌握。因此,如何快速有效地判断 20% 乙醇洗脱和 40% 乙醇洗脱的起始点和终止点是整个工艺过

程的难点和重点。

2. 监控方法　由于同类化合物往往有相似的紫外 - 可见吸收特征,因此该类成分的特征吸收波长下的吸收值,与其含量相关,可直观、客观地反应洗脱液的情况;同时以薄层色谱法做比较。以贯叶金丝桃总黄酮制备过程中的大孔吸附树脂纯化步骤为例,收集洗脱液,每15ml 为 1 份,依次编号。

先用毛细管取每 1 份洗脱液点样,进行薄层色谱检识,再用分光光度法测定总黄酮含量。结果见图 7-15。洗脱液第 13~22 号中含有目标化合物,应为收集部分。

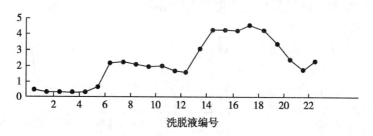

图 7-15　分光光度法检测结果

3. 具有在线检测功能的大孔吸附树脂柱装置的设计　具有在线检测功能的大孔吸附树脂柱装置主要由以下几个部分组成:色谱柱、分流器、检测器(具有流动检测功能)、记录仪或工作站、接收瓶。示意图如图 7-16。将普通的玻璃色谱柱出口连接聚四氟管,下端与三通分流器连接,三通分流器的 2 个出口分别与检测器和接收瓶相连,再将检测器与记录仪相连,即得在线检测大孔吸附树脂柱装置。

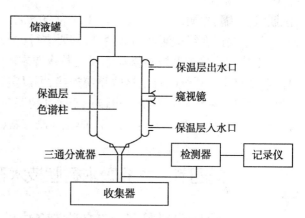

图 7-16　具有在线检测功能的大孔吸附树脂柱装置

(二)在线检测系统的应用

1. 在线紫外检测器波长的选择　贯叶金丝桃总黄酮制备中,经大孔吸附树脂纯化的是黄酮苷类成分,其洗脱液在 270nm 和 360nm 处有吸收峰,采用分光光度法对这两个波长下的检测情况进行了比较,结果见图 7-17。

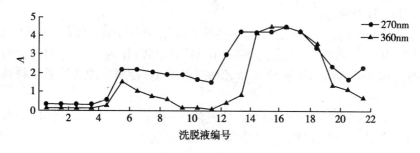

图 7-17　不同检测波长的比较

由图 7-17 可见,在两个检测波长下,第 12~15 号洗脱液吸收度都有明显突跃。在 270nm 检测时,第 13 号洗脱液有明显变化,而在 360nm 时,第 15 号洗脱液才有明显变化,为防止有效成分的损失,应根据所用检测器自带波长的具体情况,选择与 270nm 接近的作为检测波长。

2. 在线紫外检测器流速的选择　由于检测器量程的限制,溶液浓度过大,超出检测器的最大吸收限度时,仪器就会报警,停止工作。所以必须对经分流器流入检测器的溶液的流速进行摸索。经过比较,发现 1.5~2.0ml/min 时,吸收值适当。

3. 采用在线检测方法进行分离纯化的实验结果　实验条件:30mm×210mm 色谱柱,柱床体积 105ml,树脂 D101 树脂用量 70g,上样量 7.0g,吸附流速 2.5ml/min,洗脱流速 2.5ml/min,检测器流速 2.0ml/min,检测波长 280nm,洗脱程序水 -20% 乙醇 -40% 乙醇。经在线检测,记录仪获得洗脱液吸收图谱(图 7-18)。收集含有目标化合物的洗脱液,浓缩、检测,结果以无水芦丁计为 90.8%。

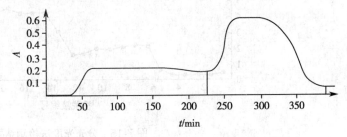

图 7-18　在线检测洗脱液吸收图谱

为了验证在线检测器的适用性,需要进行放大研究,确认结果与前一致。

上述在线检测系统对操作人员的技术要求不高,尤其适用于日常工业化生产中的过程控制,如果将该系统与自动接收系统连接,可以实现大孔树脂纯化中药成分工业化生产的自动化。另外,在线检测系统也可以用于大孔树脂应用的前期实验室研究,作为重要的检测手段,可以避免许多繁琐的实验操作,简化检测方法,大大加快工艺摸索过程。

第四节　大孔吸附树脂技术在制药工程领域的应用

一、大孔吸附树脂在天然药物制备中的应用

大孔吸附树脂在中药有效成分分离纯化中的作用和优势已被认识,其应用范围也越来越广泛。主要用于皂苷类、黄酮及其苷类、蒽醌及其苷类、生物碱类、酚酸类、色素类等的分离纯化以及质量标准的制定,已有大量报道。

1. 有效成分分离纯化　如采用 D4020 型大孔树脂从女贞子中获取红景天苷,所得红景天苷粗品,纯度达 16.34%;用 NKA- Ⅱ大孔树脂,从虎杖中提取分离白藜芦醇,终产品中白藜芦醇的纯度可达 31.28%。

2. 有效部位分离纯化　如黄连中总生物碱的纯化:选用 D101 型大孔树脂,吸附时药材与药液的比例为 1:3,药液的 pH 值为 5.0~6.0,树脂柱径高比为 1:7,药材与树脂的比例为 1:1,洗脱时采用 3 倍树脂床体积的 50% 乙醇。经 D101 处理后的黄连总生物碱纯度可达 50% 以上。

麦冬粗多糖用 AB-8 型大孔树脂纯化,上柱溶液 pH 值为 8,洗脱溶液 pH 值为 8,流速为 1.0ml/min,在此条件下麦冬多糖纯度可达到 81.0%,回收率 71.2%。

大孔树脂纯化金樱根中的总皂苷研究,在静态试验比较 D101、HPD100、NKA-9、DM130

和 AB-8 型大孔吸附树脂对金樱根总皂苷的吸附解吸性能的基础上,选择综合性能较好的 HPD100 和 NKA-9 型大孔吸附树脂进行动态试验。结果表明,NKA-9 型大孔吸附树脂对金樱根总皂苷纯化效果最好,金樱根总皂苷纯度由 36.8% 上升到 62.9%,洗脱率可达 87.8%,且工艺简便。

二、大孔吸附树脂在中药新药研究中的应用

近年来,国家科技部"十五"重大专项——"大孔吸附树脂应用示范性研究",对树脂在新药研究中的应用提出了一系列指导性意见,可供在新药研发中参考。

1. 树脂适用的中药新药类型　大孔树脂吸附技术作为一种有效的分离纯化手段,可适用以下新药研发中的以下情况。

(1) 有效成分的粗分与精制;

(2) 单味药有效部位的制备;

(3) 复方有效部位的制备;

(4) 复方制剂中除去糖、氨基酸、多肽等水溶性杂质,以降低服用剂量或吸湿性。

使用大孔吸附树脂时应注意:

(1) 复方中各味药所含成分性质相似,可混煎后一起纯化;

(2) 复方中各味药所含成分性质差别较大的,应单独提取后再分别纯化;

(3) 单味药中含有多类有效成分,且性质差别较大,各类成分应分别纯化。

2. 树脂技术用于中药新药应注意的工艺研究内容

(1) 树脂纯化工艺条件的正交试验:树脂纯化工艺条件的建立可以采用单因素考察,也可以采用多因素的正交试验。根据研究经验,选择的因素、水平见表 7-14。

表 7-14　树脂纯化工艺考察的因素、水平表

因素水平	药材 - 树脂比例	色谱柱径高比	洗脱速度(BV/h)	收集洗脱液量 *
1	1∶1	1∶3	1	3
2	1∶3	1∶5	2	5
3	1∶5	1∶7	3	7

注:* 可根据检测结果,收集洗脱液

(2) 药材(或提取物)与树脂比例:药材(或提取物)与树脂合适的比例既可确保有效成分不流失,又不浪费树脂,提高树脂的有效利用率。可以在树脂比吸附值考察的基础上,在比吸附值以下设 3~5 个比例进行考察,测定目标成分的得率和含量,分析优选比例。考察药材与树脂之比时以干树脂的量(扣除水分)计算较为合理,可保证工业生产中产品的稳定性。

(3) 色谱柱的径高比:适当的径高比既能保证树脂柱良好的分离效果,又能节约时间。通常适于工业生产的树脂柱的径高比为 1∶3~1∶10,可在这个范围内选择几个比例进行考察。考察指标为目标成分的得率和含量。

(4) 吸附流速和洗脱流速:树脂的粒径都较小,洗脱液即使全部放开其流速也很慢。根据长期实验结果,吸附流速和洗脱流速对目标成分的收率和含量均无明显的影响。为了使目标成分能够充分吸附,吸附流速可适当减慢,一般可以采用全流速的 1/2 速度。洗脱流速建议采用全流速,不必进行考察。

(5) 收集洗脱液量:收集洗脱液的量直接关系到目标成分的得率和含量。目前申报新药

都采用收集洗脱液的体积作为指标,有学者认为此法不科学。因为树脂的吸附性能随着树脂的污染程度和老化程度发生变化,流分体积所含目标成分不断发生变化。应建立相应的检测方法,根据检测结果收集洗脱液。检测方法最简单的是采用 TLC 检测,工业化生产也可以采用紫外检测器、示差折光检测器、蒸发光散射检测器或近红外检测器进行在线检测。

3. 成品中有机残留物的限量检查 国家食品药品监督管理总局要求使用大孔树脂纯化的中药产品,应制定相应的有机残留物的限量检查标准。

在系统研究产品中有机残留物的限量检查方法及相关标准,建立限量检查的方法,并根据 10 多种中药新药 30 多批样品的检查结果,制定了相应的含量限度的基础上,提出大孔树脂纯化工艺成品中有机残留物的限量检查的基本要求如下。

(1) 检查方法:气相色谱法。

(2) 检查成分:应根据树脂合成过程中使用的原料和溶剂确定检查成分。

(3) 测定方法:顶空进样法或溶剂进样法,溶剂进样法优于顶空进样法。

(4) 含量限度:苯不得超过 0.0002%,其他有机残留物不得超过 0.0002%。

(5) 方法学考察:标准曲线和线性关系考察、空白溶剂的气相色谱检测、基线噪音和最低检测限测定、精密度考察、重现性考察、对照品测定、样品测定。

三、大孔吸附树脂在天然药物分离领域其他方面的应用

1. 大孔树脂法测定脂质体包封率 研究药物的包封率是评价脂质体质量的重要指标,目前常用于测定包封率的方法有柱色谱法、渗析法、离心法等,但这几种方法均存在一定局限性。据报道,采用大孔树脂分离脂质体及游离药物,收到了较好的效果。大孔吸附树脂对空白脂质体的吸附作用,主要是由于形成脂质体的磷脂分子中暴露在外部的磷酸根基团部分可以和大孔吸附树脂形成氢键作用。不同种类大孔吸附树脂对空白脂质体的吸附能力不同,影响大孔吸附树脂吸附脂质体的因素可能是极性、比表面积、平均孔径、粒度等。

鉴于 D4020 树脂对于芝麻素有着很好的吸附能力,预饱和大孔树脂柱对空白脂质体的平均回收率为 100.35%,且能很好的保留溶液中及脂质体制剂中的游离药物。因而可采用 D4020 大孔树脂分离脂质体与游离药物,建立大孔树脂法测定芝麻素脂质体包封率的方法。大孔树脂法测定芝麻素脂质体包封率的方法如下:精密量取 0.5ml 的芝麻素溶液,用甲醇稀释于 10ml 的容量瓶中,定容,混匀后,按上述色谱条件进样,测峰面积,代入标准曲线,计算药物含量 W_1;另精密量取 0.5ml 的芝麻素溶液制成脂质体,加于用空白脂质体预饱和的大孔树脂柱顶端,用去离子水洗脱直至脂质体全部被洗脱下来,然后用 80% 的乙醇洗脱,使未包封的芝麻素洗脱于 50ml 容量瓶中,定容,取 10μl 直接进样,测峰面积,代入标准曲线,计算药物含量 W_2 及包封率 En(%)。其中,En(%)$= (1-W_2/W_1)\times100$。经测定包封率在 51%~55% 之间,RSD 小于 1.46%,此方法操作简单,重现性较好。

2. 大孔树脂对丹参毛状根培养过程产物丹参酮的富集作用 丹参具有抗菌消炎、活血化瘀的功效,在治疗心血管系统疾病中具有重要作用。由发根农杆菌感染植物形成的丹参毛状根系统,生长速度较快,遗传性稳定,成为了生产丹参药理活性物质的良好培养系统。但是在丹参毛状根培养中,毛状根所产生的大部分丹参酮类物质主要存在于根内,培养液中的浓度很低。

研究表明 X-5,AB-8 和 XAD-4 等 3 种大孔树脂均可有效吸附丹参毛状根生产的丹参酮类物质,其中树脂 X-5 对总丹参酮的吸附率最高,达到 92.4%,树脂 AB-8 和 XAD-4 对总丹

参酮的吸附率则分别为 83.6% 和 6.7%。

上述 3 种大孔吸附树脂具有相近的比表面积,但树脂 X-5、AB-8 和 XAD-4 的孔径大小范围依次为 29~30nm、13~14nm 和 4nm。因而 X-5 对总丹参酮吸附率高的原因可能就是其孔径较大,因为吸附过程中,树脂内部孔径是吸附质扩散的路径,在比表面积一定的情况下,孔径越大,吸附质的扩散速度也越大,有利于达到吸附和解吸平衡。

树脂 X-5 添加到培养体系中后,由于不断吸附培养液中的丹参酮,致使丹参毛状根中的丹参酮持续向根外释放,以使毛状根和培养液中的丹参酮产量达到平衡。即树脂 X-5 的加入改变了总丹参酮在丹参毛状根培养体系中的分布,大部分丹参酮从毛状根内转移到了树脂"胞外存贮位点",实现了生物合成与分离技术的耦合,有效地简化了后续分离步骤。

(阎雪莹)

参 考 文 献

[1] 屠鹏飞,贾存勤,张洪全.大孔吸附树脂在中药新药研究和生产中的应用.世界科学技术——中医药现代化,2004,6(3):22-28

[2] 郭丽冰,王蕾.常用大孔吸附树脂的主要参数和应用情况.中国现代中药,2006,8(4):26-32

[3] 王跃生,王洋.大孔吸附树脂研究进展.中国中药杂志,2006,31(12):961-96

[4] 黄文强.吸附分离材料.北京:化学工业出版社,2005

[5] 张英,大孔树脂吸附黄柏总生物碱的理论和应用基础研究.博士学位论文,广州中医药大学,2010

[6] 赵明波,姜勇,张洪全,等.大孔吸附树脂纯化贯叶金丝桃总黄酮的在线检测研究.中国中药杂志,2008,33(7):769-771

[7] 黄君梅,谭玉柱,董小萍.女贞子中红景天苷的提取纯化工艺优选.中国实验方剂学杂志,2013,19(10):60-62

[8] 向海艳,周春山,杜邵龙.大孔吸附树脂法分离纯化虎杖中白藜芦醇的研究.中草药,2005,36(2):207-210

[9] 许沛虎,高媛,张雪琼,等.大孔树脂纯化黄连总生物碱的研究.中成药,2009,31(3):390-393

[10] 毛讯.大孔树脂 AB-8 纯化麦冬多糖工艺的研究.安徽农业科学,2010,38(14):7308,7338

[11] 陈钰妍,李斌,李顺祥.金樱根总皂苷提取和纯化工艺研究.中成药,2013,35(5):1095-1098

[12] 许勇,郏征伟,钱大公.顶空气相色谱测定灯盏花素提取物中大孔树脂有机溶剂残留物.中成药,2011,33(8):1351-1355

[13] 陈志强,刘洋.HPLC-大孔树脂法测定芝麻素脂质体包封率.食品科学,2009,30(20):232-234

[14] 曹琳.大孔树脂在丹参毛状根培养生产丹参酮过程中的原位富集.中国中药杂志,2007,32(17):1752-1754

[15] 郭立玮.中药分离原理与技术.北京:人民卫生出版社,2010

第八章　基于液液相平衡原理的分离技术

利用液液相平衡原理进行分离的技术主要有液液萃取、高速逆流色谱、双水相萃取等。液液萃取在中药化学成分的分离过程中被广泛应用，也是发酵工程、细胞工程等生物分离工业化操作中的重要技术。高速逆流色谱已用于天然化合物、合成产物及生物样品的分离纯化，据报道，在生物碱、黄酮、萜类、木脂素、香豆素等成分的研究中均获得成功。双水相萃取技术常被用于生物工程领域蛋白质、酶、核酸、干扰素等的分离纯化，近年已被引入中药制药领域，成为重要的分离手段之一。

第一节　液液萃取技术

一、液液萃取技术原理与影响因素

（一）液液相平衡原理

由 N 个组分组成的，两个不同液相的混合物 L' 和 L''，根据物理化学知识可知，达到平衡的条件：

$$\hat{f}_i^{L'} = \hat{f}_i^{L''} \quad (i = 1, 2, 3, \cdots, N) \tag{8-1}$$

式中，$\hat{f}_i^L$ 为液相中组分 i 的逸度。

如果组分 i 在两个液相间的逸度或化学势相等，则组分 i 在液 - 液界面上的平衡关系成立。且设组分 i 在两相的浓度比 x_i'/x_i'' 为分配系数 K_i，

即：

$$K_i = \frac{x_i'}{x_i''} = \frac{\gamma_i'}{\gamma_i''} \tag{8-2}$$

如图 8-1 所示，由 N 个组分组成 1mol 原料液，将其静置，则分成 ϕ(mol)的 $'$ 相与 $(1-\phi)$(mol)的 $''$ 相，两相互成平衡。这时对组分 i 进行物料衡算，则有：

$$x_i^F = \phi x_i' + (1 - \phi) x_i'' \tag{8-3}$$

用(8-2)式求出 x_i'，代入(8-3)式中，有：

$$x_i'' = \frac{x_i^F}{1 + (K_i - 1)\phi} \tag{8-4}$$

显然有：

$$1 = \sum_{i=1}^{N} x_i'' = \sum_{i=1}^{N} \frac{x_i^F}{1 + (K_i - 1)\phi} \tag{8-5}$$

如果原料组成如图 8-1 所示，在形成双液相系统时，各组分间平衡关系的计算方法及步

骤如下:首先假定,液相的比例为ϕ,此相中组分i的物质的量分数为x_i,然后用(8-3)式求x_i'',并分别求出各相中组分i的活度系数γ_i'和γ_i''以及分配系数K_i,利用这些求得的值代入(8-4)式中可得x_i'',然后检验x_i''的和是否为1。若等于1,计算就可结束,若不等于1,就需按图中的步骤,先求ϕ',再令$\phi=\phi'$并代入(8-3)式中求x_i',依次反复计算,直至x_i''的和为1。关于液液平衡数据,可查阅有关溶解度数据手册和物性常数手册。

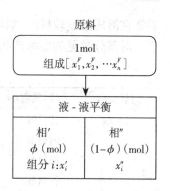

原料

1mol
组成$[x_1^F,x_2^F,\cdots x_n^F]$

↓

液 - 液平衡	
相′	相″
ϕ (mol)	$(1-\phi)$ (mol)
组分$i:x_i'$	x_i''

图 8-1　双液相的形成以及液 - 液平衡

三元物系($i=$A、B、C)的平衡关系可用三角形相图(图 8-2)来表示。首先溶解度曲线在这里作为分界线将三角形的相图分成两部分,即三组分完全互溶的单相区和两液相不互溶的双相区。在双相区点M所表示的组成并不存在。例如在溶解度曲线上的点R_i和E_i所表示的浓度组成可以形成两个液相,显然这两个液相互成平衡,用对应线连结此两点来表示这种平衡关系。通过点R_j的水平线与通过点E_j的垂直线交点的连线即是共轭线,此线从点E_0开始直至点P,P点则称为临界点,从这里进入单相区。

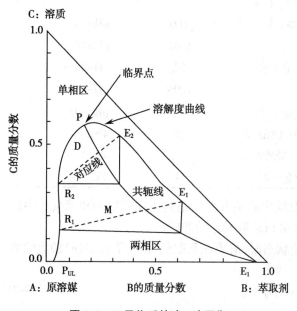

图 8-2　三元物系的液 - 液平衡

(二)液液萃取技术原理

液液萃取技术(liquid-liquid extraction, LLE)是药物制备过程常用的分离技术之一。基本原理是利用在两个不相混溶的液相中各种组分(包括目的产物)溶解度不同,从而达到分离的目的。例如,在pH=4.0 时,枸橼酸在庚酮中比在水中更易溶解;pH=5.5 时,青霉素在醋酸戊酯中的溶解度比在水中大;过氧化氢酶在聚乙二醇水溶液中的溶解度比在葡聚糖水溶液中大。因而,可以用醋酸戊酯加到青霉素发酵液中,并使其充分接触,从而将青霉素萃取到醋酸戊酯中,达到分离提取青霉素的目的。

利用溶剂对需分离组分有较高的溶解能力而进行分离的过程,一般属物理萃取过程。通常,待处理溶液中被萃取的物质被称为溶质,其他部分则为原溶剂,加入的第三组分被称作萃取剂。选取萃取剂的基本条件是对料液中的溶质有尽可能大的溶解度,而与原溶剂不溶或微溶。当萃取剂加入到料液中,混合静置,分成双液相:一相以萃取剂(含溶质)为主,称为萃取相;另一相以原溶剂为主,称为萃余相。

在研究萃取过程时,常用分配系数表示平衡的两相中溶质浓度的关系。对互不相溶的双液相系统,分配系数K为:

$$K=y/x \tag{8-6}$$

式中,y为溶质在轻相中的平衡浓度;x为溶质在重相中的平衡浓度。

通常萃取相主要是有机溶剂,称轻相,用l表示;萃余相主要是水,称重相,用h表示。

通常在溶质浓度较稀时,对给定的一组溶剂,尽管溶质浓度变化,但 K 是常数,可通过实验测定。对部分常见的发酵产物,实验测定的 K 值如表8-1所示。

表8-1　部分发酵产物萃取系统中的 K 值

溶质类型	溶质名称	萃取剂-溶剂	分配系数 K	备注
氨基酸	甘氨酸	正丁醇-水	0.01	操作温度为25℃
	丙氨酸		0.02	
	赖氨酸		0.02	
	谷氨酸		0.07	
	α-氨基丁酸		0.02	
	α-氨基己酸		0.3	
抗生素	红霉素	醋酸戊酯-水	120	
	短杆菌肽	苯-水	0.6	
		三氯甲烷-甲醇	17	
	新生霉素	醋酸丁酯-水	100	pH=7.0
			0.01	pH=10.5
	青霉素F	醋酸戊酯-水	32	pH=4.0
			0.06	pH=6.0
	青霉素G	醋酸戊酯-水	12	pH=4.0
酶	葡萄糖异构酶	PEG550/磷酸钾	3	4℃
	富马酸酶	PEG550/磷酸钾	0.2	4℃
	过氧化氢酶	PEG/粗葡聚糖	3	4℃

1. 液液萃取分离基本方程　液液萃取操作的基本依据是溶质在萃取相和萃余相中的溶解度不同,因此萃取平衡时的分配情况是分析萃取操作的基础。

根据物理化学知识,在液液萃取达平衡状态时,溶质在萃取相(1)和萃余相(h)的化学势相等,即:

$$\mu(1)=\mu(h) \tag{8-7}$$

或写成:

$$\mu^{\ominus}(1)+RT\ln y=\mu^{\ominus}(h)+RT\ln x \tag{8-8}$$

式中, $\mu^{\ominus}(1)$ 为溶质在萃取相中的标准化学势; $\mu^{\ominus}(h)$ 为溶质在萃余相中的标准化学势。

将式(8-8)整理可得:

$$K=\frac{y}{x}=\exp\left[\frac{\mu^{\ominus}(h)-\mu^{\ominus}(1)}{RT}\right] \tag{8-9}$$

式中, R 为气体常数,8.31J/(mol·K); T 为萃取系统热力学温度,K。

由式(8-9)可知,分配系数的对数值与标准状态下化学势的差值成正比。对某一萃取平衡系统,若存在过量的萃取相(1)和少量的萃余相(h),因萃取相(1)是过量的,故此相中溶质的化学势 $\mu(1)$ 可认为是固定不变的,溶质的化学势与浓度关系,如图8-3所示。在萃余相(h)中的化学势是随溶质浓度 x 的变化而变化的。

通常,目的产物(溶质)在萃余相中的浓度是影响回收率的关键。由图8-3可知,如果设法改变萃余相以使其标准化学势 $\mu^{\ominus}(h)$ 增加,则曲线 $\mu(h)$ 就向上平移,结果 $\mu(h)$ 与 $\mu(1)$

的交点就向左移动,即平衡浓度 x 值变小;反之,若降低 $\mu^{\ominus}(\mathrm{h})$ 值,则最终使 x 值变大。

显然,萃余相中的标准化学势 $\mu^{\ominus}(\mathrm{h})$ 是影响浓度 x 的关键。而影响 $\mu^{\ominus}(\mathrm{h})$ 变化亦即影响萃取过程有两个主要因素:溶剂的改变和溶质的改变。

2. 萃取过程的影响因素

(1) 选择不同的萃取剂:选择不同的萃取剂是改变 $\mu^{\ominus}(\mathrm{h})$ 最显而易见的方法。目前已有一些理论,可作为定性分析的指导。例如,可引入溶解度参数去求算分配系数 K。根据此理论,分配系数 K 可用下式求解。

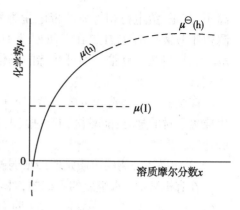

图 8-3　溶质的化学势与浓度的关系

$$
\begin{aligned}
K &= \exp\left[\frac{\mu^{\ominus}(\mathrm{h}) - \mu^{\ominus}(\mathrm{l})}{RT}\right] \\
&= \exp\left[\frac{\overline{V}_{\mathrm{h}}(\delta_{\mathrm{A}} - \delta_{\mathrm{h}})^2 - \overline{V}_{\mathrm{L}}(\delta_{\mathrm{A}} - \delta_{\mathrm{L}})^2}{RT\overline{V}_{\mathrm{A}}}\right]
\end{aligned}
\tag{8-10}
$$

式中,$\overline{V}_{\mathrm{L}}$ 为萃取剂的偏摩尔体积;$\overline{V}_{\mathrm{h}}$ 为原溶剂的偏摩尔体积;$\overline{V}_{\mathrm{A}}$ 为溶质 A 的偏摩尔体积;δ_{L} 为萃取剂的溶解度参数,$\mathrm{J}^{0.5}/\mathrm{m}^{1.5}$;$\delta_{\mathrm{h}}$ 为原溶剂的溶解度参数,$\mathrm{J}^{0.5}/\mathrm{m}^{1.5}$;$\delta_{\mathrm{A}}$ 为溶质 A 的溶解度参数,$\mathrm{J}^{0.5}/\mathrm{m}^{1.5}$。

部分常用萃取剂和溶剂的 δ 值见表 8-2。

表 8-2　部分常用萃取剂(溶剂)的 δ 值

萃取剂(溶剂)	$\delta/(\mathrm{J}^{0.5}/\mathrm{m}^{1.5})$	萃取剂(溶剂)	$\delta/(\mathrm{J}^{0.5}/\mathrm{m}^{1.5})$
醋酸戊酯	1.64×10^4	二硫化碳	2.05×10^4
醋酸丁酯	1.74×10^4	四氯化碳	1.76×10^4
丁醇	2.78×10^4	三氯甲烷	1.88×10^4
环己烷	1.68×10^4	苯	1.88×10^4
丙酮	1.53×10^4	甲苯	1.82×10^4
戊烷	1.45×10^4	水	1.92×10^4
己醇	2.19×10^4		

理论上,可以应用式(8-10)设计实验,即应用两种已知溶解度参数的萃取剂,对溶质 A 进行萃取操作,平衡时,测定偏摩尔体积 $\overline{V}_{\mathrm{L}}$、$\overline{V}_{\mathrm{h}}$ 和 $\overline{V}_{\mathrm{A}}$ 以及操作温度 T,就可应用式(8-10)计算出溶质的 δ_{A}。然后选用新的萃取剂的萃取系统,若知其 δ_{L},则可计算出分配系数 K。当然,该理论值与实际值可能有较大误差,还需经实验确定。

(2) 使溶质发生变化:上述改变萃取剂的办法可使分配系数 K 增大,以改善萃取分离效果。但实际上,由于有些萃取剂价高、易挥发、易燃或有生物毒性,故难于采用。在这种情况下,可通过改变溶质的方法来改善萃取操作。使溶质发生变化的具体方法主要有两种,即通过溶质离子对的选择或萃取系统 pH 值的改变来实现,但通常不应使溶质发生化学变化,否则可能会影响生物活性。

1) 如果溶质可以解离,则设法使其离子对发生改变。因为在水中,溶质解离后成一对离子,其正、负电荷相等而总带电量为零。例如,用三氯甲烷从水溶液中萃取氯化正丁胺,测得丁胺离子 $N(C_4H_9)_4^+$ 在三氯甲烷和水中的分配系数为 $K=1.3$,加入醋酸钠后,分配系为 $K=132$,上升近 100 倍。即可在稀的氯化正丁胺水溶液中,用三氯甲烷萃取得到浓的醋酸正丁胺,即 $CH_3COO^-N(C_4H_9)_4^+$。

该法的关键是选择可溶于萃取剂(通常为有机溶剂)的离子对,以改善萃取操作。常用生成离子对的盐有:醋酸盐、丁酸盐、正丁胺盐、亚油酸盐、胆酸盐、十二酸盐和十六烷基三丁胺盐等。

2) 如果待分离的溶质是弱酸或弱碱,可用改变溶液的 pH 值来提高分配系数。

在有机溶剂 - 水组成的系统中,对弱酸性溶质,有:

$$\log(K_i/K-1)=pH-pK_a \qquad (8-11)$$

式中,K_i 为内部分配系数,K 为表观分配系数。

同理,对弱碱性溶质,有:

$$\log(K_i/K-1)=pK_b-pH \qquad (8-12)$$

式(8-11)和式(8-12)所表达的弱酸或弱碱溶质的分配系数,可通过改变溶液的 pH 值来改变。发酵与生物工程生产中常见物质的 K_a 值见表 8-3。

表8-3 发酵与生物工程生产常见溶质的电离常数的 pK_a

简单酸碱类	醋酸	4.76			磷酸 $H_2PO_4^-$ HPO_4^{2-}	2.14 7.20 12.40	NH_4^+ $CH_3NH_3^+$	9.25 10.6	
	丙酸	4.87							
氨基酸类		pK_1 (COOH)	pK_2 (aNH$_3^+$)	pK_3 (R-)			pK_1	pK_2	pK_3
	亮氨酸	2.36	9.6		组氨酸		1.82	9.17	6.0
	谷酰胺	2.17	9.13		半胱氨酸		1.71	8.33	10.78
	天冬酰胺	2.09	9.82	3.86	酪氨酸		2.20	9.11	10.07
	谷氨酸	2.19	9.67	4.25	赖氨酸		2.18	8.95	0.53
	甘氨酸	2.34	9.6		精氨酸		2.17	9.04	12.48
抗生素	头孢菌素Ⅲ	3.9,5.3,10.5			青霉素		1.8		
	林可霉素	7.6			利福霉素		2.1,6.7		
	新生霉素	4.3,9.1							

根据式(8-11)可知,采用改变溶液 pH 的方法,可以增加目标产物的分配系数,以利于弱酸性物质的分离。

对于拟选的萃取剂,不仅要求对目标产物分配系数大,还要求对相似成分的选择性高,才会获得高的分离效率。选择性系数 β 的计算式为:

$$\beta=\left[\frac{K_i(A)}{K_i(B)}\right]\left[\frac{1+K_a(B)/[H^+]}{1+K_a(A)/[H^+]}\right] \qquad (8-13)$$

由式(8-13)可知,通过改变溶液的 pH 值,可提高选择性系数 β,改善相似物的分离效果。

例 8-1 在醋酸戊酯 - 水系统中,青霉素 K 的 $K_i=215$,青霉素 F 的 $K_i=131$。查手册得知它们的 pK_a 值分别为 $pK_a(K)=2.77$,$pK_a(F)=3.51$,现有混合物青霉素 F 和 K,而 F 是目的产物。若要获得纯度较高的青霉素 F,比较 pH=3.0 和 pH=4.0 时的萃取的效果。

[**解**]　首先,可用题设数据分别求出青霉素 K 和 F 在醋酸戊酯 - 水系统中的分电离平衡常数为:

$$K_a(K)=1.698 \times 10^{-3}$$

和:

$$K_a(F)=3.09 \times 10^{-4}$$

再应用式(8-13),求出 pH=3.0 时 F 与 K 在萃取系统中选择性系数:

$$\beta_1 = \frac{K_i(F)}{K_i(K)} \times \frac{1+1.698 \times 10^{-3}/10^{-3}}{1+3.09 \times 10^{-4}/10^{-3}} = 1.256$$

同理可算出 pH=4.0 时,$\beta_2=2.679>\beta_1$。故在 pH=4.0 时进行萃取操作可得到纯度较高的青霉素 F 产品。

二、液液萃取工艺流程

根据料液和溶剂接触与流动情况,可以将萃取操作过程分为单级萃取和多级萃取,后者又可分为错流接触和逆流接触萃取。根据操作方式不同,萃取又可分为间歇萃取和连续萃取。

1. 单级萃取　单级萃取操作是使含某溶质的料液与萃取剂接触混合,静置后分成两层。对生物分离过程,通常料液是水溶液,萃取剂是有机溶剂。混合、分层后,有机溶剂在上层,为萃取相(l);水在下层,为萃余相(h)。

单级萃取过程的计算方法有解析法和图解法,分述如下。

(1) 单级萃取过程的解析计算法:对于给定的单级萃取系统,若要根据给料中某溶质的浓度计算,则溶质在萃取相和萃余相中的浓度,可应用关系式(8-9)为基础进行计算。应用此式计算的前提条件是假定传质处于平衡态。当溶质浓度较低时(发酵液等生物反应料液基本属此类),溶质在萃取相中的浓度 y 与萃余相中的浓度 x 成直线关系,即

$$y=Kx \tag{8-14}$$

要分析萃取过程,除了平衡关系式(8-14)外,还需要进行萃取前后溶质的质量衡算。根据质量守恒定律,有

$$Hx_0+Ly_0=Hx+Ly \tag{8-15}$$

式中,H 为给料溶剂量;L 为萃取剂量;x_0 为给料中溶质浓度;y_0 为萃取剂中溶质浓度(通常 $y_0=0$);x 为萃余相中溶质平衡浓度;y 为萃取相中溶质平衡浓度。

本章讨论的萃取操作假设萃取相与萃余相互不混溶,所以操作过程中 H 和 L 的量不变。综合式(8-14)与(8-15),则可求得平衡后萃取相中溶质的浓度为:

$$y = \frac{Kx_0}{1+E} \tag{8-16}$$

式中,E 称作萃取因子:

$$E = \frac{KL}{H} \tag{8-17}$$

相应地,萃余相中溶质浓度为:

$$x = \frac{x_0}{1+E} \tag{8-18}$$

或令 P 为萃取回收率,则:

$$P = \frac{Ly}{Hx_0} = \frac{E}{1 + E} \tag{8-19}$$

(2) 单级萃取过程的图解计算法：萃取操作实践表明，y 与 x 的关系往往偏离直线关系，故使解析法会产生较大误差，此时可用图解法。

应用图解法解析萃取问题，同样也需要两个基本关系式，即

$$y=f(x) \tag{8-20}$$
$$Hx+Ly=Hx_0 \tag{8-21}$$

其中式(8-21)为式(8-15)的简化结果，因为一般的分批萃取操作萃取剂几乎不含溶质，即 $y_0=0$。而对于式(8-20)，必须通过萃取实验，求出 y 与 x 的对应关系，然后在直角坐标上绘成平衡线，如图8-4所示。

如图8-4所示，通过原点的曲线是由一系列的 y 与 x 的对应平衡值绘制的，称为平衡线，而直线是根据质量衡算式(8-21)绘制的，称为操作线。这两条线的交点就是单级萃取操作达到平衡状态后对应的 x 和 y 值。实践表明，图解计算法对多级萃取操作更简便。

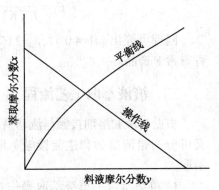

图 8-4　间歇萃取过程试验曲线

例 8-2 拟用醋酸戊酯为萃取剂从发酵液中萃取苏氨酸，其平衡方程为 $y = \sqrt{2x}$，y 和 x 的单位为 mol/L。现用 $1m^3$ 的醋酸戊酯，单级间歇萃取 $5m^3$ 发酵液的苏氨酸，已知该发酵液含苏氨酸浓度为 0.02mol/L，求产品萃取的回收率。

[解] 因萃取相的产品浓度和萃余相中产品浓度 x 不成直线关系，故宜用图解法求解。

(1) 图解法求解：苏氨酸萃取操作见图8-5，根据平衡方程式 $y = \sqrt{2x}$，在直角坐标系作平衡线。

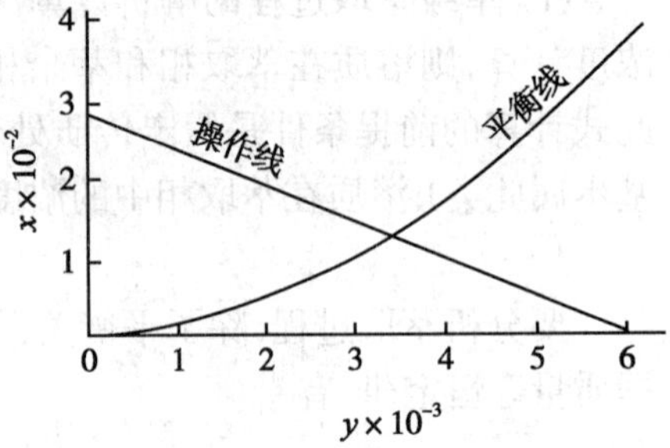

由题意知，发酵液量为 $H=5.0L$，萃取剂量为 $L=1.0L$，根据质量守恒定律可作操作线，根据式(8-21)，其方程式为 $y=5(x_0-x)$。

图 8-5　图解苏氨酸萃取操作过程

根据图8-5，可得：

$$y=0.083(mol/L)$$

所以产品萃取回收率为：

$$P = \frac{yL}{x_0H} = \frac{0.083 \times 1}{0.02 \times 5} = 83\%$$

(2) 解析法求解：根据题设，得平衡方程式和操作线方程式分别为：

$$y = \sqrt{2x}$$
$$y=5(0.02-x)$$

解上述联立方程组可得出相应的 x 和 y：

$$x=0.00343(mol/L)$$
$$y=0.0282(mol/L)$$

故产品回收率应为：

$$P = \frac{yL}{x_0 H} = \frac{0.0828 \times 1}{0.02 \times 5} = 82.8\%$$

2. 多级萃取过程 多级逆流萃取过程具有分离效率高、产品回收率高、溶剂用量少等优点,是工业生产中最常用的萃取流程。

(1)多级逆流萃取流程:多级逆流萃取流程如图 8-6 所示。

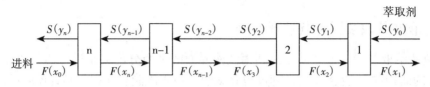

图 8-6 多级逆流萃取流程

(2)多级逆流萃取过程的解析计算法:对如图 8-6 所示的流程进行多级逆流萃取操作分析,和单级萃取过程类似,多级萃取过程也以萃取平衡方程和质量衡算方程为基础。

式(8-22)给出了第 n 级萃取后,进料浓度 x_0 和萃余相浓度 x_1 之间的关系。显然萃余相的浓度 x_1,主要取决于萃取系数 E 和萃取级数 n。

$$x_0 = \left(\frac{E^{n+1} - 1}{E - 1} \right) x_1 \tag{8-22}$$

若已知溶质浓度 x_0、萃取系数 E 和萃取级数 n,就可应用式(8-22)求萃余相中的溶质浓度 x_1,或可求出萃取操作产物(溶质)的提取百分率。或者,已知萃余相中产物的残存分率(x_1/x_2)以及萃取级数,可根据式(8-22)计算萃取系数 E,以选择适当的料液流速和萃取剂流速 H 和 L。此外,若已知萃取系数 E 和拟实现工艺规定的浓度,就可估算萃取总级数 n。

由方程(8-22),可得出目标产物萃取收率:

$$P = \frac{E^{n+1} - E}{E^{n+1} - 1} \tag{8-23}$$

例 8-3 用醋酸戊酯萃取发酵液中的青霉素,已知发酵液中青霉素浓度为 0.26kg/m³,萃取平衡常数为 $K=48$,处理能力为 $H=0.45$m³/h,萃取溶剂流量为 $L=0.045$m³/h。若要产品回收率达 98%,试计算理论上所需萃取级数 n。

[**解**] 由题设,可求出萃取因子 E,即:

$$E = \frac{KL}{H} = \frac{48 \times 0.045}{0.45} = 4.8$$

根据式(8-23),得出含级数 n 的方程:

$$\frac{4.8^{n+1} - 4.8}{4.8^{n+1} - 1} = 98\%$$

解上述方程得 $n=2.35$,取整为 3。故所需萃取级数为 3。

例 8-4 现用液液萃取精制葡萄糖异构酶。所选用的萃取溶液为聚乙二醇和磷酸钾溶液。已知葡萄糖异构酶在此液液系统中的分配系数 $K=3$。先把异构酶溶解到磷酸钾溶液中,采用 4 级萃取塔分离系统,两种液体的流速之比为 $H/L=2$,求该萃取系统的异构酶的回收率。

[**解**] 根据式(8-23),可得异构酶产物萃取回收率为:

$$P = \frac{E^{n+1} - E}{E^{n+1} - 1}$$

而题设萃取级数 $n=4$，故萃取因子为：

$$E = \frac{KL}{H} = 3 \times \frac{1}{2} = 1.5$$

由此求算出萃取回收率：

$$P = \frac{1.5^{n+1} - 1.5}{1.5^{n+1} - 1} = 92.4\%$$

三、液液萃取装置及其选择原则

1. 液液萃取装置 液液萃取是利用液液界面的平衡分配关系进行的分离操作。所以液液界面的面积愈大，达到平衡的速度也就愈快。由于液滴表面积与其直径成反比，所以液滴愈细小，比表面积愈大。当两相混合达到平衡后，各相的液滴需集中起来分成轻重两相。由于两相密度差不太大，所以液滴越细小，聚集、分相的时间越长。考虑到实际设备不可能无限大，因此萃取操作中液滴不能分散的过细。

图 8-7 所示的搅拌澄清槽是最基本的萃取装置，把原料与萃取剂倒入混合槽，用搅拌器提供能量，使液滴细碎化，达到平衡后再放入澄清槽、静置。在重力作用下，轻液上浮、重液下降，分成萃取相和萃余相，分别取出。如此操作若只进行一次，不能达到分离要求时，还可将几组装置串联，进行多次萃取。由于原料与萃取剂呈逆流流动，接触比较充分，所以有利于溶质的分离与回收。

由于上述理由，塔式萃取设备采用了完全逆流方式。图 8-8 是有代表性的几例。在原料与萃取剂中，把密度较大的重相从塔顶输入，而密度较小的轻相以液滴的形式作为分散相从塔底输入，两液相在塔内呈逆流接触进行萃取。对于喷射塔，在其底部将轻相喷成液滴后在塔内上升。对于多孔塔，轻相在通过多孔板时就被细化成液滴。回转圆板塔也可以产生

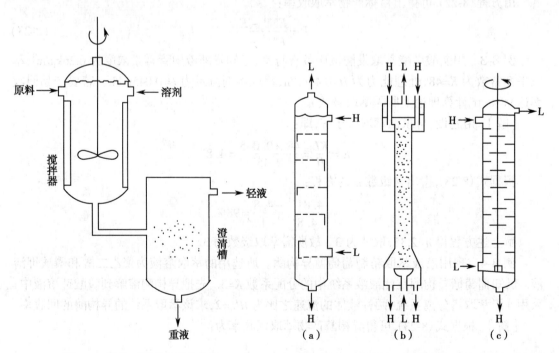

图 8-7 搅拌-澄清型萃取装置

图 8-8 常见的液-液萃取塔（L-轻相，H-重相）
(a)多孔板式塔；(b)喷射塔；(c)回转圆板塔

同样的效果,而且萃取效率比喷射塔更高。

萃取所用的设备直接影响到操作规模,对于小规模萃取,通常选用单级萃取设备中的分液漏斗(图8-9所示),对于大规模萃取,则要选用图8-9中的其他混合澄清设备。

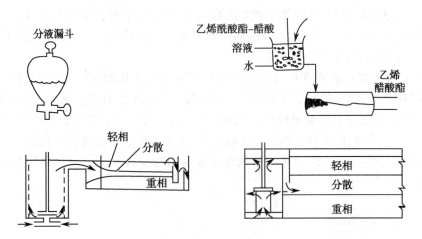

图 8-9　单级萃取设备

与单级萃取操作类似,多级萃取设备也有多种类型,如混合沉降器、筛板萃取塔、填料萃取塔等等。

图8-10是三级逆流混合器萃取设备流程。由该图可见,青霉素发酵料液经过滤除去悬浮固体后,进入第一级混合萃取罐,在此与从第二级沉降器来的萃取相(含产品青霉素)混合接触,然后进入第一级沉降器分成上下两液层,上层为萃取相,富含目的产物,送去蒸馏回收溶剂,实现产物的进一步精制;而下层为萃余相,产物的浓度比新鲜料液低得多,送第二级萃取回收产物。如此经三级萃取后,最后一级的萃余相,目标产物含量很低,经处理,符合环保要求后,作为废液排放。

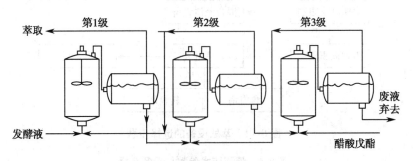

图 8-10　三级逆流萃取设备流程

2. 萃取设备选择原则　萃取设备的选择,要在了解不同设备特性的基础上,参考以下原则:萃取系统的物性参数、两相的停留时间、工艺需要的理论级数、设备投资费和维修费用、设备安装要求等。

萃取系统的物性参数,是设备选择的依据之一。在无外功输入的萃取设备中,液滴的大小和界面张力 σ 与两相密度差 $\Delta\rho$ 的比值($\sigma/\Delta\rho$)有关。若 $\sigma/\Delta\rho$ 大,液滴较大,两相接触界面减少,降低了传质系数。因此,无外能输入的设备只适用于 $\sigma/\Delta\rho$ 较小,即界面张力小,密度差较大的系统。当 $\sigma/\Delta\rho$ 较大时,应选用有外功输入的设备,使液滴尺寸变小,提高传质系数。对密度差很小的系统,选择离心萃取设备比较合适。对于强腐蚀性的物系,宜选取结构简单的填料塔或采用内衬或内涂耐腐蚀金属或非金属材料(如塑料、玻璃钢)的萃取设备。如果物系有固体悬浮物存在,为避免设备堵塞,一般可选用转盘塔或混合澄清器。

对某一液液萃取过程,当所需的理论级数为2~3级时,各种萃取设备均可选用。当所需的理论级数为4~5级时,一般可选择转盘塔、往复振动筛板塔和脉冲塔。当需要的理论级数更多时,一般只能采用混合澄清设备。

根据生产任务的要求,如果所需设备的处理量较小时,可用填料塔、脉冲塔、混合澄清设备。

在选择设备时,物系的稳定性和停留时间也要考虑,例如,在抗生素生产中,由于稳定性的要求,物料在萃取设备中要求停留时间短,这时选用离心萃取设备是合适的;若萃取物系中伴有慢的化学反应、要求有足够的停留时间时,选用混合澄清设备较为有利。

根据以上一些选择原则,萃取设备的选择步骤如图 8-11 所示。部分萃取设备的特性见表 8-4 所示。

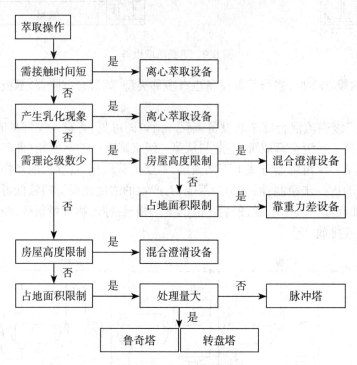

图 8-11 萃取设备的选择步骤

表 8-4 萃取技术参数与设备选择

参数	选用设备		
	低	中	高
传质速率(动力学)	搅拌塔	混合澄清设备	离心萃取设备或无搅拌塔
所需理论级数	混合澄清设备	离心萃取设备	搅拌塔
分离需要泵或澄清设备	搅拌塔或离心萃取设备	无搅拌塔	混合澄清设备
设备费和维修费	无搅拌塔	搅拌塔或混合澄清设备	离心萃取设备
溶剂存储量	离心萃取设备	塔式设备	混合澄清设备
处理量	无搅拌塔	搅拌塔	搅拌塔或离心萃取设备

对于工业装置,在选择萃取设备时,还应考虑设备的负荷、流量范围、两相流量比发生变化对理论级数的影响,以及所选设备对建筑物高度和面积的要求。

四、萃取与工业色谱相结合批量制备中药活性成分的研究

近年来,液液萃取技术已用于中药活性成分的规模制备,在产业化过程中取得了重要的发展。如,水溶性丹酚酸类化合物是丹参主要有效成分,其中丹酚酸 B 含量最高,约占总丹酚酸的 70%,具有强烈的清除自由基和抗氧化作用,但丹酚酸 B 不稳定。传统萃取,以及大孔树脂吸附工艺制备丹酚酸 B,不仅成分损失较大,而且很难得到大量高纯度丹酚酸 B。近年利用萃取与工业色谱相结合的方法,可批量制备高纯度丹酚酸 B。

液液萃取与工业色谱相结合批量制备丹酚酸 B 的过程简述如下。

1. 原料预处理　将丹参粉碎后用 70% 乙醇浸提多次,所得溶液经浓缩后得到丹参乙醇浸提浓缩液。

2. 萃取工艺的优化　丹参中多种水溶性物质在不同有机溶剂中分配系数不同,按照极性从低至高的原则,先后用三氯甲烷、乙醚和乙酸乙酯萃取。

TLC 及 HPLC 检测发现,三氯甲烷萃取除掉了大部分脂溶性物质,乙醚萃取层与乙酸乙酯萃取层中的丹参水溶性物质基本一致,均以丹酚酸 B 为主。

由于酚酸类化合物的分配系数受 pH 影响较大,通过实验确定乙酸乙酯萃取丹酚酸 B 的最佳范围为 pH3~4。

依据上述实验结果,确定优化的萃取流程:将上述丹参乙醇浸提浓缩液经三氯甲烷萃取,除去脂溶性成分;三氯甲烷萃余层加入乙酸乙酯萃取,同时用硫酸调 pH3~4,得到大部分丹酚酸 B 及其他极性较低的丹参水溶性化合物。

3. 工业色谱分离制备丹参水溶性化合物

(1) 色谱洗脱剂的选择:以 TLC 为依据,选择洗脱体系,比较分别以二氯甲烷和乙酸乙酯为展开剂的两个体系,R_f 值均控制在 0.12~0.15。结果表明,以乙酸乙酯为展开剂的溶剂系统分离效果较好,但存在拖尾现象。加入拖尾抑制剂正丁醇,洗脱剂极性变大,选择三氯甲烷作为极性调节剂调整体系极性。通过 TLC 最终确定柱色谱洗脱剂比例为乙酸乙酯 - 正丁醇 - 三氯甲烷 1∶1∶0.5~1∶1∶2,梯度洗脱。

(2) 正相及反相工业色谱柱色谱分离:将萃取得到的乙酸乙酯层浓缩后上柱,采用乙酸乙酯 - 正丁醇 - 三氯甲烷 1∶1∶2~1∶1∶0.5,梯度洗脱。对等体积收集到的样品进行 TLC 分析,发现此分离过程对丹参水溶性化合物有较好的分离效果,经液相色谱监测,合并流分,得到 A、B、C、D 4 部分。A 段富集了大部分丹参水溶性化合物,B 段和 C 段均以丹酚酸 B 为主,保留时间在 10~30min 的高极性化合物含量明显减少,D 段主要成分为丹酚酸 B。

色谱图(图 8-12)显示,分离得到的样品中仍存在一定量低极性化合物(保留时间为 40~60min 的化合物),显然仅利用正相色谱无法一次得到高纯度丹酚酸 B,有必要用反相工业色谱除去这部分"杂质"。

利用 HPLC 确定反相工业色谱分离的优化条件:采用台阶梯度洗脱方法对已经通过正相色谱除去了大部分高极性化合物的"样品 D"进行反相工业色谱分离

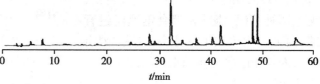

图 8-12　D 段样品色谱图

制备,具体制备条件如下:以甲醇/水为洗脱剂,洗脱比例从甲醇-水(10∶90)开始,之后甲醇的体积分数以10%递增,直至以100%甲醇洗脱一定体积。HPLC分析结果表明,甲醇-水(40∶60)洗脱出的化合物为纯度为98.7%的丹酚酸B。

第二节　高速逆流色谱

一、色谱分离过程的基本原理及溶剂系统选取原则

(一)高速逆流色谱技术的基本原理

高速逆流色谱技术(high speed counter-current chromatography,HSCCC)是20世纪80年代由美国Yoichiro Ito博士发明的一种新的逆流色谱技术。它是基于液液分配原理,利用螺旋管的方向性与高速行星式运动相结合,产生一种独特的动力学现象实现混合物的分离。HSCCC基本原理如图8-13所示,其管柱是由聚四氟乙烯管在圆形撑架上绕制而成,形成一个多层的螺旋管柱。撑架围绕离心仪的中轴线公转,同时以同样的角速率ω自转,这样的运动导致管内两相的剧烈混扰、分层、递送,对溶质的分配分离极为理想,如果

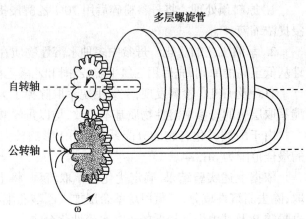

图8-13　高速逆流色谱仪行星式运动结构

以800转/分的转速旋转,其分配的频率高达每秒13次以上。因此,HSCCC用很少量的溶剂,就能实现混合物的快速分离。

两相逆向流动原理:阿基米德螺旋线的导向作用(Archimedean screw effect)与行星式运动相结合,产生了一个独特的流体动力学效果,使多层螺旋分离管内互不相溶的两相形成逆向流动。在一个两端封闭的绕管内引入互不相溶两相,经旋转分离后,两相会完全分离,并分别集聚于管子两端,假设把螺旋分离管拉直,其分离后的效果如图8-14a所示。一般把轻相(两相中的有机相)所在的一端称为"首端",把重相(两相中的水相)所在的一端称为"尾端"。虽然这种独特的流体运动机制尚不清楚,但其妙处在于:在旋转时,如果先在绕管中注满轻相,重相从"首端"注入,将向"尾端"移动;同理,如果先在分离管中注满重相,轻相从"尾端"注入,将向"首端"移动,如图8-14b所示。由此可知,无论哪种情况,流动相都会迅速流过管路,而另一相留在了管路中,成为"固定相",固定相的保留体积很大程度上取决于两相的界面张力、比重差和黏度。

两相充分混合原理:多层螺旋分离

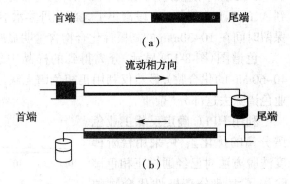

图8-14　高效逆流色谱流动相移动示意图
(a)两相经分离后聚集在分离管两端;(b)单向流动模型

管以角速度 ω 自旋,在离心力的用作下,重相远离自转轴,流向管外侧,而轻相流向管内侧。如图 8-15 所示,当分离管转到离公转轴 O 接近的位置时,在公转产生的离心力的作用下,重相被甩离公转轴,而轻相移向公转轴,此时,轻重两相沿分离管径向逆向流动,发生剧烈混合,当转过该区域后,在公转与自转共同作用下,两相开始分层,特别是在离公转轴最远端,两相所受离心力叠加,分层最彻底。

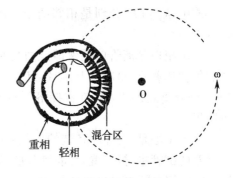

图 8-15　高速逆流色谱两相混合与分层机制

　　该技术分离效率高,超载能力强,溶剂用量少,不需要固体载体,可避免因不可逆吸附而引起的样品损失、变性、失活等问题。具有应用范围广,回收率高,制备量大等优点,特别适用于极性化合物的分离,是一种理想的制备分离手段。与 HPLC 的放大过程相比,该技术具有分离过程简单,操作容易,溶剂消耗量少等优势。

(二)高速逆流色谱两相溶剂系统选择原则

　　在建立 HSCCC 分离方法时,选择合适的溶剂系统是关键。溶剂系统的选取原则如下:①目标组分在溶剂系统中稳定,且有一定的溶解度;②所选的溶剂系统可分成适当相比的两相,避免溶剂浪费;③溶剂系统能够提供适当的分配系数;④固定相在管内有一定的保留能力。

　　分配系数 K 是指逆流色谱中固定相中溶质的浓度与流动相中溶质的浓度之比,其定义如下:

$$K = \frac{c_S}{c_M} \tag{8-24}$$

式中,c_S 与 c_M 分别是固定相与流动相中溶质的浓度(g/L)。为了取得较好的分离效果,一般要求 $0.5 \leqslant K \leqslant 1.0$。如果分配系数 K 较小,则溶质保留时间短;如果 K 值较大,则溶质保留时间长,溶质保留时间要适当,否则影响分离。在实际应用过程中,一般是通过测定上下两相的分配系数,来选择固定相与流动相,并判断所选溶剂系统是否合适,上下相的分配系数表示为:

$$K_{U/L} = \frac{c_U}{c_L} \tag{8-25}$$

式中,c_U 与 c_L 分别是上相与下相中溶质的浓度。一个较好的两相系统,要求 $0.5 \leqslant K_{U/L} \leqslant 2$。一般规律是,当 $0.5 \leqslant K_{U/L} \leqslant 1$ 时,上相作为固定相,下相作为流动相;当 $1.0 \leqslant K_{U/L} \leqslant 2$ 时,下相作为固定相,上相作流动相。比如 $k_{U/L}=2$ 时,$K=0.5$。

　　在实际应用过程中,对于单一组分,可以采用分光光度计法测定上下相吸光度来确定分配系数,对于复杂的多元组分可以采用 HPLC 来分离混合物,用目标成分的色谱峰高或面积来确定分配系数,对于没有紫外吸收的复杂样品,采用薄层色谱,对目标成分进行显色处理,用斑点面积来确定分配系数。

　　HSCCC 进行多组分分离时,除分配系数 K 影响分离效果外,与相邻组分的分离度也是影响分离效果的重要参数,分离度 α 定义如下:

$$\alpha = \frac{K_1}{K_2} \tag{8-26}$$

式中，K_1 和 K_2 分别是相邻两组分的分配系数。为获得较好的分离效果，要求分离度 $\alpha \geq 1.5$。

固定相在分离管内的保留能力是对分离度有重要影响的指标。一般要求固定相在管内的保留体积在 50% 以上，则各组分峰形较窄，对称性好，分离度高。如果保留体积低于 30%，则分离效果变差。在选择溶剂系统时，可通过测定两相的分相时间，来估计固定相保留体积。

具体做法是：首先将备选的溶剂系统置于分液漏斗，静置分层。从上、下相各取 2ml 放入具塞的试管中，振荡混合，静置分层，记录分层时间，一般来说，分层时间应低于 20 秒，可以使固定相保留体积在 50% 以上。

逆流色谱溶剂系统一般可分为三大类：由极性小的非水相与水相组成的亲油性系统；由极性大的非水相与水相组成的亲水性系统；第三类为中间系统。各系统组成见表 8-5。

表 8-5　HSCCC 常用溶剂系统表

	正己烷	乙酸乙酯	甲醇	正丁醇	水
	10	0	5	0	5
	9	1	5	0	5
非极性增大	8	2	5	0	5
	7	3	5	0	5
	6	4	5	0	5
	5	5	5	0	5
	4	5	4	0	5
中等极性	3	5	3	0	5
	2	5	2	0	5
	1	5	1	0	5
	0	5	0	0	5
	0	4	0	1	5
极性增大	0	3	0	2	5
	0	2	0	3	5
	0	1	0	4	5
	0	0	0	5	5

在 HSCCC 分离纯化天然药物化学成分时，要根据目标成分的极性，按表进行溶剂系统的筛选。如果目标成分的极性是未知的，应当从表 8-5 中等极性行开始，即以正己烷 - 乙酸乙酯 - 甲醇 - 水的体积比为 3：5：3：5 开始，如果 $K_{U/L}$ 略高于 2，则通过增加正己烷与甲醇的量来减小 $K_{U/L}$ 值，如正己烷 - 乙酸乙酯 - 甲醇 - 水的体积比调整为 3.2：5：3.2：5；如果 $k_{U/L}$ 略低于 0.5，则通过减小正己烷与甲醇的体积来提高 $k_{U/L}$ 值，如将比例调整为 2.8：5：2.8：5。当远离了 $0.5 \leq K_{U/L} \leq 2.0$ 范围，如果目标组分主要分配在上相，需沿着表 8-5 增加非极性方向选择溶剂系统。如果目标组分主要分配在下相，则需沿着增加极性方向选择溶剂系统。实际应用时，参考以上规律选择相应的两相溶剂体系，然后通过测定目标成分在不同比例溶剂体系中的分配系数，再确定各种溶剂的具体比例，从而确定最佳的 HSCCC 溶剂系统。

二、高速逆流色谱在天然药物分离中的应用

HSCCC 技术已成功从天然产物中分离生物碱、黄酮、萜类、木脂素、香豆素等成分。例如从洋金花总碱中分离莨菪碱和东莨菪碱;从银杏叶提取物中分离黄酮和白果内酯;从云南红豆杉提取物中分离紫杉醇。

人参果为五加科植物人参(*Panax ginseng* C·A·Mey)的成熟果实。人参果中皂苷含量丰富,其中又以人参皂苷 Re 含量最高,且人参皂苷 Re 被《中国药典》规定为人参属植物及其产品的质量控制成分。人参果中化学成分复杂,尤其是色素含量较多,采用硅胶层析和制备液相色谱分离时首先要除掉色素,否则影响分离的结果。以下对 HSCCC 制备人参果中人参皂苷 Re 的作简要介绍。

1. 样品预处理　人参果取籽后的果渣 10kg,用 70% 乙醇溶液浸泡过夜,超声提取30min,提取 3 次,提取液过滤后浓缩得人参果浸膏 200g。

2. 溶剂系统筛选　采用薄层色谱法为高速逆流色谱溶剂系统分配系数的测定值提供依据,对三氯甲烷 - 甲醇 - 正丁醇 - 水、正己烷 - 正丁醇 - 水、乙酸乙酯 - 正丁醇 - 水进行溶剂系统的筛选,结果表明:乙酸乙酯 - 正丁醇 - 水(1:6:7)为最佳溶剂系统,详见表 8-6。

表 8-6　HSCCC 溶剂系统筛选

溶剂系统	固定相保留率(%)	分配系数(k)
三氯甲烷 - 甲醇 - 正丁醇 - 水(5:6:1:4)	10.5	0.22
三氯甲烷 - 甲醇 - 正丁醇 - 水(6:6:2:4)	26.7	0.34
三氯甲烷 - 甲醇 - 正丁醇 - 水(6:6:3:4)	30.9	0.28
正己烷 - 正丁醇 - 水(3:4:7)	20.1	0.34
正己烷 - 正丁醇 - 水(3:5:7)	33.0	0.82
正己烷 - 正丁醇 - 水(4:5:7)	35.8	1.33
乙酸乙酯 - 正丁醇 - 水(1:4:7)	36.0	1.45
乙酸乙酯 - 正丁醇 - 水(1:5:7)	38.7	1.64
乙酸乙酯 - 正丁醇 - 水(1:6:7)	40.0	1.77

3. 有效成分分离

(1)溶剂系统的配制:乙酸乙酯 - 正丁醇 - 水(1:6:7)比例配制溶液 2000ml,置于分液漏斗中,振荡、分层,放置过夜。

(2)样品制备:将人参果浸膏溶于 500ml 蒸馏水中,转入分液漏斗,加入 500ml 正丁醇,萃取 5 次,合并正丁醇溶液,浓缩得浸膏 80g,取 5g 浸膏用 1:1 上下相 20ml 溶解。

(3)高速逆流色谱分离:将固定相(上相)由首端向尾端注入分离管中,主机转速为 900r/min,然后以 2ml/min 的流速泵入流动相(下相),待两相在柱中达到平衡状态时(同时测定保留率),进样 20ml。

4. 紫外检测　紫外检测器在 203nm 检测,吸光值升高开始收集流分,每 3 分钟收集1 试管。

5. 薄层色谱定性　以三氯甲烷 - 甲醇 - 水(65:25:10)下层作为展开剂,5% 硫酸乙醇溶液显色,每隔 3 管对分离出的组分进行薄层检测,合并 R_f 相同的流分。

6. 结晶与重结晶　接取 200~230min 流分,合并、浓缩,浓缩液用甲醇溶解,结晶,最终

得到 400mg 人参皂苷 Re,纯度为 98.84%。

第三节　双水相萃取技术

双水相萃取(aqueous two phase extration,ATPE)技术始于 20 世纪 60 年代,当时主要研究的是聚乙二醇 / 葡聚糖(PEG/DEX)系统和 PEG/ 盐系统在分离领域的应用。在随后的几十年,这项技术有了长足的发展。1979 年德国的 Kula 等人将双水相萃取技术应用于生物产品的分离。由于双水相技术具有条件温和,容易放大,可连续操作等优点。目前该技术几乎在所有的生物分离纯化中得到应用,如氨基酸、多肽、核酸、细胞器、细胞膜、各类细胞、病毒等,特别是成功地应用在蛋白质的大规模分离纯化中。国内自 20 世纪 80 年代起也开展了双水相萃取技术研究。

一、双水相萃取技术原理与双水相萃取技术特点

1. 双水相系统的形成　不同的高分子溶液相互混合可产生两相或多相系统,如葡聚糖与聚乙二醇按一定比例与水混合,溶液浑浊,静置,平衡后,分成互不相溶的两相,上相富含 PEG,下相富含 DEX,见图 8-16。许多高分子混合物的水溶液都可以形成多相系统。如明胶与琼脂,明胶与可溶性淀粉的水溶液形成的胶体乳浊液体系,可分成两相,上相含有大部分琼脂或可溶性淀粉,而大量的明胶则聚集于下相。

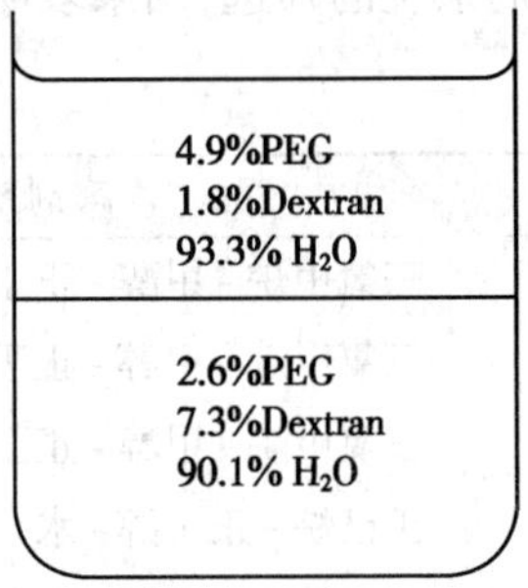

双水相系统的形成主要是由于高聚物之间的不相溶性,即高聚物分子的空间阻碍作用,无法相互渗透,不能形成均相,从而具有分离倾向,在一定条件下即可分为二相。一般认为只要两聚合物水溶液的憎水程度有所差异,混合时就可发生相分离,且憎水程度相差越大,相分离的倾向也就越大。

一般而言,两种高聚物水溶液相互混合时,可发生 3 种情况:①互不相溶(incompatibility),形成两个水相,两种高聚物分别富集于上、下两相;②复合凝聚(complex coacervation),也形成两个水相,但两种高聚物都分配于一相,另一相几乎全部为溶剂水;③完全互溶(complete miscibility),形成均相的高聚物水溶液。

离子型高聚物和非离子型高聚物都能形成双水相系统。根据高聚物之间的作用方式不同,两种高聚物可以产生相互斥力而分别富集于上、下两相,即互不相溶;或者产生相互引力而聚集于同一相,即复合凝聚。

高聚物与低分子量化合物之间也可以形成双水相系统,如聚乙二醇与硫酸铵或硫酸镁水溶液系统,上相富含聚乙二醇,下相富含无机盐。

小分子醇与无机盐之间也可以形成双水相系统,如乙醇与磷酸盐或枸橼酸盐等水溶液系统,上相富含短链醇,下相富含无机盐。

表 8-7 和表 8-8 列出了一系列高聚物与高聚物、高聚物与低分子量化合物之间形成的双水相系统。

两种高聚物之间形成的双水相系统并不一定全是液相,其中一相可以或多或少地成固体或凝胶状,如,当 PEG 的分子量小于 1000 时,葡聚糖可形成固态凝胶相。

多种互不相溶的高聚物水溶液按一定比例混合时,可形成多相系统,见表 8-9。

图 8-16　5% 葡聚糖 500 和 3.5% 聚乙二醇 6000 系统所形成的双水相的组成(*W/V*)

> 4.9%PEG
> 1.8%Dextran
> 93.3% H$_2$O
>
> 2.6%PEG
> 7.3%Dextran
> 90.1% H$_2$O

表 8-7 高聚物 - 高聚物 - 水系统

高聚物（P）	高聚物（Q）	高聚物（P）	高聚物（Q）
聚乙二醇	葡聚糖	羧甲基葡聚糖钠	聚乙二醇 / 氯化钠
聚丙二醇	聚乙二醇		甲基纤维素 / 氯化钠
	葡聚糖	羧甲基纤维素钠	聚乙二醇 / 氯化钠
聚乙烯醇	甲基纤维素		甲基纤维素 / 氯化钠
	葡聚糖		聚乙烯醇 / 氯化钠
聚蔗糖（FiColl）	葡聚糖	二乙氨基乙基硫酸	聚乙二醇 / 硫酸锂
葡聚糖硫酸钠	聚乙二醇 / 氯化钠	葡聚糖	甲基纤维素
	甲基纤维素钠 / 氯化钠	葡聚糖硫酸钠	羧甲基纤维素
	葡聚糖 / 氯化钠	羧甲基葡聚糖硫酸钠	羧甲基纤维素
	聚丙二醇		二乙氨基乙基盐酸葡聚糖 / 氯化钠

表 8-8 高聚物 - 低分子量化合物 - 水系统

高聚物	低分子量化合物	高聚物	低分子量化合物
聚丙二醇	磷酸盐	聚丙二醇	葡萄糖
甲氧基聚乙二醇	磷酸盐		甘油
PEG	磷酸盐	葡聚糖硫酸钠	NaCl（0℃）

表 8-9 多相系统

三相	Dextran（6）-HPD（6）-PEG（6）
	Dextran（8）-FiColl（8）-PEG（4）
	Dextran（7.5）-HPD（7）-FiColl（11）
	Dextran-PEG-PPG
四相	Dextran（5.5）-HPD（6）-FiColl（10.5）-PEG（5.5）
	Dextran（5）-HPD；A（5）-HPD；B（5）-HPD；C（5）-HPD
五相	DS-Dextran-FiColl-HPD-PEG
	Dextran（4）-HPD；a（4）-HPD；b（4）-HPD；c（4）-HPD；d（4）-HPD
十八相	Dextran Sulfate（10）-Dextran（2）-HPD$_a$（2）-HPD$_b$（2）-HPD$_c$（2）-HPD$_d$（2）

注：括号内数字均为重量百分含量。Dextran 指 Dextran500 或 D48；PEG 分子量为6000；PPG 为聚丙二醇，单体分子量为424；DS 为 Na Dextran Sulfate 500；HPD 为羟丙基 Dextran 500；A、B、C、a、b、c、d 分别表示不同的取代率

表 8-10 所列为近几年研究较多的双水相系统。

表 8-10 常用的双水相系统

聚合物 1	聚合物 2 或盐	聚合物 1	聚合物 2 或盐
聚丙二醇	甲基聚丙二醇	聚乙二醇	聚乙烯醇
	聚乙二醇		聚乙烯吡咯
	聚乙烯醇		烷酮
	聚乙烯吡咯烷酮		葡聚糖
	羟丙基葡聚糖		聚蔗糖
	葡聚糖		
乙基羧乙基纤维素	葡聚糖	羟丙基葡聚糖	葡聚糖

续表

聚合物1	聚合物2或盐	聚合物1	聚合物2或盐
聚丙二醇	磺酸钾	聚乙二醇	硫酸镁
聚乙烯吡咯烷酮			硫酸铵
聚乙二醇			硫酸钠
甲氧基聚乙二醇			磺酸钠
			甲酸钠
			酒石酸钾钠
	甲基纤维素	甲基纤维素	葡聚糖
聚乙烯醇或	葡聚糖		羟丙基葡聚糖
聚乙烯吡咯烷酮	羟丙基葡聚糖		

2. 双水相系统的平衡关系 双水相萃取分离原理是基于物质在双水相系统中的选择性分配。当物质进入双水相系统后,在上相和下相间进行选择性分配,这种分配关系与常规的萃取分配关系相比,表现出更大或更小的分配系数。

(1) 分配系数 K 及相关理论计算:溶质在两水相间的分配主要由其表面性质所决定,通过在两相间的选择性分配而分离。分配能力的大小可用分配系数 K 来表示:

$$K = \frac{c_t}{c_b} \tag{8-27}$$

式中,c_t、c_b 为被萃取物质在上、下相的浓度,mol/L。

一般情况下,分配系数 K 与溶质的浓度和相体积比无关,与两相系统的性质以及溶质的体积、疏水性、分子构象等性质有关。

(2) 双水相系统的相图:两种高聚物的水溶液,当它们以不同的比例混合时,可形成均相或两相,可用相图来表示,如图 8-17,高聚物 P、Q 的浓度均以百分含量表示,相图右上部为两相区,左下部为均相区,两相区与均相区的分界线叫双节线。组成位于 A 点的系统实际上由位于 C、B 两点的两相所组成,同样,组成位于 A' 点的系统由位于 C'、B' 两点的两相组成,BC 和 $B'C'$ 称为系线。当系线向下移动时,长度逐渐缩短,表明两相的差别减小,当达到 K 点时,系线的长度为零,两相间差别消失,K 点称为临界点。

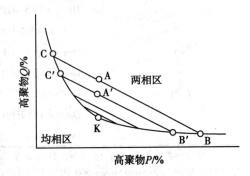

图 8-17 双水相系统相图

由图 8-17 并经有关公式推导,可得:

$$\frac{V_t \rho_t}{V_b \rho_b} = \frac{\overline{AB}}{\overline{AC}} \tag{8-28}$$

式中,V_t、V_b 为上、下相体积(ml);ρ_t、ρ_b 为上、下相密度(g/ml)。

双水相系统含水量高,上、下相密度与水接近,为 $1.0 \sim 1.1$ g/ml。因此,如果忽略上、下相的密度差,则由式(8-28)可知,相体积比可用相图上线 AB 与 AC 的长度之比来表示。

双水相系统的相图可以由实验来测定。将一定量的高聚物 P 浓溶液置于试管内,然后用已知浓度的高聚物溶液 Q 来滴定。随着高聚物 Q 的加入,试管内溶液突然变浑浊,记

录 Q 的加入量。然后再在试管内加入 1ml 水,溶液又澄清,继续滴加高聚物 Q,溶液又变浑浊,计算此时系统的总组成。以此类推,由实验测定一系列双节线上的系统组成点,以高聚物 P 浓度对高聚物 Q 浓度作图,即可得到双节线。相图中的临界点是系统上、下相组成相同时由两相转变成均相的分界点。如果制作一系列系线,连接各系线的中点并延长到与双节线相交,该交点 K 即为临界点,见图 8-18。PEG- 磷酸盐系统的相图如图 8-19所示。

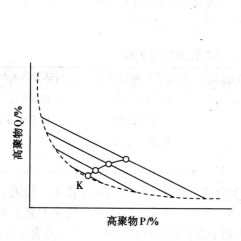

图 8-18　双水相临界点测定图

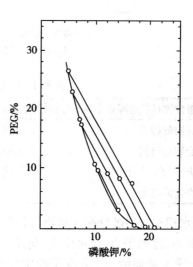

图 8-19　PEG- 磷酸盐系统相图
（PEG6000,0℃ ）

（三）双水相萃取技术优点

1. 两相界面张力低　双水相系统含水量高达 75%~90%,两相界面张力极低,相际传质阻力小,分离条件温和,因而会保持绝大部分生物分子的活性。

2. 相分离时间短　一般自然分相只有 5~15min。

3. 回收率高　双水相系统之间的传质和平衡速度快,如选择适当体系,回收率可达 80% 以上。

4. 易于连续化操作　设备投资费用少,操作简单,且可直接与后续提纯工序相连接,无需进行特殊处理。

5. 分离过程经济　双水相系统可将大量杂质与所有固体物质一起去掉,与其他常用固液分离方法相比,双水相分配技术可省去 1~2 个分离步骤,使整个分离过程更经济。

6. 易于放大　双水相萃取技术的各种参数可以按比例放大,而产物回收率和纯度并不受影响。

7. 对分离物质具有浓缩作用　双水相萃取技术可对分离物质进行浓缩。

利用双水相分配对萃取物质进行浓缩过程见图 8-20。

二、影响双水相萃取的因素

物质在双水相体系中的分配系数受许多因素影响（表 8-11）。对于某一物质,只要选择合适的双水相体系,控制一定的条件,就可以得到合适的分配系数,从而达到分离纯化之目的。

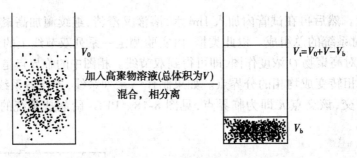

图 8-20　双水相分配对萃取物质进行浓缩的过程

V_0:初始体积, V_b:下相体积, V_t:上相体积

表 8-11　影响生物物质分配的主要因素

与聚合物有关的因素	与目的产物有关的因素	与离子有关的因素	与环境有关的因素
聚合物的种类	电荷	离子的种类	体系的温度
聚合物的结构	大小	离子的浓度	体系的 pH 值
聚合物的平均分子量	形状	离子的电荷	
聚合物的浓度			

双水相萃取中被分配的物质与各种相组分之间存在着复杂的相互作用。作用力包括氢键、电荷力、范德华力、疏水作用、构象效应等。因此,形成相系统的高聚物的分子量和化学性质、被分配物质的大小和化学性质对双水相萃取都有直接的影响。粒子的表面暴露在外,与相组分相互接触,因而它的分配行为主要依赖其表面性质。盐离子在两相间具有不同的亲和力,由此形成的道南电位对带电分子或粒子的分配具有很大的影响。

影响双水相萃取的因素很多,对影响萃取效果的不同参数可以分别进行研究,也可将各种参数综合考虑以获得满意的分离效果。

分配系数 K 的对数可分解成下列各项:

$$\ln K=\ln K^O+\ln K_{el}+\ln K_{hfob}+\ln K_{biosp}+\ln K_{size}+\ln K_{conf} \tag{8-29}$$

式中 el、hfob、biosp、size 和 conf 分别表示电化学位、疏水反应、生物亲和力、粒子大小和构象效应对分配系数的贡献,而 K^O 包括其他一些影响因素。另外,各种影响因素也相互联系,相互作用。

这些因素直接影响被分配物质在两相的界面特性和电位差,并间接影响物质在两相的分配。通过选择合适的萃取条件,可以提高目标物质的回收率和纯度。也可以通过改变条件将目标物质从双水相体系中反萃取出来。

(1) 成相高聚物的分子量:对于给定的相系统,如果一种高聚物被低分子量的同种高聚物所代替,被萃取的大分子物质,如蛋白质、核酸、细胞粒子等,将有利于在低分子量高聚物一侧分配。举例来说,PEG-Dextran 系统中,PEG 分子量降低或 Dextran 分子量增大,蛋白质分配系数将增大;相反,如果 PEG 分子量增大或 Dextran 分子量降低,蛋白质分配系数减小。也就是说,当成相高聚物浓度、盐浓度、温度等条件保持不变时,被分配的蛋白质易为相系统中低分子量高聚物所吸引,而被高分子量高聚物所排斥。这一原则适用于不同类型的高聚物系统,也适用于不同类型的目标物质。

(2) 成相高聚物浓度:一般来说,双水相萃取时,如果相系统组成位于临界点附近,则蛋白质等大分子的分配系数接近于 1。高聚物浓度增加,系统组成偏离临界点,蛋白质的分配系数也偏离 1。但也有达到最大值逐渐降低的个案,这说明,在上下相中,两种高聚物的浓度对蛋白质活度系数的影响有交互作用。

对于位于临界点附近的双水相系统,细胞粒子可完全分配于上相或下相,此时不存在界面吸附。高聚物浓度增大,界面吸附增强,例如接近临界点时,细胞粒子如位于上相,则当高聚物浓度增大时,细胞粒子向界面转移,也有可能完全转移到下相,这主要依赖于它们的表面性质。成相高聚物浓度增加时,两相界面张力也相应增大。

(3) 无机盐浓度:由于盐的正负离子在两相间的分配系数不同,两相间形成电势差,从而影响带电生物大分子的分配。例如,加入 NaCl 对卵蛋白和溶菌酶分配系数的影响见图 8-21。在 pH6.9 时,溶菌酶带正电,卵蛋白带负电,二者分别分配于上相和下相。当加入 NaCl 时,当浓度低于 50mmol/L 时,上相电位低于下相电位,使溶菌酶的分配系数增大,卵蛋白的分配系数减小。可见,加入适当的无机盐类可改善带相反电荷的蛋白质的分离。

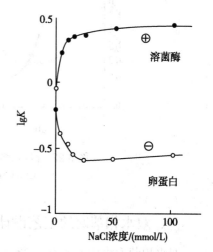

图 8-21 NaCl 对蛋白质分配系数的影响
(体系:8%PEG4000/8% Dex D-48,0.5mmol/L 磷酸盐 pH6.9)

研究还发现,当无机盐类浓度增加到一定程度,由于盐析作用蛋白质更易分配于上相,随着无机盐浓度增加,分配系数成指数形式增加,且不同的蛋白质增大程度不同。利用此性质可使蛋白质相互分离。

在双水相萃取分配中,磷酸盐的作用非常特殊,既可作为成相盐,形成 PEG/ 磷酸盐双水相体系,又可作为缓冲剂调节体系的 pH。由于磷酸不同价态的酸根在双水相体系中有不同的分配系数,因而可通过控制磷酸盐的 pH 和浓度来调节相间电位差,从而影响目标物质的分配。因此,在设计双水相萃取生物大分子时,磷酸盐最为常用。

(4) 双水相的 pH:pH 对分配的影响源于两个方面的原因。第一,pH 会影响蛋白质分子中可解离基团的解离度,因而改变蛋白质所带的电荷的性质和数量,而这是与蛋白质的等电点有关的。第二,pH 影响磷酸盐的解离程度,从而改变 $H_2PO_4^-$ 和 HPO_4^{2-} 之间的比例,进而影响相间电位差。蛋白质的分配系数 K,因 pH 值的变化发生改变。pH 的微小变化会使蛋白质的分配系数 K 改变 2~3 个数量级。

在研究分配系数 K 与 pH 的关系时,如加入的无机盐不同,对 pH 的影响也不同。图 8-22 所示为在 4.4% PEG8000/7% Dex48 体系中加入不同盐时,蛋白质分配系数 K 与 pH 的关系。在等电点处,由于蛋白质不带电荷,分配系数不受 pH 影响。因此,加入不同的无机盐所测得的分配系数 K 与 pH 的关系曲线的交点即为该蛋白质的等电点。这种测定蛋白质等电点的方法称为交错分配法。

(5) 温度:温度影响双水相系统的相图,从而影响蛋白质的分配系数。温度越高,发生相分离所需的高聚物浓度也越高。在临界点附近对双水相系统形成的影响更为明显。但一般来说,当双水相系统距双节线足够远时,1~2℃的温度变化不会影响目标产物的分配。由于高聚物对生物活性物质有稳定作用,在大规模生产中多采用常温操作,从而节省冷冻费用。但适当提高操作温度,体系的黏度降低,有利于分离操作。

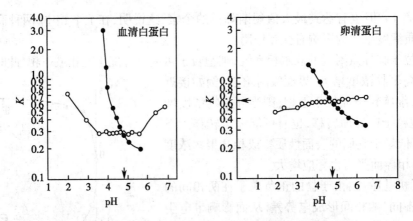

图 8-22   pH 对各种蛋白质分配系数的影响及其交错分配

○ 0.05mol/L Na$_2$SO$_4$; ● 0.1mol/L NaCl

三、双水相萃取的工艺设计与基本流程

双水相萃取将传统的离心、沉淀等液 - 固分离转化为液 - 液分离,双水相平衡时间短,含水量高,界面张力低,为生物活性物质提供了温和的分离环境。双水相萃取技术建立在工业化的高效液 - 液分离设备基础上,操作简便、经济省时、易于放大,例如系统可从 10ml 直接放大到 1M^3 规模(10^5 倍),而各种试验参数均可按比例放大,产物回收率并不降低。

1. 双水相萃取技术的基本工艺流程   双水相萃取技术的工艺流程主要由三部分构成(图 8-23):目的产物的萃取、PEG 的循环、无机盐的循环。另外,现在也实现了胞内酶的连续萃取。

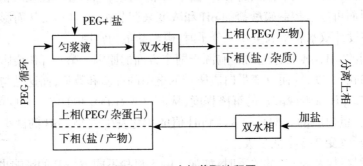

图 8-23   双水相萃取流程图

(1) 目的产物的萃取:原料匀浆液与 PEG 和无机盐在萃取器中混合,然后进入分离器分相。通过选择合适的双水相系统,一般使目标产物先分配到上相(PEG 相),而细胞碎片、核酸、多糖和杂蛋白等分配到下相(富盐相)。第二步萃取是将目标物转入富盐相,方法是先分出上相,再在上相中加入无机盐,形成新的双水相系统,从而将目标产物与 PEG 分离,以利于使用超滤或透析将 PEG 回收利用。

(2) PEG 的循环:在大规模双水相萃取过程中,PEG 的回收和循环套用,不仅可以减少废水处理量,还可以节约化学试剂,降低成本。PEG 的回收有两种方法:①加入无机盐,使目标产物先转入下相,上相回收 PEG;②将上相通过离子交换树脂,先洗脱回收 PEG,再洗脱回收目标产物。

（3）无机盐的循环：将含无机盐相冷却，结晶，然后用离心机分离收集。除此之外还有电渗析法、膜分离法回收无机盐。

2. PEG-Dextran 系统及其应用　双水相体系萃取胞内酶时，PEG-Dextran 系统特别适用于从细胞匀浆液中除去核酸和细胞碎片。系统中加入 0.1mol/LNaCl 可使核酸和细胞碎片分配到下相（Dextran 相），胞内酶分配于上相，分配系数为 0.1~1.0。如果 NaCl 浓度增大到 2~5mol/L，几乎所有的蛋白质、胞内酶都转移到上相，下相富含核酸。将上相收集后透析，加入到 PEG- 硫酸铵双水相系统中进行第二步萃取，胞内酶转下相，进一步纯化即可获得产品酶。

核酸的萃取也符合一般的大分子分配规律。在 PEG-Dextran 双水相系统中，离子组分的变化可使不同的核酸从一相转移到另一相。例如，单链和双链 DNA 具有不同的分配系数 K，经一步或多步萃取可获得分离纯化。例如，采用一步萃取已成功地从含大量变性 DNA 的样品中分离出了不可逆的交联变形 DNA 分子。在 PEG-Dextran 系统中，环状质粒 DNA 可从澄清的大肠杆菌酶解液中分离出来。

图 8-24 为典型的胞内蛋白(酶)双水相两步萃取流程，图 8-25 则为胞内酶连续萃取流程。

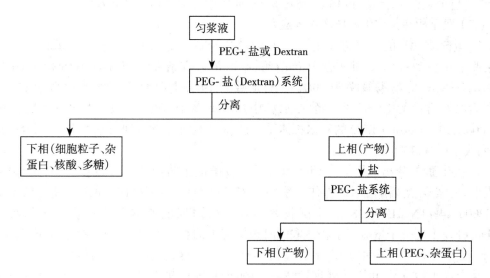

图 8-24　胞内蛋白质双水相两步萃取流程

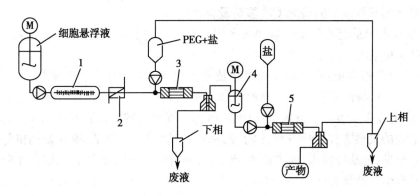

图 8-25　胞内酶连续萃取流程
1. 玻璃球磨机，2. 换热器，3、5. 混合器，4. 容器

四、双水相萃取技术在天然药物及相关领域中的应用

(一) 天然产物的分离与提取

双水相萃取技术可用于许多中药等天然产物的分离纯化。据报道,用双水相体系分离葛根提取液中的葛根素、虫草提取液中的甘露醇、甘草提取液中的甘草酸以及银杏叶提取液中的银杏黄酮和白果内酯等研究,都得到了较好的分配系数和分离效果。

一般的双水相体系多为聚乙二醇/葡萄糖和聚乙二醇/无机盐两种。由于水溶性高聚物难以挥发,使反萃取必不可少,而且盐进入反萃取剂中,对随后的分析测定带来很大的影响。另外水溶性高聚物大多黏度较大,不易定量操作,也给后续研究带来麻烦。

近年来发展起来的一种有机溶剂/无机盐新型双水相系统,具有操作简单、条件温和、处理量大、回收率高、能耗小、环境友好等优点,在中草药小分子分离方面日益受到重视。例如用乙醇/硫酸铵双水相体系从丹参粗提液中分离丹酚酸 B 的研究表明,在提取液 pH2.0 和 30℃的条件下,当硫酸铵和乙醇质量分数分别为 20% 和 29% 时,丹酚酸 B 的分配系数为 58.7,回收率为 97.3%。上相加乙醇脱除硫酸铵,减压浓缩、干燥,得丹酚酸 B 的纯度为 57.4%。与小试相比,放大 40 倍后,分配系数、回收率和纯度均无显著差异。

(二) 双水相在其他生物技术中的应用

1. 蛋白质(酶)的分离与纯化　用 PEG/$(NH_4)_2SO_4$ 双水相体系,经一次萃取从 α- 淀粉酶发酵液中分离提取 α- 淀粉酶和蛋白酶,萃取最适宜条件为 PEG1000(15%)-$(NH_4)_2SO_4$ (20%),pH=8,α- 淀粉酶收率为 90%,分配系数为 19.6,蛋白酶的分离系数高达 15.1。比活率为原发酵液的 1.5 倍,蛋白酶在水相中的收率高于 60%。又如,用质量组成为 9.6% PEG8000/1.0% Dextran T500 的双水相体系,直接从发酵液中萃取回收胞外脂肪酶,经一次萃取,回收率达 92.1%。

2. 抗生素的分离　用双水相技术直接从发酵液中将丙酰螺旋霉素与菌体分离后进行提取,可实现全发酵液萃取操作。采用 PEG/Na_2HPO_4 体系,最佳萃取条件是 pH8.0~8.5, PEG2000(14%)/Na_2HPO_4(18%),小试收率达 69.2%,对照的乙酸丁酯萃取工艺的收率为 53.4%,PEG 不同分子量对双水相萃取丙酰螺旋霉素的影响不同,适当选择小分子量的 PEG 有利于减小高聚物分子间的排斥作用,并能降低体系黏度,有利于抗生素分离。

采用双水相技术,可直接处理发酵液,基本消除乳化现象,在一定程度上提高了萃取回收率,加快了实验进程,但有时会引起纯度下降,需要进一步研究和改进。

(三) 双水相萃取技术的最新发展趋势及存在问题

1. 新型双水相系统的开发　新型双水相体系的开发主要有两类:廉价的双水相系统及新型功能双水相系统。

(1) 廉价双水相系统:多年来的双水相技术研究绝大多数集中在高聚物 - 高聚物(PEG/ Dextran 系列)双水相体系系列上。然而该体系的成相聚合物价格昂贵,在工业化大规模生产时,从经济上丧失了该体系技术上的优势,因而寻找廉价的有机物双水相体系是双水相体系的一个重要的发展方向。用变性淀粉、乙基羟乙基纤维素、糊精、麦芽糖糊精等有机物代替昂贵的葡聚糖,羟基纤维素、聚乙烯醇、聚乙烯吡咯烷酮等代替 PEG 已取得了阶段性的成果。研究发现由这些聚合物形成的双水相体系的相图与 PEG/Dextran 形成的双水相体系相图非常相似,其稳定性也比 PEG- 盐体系好,并且具有蛋白质溶解度大,黏度小等优点。

例如,用成本只有 PEG/Dextran 体系的 1/8 的聚乙二醇 - 羟丙基淀粉双水相体系从黄豆

中分离磷酸甘油酸激酶和磷酸甘油醛脱氢酶,收率在80%以上。

(2) 热分离双水相体系:近年来又研究开发了一种以热分离聚合物和水组成的新型双水相体系,热分离聚合物的水溶液在高于某一临界温度时分离成两相,该温度点被称为浑浊点。大多数水溶性热分离聚合物是环氧乙烷(EO)和环氧丙烷(PO)的随机共聚物(简称EOPO聚合物)。水-EOPO热分离两相体系由几乎纯水的上相和富含聚合物的下相组成。Alred采用乙烯基氧与丙烯基氧的共聚物(商品名UCON)和PEG可形成温敏型双水相体系。常温条件下,PEG、UCON和水混合后为均相体系,当加热到40℃时,形成两相体系,上相为PEG和UCON,下相为水,这种体系可以实现PEG和UCON的循环利用。

(3) 负离子表面活性剂双水相体系:由正离子表面活性剂(如十二烷基硫酸钠)和负离子表面活性剂(如十六烷基三甲基溴化铵)组成的混合水溶液在一定条件下会形成双水相,平衡的两相均为很稀的溶液。正、负离子混合表面活性剂双水相系统的发现为生物活性物质分离提供了一种新的双水相系统。与高分子双水相系统和非离子型表面活性剂双水相系统相比,它具有含水量高(质量分数可达99%)、两相容易分离、表面活性剂的用量很小且可循环使用等独特优点。目前,应用这类双水相系统进行物质分配已开展了一些研究工作,国内已有利用该类型双水相系统分离蛋白质、酶、氨基酸和卟啉等的报道,对于双水相的一些物理化学性质也进行了一定的研究,但对不同正、负离子表面活性剂混合形成双水相系统的规律、双水相区域及其影响因素等的研究相对较少。

2. 亲和双水相萃取技术　亲和双水相萃取技术是在组成相系统的聚合物(如PEG、葡聚糖等)上修饰一定的亲和配基。常用于亲和双水相系统的配基有3种:基团亲和配基型、染料亲和配基型和生物亲和配基型。近几年来双水相亲和分配技术发展极为迅速,仅在PEG上修饰亲和配基就达10多种,分离纯化的物质已有几十种。Kamihira等将亲和配基IgG耦联在高分子Eudragis100上,它主要分布在双水相系统的上相,应用该亲和双水相系统提纯重组蛋白质A,重组蛋白质的纯度提高了26倍,达到81%,收率为80%。针对抗体、凝集素等双水相萃取亲和配基不耐高盐浓度、不能用于成本较低的PEG/无机盐系统的缺点,有人提出了以金属螯合物为亲和配基的金属配基亲和双水相系统。与其他亲和双水相萃取技术相比,金属配基亲和双水相体系具有亲和配基价廉、可用于低成本的PEG/无机盐体系、亲和配基再生容易等优点。金属亲和双水相萃取利用金属离子和蛋白质表面的精氨酸、组氨酸、半胱氨酸的亲和作用,达到分离和纯化蛋白质目的。

3. 双水相萃取技术与相关技术的集成　双水相萃取技术作为一个很有发展前景的生物分离单元操作,除了其独特优势外,也有一些不足之处,如相分离时间较长,成相聚合物的成本较高,单次分离效率低等,一定程度上限制了双水相萃取技术的工业化推广和应用。如何克服这些困难,已成为国内外学者关注的焦点,其中"集成化"概念的引入给双水相萃取技术注入了新的生命力。有人总结双水相萃取与相关技术的集成可以归纳为以下3个方面:

(1) 与温度诱导相分离、磁场作用、超声波作用、气溶胶技术等常规技术实现集成化,改善了双水相分配技术中诸如成相聚合物回收困难、相分离时间长、易乳化等问题,为双水相技术的进一步成熟、完善并走向工业化奠定了基础。

(2) 与亲和沉淀、高效层析等新型生化分离技术集成,充分融合了双方的技术优势,既提高了分离效率,又简化了分离流程。

(3) 将生物转化、化学渗透释放和电泳等技术引入双水相分配,给已有的技术赋予了新的内涵,为新分离过程的诞生提供了新的思路。

4. 双水相萃取相关理论的发展   虽然双水相萃取技术在应用方面取得了很大进展,但目前这些工作几乎都只是建立在实验数据的基础上,至今还没有一套比较完善的理论来解释生物大分子在双水相体系中的分配机制。考虑到生物物质在双水相系统中分配时是一个由聚合物、聚合物(或无机盐)、生物分子和水等构成的四元系统,系统中的组分性质千差万别,从晶体到无定形聚合物、从非极性到极性、从电解质到非电解质、从无机分子到有机高分子甚至生物大分子,这些都不可避免地造成理论计算的复杂性。因此,建立溶质在双水相系统中分配的机制模型一直是双水相系统相关研究的重点和难点。

尽管双水相萃取技术用于大规模生产具有明显的优点,但该技术在工业中还没有被广泛应用。原因在于双水相萃取的选择性不高,易乳化,相分离时间长,高聚物的成本高,高聚物回收困难等等。目前,对于双水相体系动力学研究、双水相萃取设备流程研究、成相聚合物的重复使用研究的文献报道比较少,有待于进一步研究和开发。

(郭永学)

参 考 文 献

[1] 大矢晴彦. 分离的科学与技术. 张谨译. 北京:中国轻工业出版社,1999

[2] Stephen, H. and Stephen, T. Solubilities of Inorganic and Organic Compounds, vol.1,2, Pergamon,1964

[3] Seidell, A., Linke, W.F. Solubilities of Inorganic and Organic Compounds.4th ed., van Nostrand, 1958,1965

[4] 李洲. 液-液萃取在制药工业中的应用. 北京:中国医药科技出版社,2005

[5] 欧阳平凯,胡永红. 生物分离原理及技术. 北京:化学工业出版社,2009

[6] 王倩,朱靖博,顾丰颖,等. 萃取与工业色谱相结合批量制备丹参中丹酚酸 B. 中国中药杂志,2007,32(21):106-107

[7] Ito Y. Golden rules and pitfalls in selecting optimum conditions for high-speed counter-counter chromatography. J. Chromatogr. A,2005,1065(2):45-168

[8] Guan YH,Remco N.A.M. van den Heuvel,Zhuang YP. Visualisation of J-type counter-current chromatography: A route to understand hydrodynamic phase distribution and retention. J. Chromatogr. A,2012,1239(5):10-21

[9] Cai D G. Gu M J. Zhang J D,et al. Separation of alkaloids from DATURA Mete L. and sophora flavesens ait by high-speed countercurrunt chromatogramphy. J. Liq Chromatogr., 1990,13(12):2399-2408

[10] Rosa PAJ,Ferreira IF,Azevedo AM,et al. Aqueous two-phase system: A viable platform in the manufacturing of biopharmaceuticals. J. Chromatogr. A,2010,1217(16):2296-2305

[11] Federico RR,Jorge B,Oscar A,et al. Aqueous two-phase affinity partitioning systems:Current applications and trends.J. Chromatogr. A,2012,1244(6):1-13

[12] 松青,李琳,郭祀远,等. 双水相萃取技术研究新进展. 现代化工,2004,24(6):22-25

第九章　蒸发与蒸馏

蒸发(evaporation)和蒸馏(distillation)都是利用气液相界面的分离技术。关于气液相平衡关系的研究表明,在气液相接触的相界面上,组分在各相中的活度(也可简单的看作浓度)满足热力学平衡关系。这种平衡关系的成立有两种情况,一种是在某一温度下混合物中所有组分只能作为液体存在;另一种是在某一温度下,混合物中的某些组分不能作为液体存在。

根据上述不同的平衡关系,可设计不同的技术手段用于分离操作。如果平衡关系表现为无论向着哪一侧,某组分一面倒地集中在哪一侧的情况时,就可以将待分离的组分从气相向液相,或者从液相向液相,即向一侧转移而得到分离。蒸发浓缩法就是使组分从液相向气相转移的分离技术。如果平衡关系无论向着哪一侧,组分的转移都不会出现一面倒的情况,就能在气液两相间转移分离组分,蒸馏法就是根据这种原理构建的分离技术。

第一节　蒸发原理与装置

将含有不挥发性溶质的溶液加热至沸腾,使溶液中的部分溶剂气化为蒸气并被排出,从而使溶液得到浓缩的过程称为蒸发。通过蒸发过程可以浓缩溶液,获得纯净的溶剂及获得结晶产品等,而固体干燥也是基于蒸发原理的过程。干燥是物料的去湿过程,去湿的方法有机械去湿法、物理化学去湿法及热能去湿法等。其中,热能去湿法的原理即借助热能使物料中的湿分蒸发气化并排出蒸气,也叫干燥(drying),属于去湿较完全的方法。干燥的方式有传导干燥、对流干燥、介电加热干燥及辐射干燥等。

一、蒸发过程的理论分析

蒸发过程需要一定的蒸发设备,并需要饱和蒸气加热,因此需要计算加热蒸气消耗量,二次蒸气产生量及加热面积等。

单效蒸发的计算:根据所产生的二次蒸气是否用作下一效的加热热源,蒸发过程可分为单效蒸发和多效蒸发。单效蒸发时,溶剂在单位时间内的蒸发量 W 可用下式计算:

$$W = F\left(1 - \frac{x_0}{x_1}\right) \tag{9-1}$$

式中,F 为原料液的质量流量,kg/h;x_0 为原料液中溶质的质量百分率;x_1 为完成液中溶质的质量百分率。

若工艺条件给出原料液及完成液的体积流量和密度,则水分蒸发量的计算公式为:

$$W = q_{v0}\rho_0 - q_{v1}\rho_1 \tag{9-2}$$

式中,q_{v0} 为原料液的体积流量,m³/h;q_{v1} 为完成液的体积流量,m³/h;ρ_0 为原料液的密度,kg/m³,

ρ_1 为完成液的密度,kg/m^3。

蒸发过程中,常用饱和水蒸气作为加热热源,而其冷凝液多在饱和状态下排出,此时加热蒸气的消耗量与溶剂蒸发量的关系如下:

$$Dr = Wr' + FC_{p0}(t_1 - t_0) + \Phi_L \tag{9-3}$$

式中,r 为饱和水蒸气的气化潜热,kJ/kg;r' 为二次蒸气的气化潜热,kJ/kg;C_{p0} 为原料液的定压比热容,kJ/(kg·℃);t_1 为溶液的沸点温度,℃;t_0 为原料液的进料温度,℃;Φ_L 为热损失,一般 3%~5%。

蒸发过程也属于传热过程,因此传热过程的热负荷及传热速率方程也适用于蒸发过程,则蒸发量与传热面积的关系如下:

$$Dr = Wr' + FC_{p0}(t_1 - t_0) + \Phi_L = KA\Delta t_m \tag{9-4}$$

式中,A 为加热室的传热面积,m^2;K 为加热室的总传热系数,W/(m^2·℃);Δt_m 为平均传热温度差,℃。

蒸发过程属于两侧都有相变化的恒温传热过程,平均传热温度差可用下式计算:

$$\Delta t_m = T - t_1 \tag{9-5}$$

式中,T 为加热蒸气的温度,℃。

总传热系数 K 是设计和计算蒸发器的重要参数之一,影响蒸发过程中总传热系数 K 的因素有:①溶液的种类、浓度、物性及沸点温度等;②加热室壁面的形状、位置及垢阻;③加热蒸气的温度及压力等。由于蒸发时溶液的浓度及黏度都随时间的变化而变化,因此 K 值多取经验值或估算值。

由以上计算公式分析可知,影响蒸发量的因素主要有:①加热室的形状及面积;②原料的浓度、黏度、密度、定压比热容、导热系数等;③原料的进料温度、原料液的沸点温度、原料液在加热面的分布;④加热蒸气的温度及压力;⑤蒸发室的操作压力;⑥蒸发设备及蒸发方法等。

在实际蒸发浓缩操作中,加大液体的蒸发面,及时排出二次蒸气,进行减压蒸发等都是强化蒸发过程的有效办法。

二、蒸发过程分类

常用的蒸发浓缩过程有常压和减压蒸发、单效和多效蒸发、间歇和连续蒸发、循环型和单程型蒸发等。

1. 常压蒸发和减压蒸发　按蒸发室操作压力的不同,可将蒸发过程分为常压蒸发和减压蒸发。

蒸发室与大气相通,溶液在大气压下被加热蒸发气化的操作称作常压蒸发。当被蒸发溶液中的有效成分具有耐热性时,可采用常压蒸发流程。将液体置于密闭蒸发室内,用真空泵将液面以上空间的部分气体抽出,使蒸发室的操作压力低于大气压力,从而使溶液在较低沸点下蒸发气化的操作称为减压蒸发。对于无特殊要求的提取液,常压蒸发和减压蒸发均可。但是,为了保证药品的质量,对于热敏性提取液的蒸发,需在减压条件下进行蒸发。

减压蒸发的优点是:①溶液的沸点降低,在加热蒸气温度一定时,蒸发过程的平均传热温差增大,从而使加热所需传热面积减小;②由于溶液沸点降低,可以利用低压蒸气或废热蒸气作为加热蒸气;③由于溶液沸点降低,可以防止热敏性物料的变性或分解;④由于系统温度较低,系统的热损失较小。但是,也由于溶液沸点的降低,使溶液的黏度升高,从而引起总传热系数的降低,同时,减压蒸发需要形成真空系统,对系统的密封性要求较高,操作复杂,设备投资较高,动力消耗较大。

2. 单效蒸发和多效蒸发 蒸发过程能够顺利完成必须有两个条件:一是要有热源加热,使混合溶液达到并保持沸腾状态,常用的加热剂为饱和水蒸气,又称加热蒸气、生蒸气或一次蒸气;二是要及时排除蒸发过程中溶液因不断沸腾而产生的溶剂蒸气,也称二次蒸气,否则蒸发室里会逐渐达到气液相平衡状态,致使蒸发过程无法继续进行。

如上所述,蒸发过程排出的二次蒸气如果直接进入冷凝器被冷凝或作为其他加热过程的加热剂,这种蒸发过程称为单效蒸发;如果前一级蒸发器产生的二次蒸气直接用于后一效蒸发器的加热热源,同时自身被冷凝,将多个蒸发器串联,使二次蒸气多次利用的蒸发过程称为多效蒸发。多效蒸发时,第一效蒸发器用生蒸气作为加热热源,其他各效用前一效的二次蒸气作为加热热源,末效蒸发器产生的二次蒸气直接引入冷凝器冷凝。

多效蒸发的特点如下:①多效蒸发时蒸发 1kg 的溶剂,可以消耗少于 1kg 的加热蒸气,使二次蒸气的潜热得到充分利用,节约了加热蒸气,降低了药品成本,节约能源,保护环境;②多效蒸发时,本效产生的二次蒸气的温度、压力均比本效加热蒸气的低,所以,只有后一效蒸发器内溶液的沸点及操作压力比前一效产生的二次蒸气的低,才可以将前一效的二次蒸气作为后一效的加热热源,此时后一效为前一效的冷凝器;③要使多效蒸发能正常运行,系统中除一效外,其他任一效蒸发器的温度和操作压力均要低于前一效蒸发器的温度和操作压力;④多效蒸发过程的设备投资较高,操作复杂,适合于较大规模连续的蒸发过程。多效蒸发器的效数以及每效的温度和操作压力主要取决于生产工艺和生产条件。

3. 间歇蒸发和连续蒸发 根据蒸发过程中进出料的连续性不同,可将蒸发过程分为间歇蒸发和连续蒸发。间歇蒸发是属于分批进料或出料的操作,在间歇蒸发过程中,蒸发器内溶液的浓度和沸点随时间变化而改变,属于非稳态操作过程,适合于小规模多品种的场合。而连续蒸发则为连续进料和出料的操作,适合于大规模连续化的生产过程。

4. 循环型和单程型蒸发 在循环型蒸发器的蒸发操作过程中,溶液在蒸发器的加热室和分离室中作连续的循环运动,从而提高传热效果,减少污垢热阻,但溶液在加热室滞留量大且停留时间长,不适宜热敏性溶液的蒸发。按促使溶液循环的动因,循环型蒸发器分为自然循环型和强制循环型。自然循环型是靠溶液在加热室位置不同,溶液因受热程度不同产生密度差,轻者上浮重者下沉,从而引起溶液的循环流动,循环速度较慢(约 0.5~1.5m/s),外加热式蒸发器即为循环型蒸发器的代表;强制循环型是靠外加动力使溶液沿一定方向作循环运动,循环速度较高(约 1.5~5m/s),但动力消耗增加。

单程型(膜式)蒸发器的特点是溶液只通过加热室一次即达到所需要的浓度,溶液在加热室仅停留几秒至十几秒,停留时间短,溶液在加热室滞留量少,蒸发速率高,适宜热敏性溶液的蒸发。升膜式蒸发器、降膜式蒸发器、刮板式薄膜蒸发器和离心式薄膜蒸发器等均为单程型蒸发器。

在单程型蒸发器的操作中,要求溶液在加热壁面呈膜状流动并被快速蒸发,离开加热室的溶液又得到及时冷却,溶液流速较快,传热效果较好,但对蒸发器的设计和操作要求较高。

三、基本蒸发装置

蒸发过程是含有不挥发性溶质的溶液的沸腾传热过程,其实质就是热量的传递过程,溶剂气化的速率取决于传热速率。蒸发过程的特点如下:①属于两侧都有相变化的恒温传热过程;②溶液的沸点受溶质含量的影响,其值比同一操作压力下纯溶剂的沸点高,而溶液的饱和蒸气压比纯溶剂的低;③蒸发过程中,随着蒸发时间的延长,溶液的浓度越来越高,不仅溶液的沸点逐渐升高,而且溶液的黏度也逐渐增大,在加热壁面形成垢层的几率也增大,传热系数相应变小,传热速率会降低,蒸发速率也会降低;④蒸发过程中产生的二次蒸气被排出分离室时会夹带许多细小的液滴和雾沫,蒸发器的分离室要有足够的分离空间,并加设除沫器除去二次蒸气夹带的雾沫;⑤蒸发过程一方面需要消耗大量的饱和蒸气来加热溶液使其处于沸腾状态,而其冷凝液多在饱和温度下排出;另一方面又需要用冷却水将蒸发产生的二次蒸气不断冷凝;同时完成液也是在沸点温度下排出的;此外还要考虑过程的热损失问题。因此,应充分利用二次蒸气的潜热,全方位考虑整个蒸发过程的节能降耗问题。

常用的蒸发装置可分为如下三类:

(1) 蒸发池及蒸发皿:以蒸发为目的,为了防止液体的渗漏,将底部进行防漏处理的池子就是蒸发池。例如将海水引入池内,利用太阳能作为热源使海水中的水分被蒸发并随风吹去,最终浓缩了海水中的盐分,获得结晶的盐。蒸发皿是一种平而浅的锅,将待浓缩溶液倒入其中,在锅底通过燃烧燃料取得热能而将溶液蒸发浓缩的装置,实验室有时用蒸发皿蒸发浓缩少量溶液。

(2) 蒸发器:一般蒸发锅是直接以燃烧加热底部的形式来加热溶液。但若是用饱和蒸气作为热源来提供气化溶剂所需的热量,就要有专门的装置来提供传热或者是热交换的面积,例如套管、夹套、蒸气盘管等。这类蒸发装置主要由加热部分和蒸发部分组成,单效蒸发过程的蒸发设备主要由加热室和分离室组成,其加热室的结构主要有列管式、夹套式、蛇管式及板式等类型。蒸发过程的辅助设备包括冷凝器、冷却器、原料预热器、除沫器、贮罐、疏水器、原料输送泵、真空泵、各种仪表、接管及阀门等。图 9-1 是几种常见的蒸发器形式。

图 9-1(a)称为标准型蒸发器,在由许多垂直圆形加热管组成的列管内,液体因被加热沸腾而上升,汇集至中央较粗的管内再下降,是自然循环蒸发器。图 9-1(b)是浸液型,液体在水平排列的加热管束的管间通过时,被加热沸腾并做自然循环蒸发。图 9-1(c)为升膜型,液体在加热管内剧烈沸腾,同时产生大量的蒸气,蒸气夹带液体沿管壁拉成薄膜状上升,由于垂直加热管比较长,管内液体深度会造成一些沸点升高。图 9-1(d)为强制循环型蒸发器,

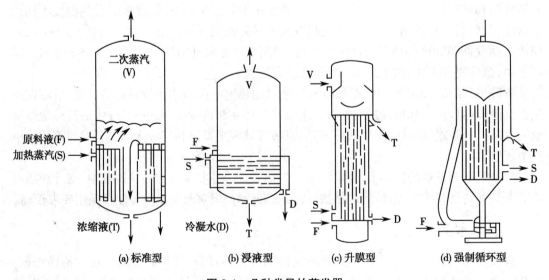

(a) 标准型   (b) 浸液型   (c) 升膜型   (d) 强制循环型

图 9-1   几种常见的蒸发器

用泵强制流体在管内以一定速度循环。图 9-1(a)和图 9-1(b)的形式属于自然循环型,适合于低黏度的、不易生垢溶液的蒸发。图 9-1(d)的形式属于强制循环型,可用于高黏度、易结晶结垢的溶液的蒸发。图 9-1(c)的形式多数为一次通过加热室即被浓缩的单程形式,由于加热时间短,适合于热敏性液体,但不适合高黏度、易结晶结垢溶液的蒸发。

(3) 闪蒸:在上述的蒸发池、皿、锅、罐等形式的蒸发设备中,加热与蒸发大多都在同一场所进行,因此容易使生成的污垢和结晶堆积在加热面上,造成传热速率下降,蒸发设备效率降低等问题。为避免出现这种情况,设计了把加热室与蒸发室分开的设备——闪蒸蒸发装置。图 9-2 为闪蒸蒸发装置的原理图。在预热器内用蒸气将原料加热至 T_{max},然后使料液通过减压阀将压力降至 P_{min} 并进入气液分离室内闪蒸。气液分离室内温度 T_{min} 是浓缩液在压力 P_{min} 下的饱和温度,所以 ($T_{max}-T_{min}$) 的显热就可作为原料液蒸发的潜热以维持蒸发过程的正常进行。将数个闪蒸室连接起来构成可以用于从海水中生产淡水的多级闪蒸装置,该装置可避免在传热面上产生垢层。

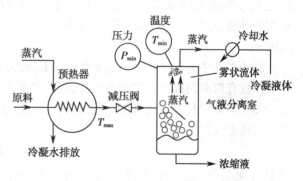

图 9-2　闪蒸过程原理图

第二节　基于蒸发原理的浓缩、干燥技术

浓缩与干燥是除去物料中水分的方法,均为制药过程的重要单元操作。随着现代科技的发展,浓缩与干燥的手段日益丰富,如膜浓缩、冷冻浓缩及冷冻干燥、吸附干燥等基于各自原理的新型技术不断涌现。本节主要介绍基于蒸发原理的浓缩与干燥技术。

一、蒸发浓缩的相平衡因素

蒸发是浓缩原料液最常用的方法,这种溶质富集过程主要是通过变化温度和压力使溶剂气化而实现。

如前所述,蒸发是将一种组分与其他组分分离开的过程。与建立在速率分离基础上的分离过程(如扩散分离)不同,此类分离过程主要是基于相平衡原理,平衡过程至少涉及两相。在蒸发过程中,溶质在液相和气相之间分配。

无论是通过料液中溶剂的气化,还是通过将溶质转入另一相中进行富集,如果要实现分离,则两相中溶剂与溶质的摩尔比必须相同,这可用下面的数学式来表示:

$$a_{ij} = \frac{x_{i1}/x_{j1}}{x_{i2}/x_{j2}} \tag{9-6}$$

式中,a 是组分 i、j 的分离因子;x 是组分 i、j 在 1、2 两相中的摩尔分数。通常选择组分 i、j,使得分离因子大于 1。这样,可以定义组分在两相中摩尔分数的比为分离因子。一个过程的分离因子可以从理论上预测该过程是否可行。例如,如果 a 等于 1,从式(9-6)可以得到如下关系:

$$\frac{x_{i1}/x_{j1}}{x_{i2}/x_{j2}} = 1 \tag{9-7}$$

和

$$\frac{x_{i1}}{x_{j1}} = \frac{x_{i2}}{x_{j2}} \tag{9-8}$$

式(9-8)说明,当分离因子为1时,组分在两相中的摩尔分数比相等,这时不会有任何分离效果。如果 $a>1$,组分 i 将富集在1相中,而组分 j 则富集在2相中,从而达到分离。 $a<1$ 过程刚好相反。不过即使分离因子不为1,即理论上分离可以发生,但可能由于分离速率和成本的限制,也会使此过程不可行。一般来说,实际情况下的分离效果远低于理论上可能达到的效果。如果两相能够完全分离,例如将海水蒸发得到干盐的过程,分离因子将是无穷大。下面各节中分别讨论两相系统(气-液、液-液和液-固系统)的分离因子。

制药工业中通常会涉及气、液两相体系,通常是有机溶剂和水-有机溶剂体系。因为水和大多数有机溶剂都有一定的蒸气压,所以常采用蒸发来浓缩最终产品。

如果溶液中具有挥发性的组分不止一种,则各种组分的蒸气分压可按下式计算(将气相假定为理想气体):

$$p_i = y_i P = \gamma_i x_i P_i^0 \tag{9-9}$$

式中, p_i 是组分 i 的分压; P 是总压(等于各分压之和); y_i 是组分 i 在气相中的摩尔分数; x_i 是组分 i 在液相中的摩尔分数; P_i^0 则是纯液体 i 的蒸气压。对于理想溶液,液相活度系数 γ_i 为1。此时式(9-9)可以改写为

$$\frac{y_i}{x_i} = \frac{P_i}{P} \tag{9-10}$$

对于理想溶液,组分 i 在气液相的摩尔分数之比等于组分 i 的蒸气压占总压的分数。这样,两组分 i、j 在平衡时的分离因子可用下式表示:

$$a_{ij} = \frac{y_i/y_j}{x_i/x_j} = \frac{y_i/x_i}{y_j/x_j} = \frac{P_i/P}{P_j/P} = \frac{P_i}{P_j} \tag{9-11}$$

理想组分的行为符合道尔顿和拉乌尔定律,其理论分离因子等于它们饱和蒸气压的比值。在此情形下,蒸气压的比值(分离因子)也叫作相对挥发度。由于组分蒸气压随温度的升高而增大,故相对挥发度对温度十分敏感。然而在很小的温度范围内,还是可以假定它为常数。如果组分的行为与理想气体不符,就必须在上述方程中引入校正因子。

对一个双组分气-液两相系统,假设组分1更易挥发,各组分摩尔分数的关系可以用下式表示:

$$x_1 + x_2 = 1 \tag{9-12}$$

$$y_1 + y_2 = 1 \tag{9-13}$$

对于双组分系统有:

$$a_{12} = \frac{y_1/y_2}{x_1/x_2} = \frac{y_1/(1-y_1)}{x_1/(1-x_1)} \tag{9-14}$$

整理得到:

$$y_1 = \frac{a_{12}x_1}{1 + (a_{12}-1)x_1} \tag{9-15}$$

图9-3就是根据式(9-15)绘制的不同相对挥发度下的气液平衡组成。显然,当相对挥发度增加时,易挥发组分在气相中的摩尔分数将增加。

二、蒸发浓缩设备种类及性能

浓缩作为中药生产过程中的重要单元操作，其生产设备的性能至关重要。随着我国中药制药工业的迅速发展，中药浓缩设备也得到了较快发展。

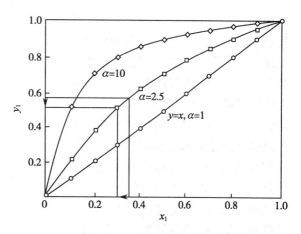

图9-3 不同相对挥发度下理想溶液的气液平衡组成

蒸发浓缩是将稀溶液中的溶剂部分气化并不断排除，使溶液增浓的过程。蒸发过程多处在沸腾状态下，因沸腾状态下设备的传热系数较高，蒸发速率较快。能够完成蒸发操作的设备称为蒸发器（蒸发设备），属于传热设备，对各类蒸发设备的基本要求是：①应有充足的加热热源，以维持溶液的沸腾状态和补充溶剂气化所带走的热量；②应及时排除蒸发所产生的二次蒸气；③应有一定的传热面积以保证足够的传热量。根据蒸发器加热室的结构和蒸发操作时溶液在加热室壁面的流动情况，可将间壁式加热蒸发器分为循环型（非膜式）和单程型（膜式）两大类。蒸发器按操作方式不同又分为间歇式和连续式，小规模多品种的蒸发多采用间歇操作，大规模的蒸发多采用连续操作。

中药生产过程具有品种多、成分复杂，且各品种之间的差异也比较大等特点。中药浓缩设备除应具有易清洗、不结垢、不堵塞、不易跑料等特点，还应具有适应多品种、操作稳定、放料率高等性能。

目前我国中药生产所使用的浓缩设备种类较多，本节主要介绍夹套式浓缩设备、膜式蒸发器、外循环蒸发器及多效蒸发器等。

（一）夹套式浓缩设备

夹套式浓缩设备是热量由夹套传递给原料液，于壁面产生气泡而形成泡状沸腾，使原料液蒸发而达到浓缩目的的设备。该类设备主要有敞口可倾式夹层锅、真空浓缩罐等。前者是料液与大气直接接触的常压操作设备；后者是在真空条件下操作，以降低蒸发温度和提高蒸发速度的设备。

夹套式浓缩设备结构简单，操作方便，对料液的黏度适应广泛，浓缩液比重可达到1.35~1.40。但夹套式浓缩设备的传热面积有限，传热系数较低，能耗较高，热效率低，受热时间较长，原料液在加热室滞留量大。真空浓缩罐由于在真空条件下操作，蒸发温度较低，适用于热敏性物料的蒸发，而敞口可倾式夹层锅因原料液与大气直接接触，使原料液易受大气污染，同时其排气会影响周围生产环境。

（二）膜式蒸发器

膜式（单程型）蒸发器的基本特点是溶液只通过加热室一次即达到所需要的浓度，溶液在加热室仅停留几秒至十几秒，停留时间短，溶液在加热室滞留量少，蒸发速率高，适宜热敏性溶液的蒸发。在单程型蒸发器的操作中，要求溶液在加热壁面呈膜状流动并被快速蒸发，离开加热室的溶液又得到及时冷却，溶液流速快，传热效果佳，但对蒸发器的设计和操作要求较高。各种膜式蒸发器由于结构和成膜原因的不同，相应地其结构及性能也不相同。

1. **升膜式蒸发器** 在升膜式蒸发器中，溶液形成的液膜与蒸发产生二次蒸气的气流方向相同,由下而上并流上升,在分离室气液得到分离。升膜式蒸发器的结构如图9-4所示。主要由列管式加热室及分离室组成,其加热管由细长的垂直管束组成,管子直径为25~80mm,加热管长径比约为100~300。原料液经预热器预热至近沸点温度后从蒸发器底部进入,溶液在加热管内受热迅速沸腾气化,生成的二次蒸气在加热管中高速上升,溶液则被高速上升的蒸气带动,从而沿加热管壁面成膜状向上流动,并在此过程中不断蒸发。为了使溶液在加热管壁面有效地成膜,要求上升蒸气的气速应达到一定的值,在常压下加热室出口速率不应小于10m/s,一般为20~50m/s,减压下的气速可达到100~160m/s或更高。气液混合物在分离室内分离,浓缩液由分离室底部排出,二次蒸气在分离室顶部经除沫后导出,加热室中的冷凝水经疏水器排出。

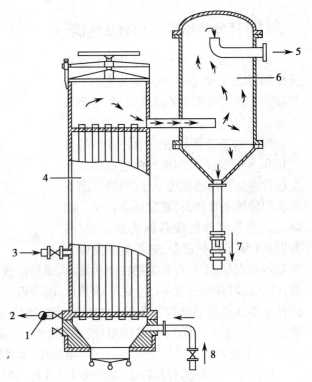

图9-4　升膜式蒸发器
1.疏水器,2.冷凝水出口,3.加热蒸气进口,4.加热室,5.二次蒸气,6.分离室,7.完成液出口,8.原料液进口

升膜式蒸发器适于蒸发量大、稀溶液、热敏性及易生泡溶液的蒸发;不适于黏度高、易结晶结垢溶液的蒸发。升膜式蒸发器由于液膜上升过程中要克服自身的重力和与管壁的摩擦力,仅适用于黏度小于$50 \times 10^{-3} Pa \cdot s$以下的物料的蒸发。

2. 降膜式蒸发器　降膜式蒸发器的结构如图9-5所示,其结构与升膜式蒸发器大致相同,也是由列管式加热室及分离室组成,但分离室处于加热室的下方,在加热管束上管板的上方装有液体分布板或分配头。原料液由加热室顶部进入,通过液体分布板或分配头均匀进入每根换热管,并沿管壁呈膜状流下同时被管外的加热蒸气加热至沸腾气化,气液混合物由加热室底部进入分离室分离,完成液由分离室底部排出,二次蒸气由分离室顶部经除沫后排出。在降膜式蒸发器中,液体的运动是靠本身的重力和二次蒸气运动的拖带力的作用,溶液下降的速度比较快,因此成膜所需的气速较小,对黏度较高的液体也较易成膜。

降膜式蒸发器的加热管长径比100~250,原料液从加热管上部至下部即可完成浓缩。若蒸发一次达不到浓缩要求,可用泵将料液进行循环蒸发。

降膜式蒸发器可用于热敏性、浓度较大和黏度较大的溶液的蒸发,但不适宜易结晶结垢溶液的蒸发。降膜式蒸发器由于重力和二次蒸气对液膜的作用与液膜的流动方向相同,使其对料液黏度范围要广些,适用于黏度不大于$100 mPa \cdot s$的物料。

升膜式和降膜式蒸发器结构基本相同,设备结构都较为简单,操作稳定,传热效果好,传热面积大,适用于大规模生产。可组成双效蒸发过程,以利用二次蒸气降低能耗。但浓缩液比重仅能达到1.05~1.10,浓缩液需用其他设备进一步浓缩方可使用,而且膜状沸腾易结垢,清洗不易。

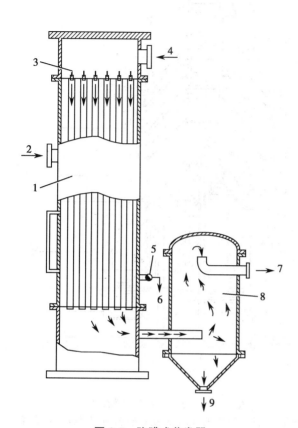

图 9-5　降膜式蒸发器

1. 加热室, 2. 加热蒸气进口, 3. 液体分布装置, 4. 原料液进口, 5. 疏水器, 6. 冷凝水出口, 7. 二次蒸气, 8. 分离室, 9. 完成液出口

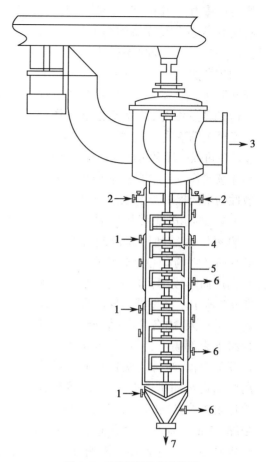

图 9-6　刮板搅拌式蒸发器

1. 加热蒸气, 2. 原料液进口, 3. 二次蒸气出口, 4. 刮板, 5. 夹套加热, 6. 冷凝水出口, 7. 完成液出口

　　3. 刮板式薄膜蒸发器　刮板搅拌式蒸发器是通过旋转的刮板使原料液形成液膜的蒸发设备, 图 9-6 所示为可以分段加热的刮板搅拌式蒸发器, 主要由分离室、夹套式加热室、刮板、轴承、动力装置等组成。夹套内通入加热蒸气加热蒸发筒内的溶液, 刮板由轴带动旋转, 刮板的边缘与夹套内壁之间的缝隙很小, 一般 0.5~1.5mm。原料液经预热后沿圆筒壁的切线方向进入, 在重力及旋转刮板的作用下在夹套内壁形成下旋液膜, 液膜在下降时不断被夹套内蒸气加热蒸发浓缩, 完成液由圆筒底部排出, 产生的二次蒸气夹带雾沫由刮板的空隙向上运动, 旋转的带孔刮板也可把二次蒸气所夹带的液沫甩向加热壁面, 在分离室进行气液分离后, 二次蒸气从分离室顶部经除沫后排出。

　　传统的刮板薄膜蒸发器均为物料一次性通过加热壁面, 停留时间需准确控制, 对加料量要控制严格, 否则出现干壁现象, 热效率不高, 操作弹性较小, 使用要求高, 结构复杂, 制造精度要求高, 外形较大, 不易安装、操作, 清洗困难等, 这些缺点影响了它在中药生产行业的广泛应用。

　　最近出现了比刮板薄膜蒸发器性能更好的滚筒刮膜式中药浓缩器。该设备在蒸发时, 原料液经循环泵落到料液分布盘上, 在离心力的作用下被均匀甩到蒸发室的内壁加热面上,然后在重力作用下沿壁下流。旋转的液筒在离心力及弹簧弹力的作用下,快速滚扫,使下降的原料液迅速摊开成均匀薄膜,在蒸发室沿器壁旋转下降同时形成扰动加热面,并在此过程中得到蒸发浓缩,浓缩液在重力作用下流至浓缩液受器内,继续循环蒸发。该设备可以减压和常压操作,可以间歇和连续操作,清洗容易,适合高黏度热敏性的中药提取液的浓缩蒸发操作。

4. 离心式薄膜蒸发器　离心式薄膜蒸发器是利用高速旋转的锥形碟片所产生的离心力对溶液的周边分布作用而形成薄薄的液膜,其结构如图9-7所示。蒸发器运转时原料液从进料管进入,由各个喷嘴分别向各碟片组下表面喷出,并均匀分布于碟片锥顶的表面,液体受惯性离心力的作用向周边运动扩散形成液膜,液膜在碟片表面被夹层的加热蒸气加热蒸发浓缩,浓缩液流到碟片周边就沿套环的垂直通道上升到环形液槽,由吸料管抽出作为完成液。从碟片表面蒸发出的二次蒸气通过碟片中部的大孔上升,汇集后经除沫再进入冷凝器冷凝。加热蒸气由旋转的空心轴通入,并由

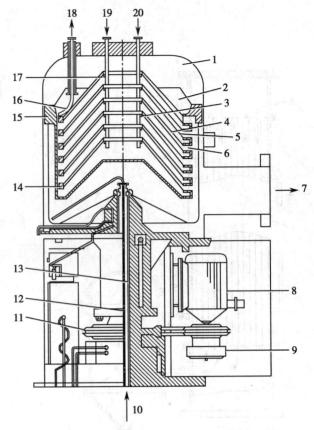

图 9-7　离心式薄膜蒸发器结构
1. 蒸发器外壳, 2. 浓缩液槽, 3. 物料喷嘴, 4. 上碟片, 5. 下碟片, 6. 蒸气通道, 7. 二次蒸气出口, 8. 马达, 9. 液力联轴器, 10. 加热蒸气进口, 11. 皮带轮, 12. 排冷凝水管, 13. 进蒸气管, 14. 浓缩液通道, 15. 离心转鼓, 16. 浓缩液吸管, 17. 清洗喷嘴, 18. 完成液出口, 19. 清洗液进口, 20. 原料液进口

小通道进入碟片组间隙加热室,冷凝水受离心作用迅速离开冷凝表面,从小通道甩出落到转鼓的最低位置,并从固定的中心管排出。

离心薄膜式蒸发器是在离心力场的作用下成膜的,料液在加热面上受离心力的作用,液流湍动剧烈,同时蒸气气泡能迅速被挤压分离,成膜厚度很薄,一般膜厚0.05~0.1mm,原料液在加热壁面停留时间不超过一秒,蒸发迅速,加热面不易结垢,传热系数高,可以真空操作,但该种设备结构复杂,设备加工精度高,设备安装、检修难度大。

离心薄膜式蒸发器适宜热敏性、黏度较高的料液的蒸发,适用于20Pa·s以下高黏度料液的浓缩。

（三）外循环蒸发器

在循环型蒸发器的蒸发操作过程中,溶液在蒸发器的加热室和分离室中作连续的循环运动,从而提高传热效果,减少污垢热阻,但溶液在加热室滞留量大且停留时间长,不适宜热敏性溶液的蒸发。按促使溶液循环的动因,循环型蒸发器分为自然循环型和强制循环型。自然循环型是靠溶液在加热室位置不同,溶液因受热程度不同产生密度差,轻者上浮重者下沉,从而引起溶液的循环流动,循环速度较慢(约0.5~1.5m/s);强制循环型是靠外加动力使溶

液沿一定方向作循环运动,循环速度较高(约 1.5~5m/s),但动力消耗高。

1. 外加热式蒸发器 外加热式蒸发器属于自然
循环型蒸发器,其结构如图 9-8 所示,主要由列管式
加热室、蒸发室及循环管组成。加热室与蒸发室分
开,加热室安装在蒸发室旁边,特点是降低了蒸发器
的总高度,有利于设备的清洗和更换,并且避免大量
溶液同时长时间受热。外加热式蒸发器的加热管较
长,长径比为 50~100。溶液在加热管内被管间的加热
蒸气加热至沸腾气化,加热蒸气冷凝液经疏水器排
出,溶液蒸发生产的二次蒸气夹带部分溶液上升至
蒸发室,在蒸发室实现气液分离,二次蒸气从蒸发室
顶部经除沫器除沫后进入冷凝器冷凝。蒸发室下部
的溶液沿循环管下降,循环管内溶液不受蒸气加热,
其密度比加热管内的大,形成循环运动,循环速率可
达 1.5m/s,完成液最后从蒸发室底部排出。外加热式
蒸发器的循环速率较高,传热系数较大[一般 1400 至
3500W/(m²·℃)],并可减少结垢。外加热式蒸发器的
适应性较广,传热面积受限较小,但设备尺寸较高,结
构不紧凑,热损失较大。

图 9-9 所示为外加热式三效蒸发设备流程简图,
可用于中药水提取液及乙醇液的蒸发浓缩过程。可
以连续并流蒸发,也可以间歇蒸发,可以得到较高的
浓缩比,浓缩液的相对密度可大于 1.1。

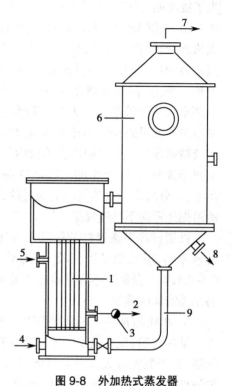

图 9-8 外加热式蒸发器
1. 加热室, 2. 冷凝水出口, 3. 疏水器, 4. 原
料液进口, 5. 加热蒸气入口, 6. 分离室,
7. 二次蒸气, 8. 完成液出口, 9. 循环管

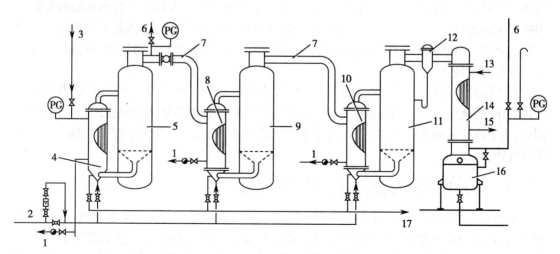

图 9-9 三效蒸发设备流程简图
1. 冷凝水出口, 2. 原料液进口, 3. 加热蒸汽进口, 4. 一效加热室, 5. 一效分离室, 6. 抽真空, 7. 二次蒸汽, 8. 二
效加热室, 9. 二效分离室, 10. 三效加热室, 11. 三效分离室, 12. 气液分离器, 13. 冷却水进口, 14. 末效冷凝器,
15. 冷凝水出口, 16. 冷凝液接收槽, 17. 完成液出口

2. 强制循环型蒸发器 在蒸发较大黏度的溶液时，为了提高循环速率，常采用强制循环型蒸发器，其结构见图9-10。强制循环型蒸发器主要由列管式加热室、分离室、除沫器、循环管、循环泵及疏水器等组成。与自然循环型蒸发器相比，强制循环型蒸发器中溶液的循环运动主要依赖于外力，在蒸发器循环管的管道上安装有循环泵，循环泵迫使溶液沿一定方向以较高速率循环流动，通过调节泵的流量来控制循环速率，循环速率可达 1.5~5m/s。溶液被循环泵输送到加热管的管内并被管间的加热蒸气加热至沸腾气化，产生的二次蒸气夹带液滴向上进入分离室，在分离室二次蒸气向上通过除沫器除沫后排出，溶液沿循环管向下再经泵循环运动。

强制循环型蒸发器的传热系数比自然循环的大，蒸发速率高，但其能量消耗较大，每平方米加热面积耗能 0.4~0.8kW。强制循环蒸发器适于处理高黏度、易结垢及易结晶溶液的蒸发。

3. 在线防挂壁三相流浓缩器 中药提取液浓缩的生产情况表明，现有蒸发浓缩工艺、技术及装置存在以下问题：对于黏度较大或者最终浓缩液比重较大的中药提取液的浓缩，浓缩器内易结垢、传热效率较低、浓缩时间较长、有效成分损失大、浓缩品质不稳定等。为解决上述问题，提出了中药提取液在线防挂壁三相流浓缩新技术及装置。其基本原理是：往中药提取液自然外循环两相流浓缩器内加入一定量的生理惰性固体颗粒，形成气-液-固三相流，通过处于流化状态的固体颗粒不断扰动浓缩器加热管内壁面上的流体层，从而实现在线防垢和强化蒸发浓缩过程的目的。该新工艺新技术装置的结构类似于自然外循环两相流浓缩器，它既具有自然外循环两相流浓缩器的优点，又克服了其存在的不足。

在实际的蒸发过程中，选择蒸发流程的主要依据是物料的特性及工艺要求等，并且要求操作简便、能耗低，产品质量稳定等。采用多效蒸发流程时，原料液需经适当的预热再进料，同时，为了防止液沫夹带现象，各效间应加装气液分离装置，并且及时排放二次蒸汽中的不凝性气体。

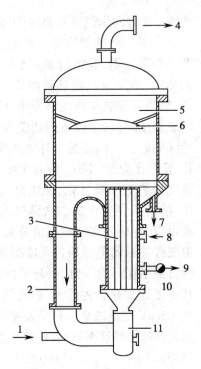

图 9-10 强制循环型蒸发器
1. 原料液进口, 2. 循环管, 3. 加热室,
4. 二次蒸气, 5. 分离室, 6. 除沫器,
7. 完成液出口, 8. 加热蒸气进口, 9. 冷凝水出口, 10. 疏水器, 11. 循环泵

三、关于中药提取液浓缩工艺的若干讨论

中药提取液浓缩是中药制药的重要工序之一。目前该过程存在着浓缩温度高，浓缩时间长，有效成分及挥发性成分易损失，设备易结垢，热效率低，能耗高，一步浓缩难以实现高相对密度的工艺要求，废液排放不彻底等问题。为了解决这些问题，已研究开发了一系列中药提取液浓缩新工艺和新技术，主要包括：悬浮冷冻浓缩、渐进冷冻浓缩、反渗透、膜蒸馏、渗透蒸馏、大孔吸附树脂分离浓缩等。中药提取液体系非常复杂，有水提取液和醇提取液等，提取液除含有效成分外，还含有一定量的鞣质、蛋白、胶类、糖类和树脂等物质。因而浓缩工艺对于待浓缩物料应具有一定针对性，应考虑到浓缩技术各自的特点及对浓缩物料的适应

性等加以选择。

1. 浓缩的加热时间对中药提取液有效成分的影响

(1) 加热时间是有效成分含量变化的主要因素：如有关白芍、枳实、葛根、栀子和延胡索五味中药提取液加热浓缩的研究结果表明，其各自指标性成分芍药苷、辛福林、葛根素、京尼平苷和延胡索乙素的含量随着加热时间的延长而呈下降趋势。

(2) 不同结构的成分在受热过程中含量的变化也不同：如上述研究中，京尼平苷在加热过程中含量还出现增加阶段，这是由于结构相似的京尼平素-1-β-D龙胆二糖苷水解转变成京尼平苷所致，但随加热时间延长又呈下降趋势。其余4味药中有效成分在加热4小时后含量降低约10%~20%。

有效成分因浓缩受热而被破坏的严重性应该引起广泛重视，在中药制剂的制备工艺中应尽量缩短药液的受热时间，减少有效成分的损失，提高药物的利用率。

2. 中药提取液蒸发浓缩过程中应注意的因素

(1) 温度差：在蒸发过程中，受热面与加热面之间的温度差一般不应低于20℃，以满足蒸发所需的热量。提高温度差可提高蒸发速率。

(2) 表面结膜：液体的气化速度在液体表面总是最大的。由于蒸发过程的热损失，液面的温度下降较快，加之溶剂的挥发，液面浓度也升高较快。温度下降和浓度升高使溶液的黏度增高，导致液面结膜，这种结膜现象不利于导热与蒸发。

(3) 蓄积热：热蓄积是蒸发后期产生的问题，由于液体黏度增大或部分沉积物附着换热面，会产生局部过热现象，导致药液成分的变质，克服的办法是强化搅拌，或不停地除去沉积物。

(4) 沸点升高：由于浓度及黏度的增大导致溶液沸点的升高，防止的办法是减压蒸发或加入稀液体稀释后再继续蒸发。

(5) 液体的静压力：液体的静压力对液体的沸点和对流有一定的影响，液层愈厚，静压力愈大，促进对流所需的热量也愈大。因此，液层内的对流不易良好地进行，底部分子因受较大压力而沸点也较上层高。

四、基于蒸发原理的干燥过程动力学

通过对固体加热使溶剂气化的过程称为干燥。干燥过程的热量传递可以通过传导、对流和辐射等许多方式实现。

1. 湿物料的性质　在干燥过程中，被干燥物料的性质如结构、形状、大小、热稳定性及化学稳定性等都是决定干燥工艺的重要因素。

一切湿物料的共同特点是具有毛细管，湿物料脱除水分的难易程度与毛细管的直径有关。根据液体对毛细管的润湿性和非润湿性的作用力可导出毛细管半径与其饱和蒸气压的关系方程，即凯尔文公式：

$$\ln \frac{p}{p_0} = -\frac{2\sigma V \cos\theta}{r R_g T} \tag{9-16}$$

式中，θ 为润湿角；σ 为分界面的表面张力；r 为毛细管半径；P_0 为大气压；P 为湿组分平衡水蒸气压；V 为水的比容；R_g 为气体常数；T 为温度。

由式(9-16)可见，随着毛细管半径的减小，毛细管液体表面产生的蒸气压越低于同一温度下的饱和蒸气压，使得物料内部水分的扩散以及毛细管液面的蒸发都受到更大的阻力，因此要使水分脱除就要消耗更大的能量。

2. 干燥曲线及干燥速率 物料湿含量（C）与干燥时间（τ）的关系曲线称为干燥曲线,如图 9-11 中（C-τ）所示;图中（Q-τ）则为物料温度（Q）与干燥时间（τ）的关系曲线。

干燥速率可定义为:

$$U = \frac{W_s \mathrm{d}C}{A \mathrm{d}t} \tag{9-17}$$

式中 W_s 为被干燥物料的质量,A 为被干燥物料的表面积。有时被干燥物料的表面积 A 很难测定,可利用干燥强度 N 来表示干燥进行的速度:

$$N = \mathrm{d}C/\mathrm{d}t \tag{9-18}$$

为进一步分析干燥机制,常将图 9-11 中的曲线转换为干燥速率 U 对物料湿含量 C 的曲线,称为干燥速率曲线,见图 9-12。

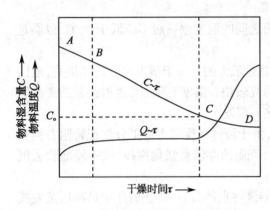

图 9-11　恒定条件下物料的干燥曲线

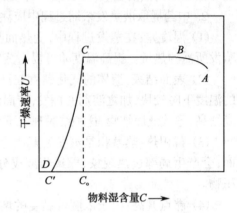

图 9-12　恒定条件下某物料的干燥速率曲线

由图 9-11、图 9-12 可以看出,开始干燥时,气固两相进行传质传热的过程。在 AB 段（预热段）热空气传给物料的热量一部分用于加热物料使物料升温,而另一部分热量用于蒸发物料中的水分,故在物料预热阶段,物料的湿含量降低速度较慢。在其后的 BC 段物料温度维持不变,即热空气传给物料的热量全部用于水分的蒸发,说明物料内部水分的扩散速率大于或等于物料表面水分的蒸发速率,此时干燥曲线的斜率较大,并基本上呈线性关系。到 CD 段时物料温度不再维持恒定,而开始上升,说明热空气传给物料的热量一部分用于物料的升温,另一部分用于水分的蒸发,于是 CD 段的干燥曲线变得较为平缓,物料湿含量的下降速率变缓。

从干燥速率曲线可知,在干燥过程中存在一个恒速干燥阶段和一个降速干燥阶段。在恒速干燥阶段,干燥速率主要受外部传热传质控制;在降速干燥阶段,干燥速率主要受物料内部湿分的内扩散和传热控制,因而,降速阶段的曲线形状与物料的性质有很大关系。

在恒速干燥阶段,传热传质过程的主要阻力在气相侧,属外部传热传质控制,通常应用 Biot 准数（Bi）作为判据。当 Bi 数小于 0.1 时,内部传热传质阻力很小,可认为是外部传热传质控制。多孔的直径小于 1mm 的颗粒在很多情况下,可以满足此条件。

干燥过程中传热 Biot 准数、传质 Biot 准数的定义分别由式（9-19）、式（9-20）表达:

$$B_{iH} = \frac{\alpha d}{2\lambda} \tag{9-19}$$

$$B_{iD} = \frac{k_y d}{2\rho_s D_{AS} A^*} \qquad (9\text{-}20)$$

式中,a 为传热系数,W/(m²·K);k_y 为传质系数,kg/(m²·s);d 为定性尺寸,对于球形颗粒物料即为颗粒的直径;λ 为导热系数,W/(m·K);ρ_s 为干燥物料的密度;D_{AS} 为湿分在物料中的扩散系数;A^* 为平衡等温线 $y_{eq}=f(x)$ 的局部斜率。

五、基于蒸发原理的干燥技术

1. 喷雾干燥技术　喷雾干燥是流态化技术用于液态物料干燥的较好方法,系将液态物料浓缩至适宜的密度,通过加压使液体雾化成细小雾滴后,再与一定流速的热空气进行热交换,使水分迅速蒸发,使物料干燥成粉末状或颗粒状。喷雾干燥的特点是:①雾化液滴约 10~200 微米,表面积非常大,停留时间约 20~30 秒,干燥时间短;②液滴的温度接近于使用温度的湿球温度,可以保证产品质量,避免蛋白质变性、维生素氧化、分解等现象,适于热敏性物料的干燥;③产品粒度及含水量可以调节控制,产品具有良好的流动性、分散性、溶解性;④产品质量好,能保持原来的色香味,含菌量低;⑤喷雾干燥可得 180 目以上极细粉,且含水量≤5%;⑥喷雾干燥可以在密闭系统中进行,避免粉尘飞扬,减少环境污染;⑦生产过程简单,操作控制方便,劳动强度低,容易实现生产连续化、大型化及自动控制;⑧设备复杂,造价高,能耗高,热效率低,设备清洗麻烦。

(1) 喷雾干燥技术的基本原理:液体物料经加压后由喷嘴雾化喷出,与热空气充分接触,雾滴中溶剂被瞬间蒸发气化,干燥的效果取决于所喷雾滴直径。雾滴直径与雾化器类型及操作条件有关,当雾滴直径为 10μm 左右时,每升料液所形成的液滴数可达 1.91×10^{12},其总表面积可达 400~600m²。因表面积很大,传热传质迅速,水分蒸发极快,干燥时间一般只需零点几秒至十几秒,故喷雾干燥有瞬间干燥的特点。喷雾干燥适用于热敏性物料的干燥,产品多为松脆的颗粒或粉粒,溶解性能好,对改善某些制剂的溶出速率具有良好的作用。

(2) 喷雾干燥设备:图 9-13 所示为喷雾干燥装置示意图。药液自导管经流量计至喷头后,进入喷头的压缩空气(约 $4 \times 10^5 \sim 5 \times 10^5$Pa)将药液自喷头经涡流器,利用离心力增速成雾滴喷入干燥室,再与热气流混合进行热交换后被快速干燥。当开动鼓风机后,空气经过滤器过滤、预热器加热至 280℃ 左右后,自干燥室上部沿切线方向进入干燥室,干燥室内一般保持在 120℃ 以下,已干燥的细粉落入收集桶内,部分干燥的较细粉末随热空气流进入分离室后被捕集于布袋中,热废气自排气口排出。

喷雾干燥已广泛应用于制药工业、食品工业、化学工业、日用工业等。如利用喷雾干燥技术制备微囊,将心料混悬在衣料的溶液中,经离心喷雾器将其喷入热气流中,所得的产品系衣料包心料而成的微囊。还可将中药胶剂改用喷雾干燥法直接制得颗粒状胶剂,较传统块状胶的工艺省去了胶汁浓缩、凝胶、切胶、晾胶等工序,可缩短生产周期,防止污染,且生产不受季节限制,使挥发性碱性物质的含量降低。

2. 沸腾干燥技术　沸腾干燥又称流化床干燥,它是利用热空气气流使湿颗粒悬浮,呈流态化,似"沸腾状",热空气在湿颗粒间通过,在动态下进行热交换,带走水气而达到干燥的一种方法。其特点是:①固体颗粒小,在流化床内热空气与固体颗粒充分混合,单位体积内的表面积大,传热传质速率较高,干燥时间短;②干燥速度快,产品质量好,一般湿颗粒流化干燥时间为 20 分钟左右,制品干湿度均匀;③颗粒如同液体一样,可以平稳地流动,干燥时不需翻料,可实现连续及自动化生产操作,且能自动出料,节省劳动力;④流化床干燥器装

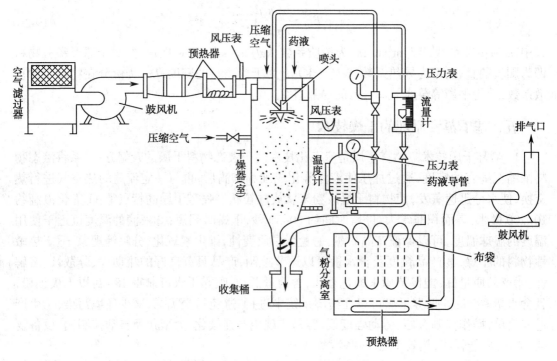

图 9-13　喷雾干燥示意图

置密封性能良好,传动机械不与物料接触,不会带入杂质,适合于对洁净度要求高的制药行业;⑤固体颗粒能迅速混合,使床层温度均匀一致,亦可调节控制,避免出现局部过热现象;⑥适于湿粒性物料,如片剂、颗粒剂制备过程中湿粒的干燥和水丸的干燥等,适用于大规模生产和片剂生产的流水线作业;不适宜含水量高及易黏结成块的物料,因其易产生黏壁现象。不适宜脆性物料、贵重及有毒物料;⑦几种物料若密度相差较大,不适合一起干燥,且流化床干燥的物料的粒度有一定限制,多在 30μm~6mm 之间;⑧设备结构简单,制造维修方便,但热能消耗大,清扫设备较麻烦,尤其是有色颗粒干燥时给清洁工作带来困难。

　　沸腾干燥设备目前在制药工业生产中应用较多,有连续式干燥及间歇式干燥方式。从结构划分有单层型、搅拌型、多层型、卧式多室型、振动型、离心型、旋转型、脉冲型、塞流型、闭路循环型等类型。

　　如图 9-14 所示为负压卧式多室沸腾干燥装置。此种沸腾干燥床流体阻力较低,操作稳定可靠,产品的干燥程度均匀,且物料的破碎率低。负压卧式沸腾干燥装置主要由空气预热器、沸腾干燥室、旋风分离器、细粉捕集室和排风机等组成。

　　卧式多室流化床干燥设备具有风速低,结构简单,操作及卸料方便,物料停留时间可以调节,压力损失小,物料处理量大,操作稳定,干燥速率高,干燥产品均匀,设备高度低等特点,可用以干燥各种难以干燥的粒状、片状、粉状及热敏性物料。

　　3. 红外线干燥技术　红外线干燥是利用红外线辐射器产生的电磁波被含水物料吸收后,直接转变为热能,使物料中水分气化而干燥的一种方法,属于辐射加热干燥。

　　红外线是介于可见光与微波之间的电磁波,其波长范围处于 0.76~1000μm。一般把 0.76~2.5μm 波长的红外辐射称为近红外,把 5.6~1000μm 波长辐射称为远红外。由于物料对红外线的吸收光谱大部分分布在远红外区域,特别是有机物、高分子化合物及水等在远红

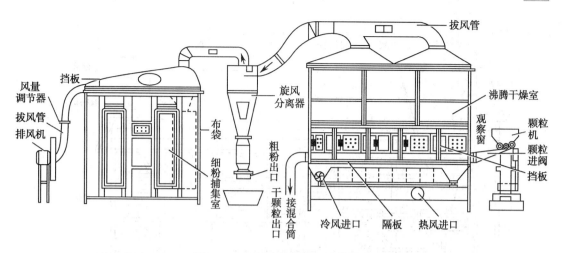

图 9-14　负压卧式沸腾干燥装置图

外区域有很宽的吸收带,因此,利用远红外线干燥要优于近红外线干燥。

红外线辐射器所产生的电磁波以光的速度辐射到被干燥的物料上,由于红外线光子的能量较小,被物料吸收后,不能引起分子与原子的电离,只能增加分子热运动的动能,使物料中的分子强烈振动,温度迅速升高,将水等液体分子从物料中蒸发出来而达到干燥的目的。远红外线干燥的特点:①远红外线干燥的速率是近红外线干燥的二倍,是热风干燥的十倍,干燥速率较快,适用于热敏性药物的干燥,适宜熔点低、吸湿性强的药物,以及某些物体表层(如橡胶硬膏)的干燥;②由于物料表面和内部的物质分子同时吸收红外线,因此物料受热均匀,产品的外观好,质量佳;③远红外干燥电能消耗小,是近红外的 50% 左右。目前远红外干燥在制药、食品等行业中已广泛应用。

远红外辐射元件(又称辐射能发生器)的型式很多,主要由三部分组成:

(1) 涂层:其功能是在一定温度下能发射出具有所需波段宽度和较大辐射功率的辐射线。位于元素周期表第 2~5 周期的大多数元素的氧化物、碳化物、硫化物、硼化物等,在一定的温度下都能辐射出不同波长的红外线,为了获得较宽范围波长的红外线,一般将数种物质混合使用,采用涂布、烧结、熔射喷涂等工艺方法,使涂料附着在基体上。如目前除常选用加涂料的碳化硅干热电热板外,也有选用氧化钴、氧化锆、氧化铁、氧化钇等混合物构成的电热板。

(2) 发热体或热源:发热体是指电阻发热体,热源是指非电热式的可燃气体、蒸气或烟道等,其功能是向涂层提供足够的能量,以保证辐射层正常发射辐射线所必需的工作温度。

(3) 基体:主要是供安置发热体或涂层用。

常用的远红外干燥设备如下所述。

(1) 振动式远红外干燥机:振动式远红外干燥机如图 9-15 所示,主要采用振动输送物料和电加热方式。干燥机组由加料系统、加热干燥系统(主机)、排气系统及电气控制系统组成。

振动式远红外干燥机多用于湿颗粒的干燥。对黏度较大的湿粒,必须先在室温下进行除湿预处理,使颗粒的性质能满足该机的要求。否则,当湿颗粒直接进入振动式远红外干燥机时、在干燥过程中容易黏结,形成大颗粒或块状物,使包裹于大颗粒内的水分难以蒸发。且部分颗粒还容易黏结在远红外烘箱振槽板面上,造成积料和焦化现象。

振动式远红外干燥机的特点是:①湿颗粒在机内停留 6~8 分钟,而通过远红外辐射时仅

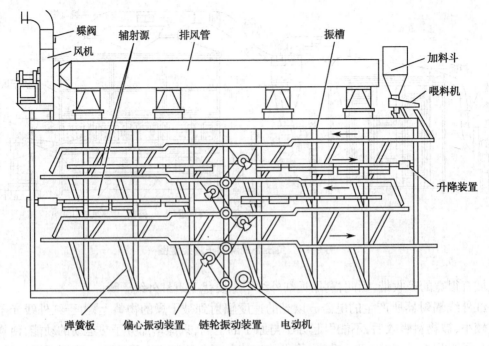

图 9-15　振动式远红外干燥机结构图

1.5~2.5 分钟,干燥迅速,生产能力大;②干燥时物料最高温度为 90℃,由于加热时间短,药物成分不易被破坏,同时也能起到灭菌作用,颗粒外观色泽鲜艳、质量均匀,成品含水量可达到 2% 左右;③能耗低。

(2) 隧道式红外线烘箱:隧道式红外线烘箱主要由干燥室、辐射能发生器、机械传动装置及辐射线的反射集光装置等组成。图 9-16 为隧道式红外线烘箱与红外线发生器示意图。该设备为注射剂安瓿连续自动化生产提供了有利条件,但有安瓿污染及气体燃烧后产生气味等缺点。此种烘箱略加改造,在其左上方安装加料系统,右下方设有物料出口,可用于湿颗粒的干燥。

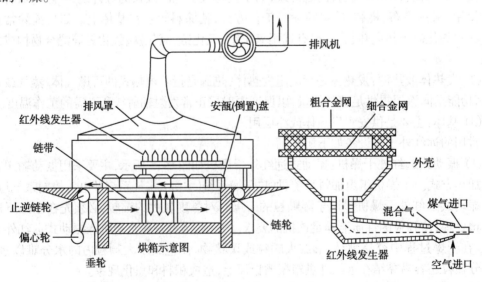

图 9-16　隧道式红外线烘箱与红外线发生器

4. 微波干燥技术　微波是一种高频波,其波长为 1mm~1m,频率为 300MHz~300kMHz。制药工业上微波加热干燥只用 915MHz 和 2450MHz 两个频率,后者在一定条件下兼有灭菌作用。

物质在外加电场的作用下分子发生极化,如果外加电场为交变电场,则无论是有机分子电介质,还是无机分子电介质均被反复极化。随着外加交变电场频率的提高,极化的分子电场方向也交互变化,不断地迅速转动而发生剧烈地碰撞和摩擦。这样就将其在电磁场中所吸收的能量转化为热能,使物体本身被加热和干燥。

物质不同,对微波的吸收程度不同。水的介电常数大,能强烈地吸收微波,因此含水的物料采用微波加热干燥更为有利。中药饮片、水丸、蜜丸、袋泡茶等用微波干燥,不仅干燥速度快,而且可提高产品质量。因为微波可穿透介质较深,热是在被加热物质内部产生的。物料的内部和表面可同时均匀加热,热效率高,故干燥时间短,不影响产品的色香味及组织结构,且兼有杀虫和灭菌的作用。但微波干燥设备投资费用较高,产品的成本费用也较高,尤其对眼睛有影响,应注意微波的泄漏和防护。

微波干燥设备主要由直流电源、微波发生器、连接波导、微波干燥器及冷却系统等组成。微波发生器由直流电源提供高压并转变成微波能量,加热干燥的微波管一般使用磁控管。微波干燥器按物料和微波作用的形式可分为四种类型:

(1) 谐振腔式微波炉:干燥器的器壁可反射微波,置于干燥器的被干燥物料,其各个方向均可以受热。

(2) 波导干燥器:微波从波导的一端输入,而在另一端接有吸收微波剩余能量的水负载。微波在干燥器内无反射地从一端向被干燥物料馈送。

(3) 辐射型干燥器:微波能量可通过喇叭式装置直接辐射到被干燥的物料。

(4) 慢波型干燥器:微波沿螺旋线前进。沿轴向方向速度减慢,从而提高了电场强度,适用于不易加热或表面积较大的物料,能充分进行能量交换而达到干燥。

第三节　蒸馏原理与技术

蒸馏技术在制药生产中的应用较广,如溶剂的回收精制、中药挥发油成分的提取及精制、热敏性药用成分的分离提纯等。近几十年来,随着塔内件和化工模拟技术的不断发展,各种蒸馏技术、操作方式和分离理论的研究也在不断发展。

一、蒸馏原理、蒸馏技术分类及其特征

蒸馏过程是分离液体混合物的一种常用方法,其基本原理是利用混合物中各组分的沸点不同而进行分离。液体物质的沸点越低,其挥发度就越大。因此将液体混合物沸腾并使其部分气化和部分冷凝时,挥发度较大的组分在气相中的浓度就比在液相中的浓度高,相应地难挥发组分在液相中的浓度高于在气相中的浓度,故将气、液两相分别收集,可达到轻重组分分离的目的。因而,蒸馏操作进行的条件是各组分具有不同的挥发性,有热源加热,有冷凝剂冷凝及有蒸馏设备。

根据液体的挥发性、操作条件、分离要求等方面的不同,蒸馏技术可进行如下分类:

(1) 按蒸馏方式可以分为:平衡蒸馏(也叫闪蒸)、简单蒸馏、精馏和特殊精馏。平衡蒸馏和简单蒸馏多用于待分离混合物中各组分挥发度相差较大而对分离要求不高的场合;精馏适合于待分离的混合物中各组分挥发度相差不大且对分离要求较高的场合;特殊蒸馏适合

于待分离混合物中各组分的挥发度相差很小甚至形成共沸物,普通蒸馏无法达到分离要求的场合,特殊蒸馏主要有萃取精馏、恒沸精馏、盐熔精馏及反应精馏等。

(2) 按操作流程可分为:间歇蒸馏和连续蒸馏,间歇蒸馏又称分批蒸馏,属于非稳态操作,主要适用于小规模及某些有特殊要求的场合;连续蒸馏属于稳态操作,是工业生产中最常有的蒸馏方式。

(3) 按操作压力可分为:常压蒸馏、减压蒸馏(真空蒸馏)和加压蒸馏,一般常压下为气态(如空气)或常压下沸点近室温的混合物多采用加压蒸馏以提高其沸点;常压下沸点在150℃左右的混合物多采用常压蒸馏;对于常压下沸点较高或热敏性物质,可采用减压蒸馏以降低其沸点。

(4) 按待分离混合物的组分数可以分为:双组分精馏和多组分精馏。

制药过程中经常用到简单蒸馏和精馏操作,简单蒸馏指仅有一次部分气化和部分冷凝的过程,也称为单级蒸馏;具有多次部分气化和部分冷凝的过程称为精馏(或多级蒸馏)。精馏过程的原理如下:通过加热及调节操作压力等方法,使液、液混合物沸腾产生气、液两相并达到气液相平衡;达气液相平衡时,由于各组分具有不同的挥发性,组分在两相中的相对含量不同,挥发性高的组分在气相中的浓度比在液相中的浓度高,而挥发性低的组分在液相中的浓度比在气相中的高;利用各组分挥发性不同的性质,通过加入热量或取走热量的方法,使气、液两相经过多次部分气化和部分冷凝并充分接触,使易挥发组分在气相中浓集,难挥发组分在液相中浓集,从而达到液、液混合物的分离。

相对而言,单级蒸馏技术由于设备简单、操作简便以及投资少,被广泛用于中药挥发油及其他药用成分的提取和纯度要求不高的分离过程。常用的单级蒸馏技术包括:水蒸气蒸馏技术、同时蒸馏萃取技术、水扩散蒸馏技术和分子蒸馏技术。目前中药提取单元操作多采用多功能提取器,其中含有以水蒸气蒸馏原理为基础所设计的挥发油收集、分离器,详细内容可参阅其他有关教材。

不同蒸馏操作过程的主要特征分别列于表 9-1 和表 9-2。

表 9-1　基于简单蒸馏的技术及其特征

具体技术	基本特征	设备构成	分离条件	适用范围
水蒸气蒸馏	只有一次部分气化和部分冷凝,分离效率低,系统引入水蒸气	水蒸气发生器,冷凝器,油水分离器	组分间沸点差 50~80℃以上或挥发物与不挥发物之间的分离	从中药材饮片中提取挥发油或从挥发油中去除不挥发性杂质等
水扩散蒸馏				
同时蒸馏萃取		水蒸气发生器,冷凝器,萃取系统,油水分离器		
分子蒸馏	仅有一次部分气化和部分冷凝	蒸发器,冷凝器,真空系统	分子自由程相差很大	热敏性强的挥发油精制等

表 9-2　精馏技术及其特征

具体技术	基本特征	设备构成	分离条件	适用范围
水蒸气蒸馏	具有多次部分气化和多次部分冷凝的多级分离过程,分离效率高,可获得高纯度产品	由再沸器、塔体、塔板或填料、冷凝器、回流控制系统、真空系统、水蒸气发生器等构成的精馏塔	组分间沸点大于 3.5℃(相对挥发度大于 1.05)	沸点差相近的挥发油组分间的分离
热敏物料间歇精馏				沸点差较小的热敏物料组分间的分离
动态累积间歇精馏				药用组分的分离,溶剂回收至高纯度
普通间歇精馏				一般性分离任务

二、分子蒸馏技术

分子蒸馏(molecular distillation)也称短程蒸馏,是一种在高真空度条件下进行分离操作的连续蒸馏过程。由于在分子蒸馏过程中,操作系统的压力仅在 $10^{-2} \sim 10^{-1}$Pa 之间,混合物可以在远低于常压沸点的温度下挥发,另外组分在受热情况下停留时间很短(约 0.1~1 秒),因此,分子蒸馏过程已成为分离目的产物最温和的蒸馏方法。分子蒸馏适合于分离低挥发度、高沸点、热敏性和具有生物活性的物料。目前,分子蒸馏技术已成功地应用于食品、医药、精细化工和化妆品等行业。

与普通的减压蒸馏相比,分子蒸馏工艺过程的主要特点在于:①分子蒸馏的蒸发面与冷凝面间的距离很小,蒸气分子从蒸发面向冷凝面飞射的过程中,蒸气分子之间发生碰撞的几率很小,整个系统可在很高的真空度下工作;②分子蒸馏过程中,蒸气分子从蒸发面逸出后直接飞射到冷凝面上,几乎不与其他分子发生碰撞,理论上没有返回蒸发面的可能性,因而分子蒸馏过程是不可逆的;③分子蒸馏的分离能力不仅与各组分的相对挥发度有关,也与各组分的分子量有关,且蒸发时没有鼓泡、沸腾现象。

1. 分子蒸馏的基本原理　在高真空度下,液体分子只需要很小的能量就能克服液体内部引力,离开液面而蒸发。而气体分子与分子之间存在相互作用力,当两分子距离较远时,分子之间的作用力表现为吸引力;但当两分子接近到一定程度后,分子之间的作用力就会改变为排斥力。排斥力的作用使两分子分开,这种由接近而至排斥分离的过程就是分子的碰撞过程。分子在碰撞过程中,两分子质心的最短距离即为分子有效直径。

(1) 分子运动的平均自由程:任一分子在运动过程中都处于不断变化自由程的状态。分子在两次连续碰撞之间所走的路程的平均值称为分子的平均自由程。根据理想气体的动力学理论,分子平均自由程可通过下式计算得到:

$$\lambda_{\mathrm{m}} = \frac{RT}{\sqrt{2}\pi d^2 N_{\mathrm{A}} P} \tag{9-21}$$

式中,λ_{m} 为分子平均自由程,m;d 为分子有效直径,m;T 为分子所处环境的温度,K;P 为分子所处空间的压力,Pa;R 为气体常数(8.314);N_{A} 为阿佛加德罗常数(6.023×10^{23})。

分子平均自由程的长度是设计分子蒸馏器的重要参数,在设计时要求设备结构满足的条件是:分子在蒸发表面和冷凝表面之间所经过的路程小于分子的平均自由程,其目的是使大部分气化的分子能到达冷凝表面而不至于与其他气体分子相碰撞而返回。

式(9-21)是在理想气体处于平衡条件的假设下推导得到的,理论计算结果与实际情况存在一定偏差,更加准确的方法可通过求解 Boltzmann 方程得到。

(2) 分子运动平均自由程的分布规律:分子运动平均自由程的分布规律为正态分布,其概率公式为:

$$F = 1 - e^{-\lambda \lambda_{\mathrm{m}}} \tag{9-22}$$

式中,F 为自由程 $\leqslant \lambda_{\mathrm{m}}$ 的概率;λ_{m} 为分子运动的平均自由程;λ 为分子运动自由程。

由上述公式可以得出,对于一群相同状态下的运动分子,其自由程等于或大于平均自由程 λ_{m} 的概率为:$1 - F = e^{-\lambda \lambda_{\mathrm{m}}} = e^{-1} = 36.8\%$。

根据式(9-21),不同种类的分子,由于其分子有效直径不同,其平均自由程也不同。即从统计学观点看,不同种类分子溢出液面后不与其他分子碰撞的飞行距离是不同的。

分子蒸馏技术正是利用不同种类分子溢出液面后平均自由程不同的性质实现分离的目

的。轻分子的平均自由程大,重分子的平均自由程小,若在离液面小于轻分子的平均自由程而大于重分子平均自由程处设置一冷凝面,使得轻分子落在冷凝面上而被冷凝,而重分子因达不到冷凝面而返回原来液面,从而达到分离混合物的效果。

(3) 分子蒸馏技术的相关模型:对于许多物料而言,用数学模型来准确地描述分子蒸馏中的变量参数还有待完善。由实践经验及各种规格蒸发器中获得的蒸发条件,可以近似地推广到分子蒸馏生产设备的设计中。相关的模型有:

1) 膜形成的数学模型:对于降膜、无机械运动的垂直壁上的膜厚,Nasselt 公式为:

$$\sigma_m = (3v^2 R_e/g)^{1/3} \tag{9-23}$$

式中,σ_m 为名义膜厚,m;v 为物料运动黏度,m^2/s;g 为重力加速度,m/s^2;v 为表面载荷,$m^3/(s\cdot m)$;R_e 为雷诺数,无因次;该方程的适用条件是 $R_e > 400$ 时。

对于机械式刮膜而言,上式并不适用,机械式刮膜的膜厚大致为 0.05~0.5mm 之间,可由实验确定。但从上述公式可以分析出,机械式刮膜中膜厚的影响参数主要有表面载荷、物料黏度和刮片元件作用于膜上的力等。

2) 热分解的数学模型:Hickman 和 Embree 对分解概率给出以下公式:

$$Z = pt \tag{9-24}$$

式中,Z 为分解概率;p 为工作压力(与工作温度 T 成正比);t 为停留时间,s。

其中停留时间取决于加热面长度、物料黏度、表面载荷和物料的流量等,通过分解概率可以分析物料的热损伤性。

表 9-3 为同一物料在不同蒸馏过程中的热敏损伤比较一览表。从中可看到物料在分子蒸馏中的分解概率和停留时间比其他类型的蒸馏器低了几个数量级。因此,用分子蒸馏可以保证物料少受破坏,从而保证了物料的品质。

表 9-3　同一物料在不同蒸馏过程中的热损伤比较一览表

系统类型	停留时间 /s	工作压力 /Pa	分解概率 /(Z)	稳定性指数 [Z_1=lg$Z$]
间歇蒸馏柱	4000	1.01×10^5	3×10^9	9.48
间歇蒸馏	3000	2.7×10^3	6×10^7	7.78
旋转蒸发器	3000	2.7×10^2	6×10^6	6.78
真空循环蒸发器	100	2.7×10^3	2×10^6	6.30
薄膜蒸发器	25	2.7×10^2	5×10^4	4.70
分子蒸发器	10	0.1	10	1.00

3) 蒸发速率:蒸发速率是分子蒸馏过程十分重要的物理量,是衡量分子蒸馏器生产能力的标志。在绝对真空下,表面自由蒸发速度应等于分子的热运动速度。蒸发速率的近似计算可以使用理论上的分子蒸馏模型,而实际的蒸发速率要由经验数据来确定。

推广的 Lang Muir-Knudsen 方程为:

$$G = kp (M/T)^{1/2} \tag{9-25}$$

式中,G 为蒸发速度,$kg/(m^2\cdot h)$;M 为分子量;p 为蒸气压,Pa;T 为蒸馏温度,K;k 为常数。

2. 分子蒸馏装置与流程

(1) 分子蒸馏过程:如图 9-17 所示,分子蒸馏过程可分为如下四步:

1) 分子从液相主体扩散到蒸发表面:在降膜式和离心式分子蒸馏器中,分子通过扩散方式从液相主体进入蒸发表面,液相中的分子扩散速率是控制分子蒸馏速率的主要因素,应尽量减薄液层的厚度及强化液层的流动状态。

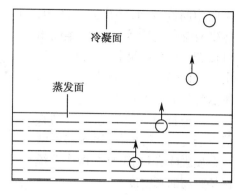

2）分子在液层表面上的自由蒸发:分子的蒸发速率随着温度的升高而上升,但分离效率有时却随着温度的升高而降低,应以被分离液体的热稳定性为前提,选择适当的蒸馏温度。

3）分子从蒸发表面向冷凝面飞射:蒸气分子从蒸发面向冷凝面飞射的过程中,蒸发分子彼此可能产生的碰撞对蒸发速率影响不大,但蒸发的分子与两面之间无序运动的残气分子相互碰撞会

图 9-17 分子蒸馏过程示意图

影响蒸发速率。但只要在操作系统中建立起足够高的真空度,使得蒸发分子的平均自由程大于或等于蒸发面与冷凝面之间的距离,则飞射过程和蒸发过程就可以快速完成。

4）分子在冷凝面上冷凝:只要保证蒸发面与冷凝面之间有足够的温度差(一般大于60℃),并且冷凝面的形状合理且光滑,则冷凝过程可以在瞬间完成,且冷凝面的蒸发效应对分离过程没有影响。

(2) 分子蒸馏装置:一套完整的分子蒸馏设备主要包括:分子蒸馏器、脱气系统、进料系统、加热系统、冷却系统、真空系统和控制系统。分子蒸馏装置的核心部分是分子蒸馏器,其类型主要有降膜式、刮膜式和离心式分子蒸发器。

1）降膜式分子蒸发器:降膜式分子蒸馏设备的优点是液体在重力作用下沿蒸发表面流动,液膜厚度小,物料停留时间短,热分解的危险性小,蒸馏过程可以连续进行,生产能力大。缺点是液体分配装置难以完善,很难保证所有的蒸发表面都被液膜均匀地覆盖,即容易出现沟流现象;液体流动时常发生翻滚现象,所产生的雾沫夹带也常溅到冷凝面上,降低了分离效果;由于液体是在重力的作用下沿蒸发表面向下流的,因此降膜式分子蒸馏设备不适合用于分离黏度很大的物料,否则将导致物料在蒸发温度下的停留时间加大,降膜式分子蒸发器现应用较少。

2）刮膜式分子蒸发器:刮膜式分子蒸发器如图 9-18 所示。

刮膜式蒸发器是由同轴的两个圆柱管组成,中间是旋转轴,上下端面各有一块平板。加热蒸发面和冷凝面分别在两个不同的圆柱面上,其中,加热系统是通过热油、蒸气或热水来进行的。进料喷头在轴的上部,其下是进料分布板和刮膜系统。中间冷凝器是蒸发器的中心部分,固定于底层的平板上。

物料以一定的速率进入到旋转分布板上,在一定的离心力作用下被抛向加热蒸发面,在重力作用下沿蒸发面向下流动的同时在刮膜器的作用下得到均匀分布。低沸点组分首先从薄膜中挥发,径直

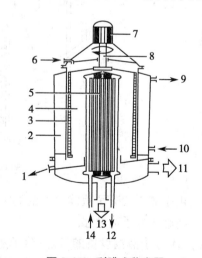

图 9-18 刮膜式蒸发器

1. 残留液出口,2. 加热套,3. 刮膜器,4. 蒸发空间,5. 内冷凝器,6. 进料口,7. 转动电机,8. 进液分布盘,9. 加热介质出口,10. 加热介质入口,11. 真空口,12. 冷却水出口,13. 产品流出口,14. 冷却水入口

飞向中间冷凝面,并冷凝成液相,冷凝液流向蒸发器的底部,经馏出口流出,不挥发组分从残留口流出,不凝气从真空口排出。图9-19所示为分子蒸馏装置的工艺流程。

一般待分离物料在进入刮膜蒸发器之前,须经脱气系统将低沸点杂质脱除,以利于整个操作系统保持很高的真空度。

3) 离心式分子蒸发器:如图9-20所示,离心式分子蒸发器具有旋转的蒸发表面,操作时进料在旋转盘中心,靠离心力的作用,在蒸

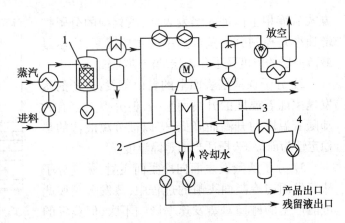

图9-19 分子蒸馏装置工艺流程
1.脱气系统,2.分子蒸发器,3.加热系统,4.真空系统

发表面进行均匀分布。离心式分子蒸发器的优点是液膜非常薄,流动情况好,生产能力大;物料在蒸馏温度下停留时间非常短,可以分离热稳定性极差的有机化合物;由于离心力的作用,液膜分布很均匀,分离效果较好。但离心式分子蒸馏设备结构复杂,真空密封较难,设备的制造成本较高。

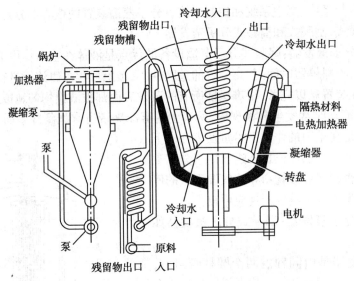

图9-20 离心式分子蒸馏器

由于离心式分子蒸馏设备的局限性,多数厂家生产刮膜式分子蒸馏器,仅美国一家公司生产离心式分子蒸发器。

(3) 分子蒸馏设备的特点:分子蒸馏设备主要有以下特点:①利用离心力强化了成膜装置,减少了液膜厚度,降低了液膜的传质阻力,提高了分离效率及生产能力,且能耗低;②采用能适应不同黏度物料的布料结构,液体分布均匀,有效地避免了返混,提高了产品质量;③设计了独特、新颖的动、静密封结构,解决了高温、高真空下密封变形的补偿问题,保证了设备高真空下能长期稳定运行;④成功解决了液体的飞溅问题,省去了传统的液体挡板,减少分子运动的行程,提高了装置的分离效率;⑤开发了能适应多种不同物料温度要求的加热

方式,提高了设备的调节性能及适应能力;⑥优化了真空获得方式,提高了设备的操作弹性,避免了因压力波动对设备正常操作性能的干扰;⑦彻底地解决了装置运转下的级间物料输送及输出输入的真空泄漏问题,保证装置的连续性运转;⑧设备运行可靠,产品质量稳定;⑨适应多种工业领域,可进行多种产品的生产,尤其对于高沸点、热敏感及易氧化物料的分离有传统蒸馏方法无可比拟的优点。

目前,已开发出从实验室到工业化生产规模的分子蒸馏系列设备,现有设备的加工容量从 1~1000L/h 不等,可满足化工、制药、生物技术等领域该技术的实验室研究、中试工艺开发和大规模生产的需要。

3. 分子蒸馏技术在天然产物分离中的应用

(1)芳香油的精制:芳香油中成分复杂,主要成分是醛、酮、醇类,且大部分是萜类,属热敏性物质,受热时很不稳定。利用分子蒸馏技术在不同真空度条件下,可以将芳香油中不同组分提纯,并可除去异臭和带色杂质,提高了天然香料的品质。分子蒸馏技术在提纯其他芳香油,如桂皮油、玫瑰油、香根油、广藿香油、香茅油和山苍术油等产品过程中也具有传统技术难以达到的效果。

(2)天然维生素 E 的提纯:维生素 E 具有热敏性,用普通的真空精馏很容易使其分解;而用萃取法,工艺步骤繁杂,收率较低。而以分子蒸馏技术提纯维生素 E,只需要两步,就可使其浓度达到 30% 以上。

(3)从鱼油中分离 DHA、EPA:鱼油中 DHA 含量为 5%~36%,EPA 含量为 2%~16%。由于 DHA 和 EPA 为分别含 5、6 个不饱和双键的脂肪酸,在高温下很容易聚合,对其进行分离提纯难度很大。在用分子蒸馏技术分离前,仍需要用乙醇将其酯化,然后才可安全地将其分离到需要的纯度。目前,世界各国从鱼油中提纯 DHA 和 EPA 的工艺,大都采用分子蒸馏技术。

(4)辣椒红色素中微量溶剂的脱除。由于在提取过程中加入了有机溶剂,用普通真空精馏对其进行脱溶剂处理时,辣椒红色素中仍然存在 1%~2% 的溶剂,不能满足产品的卫生标准要求。用分子蒸馏技术对辣椒红色素进行处理后,产品中溶剂残留量仅为几十个 ppm,完全符合质量要求。

(5)挥发油类单体成分的分离:分子蒸馏技术所具有的对天然活性物质进行高效分离和纯化的特点,为挥发油类单体成分的分离纯化提供了实现的手段。对某些高凝固点而具有升华特性的物质,可利用分子蒸馏装置的高真空度的特点,结合固体物质的升华特性,对其进行升华分离。该工艺设计不仅有利于高熔点生物活性物质的分离,而且也拓展了分子蒸馏技术的应用方式和应用领域。

(6)脱除中药制剂中的残留农药和有害重金属:中成药制剂有残留农药和重金属超标,采用分子蒸馏技术对中药制剂中的残留农药和重金属进行脱除,比其他传统方法更简便有效。

(7)降低挥发油中毒性和刺激性成分:现代药理研究证实,在大剂量或长期给药时,地椒油有一定的毒性和刺激性。分析表明地椒油中的主要成分麝香草酚和异麝香草酚是导致其毒性和刺激性的主要原因,此类物质并具有致畸、致突变作用。应用分子蒸馏法对地椒油进行精制,可有效降低这两个成分的含量,同时也达到为地椒油脱色脱臭的目的。

三、水扩散蒸馏技术

20 世纪 90 年代中期出现的一种水扩散蒸气蒸馏技术,属于单级蒸馏技术。用水扩散蒸馏法提取植物中的芳香油是一种新型的提取技术,它和传统的水蒸气蒸馏法原理相近。水蒸气蒸馏工艺过程中,水蒸气在装置中的流动途径是由下往上,水蒸气与挥发性芳香油一起进入冷凝器冷凝,冷凝液在分层器分层后得到芳香油,水蒸气蒸馏的时间较长,对挥发油的产量和质量均有不良影响。

而水扩散蒸馏工艺中,水蒸气是在低压下(0.03~0.09MPa),在装置中自上而下逐渐向物料层渗透扩散,在重力作用下,通过水扩散带出的精油无需全部气化即可经过滤后进入冷凝器,蒸气由上往下做快速补充。水扩散表示其中的一个物理过程(即渗透过程,指提取时油从植物油腺中向外扩散的过程)。水扩散蒸馏属于渗滤过程,蒸馏过程均匀、一致、完全,而且水油蒸气能较快地进入冷凝器。

水扩散装置有装料室、萃取室和冷凝室3个部分,它们各自独立又很紧凑,整套装置具有易搬运、操作简单、节约蒸气、劳动强度低、挥发油产量高等优点。水扩散法实质上也是一种蒸馏技术,只不过与常规蒸馏相比其进气方式截然不同。据了解,目前国内对此技术的应用尚在研究探索阶段,国外也只有少数国家进行了研究。

水蒸气蒸馏法提取植物的挥发油时,水蒸气与植物之间存在三种不同的作用:①水和挥发油的扩散作用,是挥发油及热水透过植物细胞壁的渗透扩散作用;②挥发油中某些成分与水发生水解作用,如醛类的皂化等;③挥发油中某些不稳定成分受热分解、氧化、聚合 - 热解作用。

氧化、分解、热解作用是蒸馏中的不利因素,水扩散蒸馏技术强化了蒸馏中的扩散作用,抑制了蒸馏中不利于蒸馏的水解和热解作用。对于同种植物挥发油的提取,水扩散蒸馏法比水蒸气蒸馏法具有得率高、蒸馏时间短、能耗低、油质佳等特点。

四、精馏技术

精馏即多级蒸馏技术,分为连续精馏和间歇精馏。连续精馏主要适用于石油和化工行业。精细化工和制药工业以小批量、间歇生产方式为主,间歇精馏是液体混合物的首选分离技术。

(一)间歇精馏概述

1. 间歇精馏的基本操作方式　间歇精馏有精馏式及提馏式间歇精馏两种基本方式,如图 9-21、图 9-22 所示。

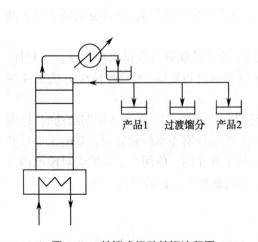

图 9-21　精馏式间歇精馏流程图

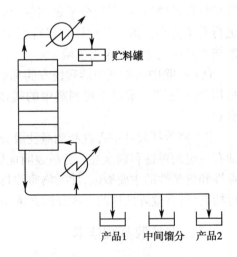

图 9-22　提馏式间歇精馏流程图

间歇精馏过程是在由塔釜(含再沸器)、塔体(内有塔板或填料)、塔顶冷凝器等构成的精馏塔内进行的。被分离物料一次性地加入塔釜,然后开始精馏操作,上升蒸气和回流液体在每一块塔板上或填料表面逆流接触,并进行气、液相传热传质的过程,随着塔高的增加,易挥发组分(轻组分)在气相中的浓度越来越高,难挥发组分在液相中的浓度越来越高,最后气相离开塔顶经冷凝器冷凝,冷凝液部分作为回流液返回塔顶,部分作为产品采出。轻组分在塔顶产品中得到浓缩和富集,塔顶采出的产品按沸点从低到高的顺序分部收集,最后可以获得各个纯组分产品。蒸馏一定时间以后,停止加热,放出釜残液,完成一次间歇精馏过程。

2. 影响间歇精馏分离效果的主要因素

(1) 相对挥发度:精馏是利用液体物质挥发度的差别实现分离的。组分间的相对挥发度是反映混合物分离难易程度的物性参数。对于多组分混合物,组分 i 对组分 j 的相对挥发度 α_{ij} 的定义如下:

$$\alpha_{ij} = \frac{y_i / x_i}{y_j / x_j} = \frac{K_i}{K_j} \tag{9-26}$$

式中,y_i、x_i 分别为组分 i 在平衡的气、液两相中的摩尔分数;K_i、K_j 分别为组分 i 和组分 j 的相平衡常数。

在工程实际应用中,对于操作压力不高的理想溶液,两组分间的相对挥发度往往按下式计算:

$$\alpha_{12} = \frac{p_1^0}{p_2^0} \tag{9-27}$$

式中,α_{12} 为组分 1 对 2 的相对挥发度;p_1^0 为纯组分 1 的饱和蒸气压;p_2^0 为纯组分 2 的饱和蒸气压。

式(9-27)中的饱和蒸气压 p_1^0 和 p_2^0 可采用下列 Antoine 方程计算:

$$\ln p^s = A - \frac{B}{C + t} \tag{9-28}$$

式中,p^s 为饱和蒸气压;t 为温度;A、B、C 为 Antoine 蒸气压方程中的系数。

(2) 理论塔板数:具有足够多的理论塔板数,是精馏塔能够实现分离的基本条件。一般来说,间歇精馏塔的理论塔板数越高,则能达到的产品纯度和收率越高,过渡馏分量越小,但塔设备的高度也越大,设备投资也越大,同时塔底温度越高,能耗越大。所以,实际设计精馏塔时应综合权衡,选取最佳的理论塔板数。

测定精馏塔理论板数的规范方法为:采用国内外惯例的二元物系正庚烷 - 甲基环己烷或苯 - 四氯化碳,使精馏塔在规定的压力和上升蒸气流率下全回流操作,稳定运行足够长的时间,当塔顶浓度稳定不变,即全塔达到平衡状态时,同时测定塔顶和塔底浓度,然后代入芬斯克公式(9-29)得的塔板数即为所测定条件(压力和上升蒸气流率)下的理论塔板数。

$$N = \ln\left(\frac{x_C}{1 - x_C} \times \frac{1 - x_B}{x_B} \right) \Big/ \ln\alpha \tag{9-29}$$

式中,N 为塔的总理论板数;x_B 为达到平衡时塔釜的摩尔分数;x_C 为达到平衡时塔顶的摩尔分数;α 为相对挥发度。

(3) 塔内持液量:当间歇精馏塔工作时,除了塔釜内存有被分离物料外,塔板上(或填料层内)、塔顶冷凝器内以及回流系统均存在一定量的持液。由于间歇精馏是动态过程,塔内各点的组成均随时间持续改变。各部分持液对组成变化具有阻滞和延缓作用。这一点与稳态过程的连续精馏不同。塔顶和塔身有少量的持液(如达到塔釜存液量的5%)都对过程有显著的影响。通常情况下间歇精馏塔内持液量往往高于此值,因此对产品收率和操作时间具有显著影响。

(4) 操作压力:选择不同的操作压力可以将精馏塔的操作温度控制在适宜的范围。通常情况下,工业装置采用蒸汽锅炉供热的最高加热温度可达160~180℃,采用导热油锅炉供热的最高加热温度可达260~280℃,采用电加热或直接燃煤加热则最高加热温度可达300~400℃。选择操作压力时应根据装置供热条件、待分离物料的沸点范围以及热敏温度限制三个方面综合考虑。一般说来,对于沸点低和沸点适中的物料采用常压操作,而对于沸点较高或易分解的物料则采用真空操作,以降低塔釜温度从而有利于加热和避免物料热分解。

(5) 回流比:精馏操作中,由精馏塔塔顶返回塔内的回流液流量 L 与塔顶产品流量 D 的比值,称为回流比(R),即 $R=L/D$。回流比是间歇精馏塔最重要的操作控制参数,直接决定着产品纯度、收率、操作时间以及过渡馏分量。回流比越大,塔顶易挥发组分浓度越高,同时产品馏出速率越小,操作时间越长。对于每一产品馏分,如果按恒定回流比采出,只要回流比选择适当,则采出过程中前期得到的馏出物浓度比规定值高,后期得到的馏出物浓度比规定值低。这样,虽然塔顶馏出物浓度随时间而变化,但接收罐内产品的平均浓度最终能够符合要求指标。

(6) 上升蒸气流率:由于制药工业广泛应用的间歇精馏塔绝大多数是填料塔,因此上升蒸气流率对分离也有明显影响。首先,上升蒸气流率稳定,精馏塔填料层才有稳定的理论塔板数。

有关 CY 型波纹丝网填料(工业生产广泛应用)理论塔板数随上升单位截面气体负荷的变化规律研究表明,增大上升蒸气流率,即增大单位截面气体负荷,填料的理论塔板数会下降。

此外,在保证精馏塔具有足够理论塔板数的前提下,上升蒸气流率越大,则相同回流比下产品馏出速率越大,过程操作时间越短。

3. 间歇精馏产品收率的计算　间歇精馏为非定态操作,蒸馏釜中残液及塔内各处的组成、温度均随时间变化而变化,这使得精馏计算比较复杂。一般在进行设备参数和操作参数的粗略估算时,可参考有关论著采用简化算法。

间歇精馏过程存在过渡馏分,且过渡馏分需要在下一批加料时返回塔釜"重蒸"。因此,在计算产品收率时,考虑和不考虑过渡馏分的"重蒸",就形成了两种产品收率。只计算一次性投料所产出的成品,而不计入过渡馏分的"重蒸"产品收率称为间歇精馏的"一次收率"(e),其计算公式如下:

$$e = \frac{x_D D}{x_0 B_0} \tag{9-30}$$

式中,B_0 为初始投料量,kmol;D 为产品量,kmol;x_0 为初始投料量的摩尔分数;x_D 为产品平均的摩尔分数。

当间歇精馏塔经过若干批操作,在每次返回塔釜"重蒸"的过渡馏分量趋于恒定的前提下,投入物料仅计入新鲜加料,成品是计入了返回塔釜"重蒸"的过渡馏分量的总产出量,此时的产品收率称为间歇精馏的"总收率"。

设返回塔釜"重蒸"的过渡馏分量为 W,浓度为 x_W,则总收率为 e' 的计算公式如式(9-31):

$$e' = \frac{x_D D + e x_W W}{x_0 B_0} \tag{9-31}$$

整理得:$e' = e\left(1 + \dfrac{x_W W}{x_0 B_0}\right)$

间歇精馏的"一次收率"主要反映塔设备的分离能力,其值随被分离物系相对挥发度的不同而异,一般可达 60%~80%;间歇精馏的"总收率"综合考虑了塔设备的分离能力和操作控制水平,更加接近于生产实际情况,其值一般可达 85%~95%。

（二）中药生产常用的精馏技术

在中药生产过程中,基于简单蒸馏技术的水蒸气蒸馏及分子蒸馏等均是单级分离过程,分离效率有限,只有在组分的沸点差足够大时,才能获得一定纯度的产品。因此常用于挥发油的初步提取或产品的纯化。相反,由于精馏是多级分离过程,分离效率很高,即使在组分的沸点相差很小时,甚至对于同分异构体仍然能够进行组分间的完全分离,获得高纯度的产品。所以,精馏技术常用于混合物分离、产品精制和溶剂回收。以下对用于中药生产的精馏技术原理进行简单介绍。

1. 水蒸气精馏技术 水蒸气精馏主要用于低沸点且相差很近的挥发油组分间的分离。基本方法是从精馏塔的塔底通入水蒸气,使水蒸气与物料蒸气混合均匀,并自下而上进入塔顶冷凝器,被冷凝后在回流罐中与挥发油分层,挥发油冷凝液回流入塔,而水则流回水蒸气发生器循环使用,如图 9-23 所示。

水蒸气精馏是基于两个互不相溶的液相所具有的特殊蒸气压性质而实现的,即在给定的系统温度下,各液相以其纯物质蒸气压为分压贡献于系统总压,这样,总蒸气压等于各个纯液体饱和蒸气压之总和,各组分的分压值以及气相组成也与液相各组分物质的量(摩尔)有关,即:

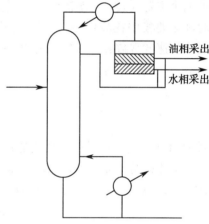

油相采出

水相采出

图 9-23 水蒸气精馏的流程图

$$p = p_{水}^0 + \sum p_i^0 \quad (i = 1, 2, \cdots, M) \tag{9-32}$$

式中,$p_{水}^0$ 为水的饱和蒸气压;p_i^0 为挥发油各组分的饱和蒸气压。

当各组分及水的饱和蒸气压之和等于外压时,混合液体开始沸腾,此时相应的沸点低于各纯组分的在同压下的沸点。

基于以上原理,尽管植物精油和中药挥发油成分复杂,甚至大多数组分的常压沸点高达 200℃以上,但当有水蒸气伴随时,在常压下也可以在 100℃以下进行精馏分离,从而保证中药有效成分不受高温破坏。

水蒸气精馏被广泛应用于精细化工生产中高沸点、热敏性物质的分离提纯以及天然植物精油的分离。由于真空精馏中即使减压至接近塔压力为零时,许多物质的沸点仍远高于 100℃,因此水蒸气精馏对于高沸点热敏性混合物的分离具有独特的优点。

目前,中药生产中的挥发油提取应用水蒸气简单蒸馏较多,而对于可进行有效成分浓缩、杂质去除以及挥发油组分分离的水蒸气精馏,应用尚不十分普遍。

2. 用于热敏性物料分离的间歇精馏技术 热敏性间歇精馏技术在中药制药领域中具有一定的应用前景,主要体现在对中药挥发油的精制分离及中药生产过程所用溶剂的回收。

挥发油中常含有一些杂质需要去除,若用简单蒸馏,理论板数太少,收率太低,而采用多板数的精馏塔可解决此类问题。水煮醇沉、醇煮水沉以及中药成分的渗漉等提取工艺是现有中药企业常用的提取方法,而这些工艺过程都需要用乙醇等有机溶剂,间歇精馏技术可有效、经济地回收这些有机溶剂。

(1) 解决热不稳定性体系分离问题的两个思路:在工艺生产和日常生活中遇到的许多有机物单体和中间体、精细化工产品、医药、香料等都具有热敏性。热敏物系本身的热不稳定性给分离提纯带来了很大的困难,采用精馏技术分离这类物料,一般是从以下两方面着手解决这个问题,其一是采用真空精馏,以降低釜温,防止热敏物料因过热而分解或聚合;其二是减少热敏物料在受热区的停留时间,改造塔结构,如采用分子蒸馏器、降膜式蒸发器、喷转喷射塔以及减少物料在受热区的停留时间的其他精馏塔型。

间歇(分批)蒸馏是将被分离物料一次投入塔内逐渐蒸出的过程,虽然工艺时间比较长,但现阶段间歇精馏技术仍是分离热敏物料的重要手段。

(2) 影响物料热稳定性的两个因素:温度(或饱和压力)和受热时间是影响物料热稳定性的两个主要因素。在精馏设备中,物料的液相在高温区比气相的停留时间要长,物料的受热时间主要集中在液相,故可以只考虑液相的受热反应。Hickman 和 Embree 指出,受热分解反应的速度常数 K 和蒸气压力 P 都随温度的上升而上升,可近似表达为:

$$\lg K = c_1 - \frac{A}{2.3RT} \tag{9-33}$$

$$\lg p = c_2 - \frac{\Delta H}{2.3RT} \tag{9-34}$$

式中,A 为分解反应的摩尔活化能;ΔH 为气化潜热。

对于高分子量的物料,Hickman 根据分子蒸馏比较 ΔH 和 A 得出 $A \cong \Delta H = 3 \times 4.187 \times 10^4 \text{J/mol}$,这样式(9-33)与式(9-34)可简化为:

$$\lg(P/K) = c_2 - c_1 = 常数 \tag{9-35}$$

假设分解反应为 n 级不可逆反应,则 $dc_A/dt = Kc_A^n$,积分得:

$$Kt = \frac{\left[\dfrac{1}{c_{A_1}^{n-1}} - \dfrac{1}{c_{A_0}^{n-1}}\right]}{n-1} \quad (n \neq 1) \tag{9-36}$$

$$Kt = \ln(c_{A_0}/c_{A_1}) \quad (n=1) \tag{9-37}$$

物料浓度从 c_{A_0} 降至 c_{A_1} 所需时间可由式(9-36)和式(9-37)分别求得:

$$t = \frac{\left[\dfrac{1}{c_{A_1}^{n-1}} - \dfrac{1}{c_{A_0}^{n-1}}\right]}{K(n-1)} \quad (n \neq 1) \tag{9-38}$$

或:

$$t = \frac{\ln(c_{A_0}/c_{A_1})}{K} \quad (n=1) \tag{9-39}$$

所以,如果给定物料的初始浓度 c_{A_0} 和允许分解后的浓度 c_{A_1},则可以定出允许的受热时间 t,即

$$Kt = 常数, \quad 或 K = 常数 /t \tag{9-40}$$

由式(9-35),式(9-40)可看出,对于物料允许的分解度来说

$$pt = 常数 = D \tag{9-41}$$

Hickman 命名 D 为任一纯化合物允许的分解险度,并指出各种物质的 D 值范围相当大,为 $D = 0.02 \sim 10^{12}$,故用对数表示 $D_h = \lg D$。King 称 D_h 为热敏物料的稳定性指数 I_s:

$$I_s = D_h = \lg D \tag{9-42}$$

一般也可用 I_s 代表热敏组分的允许受热险度。

对于分子量在 200~250 之间的物料,Hickman 对不同温度下一些物料的热分解研究表明,分解反应的摩尔活化能一般比物料的气化潜热大,即 $A > \Delta H$,一般:$\Delta H = (10\,000 \sim 15\,000) \times 4.187 \,(\text{J/mol})$。R.W.Kjing 对式(9-41)作了修正,表示为:

$$pt^a = 常数 = D \tag{9-43}$$

式中,$a = A/\Delta H$,则:

$$I_s = D_h = \lg D = \lg(pt^a) \tag{9-44}$$

当 $a = 1$ 时,

$$I_s = D_h = \lg D = \lg(pt) \tag{9-45}$$

由于计算中从纯热敏组分的热稳定性指数分析起,由 Antoine 方程,对纯组分有:

$$\ln P = A - B/(C + T) \tag{9-46}$$

代入前式得:

$$t = \exp\left[I_s/\lg e - A + B/(C + T)\right] \tag{9-47}$$

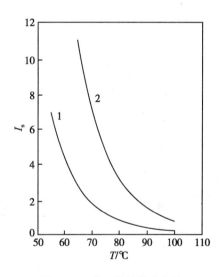

这样就得到对一纯组分在热稳定指数 I_s 下,其受热温度 T 与允许受热时间 t_L 之间的关联式,其对确定合适的蒸馏范围有指导作用。图 9-24 为苯乙烯在 $I_s = 3.2 (2.7)$ 值下允许的温度和受热时间图。可以看出温度愈高,允许的受热时间愈短。

上述讨论是对纯物料的研究,实际精馏时所面对的总是多元混合物的溶液体系,这就应考虑其他杂质对热敏物料热稳定性的影响。若物料中含有杂质或其他某些高沸物时,物料的热敏性还会加剧。为了提高塔填料的润湿性能,有时对填料表面进行处理,但常会对热敏物料产生热破坏,所以关于物料稳定性的研究还有待完善。

（王宝华）

图 9-24　苯乙烯的热稳定性
($I_{s_1} = 2.7, I_{s_2} = 3.2$)

参 考 文 献

［1］郭立玮．中药分离原理与技术．北京:人民卫生出版社,2010

［2］金国森．石油化工设备设计选用手册-干燥器．北京:化学工业出版社,2008

［3］宋航．制药分离工程．上海:华东理工大学出版社,2011

［4］王沛．中药制药工程原理与设备．北京:中国中医药出版社,2013

［5］刘落宪．中药制药工程原理与设备．北京:中国中医药出版社,2006

［6］李津,俞泳霆,董德祥．生物制药设备和分离纯化技术．北京:化学工业出版社,2003

［7］李淑芬,白鹏.制药分离工程.北京:化学工业出版社,2012

［8］刘小平,李湘南,徐海星.中药分离工程.北京:化学工业出版社,2005

［9］应国清.药物分离工程.杭州:浙江大学出版社,2011

［10］邓修,吴俊生.化工分离工程.北京:科学出版社,2012

［11］李淑芬,姜忠义.高等制药分离工程.北京:化学工业出版社,2004

第十章 冷冻干燥技术

冷冻干燥(freeze-drying)全称真空冷冻干燥(简称冻干),是将含水物料冷冻至固态,在低温及真空条件下,利用冰的升华性能使物料低温脱水,从而达到干燥物料的一种真空低温干燥方法。因干燥过程利用了升华原理达到去除水分的目的,故又称为升华干燥。在冷冻干燥过程中,冰升华所需的热量主要是依靠固体的热传导,即热能通过与物料接触的壁面以传导方式传给物料,使物料中的湿分升华气化并由空气气流带走。

冻干是在低温低压下使物料脱水的干燥工艺技术,与其他干燥方法相比,其优点是脱水彻底、药品不易变质、利于长期储存、利于热敏性药物保持活性、易进行无菌操作、药剂定量准确、挥发性成分损失少等;其缺点是设备结构复杂、操作复杂、干燥速率低、干燥时间长、能耗高、设备费用及操作费用高,产品成本高等。

冷冻干燥技术已普遍应用在食品、医药、化工、建材等行业。由于计算机和传感测量技术在冷冻干燥过程中的深入应用,冷冻干燥技术的应用将更加广泛。

第一节 冷冻干燥的基本原理及流程

冷冻干燥过程是先将湿物料(溶液或混悬液)降温冻结到其共熔点温度以下(通常为 $-10\sim-40$℃),得到固态的冰,同时溶质被冻结在冰晶中,然后在适当的真空度下逐渐升温,使冰直接升华为水蒸气并排至水气凝结器,再用真空系统中的水气凝结器(捕水器)将水蒸气冻结成冰,使物料在低温低压下脱水,从而获得干燥产品的技术。此干燥过程是在低温低压下水的相态变化和移动的过程,实际上也是冰的升华和凝华过程,属于低温低压下的传质传热过程。总之,冷冻干燥是基于升华原理的干燥过程。

一、冷冻干燥的基本原理

(一)升华是冷冻干燥的基本原理

当物质发生形态变化时往往伴随着热量的变化。如冰融化成水及水变成气需要加热,冰的升华过程属于吸热过程;相反,气变成水及水结成冰需要移去热量,水气的凝华过程属于放热过程。

1. 升华与凝华 固相不经过液相而直接变为气相的相变化过程称为升华过程,升华是固体直接气化过程,属于吸热过程。当蒸气遇到比该蒸气凝固温度低的物体时,则蒸气能不经过液体直接凝固成固体而附着在低温物体的表面,这一过程叫逆向升华,也称凝华过程。例如,水蒸气遇到比水的冰点还低的物体时,它就在低温物体的表面凝结成冰霜,这是升华的逆过程,也是放热过程。

2. 水的三相变化 物质的状态是由温度和压力所决定的,根据冰、水、水蒸气的压力和温度变化关系可以构成水的状态相图,冷冻干燥的原理可以由水的相图(图10-1)来说明。图中 OA 线是固液平衡曲线,表示冰的熔点与压力的关系,当压力增加时冰点反而下降;OB 线是固气平衡曲线(即冰的升华曲线),表示冰的蒸气压曲线,冰的蒸气压随温度的增加而升高;OC 线是液气平衡曲线,表示水在不同温度下的蒸气压曲线,蒸气压随温度增加而上升;O 点为三相点即冰、水、气的平衡点,在水的三相点的温度和压力下,冰、水、气可以同时共存,三相点的温度为 0.01℃,压力为 610Pa。由图 10-1 可知,凡是在三相点 O 以上的压力和温度下,物质可由固相变为液相,最后变为气相;在三相点以下的压力和温度下,物质可由固相不经过液相直接变

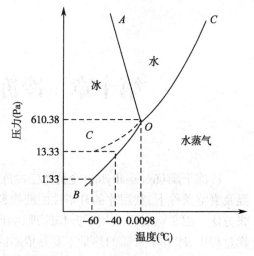

图 10-1　水的三相点相图

成气相,气相遇冷后仍变为固相,这个过程即为升华和凝华过程。例如冰的蒸气压在 −40℃时为 13.33Pa(0.1mmHg),在 −60℃时变为 1.33Pa(0.01mmHg),若将 −40℃冰面上的压力降低至 1.33Pa(0.01mmHg),则固态的冰直接变为水蒸气,并在 −60℃的冷却面上复结为冰。同理,如果将 −40℃的冰在 13.33Pa(0.1mmHg)时加热至 −20℃,也能发生升华现象,升华时所需的热称为升华热。

3. 基于升华的冻干过程　冷冻干燥即基于升华原理的干燥技术,将含有大量水分的物质(例如溶液),预先降温冻结成固体,然后在真空条件下逐渐升温使水蒸气直接从固体中升华出来,水蒸气在真空低温的捕水器中凝结为冰,而被干燥的物质本身则保留在冻结时由冰晶固定位置的骨架里,形成块状干燥制品。制品干燥后只含微量的水分但体积不改变且疏松、多孔。

干燥过程中的温度和压力会直接影响到真空冷冻干燥的速率及产品质量,因此应选择适宜的干燥温度及压力。

(二)冻干曲线和共熔点的概念

"冻干曲线"和"共熔点"是冷冻干燥工艺设计中的两个非常重要的概念,现介绍如下:

1. 冻干曲线　为了获得良好的冻干产品,一般在冻干时都应根据每种冷冻干燥机的性能和产品的特点,在试验的基础上制订出一条冷冻干燥曲线,然后控制冻干机的各项操作参数,使冻干过程各阶段的温度变化符合预先制订的冻干曲线,也可以通过一个程序控制系统,让冻干机自动地按照预先设定的冻干曲线来工作,从而得到合乎希望的产品。

用同一台机器干燥不同的产品,以及同一产品用不同的机器干燥时其冻干曲线是不一定相同的,这样就需要制订出一系列的冻干曲线,而且在制订冻干曲线时往往留有一定的保险系数。例如为了防止产品冻不结实而导致在抽真空时产品产生膨胀发泡的现象,预冻温度可能比实际所需的温度要低一些;或是为了防止产品干缩起泡,升华加热时,温度往往慢慢地上升等,这样就将延长整个冻干过程的时间。

2. 共熔点　所谓共熔点(eutectic point)就是产品真正全部冻结的温度,也相当于已经冻结的产品开始熔化的温度,因此共熔点温度也即共晶点温度。经过试验可以获得产品的共熔点,在预冻阶段只要使产品温度降到低于共熔点以下几度,并保持 1~2 小时左右,产品

就能完全冻结,此后才开始进行抽真空升华干燥。在升华干燥时,只要控制产品本身的温度不高于共熔点的温度,产品就不会发生熔化现象。待产品内冻结的冰全部升华完毕之后,再把产品加热到出箱时所允许承受的最高温度,然后在此温度下保持 2~3 小时左右,冻干过程就可以结束了。因此,冷冻干燥时首先需要确定产品的共熔点。

二、冷冻干燥设备

产品的冷冻干燥需要在一定装置中进行,这个装置就是真空冷冻干燥机(冷冻干燥机组),简称冻干机。

(1) 按结构来分:冻干机由干燥箱、冷凝器(捕水器)、制冷机、真空泵、各种阀门、电气控制元件等组成。如图 10-2 所示。

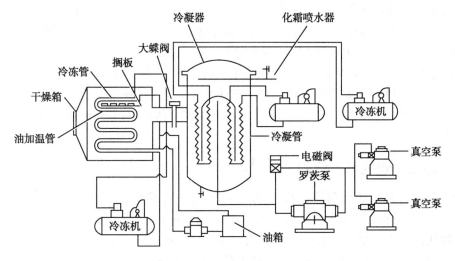

图 10-2 冷冻干燥机组示意图

干燥箱是冻干机的主要组成部分,干燥箱能够制冷到 −60℃左右,能够加热到 +70℃左右(蒸气灭菌时能达到 121℃),也是能抽成真空的密闭容器。需要冻干的产品放在干燥箱内分层的金属板层上,对产品进行冻结,并在真空下升温,使产品内的水分升华而干燥。

捕水器也是真空密闭容器,在它的内部有一个较大表面积的金属吸附面,吸附面的温度能降到 −40℃或更低(最低可达 −80℃),并且能恒定地维持这个低温。捕水器的作用是把干燥箱内产品升华出来的水蒸气冻结吸附在其金属表面上,冻干结束后再加热使冰融化为水并排出。

(2) 按系统来分:冻干机由制冷系统、真空系统、换热系统、液压系统、蒸气灭菌系统、控制系统等组成。

制冷系统由制冷机与干燥箱、捕水器内部的管道与换热器等组成。制冷机可以是互相独立的数套,也可以只有一套。制冷机的功能是对干燥箱和捕水器进行制冷,以产生和维持它们工作时所需的低温,制冷系统有直接制冷和间接制冷两种方式。

冻干机的真空系统由干燥箱、捕水器、真空泵、真空管道和阀门等构成,真空泵是真空系统建立真空的重要设备。真空系统对产品的迅速升华干燥起着必不可少的作用,必须保证该系统没有漏气现象。

换热系统是由换热器、电加热器、循环泵、制冷机、硅油及相关管道等组成。对干燥箱采用间接制冷和间接加热的方式,目的是使干燥箱内温度均匀一致(1℃),从而使制品品质一致。在干燥箱制冷时,启动制冷机,制冷剂使换热器内的传热介质硅油降温,降温后的硅油通过循环泵送到干燥箱搁板中,以达到使干燥箱搁板降温的目的,制冷时电加热器应关闭。在干燥箱需要加热时,启动电加热器,电加热器使换热器中的传热介质硅油升温,升温后的硅油通过循环泵送至干燥箱搁板中从而达到使干燥箱搁板加热的目的(加热时,制冷机不对换热器制冷)。对捕水器采用直接制冷的方式,即从制冷机出来的低温制冷剂直接对捕水器内盘管进行制冷,使其降温。

液压系统由液压顶杆(包括液压站)和可上下移动的搁板组成。它的功能是在干燥箱冻干制品瓶冻干结束时,对半加塞的制品瓶进行液压加塞,由于在箱内真空条件下加塞,制品瓶出箱后,避免了外界空气中的水分、灰尘、细菌等对制品的影响。

蒸气灭菌系统由干燥箱、大蝶阀、捕水器、真空管道、小蝶阀(包括外界蒸气源)组成,它的作用是在整个冻干过程结束、制品出箱后,对干燥箱、捕水器等进行高温灭菌处理,灭菌温度为 121℃,压力为 0.11MPa,时间为 0.5 小时。

控制系统一般由人机界面(或计算机)、PLC、指示调节仪表及其他装置等组成。冻干机的控制有手动控制和自动控制两种方式。在对冻干工艺进行摸索试验时,多采用手动控制方式;在工艺条件成熟的条件下,可采用自动控制方式。两种控制方式的目的均是冻干出合格的冻干制品。

三、冷冻干燥的基本流程

冷冻干燥过程主要由预冻过程、升华干燥和解吸附干燥三个阶段组成。在冻干过程中把被干燥的液体物料预先降温冻结的过程称为预冻(freezing),在一定真空条件下使水蒸气直接从固体中升华出来的过程又分为一级干燥(primary drying)和二级干燥(secondary drying)两个阶段。冻干过程三个主要阶段的处理步骤彼此独立,各具主旨又相互依赖,互相影响。预冻使制品成固体形状;一级干燥即真空升华干燥,可升华去除大部分溶剂水分;二级干燥即真空解吸附干燥,可解吸去除制品中的结合水分。冷冻干燥阶段划分见图 10-3。

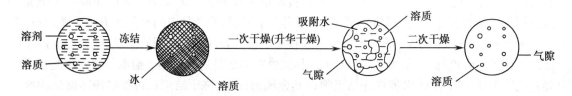

图 10-3　冻干工艺流程阶段示意图

(一) 预冻过程

冻干工艺过程的第一步为预冻,即将药液在低温下完全冻结,使药液成为冰晶和分散的溶质。预冻结过程还能保护药物的活性在冻干过程中稳定不变,冻结后制品具有合理的结构且利于水分的升华。在预冻阶段,影响冻干产品品质的因素主要有原药液的浓度及装量、预冻速率及预冻温度等。

1. 原药液的浓度及装量　将原药液冷冻干燥时,需装入适当的容器中才能预冻结成一定形状并进行冷冻干燥。为保证冷冻干燥后的制品具有一定的形状,原药液溶质浓度应该在 4%~25% 之间,以 10%~15% 为最佳浓度。一般原药液在容器中的分装厚度不宜超过

15mm,并应有恰当的表面积和厚度之比,表面积应大而厚度要小。容量较大的制品需要大瓶做容器,可采用旋冻的方法将制品冻成壳状,也可将容器倾斜,将制品冻成斜面,以增大制品升华的表面积,减小厚度,提高干燥速度。

2. 预冻温度　溶液的结冰过程与纯液体不同,如水在0℃时结冰,水的温度并不下降,直到全部水凝结成冰后温度才进一步下降,这说明纯液体水的结冰点与溶液的共晶点是固定一致的。但溶液不是在某一固定温度下完全凝结成固体,而是在某一温度时开始析出晶体,随着温度下降,晶体的数量不断增加,直到全部凝结。即溶液并不是在某一固定温度时凝结,而是在某一温度范围内凝结。冷却时,开始析出晶体的温度称为溶液的冰点,溶液真正全部凝结成固体的温度才是溶液的共晶点,溶液的冰点与共晶点是不相同的。

为避免抽真空时制品沸腾并冒出瓶外,预冻时要求将制品冻结实。但冻结温度过低会浪费能源和时间,甚至还会降低某些制品有效成分的活性。因预冻结时制品处于静止状态,而冻结过程常会出现过冷现象,即制品温度虽已达到溶液的共晶点,但溶质仍不结晶的现象。为克服冻结过程中的过冷现象,应在预冻之前测定制品的共晶点温度,制品预冻结的温度应低于共熔点以下一个范围,并保持一段时间,使制品完全冻结成冰晶。

3. 制品的预冻结速率　制品预冻结速率的快慢是影响制品质量的重要因素。在预冻过程中,冰的晶体逐步长大,溶质逐渐结晶析出。一般溶液速冻时(每分钟降温10~50℃),会形成在显微镜下可见的晶粒,而溶液慢冻时(每分钟降温1℃),其结晶肉眼就可见到。速冻生成的细晶在升华后留下的间隙较小,蒸气流动的空隙小,使下层升华受阻,但速冻的成品粒子细腻,外观均匀,比表面积大,制品多孔结构好,溶解速度快,引湿性相对强于慢冻成品。慢冻形成的粗晶在升华后留下较大的空隙,可提高冻干效率,适用于抗生素类制品的生产。

因此,溶液预冻所形成的冰晶的形态、大小、分布等情况直接影响成品的活性、构成、色泽以及溶解性能等。采用何种预冻结方式进行冷冻干燥需根据制品的特点来决定。

(二)升华干燥

升华干燥又称一级干燥或一次干燥,制品冻结的温度通常为-25℃与-50℃,冰在该温度下的饱和蒸气压力分别为63.3Pa与1.1Pa,真空中升华面与冷凝面之间便产生了相当大的压差,如忽略系统内的不凝性气体分压,该压差将使升华的水蒸气以一定的流速定向地抵达凝结器表面结成冰霜。

1. 升华热的提供　冰的升华热约为2822kJ/kg,即1kg的冰块全部变成水蒸气要吸收约2800kJ的热量。制品中的冰晶在升华时需要吸收大量热量,如果升华过程不供给热量,制品便降低自身的内能来补偿升华热,直至其温度与凝结器温度平衡,升华过程即停止了。为了保持升华表面与冷凝器的温度差,冻干过程中必须给制品提供足够的热量但要有一定限度,不能使制品温度超过制品自身的共熔点温度,否则会出现制品熔化、干燥后制品体积缩小、颜色加深、溶解困难等问题。如果为制品提供的热量太少,则升华的速率就会很慢,使升华干燥时间延长。

升华干燥过程中,传热和传质沿同一途径进行但方向相反(图10-4),冻结层的加热是通过干燥层的辐射和导热来进行的,而冻

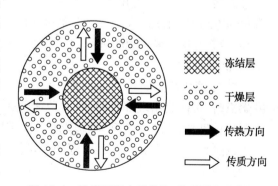

图10-4　升华干燥中的传热、传质过程示意图

结层的温度则由传热和传质的平衡条件来决定。干燥过程中的传热、传质过程互相影响，随着升华的不断进行和多孔干燥层的增厚，热阻不断增加。

2. 导热搁板的温度控制 在升温的第一阶段(水分大量升华阶段)，制品温度要低于其共熔点一定范围，因此要控制导热搁板的温度。若制品已经部分干燥，但温度却超过了制品的共熔点温度，将发生制品的融化现象。此时融化的液体对冰是饱和的，对溶质却未饱和，干燥的溶质将迅速溶解去，最后浓缩成一薄僵块，外观极为不良，溶解速率很差。若制品的融化发生在大量升华的后期，由于融化的液体数量较少，有可能被干燥的孔性固体所吸收，造成冻干后块状物有所缺损，加水溶解时溶解速率较慢。在大量升华过程中，虽然搁板温度和制品温度有很大差距，但由于搁板温度、凝结器温度和真空度基本不变，因而升华吸热比较稳定，制品温度相对恒定。随着制品自上而下进行干燥，冰层升华的阻力逐渐增大，制品温度相应也有小幅上升，直至用肉眼已见不到冰晶的存在，此时90%以上的水分已被除去。

3. 箱体内的压力控制范围 在冻干过程中，冻干箱体内的压力应控制在一定的压力范围内。箱体内压力降低虽有利于制品内冰的升华，但压力低于10Pa时，气体的对流传热效果会小到可以忽略不计，此时制品不易获得推动冰快速升华所需的热量，升华的速率反会因传热不利而降低。压力大于10Pa时，气体的对流传热明显增加。为了改变传热不良的情况，在制品升华干燥的初期阶段可采用导入气体的方法来改善热量的传导。对生物药品而言，理想的压力控制范围应在20~40Pa之间。

4. 箱体内的压力控制方式 通常，在冻干过程的一级干燥阶段，采用周期性地提高和降低干燥箱内部压力的方法，可有效缩短冻干时间。在干燥的前半个周期适当地提高干燥箱内的压力而后再降低，增加干燥箱内的压力可增加箱体内气体的对流，优化制品干燥层的导热，加速药品中水蒸气的排出。而降低箱内的压力会使制品干燥层的外表面压力降低，制品所处的升华界面与其外表面之间形成较大的压差，从而有利于水蒸气的排出。此时，水蒸气的排出主要是依赖水力流动，而不是扩散。这种压力的交替变化，构成了循环压力冻干的过程，在循环压力冻干过程中，周期性压力高低的选择，应随制品种类、充气成分的不同而不同。低压程度应使之能在低压期间完成水蒸气的排出，从而引起升华界面再一次降低；高压数值的选择应以最小压力差能获得干燥层的最大导热效果为原则。在一个循环压力冻干的周期中，高压维持的时间应比低压时间适当延长，并可提高制品的温度达到它所允许的最高值。低压时间应相应缩短到只需足以完成水蒸气的快速排出即可。

5. 升华过渡层 在实际的升华干燥过程中，介于干燥层和冻结层之间，存在着一个升华过渡层。在升华过渡层的外侧，绝大部分水分经过升华，物料已被干燥，而升华过渡层内部仍为冻结层，升华尚未进行。升华过渡层没有明显的界面，水分含量介于干燥层和冻结层之间，随着升华干燥过程的进行，升华过渡层不断向中心推进，直到升华干燥结束，升华过渡层和冻结层消失。

6. 玻璃化状态问题 在一级干燥过程中，如果热量控制不当，当制品温度高于制品的共熔点时，可能会出现部分融化，这种现象称为回熔。当出现回熔现象时，制品块的局部晶体结构被破坏，生成无定型体(玻璃化)，冻结体会发生收缩或膨胀，这种现象不仅影响升华的继续进行，而且会影响制品贮存的稳定性。因此，在温度尚不到升华所必需的低温时，不能抽真空，否则，没有完全冻结的浓缩液体会产生"沸腾"，容易使一些具有较低共熔点温度的制品出现"难以干燥"的玻璃化状态。

7. 崩解温度问题 在干燥工艺设计时,应注意的另一个温度称为崩解温度(倒塌温度),高于这个温度时进行冻干,冻结体就会局部出现"塌方"现象,影响正常工艺过程的进行。崩解温度对一些制品而言,有时会高于制品的三相点温度,对另一些制品而言,则可能低于其三相点温度,这些重要数据需在制品开发过程中弄清楚,并在工艺验证中予以确认。

8. 影响升华干燥过程时间的因素 决定升华时间长短的因素主要如下。

(1)产品的品种:产品的种类不同,冻干的难易不同。一般来说,共熔点和崩解温度较高的产品可以加热到较高温度,更易于冻干,升华时间也相对较短。

(2)冻干溶液的分装厚度:一般冷冻干燥的正常升华速率大约1mm/h,因此分装厚度越大,升华时间也越长。

(3)瓶口阻力:瓶口大且无异物阻挡时,升华速度较快,但若采用瓶口较小的容器如西林瓶,冻干时再半加带叉口的胶塞,则升华的阻力增大,需要的升华时间也会延长。

(4)冻干机本身的性能:冻干机的真空性能、冷凝器的温度、冷凝器的吸附面积和效能、冻干机的几何形状等都可能影响升华速率,性能良好的冻干机的升华时间较短。

(5)升华时提供的能量:升华时若提供的热量不足,自然会减慢升华速率,延长升华阶段的时间,但热量也不能提供过多,否则会导致产品塌陷。

（三）解吸附干燥

解吸附干燥又称二级干燥或二次干燥。制品在一级升华干燥过程中虽已去除了绝大部分水分,但如将制品置于室温下,残留的水分(吸附水)仍足以使制品分解。因此,有必要对制品继续进行真空解吸附干燥,即二级干燥过程,以去除制品中以吸附方式存在的残留水分。通常冻干药品的水分含量低于或接近于2%较好,原则上最高不应超过3%。二级干燥过程所需要的时间由制品中水分的残留量来决定。

1. 吸附水分 制品中残留水分的理化性质与常态水不同,残余水分包括化学结合水与物理结合水,如化合物的结晶水、蛋白质通过氢键结合的水以及固体表面或毛细管中吸附的水等。由于残余水分受到溶质分子多种作用力的束缚,其饱和蒸气压有不同程度的降低,其干燥速度明显下降。

2. 解吸附干燥过程的温度控制 在解吸附干燥过程中应尽量提高制品的温度,降低干燥箱内的压力,以提高干燥效率。一般先由实验确定保证制品安全的最高干燥温度,以避免出现制品玻璃化及受热降解等问题。操作时可使制品温度迅速上升到其最高许可温度,并将该温度维持到冻干结束,这样有利于降低制品中残余水分的含量和缩短解吸附干燥的时间。

一级干燥阶段结束后,制品的温度已达到0℃以上,90%左右的水分都已排除(通过箱体视镜可观察到块状物上的水迹印消除),冷凝器负载已降低。由于已干燥的制品导热系数较低,且干燥箱内压力下降,干燥箱内压力与冷凝器间的压差增大,干燥箱体内的真空度增高后,热量传递到制品上去就更加困难。此时,可以直接加大供热量,将温度升高至制品的最高可耐温度,以加快干燥速度。

制品的最高许可温度视制品的品种而定,一般为25~40℃左右。如病毒性制品的最高许可温度为25℃,细菌性制品的最高许可温度为30℃,血清、抗生素等的最高许可温度可提高至40℃以上甚至更高。在解吸附干燥阶段初期,因搁板温度升高,残余水分少又不易气化,制品温度上升较快,在此阶段将搁板温度设置在30℃左右并保持恒定时,干燥效果更佳。

3. 解吸附的干燥时间 随着制品温度向搁板温度靠拢,热传导逐渐变缓,残余水分干燥速度缓慢,制品内逸出水分减少,冷凝器附着水蒸气的量也减少。冷凝器由于负荷减少温度下降,又引起系统内水蒸气压力的下降,这种情况常使干燥箱体总压力下降到10Pa以下,从而导致箱体内对流传递几乎消失,因此即使导热搁板的温度已加热到制品的最高许可温度,但由于传热不良,制品的温度上升仍然很缓慢。解吸附干燥阶段需要的时间几乎等于或超过大量升华的干燥时间。

解析干燥时间与下列因素有关。

(1) 产品的品种:产品品种不同,干燥的难易程度不同,最高允许温度也不同。最高允许温度较高的产品,由于可维持的温度更高,解析干燥的时间可相应缩短。

(2) 产品的含水量:含水量要求低的产品,干燥时间较长。产品中残余水分的含量应有利于该产品的长期存放,太高或太低均不适合,应根据试验来确定。

(3) 是否采用压力控制法:如果采用压力控制法,可改进传热,使产品达到最高允许温度的时间缩短,解析干燥的时间也缩短,通常此时控制冻干箱内的真空度为20~30Pa。

(4) 冻干机的性能:在解析阶段后期,能达到的真空度较高、冷凝器的温度较低、搁板温差较小的冻干机,其解析干燥的时间可相对短些。

(四) 冻干过程结束的条件

在解吸附干燥过程中,制品温度已达到最高许可温度,并保持2小时以上。此时,可通过关闭干燥箱体和冷凝器之间的阀门,观察干燥箱体内的压力升高情况(这时关闭的时间应长些,约1~3分钟)来判断箱内制品的干燥情况。测试时关闭干燥箱体和冷凝器之间的真空隔阀门,切断箱体内的真空排气,观察1分钟左右,如果箱体内的压力无明显升高,例如,压力变化小于1Pa,则冻干制品的残余水分约在1%以内。如果压力明显上升,标志着制品内还有水分溢出,需要延长干燥时间,直到关闭干燥箱体与冷凝器之间的阀门之后压力上升在许可范围内为止。

一般干燥的速率与干燥箱体内和冷凝器之间的水蒸气压差成正比,与水蒸气流动的阻力成反比。干燥箱体和冷凝器之间水蒸气的压力差越大,流动阻力越小,则干燥的速率越快。水蒸气的压力差取决于冷凝器的有效温度和制品温度的差值,因此要尽可能地降低冷凝器的有效温度和最大限度地提高制品的温度。确定干燥终点的方法主要有温度趋近法及真空度法。

1. 温度趋近法　产品温度常用作确定干燥结束的指示器,它是一种间接测量方法。温度法是利用干燥后的产品温度与搁板温度之间存在着的热平衡关系来测定的。随着水分的升华,产品温度会逐渐升高,当产品温度与搁板温度一致时,说明产品的残余水分基本蒸发完毕。

2. 真空度法　真空度法是利用压力升高的快慢与残余水分多少之间的相互关系来确定冻干终点的。通常认为当冻干箱内的压力很低,且达到稳定状态时才认为物料已完成干燥。但冻干箱内的压力达到稳定状态时通常需要相当长的时间。一般认为如果冻干箱的泄漏率小且为常数,压力升高的相对变化率就可提示干燥的结束点。这是目前应用较多的确定干燥结束点的一个方法。

具体操作如下:具有外部冷凝器的冻干机在冻干箱和冷凝器之间安装一个隔离蝶阀,在干燥结束前,关闭隔离蝶阀一定时间,如果冻干箱内压力明显上升,则说明还有水分逸出,还需继续进行干燥;如果冻干箱内的压力无明显升高,说明干燥已基本完成。一般在关阀后30~60s内,压力上升不超过3~8Pa,此时产品含水率通常约在0.4%~2%之间。在实际应用中还应注意干燥时的压力与产品数量和冻干箱大小之间的关系。

此外,干燥终点的确定方法还有称重法、湿度法及脉冲核磁共振等。

第二节 共熔点及冻干曲线的确定

冷冻干燥过程需要调节控制的参数包括原料液的浓度、装量;预冻温度、预冻时间、预冻方式;升华干燥时的干燥箱搁板温度、箱体的真空度、捕水器的温度及真空度;解吸附干燥时箱体的温度及真空度、捕水器的温度及真空度;冻干结束条件等。

一、预冻结过程及共熔点的测定

(一) 预冻结过程

冷冻干燥过程与预冻结过程密切相关,预冻结的程度及状态会直接影响到冷冻干燥过程中水分去除的快慢和冻干产品的品质。

预冻结时,盛有溶液的容器与冷表面接触后,溶液内部存在一定的温度分布。底部溶液的温度最低,过冷度最大,也最易产生冰核,同时结晶产生的潜热会传给过冷溶液和容器壁,使溶液内部各点存在温度梯度,也产生了不同的冻结结构,冻结结构与冻结界面的性状和推进速度有关。一般完全冻结的溶液产品内存在三个部分:底部均匀的冰晶层,此区是晶核的主要形成区,溶质较少;中间的柱状区为冰晶的生长区,溶质主要存在于冰晶间隙,并随冰晶向上推进,因存在温度梯度,溶质会由下向上迁移;表面的浓缩层,属于溶质浓度最高的表层区,如图 10-3 所示。

(二) 共熔点的测定方法

预冻温度的高低直接影响到产品品质、干燥时间及干燥速率,为确定合适的预冻温度,产品冻干之前首先要测定其共熔点温度也即共晶点温度。共熔点的测定方法主要有电导(阻)法、电容法及热分析法等。

1. 电导(或电阻)测定法　在冻结过程中,当温度达到 $0℃$ 时,产品中会有部分水开始结成纯冰,这样其余部分的浓度将会增加,而浓度的增加可引起凝固点的降低。当温度继续下降到一定数值时,全部产品才凝结成固体。随着冻结过程的进行,物质的结构发生着变化,即由液态逐渐变成固态,这种结构的改变无法通过温度测量而感知。但是由于物质结构改变的同时发生着物质体系物理化学性能的改变,因此如通过测量冻结过程中产品电阻的变化,即可判断冻结是在进行之中,还是已经完成。

利用测量电阻的变化来确定共熔点温度的原理如下所述:纯水几乎不导电,但当水中含有杂质时,水的导电性就明显增加,冻干产品中含有很复杂的成分,在液态时是能导电的。溶液主要靠离子导电,而导电液体的电阻随温度的改变而改变。当温度降低时,电阻将会增大;当达到共晶点的温度时,全部液体会变成固体,这时液体的电阻会出现一个突然增大的现象,这一突变与液体的离子导电突然停止有关系。因此在降温的过程中如果一方面进行温度的测量记录,另一方面进行电阻的测量记录,当温度降到发生电阻的突然增大时,那么这时的温度便是产品的共晶点。如果对已经冻结的产品进行加热,使之温度上升到共熔点时,则冻结产品便开始熔化,离子导电性又重新恢复,而原来突然增大的电阻又会突然减小,表示冻结产品已开始熔化。在共熔点附近,仅仅很小的温度变化,就会引起电阻的非常明显的变化。不同产品在共熔点时的电阻数值是不相同的,其数值约在几千欧姆到几兆欧姆之间。可用电阻来控制产品升华时的加热过程,它比用温度来控制干燥过程灵敏得多,温度的少许变化不容易被检测和控制,而电阻的明显变化很容易被检测和控制。

在大型医药冷冻干燥机上,电阻的测定可直接在冻干机中进行,电阻电极的导线可由冻干箱侧面的验证孔引出,而温度的测定可借助原有的铂热电阻,利用该方法可测量并检测每一批产品冻结或升华时的共熔点。

电阻(或电导)法测共熔点操作简单、方便易行,目前应用最多;但该方法无法准确测定非电解质溶液的共熔点。

2. 电容测定法　电容法测定共熔点的原理如下:在溶液的预冻结与水分的加热升华过程中,随着水分的结晶与熔化,水分的电容量会随之发生显著改变,利用这一性质可测定溶液的共熔点并探测溶液内部是否冻结完全,并设定一个适宜的电容值来直接控制加热升华过程。

水和冰的介电常数不同,水的介电常数为 78.5(25℃),冰的介电常数为 4,而产品中因物理吸附和化学结合而存在的水分随着其结合程度的不同,其介电常数在 10~80 之间。用绝缘体分开的两片金属电极组成一个电容器,将样品溶液作为电介质置于两片电极之间并进行降温冻结,则在冷冻干燥的各种相变化过程中,电容器的电容量会发生不同程度的变化。由于升华过程中冰晶逐渐减少,电容量也随之降低,故电容量随时间变化的斜率也反映了质量转移的速率,因此电容变化曲线就是冰晶的干燥曲线。此外,电介质的性能在真空中与在空气中差别很小,介电常数的测定可认为与压力无关,所以电容法可直接应用于冻干过程。

电容法较电导法使用范围更广泛,可用于电解质和非电解质溶液的测定,也可用于颗粒状或不均匀的块状物的测定。

3. 热分析法　冻结的药品在升温过程中,当温度达到共熔点时会有能量吸收的现象,用热分析仪来测定该能量吸收峰,可计算得到共熔点温度,热分析法是基于此原理的一种测定方法。

差示扫描量热法(DSC)是在一定温度程序(升温或降温)控制下,测量输送给样品和参比物质的能量差值与温度之间关系的一种方法。DSC 可以精确快速地控制温度和进行热焓的测量。

在冷冻干燥机上采用热分析原理测定药品共熔点的步骤为:①配制少量样品溶液,取 25ml 置于 50ml 的烧杯中;②启动冻干机,将搁板温度调到 -25℃,并维持这一温度;③将装有样品溶液的烧杯放在冻干机的搁板上,插入温度测量探头,测定样品溶液的温度变化;④以温度对时间作图,便可获得该产品溶液的共熔点。

此外,还可采用低温显微镜直接观察冻结状态或用数字公式计算等方法得到溶液的共熔点。

二、冻干过程的参数控制及冻干曲线的绘制

(一)冻干过程需注意控制的参数

冻干过程要注意如下几个参数的控制:

1. 预冻速率　多数情况下制品的预冻速率不可能通过设备有效地控制(冻干设备的最大制冷能力是不变的)。因此,只能以预冻干燥箱体的方式来决定预冻速率。若要求预冻速率快,干燥箱体应预先降至较低的温度再让制品进箱。反之,可在制品进箱后再对箱体降温。

2. 预冻最低温度 理论上预冻的最低温度必须低于制品的共晶点温度。如果预冻的最低温度高于制品的共晶点温度,制品不能完全固化,在真空干燥时液体会沸腾,造成冻干失败。因每种制品的共晶点是不一样的,预冻最低温度必须根据制品的种类、溶液的浓度等因素,通过实验确定。

3. 预冻时间 制品装量较多且所用容器底部厚度也不同,或不采用把制品直接放在干燥板层上预冻时,要求预冻的时间长一些。为使箱内每一瓶(盘)制品完全冻实,一般要求在制品的温度到达最低温度后保持 1~2 小时。

4. 冷凝器降温时间 在预冻的结束阶段,尽管预冻尚未结束,只要设备的预冻能力有富裕,抽真空开始之前就可以开始对冷凝器降温。究竟在系统抽真空开始前何时开始对冷凝器降温,需由冻干机的降温性能来决定,一般要求在预冻结束,开始抽真空时,冷凝器的温度应达到 –40℃左右。

5. 抽真空时间 预冻结束时即为开始抽真空的时间。通常要求在半小时左右的时间内,箱体内的真空度就能达到10Pa。在抽真空的同时,打开干燥箱体与冷凝器之间的真空阀,真空泵和真空阀门打开的时间应一直持续到冻干结束。

6. 预冻结束时间 预冻结束,就停止干燥箱体搁板层的降温,通常,在抽真空的同时或真空度抽到规定要求时,即停止导热板层的降温。

7. 干燥过程加热的时间 一般认为开始加热的时间就是升华干燥开始的时间(实际上抽真空开始时升华即已开始)。干燥过程中开始加热的时间是在真空度到达 10Pa 时。

8. 对干燥箱体内真空进行控制的时间 干燥箱体内进行真空控制的目的是改进干燥箱体内热量的传递,通常在第一阶段干燥时使用,待制品升华干燥结束时即可停止控制。在干燥的第二阶段,系统应恢复到能达到的最高真空度。恢复高真空状态时间的长短由制品的品种、装量和设定的真空度数值来决定。

9. 不同冻干阶段制品加热的最高许可温度 导热搁板加热的最高许可温度应根据制品理化性质而定。在制品升华干燥时,导热搁板的加热温度可超过制品的最高许可温度。因这时制品仍停留在低温阶段,提高搁板温度可提高升华干燥速度。冻干后期导热搁板温度须下降到与制品的最高许可温度一致。此时,由于传热产生的温差,板层的实际温度可比制品的最高许可温度略高。

(二)冻干曲线的测定

在冻干机运行的过程中,将搁板温度、制品温度与系统的真空度随时间的变化真实地记录下来,即可得到制品的冻干曲线(图10-5)。冻干曲线是进行冷冻干燥过程控制的基本依据。典型的冻干曲线中导热搁板的升温过程分为两个阶段。在升华阶段搁板保持较低温度,根据制品的实际情况,可控制在 –10~10℃之间,在第二阶段依制品理化性质将搁板温度适当调高,此法尤其适用于共熔点较低的制品。

三、冷冻干燥过程的传热和传质理论

冷冻干燥过程的传热和传质与干燥箱内真空度和加热热源温度的条件密切相关。冷冻干燥的升华过程需保证如下条件:①升华界面和干燥箱之间要有足够的水蒸气分压梯度,以便及时排出已升华的水蒸气;②调节产品的表面温度,使穿过已干燥层到达升华界面的热量等于升华所需的热量。影响冻干过程的主要因素有已干燥物料内的传热传质系数、水蒸气分压梯度和温度梯度等。

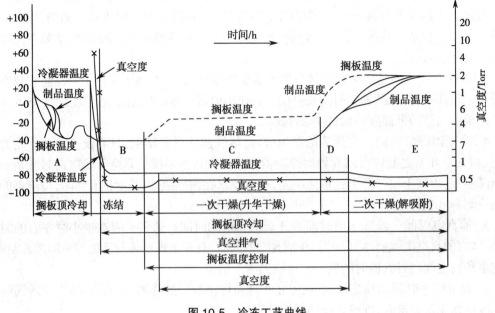

图 10-5　冷冻工艺曲线

　　真空冷冻干燥技术的理论研究主要有：①被干燥物料在预冻和干燥过程中的传热传质；②被干燥物料外部及冻干机内部之间的非稳态温度场和稀薄气体流动的理论；③预冻过程中物料内水分的液-固相变、干燥过程中物料内水分的固-气相变及捕水器内水蒸气的气-固相变的理论。其中冷冻干燥的低压低温传热传质理论的研究比较系统深入，其他理论有待进一步完善。

　　目前公认的描述冻干过程的传热传质模型可归纳成三种，现简述如下：

　　1. 一维稳态模型（URIF 模型）　Sandall 和 King 等在 1967 年提出了冷冻干燥冰界面均匀后移的稳态模型（the uniformly retreating ice front model），简称 URIF 模型。

　　URIF 模型的主要思想：热量通过已干燥层和冷冻层以热传导方式传递到升华界面，界面上的冰晶受热后升华成水蒸气并逸出，升华过程产生的水蒸气通过多孔的已干燥层并在冻干箱内扩散，最后被水气凝结器捕集。随着升华过程的进行，冰晶界面向冻结层均匀地退却，并在其后面产生多孔的已干燥层，直至冻结层完全消失，冻干过程结束。

　　根据坐标系的不同，URIF 模型分为直角坐标系下的模型、圆柱坐标系下的模型、球坐标系下的模型等，不同的物料状态下的模型也不同。

　　URIF 模型仅描述了升华干燥过程的传热传质过程，故参数少，模型简单，求解容易，能较好地模拟形状单一、结构均匀的升华干燥过程，应用较广泛。但该模型不够精确，只适用于升华干燥过程。

　　2. 二维状态下冷冻干燥的传质传热模型　二维状态下的传热传质模型主要有如下二类：

　　（1）基于 URIF 模型的二维模型：在冷冻干燥过程中，被干燥的物料从结构上可以分为已干燥层和冻结层，二层之间有一个升华界面，热量通过已干燥层和冻结层以热传导的方式传递到升华界面，使冰晶的升华得以进行。干燥过程中升华界面均匀地向冷冻层退却，直至最后消失。

通过建立基于 URIF 模型的二维状态下的传热传质模型,可以得到冻干过程所需的能量、某一时刻的温度分布及干燥时间等,对冷冻干燥的机制研究及生产实际有一定的指导意义。

(2) 考虑侧面传热、结合水解析和水蒸气升温过程的瓶装物料的二维传热传质冻干模型。

3. 非稳态模型(升华 - 解析模型) 1979 年 Liapis 和 Lifchfield 等提出了真空冷冻干燥过程的升华 - 解析模型。包括一维升华 - 解析模型、二维轴对称升华 - 解析模型、多维动态模型等。该模型概括了整个冻干过程的传热传质现象,简化条件相对较少,与物料的实际冻干情况较接近,能较好地模拟冻干过程,但模拟过程所需物性参数和平衡数据较多,求解较困难。

上述三类模型研究的都是宏观参数,如温度、压力、物料尺寸等,并且都假设物料的冻结层和已干燥层内部都是匀质的,各处的导热系数、密度和比热容均相同,且处于热平衡状态,所以这三类模型仅对液态物料和结构单一的固态物料适用。

此外,上述三类模型虽然对传热过程的描述比较准确,但对传质过程的描述误差较大。主要问题在于传质过程中发生了固 - 气的相变化,水蒸气在多孔的通道中运动,而多孔通道的长度随时间而变化,属非稳态过程,所以上述模型都有缺陷,近几年又提出了多维非稳态模型。关于冷冻干燥过程的具体传热传质模型可参考其他专业著作。

第三节 冷冻干燥技术的特点及在制药领域中的应用

干燥是保持物质不致腐败变质的方法之一,普通的干燥方法都是在 0℃以上或更高的温度下进行的,干燥所得的产品一般体积会缩小,质地变硬,有些物质还会发生氧化反应,一些容易挥发的成分会损失,有些热敏性的物质如蛋白质、维生素等会发生变性,微生物会失去生物活力,干燥后的物质不容易在水中溶解等。因此,与干燥前相比,普通干燥后的产品在性状上有很大差别。由于低温低压的干燥过程使冷冻干燥方法在制药领域应用广泛。

一、冷冻干燥技术的优缺点

1. 冷冻干燥技术的优点 冷冻干燥方法与其他干燥方法相比,其优点如下:

(1) 物料在低温低压下进行干燥,可避免药品中热敏性成分分解变质,同时由于低压缺氧又使物料中的易氧化成分不致氧化变质,尤其适用于热敏性高、极易氧化的物料干燥,如蛋白质、微生物之类不会发生变性或失去生物活力,因此冻干在医药产品及保健品生产上应用广泛。

(2) 由于物料在升华脱水以前先经预冻结,形成稳定的固体骨架,所以水分升华以后,固体骨架的体积和形状基本保持不变,所得的制品质地疏松,呈海绵状,无干缩现象,这种多孔结构使其具有很理想的速溶性和快速复水性,加水后迅速溶解并恢复药液原有特性。

(3) 由于物料中水分在预冻以后以冰晶的形态存在,原来溶在水中的无机盐类的溶解物质被均匀分配在物料之中。升华时溶解物质不易析出,避免了一般干燥方法中因物料内部水分向表面迁移所携带的无机盐在表面析出而造成表面硬化的现象。

(4) 脱水彻底(可除去 95%~99% 的水分),冻干制品含水量低,一般在 1%~3% 左右,产品重量轻,适于易水解药物,适合长途运输和长期储存,在常温下,采用真空包装,可延长保质期。

(5) 在低温干燥时,一些挥发性成分的损失较小,适合一些化学产品、药品和食品干燥。

(6) 由于冷冻干燥过程污染的机会相对减少,故产品中的异物较常规方法产生的少,临床效果好,过敏现象及副作用少。

(7) 冻干设备封闭操作,洁净度高,减少杂菌和微粒的污染,低压缺氧的条件下,还能灭菌或抑制某些细菌的活力。

(8) 药液在冻干前分装,方便、剂量准确、可实现连续化生产,且由于低温冻干过程中微生物和酶的作用几乎不进行,所以可较好地保持被冻干物质的性状,故冻干制品外观优良,容易实现无菌操作,药液采用无菌水溶液调配,且通过除菌过滤、灌装。

2. 冷冻干燥技术的缺点　冷冻干燥的主要缺点包括以下几个方面:

(1) 由于溶剂不能随意选择,所以对于制备某种特殊的晶型,存在困难。

(2) 某些产品复溶时可能会出现混浊现象。

(3) 设备的投资和运转费用高,操作复杂,能耗高,冻干过程时间长(典型的冻干周期至少需 20 小时以上),产品成本高。

二、冷冻干燥技术在制药领域中的应用

冷冻干燥技术主要应用在冻干粉针剂、中药材贮存、生物制品、医学制品等方面。

1. 制备冻干粉针剂等现代剂型

(1) 中药冻干粉针剂:随着中药现代化技术的发展,冻干粉针剂已广泛地应用于植物药现代化剂型的研究和开发。有些中药注射液临床治疗效果较好,但因制剂的不稳定性使其临床应用受到限制,同时中药注射液具有储藏和运输不便的难题。中药注射液制成冻干粉针剂后,其制剂的稳定性大大增强,临床疗效好,所得产品质地疏松,加水后能迅速溶解,复溶性好。冻干粉针剂的含水量低,粉针剂包装可保持真空或充填惰性气体,有利于增强药物的稳定性。

(2) 化学药品的冻干粉针剂:冻干法生产的化学药品多为注射剂,以抗生素药、循环器官用药、中枢神经用药、维生素类和肿瘤用药为多,例如氨苄西林、链霉素、琥乙红霉素、艾司唑仑、丁洛地尔、尼莫地平、氟罗沙星等。

(3) 冻干粉针剂技术也是制备各种脂质体、毫微粒、纳米乳的常用方法。

2. 生物制药浓缩液的干燥

(1) 活性疫苗或血液制品:如血清、血浆、疫苗、酶、抗生素、激素等药品的生产,这些药品要求清洁、纯正、不染杂菌、活性生命力强等。采用冻干法生产的有以下几种:①活菌菌苗如卡介苗、流脑菌苗、结核菌苗、口服痢疾活菌苗、沙门菌、志贺菌和链球菌等;②活菌疫苗如麻疹疫苗、流感疫苗、黄热疫苗、狂犬疫苗、鸡瘟疫苗等。

(2) 生物化学的检查药品、免疫学及细菌学的检查药品:如乙型肝炎表面抗原诊断血球、人白细胞干扰素、辅酶 A、二磷酸腺苷(ATF)、尿激酶、转移因子等。

(3) 冻干技术也用在多肽蛋白类等药物的临床开发与应用中。

3. 冻干技术在中药材储藏中的应用　与其他干燥方法相比,以冷冻干燥技术储藏中药材具有如下特点:

(1) 由于低温低压操作,可避免中药材中热敏性成分的破坏和易氧化成分的氧化变质,药材活性物质保存率高,芳香物质挥发性降低,产品性味浓厚。

(2) 中药材干燥前进行预冻处理,可形成稳定的固体骨架,水分蒸发以后,药材固体骨架基本保持不变,药材的收缩率大大降低,较好地保持了药材的外形,使药材具有较好的外观品质。

(3) 中药材预冻之后,内部水分以冰晶的形式存在于固体骨架之间,溶解于水中的无机盐等物质也被均匀分配其中,升华干燥时无机盐也随之析出,避免了一般干燥过程中物料内部水分向表面迁移时,所携带的无机盐在表面析出而造成的药材表面的硬化现象。

(4) 由于低温下化学反应速率降低以及酶发生钝化,冷冻干燥过程中几乎没有因色素分解而造成的褪色,也没有因酶和氨基酸所引起的褐变现象,故经冷冻干燥的中药产品无需添加任何色素和添加剂,安全而卫生。

(5) 脱水彻底,质量轻,保存性好,适合长途运输和贮藏。在常温下,采用真空包装,保质期可达3~5年。

目前,冷冻干燥技术已经在人参、西洋参、冬虫夏草、地黄、灵芝、山药、枸杞、鹿茸、鹿鞭、水蛭等中药材中得到了广泛应用。如冻干技术不仅较好地保存了冬虫夏草中蛋白质、氨基酸、虫草酸、虫草素、虫草多糖和SOD酶等多种药用和营养成分的活性,还解决了人工栽培中大批量、长时间存储的问题。冻干技术同样也是加工山药制品的理想办法,真空避免了氧化,低温保证了山药制品中的皂苷、黏液质、蛋白质、氨基酸等成分不被破坏,可克服一般加工过程中营养成分损失严重、药效降低、产品褐化的问题。再如冻干水蛭的整个过程是在低温(−27~−30℃)、低压(最低为4Pa)的条件下进行,具有生物活性的物质损失少,成品含水量低,能完好地保存色泽、外形、有效成分等特点。另外,含水量为2%左右的冻干水蛭易于粉碎加工成微颗粒,为水蛭加工提供了一种新途径。

4. 冻干技术在制药生产其他方面的应用 中药提取液的浓缩方法目前多采用真空低温浓缩技术及薄膜蒸发浓缩技术,以减少有效成分的损失。而浓缩液的干燥也可选择冷冻干燥方法以制备固体制剂,尤其在对照品的制备上应用较广。

总之,冷冻干燥工艺特别适用于理化性质不稳定,耐热性差的制品;细度要求高的制品;灌装精度要求高的制剂;使用时要求迅速溶解的制剂;经济价值高的制剂。

(王宝华)

参 考 文 献

[1] 郭立玮. 中药分离原理与技术. 北京:人民卫生出版社,2010

[2] 孙企达. 冷冻干燥超细粉体技术及应用. 北京:化学工业出版社,2006

[3] 李津,俞泳霆,董德祥. 生物制药设备和分离纯化技术. 北京:化学工业出版社,2003

[4] 姚静,张自强. 药物冻干制剂技术的设计及应用. 北京:中国中医科技出版社,2007

[5] 赵鹤皋,郑效东,黄良瑾,等. 冷冻干燥技术与设备. 武汉:华中科技大学出版社,2005

[6] 史伟勤. 职业技术职业资格培训教材——冷冻干燥技术. 北京:中国劳动社会保障出版社,2006

第十一章　超临界流体萃取技术

第一节　超临界流体萃取原理

　　超临界流体萃取技术(supercritical fluid extraction,简称 SFE)是一种高效的新型分离技术,具有诸多传统萃取方法无法比拟的优势,如工艺简单,选择性好,产品纯度高且无溶剂残留等,被认为是一种绿色可持续发展技术。早在 20 世纪 40 年代国外学者就开展了对超临界流体的相关研究;50 年代美国的 Todd 和 Elgin 从理论上提出了 SFE 用于萃取分离的可能性;1978 年,德国率先将 SFE 应用到工业生产中,成功地从咖啡豆中去除咖啡因;随后 SFE 在发达国家得到了广泛的关注,投入了大量的人力物力进行相关技术的开发。作为一种高效、清洁的提取分离手段,SFE 在食品工业、精细化工、医药工业、环境保护等领域都展现出良好的应用前景。我国对 SFE 的研究虽然起步较晚,与国际相比还有差距,但将该技术用于提取天然产物有效成分已取得了显著的成果。例如:将 SFE 应用到辣椒红素、番茄红素、β-胡萝卜素和栀子黄色素等天然食用色素的萃取和精制中;采用超临界 CO_2 流体萃取技术从广藿香中提取挥发油;用超临界方法萃取烟叶中的茄呢醇;用超临界 CO_2 加极性添加剂甲醇和水从罂粟茎中提取生物碱等。此外,SFE 在中药有效成分的提取、分离以及单复方中药开发中都显示出很大的潜力。

一、超临界流体及其特性

　　当流体的温度和压力分别超过其临界温度和临界压力时,则称该状态下的流体为超临界流体。如图 11-1 所示,由于阴影区中的状态点所对应的温度和压力分别超过流体的临界温度和临界压力,故阴影区即为超临界流体区。

　　若某种气体的温度超过其临界温度,则无论压力多大也不能使其液化,故超临界流体不同于气体和液体,但同时又分别具有气体和液体的某些性质,表 11-1 分别给出了超临界流体与气体和液体的某些性质。

　　超临界流体是独立于气液固三种聚集态,但又介于气液之间的一种特殊聚集态,考虑到溶解度、选择性、临界点数据及化学反应的可能性等一系列因素,可作为超临界萃取溶剂的流体并不是太多,表 11-2 中列出了常用超临界流体及其主要临界特性。

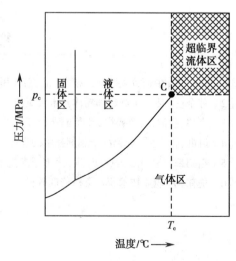

图 11-1　流体的温度 - 压力平衡关系图

表 11-1　超临界流体与气体和液体的某些性质比较

	气体	超临界流体	液体
密度（g/cm³）	0.0006~0.002	0.2~0.9	0.6~1.6
黏度（10^{-4}g/cm·s）	1~3	1~9	20~300
扩散系数（cm²/s）	0.1~0.4	0.0002~0.0007	0.000002~0.00002

表 11-2　常用超临界流体的主要临界数据

化合物	分子量	沸点 /℃	临界点数据		
			临界温度 T_c/℃	临界压力 P_c/MPa	临界密度 ρ_c/(g/cm³)
二氧化碳	44.01	−78.5	31.06	7.39	0.0448
氨	17.03	−33.4	132.3	11.28	0.24
甲烷	16.04	−164.0	−83.0	4.6	0.16
乙烷	30.07	−88.0	32.4	4.89	0.203
丙烷	44.10	−44.5	97	4.26	0.220
正丁烷	58.12	−0.5	152.0	3.80	0.228
乙烯	28.05	−103.7	9.5	5.07	0.20
甲醇	32.04	64.7	240.5	7.99	0.272
乙醇	46.07	78.2	243.4	6.38	0.276
乙醚	74.12	34.6	193.6	3.68	0.267
苯	78.11	80.1	288.9	4.89	0.302
甲苯	92.14	110.6	318	4.11	0.29
水	18.02	100	374.2	22.00	0.344

结合表 11-1 和表 11-2 可知,超临界流体具有以下特点:①超临界流体的密度接近于液体。由于溶质在溶剂中的溶解度一般与溶剂的密度成正比,因此超临界流体具有与液体溶剂相当的萃取能力;②超临界流体的黏度和扩散系数与气体的相近,因此超临界流体具有气体的低黏度和高渗透能力,故在萃取过程中的传质能力远大于液体溶剂的传质能力;③当流体接近于临界点时,气化潜热将急剧下降。当流体处于临界点时,可实现气液两相的连续过渡。此时,两相的界面消失,气化潜热为零。由于 SFE 在临界点附近操作,因而有利于传热和节能;④在临界点附近,流体温度和压力的微小变化将引起流体溶解能力的显著变化,这是 SFE 工艺的设计基础。

二、超临界 CO_2 流体的 PVT 特性

超临界 CO_2 密度大,溶解能力强,传质速率高;其临界压力、临界温度等条件比较温和;且具有廉价易得,无毒,惰性以及极易从萃取产物中分离出来等一系列优点,当前绝大部分 SFE 过程都以 CO_2 为溶剂。

压力（P）、体积（V）、温度（T）是物理意义非常明确,又易于测定的超临界 CO_2 流体的三种基本性质。当 CO_2 流体的量确定后,其 P、V、T 性质不可能同时独立取值,而存在着下述函数关系:$f(P、V、T)=0$。PVT 性质的研究是超临界 CO_2 流体萃取技术的基础。

（一）CO_2 相平衡图

图 11-2 为 CO_2 平衡相图。T_p 为气 - 液 - 固三相共存的三相点，沿气液饱和曲线增加压力和温度则达到临界点 C_p。物质在临界点状态下，气液界面消失，体系性质均一，不再分为气体和液体，相对应的温度和压力称为临界温度和临界压力。物质有其固定的临界点。当体系处在高于临界压力和临界温度时，称为超临界状态（图中阴影线区域）。蒸馏操作通常在液 - 气平衡线附近进行，液体萃取限于液相范围之内，而超临界气体萃取限于临界温度与临界压力以上的范围。

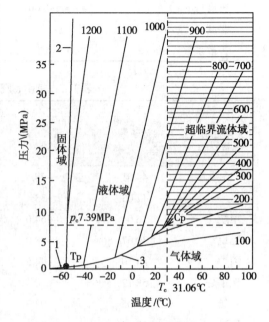

图 11-2 CO_2 相平衡图
1. CO_2 气 - 固平衡的升华曲线，2. CO_2 液 - 固平衡熔融曲线，3. CO_2 气 - 液平衡蒸气压曲线

（二）CO_2 的密度和压力、温度间的关系

CO_2 在超临界区域及其附近的压力 (P)- 密度 (ρ)- 温度 (T) 间的关系如图 11-3 所示。其中，纵坐标为压力比 $P_r(=P/P_c)$，横坐标为密度比 $\rho_r(=\rho/\rho_c)$，温度比 $T_r(=T/T_c[K])$ 为参变量。阴影线所围部分 $T_r=1\sim1.2$（31~92℃），$P_r=0.8\sim4$（5.8~30.0MPa），$\rho_r=0.5\sim2$（0.24~0.94g/cm³），为常用的超临界流体萃取区域。

由 CO_2 的热力学特性可发现，超临界 CO_2 的密度会随压力和温度的变化产生较大的变化。SFE 就是基于压力和温度的稍许改变，可使密度大幅度变化这一独特性质的分离方法。

（三）CO_2 在超临界及临界附近的扩散度

超临界及临界附近 CO_2 的扩散特性如图 11-4 所表示。由图 11-4 得知，CO_2 在高压下的液体或超临界时的扩散度，远比普通液体要大。上述表 11-1 表示了在常温、常压下气体、液

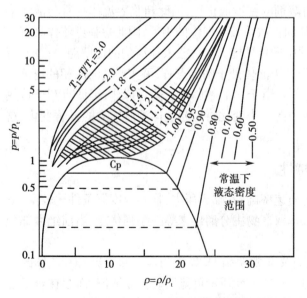

图 11-3 CO_2 的密度和压力、温度间的关系

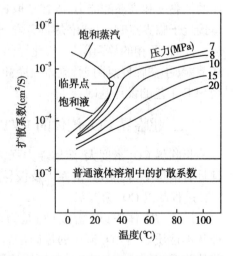

图 11-4 CO_2 在超临界及临界附近的扩散度

体与超临界态流体的输送特性。流体的黏度和扩散系数是支配分离效率的重要参数,直接影响着达到平衡的时间。由表 11-1 可知,超临界流体的密度与液体大体相同,黏度只有通常气体的 2~3 倍,约为液体的 1/100,扩散系数较液体大 100 倍。也就是说,与采用液体溶剂萃取相比较,采用超临界流体为溶剂进行萃取与分离。由于它具有这样良好的输送特性,在通常的固体原料萃取中,原料的粉碎等前处理工艺过程亦可大大简化。

第二节 超临界流体萃取技术对天然药物成分的适用性

SFE 的溶剂有多种,但是在实际中,由于一系列因素的限制,常用的超临界流体溶剂并不太多。在 SFE 过程中,最常用的溶剂是 CO_2,采用 CO_2 为溶剂的 SFE 称为超临界 CO_2 萃取技术(简称为 SFE-CO_2 技术),该技术对天然药物多种成分具有适用性。

一、超临界 CO_2 流体对天然药物成分的溶解性能

SFE-CO_2 兼具精馏和液液萃取的特点。溶质的蒸气压、极性及分子量的大小均能影响溶质在超临界流体中的溶解度,组分间的分离程度由组分间的挥发度和分子间的亲和力共同决定。非极性的超临界 CO_2 流体对非极性和弱极性物质具有较高的萃取能力,特别适合脂溶性、高沸点和热敏性物质的提取,如多数芳香族化合物。但对水溶性极性化合物的提取却比较困难,如维生素 C 等,而对于大多数无机盐、极性较强的物质几乎不溶,如糖、氨基酸以及淀粉、蛋白质等。一般情况下,组分是按沸点高低的顺序先后被萃取出来。

(一) 不同溶质分子结构对其在超临界 CO_2 流体中的溶解度的影响

有机化合物分子量大小和分子极性强弱是影响其在超临界 CO_2 流体中溶解度的关键因素。一些学者通过实验研究归纳出溶质分子结构与 CO_2 流体中溶解度的规律。

(1) 烃类:碳原子数在 12 以下正构烃类,能在超临界 CO_2 中全部互溶。超过 12 个碳原子,溶解度将锐减。与正构烷烃相比,异构烷烃有更大的溶解度。

(2) 醇类:6 个碳以下的正构醇能在超临界 CO_2 流体中互溶,进一步增加碳数溶解度将明显下降。例如正己醇能达到互溶,而 n-庚醇和 n-癸醇溶解度分别只有 6% 和 1%。在正构醇中增加侧链与烷烃同样可适当增加溶解度。

(3) 酚类:苯酚溶解度为 3%,当甲基取代苯酚时增加溶解度。例如邻、间和对甲苯酚的溶解度分别为 30%、20% 和 30%。醚化的酚羟基将显著增加溶解度。如苯甲醚与 CO_2 流体能互溶。

(4) 羧酸:9 个碳以下的脂肪族羧酸能在超临界 CO_2 中互溶,而十二烷酸(月桂酸)仅仅有 1% 的溶解度。卤素、羟基和芳香基的存在将降低脂肪族羧酸的溶解度。例如氯乙酸和 2-羟基丙酸在 CO_2 流体中的溶解度分别为 10% 和 0.3%,而苯乙酸是不溶解的。

酯化将明显增加化合物在 CO_2 流体中的溶解度。例如:2-羟基丙酸乙酯化后在 CO_2 流体中可以互溶,而 2-羟基丙酸本身只有 0.5% 的溶解度。类似情况如苯基醋酸在 CO_2 流体中为不溶解,但乙酯化之后可以成为互溶组分。

简单的脂肪族醛,如乙醛、戊醛和庚醛在 CO_2 流体中互溶。脂肪族不饱和结构对其溶解度没有明显的影响。然而,苯基取代将降低不饱和醛的溶解度。如 3-苯基-2-丙烯醛溶解度 4%,而 3-苯基丙烯醛有 12% 溶解度,苯乙醛和 2-羟基苯乙醛都不溶于 CO_2 中。

(5) 萜类:萜类化合物分子量对溶解度有一定的影响,从单萜蒎烯和宁烯到倍半萜长叶

烯和双萜西松四烯,萜烯类溶解度逐步降低,萜烯分子每增加 5 个碳原子,溶解度下降 5 倍左右。由于随着分子量增大,化合物的挥发性降低,从而造成了这种差别。与分子量的影响相比,化合物极性对其在 CO_2 流体中的溶解度有更大的影响。例如:单萜化合物樟脑、柠檬醛、香茅醇和 1,8- 萜二醇有不同的取代基和极性,尽管分子量差异不大,但溶解度差别很大,分别为 1.10×10^{-3}、3.72×10^{-4}、1.70×10^{-4} 和 3.8×10^{-6}。由此可见,溶质分子结构对其在超临界 CO_2 流体中的溶解度是关键的影响因素。图 11-5 所示为不同结构萜类化合物在 40℃超临界 CO_2 流体中溶解度等温线。有关数据表明,随着萜类化合物含氧取代基增多,萜类化合物极性增大,其在超临界 CO_2 流体中溶解度急剧下降,如从萜烯到有多个含氧取代基的萜二醇和山道年,溶解度下降达到 10^3 倍。

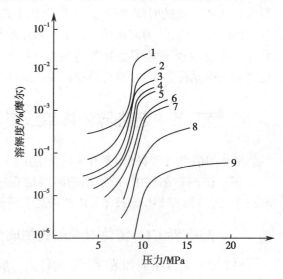

图 11-5　不同结构萜类化合物在 40℃超临界 CO_2 流体中的溶解度等温线
1. α 蒎烯,2. 樟脑,3. 柠檬醛,4. 长叶烯,5. 龙脑,6. 柏木醇,7. 西松四烯,8. 1,8- 萜二醇,9. 山道年

（二）超临界 CO_2 萃取技术对天然产物中不同成分的适用性

天然产物通常由多种有效成分复合而成。用超临界 CO_2 萃取这些有效成分时,不同工作条件所得到产物组成不同,表现出一定的选择性。Stalhl 等曾研究超临界 CO_2 对各类物质,如芳烃类、酚类、芳香羧酸类、蒽醌类、吡喃酮类、碳氢化合物和其他类脂类等多种化合物的可萃取性,得出一些经验规则。

（1）分子量在 300~400 以下亲脂性化合物:容易萃取。如芳烃类、酚类、酮类、酯类及相类似的化合物,萃取压力最高为 30MPa。

（2）化合物中极性官能团(如—OH,—COOH)的化合物:萃取率低,甚至完全不能被萃取。如对苯的衍生物,具有三个酚羟基或一个羧基和两个羟基的化合物仍可被萃取,但具有一个羧基和三个以上羟基的化合物是不能被萃取的。

（3）极性物质:不能被萃取。如糖、苷、氨基酸、卵磷脂类等,以及多聚物,包括蛋白质、纤维素、多萜类和塑料。

（4）水:在液态 CO_2 中,水极少溶解,而在超临界 CO_2 中,当温度升高时,溶解度提高。

当物质在分子量、蒸气压和极性上表现出明显差异时,进行分步萃取是可能的。超临界 CO_2 在不同工作条件下萃取天然产物所表现出的选择性,在天然药物分离技术领域具有重要意义。

二、提高大分子、强极性天然药物成分溶解性能的方法

超临界流体对天然药物的溶解性能主要由溶质本身的性质决定,同时还受到天然药物(溶质)的蒸气压及温度、压力等操作条件的影响。SFE 利用超临界流体作为一种特殊性能的溶剂,在达到临界点后,随着压力的增大,溶解能力增强,萃取范围增大。此外,为了提高超临界流体的溶解能力,改善选择性和增加收率,可以向超临界流体中加入一种称之为夹带

剂的溶剂,其作用是在改善或维持选择性的同时,提高难挥发溶质的溶解度。对于强极性化合物如蛋白质、多糖等,单独用纯超临界 CO_2 萃取是不成功的,但是随着研究的不断深入,用全氟聚碳酸铵使二氧化碳与水形成了分散性很好的微乳液,把超临界二氧化碳的应用扩展到水溶液体系,已成功用于强极性生物大分子如蛋白质的提取,为超临界二氧化碳提取天然药物中一类具有特殊活性水溶性成分提供了新方法。

(一) 天然药物有效成分的高压超临界提取

超临界 CO_2 偶极矩为0,是一种非极性溶剂,对有些分子量较大的生物碱类、萜类、苷类、黄酮类、糖类,低压使用 SFE 效果不佳。则可通过加大压力,以改变超临界 CO_2 流体的密度,从而提高溶剂的溶解性能,达到萃取的目的。例如银杏中有效成分银杏酚与木兰中的有效成分新木脂素类都是利用 SFE-CO_2 技术在 40MPa 高压下才萃取出来的。高压下 SFE-CO_2 技术提取天然药物成分的应用如表 11-3 所示。

表 11-3　高压下 SFE-CO_2 萃取天然药物有效成分的应用

天然药物	SFE-CO_2 技术	其他提取方法
黄连	40℃,30MPa 提取的生物碱不含树脂等杂质	
木兰	40℃,40MPa 提得新木脂素类	溶剂法效率低
银杏叶	50℃,40MPa 提得银杏酚	水蒸气蒸馏法提不出来

(二) 使用夹带剂的超临界 CO_2 萃取技术

超临界 CO_2 是一种非极性溶剂,SFE-CO_2 技术适合于萃取溶脂性、分子量较小的物质,因而限制了对分子量较大或极性较强的物质的应用。为了解决这一问题,通常在超临界 CO_2 中加入适宜的夹带剂,以调节溶剂的极性,提高溶剂的溶解能力。夹带剂可以是一种纯物质,也可以是两种或多种物质的混合物。按极性不同,夹带剂可分为极性夹带剂与非极性夹带剂,二者的作用机制各不相同。

夹带剂可选用挥发度介于超临界溶剂和被萃取溶质之间的溶剂,其影响往往有一个最大值,太大或太小都不会最好。一般以 1%~5%(质量分数)的比例,加入到超临界溶剂之中。通常具有很好溶解特性的溶剂,也是好的夹带剂。天然药物提取液中常用的夹带剂有:水、乙醇、丙酮、乙酸乙酯等。

加入夹带剂对 SFE-CO_2 技术的影响可概括为:①增加溶解度,相应也可能降低萃取过程的操作压力;②通过加入夹带剂,有可能增加萃取过程的分离因子;③加入夹带剂后,有可能单独通过改变温度达到分离解析的目的,而不必应用一般的降压流程。

夹带剂的加入对溶解度有明显的增强效果。例如:在超临界 CO_2 中加入 5% 甲醇后,吖啶的溶解度明显增加,同时溶解度曲线表明,夹带剂的加入将增加压力对溶解度的影响;加入 10% 乙醇后,棕榈油在 CO_2 流体中溶解度受温度影响变得明显,13MPa 压力下,50℃时溶解度大约为 5%(质量),当温度上升到 110℃时,溶解度几乎为零,结果对变温分离流程有利。

夹带剂的使用大大拓宽了 SFE-CO_2 技术在天然药物活性物质萃取方面的应用。如无花果和银杏仁中所含的抗癌活性成分扁桃苷,单独使用 SFE-CO_2 技术萃取或加入乙酸乙酯、乙醇、乙腈作为夹带剂时,收率几乎为零,而选用水作为夹带剂,扁桃苷的溶解度大大提高,收率可达到 70% 左右。又如日本白蜡树用甲醇热提可得到生物碱,而用 SFE-CO_2 技术以乙醇为夹带剂,可获得极性较强的香豆素类成分。另外,对于用其他提取方法难以克服的问题,如有效成分降解、提取物中有毒溶剂残留等,采用加入夹带剂的 SFE 法提取可得到解决。如丹参有效成分丹参酮II_A的提取，采用乙醇提取再经稠膏干燥工艺，丹参酮II_A降解甚多；而采用SFE-CO$_2$技术，以乙醇为夹带剂，在40℃，20MPa条件下可获得理想的丹参酮II_A含量，克服了该成分降解的难题。

夹带剂的使用也会产生一些不良后果：一方面，对于整个工艺来说，增加了夹带剂分离和回收的过程；另一方面，对SFE无残留溶剂的优势有所影响。因而要权衡利弊，选择使用。值得指出的是，天然药物成分复杂，其中性质相近的组分之间可互为夹带剂，对于中药复方而言，更是如此，但此类研究尚少。

三、天然药物成分间的增溶作用

天然药物化学成分复杂，其有效成分可分为非极性、弱极性、中等极性和强极性几类，其中性质相近的组分之间可互为夹带剂，即使相互间性质差异较大，也可能基于多种影响因素而产生增溶作用。

如复方丹参降香由丹参与降香两味药组成，以有效成分、收率等为指标，分别考察萃取压力、温度以及SFE-CO$_2$过程中各单味药之间的相互影响和对整个复方提取的影响。结果发现，超临界CO$_2$萃取复方丹参降香过程中，由于丹参、降香的相互影响，使有效成分的萃取率、提取物中不同成分的含量比例发生了变化。其中降香对复方提取时丹参酮II_A萃出率及含量的影响见表11-4和表11-5。由表11-4可知，复方丹参降香的提取中，随着压力的增加，丹参酮II_A的萃出率也增加，25MPa时达到最大值，随后又降低。降香的引入，影响了复方中丹参酮II_A的萃取率，低于20MPa，使萃取率增加；25~30MPa之间，使萃取率下降，原因或许是15~20MPa之间，大量降香挥发油的提取，增加了丹参酮II_A在超临界CO$_2$中的溶解度。而随着压力的再升高，极性或大分子成分如降香异黄酮类的比例越来越大，这些成分的分子大小与丹参酮II_A相近或更大，会阻碍丹参酮II_A的离解，极性分子也易与夹带剂乙醇缔合，从而降低溶解度。由表11-5可知，复方丹参降香提取时，在25~32MPa的压力范围内，由于降香的引入，使得复方提取物中丹参酮II_A的含量大幅度下降。原因是复方提取物中增加了大量降香的组分，同时，降香一些成分增加了丹参中丹参酮II_A以外的其他成分的溶解度，使其他组分比例增加。虽然丹参降香这一复方中药，不一定要求丹参酮II_A的含量太高，但是，如果目的产物要求丹参酮II_A含量越高越好，则这一现象须引起注意。

表11-4　复方中降香对丹参酮II_A萃出率的影响

萃取压力（MPa）	丹参单味提取时丹参酮II_A萃出率（%）	复方提取时丹参酮II_A萃出率（%）
15	0.020	0.163
20	0.196	0.197
25	0.491	0.296
30	0.479	0.230

表11-5　复方中降香对丹参酮II_A含量的影响

萃取压力（MPa）	单味丹参萃取时丹参酮II_A含量（%）	复方提取时丹参酮II_A含量（%）
25	18.75	5.73
30	18.95	5.60
32	20.44	5.11

第三节　超临界流体萃取传质过程及其工艺流程与装置

SFE-CO_2作为工业化分离新技术,其采用的工艺流程和设备装置是整个新技术的重要组成部分。超临界萃取过程针对不同原料、不同分离目标和不同技术路线,可采用多种不同的工艺流程和技术。

一、超临界流体萃取天然产物的传质原理

SFE在制药领域多用于天然产物中有效成分的提取,而天然产物的SFE过程通常是在固体物料的填充床层中进行,不仅流体的流型非常复杂,相应的热力学数据也难以获得,且天然产物的成分纷繁复杂,在不同的温度和压力下萃取物的组分有很大的不同。因此,对超临界流体传质过程及其传质模型的研究比较薄弱,目前主要是基于化工的传递过程原理结合超临界流体的特性,通过适当修正与简化加以应用。

(一)超临界流体萃取天然产物的传质过程

一般认为超临界萃取天然产物的传质过程可用如下四步描述:①超临界流体扩散进入天然基体的微孔结构;②被萃取成分在天然基体内与超临界流体发生溶剂化作用;③溶解在超临界流体中的溶质随超临界流体经多孔的基体扩散至流动着的超临界流体主体;④萃取物与超临界流体主体在流体萃取区进行质量传递。上述四步中哪一步为控制步骤取决于待萃溶质、基体以及存在于待萃溶质-基体之间作用力的类型和大小。由于超临界流体具有较高的扩散系数,而一般高沸点溶质在超临界流体中的溶解度很低,故上述步骤中③常为控制步骤。

固体溶质往往以物理、化学或机械的方式固定在多孔的基质上,可溶组分(萃取物)必须先从物料基体上解脱下来,再扩散通过多孔结构,最后扩散进入流体相。因此,凡是能增加溶剂扩散系数、减少扩散距离和消除扩散障碍的措施都可增加超临界流体萃取过程的传质速率。而该速率是由内扩散和外扩散之综合效应所决定的。如果由内部传质机制来构成萃取过程的控制步骤,物料的粒度分布将会显著影响达到预定产率所需的萃取时间。在这种情况下,不同尺寸粒子的萃取将在很大程度上与扩散途径有关。而且不同粒子尺寸分布会产生不同形状的提取产率曲线。如果外部传质或溶解度平衡是过程的控制步骤,粒子尺寸就不会对萃取速率有过多的影响。如果施加的平衡条件或外部传质机制是萃取过程的主要阻力因素时,则溶剂流率会控制萃取;相反,如果内部传质阻力控制萃取过程,溶剂流率对萃取过程动力学的影响就可忽略。不同的传质机制可能是萃取过程中不同阶段的控制因素,在工艺设计和工业规模放大时需要对此有所考虑。

(二)超临界流体萃取过程传质模型

目前SFE-CO_2过程最主要的理论模型"微分传质模型",主要是根据萃取过程以及萃取床层中的微分质量平衡关系建立的。而微分质量平衡模型一般都是基于以下假设而建立的:①萃取物视为单一化合物;②床层中的温度、压力、溶剂密度以及流率都视为恒定不变;③溶剂在萃取釜入口处不含有溶质;④固体床层的粒度以及溶质的初始分散度都是均一的。在上述前提下,按照质量衡算通式:输入=输出+累积,可建立固体相和流体相的质量平衡方程。但由此而建立的质量平衡方程是较为复杂的偏微分方程,需要知道相平衡关系、初始条件和边界条件等,且求解困难。

为了便于模拟与计算,可根据萃取原料的物质结构特征,提出相关的假设并对传质过程进行合理简化。如核心收缩浸取模型(shrinking-core leaching model),即设想由被萃取物质(溶质)组成的大部分粒子,可借助机械力或毛细管力以凝聚态的形式存在于固体基体大孔之中,且可预期萃取度将是固体基体中溶剂可利用的孔隙率的函数。在核心物体中有许多孔,所有的孔中都充满了要萃取的物质,核心部分与外界部分间存在明显的界面,但在孔中充满了部分饱和的溶剂。在此假设的基础上,经过推导可得到溶质通过粒子 - 溶剂界面进入流体的质量通量 n_2 计算公式:

$$n_2 = \frac{Bi(1-c)}{Bi(1/r_c - 1) + 1} \tag{11-1}$$

式中,Bi 为 Biot 数,$Bi = Rk_m/D_{eff}$;R 为粒子的半径;k_m 为粒子 - 溶剂界面的外传质系数;D_{eff} 为在多孔基质中的有效扩散系数;c 为溶质在流体主体中的浓度;r_c 为未浸取核心物质的无量纲半径,未萃取前 $r_c = 1$,完全萃取后 $r_c = 0$,此时的时间即为萃取时间。

初始的质量通量($r_c = 1, c = 0$)为:

$$n_2(t = 0) = Bi \tag{11-2}$$

核心物质的半径是时间的函数,有如下方程:

$$N\left[\frac{Bi-1}{3}(r_c^3 - 1) - \frac{Bi}{2}(r_c^2 - 1)\right] = Bi(1-c)t \tag{11-3}$$

$$N = \varepsilon \rho w_c / (c^* - co)$$

式中,N 为在核心物质中被萃取物质的质量浓度与在平衡时溶剂相中该物质质量浓度之比;ε 为固体基质的孔隙度;ρ 为核心物质(固体基质加溶质)的密度;w_c 为在核心物质中溶质的含量;c^* 为在大孔中溶质的平衡浓度。

令 $r_c = 0$,则式(11-3)可写成:

$$t_{ex}(r_c = 0) = \frac{N}{Bi(1-c)}\left[\frac{1}{3} + \frac{Bi}{6}\right] \tag{11-4}$$

式(11-4)可用来计算完全萃取的时间 t_{ex}。

由于若干假设条件的简化和一些数据的欠缺,如其中的空隙率 / 曲折率由于难测定而使用假定值等,上述核心收缩浸取模型会与实验值产生误差,但该模型对超临界流体萃取某些固体溶质(如种子油等)有一定的适用性。

二、超临界 CO_2 萃取的基本过程及主要装置

(一)超临界 CO_2 萃取的基本过程

SFE-CO_2 工艺基本过程由萃取和分离阶段所组成,如图 11-6 所示。被萃取原料装入萃取器,采用 CO_2 为超临界溶剂。CO_2 气体经热交换器冷凝成液体,用加压泵把压力提升到工艺过程所需的压力(应高于 CO_2 的临界压力),同时调节温度,使其成为

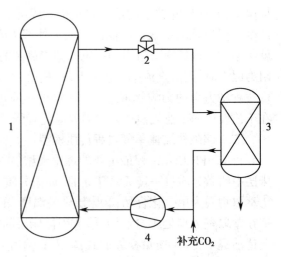

补充 CO_2

图 11-6　超临界 CO_2 流体萃取工艺过程
1. 萃取器,2. 节流阀,3. 分离器,4. 加压泵

超临界 CO_2 流体。CO_2 流体作为溶剂从萃取器底部进入,与被萃取物料充分接触,选择性溶解出所需的化学成分。含溶解萃取物的 CO_2 流体经节流阀降压到低于 CO_2 临界压力以下,进入分离器。由于 CO_2 溶解度急剧下降而析出溶质,自动分离成溶质和 CO_2 气体两部分。前者为过程产品,定期从分离器底部放出,后者为循环 CO_2 气体,经热交换器冷凝成 CO_2 液体再循环使用。整个分离过程是利用 CO_2 流体在超临界状态下对有机物有特殊增加的溶解度,而低于临界状态下对有机物基本不溶解的特性,将 CO_2 流体不断在萃取器和分离器间循环,从而有效地将需要分离的组分从原料中分离出来。

(二) 超临界 CO_2 萃取的基本装置

如图 11-6 所见,SFE-CO_2 工艺装置主要由萃取器和分离器两部分组成,并适当配合压缩装置和热交换设备所构成。萃取器和分离器是该技术的基本装置,下面分类作有关介绍。

1. 萃取器 超临界流体萃取器可分为容器型和柱型两种。容器型指萃取器的高径比较小的设备,较适宜固体物料的萃取;柱型指萃取器的高径比较大的设备,可适用于液体及固体物料。为了降低大型设备的加工难度和成本,建议尽可能选用柱型萃取器。对于不同形态物料,需选用不同的萃取釜。对于固体形物料,其高径比约在 1:4~1:5 之间,对于液体形物料,其高径比约在 1:10 左右。前者装卸料是间歇式的,后者装卸料可以是连续式。

(1) 容器型萃取釜:容器型萃取釜的设计应根据萃取工艺的要求,例如体系性质、萃取方式、分离要求、处理能力及萃取系统的压力和温度等工艺参数,选择设备的形式、装卸料方式、设备材质、结构和制造方法等。

间歇式装卸料采用快开盖装置结构的釜盖。目前,国内全膛快开盖装置常用的有三类:①卡箍式;②齿啮式;③剖分环式。卡箍式快开盖装置又可分为三种,一是手动式,即靠逐个拧紧或松开螺栓螺母;二是半自动式,靠手柄移动丝杆驱动卡箍;三是全自动式,靠气压/液压装置驱动卡箍沿导轨定向滑动。齿啮式快开盖装置也有两种,内齿啮式和外齿啮式。全自动卡箍式快开盖装置完成一次操作周期(即开盖、取出吊篮、装进放有物料的另一吊篮、关闭釜盖)约需 5 分钟;啮齿式快开盖装置完成一次操作周期约需 10 分钟。

萃取釜能否正常的连续运行在很大程度上取决于密封结构的完善性。当介质通过密封面的压力降小于密封面两侧的压力差时介质就产生泄漏,萃取釜就无法正常工作。密封圈的选择不仅要满足医药方面的卫生学要求,还应满足过程操作的极限条件。由于 CO_2 对橡胶的穿透性强,大多数用橡胶做密封的萃取装置,不管是采用什么规格型号的橡胶,通常只能使用 3~5 次就要更新。因而密封圈材料应选择硅橡胶和氟橡胶等合成橡胶或金属密封材料,而不能使用一般的油性橡胶圈。对于工业化萃取釜宜用卡箍结构釜盖,采用自紧式密封。

吊篮与萃取釜之间的密封也是非常重要的,它直接影响到出品得率。设计萃取釜时,还要考虑到吊篮的装卸方便和安全问题。吊篮可以是组合式的。

(2) 柱式萃取器:一般的柱式萃取釜高度在 3~7m 之间。萃取柱常由多段构成,按其作用可分成分离段、连接段、柱头和柱底 4 段。

在分离段,物料与超临界流体进行传质。分离段外部用夹套保温或沿柱高形成温度梯度,以便选择性分离某些组分。

连接段用于连接两个分离段,并在其中设置支撑支持填料。一般情况下,连接段的长度约为 0.25m 左右。每个连接段具有多个开口,分别用于进料、测温与取样用等。通过连接段和分离段的有效组合,以及进料位置的变化,可以满足不同体系萃取的分离要求。

柱头的设计要考虑溶剂与溶质的分离,最好设有扩大段,并用夹套保温。

柱底用于萃余物的收集,可采用夹套保温,其设计应便于某些黏性物料的放出和清洗。

在进行液体原料的溶解度测定或进行少量样品的间歇操作时,一般都用柱式萃取器进行萃取。不过,在萃取时,系统压力的波动容易造成萃取器内液体原料随同 CO_2 一起沿进气管道倒流。尽管系统装有单向阀,但还是很难防止液料的倒流。针对这一问题,人们开发研制了一些设备,如图11-7,是一种用于液体原料超临界及液态 CO_2 萃取的止逆分布器。它不仅有效解决了液体原料的倒流问题,同时也可使 CO_2 在液体原料中均匀分布,强化传质。

2. 分离器　从萃取器出来的溶解有溶质的超临界流体,经减压阀(一般为针形阀)减压后,在阀门出口管中流体呈两相流状态,即存在气体相和液体相(或固体),若为液体相,其中包括萃取物和溶剂,以小液滴形式分散在气相中,然后经第二步溶剂蒸发,进行气液分离,分离出

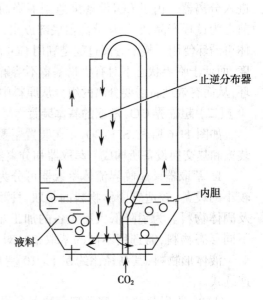

止逆分布器

内胆

液料

CO_2

图 11-7　液体原料萃取的止逆分布器

萃取物。当产物是一种混合物时,常常出现其中的轻组分被溶剂夹带,从而影响产物的得率。

一般使用的分离器有如下一些形式(不分固体原料和液体原料)。

(1) 轴向进气分离器:如图11-8(1)所示,轴向进气是最常用的一种分离器形式,其采用夹套式加热。它的结构简单,使用及清洗方便。但存在的问题是进气的流速较大时会将未及时放出的萃取物吹起,进而形成的液滴会被 CO_2 夹带着带出分离器,从而导致萃取收率偏低,严重时会堵塞下游管道。

(2) 旋流式分离器:图11-8(2)所示的旋流式分离器,可解决轴向进气分离器的不足,它由旋流室和收集室两部分组成。当萃取物是液体时,在旋流室底部可用接受器收集低溶剂含量的萃取物,当萃取物比较黏稠或呈膏状不易流动时,可设计成活动的底部接受器将萃取物取出,这种分离器不仅能破坏雾点,而且能供给足够的热量使溶剂蒸发。即使不经减压,也有很好的分离效果。

(3) 内设换热器的分离器:如图11-8(3)所示,这是一种高效分离器,其主要特点是在分离器的内部设有垂直式或倾斜式的壳管式换热器,利用自然对流和强制对流与超临界流体进行热交换。在进行这种分离器设计时,须考虑萃取物是否沉积于换热器表面,对温度是否敏感,产物和其他组分的回收价值。

分离器可根据分离目的设置一级分离或多级分离。对于天然药物,有时要三级、四级分离。例如:薯蓣皂素是从薯蓣科薯蓣属植物中提取分离的薯蓣皂苷元。由于所提取薯蓣皂素属单体成分,加之原料中存在很多和薯蓣结构相似的其他化合物(这里称为杂质),传统方法提取薯蓣皂素是用汽油或乙醇法,存在收率低、生产周期长、大量有机溶剂的使用存在易燃易爆的危险及环境污染等缺点。用SFE-CO_2工艺改革传统的生产工艺,该流程采用三级分离(用一条分离柱和两个分离釜),流程示意图见图11-9。

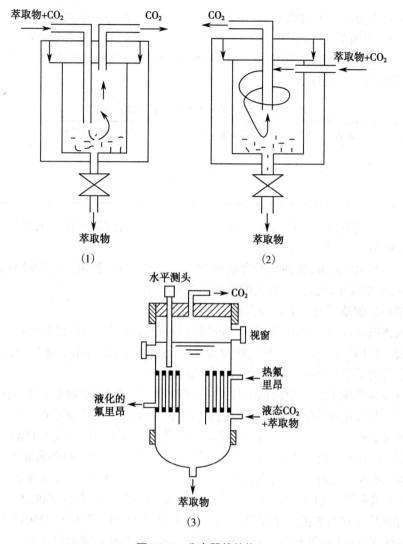

图 11-8 分离器的结构
(1)轴向进气,(2)切线方向进气,(3)内设换热器的分离器

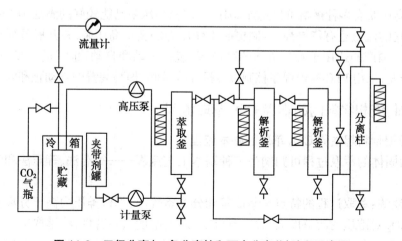

图 11-9 三级分离(一条分离柱和两个分离釜)流程示意图

三级分离下分离压力对收率的影响见表 11-6。最佳的分离压力为分离柱为 18MPa、解析 I 为 10MPa、解析 II 为 5.6MPa。一般在分离压力不变时,随着分离温度的升高,萃取物容易分离出来,但分离选择性却降低了,不易得到较纯的单一物质。然而在本实验的 3 级分离中,有三个较为合适的温度分别为 70℃、60℃、45℃。

表 11-6 分离压力对薯蓣皂素的收率的影响

批号	分离柱(MPa)	解析釜 I(MPa)	解析釜 II(MPa)	收率(%)
1	18	10	5.6	6.75
2	14	9.2	5.5	5.16
3	20	14	8	4.50

变化分级分离条件,可改变粗品中薯蓣皂素与杂质的比例,最佳分离条件下,粗品中目标物的含量最高。

对该粗品用 GC 分析,薯蓣皂素含量在 75%~95.9% 之间,说明已达到较高的分离效果。由于杂质少,采取简单的洗涤等方法即可得到合格产品。

(三)中小型超临界流体萃取设备和工业化装置

近年来,SFE-CO$_2$ 在我国得到了飞速进展,相应超临界流体萃取设备也根据科学研究和生产的需要,在不断走向成熟。开发的设备按萃取溶剂计,小到几个毫升,大到 500~600L。国产的几十升的萃取设备比较完善,基本可以取代进口。

超临界流体萃取装置可分为以下几类:①实验室萃取设备,萃取釜容积一般在 500ml 以下,结构简单,无 CO$_2$ 循环设备,耐高压(可达 70MPa),适合于实验室探索性工作。近年来发展的萃取器溶剂 2ml 左右萃取仪,可与分析仪器直接联用,主要用于设备分析样品的超临界萃取器;②中试设备(1~20L)配套性好,CO$_2$ 可循环使用,适合与工艺研究和小批量样品生产。国际上发达国家都有生产,我国也有专门生产厂家;③工业化生产装置,萃取釜容积 50L 至数立方米。国外主要采用德国 UHDE 和 KRUPP 公司的设备,我国目前能自制 500L 工业化萃取装置。

超临界流体萃取装置的总体要求是:①工作条件下安全可靠,能经受频繁开、关盖(萃取釜),抗疲劳性能好;②一般要求一个人操作,在十分钟内就能完成萃取釜全腔的开启和关闭一个周期,密封性能好;③结构简单,便于制造,能长期连续使用(即能三班运转);④设置安全联锁装置。

目前,高压泵有多种规格可供选择,国产三柱塞高压泵已能较好的满足 SFE-CO$_2$ 产业化的要求,但它的流量还有待提高,试制更高工作压力的新型高压泵,并开展系列化和标准化研究。同时,国产的适用于 CO$_2$ 流体的高压阀(包括手动和自动)也需进一步研究和提高。加快软件开发,采用 PLC 实现程序控制,PC 机在线检测,提高装置的自动化和安全性。

三、固、液相物料的超临界 CO$_2$ 萃取流程

(一)固相物料超临界 CO$_2$ 萃取的基本流程

原料为固体的萃取过程可归纳为三种基本工艺流程——等温法、等压法和吸附法。参见图 11-10。

(1)等温法:萃取过程的特点是萃取釜和分离釜等温,萃取釜压力高于分离釜压力。利用高压下 CO$_2$ 对溶质的溶解度大大高于低压下的溶解度这一特性,将萃取釜中 CO$_2$ 选择性溶解的目标组分在分离釜中析出成为产品。降压过程采用减压阀,降压后的 CO$_2$ 流体(一般

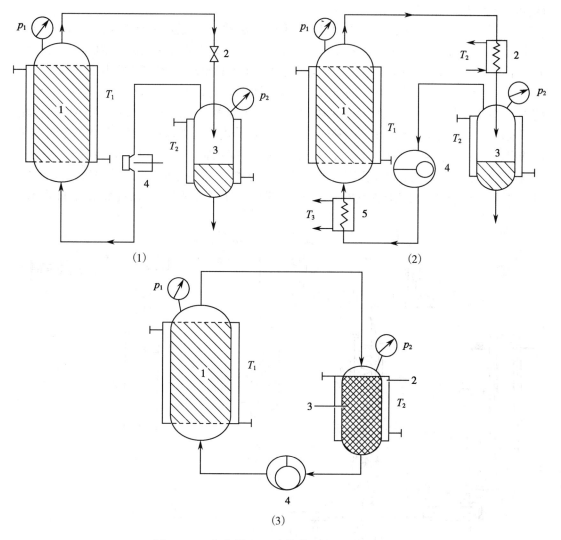

图 11-10 超临界 CO_2 流体萃取的 3 种基本流程

(1) 等温法:$T_1=T_2$,$p_1>p_2$,1.萃取釜,2.减压阀,3.分离釜,4.压缩机

(2) 等压法:$T_1<T_2$,$p_1=p_2$,1.萃取釜,2.加热器,3.分离釜,4.高压泵,5.冷却器

(3) 吸附法:$T_1=T_2$,$p_1=p_2$,1.萃取釜,2.吸收剂(吸附剂),3.分离釜,4.高压泵

处于临界压力以下)通过压缩机或高压泵再将压力提升到萃取釜压力,循环使用。

(2) 等压法:工艺流程特点是萃取釜和分离釜处于相同压力,利用二者温度不同时 CO_2 流体溶解度的差别来达到分离目的。

(3) 吸附法:工艺流程中萃取和分离处于相同温度和压力下,利用分离釜中填充的特定吸附剂将 CO_2 流体中分离目标组分选择性吸附除去,然后定期再生吸附剂即可达到分离之目的。吸附法理论上不需压缩能耗和热交换能耗,应是最省能的过程。但该法只适用于可使用选择性吸附方法分离目标组分的体系,绝大多数天然产物分离过程很难通过吸附剂来收集产品,所以吸附法只能用于少量杂质脱除过程。已知一般条件下,温度变化对 CO_2 流体的溶解度影响远小于压力变化的影响。因此,通过改变温度的等压法工艺过程,虽然可节省压缩能耗,但实际分离性能受到很多限制,使用价值较小。所以通常 SFE-CO_2 过程大多采用改变压力的等温法流程。

　　天然产物 SFE-CO$_2$ 工艺一般采用等温法和等压法的混合流程,并且以改变压力为主要分离手段。萃取工艺流程以充分利用 CO$_2$ 流体溶解度差别为主要控制指标。萃取釜压力提高,有利于溶解度增加,但过高压力将增加设备的投资和压缩能耗,从经济指标考虑,通常工业应用的萃取过程都选用低于 32MPa 的压力。分离釜是产品分离和 CO$_2$ 流体循环的组成部分。分离压力越低,萃取和解析的溶解度差值越大,越有利于分离过程效率的提高。但工业化流程都采用液化 CO$_2$,再经高压泵加压与循环的工艺。因此,分离压力受到 CO$_2$ 液化压力的限制,不可能选取过低的压力,实用的 CO$_2$ 解析,循环压力在 5.0~60MPa 之间。假如要求将萃取产物按不同溶解性能分成不同产品,工艺流程中可串接多个分离釜,各级分离釜以压力从高至低的次序排列,最后一级分离压力应是循环 CO$_2$ 的压力。典型固体物料萃取工艺流程如图 11-11 所示。

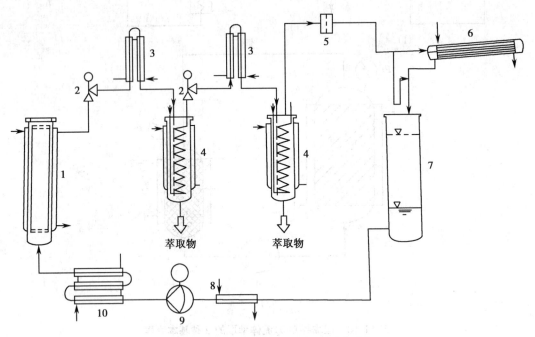

图 11-11   固体物料 SFE-CO$_2$ 工业化流程

1. 萃取釜,2. 减压阀,3. 热交换器,4. 分离釜,5. 过滤器,6. 冷凝器,7. CO$_2$ 储罐,8. 预冷器,9. 加压泵,10. 预热器

　　该流程中 CO$_2$ 流体采用液态加压工艺,所以采用多个热交换装置以满足 CO$_2$ 多次相变的需要。萃取釜温度选择受溶质溶解度大小和热稳定性的限制,与压力选用范围相比,温度选择范围要窄得多,常用温度范围在其临界温度附近。一般在选择萃取工艺条件时,也可按超临界溶剂的对比压力、对比温度和对比密度关系图(图 11-3),选用萃取温度和压力的范围。普遍推荐萃取条件介于对比压力 $1<P_r<6$,对比温度 $1<T_r<1.4$ 之间。

(二) 液相物料超临界 CO$_2$ 萃取的基本流程

　　固相物料的 SFE-CO$_2$ 只能采用间歇式操作,萃取过程中萃取釜需要不断重复装料 - 充气,生压 - 运转 - 降压,放气 - 卸料 - 再装料的操作。因此,装置处理量少,萃取过程中能耗和 CO$_2$ 气耗较大,以至产品成本较高,影响该技术推广应用。此外相对于固相物料,目前尚有大量液相混合物适合于 SFE-CO$_2$ 分离。例如从植物性和动物性油脂中提取特殊高价值的成分;从鱼油中提取 EPA 和 DHA,从月见草中浓缩 γ- 亚麻酸,天然色素的分离精制以及香料工业中的精油脱萜和精制等。

相对于固相物料,液相物料 SFE-CO$_2$ 有下列特点:

1. 原料和产品均为液态,不存在固体物料加料和排渣等问题,萃取过程可连续操作,大幅度提高装置的处理量,相应减少过程能耗和气耗,降低生产成本。

2. 可实现萃取过程和精馏过程一体化,有效发挥二者各自在分离方面的优势,提高产品的纯度。

液相物料 SFE-CO$_2$ 工艺采用逆流塔式分离塔,其流程如图 11-12 所示。液体原料经泵连续进入分离塔中间进料口,CO$_2$ 流体经加压、调节温度后连续从分离塔底部进入。分离塔由多段组成,内部装有高效填料,为了提高回流的效果,各塔段温度控制以塔顶高、底部低的温度分布为依据。高压 CO$_2$ 流体与被分离原料在塔内逆流接触,被溶解组分随 CO$_2$ 流体上升,由于塔温升高形成内回流,提高回流液的效率。已萃取溶质的 CO$_2$ 流体在塔内流出,经降压解析出萃取物,萃取残液从塔底排出。该装置有效利用于 SFE-CO$_2$ 和精馏分离过程,达到进一步分离、纯化的目的。

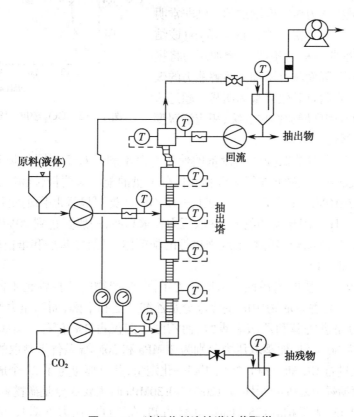

图 11-12 液相物料连续逆流萃取塔

四、超临界 CO$_2$ 萃取工艺参数设计

SFE-CO$_2$ 工艺设计主要牵涉到压力、温度、CO$_2$ 流量、物料粒度及萃取时间,应作系统考察,择优确认。

(一)萃取压力的影响

萃取压力是 SFE-CO$_2$ 工艺最重要的参数之一。

1. 压力与 CO_2 溶解度的关系　温度一定时,萃取压力越高,流体的密度越大,对溶解能力越强,萃取所需时间越短,萃取越完全。前述图 11-5 表示萜类化合物在不同 CO_2 流体压力下的溶解度等温线。图中溶解度曲线表明,尽管不同化合物溶解度存在着差异,但随着 CO_2 流体压力增加,化合物溶解度都呈现急剧上升现象。特别是在临界压力附近(7.0~10.0MPa),各化合物溶解度增加值达 2 个数量级以上。上述溶解度 - 压力关系构成 SFE-CO_2 过程的基础。

CO_2 流体的溶解能力与其压力的关系,可用 CO_2 流体的密度来表示。超临界流体的溶解能力一般随密度增加而增加,CO_2 压力在 80~200MPa 之间,压缩气体中溶解物质的浓度与 CO_2 流体密度成比例关系。至于超临界流体的密度则取决于压力和温度,一般在临界点附近压力对密度的影响特别明显。40℃时 CO_2 流体的密度与压力关系见图 11-13。图中曲线表明,在 7.0~20.0MPa 区域内压力对密度增加的影响非常明显,超过此范围,压力对密度增加的影响小(该结果与压力 - 溶解度曲线极为相似)。增加压力将提高 CO_2 流体的密度,因而具有增加其溶解能力的效应,并以 CO_2 临界点附近其效果最为明显。超过这一范围 CO_2 压力对密度增加影响变缓,相应溶解度增加效应也变为缓慢。

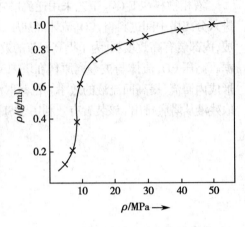

图 11-13　CO_2 密度 - 压力关系(40℃)

过高的萃取压力对萃取操作和设备的使用寿命不利。对于不同的物质,所需适宜的萃取压力有很大的区别,对于碳氢化合物和低分子量的酯类等弱极性物质,萃取可在较低的压力下进行(7~10MPa);对于含有—OH、—COOH 这类强极性基团的物质,以及苯环直接与—OH、—COOH 基团相连的物质,萃取压力要求高些,一般要达到 20MPa 左右;而对于含—OH 和—COOH 基团较多的物质或强极性的配糖体,以及氨基酸和蛋白质类物质,萃取压力一般要在 50MPa 以上。

2. 萃取压力对产物的选择性　萃取压力不同,对产物的选择性也不同。如在 50℃,6MPa 压力条件下,乳香萃取物中的主要成分是乙酸辛酯和辛醇,而当压力升至 20MPa 时,产物的主要成分是乳香醇和乙酸乳香醇,而乙酸辛酯仅占 3% 左右。又如对萃取温度为 45℃,萃取时间为 30 分钟,而萃取压力分别为 20MPa 和 30MPa 条件下萃取的刺柏叶挥发性成分的乙醇溶液进行 GC-MS 分析,峰面积归一化定量,共分离鉴定了 21 个成分。20MPa 时主要成分是菖蒲萜烯(12.36%)、泪柏醇(20.78%);30MPa 时主要成分是橄榄香醇(14.57%)、桉叶油醇(13.80%)、13- 表泪柏醇(25.74%)。由此可知,在不同的压力下萃取,可有选择地得到不同的挥发性成分。

(二)萃取温度的影响

萃取温度是 SFE-CO_2 工艺的另一个重要参数。温度对物质在 CO_2 流体中的溶解度有两方面的影响,一个是温度对 CO_2 流体密度的影响,随温度的升高,CO_2 流体密度降低,导致 CO_2 流体的溶剂化效应下降,使物质在其中的溶解度下降;另一个是温度对物质蒸气压的影响,随温度升高,物质的蒸气压增大,使物质在 CO_2 流体中的溶解度增大,这两种相反的影响导致一定压力下,溶解度等压线出现最低点,在最低点温度以下,前者占主导地位,导致溶解度曲线呈上升趋势。萃取温度对萃取效率的影响常常有一个最佳值。对于分子量大和(或)极性强的化合物,较高的萃取温度效果较好。此外,萃取温度的选择强烈地依赖于萃取过程的总的热效应。这种总的热效应主要包括溶质分子和溶剂分子的结合与传输以及结合前后溶质与溶剂分子扩散所需要的能量。如果总的热效应为吸热,则温度升高对萃取有利。反之,如果为放热,则温度升高将不利于萃取,这种吸放热现象有时相当明显。

温度对解析的影响与对萃取的影响一般是相反的。多数情况下,升高解析温度对产物的完全析出有利。对于使用精馏柱的情况,柱子上下各段的温度及其温度梯度是非常重要的影响因素。

(三) CO_2 流量的影响

CO_2 流量也是 SFE-CO_2 重要的工艺参数。一方面,当 CO_2 流量增加时,CO_2 的流速增大,与物料的接触时间减小,不利于萃取能力的提高。对溶质溶解度较小或溶质从原料基体中扩散出来很慢的体系,采用过大的流量意义不大。因为在这种情况下,溶质的溶解平衡还远没达到。另一方面,随着 CO_2 流量的增加,传质推动力加大,传递系数增加有利于萃取。特别是在一些溶质溶解度大,原料中溶质含量丰富的情况下(如对种子及果实的萃取),适当加大流量能提高生产效率。

(四) 原料粒度的影响

多数情况下,天然药物原料不破碎,萃出物的产率极低;而当原料破碎至一定程度,效果大为改观。特别对于种子类原料,更是如此。理论上,原料的粒度越小,萃取越快,越完全。但粒度太小,不仅易导致气路堵塞,甚至使萃取操作无法进行,而且还会造成原料结块,出现沟流。一方面使原料局部受热不均匀,另一方面因为沟流处流体的线速度大大增加,发生摩擦发热,严重时会使某些活性成分遭受破坏。

(五) 萃取时间的影响

长期以来,对萃取时间的考察比较简单,以往的研究往往只提供有关萃取完全的时间信息。事实上,萃取时间与萃取结果有着密切的联系。许多研究成果表明,增加萃取强度,用尽量短的时间,更有利于萃取效率的提高。

(六) 夹带剂对萃取产物的影响

在萃取工艺过程中加入一定量夹带剂,可以大大提高某些成分的得率。夹带剂种类及数量的改变,还将引起萃取成分或含量的变化。例如:对萃取靛蓝、靛玉红的条件进行比较,当改性剂三氯甲烷的量加大时,靛蓝的萃取量明显增加,而靛玉红则减小。当改性剂改为乙醇时,则靛蓝、靛玉红萃取量都减少,其他成分则增多。

(七) 解析工艺条件对产物的影响

解析压力的影响在本质上与萃取压力的影响是一致的。为了使产物完全析出,解析压力越低越好。此外在有两个解析釜的情况下,其不同压力与温度对产物成分也有较大影响,此种差异可用于对产物实行分级分离。在实际生产中,要综合考虑各种条件,选择最有利的解析压力。

(八) 碱化剂的选择

生物碱在植物中多以盐的形式存在,若直接用极性较弱的溶剂萃取往往提取不完全。一般需经碱化,使之转化为游离碱。常用的碱化剂有氨水、氢氧化钙、三乙胺等,可根据具体情况,设计有关实验进行优选。

第四节　超临界流体萃取技术在制药工程中的应用

近年来,SFE 由于其独特的优点,在制药工程领域得到了广泛的应用。其应用范围涉及从动、植物中萃取有效药用成分,药用成分分析及粗品的浓缩、精制和活性炭的再生等,尤其是被国内外很多学者应用于天然药物的提取,成果显著。

一、天然产物药效物质的萃取

超临界流体通过调节温度、加入适宜的夹带剂等方法,便能够从天然药物中提取挥发油、生物碱、黄酮类、有机酚酸、苷类以及天然色素等成分。由于整个提取分离过程在暗场中进行,操作温度低,萃取时间短,故特别适合于对湿、热和光敏感、易氧化分解物质的萃取,尤其适宜于提取挥发性成分,具有较强的选择性。研究较多的体系有 CO_2、水、丙烷、甲醇、乙醇等,其中 CO_2 因其特有的化学性质,能减少天然药物中有效成分的流失,而成为萃取小分子、低极性、亲脂性药用活性物质的理想溶剂。

(一) 挥发油的提取

挥发油是存在于植物体中一类可随水蒸气蒸馏得到的与水不相混溶的挥发性油状成分,往往具有特异的芳香气味,通常具有很强的药理活性,具有脂溶性、沸点低、受热易变质或挥发的特点。传统提取方法主要有水蒸气蒸馏法、有机溶剂提取法和压榨法等,其中以水蒸气蒸馏法最为常用,但该法存在提取温度高、提取时间长、易破坏有效成分和收率低等缺点。由于挥发油的分子量不大,且在超临界 CO_2 流体中具有良好的溶解性能,因而大多数可用超临界 CO_2 流体直接萃取而得,所得产品收率高、质量好。同时,运用 SFE-CO_2 方法结合仪器分析技术还可对挥发油的化学成分进行鉴定。表 11-7 中列出了国内文献近年报道的采用超临界 CO_2 萃取天然药物挥发油的部分研究结果。

表 11-7　SFE-CO_2 萃取天然药物中的挥发油

序号	药物名称	主要萃取物
1	生姜	姜辣素(姜醇、姜烯酚)
2	姜黄	姜黄油
3	莪术	倍半萜与呋喃倍半萜类化合物
4	草果	1,8-桉油精、二十碳三烯酸甲酯、牻牛儿醇及橙花叔醇
5	当归尾	亚油酸、藁本内酯、棕榈酸
6	川芎	藁本内酯
7	柴胡	棕榈酸、亚油酸、油酸
8	蛇床子	蛇床子素、亚油酸、油酸
9	小茴香	十八碳一烯酸、十八碳二烯酸、棕榈酸
10	刺柏	菖蒲萜烯、泪柏醇(20MPa);榄香醇、桉叶油醇(30MPa)
11	苍术	苍术酮、β-桉叶油醇、苍术醇
12	黄花蒿	倍半萜类　黄酮类　香豆素类
13	大蒜	大蒜精油(大蒜素)
14	月见草	含亚油酸、油酸及较高的 γ-亚麻酸
15	八角茴香	反式茴香醚、对丙烯基苯基异戊烯醚、蒿脑
16	乳香	乙酸辛酯和辛醇(6MP);乳香醇和乙酸乳香醇酯(20MPa)

（二）生物碱的提取

生物碱是生物体内一类含氮有机物的总称,多数生物碱具有较复杂的含氮杂环结构和特殊而显著的生理作用,是天然药物的重要成分之一。尽管对于大多数生物碱,超临界纯 CO_2 萃取还不是一种很有效的方法,往往需要选择适当的夹带剂以增强流体的溶解能力或提高选择性,但与传统提取方法相比,SFE-CO_2 的分离步骤少、排污量小、收率高,因而仍是天然药物生物碱提取技术的发展方向之一。近年来,有关 SFE-CO_2 技术提取天然药物中的生物碱的报道较多,表 11-8 列出了部分研究结果。

表 11-8　SFE-CO_2 萃取天然药物中的生物碱

序号	药物名称	主要萃取物
1	马蓝	靛玉兰
2	延胡索	延胡索乙素
3	洋金花	东莨菪碱
4	马钱子	士的宁
5	光慈姑	秋水仙碱
6	苦参	苦参碱、氧化槐果碱、氧化苦参碱

（三）香豆素和木脂素的提取

香豆素、木脂素均属于苯丙素类化合物,是一类含有 1 个或多个 C_6-C_8 单位的天然化合物。苯丙素类化合物广泛存在于天然药物中,具有较好的生物活性。

该化合物通常为亲脂性成分,可直接用超临界 CO_2 流体进行提取。但对于分子量较大或极性较强的组分,则需提高萃取压力或加入适当的夹带剂以改善提取效果。表 11-9 列出了近期国内有关超临界 CO_2 流体萃取香豆素和木脂素的部分研究结果。

表 11-9　SFE-CO_2 萃取天然药物中的香豆素和木脂素

序号	药物名称	主要萃取物
1	芹菜籽	正丁基苯酞
2	飞龙掌血	茴芹香豆素、异茴芹香豆素
3	五味子	五味子甲素、五味子乙素、五味子酯甲、五味子醇甲
4	白芷	氧化前胡素、欧前胡素、花椒毒素、香柑内酯
5	海风藤	总木脂素、五味子乙素

（四）黄酮类化合物的提取

黄酮类化合物一般是指具有 C_6-C_3-C_6 基本结构的天然产物,由 2 个苯环(A 环与 B 环)通过中央三碳链(C 链)相互连接而成,大部分为色原酮的衍生物,可分为黄酮类、黄酮醇类、异黄酮类和黄烷酮类等。黄酮类化合物具有显著的生理、药理活性,如能调节毛细血管的脆性与渗透性,保护心血管系统;抗氧化、消除自由基、降低血糖、延缓衰老;增强免疫和抗肿瘤作用;抗炎、抗菌、抗病毒、抗过敏等作用。黄酮类化合物的传统提取方法主要有水煎煮法、浸泡法或碱提酸沉法,其缺点是耗时、费工,且收率较低。应用 SFE-CO_2 提取天然药物的黄酮类化合物,具有速度快、收率高等优点。部分超临界 CO_2 流体萃取黄酮类化合物的研究报道见表 11-10。

表 11-10　SFE-CO₂ 萃取天然药物中的黄酮类化合物

序号	药物名称	主要萃取物	序号	药物名称	主要萃取物
1	银杏叶	银杏黄酮,银杏内酯	5	药桑	药桑黄酮
2	甘草	甘草素	6	金银花	金银花黄酮
3	茶叶	茶多酚	7	乌饭树叶	乌饭树叶总黄酮
4	墨红花	墨红色素			

(五) 醌及其衍生物的提取

醌类化合物是一类分子中具有不饱和环二酮结构的有机化合物,具有抗菌、抗氧化、抗肿瘤等多种生物活性。由于多数醌类物质及其衍生物极性较大,故在采用 SFE-CO₂ 时一般需加入夹带剂。表 11-11 列举了部分 SFE-CO₂ 用于天然药物中醌类化合物提取的研究报道。

表 11-11　SFE-CO₂ 萃取天然药物中的醌类及其衍生物

序号	药物名称	主要萃取物
1	丹参	丹参酮 II_A
2	紫草	紫草素
3	何首乌	大黄酸、大黄素、大黄素甲醚
4	徐长卿	丹皮酚
5	石榴叶	石榴叶总酚
6	掌叶大黄	大黄总酚

(六) 糖及苷类的提取

由于苷类和糖类化合物的分子量较大、羟基较多、极性较大,难溶于低极性溶剂,故用 SFE-CO₂ 时需提高操作压力,或加入夹带剂以提高收率。相关研究报道见表 11-12。

表 11-12　SFE-CO₂ 萃取天然药物中的糖及苷类化合物

序号	药物名称	主要萃取物	序号	药物名称	主要萃取物
1	雪灵芝	总皂苷及多糖	4	日本虎杖	白藜芦醇苷
2	黄山药	薯蓣皂素	5	茯苓	茯苓多糖
3	党参	党参炔苷	6	瓜蒌	瓜蒌多糖

(七) 其他化合物的提取

SFE-CO₂ 除了用于上述几类药效物质的提取,还能有效的萃取天然药物中的其他一些有效成分,近期国内部分研究结果见表 11-13。

表 11-13　SFE-CO₂ 萃取天然药物中的其他化合物

序号	药物名称	主要萃取物
1	紫苏子	脂肪油中 α- 亚麻酸
2	杏仁	脂肪油、十八碳一烯酸、十八碳二烯酸
3	苦马豆	脂肪油、油酸、亚油酸、棕榈酸
4	油菜籽	天然 Ve 及脂肪油、油酸、亚油酸、亚麻酸
5	连翘	脂溶性物质、醋酸里哪醇酯
6	西青果	脂肪油、棕榈酸、亚油酸、油酸
7	黄花蒿	十八醇、β- 谷甾醇
8	牡丹皮	牡丹酚

目前有关 SFE-CO_2 技术在中药提取中的应用主要局限于单味中药有效成分的提取,这与以多元成分为分离目标的中药复方提取工艺不相称。因此,加强 SFE 在中药复方中的研究与开发,将是今后的一个重要研究课题。

二、活性炭的再生

活性炭是一种具有特殊微晶结构、内部孔隙结构发达、比表面积大、吸附能力强的类似石墨的炭素材料。作为性能优良的吸附剂,能有效吸附气体、胶态固体及有机色素,在很多领域都得到广泛应用。但活性炭用于吸附或脱色一定时间后达到吸附饱和状态,丧失吸附能力,会造成资源浪费、二次污染,极大地限制了活性炭的应用,因而寻求有效的活性炭再生方法十分必要。

活性炭再生(或称活化),是指用物理或化学方法在不破坏活性炭原有结构的前提下,对饱和吸附各种污染物的活性炭经特殊处理,去除吸附于活性炭微孔的吸附质,使活性炭恢复绝大部分的吸附能力,以便能重新吸附和重复使用。传统的再生方法主要有:加热再生法、溶剂再生法、氧化再生法、生物再生法等。

SFE 应用于活性炭再生最早于 1978 年。其后陆续有应用于其他体系的相关研究,其中超临界 CO_2 是目前研究的主要体系。与传统的活性炭再生法比较,SFE-CO_2 技术具有温度低、吸附不改变吸附物的化学性质和活性炭原有结构、节约能源以及再生过程中活性炭无任何损耗的优势,同时采用该技术无二次污染、无炭的损耗,多次循环使用再生后,活性炭仍能保持较高的吸附性能,具有很大的发展潜力。

(一) 超临界 CO_2 萃取再生活性炭的原理

超临界 CO_2 流体的特殊性质,确定了它用于再生活性炭的技术原理。首先,超临界 CO_2 流体能像有机溶剂一样溶解许多化合物,对非极性物质烷烃、中等极性物质(包括多环芳烃和多氯联苯,醛类、酯类、醇类、有机杀虫剂和脂肪等)均有良好的溶解度。其次,超临界 CO_2 流体黏度小,扩散性能好,传质速率高,物质在超临界流体 CO_2 中的移动和浓度平衡状态的建立要比在液相中快得多。再次,超临界 CO_2 流体表面张力极低,便于对活性炭的表面渗透,进入其微孔体系,活化微小孔径,使再生过程完全,再生效率高。另外,超临界 CO_2 流体具有较低的临界温度和适当的临界压力,且在临界点附近微小的压力变化能引起有机物溶解度的变化,因而可通过减压使 CO_2 和溶质迅速完全地分离,对某些有机物和减压后的 CO_2 还可回收利用,不造成二次污染。因此,超临界流体 CO_2 是再生活性炭的理想溶剂。

(二) 超临界 CO_2 萃取再生活性炭的工艺流程

SFE-CO_2 再生活性炭的一般工艺和主要设备如图 11-14 所示。

上述流程中,待处理废水经过吸附塔 1 或 2,其中的废弃有机物被活性炭吸附,废水被净化后达标排放。当吸附塔饱和后,即通入超临界 CO_2 对活性炭再生。吸附、再生操作可同一塔中进行,且吸附、再生可通过高压阀门控制在塔 1 和塔 2 中交替进行。再生过程简述如下:超临界 CO_2(30MPa,35℃)定期进入再生塔 1 或 2,与吸附饱和的活性炭接触,含有溶解有机物的超临界 CO_2 通过透平膨胀器或减压阀降低压力,在分离器中分离出有机物。由于压力降低会导致温度下降(节流效应),为保证流体在分离前对有机物溶解度最低,需经换热器将温度提高,分离后的低压流体经压缩机压缩并经换热器和冷却后,进入 CO_2 贮槽循环使用。

一般来说,超临界流体密度的增加有利于提高溶质在其中的溶解度,但黏度的增加则可

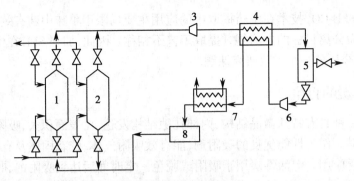

图 11-14　超临界 CO_2 再生活性炭工艺流程示意图

1,2. 吸附 - 再生塔, 3. 透平膨胀器, 4. 换热器, 5. 分离器, 6. 压缩机,
7. 换热器, 8. CO_2 贮槽

能对扩散速度起副作用。超临界 CO_2 流体在某些条件下的密度和黏度性质见表 11-14。从表 11-14 可见,超临界 CO_2 流体的密度随温度的降低及压力的升高而升高,因此单纯地降低温度或增加压力都能提高再生效率,且不同的操作条件下起主导作用的因素不同。当操作压力不太高时,密度是主要的影响因素。然而,当压力超过一定值时,黏度对活性炭上吸附质解吸的影响逐渐增大,对溶解度影响起重要作用。所以当压力较高时,由于黏度随着压力的增加而增加,对 SFE-CO_2 扩散的抑制逐渐加强,再生效率可能会出现一个交叉区域,即低压条件下低温时再生效率较高温时高,而高压条件下高温时再生效率较高。

表 11-14　不同操作条件下超临界 CO_2 的密度及黏度

温度 (K)	8.82×10^3 kPa		1.38×10^4 kPa		1.59×10^4 kPa	
	密度 (g/cm^3)	黏度 [$g/(cm·s)$]	密度 (g/cm^3)	黏度 [$g/(cm·s)$]	密度 (g/cm^3)	黏度 [$g/(cm·s)$]
308	0.60	4.47×10^{-4}	0.78	6.74×10^{-4}	0.82	7.03×10^{-4}
318	0.34	2.75×10^{-4}	0.66	5.42×10^{-4}	0.75	6.27×10^{-4}
328	0.24	2.29×10^{-4}	0.53	4.29×10^{-4}	0.67	5.27×10^{-4}
338	0.21	2.11×10^{-4}	0.46	3.51×10^{-4}	0.56	4.36×10^{-4}

在整个工艺中因不存在流体洗涤,输送过程也没有高温炭化问题,因而不存在炭的损失。但由于 SFE-CO_2 不能完全萃取出活性炭上的吸附质,所以再生后炭的吸附容量要比新炭小。在以纯物质为吸附质的实验中,含不同吸附质的活性炭再生后吸附容量的下降程度不同,一般经 2 次再生要下降 10%~15% 左右。而随着吸附 - 再生循环次数的继续增加,吸附容量趋于稳定,不再减少。以部分有机吸附质为例,多次再生后吸附容量的变化如表 11-15 所示。从表 11-15 可看出,SFE-CO_2 本身对活性炭的内部结构及吸附特性并不造成影响,所以多次再生后活性炭仍能保持有效的吸附性能。

表 11-15　不同再生次数下的吸附容量(q 值)

物质	新炭(q_0)	1 次再生	2 次再生	n 次再生(q_n)	q_n/q_0
苯酚	0.19	0.16	0.15	0.16(4 次)	0.84
苯	0.38	0.35	0.33	0.33(9 次)	0.86
甲苯	0.2	0.18	0.17	0.17(9 次)	0.85

（三）吸附质的结构及性质对活性炭再生效果的影响

苯、甲苯、醋酸、乙酸乙酯、苯酚等是近几年来 SFE-CO_2 再生活性炭研究涉及较多的有机吸附质。不同的吸附质解吸效果不同，从吸附质的分子结构考虑，可总结出以下规律：①碳氢化合物、低极性和低分子量的脂溶性物质在较低压力下就可被萃取出来；②如果化合物中含有极性官能团，则萃取相对困难；③极性很强的糖和氨基酸等需要高压萃取；④对于混合物，如果其中各成分之间的分子量、饱和蒸气压和极性差别很大，可选择分别萃取；⑤吸附质为混合物，一般对其中任一吸附质的再生效率和再生速率几乎没有影响，因此可根据单一物质的再生效率来估计混合物的再生效率；⑥活性炭吸附后未经干燥直接再生，再生效率会受到较大影响。对非极性物质来说一般再生效率下降，但对极性物质来说，如果操作条件合适，水可以充当夹带剂，反而能提高再生效率。

三、其他应用

随着 SFE 研究的不断深入和成熟，除了上述领域的应用外，SFE-CO_2 技术在药物的合成、制剂及分析中也得到广泛应用，简述如下。

（一）超临界流体萃取技术在手性药物合成中的应用

SFE-CO_2 拆分手性化合物的研究始于 1994 年，有学者用 5 种手性胺拆分 5 种外消旋体的酸，先将酸碱反应成非对映体盐，然后采用超临界 CO_2 流体进行萃取，研究结果表明分子手性识别能力不仅与非对映体盐的物理、化学性质有关，还与溶剂有相当大的关系，某些非对映体盐在超临界 CO_2 中比在传统溶剂中显示出更大的差异。1999 年，超临界 CO_2 被应用于拆分手性药物麻黄碱，先把消旋体麻黄碱与苦杏仁酸反应成非对映体盐，再以超临界 CO_2 作为沉淀剂，进行沉积结晶拆分。

超临界 CO_2 流体作为一种环境友好的溶剂在手性拆分过程中适用性很强。目前，超临界 CO_2 流体作为反应介质用于酶动力学拆分手性化合物的研究较多，通过改变超临界条件可以控制产物的立体选择性。酶在超临界 CO_2 流体中处理 24h 后，催化活性基本保持不变。因此，将超临界酶催化反应用于手性化合物合成和拆分可获得理想效果，例如，如用米赫毛霉脂肪酶作催化剂，以布洛芬和丙醇为底物进行合成和拆分，通过超临界方法得到的 S- 型异丁苯丙酸丙酯可占 90% 以上；在超临界 CO_2 流体中用脂肪酶动力学拆分 3- 羟基辛酸甲酯也获得较好的效果；通过对猪的胰腺酶水解甘油酯的反应进行研究，考察固定化酶的含水量对水解拆分的影响，发现酶的立体选择性与反应物的初浓度、反应时间及酶的含水量有关，提出固定化酶的含水量效应是基于超临界 CO_2 溶于水形成低的 pH 值改变了酶的"微环境"，从而使酶表现出不同的活性和立体选择性的假说。目前，超临界 CO_2 在酶催化制手性化合物中显示出越来越大的重要性，国内外已提出了"溶剂工程"的概念。

超临界 CO_2 不仅可作为 SFE 拆分过程的溶剂，也可用作酶拆分的反应介质，通过改变体系的压力、温度来方便地调节拆分过程，而且由于二氧化碳的临界温度 31.2℃，接近于室温，在此温度附近操作，不会导致消旋化或热力学降解。此外，超临界 CO_2 具有良好的传质性能，无毒、无爆，从产品中移去非常容易，并可循环利用，且比有机溶剂便宜。因此，随着人们环保意识的增强，手性化合物需求的增大，超临界流体技术在手性领域的研究将起到越来越重要的作用。

（二）超临界流体萃取技术在药物制剂领域中的应用

超临界流体技术作为一种新型的微粒制备方法，近年来在药物制剂领域得到迅速发展和广泛应用。

在超临界状态下,降低压力导致过饱和的产生,而且可以达到高的过饱和速率,固体溶质可从超临界溶液中结晶出来。超临界流体的溶解能力与其密度关系很大,而其密度又对温度、压力的变化很敏感,即温度、压力的较小变化会使其溶解能力发生很大改变,这个变化幅度可以相差数个甚至数十个数量级。如果将某种溶质溶于密度压力较高的超临界流体中,然后通过膨胀减压,以产生一个很大的过饱和度,处于过饱和状态的溶质就会以固体形式析出。当 CO_2 达到超临界点之后,在一定温度和压力下,辅料溶于超临界 CO_2 中,同时,由于药物在超临界 CO_2 中不溶解或溶解度小,当压力和温度改变至辅料不再溶解于 CO_2 时,辅料就会析出,从而附着于药物上,形成包覆微粒。此外,如果在一定条件下辅料和药物都溶于超临界 CO_2,则会形成药物与辅料混匀的微粒。超临界流体制备药物微粒的主要方法有:①快速膨胀技术;②饱和气体溶液/混悬液制粒法;③气体反溶剂法。

与传统技术相比,超临界流体技术制备药物微粒具有以下一些特点:结晶过程能够准确控制,制得微粒的粒径大小、粒度分布以及粒子形态结构的重现性好;处理过程温和,避免了微粒在常规制粒过程中产生相转变、高表面能、静电和化学降解等缺点,在生物技术药物和天然产物的药剂学研究中的应用前景尤为突出;无污染,降低了药物制剂的生产成本。

利用 SFE-CO_2 技术制备微粒正成为人们日益感兴趣的课题。特别在制药业,这一技术在各方面得到了应用。如提高溶解性差的分子的生物利用度,设计缓释剂型,开发对人体的损害较少的非肠道给药方式(如肺部给药和透皮吸收系统)等。

(三) 超临界流体萃取技术在药物分析中的应用

由于药品赋形剂的复杂性及萃取强极性组分时存在的困难,SFE 在药品分析中的应用发展相对较为缓慢,但作为分析的辅助手段具有一定的应用潜力。已见报道的有从膏药中萃取抗组胺;从动物中萃取药剂物质,以分析动物组织中所含药剂成分及药剂残余物、分析血浆中的药品及其代谢物。另外,SFE 在当前制药行业中感兴趣的类固醇类样品方面也很有潜力,如通过使用两套不同 SFE 系统从片剂中萃取甲地孕酮乙酸盐,并考察夹带剂在 SFE 中的作用,发现在超临界流体中添加夹带剂有助于相对标准误差 RSD 的减小。然而在萃取强极性组分时,使用夹带剂并不是总能获得理想的结果。因此,有研究者提出反向分析型 SFE 技术,与传统的 SFE 的不同之处在于,被萃取的对象是基体,而不是被测物。该研究以超临界 CO_2 作溶剂,并加入 2% 甲醇作改性剂从 5% 阿昔洛韦软膏中分离出阿昔洛韦,其为极性水溶性物质,不溶于 2% 甲醇-CO_2 体系。但软膏基质在此体系中有很好的溶解度,100mg 软膏经 20min 萃取之后,被分析物的收率为 99%,相对标准误差为 5.3%。

将超临界流体用于色谱技术称超临界流体色谱,兼有 GC 高速度、高效和 HPLC 强选择性、高分离效能,且省时、用量少、成本低、条件易于控制、不污染样品等,适用于难挥发、易热解高分子物质的快速分析。SFE 与 MS 等联用,为分析热不稳定及高分子化合物提供了重要手段。超临界毛细管色谱已成功地用于分离可的松和氢化可的松、地塞米松和倍他米松、士的宁和辛可宁、阿司匹林和非那西汀等;超临界薄层色谱已应用于分析咖啡、姜粉、胡椒粉、蛇麻草、大麻等;超临界傅立叶变换红外光谱已用于分析脂肪酸酯和抗氧化剂等;超临界核磁共振谱已用于分析咖啡豆中的咖啡因等。

总之,SFE 技术在制药业除了用于从天然药物中提取活性物质外,应用越来越广泛,许多有前途的应用正在开发之中。随着工业技术的不断发展,SFE 在制药工业中的应用必将深入、拓宽,并推动制药工业的发展。

(杨　照)

参 考 文 献

[1] 郭立玮. 中药分离原理与技术. 北京：人民卫生出版社，2010

[2] 张镜澄. 超临界流体萃取. 北京：化学工业出版社，2001

[3] Dandge DK, Heller JP, Wilson KV. Structure solubility correlations：organic compounds and dense carbon dioxide binary systems. Ind Eng Chem Prod Res Dev, 1985, 24(1)：162-166

[4] Stahl E, Gerard D. Solubility behavior and Fractionation of Essential Oils in Dense Carbon Dioxide. Perfumer&Flavorist, 1985, 10：29-37

[5] 刘本，John R Dean. 超临界 CO_2 流体提取五味子中的五味子甲素. 中国医药工业杂志，2000，31(3)：101-103

[6] 徐海军，邓碧玉，蔡云升，等. 夹带剂在超临界萃取中的应用. 化学工程，1991，19(2)：58-63

[7] 苏子仁，陈建南，葛发欢，等. 应用 SFE-CO_2 提取丹参脂溶性有效成分工艺研究. 中成药，1998，20(8)：1-2

[8] 葛发欢，林秀仙，黄晓芬，等. 复方丹参降香的超临界 CO_2 萃取研究. 中药材，2001，24(1)：46-48

[9] 马海乐. 生物资源的超临界流体萃取. 合肥：安徽科学技术出版社，2000

[10] 葛发欢，史庆龙，林香仙，等. 超临界 CO_2 从黄山药中萃取薯蓣皂素的工艺研究. 中草药，2000，31(3)：181-183

[11] 黄宝华，海景，黄慧民，等. 超临界 CO_2 萃取刺柏中挥发性成分分析. 中药材，1997，20(1)：30-31

[12] Tan C S, Liou D C. Desorption of ethyl acetate from activated carbon by supercritical carbon dioxide. Ind Eng Chem Res, 1988, 2：988-991

[13] 朱自强. 超临界流体技术原理和应用. 北京：化学工业出版社，2000

[14] 刘辉，潘卫三，周丽莉，等. 超临界流体技术及其在药物制剂中的应用. 药学学报，2006，(12)：1123-1129

第十二章　反应分离技术

第一节　反应分离的概念与反应分离原理

一、反应分离的概念与反应分离方法分类

在第一章，我们简要介绍了反应分离的基本概念，即化学反应常常只对混合物中某种特定成分发生作用，而且多数情况下，反应物都能完全被化学反应改变为目的物质。从这种观点出发，通过化学反应可以对指定物质进行充分的分离。所谓反应分离技术是将化学反应与物理分离过程一体化，使反应与分离操作在同一设备中完成。由于反应与分离结合在一起的过程中反应与分离之间相互影响，规律难以把握，其应用受到很大限制。然而反应与分离结合具有多种优点，如在反应过程中及时分离对反应有抑制作用的产物，可提高总收率和维持高的反应速率；利用反应热供分离所需，能降低能耗；简化产品后续分离流程，减少投资等。

目前，反应分离技术的研究与开发应用越来越多，例如，通过调整 pH 值，把溶解于水中的重金属变成氢氧化物的不溶性结晶而沉淀分离方法；利用离子交换树脂的交换平衡反应的离子交换分离法；以及通过微生物进行生物反应，将溶解于水中的有机物质分离除去的方法等等，都可以看作是反应分离操作。

根据第一章中的表 1-5，反应分离操作大体可以分为利用反应体的分离和不利用反应体的分离。反应体又可以分为再生型反应体、一次性反应体和生物体型反应体。其中以生物为反应体的生物反应分离技术在反应分离技术中占有独特的位置，它们主要有酶解反应、免疫亲和反应与利用微生物的反应等，其各自技术原理与技术特点可见表 12-1。

表 12-1　常见生物反应分离方法

反应类型	反应原理	技术特点
酶解反应	酶对底物高度的专一性	可在常温常压和温和酸碱度下高效进行；有高度立体特性
免疫亲和反应	利用抗原与抗体的高亲和力、高专一性和可逆结合的特性	纯化、浓集能力好；选择性好；可重复使用
利用微生物的反应	微生物：①自身的丰富酶系促使物质转化；②生命过程与某特定元素关系密切；③体内细胞所含多种官能团对重金属离子有强亲和力	可在温和条件下进行；可高效、经济、简便去除水体中低浓度重金属

本章主要从分离的角度出发，介绍目前研究应用较多的反应分离技术，如化学反应萃取、离子交换色谱、酶促反应分离、免疫亲和反应等。

二、反应得以进行的条件与反应平衡

热力第二定律指出：一般的，自发过程都是向着熵增大的方向进行的。即：

$$\Delta S \geqslant 0 \tag{12-1}$$

显然化学反应也有朝着熵增大方向进行的倾向。并且是向着以结合能为首的蓄积在分子间的势能降低的方向进行的。

原子处于自由状态时的势能最高（不稳定）。原子间的结合增强会使其势能降低（比较稳定）。从高势能转变为低势能的时候也就是发生化学反应的时候，多余的能量会变成热能（或者是光能）而放出，这就是发热反应。

那么，在什么样的情况下反应才会进行呢？

（1）势能降低，即发热反应，如上面所说那样，在分子间排列趋于稳定的同时，由于产生了热量，反应系统温度升高使熵增大。如果所生成的分子比较简单，熵会进一步增大，反应则顺利进行。但有时所产生的分子是更为规则的分子，这时会因规则性的增加使熵减少。所以，只有当发热使熵增大的量超过熵减少的量，反应才会进行。

（2）如果势能增加即是吸热反应，由于熵减少，反应难以进行。依靠生成较为简单的分子来使熵增大，其量若能够超过熵减少的量，反应才进行。

想要生成比较规则分子的反应是最难进行的。这时由于都是熵减少的情况，反应基本上处于停滞状态。在这种情况下，要像光合反应和电化学反应那样，从外部输入能量，而这个熵增大的量如果能超过前两个减少的量，反应才能进行。

以图 12-1 所示举例。对由 H_2 与 O_2 构成的左侧系统和由 H_2O 构成的右侧系统进行分析。在反应过程中，反应进行的方向可以通过反应活性物质向左或者向右。常温条件下，左、右两状态都可以存在。但就能量水平来看，右侧系统稳定而左侧系统不稳定。加热左侧系统，它就会燃烧并向右侧转移。或者对右侧系统通电，它就会发生电化学反应并向左侧转移。使温度升高，左侧系就要移向右侧。反之，降低温度，自然也会发生从右向左的转移。当从左向右的反应速度与从右向左的反应速度相等时，就达到了平衡状态。

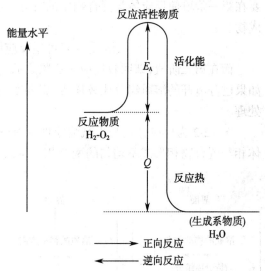

图 12-1　反应进行的方向与活性化状态及能量关系

在内能的基础上再计入改变体积所带来的能量就是焓 $H(H = U + PV)$，与熵 S 联结起来的有亥尔姆斯自由能 A，或者吉布斯自由能 G，或者单位摩尔物质自由焓，以及化学势 μ，利用这些量，可使上述讨论变得比较简单。控制反应方向的条件是内能或焓的减少和熵的增大，此两条件可分别以式（12-2）与式（12-3）表达：

$$\Delta U \leqslant 0, \quad \Delta H \leqslant 0 \tag{12-2}$$

$$\Delta S \geqslant 0 \tag{12-3}$$

所以亥尔姆斯自由能或吉布斯自由能（A 或者 G）的变化是向负方向进行的，即：

$$\Delta A=\Delta U-T\Delta S \quad （恒温,恒容） \tag{12-4}$$

$$\Delta G=\Delta H-T\Delta S \quad （恒温,恒压） \tag{12-5}$$

当 $\Delta A=0$，$\Delta G=0$，或者 $\Delta\mu=0$ 时，说明原物系与生成物系的自由能刚好平衡,这也是化学平衡的条件。

三、可逆反应分离原理

严格地说,所有的反应都是可逆反应,但现实中多数的反应都可认为是不可逆的,这是由于反应生成物中的一部分会因各种原因从反应系统中脱离开去。例如,把 H_2SO_4 水溶液加入到 $Ca(OH)_2$ 水溶液中,就会产生 $CaSO_4$ 沉淀,然而因为 $CaSO_4$ 难溶于水,也就很难引发逆反应。类似这种情况,事实上可以认为是不可逆反应。再比如,燃烧甲烷,就会产生 CO_2 与 H_2O,随之即扩散到空气中去了,不再返回到甲烷。这种反应也认为是不可逆反应。

所谓可逆反应,正向反应一经进行,就会有反应生成物产生,而此反应生成物会立即开始进行逆向反应,随着正向反应的进行,反应物质减少了,正向反应的速度也逐渐降低。另一方面,生成物质越来越多,逆向反应的速度也相应会增大。最终,正向反应与逆向反应的速度趋于一致,乍一看,反应像是停止了。这样的状态就是动态平衡,也叫化学平衡。

能够对所分离的组分进行选择性可逆反应的物质称之为可逆反应体。它的存在方式可以是固体、液体,亦可是气体。但若为气相的可逆反应体,而其反应生成物又不是液体或固体时,则无法从容积关系的角度来进行分析。

作为液相可逆反应体的分离操作,化学吸收、化学萃取、浸出等已为人们所知。而以固相为可逆反应体的分离操作,则有离子交换、气体化学吸收等等。无论是哪种操作,首先要在第一阶段使反应体与混合物中的待分离组分(溶质)按下式将反应向右进行生成反应生成物。

$$（溶质）+n（可逆反应体） \rightleftharpoons （反应生成物） \tag{12-6}$$

而在第二阶段,即回收反应生成物之后,再按上式使反应向左进行,回收反应体。这时,如果已分离开的溶质组分比较珍贵,就要回收再利用。否则,还需采取适当的方式进行废弃处理。

图 12-2 为反应分离与再赋活原理示意图,如图所示,利用可逆反应的分离操作中,反应体相与混合物相形成不均匀的两个相。从式(12-6)可知,反应是在反应体相进行的,待分离

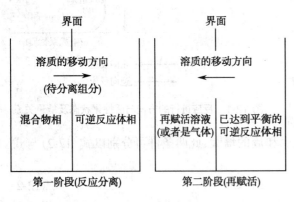

图 12-2　反应分离与再赋活原理示意图

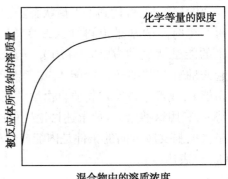

图 12-3　可逆平衡反应时混合物相中溶质浓度与反应体所吸纳溶质量的关系

的溶质组分被向右进行的反应所消耗,其浓度明显下降,不断需要来自于混合物相的溶质进行补充。但另一方面,反应体相中的全反应体浓度是确定的,因此,无论混合物相中的溶质浓度有多高,能够移往反应体相的溶质的量都不可能超过某一值。也就是说,两个相中全溶质浓度的关系是受到化学等量关系制约的。由图 12-3 可知,当混合物中溶质浓度较低时,利用反应体,可以对大量混合物进行反应分离。

第二节　化学萃取

一、化学萃取原理

物理萃取法仅仅是根据某组分在两个液相间的分配差异来进行的一种分离方法。然而对于极性有机物水溶液分离体系,若选择极性大的溶剂,提高溶质的物理萃取分配系数,则萃取溶剂在水中溶解度也就大,工艺过程会出现较大的溶剂损失或加重萃残液脱溶剂的负荷。因而物理萃取法对极性有机物稀溶液分离体系往往不是理想的选择。与物理萃取不同,许多溶液萃取体系,多伴有化学反应,即存在溶质与络合反应剂之间的化学作用,这类伴有化学反应的传质过程,称为化学萃取。

图 12-4 为化学萃取原理示意图,如该图(a)所示,被包含于一个液相(′)相中的物质 M 与或是从(″)相溶解出来的、或是从外边加入的反应体 L,相互反应,生成反应生成生成物 ML 后再向(″)相转移,这种转移就是一种化学萃取。一般情况下,(″)为水相而(″)为有机相,因此以下只就水相 - 有机相间的萃取,尤其以不具有电荷的中性分子被有机相所萃取为例来进行分析和讨论。图 12-4 中,能够移向有机相的反应生成物 ML 就不具有电荷。一般来说,没有电荷的中性分子(此间即是反应生成物 ML),只要不具有与水亲和性较高的官能基,就不易溶于水相。反应体 L 是有机物,它原来溶解于有机相的话,除特殊情况外,反应生成物 ML 对有机相也是易溶的,也就是说,反应生成物 ML 会被更多地分配于有机相。图 12-4(b)给出了水相中物质 M 的浓度 $[ML]_{(aq)}$ 与有机相中 ML 的浓度 $[ML]_{(o)}$ 的关系曲线。可以看到,它与图 12-2 所表现的关系相同,所以,水相浓度 $[ML]_{(aq)}$ 在较低范围时更加有利于分离。

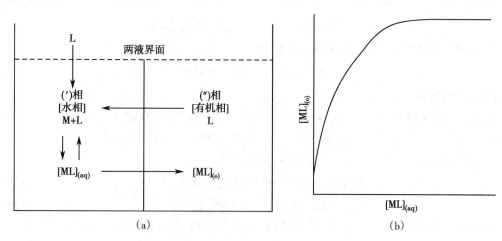

图 12-4　化学萃取原理示意图
(a)化学萃取中物质 M 的反应以及反应生成物 ML 的萃取原理;(b)液相与反应体系相的浓度关系

利用化学萃取的分离对象常常是金属,所以用 Metal 的 M 来表示被分离的物质。而作为反应体 L,则有可以生成金属螯合物的各种配位体,以及有机酸等液体阳离子交换萃取剂、金属的阴离子络合物,可形成中性盐及离子对的液体阴离子交换萃取剂以及协同萃取剂等。

二、化学萃取剂

(一) 液体阳离子交换萃取剂

在水相,金属离子以阳离子 M^{n+} 的形式存在时,与具有反应电荷的液体阳离子交换萃取剂是按以下化学反应式来形成 ML_n 络合物的。萃取剂具有两个官能团,与生成的络合物形成螯环构造时称为螯合萃取。

$$M^{n+}+n\overline{(LH)} \rightleftharpoons \overline{ML_n}+nH^+ \tag{12-7}$$

实际上,与每个分子的金属离子相对应,反应体常常是以二聚物或者四聚物进行反应的。所以一般产生的是下列反应式所表达的可逆反应:

$$M^{n+}+a\overline{(LH)_2} \rightleftharpoons \overline{ML_n(LH)_{a-n}}+nH^+ \tag{12-8}$$

螯合萃取的选择分离性取决于螯合剂(配位体)与金属离子及其立体因子等特殊的相互作用。因而若能选择出适当的螯合剂,就可以只将特定金属离子分离出来。对于持有反应电荷的酸性反应体的有机酸,其萃取能力的大小与其酸性度之强弱的排列相同,即磺酸 > 烷基磷酸 > 羧酸。

(二) 液体阴离子交换萃取剂

分子质量为 250~600D 的伯胺、仲胺、叔胺以及季铵盐,如三辛基磷酸胺,对于水相的溶解度较小,而对有机相的溶解度较大一些,所以被用作化学萃取中的萃取剂。金属离子通过适当的阴离子(Cl^-、Br^-、CN^-、SCN^-、NO_3^-、SO_4^{2-} 等)使配位数满足后形成了水化能力弱的络阴离子(例如 MY_{n+1}^-),进而与 H^+ 缔合变为酸性的金属盐。把游离氨(例如 R_3N)溶于有机相使之与水相中的络阴离子相接触,氨被接上了质子 H^+ 成为阳离子,并与络阴离子形成离子对,转入有机相而被萃出,其反应式如下:

$$\overline{(R_3N)}+H^++MY_{n+1}^- \rightleftharpoons \overline{(R_3NH^+ \cdot MY_{n+1}^-)} \tag{12-9}$$

用季铵盐作萃取剂时,情况略有不同,有时会出现如下的交换反应:

$$\overline{(R_4N^+X^-)}+MY_{n+1}^- \rightleftharpoons \overline{(R_4N^+ \cdot MY_{n+1}^-)}+X^- \tag{12-10}$$

若是 MX_n 等中性盐,则为以下的可逆附加反应:

$$\overline{(R_4N^+X^-)}+MX_n \rightleftharpoons \overline{(R_4N^+ \cdot MX_{n+1}^-)} \tag{12-11}$$

(三) 协同萃取

磷酸三丁酯(TBP)、三辛基氧膦(TOPO)等烷基磷酸酯类、硫化膦类萃取剂,以及醚、醇、酮等含氧萃取剂,若对酸性金属盐时,是与质子;如果对中性盐时,则是与金属离子,按照下列反应式进行协萃反应,且反应生成物向有机相转移。

$$HMX_{n+1}+a\overline{(S)} \rightleftharpoons \overline{[(HS_a)^+(MX_{n+1})^-]} \tag{12-12}$$

$$MX_n+b\overline{(S)} \rightleftharpoons \overline{(MS_b^+X_n^{n-})} \tag{12-13}$$

协同萃取剂含有多电子的氧原子和硫原子,与金属离子配位的同时,具有了长链烷基而变得憎水。

上述液体萃取剂的黏度都比较高,且相对密度接近于 1,很难与水相进行混合与分离。

另外,其表面活性较大,与水相混合后容易形成乳浊液。这些萃取剂即使不加处理也可使用,但为了克服这些问题,一般都是用煤油、二甲苯等廉价的且不溶于水的稀释剂与萃取剂混合之后再使用。

另外在萃取时,被萃的金属是挟持着水分子等极性高分子进入有机相的,因此常常会形成第 3 相。为了避免第 3 相的形成,在实际操作中还需将 5%~10% 的醇、酚等具有极性基的溶剂作为改良剂一起使用。

三、化学萃取基本流程及其应用

化学萃取基本流程的设计须考虑萃取剂的再生问题,这可通过"反萃"来解决。式(12-7)~式(12-13)的可逆萃取反应式中,基本上都是从左向右进行反应的。而当萃取结束后,还应使反应从右向左进行即反萃,回收金属的同时将萃取剂再生,以供下次使用。

采用液体阳离子交换萃取剂的式(12-7)、式(12-8),反萃时加入可放出离解质子的酸,例如与 20% 的 H_2SO_4 水溶液接触。采用液体阴离子交换萃取剂的式(12-9)~ 式(12-11),反萃时要降低反应生成物的活度。例如式(12-9)叔胺作萃取剂时,或者用 pH 值很高的水溶液来彻底扭转氨盐的形成,或者用阴离子浓度极低的水溶液(即水)来抑制络合物的形成。在式(12-12)和式(12-13)协同萃取的反萃中,就是使用络合配位体浓度极低的水溶液,亦即水,以及使用有可能在水相形成络合物的配位体水溶液。

归纳上述机制,化学萃取的基本工艺流程如图 12-5 所示,由化学萃取装置和再生(反萃)装置组成。在各个装置内,分别由液相萃取剂或者是反应生成物构成的有机相,和分别由原料水溶液或者是再生液构成的水相,互呈逆向流动,设备的效率和回收率都能够有所提高。化学萃取时,萃取装置两个金属间的分离系数若是在 1000~5000 以上,则无需多级,常采用搅拌-澄清的装置形式进行一级处理。如果分离系数在 50~300,就需采用搅拌-澄清的形式进行数级处理。若分离系数较低,仅为 1.2~1.5,如进行稀土元素间的分离时,必须采用多级连续萃取的操作形式和脉冲柱类的塔型萃取装置。

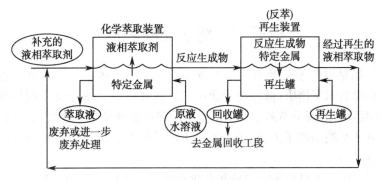

图 12-5 化学萃取的基本流程

近年来,上述化学萃取方法已被引入中药药效物质的分离,如通过葛根素与 Ca^{2+}、Cu^{2+} 等金属离子的配位萃取研究,建立从葛根药材中获取葛根素的技术即为典型实例。葛根素的提取分离方法主要有溶剂法(包括水提法、醇提法、正丁醇法)、铅盐法、柱层析法(氧化铝柱层析、硅胶柱层析、聚酰胺柱层析、大孔吸附树脂等),其中,铅盐沉淀法得到的成品中总异黄酮含量最高,但其得率极低;柱层析法主要用于单体的分离;在溶剂法中正丁醇法较科学,但是由水饱和正丁醇萃取后得到的葛根素得率和纯度都不太理想。

葛根素的结构式如图 12-6 所示,其中含有 2 个酚羟基和 1 个羰基,由于这 2 种基团中的氧原子有 2 个孤对电子,则该分子中有 3 个可供配位的基团,因此,葛根素属于有较强配位能力的异黄酮。通过对葛根素与 Ca^{2+}、Cu^{2+}、Fe^{3+}、Zn^{2+}、Al^{3+} 及 Mg^{2+} 等金属离子之间相互作用的考察,发现葛根素可与上述金属离子产生络合反应而形成比较稳定的配位化合物。

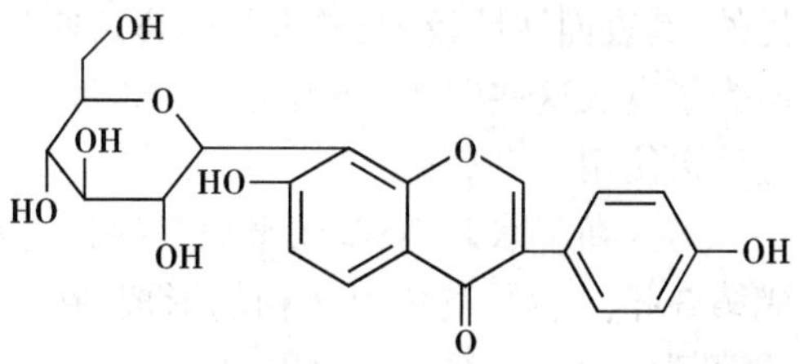

图 12-6 葛根素结构式

葛根素微溶于水,在水中的溶解度为 1.1×10^{-2} mol/L(0.458%),而其分子结构中有两个酚羟基能够在水溶液中与 Fe^{3+} 络合,生成的络合物可溶于水,大大地增加了葛根素的水溶性。葛根中大豆苷元和芒柄花素等其他异黄酮苷元虽然分子结构中也有酚羟基,由于它们不溶于水则不能在水溶液中与 Fe^{3+} 络合。在中和后的葛根总提取物水解溶液中加入 Fe^{3+} 充分搅拌,葛根素与 Fe^{3+} 络合而溶解,而葛根总黄酮中的大豆苷元和芒柄花素等其他非水溶性成分以沉淀的形式存在,通过过滤可除去。由于酚羟基与 Fe^{3+} 络合后释放出 H^+,给"Fe^{3+}- 葛根素"的络合体系中加入酸则可使络合平衡向游离葛根素方向进行,也就是酸可以使"Fe^{3+}-葛根素"络合物解聚。

根据上述 Fe^{3+} 能够和葛根素生成可溶性络合物的原理(图 12-7),可建立一种从中药野葛根中萃取葛根素的新型分离方法:以甲醇冷浸从野葛根中提取葛根总黄酮,将其进行水解、中和,再给水解葛根总黄酮中加入 $FeCl_3$ 使葛根素与 Fe^{3+} 络合溶解,过滤除去其他不溶性物质,用盐酸解聚"Fe^{3+}- 葛根素"络合物,则得葛根素粗品,将其重结晶可得葛根素。该方法从葛根中提

$$葛根素衍生物 + H_2O \longrightarrow 葛根素 + 糖$$
$$葛根素 + Fe^{3+} \underset{H^+}{\rightleftharpoons} "Fe^{3+}\text{- 葛根素}" 络合物 + H^+$$

图 12-7 络合萃取法从野葛根中分离葛根素的原理

取葛根素收率为 1.2%,纯度为 96.5%,具有操作简便、工艺流程简单,容易实现工业化的优点。

第三节 离子交换色谱

离子交换色谱是以离子交换剂为基本载体的一类分离技术。离子交换剂一般是指含可解离成离子基团的固态物质(液体离子交换剂则为液态)。当离子交换剂与含有其他离子的溶液接触时,溶液中的离子与离子交换剂上可解离的抗衡离子发生交换,此即离子交换现象。除可发生离子交换的离子外,离子交换剂上的任何组分或基团都不会进入或溶解于发生交换的溶液中。

离子交换剂主要有无机离子交换剂和合成有机离子交换树脂两大类,前者如沸石、活性炭等,后者包括人们所熟悉的阳离子交换树脂、阴离子交换树脂和两性离子交换树脂等等。

一、离子交换分离原理

(一)离子交换反应

离子交换体系是由离子交换剂和与之接触的溶液组成的。离子交换作用即溶液中的可交换离子与交换剂上的抗衡离子发生交换,如图 12-8 所示为阴离子交换树脂发生离子交换作用原理的示意图。离子交换剂的抗衡阴离子是 A^-,溶液中存在阴离子 B^-,当离子交换剂

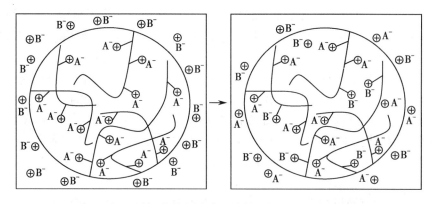

图 12-8 阴离子交换树脂发生离子交换作用原理示意图
-⊕固定于交换剂骨架上的带正电离子;A⁻、B⁻抗衡离子;⊕溶液中的同离子

和溶液接触时,B⁻可以扩散到树脂内部所包含的溶液中,当扩散到树脂内部的 B⁻与树脂上的抗衡离子 A⁻接近时,则发生离子交换,被交换的 A⁻由树脂内部扩散到树脂外的溶液中。经过一定的时间得到平衡,平衡时两相都包含两种抗衡离子。

对于树脂上固载的可离子化的基团和抗衡离子都为 1 价离子的离子交换平衡,可用下面的通式表示:

$$R-LA+B^- \xrightleftharpoons{K} R-LB+A^- \tag{12-14}$$

式中,R-L 为树脂骨架及其固载的可离子化的基团;A⁻、B⁻为抗衡离子。根据质量作用定律,平衡常数 K 可表示为:

$$K = \frac{Q_{R-LB}[A]}{Q_{R-LA}[B]} \tag{12-15}$$

式中,Q_{R-LA} 和 Q_{R-LB} 分别为平衡时树脂对 A 和 B 的吸附量。对于树脂上固载的可离子化的基团为一价离子、抗衡离子的价数分别为 Za 和 Zb 的交换反应,其交换平衡常数 K 为:

$$K = \frac{Q_{R-LB}^{Za}[A]^{Zb}}{Q_{R-LA}^{Zb}[B]^{Za}} \tag{12-16}$$

式(12-15)和式(12-16)表示的离子交换平衡常数未考虑活度系数。根据化学反应热力学理论可知,交换反应的自由能变化 ΔG^0 与平衡常数 K 的关系为:

$$\Delta G^0 = -RT\ln K \tag{12-17}$$

由式(12-17)得:

$$nK = -\frac{\Delta G^0}{RT} \tag{12-18}$$

$$\ln K = -\frac{\Delta H^0 - T\Delta S^0}{RT} \tag{12-19}$$

(二)离子交换色谱

离子交换剂的主要特点之一是其可重复使用性。可逆的离子交换是离子交换树脂重复使用的必要条件。即离子交换剂在某应用中交换其他离子后,经过适当处理再生后又回复到起始状态。

对于大部分离子交换体系,如果其正向平衡为应用所需的交换反应,则其逆向平衡(或类似的平衡)为再生交换反应。如果离子交换平衡倾向于向应用所需的交换的方向移动,则对应用是有利的,但对树脂的再生是不利的。反之,如果离子交换平衡倾向于向再生所需的交换的方向移动,则对再生是有利的,但对应用是不利的。如当平衡倾向于向右移动,即树脂对 B 的亲和力大于对 A 的亲和力,正向平衡的主要驱动力是焓变,式(12-19)中的 ΔH^0 为较大的负值。而向左的平衡即再生交换反应的 ΔH^0 必定为较大的正值,焓变对再生交换反应是不利的,此时的交换反应的驱动力只能是熵变,即式(12-19)中的 ΔS^0 为较大的正值。在这种情况下,交换前树脂上结合的抗衡离子全部是 B,溶液(再生液)中的抗衡离子全部是 A,交换平衡后,树脂上结合的抗衡离子既有 A 又有 B,同样,溶液中的抗衡离子也既有 A 又有 B,体系的状态数或混乱程度增加,熵增大,这就是熵驱动的原理。很明显,这样的再生是很不完全的。

为了使所需的交换反应趋于完全,在实际应用中往往采用柱色谱的方式。一个柱色谱相当于许许多多个罐式平衡,使离子交换平衡向所需的方向移动。而且柱色谱方式操作方便,易实现自动化。在大部分离子交换的实际应用中,如水处理,柱色谱方式只是为了使离子交换平衡向所需的方向移动,并非真正的色谱分离过程。只有少数实际离子交换应用以及以分析为目的的离子交换色谱才是真正的色谱分离过程。此外,实际应用中往往使用过量的再生剂使再生交换趋于完全,特别是当再生交换反应的焓变是较大的正值时,要使用过量的再生剂才能使再生完全。

二、离子交换反应的类型及离子交换选择性

(一)常见的离子交换反应类型

1. 中性盐分解反应

$$R—SO_3H + NaCl \rightleftharpoons R—SO_3Na + HCl \tag{12-20}$$

$$R—N(CH_3)_3OH + NaCl \rightleftharpoons R—N(CH_3)_3Cl + NaOH \tag{12-21}$$

2. 中和反应

$$R—SO_3H + NaOH \rightleftharpoons R—SO_3Na + H_2O \tag{12-22}$$

$$R—COOH + NaOH \rightleftharpoons R—COONa + H_2O \tag{12-23}$$

$$R—N(CH_3)_3OH + HCl \rightleftharpoons R—N(CH_3)_3Cl + H_2O \tag{12-24}$$

$$R—N(CH_3)_2 + HCl \rightleftharpoons R—NH(CH_3)_2Cl \tag{12-25}$$

3. 复分解反应

$$2R—SO_3Na + CaCl_2 \rightleftharpoons (R—SO_3)_2Ca + 2NaCl \tag{12-26}$$

$$2R—COONa + CaCl_2 \rightleftharpoons (R—COO)_2Ca + 2NaCl \tag{12-27}$$

$$R—NH(CH_3)_2Cl + NaBr \rightleftharpoons R—NH(CH_3)_2Br + NaCl \tag{12-28}$$

$$R—N(CH_3)_3Cl + NaBr \rightleftharpoons R—N(CH_3)_3Br + NaCl \tag{12-29}$$

(二)离子交换平衡常数与离子交换选择性

上述的离子交换平衡常数也是离子交换选择性的量度。当 $K>1$ 时,离子交换剂对 B 的选择性大于对 A 的选择性;反之,当 $K<1$ 时,离子交换剂对 A 的选择性大于对 B 的选择性。一般来说,离子交换树脂对价数较高的离子的选择性较大。对于同价离子,则对离子半径较小的离子的选择性较大。因为离子半径较小的离子,其水合半径较大,与树脂上的反离子基团结合后会使树脂因持水量增加而膨胀,使体系的能量增加。由此也可知,树脂的交联度较大时,膨胀能也较大,因此选择性较大。在同族同价的金属离子中,原子序数较大的离子其水合半径较小,阳离子交换树脂对它们的选择性较大。

常用离子交换树脂对一些离子的选择性顺序如下。

1. 对于苯乙烯系强酸性阳离子交换树脂：

$$Fe^{3+}>Al^{3+}>Ca^{2+}>Na^+$$

$$Tl^+>Ag^+>Cs^+>Rb^+>K^+>NH_4^+>Na^+>H^+>Li^+$$

2. 对于苯乙烯系弱酸性阳离子交换树脂：

$$H^+>Fe^{3+}>Al^{3+}>Ca^{2+}>Mg^{2+}>K^+>Na^+$$

3. 对于苯乙烯系强碱性阴离子交换树脂：

$$SO_4^{2-}>NO_3^->Cl^->OH^->F^->HCO_3^->HSiO_3^-$$

4. 对于苯乙烯系弱碱性阴离子交换树脂：

$$OH^->SO_4^{2-}>NO_3^->Cl^->HCO_3^->HSiO_3^-$$

（三）离子交换的限速步骤——膜扩散和粒扩散

离子交换反应主要发生在树脂内部。即使树脂是高度亲水性的，树脂被水高度溶胀，树脂中的离子交换反应速率还是比一般均相溶液中的离子反应速率要慢得多。离子交换过程大致为，离子由溶液中扩散到树脂表面，穿过树脂表面一层静止的液膜进入树脂内部，在树脂内部扩散到树脂上的离子基团的近旁，与树脂上的离子进行交换，被交换下来的离子按与上述相反的方向扩散到溶液中。研究表明，离子穿过树脂表面液膜进入树脂内部的扩散（膜扩散）和在树脂内部的扩散（粒扩散）是离子交换的限速步骤。膜扩散速率可通过提高交换器的搅拌速度、提高交换温度和增加树脂的比表面积（如采用大孔型树脂）来提高；粒扩散速率可通过提高交换温度、减小粒度和增加树脂的表面积来提高。对于搅拌速度较快的釜式交换器内的交换体系，粒扩散是离子交换的限速步骤。Mackie 和 Meares 提出了离子在离子交换剂内的扩散系数与该离子在溶液中的扩散系数的关系：

$$\overline{Di}=Di\left[\varepsilon/(2-\varepsilon)\right]^2 \tag{12-30}$$

式中，$\overline{Di}$ 和 Di 分别是组分在离子交换剂中和在溶液中的扩散系数；ε 为粒内孔体积分数，可近似地用容易测定的交换剂吸附溶剂的质量分数代替。对于一价离子和非电解质，如果它们的体积不大，则由式(12-30)计算得到的粒扩散系数与实测值符合得很好。而对于高价离子、体积较大的离子或大分子，则实测粒扩散系数比式(12-30)的计算值小得多。

三、离子交换树脂分类及其在制药分离工程中的应用

离子交换树脂的定义有狭义与广义之分。国内外许多离子交换树脂的专著中将在离子交换树脂基础上发展起来的许多其他功能高分子材料，如吸附树脂、螯合树脂、聚合物固载催化剂、高分子试剂、固定化酶、氧化还原树脂、离子交换纤维和离子交换膜等都包括在其中，这可以说是离子交换树脂的广义定义。本书主要介绍狭义定义的珠（粒）状离子交换树脂。

目前常用的离子交换树脂的外形一般为球形珠状颗粒，带有可离子化基团的交联聚合物。它有两个基本特性，其一骨架或载体为交联聚合物，因而一般溶剂不能使其溶解，也不能使其熔融；其二聚合物上所带的功能基可以离子化。常用的离子交换树脂的颗粒直径为0.3~1.2mm，某些特殊用途使用的离子交换树脂的粒径可能大于或小于这个范围，如高效离子交换色谱所用的离子交换树脂填料的粒径可小到几微米。

（一）离子交换树脂的分类

离子交换树脂的种类很多，有不同的分类方法。

1. **根据合成方法的分类**　可分成缩聚型和加聚型两大类。缩聚型指离子交换树脂或

其前体是通过单体逐步缩聚形成的,同时副产物为简单的小分子如水等,例如甲醛与苯酚或甲醛与芳香胺的缩聚产物。此外,像多亚乙基多胺与环氧氯丙烷反应形成带有氨基的交联聚合物,聚合过程中虽然没有小分子的形成,但聚合是逐步聚合过程,而且其聚合物的性能与缩聚物的性能类似。因此,这类离子交换树脂也归类于缩聚型。加聚型指离子交换树脂或其前体是通过含烯基的单体与含双烯基或多烯基的交联剂通过自由基链式共聚合形成的,例如由苯乙烯与二乙烯苯的共聚物合成的离子交换树脂。虽然早期出现的缩聚型离子交换树脂对离子交换树脂的发展做出了重要的贡献,但后来发展起来的加聚型离子交换树脂的许多性能均优于缩聚型离子交换树脂。现在工业上所用的离子交换树脂几乎全是加聚型的,只有少数的一些特殊用途仍在使用缩聚型离子交换树脂。

2. 根据树脂的孔结构的分类 可分为凝胶型和大孔型离子交换树脂。凝胶型离子交换树脂一般是指在合成离子交换树脂或其前体的聚合过程中,聚合相除单体和引发剂外不含有其他不参与聚合的物质,所得的离子交换树脂在干态和溶胀态都是透明的。在溶胀状态下存在聚合物链间的凝胶孔,小分子可以在凝胶孔内扩散。大孔型离子交换树脂是指在合成离子交换树脂或其前体的聚合过程中,聚合相除单体和引发剂外还存在不参与聚合、与单体互溶的所谓致孔剂。所得的离子交换树脂内存在海绵状的多孔结构,因而是不透明的(大孔型离子交换树脂一般在溶胀状态及干态下都是不透明的,但某些大孔型离子交换树脂,如交联度较低、孔径较小或聚合物链柔顺性较大时,在干态时会塌孔而形成透明的凝胶状,但用水溶胀后会再形成不透明的多孔状)。这种聚合物在分子水平上,很像烧结玻璃过滤器。大孔型离子交换树脂的孔径从几纳米到几百纳米甚至到微米级。比表面积为每克几平方米到每克几百平方米。

凝胶型和大孔型离子交换树脂目前都在广泛使用。凝胶型离子交换树脂的优点是体积交换容量大、生产工艺简单因而成本低;其缺点是耐渗透强度差、抗有机污染差,大孔型离子交换树脂的优点是耐渗透强度高、抗有机污染、可交换分子量较大的离子;其缺点是体积交换容量小、生产工艺复杂因而成本高、再生费用高。实际应用中,根据不同的用途及要求选择凝胶型或大孔型树脂。

3. 根据所带离子化基团的分类 可分为阳离子交换树脂、阴离子交换树脂和两性离子交换树脂。阳离子交换树脂或阴离子交换树脂都又分为强型和弱型两类。根据离子交换树脂功能基的性质,我国原石油化学工业部在 1977 制定的《离子交换树脂产品分类、命名及型号》部颁标准,将其分为强酸性、弱酸性、强碱性、弱碱性、螯合性、两性及氧化还原性等七类,如表 12-2 所示。

表 12-2 离子交换树脂的种类

分类名称	功能基
强酸性	磺酸基($-SO_3H$)
弱酸性	羧酸基($-COOH$),膦酸基($-PO_3H_2$)等
强碱性	季铵基 $\left[-N^+(CH_3)_3, \quad -N^+\begin{array}{l}(CH_3)_2\\CH_2CH_2OH\end{array}\right]$ 等
弱碱性	伯、仲、叔胺基($-NH_2$,$-NHR$,$-NR_2$)等
螯合性	胺羧基 $\left(-CH_2-N\begin{array}{l}CH_2COOH\\CH_2COOH\end{array}\right)$ 等

续表

分类名称	功能基
两性	强碱 - 弱酸[—N$^+$(CH$_3$)$_3$, —COOH]等 弱碱 - 弱酸(—NH$_2$, —COOH)等
氧化还原性 *	硫醇基(—CH$_2$SH),对苯二酚基 $\left(HO-\underset{}{\bigodot}-OH\right)$ 等

注:* 参照上面描述的离子交换树脂的定义,表 12-2 中的氧化还原树脂其实并非离子交换树脂,而应是电子交换树脂

(二)离子交换树脂在天然产物分离中的应用

离子交换树脂法是分离和提纯中药及天然产物中化合物的手段之一,可用于生物碱、氨基酸等活性成分的纯化和皂苷类产品的脱色精制等方面。

1. 离子交换树脂用于生物碱的纯化　生物碱可与酸形成盐而溶于水中,因此可用酸水溶液进行提取。而生物碱盐在水中以离子形式存在,即能被阳离子交换树脂的氢离子交换而吸附于树脂上,从而达到与其他非离子性成分分离的目的。与液 - 液分配等纯化方法相比,该方法不仅省时省力,而且还可以节约大量的有机溶媒,适合于工业化生产。

如角蒿的主要成分是生物碱,其中单萜生物碱之一角蒿酯碱具有很强的镇痛活性。鉴于角蒿的主要成分是叔胺类生物碱,碱性较弱;同时角蒿生物碱成分的分子量差别较大,从180 到 890 不等,而交联度大的离子交换树脂,交换容量大,但交联网孔小,不利于大离子的进入;交联度小的树脂,交换容量小,但交联网孔大,易于离子的扩散和交换。故选用三种交联度不同 DOWEX 50W 型强酸性阳离子交换树脂(主要特征列于表 12-3)的交换能力进行了比较研究。

表 12-3　不同型号树脂的主要特征

型号	交联度	粒度	含水量(%)	离子形式	交换容量	pH 范围
50WX2	2	50~100	78	H	0.6	0~14
50WX4	4	50~100	78	H	1.1	0~14
50WX8	8	50~100	78	H	1.7	0~14

试验结果表明,交联度为 2 的强酸性阳离子交换树脂 DOWEX 50WX2 对角蒿生物碱成分的交换能力最强。

2. 离子交换树脂纯化氨基酸　氨基酸具有两性解离性,溶液的 pH 值决定了氨基酸分子所带的电荷,除了碱性氨基酸外,其余氨基酸的等电点均小于 pH7.0。当溶液的 pH 值低于等电点时,氨基酸带正电荷。所以,可用强酸型阳离子交换树脂对氨基酸进行纯化。当氨基酸与杂质混合液通过交换柱时,由于氨基酸带正电荷而留在树脂上,而杂质不带电荷或带负电先与水流走,从而将氨基酸与杂质分离。然后用氨水将与树脂结合的氨基酸洗脱下来,即得纯化的复合氨基酸。用离子交换树脂法纯化复合氨基酸,选择性强,速度快,且设备简单,适合中小型化工生产,是一种简单、方便、经济的方法。

如干蚯蚓体中含有大量的蛋白质及 15 种氨基酸。其中,亮氨酸的含量最高,其次为谷氨酸、天门冬氨酸,占 2% 以上的氨基酸有缬氨酸、赖氨酸、精氨酸和丙氨酸,这些都是人体必需的氨基酸,可用于制药和化妆品的生产。蚯蚓生长发育快,繁殖力高,适应性强、易于人

工养殖,用离子交换树脂法纯化从蚯蚓体中提取的复合氨基酸的粗制品,可提高产品的纯度,达到较好效果。

3. 离子交换树脂对皂苷类产品的脱色精制　皂苷类产品,如甜菊苷、绞股蓝皂苷、人参皂苷、三七皂苷等可用吸附树脂分离法从天然植物中提取得到。其后续纯化工序中,脱色精制是很重要的一步。目前普遍采用的脱色方法有活性炭脱色法和离子交换树脂法。活性炭比表面积大,吸附力强,但脱色时需要升温到一定温度,以减小溶液的黏度利于吸附及过滤。活性炭在吸附色素的同时也较多地吸附皂苷,使皂苷的损失较大;且用过的活性炭很难再生回收,容易造成环境污染。相比之下,离子交换树脂法的脱色能力较大,而皂苷的损失小得多。用于脱色的树脂主要是带胺基的阴离子交换树脂。该方法已成功地用于制糖工业的糖液精制脱色,及甜菊苷、绞股蓝皂苷等天然产物皂苷类产品的脱色。

第四节　酶反应分离技术

一、酶反应及其机制

自然界生物体内所发生的化学反应都是在常温下进行的。这是因为作为有机触媒——酶的作用可以使活化能降低。酶只对特定的化学反应有催化作用,具有发生酶促反应对象物质(基质)所决定的反应及基质特异性。一般认为,几乎所有发生在生物体内的反应都必须有酶的参与。

(一)酶的分类及其特性

酶是一种由活细胞产生的生物催化剂。它是一种蛋白质,在生物体的新陈代谢中起着非常重要的作用。它参与生物体大部分的化学反应,使新陈代谢有控制地、有秩序地进行下去,从而使生命得以延续。

1. 酶的分类　国际上采用了一个通用的酶的命名和分类系统,此系统根据酶所催化的反应类型把酶分成六大类,它们是:氧化还原酶类、转移酶类、水解酶类、裂合酶类、异构酶类、合成酶类。

(1) 氧化还原酶类:氧化还原酶类能催化底物的氧化和还原,反应时需要电子的供体和受体,而不是基团的加成或者去除。反应通式可以写成:

$$AH_2 + B \rightleftharpoons A + BH_2 \tag{12-31}$$

其中 AH_2 为供氢体,B 为受氢体。根据供氢体的性质,一般可分成氧化酶类和脱氢酶类。

1) 氧化酶类:按照生成产物是 H_2O_2 还是 H_2O,又可分成两小类。在生成 H_2O_2 的反应中,一般需要 FAD(黄素腺嘌呤二核苷酸)或 FMN(黄素单核苷)为辅基,作用时,底物脱下的氢先交给 FAD 形成 $FAD \cdot 2H$,然后 $FAD \cdot 2H$ 与氧作用,生成 H_2O_2,放出 FAD。

2) 脱氢酶类:此类酶能催化从底物上直接脱氢,例如醇脱氢酶、谷氨酸脱氢酶。

(2) 转移酶类:此类酶能催化一种分子上的基团转移到另一种分子上。反应通式为:

$$A—R + B \rightleftharpoons A + B—R \tag{12-32}$$

其中 R 基为被转移基团,它可以是一个很小的基团,也可以是一个糖残基甚至一条多糖链。

此类反应的底物必须有两个:一个是供体,一个是受体。如果供体和受体十分相似,反应是可逆的。如果受体和供体结构相差甚远,且反应需要大量能量,一般由具有高能键的腺苷三磷酸（ATP）供给，所以整个反应是不可逆的。

（3）水解酶类：此类酶能催化大分子物质加水分解成为小分子物质。反应通式为：

$$A—B + HOH \Longleftrightarrow AOH + BH \tag{12-33}$$

由于溶液中水含量极大，所以反应前后水量的变化可以忽略不计，可以看作是单分子反应。这类酶大都属于细胞外酶，在生物体内分布广，数量也最多，应用最广泛。如今工业中已经应用的酶中多数为水解酶类，例如淀粉酶、蛋白酶、脂肪酶、果胶酶、核糖核酸酶及纤维素酶等。

（4）裂解酶类：此类酶能催化一个化合物分解为几个化合物或其逆反应。其反应通式为：

$$A—B \Longleftrightarrow A + B \tag{12-34}$$

（5）异构酶类：此类酶能催化底物的分子内重排反应，即催化同分异构化合物之间的互相转化。其通式为：

$$A \Longleftrightarrow B \tag{12-35}$$

例如葡萄糖异构酶催化葡萄糖转变为果糖的反应。目前已有工业化的葡萄糖异构酶制剂，而且一般是固定化的酶，生产上已应用此酶将葡萄糖制成果糖和葡萄糖的混合糖浆，以提高甜度，应用于食品工业。

（6）合成酶类：此类酶能将两个底物合成为1个分子，反应时由 ATP 或其他高能的核苷三磷酸供给反应所需的能量。其通式为：

$$A + B + ATP \Longleftrightarrow AB + ADP（腺苷二磷酸） \tag{12-36}$$

2. 酶的化学本质

（1）酶的化学本质：酶的化学本质是蛋白质，蛋白质的分子都是由氨基酸组成的。除脯氨酸外，组成蛋白质的氨基酸都有一个氨基连在与羧基相邻的一个碳原子上，所不同的结构是侧链。若用"R"来表示侧键，氨基酸的结构通式如下：

$$\begin{array}{c} H \\ | \\ R—C—COOH \\ | \\ NH_2 \end{array}$$

氨基酸之间，通过羧基和氨基作用，脱去1分子水而形成肽键（—CO—NH—），相互连接，聚合成肽。由2个氨基酸组成的肽称为二肽，由3个氨基酸组成的肽称为三肽，依此类推，由许多氨基酸组成的肽称为多肽。多肽成链状，称为多肽链。蛋白质是具有空间构象及生物活性的多肽。有的蛋白质除含氨基酸残基外，还含磷酸、糖、脂、色素、核酸等物质，这种蛋白质叫做复合蛋白。不含其他物质的蛋白质，叫做简单蛋白。

（2）酶的结构式：每种蛋白质分子肽链上的氨基酸残基都严格地按一定顺序线性排列，这是蛋白质的一级结构，1个蛋白质分子可能由1条肽链构成，也可能由几条肽链构成。肽键可以出现 α-螺旋和 β 折叠两种稳定的构象形式，β-折叠又可以分为平行和反平行两种，平行的更为稳定。肽链的这类构象形式也称之为蛋白质的二级结构。主肽键自身形成的氢键是维持二级结构稳定的主要因素。螺旋和折叠对于稳定蛋白质的空间结构有很大作用。

完整的蛋白质分子中的肽链在空间的排列并非杂乱无章，而是按照严格的立体结构盘曲折叠而成一个完整的分子。这种立体构象称为蛋白质的三级结构。由几条肽链所组成的酶分子，它们的肽链并不一定都由二硫键共价连接，也可能以非共价的方式按一定的形式互相结合。这种肽链以非共价键相互结合成为完整分子的方式被称为蛋白质的四级结构，其中每条完整的肽链称为亚基。

3. 酶的特性

(1) 酶蛋白具有活性中心,所谓活性中心是指酶蛋白上与催化有关的一个特定区域,其中包括催化过程中关键的催化基团以及与底物结合有关的结合基团。酶蛋白上虽然只有活性中心具有催化能力,但活性中心是由整个蛋白质结构决定的,破坏了酶蛋白的整个结构,也必然破坏活性中心,从而使酶丧失活性。活性中心以外的酶蛋白的其余部分不仅具有维持结构的作用,而且具有确定微环境的作用。酶分子的亲水性强弱、分子的带电性和电荷的分布,以及活性中心周围的环境都是由整个酶蛋白结构决定的,这些因素对于酶的催化特性具有很大的影响。

正因为酶的化学本质是蛋白质,所以它具有蛋白质的一般特性:①酶是高分子量的胶体物质,且是两性电解质,酶在电场中能像其他蛋白质一样泳动,酶的活性 pH 曲线和两性离子的解离曲线相似;②紫外线、热、表面活性剂、重金属盐及酸碱变性剂等能使蛋白质变性的因素,往往也能使酶失效;③酶自身可被蛋白质水解酶分解而丧失活力。

(2) 酶催化反应的高效性:酶催化反应与一般催化反应不一样,它可以在常温常压和温和的酸碱度下高效地进行。1 个酶分子在 1 分钟内能引起数百万个底物分子转化为产物,酶的催化能力比一般催化剂的催化能力大 1000 万倍到 10 万亿倍。

酶的催化作用不但与底物一接触便发生,而且不用附加剧烈的条件,而一般催化剂往往需要辅以较高的温度、压力条件。在看似平静的自然界中,每时每刻都在发生着无法计数的酶促反应,而参与酶促反应的酶用量又是极少量的。譬如土壤中的固氮菌,把空气中的氮转化成复杂的含氮化合物,组成自身的菌体物质,并供植物利用。反应速度差不多是每秒钟有 10 万个氨分子反应,可见反应之快。

由于酶的催化效能如此大,因此人们只能相对地以催化了多少底物来表示它们的含量。在一定的时间、温度、酸碱度等条件下,催化了一定数量的底物转化,定为 1 个"单位"。单位数越多,酶活力越高。

为了统一起见,国际酶学委员会推荐的酶活力单位定义,规定 1 个酶活力单位是在 25℃、特定的最适缓冲液的离子强度和 pH、特定的底物浓度等条件下,1 分钟内转化 1μmol 的底物的酶量,或转化底物的有关基团的 1μmol 的酶量。1ml 酶蛋白所含的酶活力单位,叫做比活力。1ml 溶液中的酶活力单位(U/ml)或每升所含的酶活力单位(U/L)称为酶的浓度。

(3) 酶促反应的专一性:酶促反应的另一个特点,就是酶对底物高度的专一性。一种酶只能催化一种或一类物质反应,即酶是一种仅能促进特定化合物、特定化学键、特定化学变化的催化剂。如淀粉酶只能催化淀粉水解,蛋白酶只能催化蛋白质水解,而无机催化剂如酸或碱既催化淀粉水解,也催化蛋白质或其他物质水解,对作用物的选择并无专一性。

专一性主要表现在以下三种情况:①只催化一种底物起反应,特异性极高。如脲酶只催化尿素水解,对其类似物(甲基脲)无作用;②能催化一类底物起反应,特异性极低。如蔗糖酶既水解蔗糖,也水解棉子糖,因为它们有相同的化学键;③能催化底物的立体异构体之一起反应,有高度的立体特性。如乳酸脱氢酶只催化 L(+)- 乳酸脱氢,不能催化 D(−)- 乳酸脱氢。

(二) 酶反应机制及其影响因素

酶反应中的反应物称为底物。1 个酶分子在 1 分钟内能引起数百万个底物分子转化为产物,酶在反应过程中并不消耗。但是,酶实际上是参与反应的,只是在 1 个反应完成后,酶分子本身立即恢复原状,又能继续下次反应。已经有许多实验间接地或直接地证明酶和底物在反应过程中生成络合物,这种中间体通常是不稳定的。

1. 酶的作用机制

(1)"锁和钥匙"模式:酶与底物的结合有很强的专一性,也就是对底物具有严格的选择性,即使底物分子结构稍有变化,酶也不能将它转变为产物。因此,这种关系可被比喻为锁和钥匙的关系。按照这个模式,在酶蛋白的表面存在 1 个与底物结构互补的区域,互补的本质包括大小、形状和电荷。如果 1 个分子的结构能与这个模板区域充分地互补,那么它就能与酶结合。当底物分子上的敏感的键定向到酶的催化部位时,底物就有可能转变为产物。

(2)"诱导契合"学说:各种酶的催化反应不能用一个统一的机制来说明,因为即使是催化相同的反应,不同的酶也可能有不同的催化机制。Koshland 将其发展为"诱导契合"模式,其要点包括:①底物结合到酶活性部位上时,酶蛋白的构象有一个显著的变化;②催化基团的正确定向对于催化作用是必要的;③底物诱导酶蛋白构象的变化,导致催化基团的正确定向与底物结合到酶活性部位上去。

"诱导契合"学说认为催化部位要诱导才能形成,而不是现成的。这样可以排除那些不适合的物质偶然"落入"现成的催化部位而被催化的可能。"诱导契合"学说也能很好地解释所谓"无效"结合,因为这种物质不能诱导催化部位形成。

2. 酶反应动力学 早在 20 世纪初,Michaelie 和 Menten 就指出,在不同底物浓度下酶催化的反应有两种状态。即在低浓度时,酶分子的活性中心未被底物饱和,于是反应速度随底物的浓度而变;当底物分子的数目增加时,活性中心更多地被底物分子结合直至饱和,就不再有活性中心可以发挥作用,这时酶反应速度则不再取决于底物浓度。

式(12-37)为 Miehaelie-Menten 方程(米氏方程),该方程可确定酶促反应速度与底物浓度之间的定量关系,并满足其双曲线的特征。

$$U = v[\,S\,]/(K_m + [\,S\,]) \tag{12-37}$$

式中,U 为在一定底物浓度[S]时测得的反应速度;K_m 为米氏常数,以浓度单位表示,mol/L;v 为在底物饱和时的最大反应速度。

通过一系列推导,可知 K_m 为酶促反应速度恰等于最大反应速度一半时的底物浓度。一种酶对应一种底物只有一个 K_m 值,所以 K_m 值是酶的特征常数,在一定的 pH、温度条件下,成为鉴别酶的一种手段。

3. 影响酶促反应的因素 酶在催化反应中不能改变反应的平衡,但可以加快反应速度。影响酶促反应的主要因素有:底物浓度、酶浓度、激活剂、抑制剂、温度、pH 值、作用时间以及实际生产中的工艺设备情况。

(1)底物浓度的影响:在反应开始时,也就是初速度时,米氏方程可以简化为:

$$U = [\,v/K_m\,][\,S\,] \tag{12-38}$$

即初速度与底物浓度成正比,当反应速度慢慢加快时,米氏方程可以简化为下列形式:

$$U = v \tag{12-39}$$

此时,速度不再随底物浓度而变化。工业生产中,为了节省成本,缩短时间,一般以过量的底物在短时间内达到最大的反应速度。

(2)酶浓度对反应速度的影响:在酶促反应中,根据中间产物学说,催化反应可以分为两步进行,反应式如下:

$$E \; + \; S \longrightarrow \; ES \; \longrightarrow \; P+E$$
酶　　底物　　中间产物　　最终产物

(12-40)

酶促反应的速度是以反应产物 P 的生成速度来表示的。根据质量守恒定律,产物 P 的生成决定于中间产物 ES 的浓度。ES 的浓度越高,反应速度也就越快。

在底物大量存在时,形成中间产物的量就取决于酶的浓度。酶分子越多,则底物转化为产物也就相应地增加,这就意味着底物的有效转化随着酶浓度的增加而成直线地增加。如图 12-9 所示。

$$v=d[S]/dt=K[E] \tag{12-41}$$

式中,v 为反应速度;$[E]$ 为酶的浓度;K 为速度常数;$[S]$ 为底物浓度;t 为反应时间。

工业生产中底物浓度一般是过量的,所以反应速度取决于酶浓度,而酶的实际用量又是与工艺的制订及生产效益结合起来考虑的,一般根据具体情况而定。

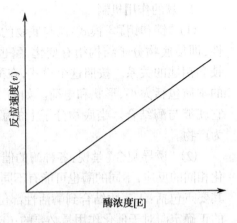

图 12-9　酶浓度与反应速度的关系

(3) 激活剂的影响:激活剂是一种促使酶成为活性催化剂的物质,又是一种提高酶催化效率的物质。在实际生产中它的应用不多。

(4) 抑制剂的影响:抑制剂是能引起催化反应速度降低的一种物质。引起抑制的原因有:①它与催化剂起反应,生成一种催化剂-抑制剂的络合物;②它与其中某一反应物发生了反应。

酶的抑制剂有可逆的和不可逆的。在可逆抑制时,当移除抑制剂后,酶能恢复其活力;在不可逆的情况下,则不能恢复活力。在实际生产中,由于不了解或不注意抑制剂对酶的影响,有时会因设备材质或是原料中某些成分对酶的抑制作用而影响了酶的正常作用,给生产带来不必要的麻烦。例如某粮食加工厂使用耐高温 α-淀粉酶液化不理想,经反复观察研究后发现,是液化罐内冷却铜管产生的 Cu^{2+} 对酶的抑制作用,更换冷却管后问题即解决。

(5) 温度对酶促反应的影响:温度对酶的影响有以下两个方面。

1) 提高温度可加速催化反应:一般而言,温度每升高 10℃,反应速度相应地增加 1~2 倍。温度对酶促反应速度的影响通常用温度系数 Q_{10} 来表示:

$$Q_{10}= 在(t℃+10℃)时的反应速度/t℃时的反应速度 \tag{12-42}$$

2) 当温度升高达到酶的变性温度时完成酶的变性过程:在较高的温度下,酶的变性和酶促反应的速度将一样快,而且此种变性是不可逆的。酶在低温下只是催化反应速度慢,甚至慢到不易察觉,但绝不是不会作用。所以一般可以用低温冷藏技术来保存酶制剂,因为低温下酶的变性极小。实际生产中,酶制剂的作用温度是酶的最适温度与最佳经济效益的统一。

(6) pH 的影响:pH 对酶活力的影响是很大的;某些酶有一个很宽的最适 pH 范围,而另一些则很窄。酶的稳定性也受 pH 的影响,甚至局部的 pH 变化也会对酶促反应产生很大的影响。酶对 pH 的敏感程度比对温度还要高,一般在较低温度下,酶的活力小,在高温时,也有一些瞬间活力。但对 pH 而言,当溶液 pH 不在酶的适用范围之内时,便可以使酶丧失全部活力。所以生产中应严格控制 pH，有必要调整 pH 时，必须事先调好 pH，然后再加入酶，否则酶作用肯定不好，这是使用时比较关键的一点。

综上所述，温度、pH 对酶的变性是不可逆的，即高温及不适合的 pH，使酶变性而且不可能再恢复活力，而金属离子使酶的变性反应有时是可逆的；所以在生产中尤其要注意控制 pH 及温度，使酶有合适的作用环境。

(7) 作用时间的影响：实际生产中，酶的使用量与酶的作用时间是成反比的，即作用时间越长，酶的相对使用量就少；作用时间越短，酶的相对使用量就多。

(8) 工艺及设备的影响：酶的作用效果在实际生产中跟与之配套的工艺及设备情况密切相关，要想使酶发挥最好的效果，就要根据酶的最适 pH 及温度范围配上合适的工艺及与之适应的设备。

二、酶反应技术在天然药物分离中的应用

酶反应技术，具有反应特异性高、条件温和且易于控制等优点，广泛应用于生物制药工程领域。近年来，酶反应技术应用于中药有效成分的提取、分离和纯化的研究开发也取得很大的进展。

酶反应技术在天然药物分离领域的应用，主要基于下述几方面的作用原理。

(1) 破坏植物细胞壁，加速目标成分的释放、溶出，提高天然药物提取物中有效成分得率。

(2) 降解溶于水中的植物组织高分子物质，提高过滤分离效率，提高提取液的澄清度。

(3) 作为生物催化剂，对天然药物化学成分进行生物转化，对天然药物成分进行结构修饰。

(4) 模拟药物体外生物药剂学过程，寻找新的天然活性先导化合物。

(一) 酶反应技术在天然药物分离领域的应用

1. 提高天然药物提取物中有效成分得率　植物药的多数生物活性物质存在于植物细胞壁内部，只有少量存在于细胞间隙，因此植物细胞壁是中药有效成分溶出的主要屏障。植物细胞壁主要成分是纤维素，干燥植物体中纤维素占 1/3~1/2，是形成植物细胞壁的框架。纤维素是 D- 葡萄糖以 β-1,4- 糖苷键连成的直链分子，而纤维素酶可降解 D-1,4- 糖苷键从而破坏植物细胞壁。研究表明，纤维素酶可显著提高有效成分的提取率。如金银花以乙醇回流提取前，用纤维素酶和果胶酶分别或联合处理，结果表明：采用纤维素酶处理能显著提高金银花提取物中绿原酸得率，且酶用量和处理时间对绿原酸得率有显著影响；联合处理对绿原酸得率影响不明显，但能显著提高提取物得率。

工业生产薯蓣皂苷元一般须先经自然发酵，再进行酸水解和溶剂浸取，此法虽可提取一定量的皂苷元，但自然发酵条件不宜控制，产品质量不稳定。若在体系中加入纤维素酶、果胶酶、苦杏仁酶和葡萄糖苷酶，则薯蓣皂苷元收率可大大提高。

多糖是黄芪主要功效成分之一，几乎均以 α- 糖苷键相连。中药的细胞壁主要由纤维素构成，黄芪原料及药渣中纤维素的含量较高，因此纤维素可能是制约黄芪多糖最大限度溶出的主要物质。纤维素由 D- 葡萄糖 β-1,4 糖苷键连接而成，纤维素酶则能特异性地降解纤维素生成葡萄糖等低相对分子质量的糖。有关研究表明：黄芪提取过程中加入不同浓度的纤维素酶，能够显著提高黄芪多糖的收率。酶法提取黄芪多糖工艺流程为：黄芪干饮片→粉碎→过筛→称重→乙醇溶液提取→抽滤→滤渣挥干溶剂→水提→离心→沉渣加纤维素酶酶

解→灭酶同时第 2 次水提→离心→合并上清液→适度稀释→测定提取液中多糖含量。

黄芪粗多糖中蛋白质含量比较高,脱除其中的蛋白质是多糖精制过程的重要的环节。以酶法脱除黄芪多糖中蛋白质的研究表明,木瓜蛋白酶、中性蛋白酶 1、中性蛋白酶 2、酸性蛋白酶和碱性蛋白酶等 5 种工业化蛋白酶都能一定程度地脱除黄芪多糖中的蛋白质,酶用量和作用时间对黄芪多糖中的蛋白质脱除效果影响较大。与传统的 Sevag 法比较,酶法具有经济、快速、高效安全、样品损失小等优点,优势明显。

将冷浸法与复合酶解提取法结合,不但可较传统的乙醇回流法和渗滤法显著提高三七总皂苷提取率和提取物得率,并可使三七素等水溶性有效成分溶出,保持三七止血而不留瘀的功效。

2. 降解溶于水中的植物组织高分子物质,提高过滤分离效率,提高提取液的澄清度　中药水提液含有多种类型的杂质,如淀粉、蛋白质、鞣质、果胶等。这些组分的存在使提取液的黏稠性增加,提取率较低,并且给提取液的过滤分离带来困难。采用常规提取法时,煎煮过程中药材里的蛋白质遇热凝固、淀粉糊化,影响有效成分煎出,分离困难。针对中药水提液中所含的杂质类型,采用相应酶将其降解为小分子物质或分解除去,可解决上述问题,并改善中药口服液、药酒等液体制剂的澄清度,提高成品质量。

如采用木瓜蛋白酶对茯苓、牡丹皮提取液中的蛋白质进行降解,结果表明,在 pH 5.5、45℃的最佳酶解条件下,茯苓和牡丹皮提取液的浊度分别降低了 14% 和 25%。考虑到中药煮出液中尚有其他影响浊度的成分,故上述结果表明木瓜蛋白酶的酶解效果显著,有望用于工业化生产。

在动物药的提取中,由于干燥后的药材质地坚硬,传统方法难以浸出。如采用碱法提取海参中多糖蛋白质成分时,多糖得率仅为鲜品海参的 0.06%,而采用胃胰蛋白酶提取得到的海参多糖则为鲜品的 1.45%~1.61%。

另外,许多动物胶原具有多种生物功能,并有免疫原性低、生物相容性高和生物降解性好等优点。在阿胶的提炼中,将猪皮用胃蛋白酶处理可使动物胶原蛋白提取的更彻底。甲鱼具有补血、强骨、益智、抗疲劳、抗氧化作用,在其提取中加入胰蛋白酶,不仅可使甲鱼水解彻底,还可提高产品的色泽和口感。

3. 作为生物催化剂,对天然药物化学成分进行生物转化　天然化合物结构复杂,常有多个不对称碳原子,合成难度大,酶工程技术为获得复杂结构的单一天然活性产物提供了新途径。利用酶作为生物催化剂,可对中药化学成分进行生物转化,修饰其结构或活性位点,从而获得新活性化合物。同时,在中药提取过程中通过某些酶的加入将一些生理活性不高,或没有生理活性的高含量成分的结构转变为高活性分子结构,可以大大提高提取物的生理活性及应用价值,降低生产成本。因此,在中药提取过程中,利用酶催化作用将其有效成分转化为高活性状态的研究具有重要的意义。

如以黄芪为诱导物,从 Absida sp.A3r、A84r、A9r、A8r、A38r、ARr 等 6 株菌中筛出能够产水解黄芪皂苷糖基的酶的菌株,将多糖基的皂苷降解成低糖基的皂苷,从而提高该类物质的活性。现代研究表明,人参的有效成分为皂苷类,其中在红参与野山参中仅为十万分之几的人参皂苷 Rh_2 等稀有成分,对肿瘤细胞具有分化诱导、增殖抑制、诱导细胞凋亡等作用,对人体无毒且具有较高的保健功能,具有潜在开发价值。但人参皂苷 Rh_2 结构复杂,以化学方法制备的难度高、污染大、收率低。采用皂苷酶处理人参中常见组分 Rb、Rc、Rd 等二醇类皂苷生产 Rh_2 等稀有皂苷。酶处理生产 Rh_2 等的转化率在 60% 以上,比从红参中直接提取提高了 500~700 倍。

此外,部分天然药物有效成分的水溶性或稳定性不佳,或不良反应大,影响应用。利用生物转化技术对天然药物成分进行结构修饰,可对它们进行结构转化,从而改善性质。如葛根素是葛根中含量最丰富的异黄酮,也是其主要有效成分。葛根素水溶性差,故不能通过注射给药,为提高其水溶性,利用多种酶进行结构改造。试验发现来源于嗜热脂肪芽孢杆菌的麦芽糖淀粉酶最有效,得到两种主要产物:α-D- 葡萄糖基 -(1→6)- 葛根素和 α-D- 麦芽糖基 -(1→6)- 葛根素,溶解度分别为葛根素的 14 倍和 168 倍。

对化合物进行结构修饰是获取更有效成分以提高治疗效果的重要途径,研究表明,可通过改造皂苷类物质的糖基提高该类物质的活性。改造糖基的方法主要有化学法和酶法。化学法是指用化学催化剂催化水解皂苷糖基,它是最早采用的方法,主要用于皂苷的结构研究。化学法水解皂苷虽操作简单,但专一性差,皂苷收率低,难以得到某种单体皂苷,同时造成环境污染。而酶法水解皂苷类物质具有条件温和、高专一性、高效性和无污染等特点,是一种行之有效的好方法。如以黄芪总皂苷为酶促反应底物,加入由黄芪所诱导的 Absidasp.A3r 菌所产酶液,于 30℃下反应 24 小时,可较好的将黄芪总皂苷中糖基较多的皂苷水解生成糖基较少的皂苷。

淫羊藿为常用中药,主要成分为淫羊藿苷,有增强内分泌、促进骨髓细胞 DNA 合成和骨细胞生长的作用。淫羊藿苷有 3 个糖基,研究表明低糖基淫羊藿苷和淫羊藿苷元的活性均明显高于淫羊藿苷。利用曲霉属霉菌产生的诱导酶水解淫羊藿苷可制得低糖基淫羊藿苷或淫羊藿苷元,转化率较高。

甘草皂苷是甘草的主要活性成分,具有多种生理活性。近年来发现,甘草皂苷对 HIV 病毒增殖有显著的抑制效果,但因其有排钾阻钠的不良反应,过多服用将导致人体电解质平衡失调,而限制临床应用。而利用葡萄糖醛酸苷酶水解甘草苷葡萄糖醛酸基,可使甘草甜素去除 1 个葡萄糖醛酸基,生成单葡萄糖醛酸基甘草皂苷元(MGGA),甜度为蔗糖的 1000 倍,明显改善甜味的同时,并有可能去除排钾阻钠的作用。

4. 体外模拟药物生物药剂学过程,寻找新的天然活性先导化合物　中药以口服为主,在消化道中将与肠道菌接触,有些成分可被直接吸收;而有些成分在代谢过程中转变为无活性物质,导致其药理效应失活;另一些成分则可能需经人体的消化酶或肠道菌代谢后方起作用。

通过研究肠道菌对中药的转化作用,有望开发出能被人体直接利用的中药制剂,满足特殊的用药需求。某些替代性消化酶能模拟中药肠道代谢过程,如替代性 β- 糖苷酶 SG,由 3 种专一性不完全相同的 β- 糖苷酶组成,三者对同一底物表现出不同活力。调整三者比例,即可对不同的 β- 糖苷化合物进行肠道代谢模拟。此法可避免肠道代谢个体差异大、肠道菌代谢活力有限、受环境影响大的缺陷。替代性消化酶用于中药次生代谢产物的研究,在新药开发上具有肠道代谢难以比拟的优势。

以多种不同催化功能的酶体系对中药化学成分进行生物转化,可产生新的天然化合物库,再与药理筛选相结合,有望从中找到新的高活性、低毒性的天然先导化合物。如雷公藤可治疗风湿性关节炎、肾炎、系统性红斑狼疮和皮肤病,也可用于男性节育。雷公藤内酯是其主要活性成分,但肾毒性大,临床应用受限。文献用短刺小克银汉霉菌 AS3.970 转化雷公藤内酯,获得了 4 个新化合物,均对人肿瘤细胞株有细胞毒效应。青蒿素是我国学者从传统中药青蒿中分离的高效、低毒,对脑型疟疾和抗氯喹恶性疟疾有特殊疗效的抗疟药物。通过对青蒿素进行生物转化,可得到 5 个产物,分别为去氧青蒿素、3β- 羟基去氧青蒿素、1α- 羟基去氧青蒿素、9β- 羟基青蒿素及 3β- 羟基青蒿素,其中后 3 种均为新化合物。

(二) 酶反应技术在天然药物分离领域应用的基本工艺过程

酶技术在天然药物领域应用的基本工艺过程,可以归纳为以下几个步骤。

1. 酶的筛选、制备与活力测定　如采用漆酶提取黄芪中黄芪皂苷时先须制备漆酶粗酶液:取保藏的杂色云芝斜面进行活化培养,挑取适量菌丝转接于培养基平板上,再按一定的接种量接入三角瓶中,25℃振荡培养,定期检测酶活;培养若干天后发酵液经滤过、离心,取上清液,测定酶活后低温保存,使用前再测酶活。

2. 酶解浸提及其工艺条件优选　酶解条件与 pH 值、温度和加酶量等因素有关,仍以上述研究为例,首先考察漆酶的加入量对提取率的影响。再采用正交表进行优选工艺参数,结果表明:影响黄芪皂苷提取率的主要因素是反应温度,其次是 pH 和反应总体积,影响最小的是时间。

3. 酶的灭活及其与目标产物的分离　应根据目标产物的物理化学性质,在不影响目标产物活性的前提下,选择适宜的酶灭活及分离方法,具体技术要求与实施方案可参考有关生物制药与生物工程等文献。

(三) 酶反应技术在天然药物分离领域的问题与展望

综上所述,酶工程技术可强化天然药物提取过程,显著提高其提取率并可生产出高活性有效成分,在制药领域具有重要的开发前景和应用潜力。但酶法提取对实验条件要求较高,能否将其用于工业化的天然药物提取中,还需综合考虑酶的浓度、底物的浓度、抑制剂和激动剂等对提取物有何影响。此外,针对天然药物提取用酶的生产技术等问题,都有待进一步深入研究。

同时天然药物提取体系多为非均相体系,而且提取过程大都是在较高的温度条件下进行,而目前大多的研究主要集中在利用市场上已有的酶进行工艺条件的探索,对非均相和较高温度的提取体系内酶的作用机制和过程的基础研究极为缺乏,而且缺少针对中药提取用酶的生产技术。

因此,要将酶工程技术的优势广泛用于天然药物提取,需要在以下几个方面重点加强其基础和应用研究:①有关天然药物提取体系酶的作用机制及酶促反应过程解析;②天然药物提取过程的酶功能的快速评价技术;③适于天然药物提取的产酶微生物的筛选技术;④适于天然药物提取的酶的生产及应用技术等。通过这些研究的深入开展,建立强化天然药物提取效率的酶制剂的最适利用途径和生产方法,从而实现高效提取和高效转化,降低生产成本,实现工业化生产。

第五节　免疫亲和反应分离技术

免疫亲和色谱(immunoaffinity chromatography,IAC)是一种将免疫反应与色谱分析方法相结合的分析方法。该技术不仅可简化处理过程,而且较之传统的样品前处理方法能够大大地提高选择性,样品基体中一些理化性质相近的化合物得以被有效去除,使得分析结果更加准确和可靠。目前,该技术在抗体、激素、多肽、酶、重组蛋白、受体、病毒及亚细胞化合物的分析中被广泛应用。

一、免疫亲和色谱技术原理与特点

（一）技术原理

IAC 是利用抗原与抗体的高亲和力、高专一性和可逆结合的特性，基于色谱的差速迁移理论而建立的一种色谱方法。将针对被测物的特异性抗体固定到适当的固相基体，制备成免疫亲和色谱固定相。利用被测物的反应原性、抗原抗体结合的特异性以及抗原抗体复合物在一定条件下能可逆解离的性质进行色谱分离。当含有目标物的样本粗提液经过免疫亲和色谱柱时，提取液中对抗体有亲和力的目标物就因与抗体结合而被保留在柱上，淋洗去掉非目标分析物后采用适当条件将结合在抗体上的目标物洗脱下来，从而使被测物被选择性地提取与浓缩。所得提取物可直接采用 GC、HPLC、ELISA 等方法进行检测。

（二）技术特点

1. 纯化、浓集能力好　在生物样本分析中，由于样品浓度通常较低，所以分析方法的灵敏度是首要考虑的因素。无论作为样本制备手段，还是样品分离手段，其纯化、浓集及高效专属的分离效能均为随后进行的样品测定提供了良好的保证。IAC 的高效能首先体现在它能成倍甚至成百倍、成千倍地提高样品的纯化率。IAC 的高效能还体现在它可以缩短分析时间，提高分析效率。

2. 选择性好　由于 IAC 是利用抗原抗体的特异性反应来分离和纯化样品的。只有与其抗原决定簇相吻合的被测物才能被它结合。虽然在免疫反应中交叉反应也会发生，但是通过制备高纯度的抗体以及有多个活性位点的抗体可以提高抗原结合的选择性。

3. 可重复使用　IAC 超越传统固相萃取技术的另一个优点是它可以一定缓冲液冲洗后重复使用，这大大节约了资源，也降低了成本。例如，将 IAC 柱与 SPE 柱结合使用能显著提高净化效果，并保护 IAC 柱，易再生使用。

二、免疫亲和色谱技术要点

（一）抗体的制备

IAC 中的抗体作为固定相的配体，直接影响到目标测定物的特异性亲和力，所以是 IAC 建立的关键因素。当抗原注入生物体时，机体被激发产生相应的抗体，并能与该抗原发生专一性的结合反应。某些分离过程的目标物相对分子量较小，本身不具备抗原性。如将其先衍生化，使其末端含有氨基、羧基、羟基等活性基团，再通过这些活性基团与大分子物质如蛋白质基体结合，也能免疫产生抗体。将抗原或半抗原的基体蛋白结合物注入实验动物（兔或豚鼠）体内，数星期或数月后收集动物血液，分离血清，获得抗体。这样制得的抗体为混合抗体，它们是由体内不同的细胞系产生的，被称为多克隆抗体。因此需要通过杂交瘤技术将抗体分离纯化制备出单克隆抗体，目前也可以采用基因工程技术生产抗体，从而使单克隆抗体的大规模制备成为可能。

（二）制成 IAC 基体

基体的选择一般要求高度亲水，使亲和色谱固定相易与水溶液中的生物大分子接近；要求非专一性吸附小；应具有相应的化学基团可以修饰和活化；有较好的理化稳定性和良好的机械性能，对温度、压力、pH 值、离子强度等有良好的耐受性；具有良好的多孔网状结构和均一性。传统的基体一般为某些碳水化合物（如琼脂和纤维素）或一些合成的有机基体（如丙烯酰胺聚合物、共聚物或衍生物、聚甲基丙烯酸酯衍生物、磺酰醚聚合物）。填充这些基体的

IAC柱,通过柱后抽负压的方式或直接在流体重力的作用下即可实现加样分析的过程,其最大的优点是价格便宜,操作简单,多用于非在线分析时的样本制备。但其缺点也比较明显,即传质能力低,在高压及高流速状态下稳定性较差,不能在 HPLC 系统使用。因此,该类基体也被称为低效基体。为了提高基体的效能及耐用性,适于 HPLC 分析,人们正积极开发新型的基体材料。这一类基体主要有硅胶、玻璃及某些有机物的衍生物,如氮杂内酯修饰的玻璃珠和聚苯乙烯处理的介质等。该类基体的高效能和机械稳定性使其用于 HPLC 系统时可提高分析的速度和精密度。

（三）抗体与基体的偶联

基体在与抗体偶联之前,需要进行活化。一般是在基体骨架上引入亲电基团,然后与间隔分子或抗体上的亲核基团共价结合。需要说明的是在小配体的亲和色谱中,常在基体和配体之间插入一个间隔臂,以减小空间位阻的影响。常用的活化试剂包括溴化氰、环氧氯丙烷和维生素 H 酰肼等。

抗体与活化基体的偶联方式有随机偶联与定向偶联两种。随机偶联时,基体与抗体的结合位点不固定,这是因为随机偶联时,抗体的抗原结合位点可能被占用,或者挤占了抗原结合位点的空间结构,导致与抗体失去亲和力。因此,随机偶联后的 IAC 的免疫活性一般较低。定向偶联是先将蛋白 A(protein A)或蛋白 G(protein G)固定在基体上,蛋白 A 或蛋白 G 只与 IgG 的 Fc 区相结合,然后用二甲基庚二酸酯等化学交联剂使抗体(多抗或单抗)与蛋白 A 或蛋白 G 定向偶联,抗体上的抗原结合位点则处于游离状态。定向偶联的优点是:留出正确定向的抗原结合位点,能够提高 IAC 固定相的结合容量。

（四）洗脱方式

IAC 可以视为免疫反应 - 色谱方法在样本制备和分析中的应用,它的洗脱方式与固相萃取(SPE)有许多相似之处。其操作过程可分为如下几个步骤:①在一定的流动相系统下,将待测样品注入 IAC 柱中,在此条件下,待测物与固定于柱上的抗体有很强的结合作用;②由于待测物与抗体发生专属性的抗原 - 抗体结合反应被保留在 IAC 柱上。而样品中的其他溶质则不被保留,采用适当的缓冲溶液(冲洗液)即可将其冲出 IAC 柱;③采用另一种缓冲体系(洗脱液),将待测物从 IAC 柱上洗脱下来。通常,洗脱液有较强的酸性,其中加入碘化钠等试剂以增加离子浓度,并加入适量的有机改性剂,以使 IAC 柱环境发生改变,降低抗原 - 抗体反应的平衡常数,最终使得抗原 - 抗体结合物解离,从而实现待测物的洗脱;④测定上述③中的洗脱物;⑤当所有待测物都被洗脱后,再用冲洗液重新冲洗系统,使固定的抗体再生,即可以进行下一轮的加样分析。

三、免疫亲和色谱的应用模式

根据 IAC 分析的基本原理,即抗原 - 抗体的特异性结合反应,IAC 可分为单抗体 - 单分析物、单抗体 - 多分析物、多抗体 - 多分析物等多种模式。但就分离分析的整个过程而言,IAC 可分为非在线 IAC 和在线 IAC 两种模式。

（一）非在线 IAC 模式

该模式是以 IAC 作为样本的分离纯化方法,可将 IAC 柱上洗脱下来的样品组分用其他分析方法进行定性或定量分析。这种模式操作简便,并可根据需要与其他分析方法组合,不需特别的仪器设备,因而使用广泛。通常,只需经过一步 IAC 的提取过程,即能收到满意的实验结果。如将抗 - 乳链球菌素单克隆抗体固定于 N- 羟基琥珀酰亚胺 - 活性琼脂糖单体上,完成了乳链球菌素 A 的纯化,可获得良好的重现性和回收率。有时,为了提高分离的纯度,也采用几种纯化手段联用的方式。如在纯化四氯二苯 -p- 二噁英血清样本时,先用乙醇 - 己烷混合溶剂进行液 - 液萃取,再用 IAC 柱进一步分离。经过这一步操作过程,血清中的样品在 IAC 柱上达到 90% 以上的结合率。目前,IAC 技术正朝着微量化的方向发展。比如,膜片单体的出现,使得液体流过 IAC 柱时压力更小,流速更快,从而提高分析速度。而免疫亲和探针则是将抗体附着于探针的尖部,这对于微量样品的分析显示出独特之处。

(二)在线 IAC 模式

与非在线 IAC 相比,在线 IAC 更易实现操作的自动化,符合现代科学发展的需要。就其目前的发展状况而言,可分为以下两种应用方式:

1. 高效免疫亲和色谱柱的应用　用免疫亲和柱代替液相色谱柱,直接在 HPLC 系统上实现分离分析,形成高效免疫亲和色谱(HPIAC)系统。以此技术已实现了牛血清生长激素释放因子(bGHRF)的痕量分析;该技术和流动注射分析(flow injection analysis,FIA)结合,可进行尿中蛋白含量的测定,为肾脏疾病的诊治提供依据;通过制备固定有抗体的毛细管柱,可形成高效免疫亲和毛细管电泳(HPIACE),进而可用毛细管区带电泳分析血清中的胰岛素。高效免疫亲和柱虽然是一种较为简便的在线 IAC 模式,但由于直接连接在仪器系统中,对 IAC 柱的耐高压要求较高,并且由于分析柱的长度一般比样本纯化时所用的萃取柱长得多,需要制备较多的抗体,色谱柱的造价亦较昂贵。

2. 联用技术的应用　在该种应用方式中,IAC 技术仍作为分析过程前期的样本纯化方法,随后与其他技术联用,实现进一步的定性或定量分析。与非在线模式不同的是,样品纯化、转移和分析的整个过程均实现了自动化操作。原则上,IAC 可与 HPLC、GC、HPCE、MS 等多种分析方法联用。但由于仪器接口的问题,目前最成熟的仍是 IAC-HPLC 的联用,而该模式主要是通过柱切换技术实现的。

IAC 作为理化检测方法的分离纯化手段,集免疫反应的高选择性、快速与理化检测方法的准确性于一体,避免了单纯免疫分析或理化分析的不足,成为残留分析的有力武器。IAC 主要用于食品与药品安全监管中的农药残留、真菌毒素等检测。其优点是大大简化了样品前处理过程,提高了分析的灵敏度。但是目前由于许多样品的前处理还是采用传统的固相萃取(SPE)、基质固相分散(MSPD),使该技术的推广应用受到限制,而大量性质均一的纯化抗体的供应和非特异性吸附难题的解决是 IAC 真正走向实用化的前提。

四、免疫亲和色谱在天然药物领域的应用

(一)天然药物粗提物中活性成分的筛选

如 β_2- 肾上腺素受体(β_2-adrenoceptor,β_2-AR)为 G 蛋白偶联的 7 次跨膜受体蛋白家族的成员之一,是止咳平喘药发挥药效的主要靶点。为从常用止咳平喘中药苦杏仁粗提物中筛选活性成分,采用 Sepharose- 沙丁胺醇亲和色谱柱从家兔肺组织中纯化得到 β_2-AR,并以大孔硅胶为载体,采用温和的化学偶联方法,将 β_2-AR 通过共价键均匀载在大孔硅胶表面。结果表明,色谱固定相的 β_2-AR 能保持其生物活性和选择性,苦杏仁粗提物中与该受体色谱柱有保留作用的活性成分为苦杏仁苷。

此外,亦有抗柚皮苷抗体的免疫亲和色谱柱,用于特异性地剔除中药方剂四逆散或其他样品的柚皮苷成分的报道。

（二）免疫亲和色谱法检测中药中的黄曲霉毒素

黄曲霉毒素 B_1、B_2、G_1、G_2 是黄曲霉和寄生曲霉的二次代谢产物，也是其主要有毒物质，其中黄曲霉毒素 B_1 含量多且毒性最大，这些毒素具有高毒性和高致癌性。

随着黄曲霉毒素限量的日益严格，对检测方法在灵敏度、定量准确度和自动化方面提出了新的要求。以前大多采用硅胶柱、C_{18} 柱或液 - 液分配技术净化样品，随着生物化学技术的发展，越来越多地采用黄曲霉毒素免疫亲和柱净化样品，国家标准 GB/T 18979-2003 中样品前处理采用的就是免疫亲和柱。该法操作简便、溶剂消耗少、特异性高、净化效果好，在国内外得到了广泛应用。

中药中黄曲霉毒素的检测报道较少，应用方法单一，主要为薄层色谱法和酶联免疫吸附法（ELISA）。2003 年 WHO 关于《草药中污染物和残留安全和质量评价指南》草案中明确指定应进行黄曲霉毒素的检测。

采用免疫亲和柱净化、结合溴化溴化吡啶（PBPB）柱后衍生化的高效液相色谱 - 荧光检测器，检测几十种常用中药材中的黄曲霉毒素 B_1、B_2、G_1、G_2，4 种毒素的检出限达到 $0.20\mu g/kg$。具有快速、简便、灵敏、准确、自动化高等优点，完全能满足批量检测的需要。

（万海同）

参 考 文 献

[1] 郭立玮 . 中药分离原理与技术 . 北京：人民卫生出版社，2010

[2] 戴猷元 . 新型萃取分离技术的发展及应用 . 北京：化学工业出版社，2007

[3] 黄文强 . 吸附分离材料 . 北京：化学工业出版社，2005

[4] 卢艳花 . 中药有效成分提取分离技术 . 北京：化学工业出版社，2006

[5] 冯年平，郁威 . 中药提取分离技术原理与应用 . 北京：中国医药科技出版社，2005

[6] 袁勤生 . 现代酶学 . 上海：华东理工大学出版社，2001

[7] 姜锡瑞，段钢 . 新编酶制剂实用技术手册 . 北京：中国轻工业出版社，2002

[8] 李津，俞泳霆，董德祥 . 生物制药设备和分离纯化技术 . 北京：化学工业出版社，2003

第十三章 其他新型制药分离技术

本章介绍分子印迹技术、模拟移动床色谱技术和泡沫分离技术。其中前两者是分离手性药物的重要方法。而泡沫分离技术是近十几年发展起来的新型分离技术之一。目前，泡沫分离技术已用于溶菌酶、白蛋白、促性腺激素、胃蛋白酶、凝乳酶、血红蛋白、过氧化氢酶、卵磷脂、β-淀粉酶、纤维素酶、D-氨基酸氧化酶、苹果酸脱氢酶等的分离。随着对环境保护的普遍重视和资源综合利用的要求，泡沫分离技术的应用不断扩大范围。将此技术应用于分离、富集中药粗提液中具有表面活性的皂苷类成分，是对泡沫分离技术现代应用研究的延伸。

第一节 分子印迹技术

分子印迹技术（molecular imprinting technology），也称分子模板技术，是指以一定的目标分子为模板，制备对该分子具有特异选择性聚合物的技术。早在 1949 年，Dickey 首先提出了"分子印迹"这一概念，但在很长一段时间内没有引起人们的重视。直到 1972 年由 Wulff 研究小组首次报道了人工合成的有机分子印迹聚合物之后，这项技术才逐渐为人们所认识，并于近 20 年内得到了飞速的发展。基于分子印迹聚合物具有选择性高、稳定性好、使用寿命长和适用范围广的特点，分子印迹技术在许多领域，如色谱分离、固相萃取、仿生传感、模拟酶催化和临床药物分析等领域得到了日益广泛的研究和应用。

一、分子印迹技术原理

（一）分子印迹和识别原理

分子印迹聚合物（molecularly imprinted polymers，MIPs）的制备过程和识别原理如图 13-1 所示。将一个具有特定形状和大小的需要进行识别的分子作为印迹分子（又称模板分子），把该印迹分子与功能单体溶于溶剂，形成主客体复合物，再加入交联剂、引发剂，聚合形成高度交联的聚合物，其内部包埋与功能单体相互作用的印迹分子。然后将印迹分子洗脱，这样 MIPs 上就留下了与印迹分子形状相匹配的空穴，且空穴内各功能基团的位置与印迹分子互补，这样的空穴对印迹分子具有分子识别特性。因此，MIPs 对印迹分子有"记忆"功能，具有高度的选择性。

（二）分子印迹聚合物与印迹分子的结合作用

MIPs 与印迹分子之间的结合作用主要是通过功能单体与印迹分子之间的作用力实现。要想得到有效的印迹聚合物，这种相互作用必须满足以下几点要求：①作用力足够强，使功能单体与印迹分子之间形成的复合物，在制备过程中稳定存在，有利于高效识别位点的形成；②形成 MIPs 后，印迹分子必须容易洗脱，要求相互作用不能太强；③功能单体与印迹分

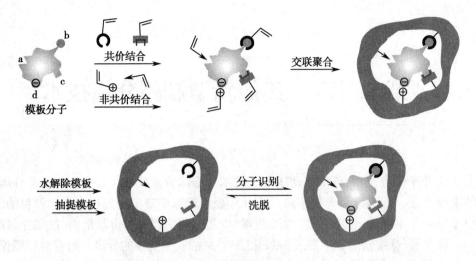

图 13-1 分子印迹技术原理

子能够快速的结合与分离,提高 MIPs 传质动力学性能。

在制备 MIPs 时,印迹分子与功能单体等材料的选择要兼顾以上要求。

二、分子印迹聚合物的分类和制备

(一) 分子印迹聚合物的类型

根据印迹分子与功能单体之间结合作用的不同,可将 MIPs 分为共价键作用、非共价键作用和金属螯合作用 3 种类型。

1. 共价键型 MIPs 印迹分子与功能单体以可逆共价键结合,形成相对稳定的主客体复合物,与交联剂共聚,再采用水解等方法使印迹分子与功能单体间的共价键断裂,释放出印迹分子,得到共价型 MIPs。迄今为止,人们使用的共价结合包括硼酸酯、亚胺、缩醛酮等。最具代表性的是形成硼酸酯和亚胺,其结合方式见图 13-2。

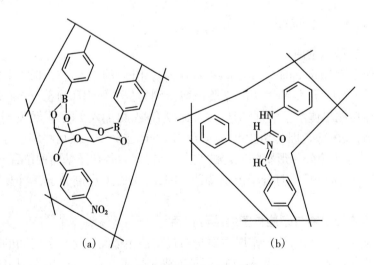

(a)   (b)

图 13-2 共价结合型 MIPs

(a)4- 乙烯基苯基硼酸与 4- 硝基苯基 -α- 甘露糖苷生成硼酸酯键;

(b)4- 乙烯基苯甲醛与苯胺基苯丙氨酸生成亚胺键

　　这类功能单体的选择需要满足两个条件：①功能单体应具有与印迹分子发生共价反应的适宜功能基团；②印迹分子与功能单体预组装的反应是可逆的，在温和条件下实现 MIPs 与印迹分子的结合与释放。

　　共价结合的优点与不足：

　　优点：①印迹分子与功能单体以共价键形成主客复合物，立体结构明确、性质稳定，在与分子结合过程中功能位点清楚，给 MIP 的设计带来方便；②聚合条件容易控制。印迹分子与功能单体已经形成稳定的共价复合物，因此在聚合过程中温度变化、酸碱度变化，极性溶剂存在与否等都不会对印迹空间的形成造成破坏性影响。

　　不足：①可供使用的功能单体种类和数量有限，印迹分子与功能单体共价复合物的合成与分离过程复杂，耗费时间、成本较高；②在分子识别过程中，涉及共价键的形成与断裂，印迹分子与 MIPs 结合速率慢，以 MIPs 作色谱固定相时，色谱峰明显拖尾。

　　2. 非共价键型 MIPs　印迹分子和功能单体不发生化学反应，只以氢键、静电作用力、π-π（偶极-偶极）作用力或范德华力形成分子复合物，此过程是分子自组装过程。氢键在许多有机化合物间容易产生，是应用最多的结合方式，氢键作用已被广泛用于氨基酸及其衍生物的印迹过程中。例如，Mosbach 等通过核磁共振深入研究 L-苯丙氨酸与丙烯酸功能单体在三氯甲烷中的相互作用，发现二者不仅存在氢键作用，还存在离子作用。因此，非共价分子印迹的作用往往是多重的，这有利于提高 MIPs 的选择性，典型的非共价作用方式见图 13-3。

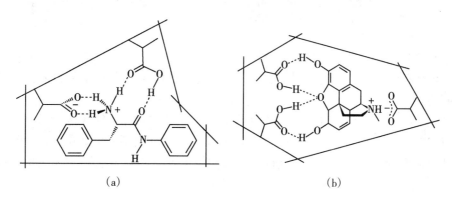

图 13-3　非共价结合型 MIPs
（a）L-苯丙氨酸与丙烯酸的非共价作用；（b）吗啡与丙烯酸的氢键与离子对作用

　　非共价键结合的优点与不足简述如下。

　　优点：①印迹分子与功能单体通过氢键、静电作用、范德华力等形成简单的复合物，不必形成共价键。因此，功能单体具有一定的广谱性；②合成分子印迹聚合物的操作简单，只需要把印迹分子、功能单体和交联剂等按一定比例混溶于溶剂中引发聚合，不需要先合成共价复合物；③印迹分子结合与释放速率较快，此类 MIPs 作色谱固定相时，峰形对称性较好。

　　不足：①功能单体与印迹分子形成复合物的立体结构不稳定，MIPs 与印迹分子的结合位点不够清楚，给 MIPs 的设计带来困难；②对聚合条件要求严格，非共价复合物的稳定性差，在聚合过程中，如果温度偏高，溶剂极性偏大，酸碱度的变化都可能使复合物发生动力学重排，导致 MIPs 识别位点不均匀、印迹效率下降。

　　3. 金属螯合型 MIPs　金属螯合作用通常是通过配位键产生，具有高度立体选择性，功能单体与印迹分子结合和断裂均比较温和,聚合时按化学计量配料,不需要过量的功能单体。金属螯合在分子印迹中的应用有两种情况,一种是金属离子本身作为印迹分子,即合成对金属离子有识别作用的 MIPs;二是以有机化合物(如酶,肽类)为印迹分子、以金属离子为桥,实现对印迹分子的识别。目前,用于印迹的金属离子主要有 Ca^{2+}、Zn^{2+}、Cu^{2+}、Ni^{2+},常用的功能单体有 1- 乙烯基咪唑和 1- 乙烯基多胺。金属螯合分子印迹作用示例见图 13-4。

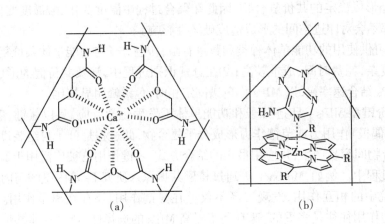

(a)   (b)

图 13-4   金属螯合型 MIPs

(a)丙烯酰胺与钙离子的金属螯合作用;(b)以锌卟啉为功能单体与嘌呤碱 9-ethyladenine 形成金属螯合键

(二) 分子印迹聚合物的组成及其处理工艺要求

分子印迹体系主要由功能单体、交联剂、引发剂、溶剂、致孔剂等试剂组成,其处理工艺各具不同要求。

1. 功能单体   功能单体的选择主要由印迹分子结构与理化性质决定,首先它能与印迹分子形成稳定的复合物,其次在反应中它与交联剂分子处于合适的空间位置,才能使印迹分子很好地镶嵌于 MIPs 中。目前,用共价结合的功能单体数量十分有限,主要包括:4- 乙烯基苯硼酸和 4- 乙烯基苯胺等,化学结构式见表 13-1。

表 13-1   共价结合常用的功能单体

结构 / 名称	结构 / 名称
4-vinyl-benzylamine 4-乙烯基苄胺	4-ethenylphenylboronic acid 4-乙烯基苯硼酸
2-hydroxy-5-vinyl-benzaldehyde 2-羟基-5-乙烯基苯甲醛	4-vinyl-benzaldehyde 4-乙烯基苯甲醛

用于分子印迹的非共价键功能单体多达几十种(表 13-2)。按性质可分为 3 类:酸性功能单体、碱性功能单体和中性功能单体。

表 13-2　非共价键结合常用的功能单体

结构	名称	结构	名称
酸性		**碱性**	
	mathacrylic acid 甲基丙烯酸		4-vinylpyridine 4- 乙烯基吡啶
	acrylic acid 丙烯酸		diethylaminoethyl methacrylate 甲基丙烯酸二乙氨基乙酯
	trifluoromethylacrylic acid 三氟甲基丙烯酸		dimethylaminoethyl methacrylate 甲基丙烯酸二甲氨基乙酯
	p-vinylbenzoic acid 4- 乙烯基苯甲酸		p-aminostyrene 4- 乙烯基苯胺
	itaconic acid 亚甲基丁二酸		1-vinylimidazole 1- 乙烯基咪唑
	2-(methacryloyloxy)- ethyl phosphate 二[2-(甲基丙烯酰基氧基)乙基]磷酸		4-vinylimidazole 4- 乙烯基咪唑
	2-acrylamido-2-methyl-1-propane sulphonic acid 2- 丙烯酰胺 -2- 甲基 -1- 丙磺酸		2,6-bis-acrylamid-opyridine N, N'- 乙烯基双丙烯酰胺
中性			
	acrylamide 丙烯酰胺		methacrylamide 甲基丙烯酰胺

在酸性功能单体中,乙烯基丙烯酸类应用最广,印迹效率最高。因为乙烯丙烯酸类功能单体与印迹分子之间的非共价作用方式较多。以丙烯酸为例,它既可以作为氢键的供体,又可以作为氢键的受体,还可以形成静电作用,除此,甲基丙烯酸的甲基还存在范德华力和空间位阻作用。

　　在碱性功能单体中,乙烯吡啶和乙烯基咪唑等杂环弱碱类应用最为广泛。研究表明,在以 MIPs 作为色谱固定相分离含羧基的化合物时,如氨基酸,以乙烯基吡啶为功能单体,在分子选择性上优于丙烯酸,能获得较高的分离度,原因在于乙烯吡啶与功能单体之间除了形成氢键作用外,还能形成离子作用,后者在极性环境中的选择性优于氢键。

　　在中性功能单体中,应用较多的是丙烯酰胺类,因为它在低极性环境中,有着和丙烯酸类功能单体相媲美的氢键作用。在极性环境中(如水醇溶液),虽然丙烯酰胺的氢键作用被削弱,但其静电结合并不受影响,而且有良好的水溶性,成为用来识别水溶性生物大分子的常用功能单体。

　　近几年,为改善对手性分子的分离性能,研究者做了大量探索性工作,就功能单体的选用而言,已经从只选用单一功能单体,发展到选用两种功能单体来提高 MIPs 的选择性。以分离氨基酸为例,以丙烯酸与 2-乙烯基吡啶以及丙烯酰胺与 2-乙烯基吡啶为混合功能单体的分离效果优于其中任一种功能单体。

　　2. 交联剂　交联剂的种类和用量对 MIPs 性能有重要影响,交联剂分子的柔性有利于MIPs 在溶剂中的溶胀,提高溶胀率,降低分子链的内应力,减少分子链的断裂,在实际应用中可减少 MIPs 破碎。由于对分子的识别发生在空穴内,为了维持空穴形状和大小的稳定,MIPs 还要有适当的刚性,因此,分子印迹聚合物往往需要很高的交联度,一般交联剂用量为功能单体、交联剂和模板总质量的 50%~70%。但交联剂用量的增加,会减少 MIPs 中分子识别位点的数目,影响对目标分子的结合量。为了确保 MIPs 性能,既要增加刚性,又要保持识别位点的数目,有时选用三功能基团的交联剂是较好的方案。与双功能基团交联剂相比,三功能基团交联剂的优点是可以减少用量,还可以使 MIPs 中结合位点的空间分布更加规则、有序,选择性更高。常用的交联剂见表 13-3。

表 13-3　常用交联剂的化学结构

结构 / 名称	结构 / 名称
 divinylbenzene 二乙烯苯	 1,3-diisopropenylbenzene 1,3-二异丙烯基苯
 ethyleneglycol dimethacrylate 二甲基丙烯酸乙二醇酯	 1,4-butanediol dimethacrylate 1,4-丁二醇二甲基丙烯酸酯
 2,6-bis-acrylamidopyridine N,N'-(2,6-吡啶)-双丙烯酰胺	 bisphenol A dimethacrylate 双酚A二甲基丙烯酸酯

续表

结构 / 名称	结构 / 名称
1,4-phenylene-bis-acrylamide N,N'-1,4-亚苯基双丙烯酰胺	methylene bis acrylamide N,N'-亚甲基双丙烯酰胺
1,4-diacryloyl piperazine 1,4-二丙烯酰哌嗪	ethylene-bis-acrylamide N,N'-乙烯基双丙烯酰胺
N,O-bis-acryloyl-l-phenylalaninol L-2-丙烯酰胺基苯丙醇丙烯酸酯	pentaerythritol triacrylate 季戊四醇三丙烯酸酯
N,N'-bis(acryloyl)cystamine N,N'-双(丙烯酰)胱胺	pentaerythritol tetraacrylate 季戊四醇四丙烯酸酯

3. 引发剂 MIPs 制备通常为自由基聚合反应,根据聚合体系和溶剂的性能可选用不同的引发剂。常用的引发剂为偶氮二异丁腈(AIBN)或偶氮二(2,4-二甲基)戊腈(ABDV),可在 55~60℃释放自由基引发聚合,也可采用紫外光照射,在 0℃左右引发聚合。光照引发适于制备热不稳定印迹分子的 MIPs。为消除空气中氧气对反应的影响,引发聚合反应前需对反应液进行充氮气或者抽真空处理,后者会导致易挥发成分的损失。

4. 溶剂 在制备 MIPs 过程中单一溶剂和混合溶剂都有应用。选用原则是溶剂要对印迹分子、功能单体、交联剂、引发剂有很好的溶解度,有利于印迹分子与功能单体形成复合物的稳定。目前,常把分子印迹溶剂分为低极性和极性两种,低极性溶剂包括:甲苯、三氯甲烷、二氯甲烷、四氢呋喃；极性溶液包括：乙腈、甲醇/水、水。由于在不同的溶剂中，MIPs 溶胀率不同，而溶胀率的改变，会改变印迹空穴的大小，影响分子识别性能。为了提高 MIPs 的选择性，在选择聚合反应溶剂时，最好选用与后续色谱分离流动相一致或接近的溶剂。

5. 致孔剂　MIPs 的多孔结构有利于提高传质性能，扩大与印迹分子的接触面积。一般致孔剂在聚合物中形成孔道的原理是相分离原理，即致孔剂对聚合物的溶解度要适当，当生成的聚合物达到临界分子量时，使之从致孔剂中析出。

上述各类试剂中，印迹分子与功能单体的配比依据印迹分子与功能单体之间结合作用的不同而异。对于共价印迹而言，按二者形成共价复合物时的化学计量关系确定。对于非共价印迹而言，情况比较复杂。如果功能单体用量过大，一种情况是过量的那部分功能单体不能形成复合物，呈游离或自缔合状态，导致 MIPs 中无特定识别位点增多，选择性下降；另一种情况是功能单体会以不同的化学计量关系与印迹分子形成复合物，在 MIPs 中形成含不同数量功能基团的空穴，从而形成高结合能位点与低结合能位点，或系列结合能位点，影响 MIPs 吸附位能的均一性。如果功能单体使用量过少，因形成复合物数量不足，MIPs 的识别位点减少，吸附量下降。一般功能单体与印迹分子的摩尔比要比化学计量比高些，以使所有的印迹分子都能形成复合物，提高分子印迹物的吸附量，具体配比由实验确定。

6. 聚合温度　温度对 MIPs 性能的影响比较复杂，在印迹分子与功能单体形成复合物的初始阶段，低温有利于复合物的稳定，在聚合阶段，低温有利于 MIPs 空穴的均匀和功能基团的有序分布，提高 MIPs 的选择性。然而在自由基引发聚合过程中，一般温度要高于 60℃，而局部温度会更高，如果温度过高，印迹分子与功能单体形成的复合物趋于不稳定，复合物空间结构会发生变化，甚至重排，导致聚合物空穴分布不均，功能单体在空穴内分布不规则，识别性能下降。在聚合阶段，适当的提高温度，可提高聚合物的溶胀率和空穴的刚性，有利于印迹分子的扩散传质。正是由上述两方面的协同作用，对非共价分子印迹而言，温度不是越低越好，而是有一个合适温度点，需要由实验确定。为了提高印迹效率，也有用程序升温的报道，即先在较低温度下聚合，使印迹分子在 MIPs 分布固定后，再提高温度，以增加聚合物的刚性。

（三）分子印迹聚合物的常用制备方法

分子印迹聚合物的常用制备方法主要有本体聚合法、悬浮聚合法、沉淀聚合法、表面印迹法等。

1. 本体聚合法　目前最常用、最经典的一种方法。制备过程是将印迹分子、功能单体、交联剂和引发剂按一定比例溶解在适当的溶剂体系中，然后置入具塞瓶中，充氮除氧，密封，通过热引发或光引发聚合一定时间，得到块状聚合物。然后经粉碎、研磨、过筛，再经索氏提取洗脱除去印迹分子，真空干燥后得到所需粒径的 MIPs。

本体聚合法制备的 MIPs 具有良好的分子选择性，且制备过程简单，便于普及。但是，存在如下弊端：①反复研磨，费时，费力，产率低，合格粒子一般低于制备总量的 50%，聚合物颗粒为无定形，粒径高度分散；②作为柱填料使用时，柱效低，反压高，吸附量小；③部分印迹位点包埋在颗粒内，印迹分子的移除困难，导致使用过程中印迹分子渗漏，影响分析结果。

1989 年，Hjerten 制备了以丙烯酰胺为功能单体的分子印迹整体柱，是本体聚合技术的一次重大突破。所谓分子印迹整体柱技术,就是在空色谱柱管内注入印迹分子、功能单体、交联剂、致孔剂、引发剂混合物,通过热引发聚合,然后除去致孔剂和印迹分子就得到一根整体柱。此法省去了研磨、筛分、装色谱柱等环节,节省了时间、减少了原料的浪费,还可以通过调节致孔剂的组成来控制柱内微孔的尺寸,减小反压,提高分离效率。

2. 悬浮聚合法　采用全氟烃类为分散介质,代替传统的有机溶剂或水,加入特制的聚合物表面活性剂,使印迹混合物形成乳液,然后引发聚合。MIPs 粒度范围分布窄,形态规则,是目前制备聚合物微球最简便、最常用的方法之一。这种方法省去了研磨、筛分等步骤,以 MIPs 作为色谱固定相,分离性能高,但水包油的悬浮聚合方式仅限于能溶于疏水性有机溶剂的非极性的印迹分子。

3. 沉淀聚合法　又称非均相溶液聚合,在引发剂的作用下,反应产生自由基引发聚合成线型、分支的低聚物,接着低聚物交联成核从介质中析出,相互聚集而形成聚合物粒子,这些聚合物粒子与低聚物及单体最终形成高交联度的聚合物微球。沉淀聚合法过程简单,无需研磨。但为避免团聚,合成的微球通常只能在低黏度的溶剂中进行,因此对溶剂的黏性要求较高。

4. 溶胀聚合法　典型的溶胀聚合分为两步完成:第一步采用无皂乳液聚合法制备粒径较小的微球;第二步以此微球为种球,将其用一定的乳液多次溶胀,然后再引发聚合得需要粒径的微球。

1994 年,Hosoya 等首先应用二步溶胀法制备了 MIPs。第一步先在水中进行乳液聚合制备聚苯乙烯单分散纳米粒子,粒径为 50~100nm,以此作为第二步溶胀的种子粒子;第二步将种子粒子分散体系加入到由功能单体、交联剂、致孔剂和稳定剂组成的混合溶液中,在恒定搅拌速度下完成第二步溶胀。然后加入印迹分子在氮气保护和恒速搅拌下引发聚合反应,生成球形印迹聚合物,最后将印迹分子和致孔剂萃取出来得到 MIPs。用此法可得到粒径均一的多孔微球,适合作色谱固定相。

5. 表面印迹法　表面分子印迹法是近年出现的一种新的方法。所谓表面印迹,就是采取一定措施,把几乎所有的结合位点都局限在具有良好可接触性的表面上,有利于印迹分子的脱除和再结合。因此,此法适合于生物大分子的印迹。

通常采用的表面印迹法是在微球载体表面进行修饰或涂层制备分子印迹聚合物材料的一种方法。制备这过程中,功能单体与印迹分子在乳液界面处结合,交联剂与单体聚合后,这种结合物结构就印在了聚合物的表面。因此,这种方法也称表面印迹分子聚合。

表面分子印迹的特点:①表面分子印迹解决了传统方法对印迹分子包埋过深而无法洗脱的问题;②由于结合位点在聚合物表面,印迹聚合物与印迹分子结合与释放时传质速度快;③制备过程在水溶液中进行,适合生物大分子制备。

此外,近年来还有用硅胶牺牲载体、溶胶-凝胶技术等新方法制备 MIPs 的报道。

三、分子印迹聚合物的性能评价

选择性结合印迹分子是 MIPs 最基本特征,因此,评价 MIPs 的性能主要包括两个指标:第一,分子印迹材料的吸附量,即所制备的 MIPs 是否保留足够多的活性位点,可实现对印迹分子的结合。第二,分子吸附的选择性,即当印迹分子与相似分子(如对映体)同时存在溶剂中时,MIPs 是否能选择性吸附印迹分子,而不是相似物。常用评价方法有两种,一种是色谱法,一种是静态吸附法。

1. 色谱法　借助常用的液相色谱或气相色谱平台进行评价。以高效液相色谱法为例,将处理好的 MIPs 作为固定相,装填至不锈钢的柱管内,用洗脱液洗脱平衡后,再将印迹分子溶液与类似物的混合溶液注入色谱柱,通过色谱图(图 13-5)分析 MIPs 对印迹分子的选择性。

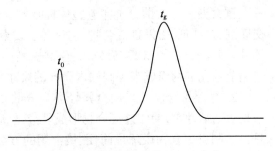

图 13-5　假想样品的 HPLC 分离

常用保留因子 k,来评价 MIPs 对印迹分子的结合强度,其定义式为:

$$k=(t_g-t_0)/t_0 \tag{13-1}$$

式中,t_g 为印迹分子的保留时间(min);t_0 为色谱柱的死时间(min)。k 值越大表明 MIPs 对印迹分子的结合作用越强。

常用分离因子 α,来评价 MIPs 对印迹分子的选择性,其定义式为:

$$\alpha=k_{template}/k_{analogue} \tag{13-2}$$

式中,$k_{template}$ 表示 MIPs 对印迹分子的保留因子;$k_{analogue}$ 表示 MIPs 对竞争分子的保留因子。α 值越大,表明 MIPs 对印迹分子选择性越高。

常用分离度 R_s,来表示 MIPs 的选择性,其定义式为:

$$R_s=\frac{2(t_2-t_1)}{W_1+W_2} \tag{13-3}$$

式中,t_1 和 t_2 分别是相邻色谱峰的保留时间(min);W_1 和 W_2 分别是相邻色谱峰的基线峰宽,R_s 值越大,表明 MIPs 对印迹分子选择性越高。

2. 静态吸附法　静态吸附法的具体实验方法为:准确称量一定量的 MIPs,放入一系列已知浓度的印迹分子的溶液中,在一定温度下,振荡足够长的时间,使之吸附达到吸附平衡,然后通过离心或过滤除去 MIPs,测定溶液的平衡浓度,通过差量法计算单位质量 MIPs 对印迹分子的吸附量。吸附量的计算公式为:

$$q=\frac{V(c_0-c)}{m} \tag{13-4}$$

式中,q 为 MIPs 对印迹分子的平衡吸附量(g/g);V 和 c_0 是吸附前印迹分子溶液的体积(L)和浓度(g/L);c 是达平衡吸附时的浓度(g/L),m 是 MIPs 的质量(g)。

例如,表 13-4 是按静态吸附法获得的某 MIPs 对印迹分子吸附平衡实验数据。从数据可知,随着平衡浓度的增大,MIPs 的平衡吸附量先增大而后渐趋于平衡,大多数 MIPs 的静态吸附平衡数据有此特点。

表 13-4　某 MIPs 吸附印迹分子的平衡实验数据

c(mmol/L)	0.30	0.72	1.51	2.48	3.56	4.59	5.46
q(μmol/g)	6.77	12.51	23.60	30.49	31.38	35.84	36.68

表 13-4 不能直观给出 MIPs 的吸附动力学常数,如饱和吸附量(q_{max})和结合常数(K_b)或解离常数(K_d)等,而这些常数对分析 MIPs 的活性位点的保留率和选择性十分重要。为此,常用 Sacthcard 方程、Langmuir 方程或 Freundilich 方程对获得的数据进行分析。

(1) Scatchard 方程:Scatchard 模型假设印迹分子(G)与活性位点(B)的结合是按物质的

量 1∶1 的可逆结合,则:

$$G + B \underset{K_d}{\overset{K_b}{\rightleftharpoons}} G/B$$

由化学平衡原理可得:

$$K_d = (q_{max} - q) \times c/q \tag{13-5}$$

式中,K_d 是解离常数;c 是平衡浓度(g/L);q 是平衡浓度下的吸附量(g/g);q_{max} 是 MIPs 的饱和吸附量(g/g)。

以数据表 13-4 为例,以吸附量 q 对平衡浓度 c 作图,得到 MIPs 的吸附等温线如图 13-6a。为了求出 q_{max} 和 K_d,常将式(13-5)改写成线性方程:

$$q/c = -(1/K_d) \times q + q_{max}/K_d \tag{13-6}$$

如果以 q/c 对平衡结合量 q 作图,根据线性关系的斜率和截距可求得 K_d 和 q_{max} 两个参数。在上例中,作图见图 13-6b,经计算 K_d=2.07mmol/L,q_{max}=52.27μmol/g。

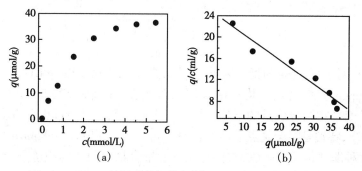

图 13-6　MIPs 的吸附等温线(a)与 Scatchard 分析曲线(b)

(2) Langmuir 模型:Langmuir 模型是描述吸附过程最简单和最常用的模型,也是目前对分子印迹热力学研究常用的模型之一。Langmuir 模型基于以下假设:①分子只在固体表面的固定位点吸附;②每个吸附位点只能吸附一个分子,吸附分子在固体表面形成单分子层;③所有吸附位点的能量相等;④吸附分子之间没有相互作用。

对于 MIPs 而言,上述假设意味着每个印迹空穴结合一个印迹分子后就不再结合其他分子,而且各位点的结合能是相等的。只含一类活性位点的 Langmuir 方程为:

$$q = \frac{q_m K_b c}{1 + K_b c} \tag{13-7}$$

式中,q 和 q_m 分别为 MIPs 的平衡吸附量和饱和吸附量(g/g),后者可由 MIPs 所含的总活性位点数计算;K_d 为解离常数;K_b 为结合常数;c 为平衡浓度(g/L)。

将式(13-7)进行整理,得到 Langmuir 方程的线性方程式:

$$q/c = -K_b q + K_b q_{max} \tag{13-8}$$

如果以 q/c 对 q 作图,通过线性拟合方程的截距和斜率可分别求出结合速率常数 K_b 和 q_{max}。如果把 K_b=1/K_d 代入式(13-8),就得到了前述的 Scatchard 方程式(13-6),由此可见 Scatchard 方程是 Langmuir 方程的等效表达式。

对于共价键型 MIPs,由于合成过程中共价复合物稳定,MIPs 中活性位点均一性较好,基本符合 Langmuir 的假定条件,可用 Langmuir 方程拟合,计算结果也较为理想。而对于非共价键 MIPs,因为其表面结合位点的非均匀性,使得 Langmuir 方程的拟合效果变差。但通过分析,发现大部分的分子印迹材料存在两类结合位点,即高结合能位点和低结合能位点。图

13-7 示意了以甲基丙烯酸为功能单体制备非共价型 MIPs 形成的两类不同的结合位点。

在两类识别位点共存的情况下,采用 Bi-Langmuir 方程进行拟合的效果较好。Bi-Langmuir 方程为式(13-9)。

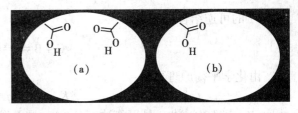

图 13-7 非共价印迹聚合物中的两类结合位点
(a) 高结合能位点;(b) 低结合能位点

$$q = \frac{q_{m1} K_{b1} c}{1 + K_{b1} c} + \frac{q_{m2} K_{b2} c}{1 + K_{b2} c} \tag{13-9}$$

式中,q_{m1} 和 q_{m2} 分别为 MIPs 高结合能位点和低结合能位点的饱和吸附量(g/g);K_b 为结合常数,c 为平衡浓度(g/L)。

(3) Freundlich 模型:Freundlich 方程是在总结许多等温线得出的经验方程,其指数形式和对数形式分别为:

$$q = \alpha c^m \tag{13-10}$$

$$\lg q = \lg \alpha + m \lg c \tag{13-11}$$

式中,q 为平衡吸附量(g/g);α 为指前因子;m 为常数;c 为平衡浓度(g/L)。

总之,Langmuir 模型适用于均一结合位点的理想系统,而实际的 MIPs 中存在多种结合位点,导致了聚合物结合位点的不均一性。对于此类系统,Freundlich 方程更能准确描述 MIPs 的结合性质,特别是结合位点亚饱和状态下的等温线的拟合。Shimizu 小组研究了来自不同文献的 12 种非共价型聚合物,这些非共价型聚合物所使用的印迹分子、结合作用力和聚合条件都不相同,结果有 11 种能很好地用 Freundlich 方程来拟合,充分说明在非共价聚合物表面的吸附位点是非均一的。

下面以利用分子印迹技术从葛根提取液中分离葛根异黄酮为例,对 MIPs 技术分离机制、MIPs 吸附行为及 Scatchard 分析过程进行说明。

(1) 葛根素印迹机制:葛根素为异黄酮类化合物,分子中含有两个酚羟基及羰基,可分别作为氢键的供体和受体。用丙烯酰胺为功能单体,可制成多重氢键的非共价型 MIPs。印迹及聚合过程见图 13-8。

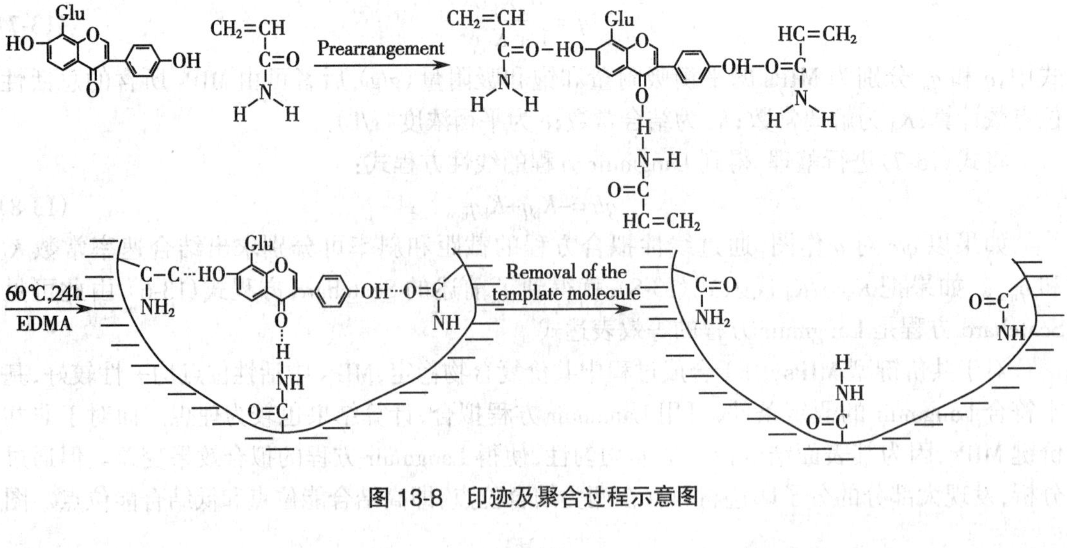

图 13-8 印迹及聚合过程示意图

（2）印迹聚合物和非印迹聚合物对葛根素的吸附行为及 Scatchard 分析：通过静态吸附实验研究葛根素在印迹聚合物和非印迹聚合物（NMIPs）上的吸附行为，吸附等温线见图 13-9。由该图可见印迹聚合物对葛根素具有一定的吸附能力，而非印迹聚合物对葛根素吸附能力很弱。MIPs 通过氢键和空间匹配吸附葛根素，对于 NMIPs，虽然葛根素也能与聚合物上的酰胺形成氢键，但由于位置关系，不具有作用位点的匹配性，每个葛根素分子往往只能与吸附剂形成一个氢键，这样作用力远小于 MIPs 对葛根素的作用力，因此 NMIPs 对葛根素吸附力很弱。

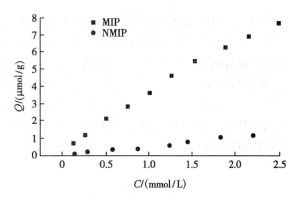

图 13-9　葛根素在印迹聚合物（MIPs）和非印迹聚合物（NMIPs）上的吸附行为

分子印迹研究中常用 Scatchard 模型来评价聚合物的结合特性，通过 Scatchard 分析可获得吸附位点的结合类型、结合平衡常数及最大结合量等重要信息。葛根素在 MIPs 上的 Scatchard 分析见图 13-10。该图表明，Scatchard 图呈非线性相关性，说明葛根素在 MIPs

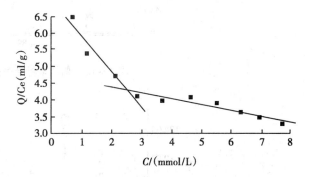

图 13-10　葛根素在印迹聚合物（MIPs）上的 Scatchard 分析

上的结合位点的能量不均一。将图中散点分成两部分，分别进行线性回归，得两条直线，表明在 MIPs 中主要存在着两类不同能量的结合位点。根据直线的斜率和截距，分别计算出两类结合位点的离解常数 K_d 和最大表观结合量 q_{max}。对于高结合能位点，K_{d1} 和 q_{max1} 分别为 $9.58 \times 10^{-4} mol/L$ 和 $6.66 \mu mol/g$；对于低结合能位点，K_{d2} 和 q_{max2} 分别为 $5.38 \times 10^{-3} mol/L$ 和 $25.87 \mu mol/g$。MIPs 之所以会产生两类不同结合能量的位点，可能是由于印迹分子葛根素结构中存在着两类不同类型的功能基，分别为酚羟基与羧基，印迹分子与功能单体形成复合物时可能存在着两种组织方式，因而在 MIPs 中就留下两类结合位点。

（3）葛根提取物在 MIPs 上的分离：稀释葛根粗提液，浓度约为 12.0mg/L，HPLC 分析见图 13-11，与葛根素标准品谱图（图 13-12）对照，图 13-11 中峰 1 为葛根素。进样后用甲醇冲洗，流出液 HPLC 分析，无葛根素成分。最后用甲醇-醋酸溶液洗脱，分离产物的 HPLC

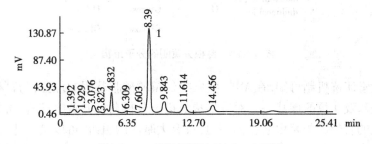

图 13-11　葛根粗提液的 HPLC 图谱

谱图见图 13-13。比较进样前与洗脱后产品中葛根素总量,葛根素收率为 83%,产品中葛根素纯度为 78%,远高于普通大孔吸附树脂对葛根提取液的分离结果。葛根粗提液中含有多种异黄酮类化合物及其他杂质,用甲醇可洗去非特异性吸附组分,而葛根素与 MIPs 有较强的结合性,被保留在 MIPs 柱上。当用强极性溶剂甲醇 - 醋酸溶液洗脱时,可将结合性较强的葛根素洗脱出来。但从图 13-13 中可见,MIPs 不仅对葛根素有特异性吸附,对其他两种异黄酮也有较强的作用。葛根异黄酮主要为葛根素、大豆苷、大豆苷元和大豆苷元 -4′,7- 二葡萄糖苷,其结构见图 13-14。

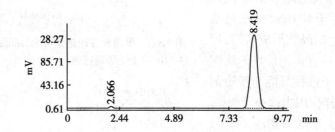

图 13-12　葛根素标准品的 HPLC 图谱

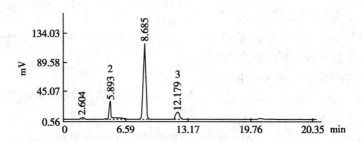

图 13-13　印迹聚合物分离产物的 HPLC 图谱

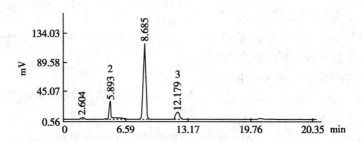

	R_1	R_2	R_3
1. Puerarin	Glucose	H	H
2. Daidzein	H	H	H
3. Daidzin	H	H	H
4. daidzein-4′、7-diglucoside	H	Glucose	H
	H	Glucose	Glucose

图 13-14　葛根异黄酮的分子结构

根据葛根素印迹机制可知,在 MIPs 空穴中保留的酰胺基团的位置,与葛根素分子中 4′ 和 7 位的酚羟基及 4 位的羰基一一对应形成氢键。分析葛根异黄酮结构,可知大豆苷元在以上三个部位的官能团与葛根素相同,并且没有大基团的阻碍,可以进入印迹空穴,与穴中相应结合位点发生作用。对照文献,图 13-13 中峰 2 可能是大豆苷元。大豆苷 4 位与 4′ 与葛根素相同,如果能进入印迹空穴,可能与穴中两个结合位点发生作用,因此具有一定的作用力。大豆苷虽然在 7 位有一较大基团糖苷,增加了进入空穴的阻力,但在相邻的 8 位是最小基团氢,则减少了进入空穴的阻力,因此大豆苷也可能进入印迹空穴,发生两位点的氢键作用,图 13-13 中峰 3 可能是大豆苷。大豆苷元 -4′,7- 二葡萄糖苷分子中有两个印迹部位被糖苷所占据,而且分子较大,难以进入印迹空穴,不与 MIPs 作用。

四、分子印迹技术在手性药物及天然药物分离中的应用

(一)分子印迹技术在手性药物分离中的应用

目前市场上大约有 500 多种旋光性药品,其中 90% 被当作外消旋混合物来管理,而手性混合物是一种旋光性药品,手性药物对映体在生理活性、毒性、体内分布、代谢方面存在较大差异,为了减少用药量及毒副作用,需要对其分离。1992 年美国食品药品管理局(FDA)要求:今后凡是新的光学活性药物都必须把光学活性异构体分离出来,分别测定其动力学和毒理学指标。这就给分离对映异构体技术的改进提出了新的要求。目前,制备光学纯对映体的方法包括定向合成、酶拆分和手性拆分等方法。其中 MIPs 作为色谱固定相用于手性拆分,由于具有选择性高、稳定性好,可以预测对映体的流出顺序,成为一种非常有应用前景的方法。

早在 1977 年,Wulff 等就报道了以 α-D- 甘露吡喃糖苷为模板制备的 MIPs 作为 HPLC 固定相拆分其外消旋体,虽然最初的分离结果并不理想,后来优化了色谱操作条件,达到了外消旋体完全拆分。1991 年 Mosbach 小组报道了 MIPs 分离手性药物(R,S)-timolol 的工作。实验用本体聚合法,以 S-timolol 为印迹分子,对比了分别以衣康酸(Itaconic acid)和甲基丙烯酸(MAA)为功能单体,对分离效果的影响。结果表明以衣康酸为功能单体的 MIPs 选择性高,可实现对映体的基线分离,在 20min 内,制备了 20μg 的 S-timolol。

1998 年,Hosoya 等以(S)-propranolol 为模板分子,用多步溶胀聚合法制备了粒度均一的球形 MIPs,以此为色谱填料分离了手性药物的外消旋体,其分离因子 α=2.97,但分离度不高(R_s=0.77)。这篇文献的一个突破是在分子印迹聚合物合成和分子识别过程中使用了含水的两相溶剂,其中印迹分子和功能单体溶于有机相,作连续相,水作分散相。此例中印迹分子与功能单体的作用是静电作用,从而表明,水的存在并没对分子印迹效率产生较大的不利影响。因此,选用合适的功能单体,在水中实现分子印迹是可行的。分子印迹整体柱在手性分析方面具有很多优势。已有报道,采用原位聚合法制备辛可宁印迹的手性整柱,实现了辛可宁和辛可尼丁的分离。

表 13-5 总结了用 MIPs 作为色谱固定相分离手性化合物的一些实例。

(二)分子印迹技术在中药分离中的应用

将分子印迹技术应用于中药成分的分离纯化,就是以待分离的化合物为印迹分子,制备对该类分子有选择性的 MIPs,以此作为吸附材料用于中药成分的分离纯化。其最大的特点是选择性高,成本低,而且制得的 MIPs 有高度的交联性,不易变形,有良好的机械性能和较长的使用寿命。这无疑是一种高效的中药有效成分分离技术。其技术适应性与优点归纳见表 13-6。

表13-5　典型分子印迹固定相分离手性化合物

印迹分子	对映体	功能单体/聚合方法	流动相	分离量/柱规格	t_R, R_s
(S)-Timolol	(R,S)-Timolol	甲基丙烯酸或衣康酸/本体聚合	乙醇/三氟乙酸/醋酸　50:40:10	20μg,200×4.6	18min,1.9
(S)-Propranolol	(R,S)-Propranolol	甲基丙烯酸/多步溶胀	乙腈/磷酸盐 pH 5.1　50:50	50ng,100×4.6	60min,0.77
(S)-Propranolol	(R,S)-Propranolol	甲基丙烯酸/多步溶胀	乙腈/磷酸盐 pH 5.1　70:30	1μg,100×4.6	40min,0.69
(+)-Ephedrine	(±)-Ephedrine	甲基丙烯酸/本体	二氯甲烷/醋酸　80:20	21mg,200×4.6	27min,~0.7
(−)-Ephedrine	(±)-Ephedrine	甲基丙烯酸羟乙酯/本体	三氯甲烷/己二胺	10μg,150×4.6	6min,~0.2
(−)-Ephedrine	(±)-Ephedrine	甲基丙烯酸/本体	甲醇/醋酸 pH3.6　70:30	5μg,150×4.6	11min,~1.4
(−)-Ephedrine	(±)-Ephedrine	甲基丙烯酸/本体	三氯甲烷/正丁胺　95:5	100μg,250×4.6	10min,~1.3
(−)-Norephedrine	(−)-Norephedrine	甲基丙烯酸/本体	乙腈/醋酸/水　62:6.5:1.5	2μg,150×4.6	20min,~1.5
(S)-Naproxen	(R,S)-Naproxen	4-乙烯基吡啶/多步溶胀	乙腈/磷酸盐 pH 4.0　50:50	2μg,150×4.6	20min,~1.5
(S)-Ibuprofen	(R,S)-Ibuprofen	4-乙烯基吡啶/多步溶胀	乙腈/磷酸盐 pH 3.2　40:60	100ng,250×4.6	40min,~0.84
D-Chlorpheniramine	D-Chlorpheniramine	甲基丙烯酸/多步溶胀	乙腈/磷酸盐 pH 6.0　70:30	3μg,100×4.6	60min,~0.83
(S)-Nilvadipine	(R,S)-Nilvadipine	4-乙烯基吡啶/多步溶胀	乙腈/磷酸盐 pH 4.0　45:55	0.5μg,100×4.6	18min,1.31
D-Nategline	(D,L)-Nategline	丙烯酸/本体聚合	乙腈	16μg,125×3.9	15min,0.88

表 13-6　分子印迹技术在中药活性成分分离纯化中的应用

应用	优点
分离手性异构体及结构类似物	常规手段难以分离,分子印迹技术分离效果好
直接纯化活性成分并进行测定	前处理简单,方法可靠
洁净生物样品用于体内药物分析	样品处理简单
富集微量有效成分	富集痕量组分,提高精密度和准确性
大批量一步分离纯化目标成分	回收率高,操作简单;免除反复柱色谱的低效率和低收率
以具有特定药效的化合物为印迹分子选择性分离具有相同药效的活性组分	发现先导化合物的有效手段,为传统的中药分离提供补充

　　分子印迹技术在中药活性成分中的应用研究较为广泛,涉及黄酮、多元酚、生物碱、甾体、香豆素等多种结构类型化合物。

　　(1) 分离生物碱:用(-)-麻黄素作印迹分子,甲基丙烯酸作功能单体,季戊四醇三丙烯酸酯为交联剂,在三氯甲烷中合成了 MIPs,作为色谱固定相,以 30% 醋酸水溶液为流动相,可分离麻黄碱。以苦参碱为印迹分子制微球 MIPs,从苦参提取物中分离苦参碱,回收率 71.4%。

　　(2) 分离有机酸:用 MIPs 分离天门冬中原儿茶酸、对羟基苯甲酸、香草酸、丁香酸等有机酸类化合物,回收率可达到 56.3%~82.1%。以绿原酸为印迹分子,以聚偏氟乙烯微孔滤膜为支撑,采用表面修饰法制备分子印迹复合膜,结果表明复合膜内存在两类结合位点,离解常数分别为 0.151mmol/L 和 0.480mmol/L,对绿原酸的结合量分别为 14.934mmol/L 和 28.123μmol/g。

　　(3) 分离黄酮:槲皮素(Quercetin,Qu)是一种具有多种生物活性的中药活性成分黄酮类化合物,具有很高的药用价值。从结构上分析,槲皮素含有羟基,具备了与功能单体形成氢键的条件,但分子中含有 5 个羟基,使其极性较大而难溶于非极性或弱极性溶剂。因此,非共价型槲皮素印迹聚合物的制备及其应用受到限制。以槲皮素与 Zn(Ⅱ) 的配合物为印迹分子,4-乙烯基吡啶(4-Vp)为功能单体,二甲基丙烯酸乙二醇酯为交联剂,以偶氮二异丁腈为引发剂,在甲醇溶液中制备金属配位分子印迹聚合物。图 13-15a 表明以 Zn(Ⅱ)-Qu 配合物为印迹分子的 MIPs(a) 的吸附性能明显高于以 Qu 为模的 MIPs(b) 和非印迹聚合物

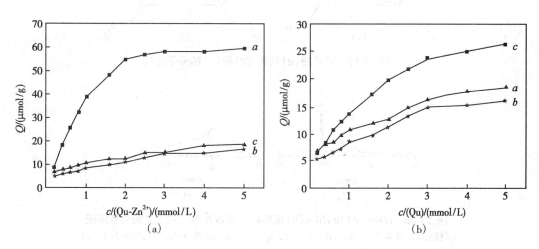

图 13-15　槲皮素(Quercetin,Qu)分子印迹膜对 Qu-Zn²⁺ 和 Qu 的吸附量

NMIPs(c)。由图 13-15b 可知,如果只以 Qu 为溶质进行吸附,则 MIPs-c 吸附量高于 MIPs-a,因此,分子识别过程中 Zn(Ⅱ) 的存在是必要的。虽然 MIPs-c 是以 Qu 为印迹分子制备,但其对 Qu 的结合量远小于 MIPs-a 对 Qu-Zn^{2+} 复合物的结合量。这是因为极性分子水的存在会削弱 Qu 与 4-Vp 之间的氢键作用,而 Qu-Zn(Ⅱ)-4-Vp 的配位键则不受影响。这一结果进一步验证在水/醇体系中,金属配位键比氢键和静电力等非共价作用力要强,比较稳定,更适合在强极性溶剂中制备 MIPs。MIPs 制备过程如图 13-16 所示。

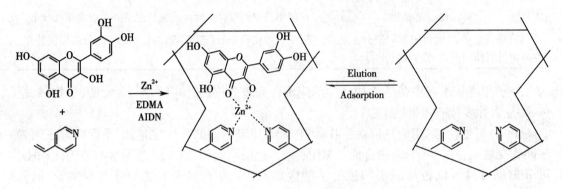

图 13-16　槲皮素-Zn(Ⅱ)印迹分子的合成路线与识别机制

(4) 分离多酚:厚朴酚与和厚朴酚(图 13-17)都是从传统中药厚朴中分离得到的一种含有烯丙基的联苯二酚类化合物。采用一般方法从厚朴中分离的是和厚朴酚及其同分异构体。以和厚朴酚为印迹分子,丙烯酰胺功能单体,乙二醇二甲基丙烯酸酯为交联剂,以聚苯乙烯为种子微球,采用单步溶胀法制备和厚朴酚印迹微球,以厚朴酚为竞争底物,分离因子 $\alpha=1.85$。以厚朴酚为印迹分子,丙烯酰胺为功能单体,丙烯酸乙二醇二甲酯为交联剂,在 SiO$_2$ 微球表面制备核型分子印迹微球,色谱实验表明,分离度 $R=2.21$,而没加印迹分子的印迹物,却不能实现二者的基线分离(图 13-18)。

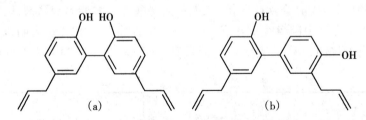

图 13-17　厚朴酚(a)与和厚朴酚(b)的分子结构

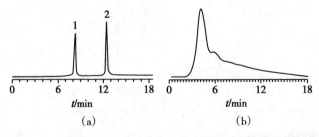

图 13-18　MIPs(a)和 NIPs(b)填充柱分离厚朴酚与和厚朴酚的色谱图

厚朴酚(a)及和厚朴酚(b)色谱条件:为甲醇-水-磷酸为 66:34:0.05$(v:v:v)$,流速为 1ml/min,检测波长 $\lambda=294$nm

（5）分离萜类：紫杉醇是从太平洋短叶红豆杉树皮中分离到的一种具有抗癌活性的四环二萜化合物。以紫杉醇为印迹分子，2-乙烯基吡啶为功能单体，乙二醇二甲基丙烯酸酯为交联剂，偶氮二异丁腈为引发剂，制备的 MIPs 对紫杉醇具有较高的结合量，选择性较强，可将其用于色谱固定相，为紫杉醇的分离纯化提供一种新的富集材料。

（三）分子印迹技术在制药分离领域应用存在的问题

MIPs 作为一种新兴的分离材料，因其制备简单，选择性好，分离效率高，被广泛用于药学研究的很多领域。但其本身在理论和应用等方面还存在许多问题，如 MIPs 识别过程的机制和定量描述，功能单体、交联剂的选择局限性等。此外，它在中药活性成分分离纯化的应用中也有一定的局限性：①合成在水中具有分子识别作用的 MIPs 存在困难，中药提取液多为水提液或一定浓度的醇提液，而水和醇的存在，会破坏或削弱印迹分子与功能单体的氢键作用；②有些印迹分子往往十分昂贵或难于得到，限制了 MIPs 的应用规模；③由于结合位点的非均匀性和实际可利用官能团的数量有限，导致 MIPs 吸附量较低，为达到较大规模的制备水平，需要进一步增加聚合物中的实际有效结合位点以扩大分离柱容量；④制备蛋白类大分子的 MIPs 还有一定困难，现有的分子印迹方法，还很难为生物活性大分子提供高的吸附量和选择性。

第二节　模拟移动床色谱技术

模拟移动床色谱（simulated moving bed，SMB）是连续色谱的一种主要形式，是现代化工分离技术中的一种新技术。它是由色谱柱或类似色谱柱的固定床层串联起来的分离系统。早在 20 世纪 60 年代就由美国工程公司 UDP 把逆流色谱的概念引入 Sorbex 家族的 SMB 工艺并使之商业化，从而作为一种工业制备工艺取得了长足的发展。在 20 世纪 70~80 年代 SMB 色谱主要用于石油及食品的分离。20 世纪 90 年代以来，SMB 色谱技术作为分离手性药物及生物药物，制备高纯度标准品的理想工具，在医药工业得到了广泛应用。

一、模拟移动床色谱分离原理与特点

（一）SMB 色谱分离原理

模拟移动床系统实质是模拟逆流，它由多根色谱柱组成，每根色谱柱之间用多位阀与管子连在一起，每根色谱柱均设有样品的进出口，并通过多位阀沿着流动相流动的方向，周期性地改变样品进出口位置，以此来模拟固定相与流动相间的逆流移动，实现组分的连续分离。系统串联的色谱柱越多，切换频率越快，则越接近真实逆流系统。图 13-19 是由 8 根色谱柱组成的 SMB 色谱原理示意图，流动相按顺时针方向移动，固定相按逆时针方向移动，形成模拟逆流系统。由于强吸附组分 A 的移动速度小于弱吸附组分 B 的移动速度，当以适当的时间沿流动相方向切换进出口位置时，A 组分就会落在进样口的后边，相当于 A 组分随固定相逆时针移动。例如某一时刻系统处于图 13-19a 状态，2 号柱中只有组分 A，3 号柱是 A、B 混合物，且 B 组分已被洗脱至柱前段。此时，可从 2-3 柱之间的萃取液出口 E 接取纯组分 A，随着系统的运行，当 B 组分完全冲出 3 号柱流入 4 号柱后，切换多位阀，则出口 E 转移到 3-4 柱之间，继续接取纯组分 A。如图 13-19b 所示，其他进口出位置依次向前移动，如此循环，可以实现连续模拟逆流操作。

在实际应用中，SMB 色谱根据系统的结构特点可分为三区带 SMB 色谱和四区带 SMB

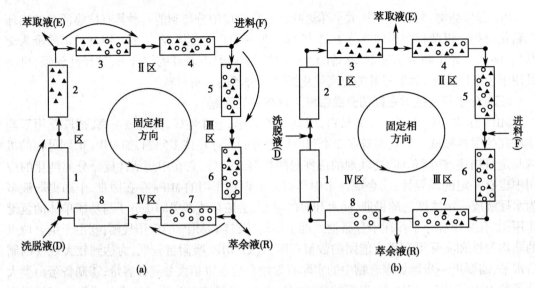

图 13-19　SMB 色谱原理示意图

▲强吸附组分,○弱吸附组分

色谱,其中四区带 SMB 色谱最为常见。图 13-19 是典型的四区带 SMB 色谱的示意图,它的特点是具备两进、两出的流体通道。分别是进样口 F,洗脱液进口 D,目标组分出口 E 和杂质组分出口 R。一般将进料口上游的出样口称萃取液出口,把进料口下游的出口称萃余液出口。以进出口为节点,可将 SMB 色谱分为四个区带,各区带的功能如下。

Ⅰ区带:在 D、E 之间,固定相再生区,功能是将强吸附组分 A 解吸。新鲜的洗脱剂从该区上游送入,并与固定相逆流接触,将组分 A 全部解吸出来,部分由 E 口排出,部分回流至Ⅱ区带。

Ⅱ区带:在 E、F 之间,是弱吸附组分 B 的解吸附区。从Ⅲ区带进入该区的固定相吸附了进料中的 A、B 组分,从Ⅰ区带进入该区的是洗脱液和组分 A。由于组分 A 的吸附能力比组分 B 强,因此,Ⅱ区带中的组分 B 被组分 A 置换,B 组分随洗脱剂进入Ⅲ区带,而含有较多组分 A 的固定相向上游移动进入Ⅰ区带。

Ⅲ区带:在 F、R 之间,是强吸附组分 A 的吸附区。向上游流动的固定相将进料中的组分 A 吸附,组分 B 随洗脱剂向下游流动,部分由 R 口排出,部分进入第Ⅳ区带。

Ⅳ区带:在 R、D 之间,其功能是吸附弱吸附组分 B,再生洗脱液,使干净洗脱液返回进入Ⅰ区带。

SMB 色谱系统中起主要分离作用的是两个区带,即Ⅱ区带和Ⅲ区带。它们承担基本的分离任务,因此,常称为主区带。实际上,因为在Ⅱ区带没有进样,只有逆流进行的吸附与洗脱,相当于精馏;而洗出的产品 A,部分从 E 口排出,部分进入Ⅱ区带,相当于回流。因此,四区带 SMB 色谱除了融进了连续和逆流外,还引入了精馏与回流机制,从而使分离能力更强,效率更高。

由于Ⅳ区带的主要功能是回收流动相,当流动相回收比较容易,或成本较低时,可考虑去掉Ⅳ区带,这样的 SMB 系统则称为三区带 SMB。

(二) SMB 色谱的特点

1. SMB 色谱生产能力高　SMB 色谱是一个连续分离过程,与间歇色谱相比,SMB 色谱的生产能力可提高 50%,溶剂消耗可降低 80%。

2. SMB 色谱分离效率高　与间歇色谱相比,生产同样纯度的产品,SMB 色谱所需理论板数低得多;当柱效率降低 20% 时,SMB 色谱的生产能力仅降低 10%,而制备色谱生产能力要降低 50%。

3. SMB 色谱易于放大　通过应用分析型色谱,对流动相溶解能力、保留时间、选择性进行研究,可方便评价出 SMB 色谱分离的可行性。使用现有的设计软件,利用分析研究的数据,可以实现 SMB 色谱分离工艺的设计。

4. SMB 色谱生产弹性大　SMB 色谱可以适合不同规模色谱分离过程。因为从实验室研究到中试生产,不同规模尺寸的 SMB 色谱是基于相同的设计和工艺,它们的不同仅在于柱子尺寸及辅助设备规格不同。

二、模拟移动床色谱分离过程分析

(一) SMB 分离过程数学模型

SMB 色谱的数学模型包括两部分,一部分是反映实际色谱过程的柱模型,另一部分是反映衔接条件的结点模型。

在忽略孔内过程的条件下,SMB 色谱柱物料平衡关系为:

$$v_j \frac{\partial c_{i,j}}{\partial z} + \frac{\partial}{\partial t}\left[c_{i,j} + \frac{1-\varepsilon}{\varepsilon} q_{i,j} \right] = D_{i,j} \frac{\partial^2 c_{i,j}}{\partial z^2} \tag{13-12}$$

式中,ε 是颗粒孔隙率;$c_{i,j}$ 是组分 i 在 j 带流动相的浓度(g/L);$q_{i,j}$ 是组分 i 在 j 带固定相的浓度(g/g);$D_{i,j}$ 是组分 i 在 j 带流动相的扩散系数;$v_j = Q_j/A\varepsilon$,Q_j 是 j 带流动相的体积流量(L/min)。

SMB 色谱柱的传质速率方程为:

$$\frac{\partial q_{i,j}}{\partial t} = k_{i,j}(q_{i,j}^* - q_{i,j}) \tag{13-13}$$

式中,$k_{i,j}$ 是组分 i 在 j 带的传质系数;$q_{i,j}^*$ 是组分 i 在 j 带固定相的平衡浓度(g/g),其值与 A、B 两组分浓度的关系表示为:

$$q_{i,j}^* = f_i(c_{A,j}, c_{B,j}) \tag{13-14}$$

设 SMB 的柱内流量为 Q_j($j=1,2,3,4$)(L/min),洗脱剂流量为 Q_D、萃取液流量为 Q_E,萃余液流量为 Q_R,料液进口流量为 Q_F,则各结点之间的物料与浓度存在下列平衡关系:

$$Q_1 = Q_4 + Q_D, \quad c_{i,1}^{in} = \frac{(Q_4 c_{i,4}^{out} + Q_D c_{i,D})}{Q_1} \tag{13-15a}$$

$$Q_2 = Q_1 - Q_E, \quad c_{i,2}^{in} = c_{i,1}^{out} \tag{13-15b}$$

$$Q_3 = Q_2 + Q_F, \quad c_{i,3}^{in} = \frac{(Q_2 c_{i,2}^{out} + Q_F c_{i,F})}{Q_3} \tag{13-15c}$$

$$Q_4 = Q_3 - Q_R, \quad c_{i,4}^{in} = c_{i,3}^{out} \tag{13-15d}$$

式中,$c_{i,j}^{in}$ 表示进口物料浓度(g/L);$c_{i,j}^{out}$ 表示出口物料浓度(g/L)。

对于具体的二元组分分离,在给定初始条件、测定吸附等温线类型和其他相关参数的条件下,可联立式(13-12)、(13-15d)解出各柱的浓度分布。在 SMB 色谱过程中,了解各柱内各组分的浓度随时间的分布情况,对于确定切换时间 t_S 和优化分离条件至关重要。由于

SMB色谱过程的复杂性和多数情况下吸附等温线的非线性,求解过程较为复杂,可参考有关专著。

　　图13-20是用中试规模的SMB色谱分离手性药物时,A、B组分的浓度分布情况,用点表示实验数据,线表示计算结果,可以看出通过模型计算的结果与实验测定的结果吻合较好。从图13-20可知,在SMB色谱稳态过程中,各区浓度保持恒定,可连续从F口进样,D口输送洗脱液,从E口接取组分A,从R口接取组分B。

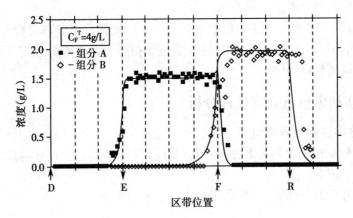

图13-20　柱结构为3/4/3/2四区带SMB色谱浓度分布
■、◇为实验结果,—为计算结果

(二) SMB色谱暂态过程与稳态过程

　　SMB色谱在达到稳态之前需经历暂态过程,其特征是随着切换次数的增加,组分浓度按一定规律渐次变化,并达到稳态。图13-21是研究手性化合物分离时,利用SMB色谱模型

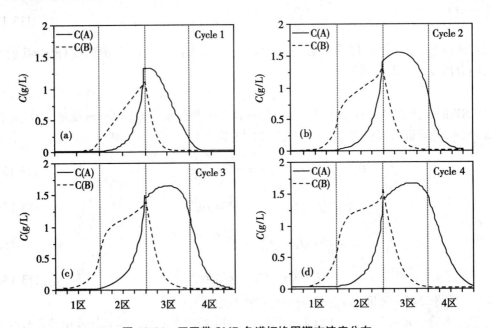

图13-21　四区带SMB色谱切换周期末浓度分布
A:强吸附组分;B:弱吸附组分
(a)第1周期;(b)第2周期;(c)第3周期;(d)第10周期

计算的暂态和稳态过程图。从中可知,在前三个周期,组分 A、B 的浓度曲线不断变化,且随循环次数的增加,浓度增大,最后达到稳定状态,如图 13-21d。综合比较图 13-21a~c,得出下列结论:每切换 1 次,浓度峰的高度较前 1 次要大,表明纯组分 A、B 分别在 Ⅱ 和 Ⅳ 区带富集,峰宽的弥散速度渐慢,由此推知,经过几次切换后,各柱的浓度峰将稳定下来,而达到稳态。

（三）SMB 过程的周期性

SMB 色谱过程是半连续的,是周期变化的,其周期就是各个切换时间 t_s,定义式为:

$$t_s = \frac{L}{u_s} = \frac{(1-\varepsilon)LA}{Q_s} \tag{13-16}$$

式中,L 是单根色谱柱的长度(m);u_s 是固定相的逆流移动速度(m/s)。以图 13-22 为例,无论是稳态还是暂态,SMB 色谱过程都是周期的。因此,SMB 色谱的稳态也称为周期性稳态。

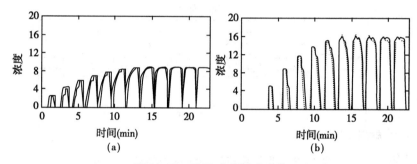

图 13-22　SMB 色谱浓度变化
(a)萃余液;(b)萃取液

三、模拟移动床色谱分离条件的选择

（一）SMB 色谱的三角形理论

确定 SMB 色谱操作区域最常用的方法是三角形法,它是由 Mazzotti 等提出来的。三角形理论基于真实逆流体系,在忽略轴向扩散和两相传质阻力影响的条件下,SMB 色谱的物料平衡方程式(13-12)可改写为:

$$v_j \frac{\partial c_{i,j}}{\partial z} + \frac{\partial}{\partial t}\left[c_{i,j} + \frac{1-\varepsilon}{\varepsilon} q_{i,j} \right] = 0 \tag{13-17}$$

式中:ε 是床层孔隙率;$c_{i,j}$ 是组分 i 在 j 带流动相的浓度(g/L);$q_{i,j}$ 是组分 i 在 j 带固定相的浓度(g/g)。

平衡关系为:

$$q_{i,j} = f(c_{A,j}, c_{B,j}), \quad (i = A, B) \tag{13-18}$$

定义组分 i 在 j 区的净流量为:

$$f_{i,j} = Q_s(1-\varepsilon)(m_j c_{i,j} - q_{i,j}) \tag{13-19}$$

式中,m_j 为流量比,其定义为每个区内液体和固体流量比:

$$m_j = \frac{Q_j^{SMB} t_S - V\varepsilon}{V(1-\varepsilon)} \tag{13-20}$$

对于一个二元组分分离问题,设 A 为强吸收组分,B 为弱吸收组分。分离目标是选择合适的操作参数,使 A 和 B 达到完全分离,即在萃取液回收组分 A,在萃余液回收组分 B,并且保证洗脱液在Ⅳ区和固定相在Ⅰ区再生。为了达到这一分离效果,不同分离区域中 A、B 物质净流量必须满足以下条件:①在Ⅰ区,A、B净流量必须向右;②在Ⅱ区,A的净流量必须向左,B的净流量必须向右;③在Ⅲ区,A的净流量必须向左,B的净流量必须向右;④在Ⅳ区,即A、B的净流量必须向左。以上条件可表示为:

$$Ⅰ区:f_{A,Ⅰ} \geqslant 0, \quad f_{B,Ⅰ} \geqslant 0; \tag{13-21a}$$

$$Ⅱ区:f_{A,Ⅱ} \leqslant 0, \quad f_{B,Ⅱ} \geqslant 0; \tag{13-21b}$$

$$Ⅲ区:f_{A,Ⅲ} \leqslant 0, \quad f_{B,Ⅲ} \geqslant 0; \tag{13-21c}$$

$$Ⅳ区:f_{A,Ⅳ} \leqslant 0, \quad f_{B,Ⅳ} \leqslant 0; \tag{13-21d}$$

各区物质净流量如图 13-23 所示。

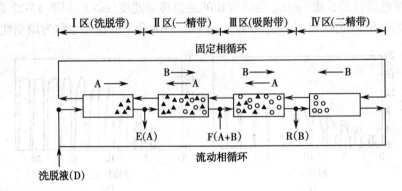

图 13-23   四区带 SMB 色谱各区的物质净流量
▲ 强吸附组分,○ 弱吸附组分

1. 吸附等温线为线性   当进料非常稀时,吸附平衡可用线性形式表示:

$$q_i = H_i c_i, \quad (i = A, B) \tag{13-22}$$

式中 H_i 是组分 i 的平衡常数,且 $H_B > H_A$。经过有关公式推导,可得到:

$$H_A < m_2 < m_3 < H_B \tag{13-23}$$

这样,完全分离区域可通过 m_2-m_3 二维空间表示出来。

如图 13-24 所示,理想条件下当系统的操作点落在由 W,a,b 三个点围成的三角形内时,两组分可以得到完全分离,为完全分离区(1);当操作点位于三角形上方时,可以完全分离强吸附组分 A,但不能得到纯净的弱吸附组分 B,称萃取液区(2);当操作点位于三角形左侧时,可以完全分离弱吸附组分 B,但不能得到纯净的强吸附组分 A,称萃余液区(3);如果操作点落在其他操作区域,则两组分不能完全分离,称无分离区(4)。

2. 吸附等温线为非线性   竞争性 Langmuir 吸附等温线:

$$q_i = \frac{q_{\max,i} K_i c_i}{1 + K_A c_A + K_B c_B} \quad (i = A, B) \tag{13-24}$$

式中,q_i 和 $q_{\max,i}$ 分别是组分的平衡吸附量(g/g)和饱和吸附量(g/g);K_i 是组分 i 的平衡常数。

定义吸附率 $r = N_i K_i$,并经过有关公式推导、整理,可得到完全分离条件,其计算过程与结果请参考有关文献。

图 13-25 是在非线性吸附条件下用三角形理论得到的完全分离区的边界条件和交点的解析解,并据此可得到一个变形的三角形区域,也和线性吸附一样被划分成四个区域,即完全分离区(1)、萃取液区(2)、萃余液区(3)、无分离区(4)。

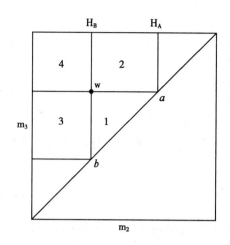

图 13-24 三角形理论在线性条件下的可分离区域

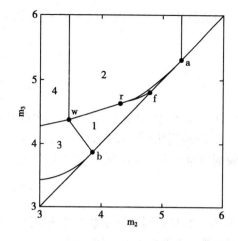

图 13-25 三角形理论在非线性条件下的可分离区域

上图中,完全分离区的边界需满足的条件取决于进样组分的理化参数等因素,可通过计算获取,鉴于计算过程比较复杂,此处不做推导,请参考有关文献。

三角形法所给出的分离条件没有考虑扩散与传质阻力,实际分离中有各种扩散的影响,也有相间传质阻力的影响,这些因素使组分的谱带弥散,使可分离区域缩小。图13-26 表明,传质阻力增大,传质系数减小,可完全分离区域随之减小。

(二) 工艺要求的确定

在建立分离方法之前,必须明确分离要达到的纯度、回收率,以及生产效率、洗溶剂消耗量等工艺要求。

1. 产品纯度 SMB 色谱主要用于二元组分 A、B 的分离,A 和 B 的纯度分别由 P_E 和 P_R 表示:

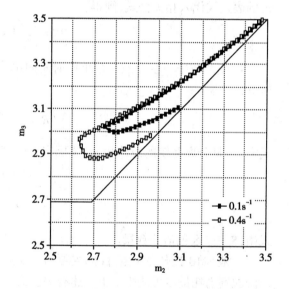

图 13-26 传质系数对可分离区域的影响

$$P_E = \frac{100 c_A^E}{c_A^E + c_B^E} \tag{13-25a}$$

$$P_R = \frac{100 c_B^R}{c_A^R + c_B^R} \tag{13-25b}$$

式中,c_i^E 和 c_i^R 分别表示组分 i 在萃取液和萃余液中的浓度(g/L)。

2. 回收率 A 和 B 的回收率分别由 Y_A 和 Y_B 表示:

$$Y_A = \frac{Q_E c_A^E}{Q_F c_A^F} \tag{13-26a}$$

$$Y_B = \frac{Q_R c_B^R}{Q_F c_B^F} \tag{13-26b}$$

将流量比 m_j 的表达式代入相关公式,则得:

$$Y_A = \frac{Q_E}{Q_F} \frac{m_3 - m_2}{m_1 - m_2} \tag{13-27a}$$

$$Y_B = \frac{Q_R}{Q_F} \frac{m_3 - m_2}{m_3 - m_4} \tag{13-27b}$$

式中,Q_R、Q_E 和 Q_F 分别是萃取液、萃余液和进料的流量(L/min)。

3. 洗脱剂用量 洗脱剂消耗发生在用洗脱剂溶解溶质进样和补充分离过程中系统内洗脱剂的净损失。洗脱剂用量定义如下:

$$DR = \frac{(Q_D + Q_F)\rho_D}{Q_F c_T^F} \tag{13-28}$$

式中,Q_D 和 Q_F 分别是补充系统的洗脱剂流量和进料流量(L/min);ρ_D 是洗脱剂密度(g/L),c_T^F 是进料的浓度(g/L)。

如果进料的浓度很低,那么料液的密度近似等于洗脱剂的密度,则有 $\rho_D = \rho_F$,将流量比 m_j 的表达式代入相关公式,则得:

$$DR = \frac{c_D}{c_T^F}\left(1 + \frac{m_1 - m_4}{m_3 - m_2}\right) \tag{13-29}$$

4. 生产效率 生产效率是单位时间内单位质量固定相分离二元组分的质量,其定义式如下:

$$PR = \frac{Q_F c_T^F}{(1-\varepsilon)\rho_S V_T} \tag{13-30}$$

式中,V_T 是分离系统的总体积,ρ_S 是固定相的密度。通过适当变化,则得:

$$PR = \frac{Q_F(m_3 - m_2)}{\rho_S t_S \sum\limits_{j=1}^{4} S_j} \tag{13-31}$$

式中,S_j 是 j 区色谱柱数量。

一般 SMB 操作优化的目标主要有:①进料量要大;②回收率要高;③生产效率要高;④洗脱剂消耗量尽可能少。由上述有关公式可知,$(m_3 - m_2)$ 的值与生产效率、回收率成正比,与洗脱剂消耗量成反比。当吸附等温线为线性时,在图 13-24 和图 13-25 所示的 m_2-m_3 平面图中,操作点到对角线的垂直距离越大,模拟移动床的生产效率和回收率越高,洗脱剂的耗费量越少,由此可知,三角形的顶点 w 对应理论上的最佳操作点。但是,当操作点靠近三角形顶点的位置时,SMB 色谱系统抗干扰能力(鲁棒性)变差。在实际操作过程中干扰因素有很多,比如,泵流速的波动,色谱柱的等效性等,都可引起分离区间变动,操作点就可能超出可分离区域,从而导致 SMB 色谱 E 和 R 口不能得到纯组分。相反,当操作点选在三角形靠底边附近时,进样流速虽然减小,工作效率变低,可是系统抗干扰能力却得到提高。因此,在选择操作点时,需要对各因素综合考虑。

(三)影响 SMB 色谱操作的因素

1. E 口采出量 Q_E E 口采出量对工艺目标的影响可分两种情况,其一是在完全分离区内操作时,E 口流量的变化,对产品的纯度、回收率、溶剂消耗量和生产率基本没有影响。其二是超出完全分离区时,增加 E 口采出量对 E、R 口产品纯度均有影响,且对 E 口产品纯度影响最大。图 13-27 表明增加 E 口采出量,会导致 E 口产品纯度急剧下降,原因在于增加 E

口流量,Ⅱ区带的洗脱剂流量减少,洗脱能力下降,弱吸附组分 A 在此区有了向上游的净流量,污染了 E 口产品。

2. 进料流量 Q_F 进料流量对不同的工艺目标的影响是不同的。对产品而言,在完全分离区内提高进料流量,不会影响产品的纯度和收率。超过完全分离区再增大流量会导致 E、R 口产品纯度和回收率均下降。比较而言,对 R 口产品纯度的影响更大,其原因在于进料流量增大,直接增大了Ⅲ区带洗脱剂的量,从而使强吸附组分的保留时间缩短,污染了 R 口产品。

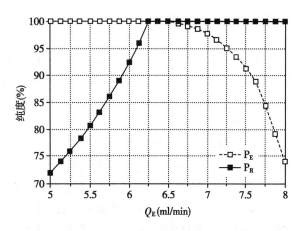

图 13-27 E 出口流量对产品纯度和产率的影响

对生产效率和洗脱剂消耗量而言,提高进料流量,可以提高生产效率,减少洗脱剂用量。图 13-28 给出了增加进料流量,对上述两个指标的影响。需要注意的是溶剂消耗量的降低,在初始阶段变化幅度较大,随后变化幅度减小,从提高产率、降低消耗的角度,适当增加进料流速是必要的。

3. 进料浓度 进料浓度主要是影响 SMB 色谱吸附等温线的类型。在低浓度情况下,吸附等温线呈线性;在高浓度下,吸附等温线变为非线性。因此,进样浓度对分离过程的影响比较复杂。图 13-29 表明,进样浓度增大,可以提高生产效率,降低了洗脱剂的消耗量,但会使操作的稳定性(robustness,鲁棒性)变差。

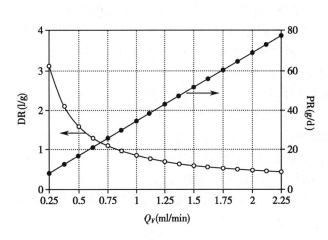

图 13-28 进料流量对洗脱剂消耗量和生产效率的影响

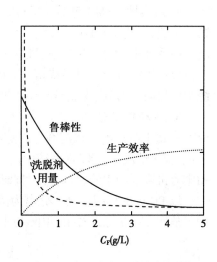

图 13-29 进料浓度对分离参数的影响

(四) SMB 色谱系统单柱的选择与填充

目前常见的 SMB 色谱设备多为中小型,设计中的一个重要内容是色谱柱的确定。包括单柱尺寸选择,单柱的填充与各个柱的对称性调节。

1. 柱尺寸 柱尺寸的大小直接影响着 SMB 系统的产量、生产效率和系统的压力。因此,恰当地选择柱尺寸是确定 SMB 色谱系统的关键。在柱尺寸选择时,可在分析柱实验的基础上,采用按比例放大的方法,根据分离的指标,选取合适尺寸的柱。如模拟移动床分离手性药物卡波前列腺素甲酯(PG05)时,年产量为1kg,确定SMB色谱系统单柱为20mm×500mm制备型柱。

2. **填料类型**　不同类型的SMB色谱常选用不同类型的填料,如离子交换色谱选择各种不同的离子交换树脂,反相色谱常选用C_{18}固定相,手性分离则选择各种不同手性固定相。随着模拟移动床系统应用领域的不断扩大,人们需要根据分离对象的不同选择不同类型的填料,以满足分离的要求。

3. **填料尺寸**　在填料类型和柱尺寸确定以后,还要对填料粒度进行优化。填料尺寸的选择对SMB色谱分离起着非常重要的作用。填料粒度的选择涉及很多方面,包括样品处理量、系统的最大耐压能力及柱的分离效果等。由于SMB是柱串联系统,因此,每个柱的压降不能太大。柱压降与填料粒径的平方成反比,因此,为了保证系统的压力,往往选择大粒径填料。但为了满足分离的要求,又需要选择粒径较小的填料。当泵所能承受的最大压力不能满足时,往往需要降低系统流速,从而降低进样量,这将降低系统产量。所以,必须根据对产品纯度、产量的要求,选择合适的填料尺寸。

4. **色谱柱的装填**　SMB色谱的工作单元为制备柱,制备柱的分离性能直接影响到分离效果,制备柱的装填是影响其分离性能的因素之一。装填方法不同,对柱效率的影响很大。制备柱的装填方法主要分为干法和湿法两种。通常来说,填料粒度小于$20\mu m$时用湿法装填,填料粒度大于$20\mu m$用干法装填。模拟移动床系统中各色谱柱除了要保证一定柱效率和反压力外,还要保证良好的对称性,而干法装填随机性较大,各柱之间很难保证对称。动态轴向压缩柱则在一定程度上避免了上述问题,其柱床层可在小范围内调节,使各色谱柱能保持很好的对称性,对于大尺寸制备柱仍能保持很高的柱效。

5. **对称性**　SMB色谱在运行时,要在各柱间周期性地变换功能,这些功能包括吸附、精馏与洗脱,因此每根柱的压降、每根柱中各组分的保留时间、柱效率等诸多参数必须相同,也就是说系统中各色谱柱必须对称,尤其是保留时间必须一致。如果制备柱的保留时间不同,在分离过程中可能造成系统紊乱。因此,在模拟移动床系统运行之前,需要对模拟移动床系统中各柱的压力、柱效、组分的保留时间进行对称性测定。

6. **流动相的选择**　SMB色谱分离相似物的关键之一是选择合适的流动相。在反相SMB色谱中常用的有机溶剂是甲醇或乙醇。醇/水系统作为流动相成本较低。从分离能力来说,很多情况下,醇/水系统中用甲醇要好一些,但从环保角度看,用乙醇要好。改变流动相中有机溶剂和水的比例,可调整流动相的强度,有关分析可参阅文献。

以PG05的模拟移动床分离为例,流动相对结果的影响见图13-30。

从图13-30可以看出,甲醇与水的体积比为6:4时PG05的分离结果比体积比为7:3

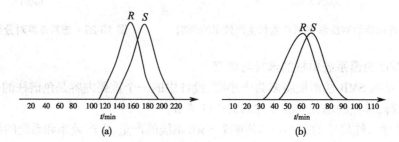

图13-30　用不同配比流动相分离PG05异构体时的谱图
(a)甲醇:水=6:4(体积比);(b)甲醇:水=7:3(体积比)

时要好。但前者完成分离所用的时间比后者长,因此,若用前者作为流动相时产量将受到影响。综合分析后,确定选择甲醇与水体积比为7∶3的流动相。

四、模拟移动床色谱在药物分离中的应用

模拟移动床技术是药物分离的重要手段,特别是在手性药物的分离方面,已被公认为规模拆分手性药物的最有效手段。

(一)模拟移动床在手性药物分离中的应用

将模拟移动床技术用于手性药物的拆分最早开始于日本。1989年日本的S.Nagamatsu等首次研究用SMB技术分离手性药物,并于1991年成功分离了1-phenylethylalcohol。1996年,新加坡的C.B.Ching等利用8根色谱柱组装的SMB色谱分离了外消旋化驱虫药praziquantel。2001年,M. Schulte和J. Strube综述了20世纪90年代以来SMB色谱分离手性药物的成就,从手性固定相的选用,模拟移动床系统的设计到操作方案的优化,都做了详实的分析,并列举了大量工业应用实例。我国在模拟移动床手性分离方面,也做了一定的研究,如浙江大学使用德国Knauer公司的PilotSystem CSEPC916模拟移动床装置分离奥美拉唑对映体等。近10年来,SMB色谱在小分子手性药物分离领域方兴未艾,在蛋白质等生物大分子分离方面的应用研究也倍受关注。

(二)模拟移动床在中药及天然产物分离中的应用

模拟移动床作为工业分离技术具有精细分离能力强、常温工作、无热损伤、能耗低、收率高的优点,很适合附加值高的中药有效成分的分离纯化。但目前,用模拟移动床实现工业分离的中药制剂,还没有报道。其原因可能是中药药效成分复杂,而模拟移动床技术主要是用来分离二元混合物,对多组分混合物的分离,程序复杂。但作为实验室规模的探索性研究,已取得了一系列进展。

如以东北红豆杉的树叶为原料,利用乙醇作为提取溶剂,在初步提取的基础上,以乙醇和水(v/v,5∶5)为流动相,用SMB色谱分离了紫杉醇;以银杏浸膏粉为原料,采用萃取、SMB色谱分离和结晶相结合的方法分离了银杏内酯B,纯度在90%以上;用三区带SMB色谱,以乙醇-水为洗脱剂,梯度洗脱,经两步纯化,从含55%的茶多酚原料中,分离得到纯度97.8%的EGCG,回收率为99.8%。

现以从甘草总黄酮中分离甘草苷为例,对SMB色谱技术应用进行说明。三区带SMB色谱系统由图12-31所示,该系统由4根相同的ODS制备柱(100mm×10mm,20μm)、7个手动六位切换阀、6个五通及各连接管路组成,柱结构为1/1/2。两个恒流泵(泵1和泵2)分别用来输送冲洗液和洗脱液,一个双柱塞微量计量泵(泵3)用来输送料液。

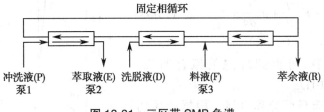

图13-31 三区带SMB色谱

1. 测定吸附等温线 图13-32为样品的色谱图,峰2是甘草苷,峰1是难以去除的主要杂质,同时还有其他一些极性杂质,含量很少,极性差异较大,相对容易去除。考虑到在制备

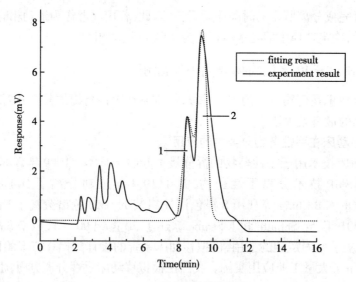

图 13-32　SMB 样品色谱图

条件下,多组分的吸附平衡常偏离线性,叠加原理已不再成立,而且难分离组分在固定相上的吸附也相互竞争。

针对此情况,采用二组分近似,将进样看作是甘草苷和主杂质二元组分,作为甘草苷及主杂质的吸附等温线模型可用竞争模型表示为:

$$q_i = \frac{N_i K_i c_i}{1 + b_1 c_1 + b_2 c_2} \tag{13-32}$$

当浓度低时,上述吸附等温线就成为线性关系:

$$q_i = H_i C_i$$

在线性条件下组分 i 的保留时间 t_{Ri} 为:

$$t_{Ri} = t_0 (1 + F H_i)$$

$$c_i = \frac{t_{Ri} - t_0}{F t_0}$$

实验测得 $t_0 = 2.823$min 与 $F = 0.484$, $t_{R1} = 8.634$min, $t_{R2} = 9.451$min, 按三角形优化理论,求得 $H_1 = 4.253$, $H_2 = 4.851$。一般采用迎头法测定 b_1 和 b_2, 考虑甘草苷样品成分复杂,影响测定结果,作者采用逆法(inverse method)估算 b_1 和 b_2 值,逆法的原理是通过流出曲线辨识参数 b_1 和 b_2, 因为 b_1 和 b_2 值影响流出线的形状。所用的色谱方程式如下:

$$\frac{\partial c_i}{\partial t} + F \frac{\partial q_i}{\partial t} + u \frac{\partial c_i}{\partial x} = 0 \tag{13-33}$$

$$q_i = f_i(c_1, c_2) \tag{13-34}$$

通过数值计算,可得到理想的拟合曲线, $b_1 = 0.002$L/g, $b_2 = 0.001$L/g。

2. 三角形法选择可分离区域　根据前述的三角形理论,将 $H_1 = 4.253$, $H_2 = 4.852$, $b_1 = 0.002$L/g, $b_2 = 0.001$L/g, $c_1 = 3.7$g/L, $c_2 = 11.5$g/L 代入顶点方程,得 m_2-m_3 平面分离区域(图 13-33)。正常进料浓度时,

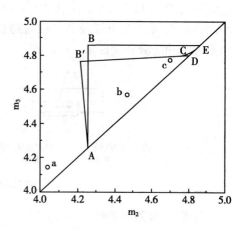

图 13-33　甘草苷的可分离区域

可分离区域为 AB'CE；当进料极稀时，b_1=0L/g，b_2=0L/g，则可分离区域为 ABE。

3. 操作点的确定 可分离区域外选择操作点 a，在可分离区域内选择操作点 b 和 c 进行 SMB 色谱分离，具体操作条件及分离结果见表 13-7。

表 13-7 分离甘草苷操作点的条件

	操作点				操作点		
	a	b	c		a	b	c
Ⅰ区带流量（ml/min）	2	2	3	流速比 m_2	4.036	4.461	4.673
进料流量（ml/h）	2	2	2	流速比 m_3	4.141	4.573	4.750
Ⅱ区带流量（ml/min）	2	2	3	切换时间（min）	7.5	8.0	5.5
Ⅲ区带流量（ml/min）	2.033	2.033	3.033	甘草苷纯度	70	85	80

从表 13-7 可知，操作点 b、c 处在可分离区域内，因此其所得产品纯度高于操作点 a。比较分离结果，操作点 b 所得甘草苷纯度最高为 85%。在实验中没能得到 100% 纯度的产品，究其原因在于样品中组分复杂，系统不稳定所致。将 85% 的甘草苷结晶后，其纯度可提高到 99%，收率可达 85%。

上述研究表明用 SMB 色谱分离复杂的天然药物是可行的。

第三节 泡沫分离技术

泡沫分离技术又称泡沫吸附分离技术，是近年发展较快的新型分离技术。泡沫分离技术是基于表面吸附原理及溶液中溶质（或颗粒）间表面活性的差异进行分离的，表面活性强的物质优先吸附于分散相与连续相的界面处，通过鼓泡使溶质选择性地聚集在气 - 液界面并借助浮力上升至溶液主体上方形成泡沫层，从而分离、浓缩溶质或净化液相主体的过程。

泡沫分离浓缩的物质可以是表面活性物质，也可以是和表面活性物质具有亲和能力的任何溶质诸如金属阳离子、阴离子、蛋白质、酶、染料、矿石粒子以及沉淀微粒等。取其共性，把凡是利用气体在溶液中鼓泡以达到分离或浓缩的这类方法总称为泡沫吸附分离技术。

一、泡沫分离技术的原理及分类

1. 泡沫分离技术的原理 表面活性剂具有亲水的极性基团和憎水的非极性基团，在溶液中可以选择性吸附在气 - 液相界面上，使表面活性物质在表面相中的浓度高于主体相中的浓度，并使该溶液的表面张力急剧下降。当溶液中只存在一种表面活性剂，且在一定的温度下达到吸附平衡时，气 - 液相界面处表面活性剂的吸附可用 Gibbs 吸附等温方程式（13-35）描述。该式从理论上证实了表面活性剂在气 - 液界面上的富集作用。

$$\gamma = -\frac{C}{RT}\,d\sigma/dC \qquad (13-35)$$

式中，σ 为表面活性剂的表面过剩吸附量，mol/cm^2；C 为主体溶液的平衡浓度，mol/cm^3；γ 为溶液的表面张力，N/cm，它是表征溶液表面性质的重要参量。

dσ/dC 值可从图 13-34 获得。当溶液浓度很低时（低于 a），由于溶液中表面活性剂很少，溶液的表面张力与溶剂相似，几乎不发生吸附；当溶液浓度介于 $a \sim b$ 之间时，溶液的表面张力随溶液浓度的增加而降低（图 13-35），从而可以实现分离；当溶液的浓度大于 b 时，曲线的斜率接近 0，在这一范围内，溶液的主体中可形成一定形状的胶束，此时溶液中表面活性剂的浓度称为临界胶束浓度（CMC）。通常认为理想的溶液吸附发生在 $a \sim b$ 的范围内。一般低浓度物质的富集率比较高，因此泡沫分离方法更适合于低浓度表面活性物质的分离纯化。对于非表面活性物质，可以在溶液中添加一种适合的表面活性物质，这种物质可与溶液中原有的溶质结合在一起形成一种新的具有表面活性的溶

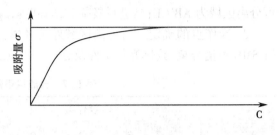

图 13-34　溶液吸附等温线

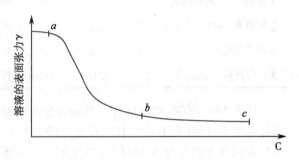

图 13-35　表面张力与溶液浓度的关系

质，该溶质吸附在气泡表面上从而使原有的溶质从溶液中分离出来。

泡沫分离必须具备两个基本条件。首先，目标溶质是表面活性物质，或者是可以和某些活性物质相络合的物质，它们都可以吸附在气 - 液相界面上；其次，富集物质在分离过程中可借助气泡与液相主体分离，并在塔顶富集。泡沫分离的传质过程在鼓泡区中是在液相主体和气泡表面之间进行的，在泡沫区中是在气泡表面和间隙液之间进行。所以，表面化学和泡沫本身的结构和特征是泡沫分离的基础。

2. 泡沫吸附分离方法的分类　泡沫吸附分离技术的方法可分为泡沫分离和非泡沫分离两类。

（1）泡沫分离：根据分离的对象是真溶液还是带有固体粒子的悬浮液、胶体液等，泡沫分离法可分成泡沫分离和泡沫浮选两类。

在泡沫分离法中，作为分离对象的某溶质，可以是表面活性剂如洗涤剂，也可以是不具有表面活性的物质如金属离子、阴离子、染料及药物等。但是它们必须具备和某一类型的表面活性剂能够络合或螯合的能力。当在塔式设备底部鼓泡时，该溶质可被选择性地吸附或附着于自下而上的气泡表面，并在溶液主体上方形成泡沫层，将排出的泡沫消泡，可获得泡沫液（溶质的富集回收）。在连续操作时，液体从塔底排出，可以直接排放，也可作为净制后的产品液。

（2）非泡沫分离技术：非泡沫分离过程需要鼓泡，但不一定形成泡沫层。非泡沫分离又可以分为鼓泡分离法和溶剂消去法两类。鼓泡分离法指的是从塔式设备底部鼓入气体，所形成的气泡富集了溶液中的表面活性物质，并上升至塔顶，最后和液相主体分离，液相主体得以净化，溶质得以浓缩的方法。

溶剂消去法是将一种与溶液不互溶的溶剂置于溶液的顶部，用来萃取或富集溶液内的表面活性物质，表面活性物质借助容器底部所设置的鼓泡装置中所鼓出的气泡的吸附作用被带到溶剂层的方法。

二、泡沫分离技术的流程操作及特点

1. 泡沫分离技术的流程设置 泡沫分离流程可以分为间歇分离和连续分离两类,其中连续分离又可分为精馏(段)塔、提馏(段)塔和以上两者叠加而成的全馏塔三种(图13-36、图13-37)。

柱形塔体分成溶液鼓泡层和泡沫层两部分。原料液可按不同类型塔分别在不同部位加入,见图13-37。气体从设置在塔底的气体分布器中鼓泡而上,与原料液逆流相接触,由于液体中含有表面活性物质,鼓泡所形成的稳定的泡沫聚集在液层上方空间,汇成泡沫层,经塔顶排出。引出的泡沫消泡后,称泡沫液,为塔顶产品,其中被富集的物质称富集质。塔底还设有残液排出口,可间歇或连续排料。

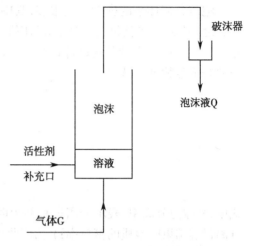

图 13-36 间歇式泡沫分离塔示意图

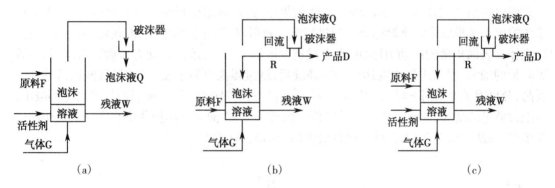

图 13-37 连续式泡沫分离塔示意图
(a)提馏塔;(b)精馏塔;(c)全馏塔

泡沫分离的流程、装置和精馏很类似,故有泡沫精馏之称。但泡沫分离得以进行主要靠泡沫,即单位时间所产生的气液相界面;精馏主要靠热分离,即单位时间所耗的蒸气量,两者的分离原理是截然不同的。

2. 操作方式的选择 泡沫分离操作方式一般分为间歇式和连续式两类。间歇式与连续式的设备相似,只是没有添加药液的回流装置。连续式又可分为简单塔、提馏塔、精馏塔和复合塔。间歇式操作简单,药液一次性加入,可得到富集比较高的泡沫,但属于不稳定操作,分离塔底部料液浓度、液相高度等都随时间变化而变化。而连续式操作可维持液相高度不变,但液相是流动的,与气泡接触的时间不够长,且回收率偏低。

3. 泡沫分离技术的特点 泡沫分离技术适合于对低浓度的产品进行分离。如低浓度的酶溶液,用常规的方法进行沉淀是行不通的,如果使用泡沫法对产品先进行浓缩,就可以用沉淀法进行提取。泡沫分离方法是根据分离物的表面活性对产品进行分离的,因此也可以高选择性地浓缩某种成分。此过程不使用无机盐或有机溶剂,仅仅有一些动力消耗,它的运行成本一般要比其他方法低。

三、泡沫分离技术的影响因素

泡沫分离体系的影响因素很多,其中包括:①系统的操作参数,如气体流速、回流比、泡沫高度、温度等;②溶液的性质(如 pH 值、溶液表面活性剂初始浓度、离子强度等);③气泡尺寸等。在泡沫分离设备的设计过程中。泡沫分离设备的效率可以用式(13-36)至式(13-38)中的若干参数进行描述:

$$R = \frac{C_f}{C_w} \tag{13-36}$$

$$R_f = \frac{C_t}{C_0} \tag{13-37}$$

$$Y = \frac{V_f C_f}{V_f C_f + V_w C_w} \tag{13-38}$$

式中,R 称为分离率,表示分离过程结束时泡沫液的浓度与残留液的浓度的比值;R_f 为泡沫分离过程结束时溶质的富集率;Y 为回收率;C_0 为进料浓度;C_f 为破沫液的浓度;C_t 为某一时刻的浓度;C_w 为残留液浓度;V 表示体积,cm^3。

1. 进料浓度 C_0 的影响　在一定的气液比下,若进料浓度太低,形成的泡沫不稳定,易聚合并破碎从而造成残留液浓度增高,分离效果下降;进料浓度过高,表面活性剂类废水处理系统的出水又难以达到排放标准。当进料浓度较低时,随进料浓度增加,表面活性分子由溶液主体向表面扩散的推动力增加,表面过剩浓度增大,相应溶液的动态表面张力降低,导致吸附量的增大;但当进料浓度达到一定高度后,继续提高进料浓度,只能导致残留液浓度的提高,分离因子 R 急剧下降,如图 13-38 所示。过高的进料浓度,还可能引起气泡尺寸的减小,气泡含液量的增大,导致分离效率的降低。由此可见,在泡沫分离操作中存在一个最优的进料浓度,在这个浓度下,设备可以得到最大的分离效率(图 13-39)。

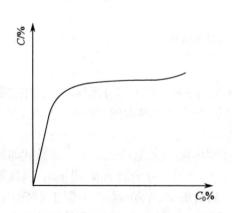

图 13-38　泡沫液浓度与溶液初始浓度的关系

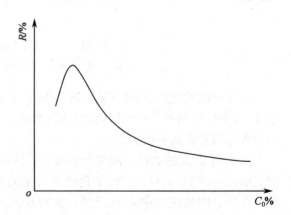

图 13-39　富集率与溶液初始浓度的关系

2. 气泡尺寸的影响　足够的气 - 液相界面面积是泡沫分离的前提,要确定气 - 液相界面面积就必须先确定泡沫气泡的尺寸和分布。从理论上来讲,小泡沫比大泡沫具有的优势是:①因为小泡沫的上升速度慢,有利于促进蛋白质的吸附;②小泡沫的夹带能力比大泡沫强;③小泡沫携带的液体量和表面积都较大,有助于提高分离率和回收率,但不利于提高富集率。

随着气泡尺寸变大,泡沫的含液量将减小,气-液相界面面积也要减小。泡沫含液量的减小可以提高系统的分离程度,但回收率会降低;气-液相界面面积的减小,也使得回收率下降。

3. 气体流量的影响　气体流量是泡沫分离系统中一个重要参数,气体流量的提高,可以增大界面面积,从而有利于溶质的分离。但是,低气体流量可以获得更高的分离因子,因为较小的气速可以降低泡沫的含液量。而且气速过高,产生泡沫的量就会增加,因而泡沫在分离设备中的停留时间就会减少,导致泡沫中要分离的表面活性剂的浓度下降。为了保持一个必要的泡沫高度,泡沫分离塔操作时气体流量不能低于一个临界值。

4. 泡沫排液的影响　泡沫塔中分离现象主要是由于上升的气泡的表面与气泡间隙中下降的液体之间不断进行着质量传递,而且不论泡沫分离设备是否具有外部回流装置,由于重力和表面力而产生的间隙液体的流动都将起到内部回流的作用,从而实现分离。所以,泡沫排液状况对于泡沫分离设备的效率非常重要。同时,间隙液体的排放还可以减少泡沫液中所含主体溶液的量,从而提高分离塔的效率。

5. 温度的影响　具有表面活性的化合物在不同的温度下具有不同的泡沫稳定性,温度应作为一个操作变量考虑。此外,溶液温度升高,溶液的动态表面张力将随之减小。这一现象可能是因为温度的升高导致了表面活性剂溶液黏度的降低,减小了扩散阻力,使吸附阻力降低;另一方面,也可能是因为温度的升高使吸附平衡常数 k 增加,吸附阻力降低,吸附量增大。

6. pH 值的影响　通常溶液中的表面活性物质是一种两性电解质,当处于等电点时,分子所带的电荷为零,此时,分子表现出一些特殊的理化性质,如分子间斥力减小,溶解度降低,这有助于在气液相界面处吸附。而且,当表面活性物质处于等电点时,表面活性物质的表面活性增强,在溶液中表现出较好的发泡能力,这也有助于蛋白质在泡沫中的富集。此外,pH 值对于体系的表面张力及溶质在气-液相界面处的吸附、泡沫的排液和泡沫的稳定性都有显著的影响,通过选择合适的 pH 值,可以强化分离过程。

此外,影响泡沫分离技术的因素还有气泡聚并、溶质种类等。

四、泡沫分离技术的应用

在医药和生物工程中,泡沫吸附分离技术可用于分离蛋白质和酶;活体中的金属痕量的检验以及病毒的浓缩分离如脚气病和口腔病病毒等。中药中皂苷类成分具有亲水性的糖体和疏水性的皂苷元,是一种优良的天然表面活性成分,在强烈搅拌或沸腾时就能产生稳定的泡沫。根据泡沫分离技术的原理和中药皂苷类成分的理化性质,此技术可用于分离、富集中药粗提液中具有表面活性的皂苷类成分。如中药三七的主要药用成分三七皂苷是表面活性物质,其分子结构中亲水的配糖部分与亲脂的皂苷元所表现出的亲水性与亲脂性达到分子内动态平衡。三七水溶液中还有三七多糖、三七黄酮、多种氨基酸、多肽及无机盐等,这些物质均不是表面活性物,因此可根据它们表面活性差异用泡沫吸附来富集分离三七皂苷,残余液相因没有被有机试剂污染可直接利用。有关实验表明,在 pH7.00,进料浓度 $2.43 \times 10^2 \mu g/ml$（以人参皂苷 R_{g_1} 作参照),三七皂苷的表面张力为 $5.93 \times 10^{-2} N/m$,氮气流速 15m/min 及进料体积 8.0ml 时,对三七粗提液进行泡沫分离,泡沫相三七皂苷收得率为 73.6%,液相三七多糖收得率为 87.5%。该法具有简便、有效、无污染的优点。

（郭永学　王宝华）

参 考 文 献

［1］Wulff G，Sarhan A. The use of polymers with enzyme analogous structures for the resolution of racemates. Angew. Chem.，Int. Ed. 1972，11（2）：341-346

［2］Mayes A G，Whitcombe M J. Synthetic strategies for the generation of molecularly imprinted organic polymers. Adv. Drug Deliv. Rev.，2005，57（12）：1742-1778

［3］谭天伟. 分子印迹技术及应用. 北京：化学工业出版社，2010

［4］Ramström O，Mosbach K. Synthesis and catalysis by molecularly imprinted materials. Curr. Opin. Chem. Biol.，1999，3（6）：759-764

［5］Kempe M，Mosbach K. Molecular imprinting used for chiral separations. J. Chromatogr. A，1995，694（1）：3-13

［6］王佳兴，苏志国，马光辉. 生化分离介质的制备与应用. 北京：化学工业出版社，2008

［7］小宫山真. 分子印迹学：从基础到应用. 北京：科学技术出版社，2006

［8］Karasová G，Lehotay J，Sádecká J，et al. Selective extraction of derivates of phydroxy-benzoic acid from plantmaterial by using a molecularly imp rinted polymer. J. Sep. Sci.，2005，28（18）：2468-2476

［9］范培民，王兵. 槲皮素金属配位分子印迹聚合物的识别性能. 高等学校化学学报，2009，30（12）：2514-2520

［10］Migliorini C，Gentilini A，Mazzotti M，et al. Design of Simulated Moving Bed Units under Nonideal Conditions. Ind. Eng. Chem. Res.，1999，38（6）：2400-2410

［11］Rajendran A，Paredes G，Mazzotti M. Simulated moving bed chromatography for the separation of enantiomers. J. Chromatogr. A，2009，1216（4）：709-738

［12］林炳昌. 模拟移动床色谱技术. 北京：化学工业出版社，2008

［13］Lehoueq S，Verhevé D，Wouwer A V，et al. SMB Enantioseparation：Process Development，Modeling，and Operating Conditions. AIChE J.，2000，46（2）：247-256

［14］Zhong G M，Guiochon G. Analytical solution for the linear ideal model of simulated moving bed chromatography. Chem. Eng. Sci.，1996，51（18）：4307-4319

［15］Nagamatsu S，Murazumi K，Makino S. Chiral separation of a pharmaceutical intermediate by a simulated moving bed process. J. Chromatogr. A，1999，832（1-2）：55-65

［16］危凤，沈波，陈明杰，等. 模拟移动床色谱拆分奥美拉唑对映体. 化工学报，2005，56（9）：1769-1702

［17］Cong J X，Lin B C. Separation of Liquiritin by simulated moving bed chromatography. J. Chromatogr. A，2007，1145（1-2）：190-194

［18］郭立玮. 中药分离原理与技术. 北京：人民卫生出版社，2010

第十四章 制药分离过程的耦合（集成）

第一节 耦合（集成）技术概述

现代制药分离新技术的发展，呈现出反应过程与分离过程密切结合的特点。而传统的化工分离技术如蒸馏、萃取、结晶、吸附和离子交换等，应用于目标产物比较复杂的制药工程，特别是用于中药药效物质精制分离时，由于其原料液浓度低，组分复杂，回收率要求高，往往难以达到理想的结果。

从现代分离技术的研究发展趋势来看，针对上述问题，主要从两个方面着手解决，一是研究新的适用于目标产物多元化的制药分离技术；二是利用已有的和新开发的分离技术进行有效组合，或者把两种以上的分离技术结合成为一种更有效的分离技术，以实现过程优化的目的，这种多种技术的组合或合成称为耦合或集成。

一、过程耦合（集成）及其优点

为使一项特定的工艺过程，达到较高的选择性或较高的转化率，将两个或两个以上的反应过程或反应-分离过程相互有机地结合在一起进行联合操作，称之为过程耦合（或集成，processes coupling）。过程耦合有助于提高反应过程中目标产物的收率或提高目标产物的纯度，有助于减少副产物的生成或改善过程排放物的质量，使过程向有益于环境的方向发展。

从耦合空间尺度来看，可将其划分为两类。

1. 设备间的耦合　通常采用两个独立的设备，通过物流（可以是气、液或固态）在两个设备间流动来完成过程耦合，通常业界也将这种方式称为联用。

2. 设备内的耦合　近十几年来，设备内耦合技术的研究非常活跃，由于传热方式、传质方式、动量传递方式的不同，又有各自不同分类。设备内耦合根据其实现的功能，可分为如下几类：

（1）反应与传热的耦合：反应同传热的结合，目的是为了供给或移走反应热。近年来发展了固体细粉移热的反应器、溶剂蒸发移热的反应器、周期性逆流的绝热床反应器等新型反应传热类型。

（2）反应和传质的耦合：反应和传质耦合的设想是在一个装置中同时进行反应与传质的过程，反应生成的某一组分通过传质过程移出反应体系，有利于可逆反应向产品生成方向进行。主要类型有色谱反应器、催化精馏反应器、膜反应器等类型。

二、常见的制药分离耦合技术

分离耦合技术综合了两种或两种以上分离技术的长处，具有简化流程、提高收率和降低消耗等优点。耦合分离技术还可以解决许多传统的分离技术难以完成的任务,因而在生物工程、制药和新材料等高新技术领域有着广阔的应用前景。目前制药分离耦合技术应用方式主要有以下两类。

(一) 分离过程与分离过程的耦合

分离过程与分离过程的耦合技术包括:①多种膜分离过程的集成;②膜分离与树脂吸附过程的集成;③超临界流体萃取技术与分子蒸馏(精馏)技术的耦合等。例如,为使整个生产过程达到优化,可把各种不同的膜过程合理地集成在一个生产循环中,组成一个膜分离系统。该系统可以包括不同的膜过程,也可包括非膜过程,称其为"集成膜过程"。如由膜过程和液液萃取过程耦合所构成的"膜萃取"技术,可避免萃取剂的夹带损失和二次污染,拓展萃取剂的选择范围;使过程免受"返混"影响和"液泛"条件的限制,提高传质效率和过程的可操作性。该技术已用于从麻黄水提液中萃取分离麻黄碱和从北豆根中分离北豆根总碱,后者在优化条件下,平均萃取率达到 86.0%。

(二) 反应过程与分离过程的耦合

反应过程与分离过程的耦合技术主要以膜反应器的形式出现,已成为制药工业污水处理的先进技术。

如膜生物反应器(MBR)由 MF、UF 或 NF 膜组件与生物反应器组成,在污水处理中用得比较多的是通过活性污泥法与膜过程相组合,将活性污泥和已净化的水分开。与常规二沉池相比,MBR 不但装置紧凑,且可通过活性污泥回用,使反应器中微生物浓度高达 20g/L(常规 AS 工艺为 3~6g/L)。因此,COD(化学需氧量)脱除率可大于 98%,SS(悬浮物)脱除率达 100%,并可回收水资源,大大减少总用水量。

此外,还可将包结技术与分离技术组合起来应用。如包结(螯合)晶析技术与真空蒸馏技术的耦合、超临界流体萃取技术与尿素包合技术的耦合等。

第二节 膜耦合(集成)技术

膜耦合技术就是将膜分离技术与其他分离方法或反应过程有机地结合在一起,充分发挥各个操作单元的特点。目前研究及应用的膜耦合技术有膜反应器、膜蒸馏技术、渗透蒸发技术及亲和膜技术等。

膜耦合技术可以分为两类:一类是膜分离与反应的耦合,其目的是部分或全部地移出反应产物,提高反应选择性和平衡转化率,或移去对反应有毒性作用的组分,保持较高的反应速度;另一类是膜分离过程与其他分离方法的耦合,提高目的产物的分离选择性系数并简化工艺流程。

一、膜分离与反应过程的耦合

膜分离与反应过程的耦合可以分为两种情况:一是膜只具有分离功能,包括分离膜反应器和膜作为独立的分离单元与反应耦联两种形式;二是膜作为反应器壁同时具有催化与分离的功能,称为催化膜反应器。

膜分离与反应耦合的优点有:反应产物不断在线移出,消除平衡对转化率的限制,从而最大限度地提高反应转化率;提高反应选择性,可省去全部或部分产物分离和未反应物循环的过程,从而简化工艺流程。如有研究者在超滤膜反应器中以木聚糖酶解法制备低聚木糖,低聚木糖得率为 35.9%,而木糖得率仅为 0.2%,远远优于常规方法。

膜生物反应器(MBR)是近年发展起来的基于膜过程的反应与分离耦合的新型技术。用于发酵过程的膜生物反应器可分为两类,一类是中空纤维固定化细胞反应器,另一类是发酵罐与膜分离组件相结合的细胞循环膜发酵系统,分别见图 14-1(a)和(b)。前者将微生物固定在中空纤维组件的壳层或膜的支撑层内,营养物则从膜管内流过。而在细胞循环发酵系统中,细胞从发酵罐中被泵送进入膜组件后再循环返回发酵罐,代谢产物透过膜取出。膜可以是透析膜、超滤膜和渗透气化膜。利用细胞循环膜发酵系统生产乙醇、乳酸、丙酮、丁醇都取得了一定成功。

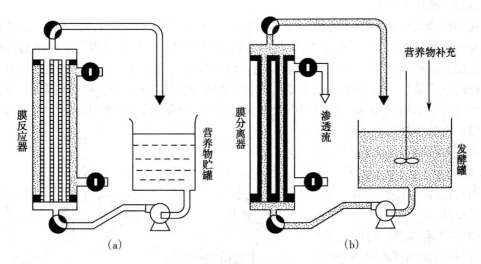

图 14-1 用于发酵过程的膜生物反应器
(a)中空纤维固定化细胞反应器;(b)细胞循环膜发酵系统

膜生物反应器近年来在污水防治,特别是在生物制药、发酵等行业废水防治领域得到大力推广。生物制药产生的废水主要来源于各生产工序,属高浓度有机废水,一般都采用厌氧 - 好氧联合处理。但厌氧处理对温度、pH 等环境因素较敏感,操作范围很窄,构筑物停留时间长。而常规好氧生化法处理工艺,存在占地面积大,停留时间长,运行管理不方便等缺点。

图 14-2 所示为一体式膜生物反应器处理某制药企业混合废水的工艺流程,经过前处理的废水中的有机物在 MBR 中被微生物分解,并通过微孔滤膜实现泥水分离。该系统废水处理规模为 150m³/d。MBR 内设 40 片孔径为 0.2μm 的中空纤维微孔过滤膜,总膜面积为 500m²。系统运行费用为 1.55 元 /m³(包括 1.04 元 /m³ 的折旧)。

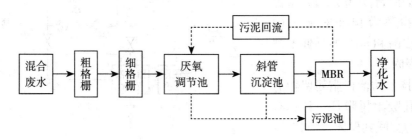

图 14-2 一体式膜生物反应器处理制药企业混合废水工艺流程

二、膜分离与其他分离方法的耦合

(一)膜分离与树脂吸附技术的联用

1. 膜分离与树脂吸附技术联用精制中药复方的研究　膜技术可利用孔径特征将不同大小的分子进行分离,被公认为 20 世纪末至 21 世纪中期最有发展前途的一项重大生产技术。大孔吸附树脂技术是提取分离中药中水溶性成分的一种有效方法,但大量植物类中药的多糖类成分及动物类(包括少量植物药)的多肽类成分在采用大孔树脂吸附技术时受到一定的限制。膜技术与树脂法的联用可充分发挥各自的优势,互补对方的不足,已成为中药复方精制的一种基本方法。

膜与树脂集成技术应用流程设计可参考图 14-3 与图 14-4。其中,图 14-3 流程是将料液先经过膜预处理,所得到的膜透过液再经树脂柱吸附分离,从而获得含量较高的目标成分。采用该流程,可从黄芪中同时获取黄芪多糖和黄芪皂苷这两种主要有效成分。由于黄芪多糖的分子量多在 10 000 以上,而皂苷的分子量在 1000 以下,因此,可选择截留相对分子质量合适的超滤膜,将黄芪水提液进行处理,得到富集多糖的浓缩液部分和富集皂苷的透过液部分。将浓缩液部分直接干燥,得到黄芪多糖粗品;透过液部分上 AB-8 型树脂柱,用 95% 乙醇洗脱,减压回收乙醇至无醇味,真空干燥得皂苷粗品。

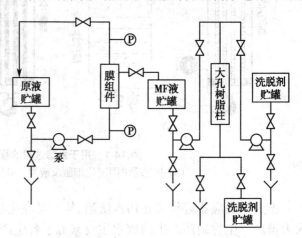

图 14-3　膜与树脂集成技术应用流程之一

图 14-4 流程则是将原液先经树脂柱分离,流出液再经膜分离得到相应的有效组分。如采用该流程精制六味地黄丸,可将六味地黄水煎液流经大孔树脂柱,以吸附药液中的小分子药效物质,而多糖类成分不能被树脂吸附。但多糖是六味地黄丸的重要有效组分,具有调节免疫、调节血糖等多种药理作用。为此,将树脂柱流出液以超滤法截留多糖类成分。将各分离部位合并即得六味地黄丸的精制提取物。结果表明,经超滤与树脂技术联用方法精制,六味地黄丸水提液固形物得率为 14.28%,复方中 98% 的丹皮酚和 86% 的马钱素被大孔树脂吸附。

2. 膜技术防治树脂残留物的研究　大孔吸附树脂是一种具有孔穴结构的交联共聚体,其制造原料包括单体(苯乙烯等)、交联剂(二

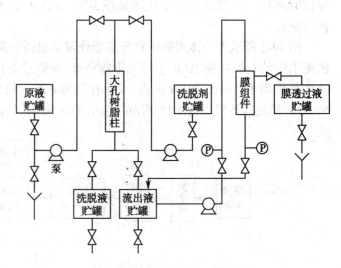

图 14-4　膜与树脂集成技术应用流程之二

乙烯苯等)、致孔剂(烃类等)、分散剂(明胶等)。因此,经树脂吸附后的洗脱液中常常残留有苯乙烯、二乙苯烯、芳烃(烷基苯、茚、萘、乙苯等)、脂肪烃、酯类。它们的来源是未完全反应的单体、交联剂、添加剂及原料本身不纯引入的各种杂质。为了保证产品的安全性,可采用图 14-4 所示"膜与树脂集成技术应用流程之二",以适宜的膜分离工艺对洗脱液进行处理,以截留树脂残留物。

3. 膜分离作为预处理技术防治树脂毒化的研究 吸附树脂属于具有立体结构的多孔性海绵状热固性聚合物,其吸附能力以吸附量来表示。树脂使用过程中有时会发生"中毒"现象,其原因是被某些物质污染,树脂上微粒沉积也会使其中毒。树脂被毒化后,可致吸附能力下降,用一般洗涤方法不能使其复原。而中药水提液是一种十分复杂的混合体系,其中存在大量的鞣质、蛋白、淀粉等大分子物质及许多微粒、亚微粒以及絮状物等。为防治药液中上述杂质对树脂造成的毒化作用,大孔吸附树脂上样前,样品液通常采用高速离心、水提醇沉法或醇提法作预处理。但高速离心法效果较差;醇沉法有效成分损失严重、乙醇损耗量大、周期长、安全性差。研究表明,采用陶瓷膜微滤作为预处理技术对中药水提取液直接进行澄清处理,可有效地减少水提液中悬浮杂质对树脂的毒化作用,提高单位树脂的吸附容量。陶瓷膜微滤操作简单,单元操作周期短,省去了大量乙醇浓缩蒸发过程,适合于工业化生产。

(二) 膜分离与萃取、蒸馏等其他分离方法的耦合

1. 膜萃取技术 膜萃取是膜过程和液液萃取过程相结合的一种新型分离技术。膜萃取传质过程是在分隔料液相和溶剂相的微孔膜表面进行的,与通常萃取中液相以细小液滴的形式分散在另一液相中进行两相接触的情况不同。

膜萃取具有以下优点:可避免因液滴分散在另一液相中而引起萃取剂的夹带损失和二次污染;料液相和溶剂相各自在膜两侧流动,料液的流动不受溶剂流动的影响,可使萃取剂的选择范围大大放宽;不形成直接接触的两相流动,使过程免受"返混"影响和"液泛"条件的限制,提高传质效率和过程的可操作性。

研究表明膜萃取在物质的富集与分离方面显示出独特的优越性。例如,根据溶解扩散机制及中药成分的特点所研制的一种致密膜,通过选择合适萃取剂,可从麻黄水提液中萃取分离麻黄碱;用乳状液膜法从北豆根中分离北豆根总碱,在外相 pH10.1,内相盐酸浓度 0.3mol/L,膜相 Span-80 浓度 5.0%,制乳时间 5 分钟的优化条件下,平均萃取率达到 86.0%。

2. 膜蒸馏技术 膜蒸馏是一种采用疏水性微孔膜以膜两侧蒸气压力差为穿质驱动力的膜分离过程,它是将膜与蒸馏过程相结合的分离方法。如果溶质是易结晶物质,可把溶液浓缩到过饱和状态而出现膜蒸结晶现象,从而直接分离出结晶产物。膜蒸馏技术理论上能 100% 分离离子、大分子、胶体、细胞和其他非挥发性物质;比传统的蒸馏操作温度低;比传统膜分离过程的操作压力更低;减少了膜与处理液体之间的化学反应;对膜的机械性能要求较低;比传统蒸馏过程的蒸气空间小。

采用膜蒸馏技术对洗参水和人参露进行的浓缩实验表明,皂苷的截留率达到90%以上;膜蒸馏前后人参露和洗参水中主要微量元素和氨基酸的含量也提高了近 10 倍。用膜蒸馏技术制备抗栓酶、浓缩益母草与赤芍提取液均具有效率高、耗能少、操作方便的优点,且有效成分截留率高。

3. 亲和膜技术 在传统的研究中,膜分离和亲和分离是两个平行发展的研究方向,在生物分子的分离和纯化方面各有特色。亲和色谱能提供高纯化比,但其处理量小,过程速率

低;膜分离则处理量大,产物损失率低;亲和膜分离技术兼有两者的优势。亲和膜是把亲和配体结合在分离膜上,利用膜作基质,膜表面活化后耦合配基,再按吸附、清洗、洗脱、再生的步骤对生物产品进行分离。目标蛋白质留在膜上,而杂质通过膜除去;用解离洗脱剂洗下留在膜上的目标蛋白质,再从膜上除去解离剂使配基再生。目前亲和膜分离技术已用于单抗、多抗、胰蛋白酶抑制剂的分离以及抗原、抗体、重组蛋白、血清白蛋白、胰蛋白酶、胰凝乳蛋白酶、干扰素等的纯化。

细胞膜色谱法(cell membrane chromatography,CMC),即是基于上述亲和膜技术原理提出的一种新的生物亲和色谱法。在这种能模仿药物与靶体相互作用的色谱系统中,药物与细胞膜及膜受体间疏水性、电荷、氢键和立体等作用,可以用色谱的各种表征参数定量表征。被分离成分如果与特定的细胞膜受体有特异性结合,则可在 CMC 模型中反映出来,从而直接在该模型上完成筛选过程。目前该方法已用于红毛七、当归、川芎等中药中活性成分的筛选。

4. 渗透蒸发　渗透蒸发是液体混合物透过致密及具有选择性的膜,发生部分蒸发而被分离的过程。由渗透蒸发原理可知,渗透蒸发膜分离不受气液平衡的限制,在处理用传统分离手段难以奏效的体系,如同分异构体、共沸物、沸点相近的物系及有机溶液中微量水的脱除等领域显示出独特优势。对渗透蒸发系统的研究虽然仅有十多年的历史,但已实现有机溶剂与混合溶剂脱水及从水溶液脱除少量有机物等渗透蒸发过程的工业化。近年来,研究者们将渗透蒸发与反应过程耦合,用于脱除平衡反应中某种组分,提高反应速度及目的产物的收率。

第三节　超临界流体耦合技术

超临界流体萃取技术(SFE)的发展,有力地促进了分离纯化、材料制备、化学反应等领域的技术进步。由于天然产物组成复杂,近似化合物组分多,且各化学成分的极性、沸点、分子量、溶解度等特性各有不同,因此单独采用超临界萃取技术常常满足不了对产品纯度要求。而将超临界流体技术与多种分离手段耦合,可形成一些高效、节能的复合过程。例如:SFE 耦合分子蒸馏技术使姜辣素回收率明显提高;SFE 耦合硅胶柱可提高莪术二酮产品纯度;SFE 耦合反胶团技术明显缩短水溶性维生素提取时间;SFE 耦合离子对试剂使麻黄碱提取率显著提高;SFE 耦合重结晶大大降低青蒿素制备成本等。

一、超临界流体技术与膜过程耦合

超临界流体技术与膜过程耦合,可为复合型新工艺的开发和应用提供广阔空间,从而达到降低过程能耗、减小操作费用、实现精细分离、利于环境保护、提高产品质量等目的。

(一)提高超临界萃取的选择性

在超临界流体萃取中,高的萃取能力和选择性通常不能同时兼得。如果将超临界溶剂的溶解度提高,能够增加萃取量,但也会增加其他组分的溶解度,萃取选择性反而会降低,导致分离的困难。而超临界流体与膜过程耦合,既可以降低膜分离阻力又可以选择性地透过某些成分。

将超临界萃取与纳滤过程结合,可以首先选择合适条件增大萃取能力。然后选择合适的纳滤膜,选择性地透过需要的萃取组分,从而使分离效率也得到提高。

如鱼油中富含多种多烯不饱和脂肪酸,采用超临界 CO_2 萃取鱼油,萃取物中主要成分为甘油三酯,而甘油三酯中最有价值的是长链 ω-3 多不饱和脂肪酸,特别是其中的二十碳五烯酸(简称 EPA)能防治心血管疾病,二十二碳六烯酸(简称 DHA)具有防治老年性痴呆、抑制脑肿瘤扩散等药理作用。再采用纳滤过程,即可将甘油三酯中的长链不饱和脂肪酸和短链脂肪酸相分离。采用此种耦合技术也可将萝卜籽、胡萝卜油中的 β- 胡萝卜素进行精制,都能得到纯化的产物。

（二）强化膜分离过程

对黏性较大的液体进行超滤操作,能量消耗大且透过率小,为了降低液体黏度,传统的方法是提高过滤温度(例如高达 623K)或添加化学剂(例如表面活性剂)。其后果是增加生产成本和污染,还可能影响产品质量。超临界 CO_2 具有独特的溶解能力和黏度性能,可与许多极性化合物完全互溶,对其产生"稀释"作用。将超临界 CO_2 应用于黏性液体的超滤工艺,是解决黏性较大的液体进行超滤操作的一条有效途径。

实验表明,超临界 CO_2 对过滤液体的黏性影响有如下特点:CO_2 压力越高,对黏性的降低作用越明显;操作温度越低,对黏性的降低作用越明显;滤液的分子量越大,对黏性的降低作用越明显。已有研究结果表明,加入超临界 CO_2 可以显著降低错流过滤的阻力,提高渗透通量。

（三）回收超临界 CO_2

为确保超临界萃取过程的经济性,超临界溶剂应该循环使用,而不是在萃取完成后简单的采用混合物卸压使 CO_2 气化的办法分离萃取产物。目前常用的是超临界二氧化碳与萃取物分离的降压分离法,一般需消耗大量能量,从而使超临界萃取的操作费用大为增加。用纳滤代替降压分离过程有效地改变了这种状况。

纳滤是一种压力驱动的膜分离过程,它可以在压力变化不大、恒温和不改变分离物的热力学相态的情况下达到理想的分离效果。用纳滤代替降压分离过程,在较小的跨膜压降(一般小于 1MPa)的情况下,CO_2 无需经历压力、温度和相态的循环变化(从而避免使用大型压缩和制冷系统),就能实现超临界 CO_2 与萃取物的分离。在近临界条件下使用平均孔径为 3nm 的 ZrO_2-TiO_2 膜回收 CO_2,咖啡因的截留率可高达 100%,CO_2 的渗透通量达到了 $0.024mol/(m^2 \cdot s)$。

（四）提高目标成分收率及杂质去除率

如采用国产 $2 \times 10L$ 超临界 CO_2 萃取装置及平板超滤器等设备,以含量为 10%~14% 的银杏黄酮粗品为原料,经联合工艺处理,结果得到黄酮含量大于 30%,内酯为 6%~8% 的产品,经高效液相色谱仪、原子吸收仪及微生物检验等测试,产品中的烷基酚、重金属、农药残留、细菌等指标均能达到国际质量标准。

二、超临界萃取和精馏技术耦合

将超临界萃取与精密分馏相结合,在萃取的同时将产物按其性质和沸程分为若干不同的产品。具体工艺流程是将填有多孔不锈钢填料的高压精馏塔代替分离釜,沿精馏塔高度设有不同控温段。新流程中萃取产物在分离解析的同时,利用塔中的温度梯度,改变 CO_2 流体的溶解度,使较重组分凝析而形成内回流,产品各馏分沿塔高进行气 - 液平衡交换,分馏成不同性质和沸程的化合物。通过这种联用技术,可大大提高分离效率。

例如应用超临界流体 CO_2 萃取精馏技术从精制鱼油中提纯 EPA、DHA 的工艺中,基于温度对溶解度的这种负效应,即利用鱼油甲酯在超临界 CO_2 流体中的溶解度,随超临界 CO_2

的密度逐步下降而下降的特点。鱼油甲酯混合物中碳链较长的重质组分（如 EPA、DHA）要比碳链较短的轻质组分更容易地从超临界 CO_2 中析出。利用萃取与精馏联用工艺可将分离柱的轻质组分从柱顶引出，而重质组分不断回流到柱底，从而使轻质、重质组分得以分离。试验结果见表 14-1，其中对萃取与精馏联用工艺的主要影响因素如下。

表 14-1　超临界 CO_2 与精馏结合分离提纯 EPA、DHA 的试验条件与结果

操作序号	萃取温度（℃）	精馏温度梯度（℃）	精馏压力（MPa）	溶剂比（S/F）	EPA 纯度（%）	DHA 纯度（%）
1	40	40~80	15~17	104.2	41.8	53.9
2	40	40~80	13~15	206.2	74.4	80.3
3	40	40~80	12~14	239.8	89.2	91.1
4	40	40~60	12~14	274.8	60.4	78.6
5	40	40~50	12~14	24.2	35.9	51.5

（1）萃取温度的影响：萃取温度高于 CO_2 的临界温度时，超临界 CO_2 对鱼油的溶解度明显增大，但随着温度的继续升高，溶解度下降。因此萃取温度 40℃左右为宜。能将原料最大程度地萃取出来并送入分离柱精馏，缩短精馏时间，提高萃取速度。

（2）精馏温度的影响：在分离柱上设置一个由低到高的温度梯度，有利于提高分离效率，得到高纯度的样品。如表 14-1 所示，操作 3 的温度梯度为 40~80℃，分离效果最佳。温度梯度越小（如表 14-1 中操作 4、5），分离效果越差；另一方面，随着精馏温度梯度的增大，溶剂比 S/F 随之增加，意味着将增加 CO_2 的循环量，且温度升高，易使精制鱼油氧化及反酯化降解。因此温度梯度控制在 40~80℃是最合适的。

（3）精馏压力的影响：用程序升压法来提高萃取速率。程序升压法通过增加分离中预定点的压力来完成分离。操作中压力增量为 (0.2 ± 0.1) MPa，该工艺将压力（或密度）梯度用于超临界萃取精馏中。分离过程中要依据萃取物组成变化来增加压力，以 EPA 或 DHA 的相对分离系数 R（R=EPA 或 DHA 占馏分中的百分含量 /EPA 或 DHA 占试料中的百分含量）为判断标准。初压力选为 12MPa，以收集溶解度略小的组分，以此类推。在 13.5MPa 左右收集 EPA，在分离的最后，混合物中主要以 DHA 为主，需将压力迅速提高到 15MPa，以快速提取 DHA。若初选压力过高（如表 14-1 中操作 1、2）会使 EPA、DHA 过多地随轻质组分损失，且容易形成返混，削弱分离效果。

（4）溶剂比（S/F）的影响：溶剂比（S/F）即每收集一单位的馏分所需 CO_2 的克数。S/F 的大小反映了分离柱中超临界 CO_2 溶解鱼油甲酯的饱和情况以及流体在分离柱中的流动速率、传热传质情况。S/F 值过小（如表 14-1 中操作 5），会使重质组分（如 DHA）不均匀析出，削弱分离效果。S/F 值越大，EPA、DHA 纯度越高，但 S/F 增大会增加 CO_2 的循环量。因此，S/F 值在 200~260（表 14-1）是较适宜的。

因此，在超临界 CO_2 流体萃取精馏鱼油中的 EPA、DHA 的工艺中，若在分离柱上设置一个由低到高的温度梯度，会产生自然回流的精馏效果，采用程序升压法可以得到良好的分离效果。

三、超临界萃取与溶剂萃取联用

采用溶剂萃取工艺与超临界 CO_2 萃取的联合工艺，从茶叶中提取精制茶多酚和咖啡因

为典型实例。首先,采用溶剂法从茶叶中提取分离得到茶多酚和咖啡因粗品,其含量分别为30%和80%左右。然后用超临界CO_2萃取工艺萃取脱溶纯化,可将茶多酚含量提高到60%,咖啡因含量提高到99.5%以上,经气相色谱检验,溶剂残留和产物含量等指标均能达到国际质量标准。

据报道,大蒜头采用超临界二氧化碳萃取技术可获得3.77g/kg蒜油,为乙醇溶剂法的1.38倍;精油中含蒜素40.3%,计1.52g。从获取蒜油的得率和品质上讲,超临界二氧化碳萃取法是最有效的,但就工业化而言,由于蒜泥黏度大,使之在高压釜内与流动相二氧化碳接触的流动特征模拟和放大困难。蒜头规模化打浆过程会放热,蒜素损失严重,失去了超临界流体萃取蒜油的优势,难于实现工业化。

针对上述矛盾,可采用由溶剂浸出与超临界CO_2提纯结合的蒜油提取工艺路线。先用乙醇浸泡大蒜,分离出乙醇蒜液,作为供超临界二氧化碳萃取的原料。

超临界CO_2提取蒜油的基本工艺为:采用乙醇蒜液一次加料、一级萃取、一级闪蒸分离,超临界CO_2连续流动流程。实验全程萃取釜温度恒定35℃,CO_2流量恒定约1.1L/min(大气状态),实现超临界二氧化碳萃取连续操作。采用此工艺路线,从大蒜中获得的蒜油得率和品质与直接用超临界CO_2萃取法相当,又可实现高压萃取釜不卸压的连续作业模式,便于实现工业化。实验测试表明,乙醇浸出液中蒜油在超临界CO_2萃取过程中损失少。萃取物中蒜素含量高,稳定易保存;表观透明、黏度小、蒜味浓烈,保持大蒜原有新鲜风味和活性物质。

四、超临界萃取与分子蒸馏技术联用

分子蒸馏属于特殊的高真空蒸馏技术,与普通蒸馏相比,分子蒸馏温度低,受热时间短,故适合热敏性有效成分的分离。其有效成分的分离主要受蒸馏温度和真空度的影响,不同的蒸馏温度和真空度所获得的有效成分种类及相对含量不同,调节适宜的蒸馏温度和真空度可获得相对含量较高的有效成分。采用超临界CO_2萃取与分子蒸馏两项技术联用方法,可对干姜有效成分进行萃取与分离。

(一)超临界CO_2萃取

使用5LHA-9508A型超临界萃取装置,将粉碎成20目干姜1kg投入到萃取釜中,按表14-2设定的工艺参数进行萃取,时间为1.5小时,从解析釜Ⅰ、Ⅱ出料,萃取物收率为5.25%。

表14-2　萃取条件及参数

	压力(MPa)	温度℃	流量(kg/h)
萃取釜	27.5	54	10
解析釜Ⅰ	12.4	60	10
解析釜Ⅱ	6.5	40	10

(二)分子蒸馏

使用MD-S80分子蒸馏装置,取250ml超临界CO_2萃取物,按如下操作参数进行分子蒸馏:进料速度1.2~1.5ml/min,真空度10~15Pa,加热温度120℃,冷却温度3~6℃,转速为280~300r/min。收集蒸馏液110ml,进行GC-MS分析。

对超临界CO_2萃取物与分子蒸馏液的鉴定与分析结果表明,从萃取物中分离出49种化学成分,其中相对含量在2%有10种,见表14-3。蒸馏液中分离出32种化学成分,其中相对含量在2%以上的有5种,见表14-4。

表 14-3　超临界 CO_2 萃取物主要化学成分

组分名称	相对含量(%)	组分名称	相对含量(%)
sabinene	7.03	Curcumone	6.41
ar-curcumene	7.73	Oleic acid	2.58
α-trans-β-bergamolene	27.22	Linoleic acid	2.14
α-begramotene	30.98	Zingibeml	11.98
β-sesquiphellandrene	15.80	Shogal	9.56

表 14-4　分子蒸馏液的主要化学成分

组分名称	相对含量(%)	组分名称	相对含量(%)
ar-curcumene	13.98	β-bisabolene	7.30
α-zingberol	31.22	β-sesquiphellandrene	16.44
$E,E,α$-famesene	12.32		

超临界 CO_2 萃取物显棕红色黏稠油状，经分子蒸馏后，蒸馏物呈黄色液体状，从感官上判断，两者均有浓郁的姜辣味。

第四节　结晶耦合技术

以固液平衡为原理的结晶分离技术，近年因与相关分离技术耦合，用于中药成分精制分离而倍受关注。

一、减压精馏 - 熔融结晶耦合技术

熔融结晶是根据待分离物质之间的凝固点不同而实现物质的结晶分离的过程。熔融结晶与溶液结晶相比，其优点是：①被加工的有机物的体积较小，装置费用和能耗低；②不需回收溶剂；③产物无溶剂污染。

熔融结晶作为近年广受国际关注的新兴技术，具有较高的分离因子，但其收率、传质速率及相的可分性受到限制。

精馏是分离有机混合物最常用的方法之一，但当相对挥发度很小时，精馏过程需要的理论塔板数会急剧增加。精馏与熔融结晶两种方法有机的结合在一起，取长补短，可用来分离易结晶、熔点差大、沸点接近的物质。

如人造麝香 DDHI（1,1- 二甲基 -5,7- 二异丙基羟基茚）是一种高熔点、高沸点、且易氧化的有机物，提纯此类物质时，一般经过减压精馏及重结晶两道工序。首先，在减压精馏提纯时，产品因容易结晶而造成管路堵塞；其次还需溶剂回收装置，重结晶存在效率低，溶剂消耗大，成本高，易氧化等问题。而采用一体化结构的"减压精馏 - 熔融结晶"耦合装置，总收率可达 60% 以上，比原工艺提高 13%，且可防止产品氧化，节省大量能源，由于无需溶剂，还减少了对环境的污染。

二、螯形包结 - 结晶耦合技术

螯形包结 - 结晶耦合技术是建立在一种被称为螯形主体分子的物质具有良好的包结性能，并可对某类成分（客体）进行选择性识别的原理基础上的。如名为 1,1,6,6- 四苯基 -2,4-

己二炔 -1,6- 二醇,简称 DD(diyne-diol)的主体分子,可与许多有机小分子如醇、醚、环氧化合物、醛、酮、酯、内酯等形成包结物晶体。

由于中药挥发油各化学组分的分子形状、大小、官能团的数量和位置(键力性质)的不同,通过不同主体分子对目标客体分子的选择识别,可形成包结物以结晶方式析出,达到从挥发油中选择性的分离目标化学组分的目的。

如以 DD 为主体分子,可选择性地将小茴香挥发油中的茴香醚作为客体,与之形成超分子包结物晶体,从而实现与小茴香挥发油中其他成分的分离,再利用 Kugelrohr 真空蒸馏技术将茴香醚从包结物晶体中分离出来。若以反式 -1,2- 二苯基 -1,2- 苊二醇为螯形主体分子,则可采用此项技术,选择性地识别藁本挥发油中的肉豆蔻醚,并以包结物晶体形式析出,其化学纯度接近 100%,产率为 4.5%。结果表明,此法分离挥发油化学组分具有选择性高、速度快、方法简便等优点。

三、超临界流体萃取 - 结晶耦合技术

若天然药物中活性成分部分为结晶性组分,在采用超临界技术处理时,可因萃取分离伴随结晶的现象,造成管道堵塞,此为超临界流体萃取技术发展的障碍。而超临界萃取 - 结晶耦合技术则变害为利,利用这种现象研发为同步萃取结晶技术,改良了传统超临界流体萃取分离工艺。

该技术利用超临界流体萃取多元混合系中的有机溶剂与溶质,改变物质成分在有机溶剂与超临界流体中的溶解特性,使溶质结晶析出;同时还利用结晶器表面物理特性对不同物质的吸附、阻滞、积聚性能差异,使析出的溶质成分形成类似于层析效果的有序梯度结晶分布。从而实现一次性多种物质的有效分离,获得高纯度产品。

如穿心莲内酯为二萜类化合物,相对黄酮类、生物碱类物质极性偏低,适于超临界 CO_2 技术萃取;在超临界状态下,萃取相平衡受外场作用,如结晶器干扰、表面吸附力、重力、分子间作用力等,结晶与溶解形成竞争,出现了穿心莲内酯同步萃取结晶;随萃取压力越高,穿心莲内酯在超临界 CO_2 中的溶解度越大,单位时间成核数目越多,则晶体越短小,纯度提高,结晶量增加。

超临界萃取与尿素包合技术联用也属于超临界萃取耦合结晶法技术。尿素包合法是依据饱和或低度不饱和脂肪酸或酯易被尿素包合,而高度不饱和脂肪酸或酯不易被尿素包合的原理来进行分离的。精制鱼油中 EPA 和 DHA 分别含有 5 个和 6 个双键,由于空间位置,很难与尿素形成稳定的包合物。而鱼油中饱和及低度不饱和脂肪酸或酯则能借助范德华引力、色散力或静电力与尿素形成稳定的包合物,并在低温下结晶析出,EPA 和 DHA 则仍然留在滤液中,从而实现分离。尿素包合法制备 EPA 和 DHA 无需特殊设备,适于规模生产。但尿素包合法需分离大量溶剂,产品纯度也受到限制。一般 EPA+DHA 含量只能达到 75% 左右。况且,在尿素包合时,需进行晶析、过滤、洗涤、溶媒分离和尿素回收等操作,过程极为繁杂。将 SFE-CO_2 萃取与尿素包合合为一体同时进行的工艺,则大大简化了分离过程,在工业上有一定的可行性。

四、结晶耦合技术的新动态

(一)反应结晶法

反应结晶法作为传统结晶方法之一,一直受到人们的重视。工业结晶方法一般可分为溶液结晶、熔融结晶、升华、沉淀等 4 类。反应结晶或反应沉淀是沉淀的主要类型之一,大多

数情况下是借助于化学反应产生难溶或不溶固相物质的过程。反应结晶(沉淀)过程是一个复杂的传热、传质过程,在不同的物理(流体力学等)化学(组分组成等)环境下,结晶过程的控制步骤可能改变,反映出不同的结晶行为。随着人们对反应结晶(沉淀)过程研究逐步深入,目前已取得了一些突破性进展,但对它们的作用机制还不够清楚。有关国内外反应结晶(沉淀)过程研究的现状,该过程中老化、聚结-破裂等二次过程的最新研究成果,以及最新的混合反应结晶(沉淀)研究动态和未来研究方向的论述,可参考相关文献。

(二) 蒸馏-结晶耦合法

蒸馏是一种常用的化工分离方法。一些易结晶物质的沸点相近,但它们之间的熔点却相差很大。如果仅利用蒸馏过程进行分离,沸点相近使得分离的难度加大,熔点高造成的易结晶现象又会使操作控制比较困难。但利用它们熔点差较大的特性,开发一些新的分离方法是很有意义的,一方面可以解决操作过程的困难,另一方面利用熔点差大的特点可加强分离效果,把蒸馏和熔融结晶这两种分离方法有机地结合在一起,取长补短,用来分离易结晶物质。例如针对从生产乙烯的裂解渣油中提取工业萘的研究表明,蒸馏-结晶耦合法不仅能够有效地解决易结晶物质在分离过程中晶体析出而堵塞装置系统的问题,而且可以提高产品的纯度,加大传质推动力,强化蒸馏过程。

(三) 萃取结晶法

萃取结晶技术作为分离沸点、挥发度等物性相近组分的有效方法及无机盐生产过程中节能的方法,愈来愈受到广大化工研究者的重视。经过 30 多年的探索研究,萃取结晶技术在很多体系的分离中得到应用。有关文献对萃取结晶技术的设计和工艺作了探索,提出在工业生产应用中的关键设计参数,认为萃取结晶与其他过程联合,可形成一种连续化完整的分离流程。

(四) 磁处理结晶法

磁化技术(根据磁性差)是将物质进行磁场处理的一种技术,该技术已渗透到各有关领域。磁化分离是利用元素或组分磁敏感性的差异,借助外磁场将物质进行磁场处理,从而达到强化分离过程的一种新兴技术。随着强磁场、高梯度磁分离技术的问世,磁分离技术的应用已经从分离强磁性大颗粒发展到去除弱磁性及反磁性的细小颗粒;从最初的矿物分选、煤脱硫发展到工业水处理;从磁性与非磁性元素的分离发展到抗磁性流体均相混合物组分间的分离。作为洁净、节能的新兴技术,磁化分离将显示出诱人的开发前景。

磁场处理可以对溶液的结晶动力学产生影响,随着磁化条件的变化,能够显著地改变晶核生成速率和晶体生长速率。具有相变趋势的工业水和原料,当受到磁场作用时相变过程提前发生,在磁场作用下可形成大量弥散于流体中的微晶。当流体温度发生变化时,水中的碳酸盐和原油中的硫化物以微晶为晶种而析出晶体,减少在管壁上的沉积;另外,每个微晶在长大过程中,形成由无数个分子组成的疏松的大分子团,这些大分子团即使沉积到管壁上,也容易被流动的流体带走,从而可起到防垢除垢、防蜡除蜡的效果。

第五节　其他类型的耦合技术

一、聚酰胺-大孔树脂联用技术

聚酰胺、大孔吸附树脂是分离黄酮类物质的常用材料,由于其吸附机制不同,两者在分离纯化中各有优缺点。将聚酰胺与大孔吸附树脂联用可充分发挥两者优势,弥补不足。如益母草黄酮是益母草(*Leonurus heterophyllus* Sweet)中有活血化瘀、利尿消肿的主要药效成分,但益母草药材中黄酮含量普遍偏低,这使黄酮的纯化富集难度增大,而目前传统的纯化方法很难达到要求。采用聚酰胺与 D101 树脂联用技术,能较好的富集益母草总黄酮。其主要工艺为:采用 D101 树脂,湿法装柱,使径高比为 1:7。取适量药材提取液,置水浴蒸至近干,加少量 95% 乙醇与 1/5 药材用量的聚酰胺粉拌合,水浴挥去溶剂。将聚酰胺置底部铺有棉花的小渗漉筒中,水洗脱至流出液为无色,取出,上铺于填充了 3 倍于药材用量的大孔树脂柱上,以一定浓度乙醇洗脱,收集洗脱液,水浴蒸干,即得总黄酮富集物,其纯度可达 23%,黄酮转移率为 69%。

上述工艺以聚酰胺作吸附剂,一方面,经水洗可除去大部分水溶性杂质;另一方面,经过一定浓度醇洗脱后,聚酰胺对叶绿素及部分脂溶性成分有较好截留作用,减轻了对大孔树脂柱的污染和负担。经初步分级的上柱液再经大孔树脂纯化,再利用树脂吸附和筛分作用即可大大提高产物纯度。

表 14-5 为聚酰胺 - 大孔树脂联用法与其他总黄酮富集方法的比较,由表可知该方法优于目前常用黄酮富集方法,主要体现在:①总黄酮纯度得到明显提高,相对于药材,总黄酮纯度提高近 200 倍;②以此同时,总黄酮得率也保持较高水平,这使其在低浓度黄酮富集方面显示出极大的优势;③工艺简单,树脂再生容易,具有良好的应用前景。

表 14-5 总黄酮富集方法比较(以芦丁计)

富集方法	总黄酮纯度 /%	总黄酮得率 /(mg/g)
水提酸沉碱溶法	0.11	0.0026
醇提酸沉碱溶法	3.03	0.0747
酸沉热水溶解经大孔吸附树脂精制	10.18	0.1807
乙酸乙酯萃取经大孔吸附树脂精制	13.48	0.3135
大孔吸附树脂精制	6.45	1.1887
聚酰胺精制	8.93	1.0093
聚酰胺 - 大孔吸附树脂结合法	22.38	0.8530

注:药材中总黄酮为 1.24mg/g。

二、喷雾冷冻与干燥技术的耦合

(一)喷雾冷冻干燥技术产生背景

喷雾干燥或者冷冻干燥法常被用于生产天然植物提取物、医药产品和生物化工产品的粉状产品。但是通常冷冻干燥得到的是饼状产物,必须通过机械磨碎来获得粉状产品,其产品的颗粒直径大于 1mm、粒径分布范围广,且磨碎产生的热量会造成产品质量降低,二次加工过程对产品纯度以及品质也造成一定的影响。喷雾干燥直接通过雾化的方式形成雾滴,并在与热气体介质接触的过程中蒸发溶剂,从而产生干燥粉末。但是天然植物提取物或者医药产品中的活性成分常常因为不耐热而遭到破坏。喷雾冷冻干燥技术则是在上述两种干燥方法扬长避短的基础上提出的。

(二)喷雾冷冻干燥过程

喷雾冷冻干燥过程一般包含下列 3 个步骤:①利用特殊设计的雾化器把需要干燥的液

体雾化成为细小的雾滴;②通过低温气体或液体把上述雾滴快速冷却和冻结,形成冻结的粉末;③通过升华原理,对上述冻结粉末进行干燥,最终获得粉末状干燥成品。

因此,喷雾冷冻干燥实际上是两个完整的过程的组合,即通过低温的流体(液氮、液态丙烷等)或者气体(空气、液氮上方的低温氮气等)喷雾过程;以及真空/常压冷冻干燥或者流化床干燥的干燥过程。早期的喷雾冷冻即通过二流体雾化器把需要干燥的液体在液氮上方的低温氮气中雾化成细小的雾滴,并冷冻成为冰粉。

(三) 喷雾冷冻技术与干燥技术的组合方式

针对上述喷雾冷冻干燥的系统要求,根据现有的技术条件,利用液氮等低温液体或者气化后的气体实现瞬间的喷雾制冰粉,再把冰粉放进真空冷冻干燥装置中完成干燥是完全可行的。这类工艺的主要缺点是操作复杂,工序多,高能耗。国外的研究者采用常压冷冻干燥能替代真空冷冻干燥,因为减少了真空系统,节能是显而易见的。常压冷冻干燥主要的工艺特点是围绕冰粉周围气体的水蒸气含量必须足够低,低于三相点以下的冰粉的水蒸气分压,这样从冰粉和周围气体介质间的传质和升华过程就会进行取出。而如果没有其他措施,这个干燥过程将会需要很长的时间完成。在此基础上,为了提高传质效果,可考虑采用流化床等技术,并在一定的实验条件下取得了较好结果。

1. 喷雾冷冻结合真空冷冻干燥　喷雾冷冻结合真空冷冻干燥是最早被采用的喷雾冷冻干燥工艺,其基本的工艺流程图如图14-5所示。其中,喷雾设备可采用二流体雾化器和超声波雾化器,二流体雾化器的料液喷孔直径只有0.7mm,实验时的压缩空气量为400L/h,料液量为0.3L/h,50ml的液氮盛放于一个直径16cm,高6cm不锈钢圆桶内,雾化器位于圆桶的上方。一旦喷雾结束,迅速把上述不锈钢圆桶盛满液氮并放入已经预冷到 –45℃ 的真空冷冻干燥器中,并按照真空冷冻干燥所需的干燥步骤进行。

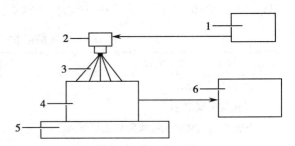

图 14-5　喷雾冷冻和真空冷冻干燥组合的喷雾冷冻干燥示意图
1. 料液槽,2. 喷嘴,3. 喷雾,4. 液氮贮槽,5. 搅拌装置,6. 真空冷冻干燥

该喷雾冷冻干燥工艺可获得球形、分散的、表面和内部多孔的产品,完全区别于大小颗粒团聚的喷雾干燥产品和由干燥饼加工后形成的片状、棒状、针状的冷冻干燥产品。对于实验产品活性成分的影响和直接由真空冷冻干燥完成的基本一样,比喷雾干燥的效果好。不难预见,尽管喷雾后的粉状待干燥产品的表面积增加了很多倍,但由于采用真空冷冻干燥的方法来干燥产品,干燥时间依然很长。

2. 喷雾冷冻结合流化床干燥　为了改善采用真空冷冻干燥时间长的问题,可采用流化床干燥的方式来完成第二步的产品干燥。喷雾冷却制粉塔为圆桶型,直径600mm,圆桶高度1500mm,空气温度为 –60℃,气体流量为 70m³/h;雾化器也采用二流体雾化方式,料液孔直径为0.5mm,压缩空气流量为1.6L/min,平均粒径在185μm的雾滴在1秒内被冻结成冰粉。干燥在流化床内进行,流化床的床层直径为85mm,分离段直径为150mm,高度为375mm。

上述方法得到的干燥产品是多孔状产品,与常规的真空冷冻干燥相比,缩短了干燥时间。例如,对于直径在300~450μm的冰粉,干燥时间在300分钟左右。同时,由于采用流化床干燥方式,操作参数和温度控制变得非常容易。当然由于采用了两段式的喷雾冷冻干燥方式,操作的复杂程度依然没有改观。

3. 一体化喷雾冷冻干燥 图 14-6 所示的一体化喷雾冷冻干燥流程,可较好解决喷雾制粉和冷冻干燥两个工艺被分开而造成操作复杂、能耗高等问题。但该工艺产量过低,难于控制等问题,尚有待进一步解决。

(四)不同干燥方法获得的产品性能比较

喷雾干燥、真空冷冻干燥和喷雾冷冻干燥经常用于天然植物提取物、医药产品、生化产品等高附加值的粉状产品的加工,其技术特性比较见表 14-6。

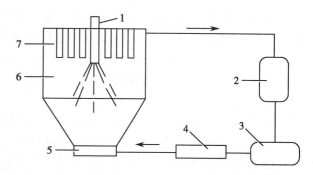

图 14-6 喷雾冷冻和流化床干燥组合的喷雾冷冻干燥流程示意图

1. 喷嘴;2. 气体处理器;3. 风机;4. 加热器;5. 内部流化床;6. 冷冻干燥室;7. 布袋除尘装置

表 14-6 三种干燥方法的特性比较

干燥方法	干燥时间	产品形态	产品质量	能耗	装置能力 /(kg/h)	操作方式	投资
喷雾干燥	10~50s	团聚体	中	小	1~35 000	连续	小
真空冷冻干燥	24~72h	干饼	中	高	1~5000	间歇	高
喷雾冷冻干燥	5~8h	球形多孔	好	高	0.5~1	间歇	高

三、分子印迹技术与固相萃取及分离膜的耦合

分子印迹技术(molecular imprinting technique,MIT)也称模板印迹技术,是从仿生角度,采用人工方法制备对特定分子(即印迹分子、模板分子)具有专一性结合作用的,并具有特定空间结构空穴的聚合物 - 分子印迹聚合物(MIPs)的技术。材料科学和分离技术两大领域的研究发展大大推动了 MIPs 的发展。特别是近几年来,MIT 与其他分离手段的耦合技术得到了快速的发展,在生物传感器、抗体和酶模拟物、分离纯化以及催化等诸多领域具有重要的应用前景。

(一)分子印迹技术与固相萃取法的耦合

MIPs 因对目标物有较高的选择性而可进行手性分离,又因具有一定的机械强度和耐酸、碱及热的稳定性而将其视为性能优良的吸附剂。固相萃取出现于 20 世纪 70 年代中期,因其将分离与富集融为一体,具有操作简易、负载量大及回收率高等优点,而受到普遍关注。其不足之处在于常用的吸附剂缺乏分离专一性,仅用固相萃取,对复杂样品难以达到预期目的。而分子印迹聚合物刚好弥补了该缺陷,它不仅能分离具有相似结构的混合物,还可精制目标物。分子印迹聚合物以类似树脂固定相的形式加以利用,作为固相萃取的吸附剂,即为分子印迹 - 固相萃取法。

下面以非瑟酮分子印迹聚合物为例,简要介绍分子印迹 - 固相萃取法从中药黄栌(漆树科植物,*Cotinus coggygria* Scop.)中分离其活性成分非瑟酮及其相似物槲皮素的研究。

1. 分子印迹聚合物(MIPs)和非分子印迹聚合物(NMIPs)的制备

(1) MIPs 的制备:将非瑟酮(作为模板分子),丙烯酰胺(作为功能单体)、EDMA(乙二醇二甲基丙烯酸酯,作为交联剂)和 AIBN(偶氮二异丁腈,作为引发剂)加入到装有丙酮的锥形瓶中。将溶液超声后通入氮气,再转移到安瓿瓶中,密封放入水浴中进行反应。聚合完成后,取出瓶中块状聚合物进行研磨和筛分,收集粒径为 40~65μm 的 MIPs 颗粒。将 MIPs 用一定体积比的无水乙醇和冰醋酸的混合溶液进行清洗,直至检测不到模板分子为止,最后再用无水乙醇将残留在聚合物上的冰醋酸洗脱干净。

(2) NMIPs 的制备:除了不加入模板分子外,其余步骤与印迹聚合物的合成过程相同。

2. 固相萃取柱装填   于固相萃取柱(SPE)中装入 MIPs(或 NMIPs),在聚合物上方加一小团玻璃棉。固相萃取过程中每次上样液、清洗液及洗脱溶液的体积保持一定。萃取柱的流速由氮气控制,萃取过程中的溶液由高效液相色谱仪分析。

3. 清洗和洗脱条件优化   当采用含非瑟酮的乙醇 - 水溶液为上样溶液时,印迹和非印迹聚合物都存在着很强的非选择性吸附。为消除非选择性吸附,须选择合适的清洗液。研究发现,乙醇水溶液对非瑟酮的清洗效果很差,印迹和非印迹柱的差别很小。而丙酮的体积分数低时,不足以破坏非瑟酮与聚合物间的疏水微环境。当水溶液中丙酮的体积分数达到 45% 时即可保证目标物与同系物能够得到很好的分离。

4. 结构相似物的分离   选择与非瑟酮分子结构极其相似的化合物槲皮素作为对比(图 14-7),考察印迹及非印迹聚合物的选择性。在测定混合试样之前,先将模板(非瑟酮)和类似物(槲皮素)分别在 MIPs 柱及 NMIPs 柱上进行吸附及洗脱实验,结果见表 14-7。

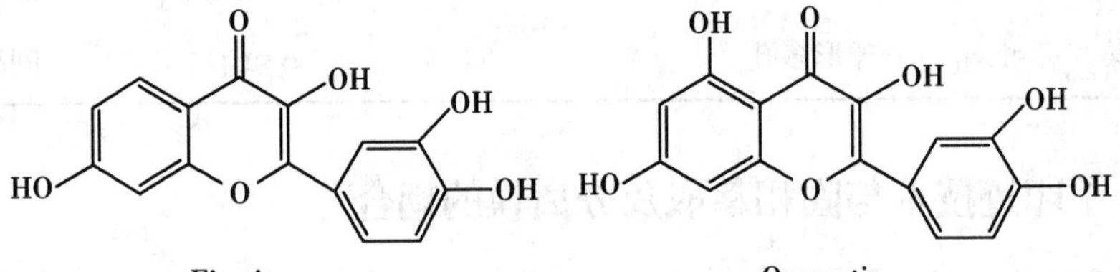

Fisetin   Quercetin

图 14-7   非瑟酮与槲皮素的结构式

表 14-7   非瑟酮和槲皮素在 MIPs 和 NMIPs 柱上吸附的回收率(%)

操作步骤	MIPs		NMIPs	
	非瑟酮	槲皮素	非瑟酮	槲皮素
上样	0.0	0.0	0.0	0.0
清洗 1	3.8	5.1	60.9	63.7
清洗 2	8.6	92.9	38.6	36.4
洗脱	87.9	2.1	0.7	0.3

由表 14-7 可知,MIPs 柱洗去类似物后,可对模板分子进行富集,两种组分可以得到分离;而 NMIPs 柱对模板分子及其类似物几乎没有选择性,两种组分无法得到分离。对比可知,印迹聚合物对模板分子及其类似物具有高度的选择性。反之,非印迹聚合物柱对模板分子及其类似物则不具这种选择性。

医药领域的绝大多数光学活性物质为外消旋体形式,无法分别测定其药物动力学和毒理学指标,利用上述分子印迹 - 固相萃取法可以分离、纯化对映异构体混合物。如把分子印迹聚合物作为高效液相色谱的固定相,拆分模板 α-D- 甘露吡喃糖苯苷的外消旋体等。

(二)分子印迹技术与膜技术的耦合

分子印迹膜(MIM)是一种兼具分子印迹技术与膜分离技术的优点的新兴技术,目前的商品膜如超滤、微滤及反渗透膜等都无法实现单个物质的选择性分离,而MIM为将特定目标分子从其结构类似物的混合物中分离出来提供了可行有效的解决途径。

分子印迹聚合物膜(MIP膜)具有以下优点:①膜分离技术便于连续操作、易于放大、能耗低、能量利用率高;②目前的商售膜如超滤、微滤及反渗透膜等都无法实现单个物质的选择性分离,而MIP膜为将特定目标分子从其结构类似物的混合物中分离出来提供了可行且有效的解决途径;③MIP膜比一般生物材料更稳定,抗恶劣环境能力更强,在传感器领域和生物活性材料领域具有很大的应用前景;④同传统粒子型MIPs相比,MIP膜具有不需要研磨等繁琐的制备过程,扩散阻力小,易于应用等独特的优点。目前,MIP膜已应用于手性拆分、仿生传感器、固相萃取、渗透气化等领域。

1. 分子印迹膜的传质机制 模板分子与分子印迹膜(MIM)中的MIP位点的结合决定了其在膜中的选择传递性,从而达到分离目的。模板分子在膜间的传递通道可以是聚合物链间的自由空间,或是聚合物凝胶溶胀部分,或是固相聚合物中的孔隙。根据印迹分子在MIM中传递方式的不同,分子印迹膜的传质机制可分为两类:①优先渗透机制:在浓度梯度推动力下,与印迹位点结合的模板分子A被优先吸附渗透,而其他溶质B则缓慢扩散传递;②吸附滞留机制:模板分子A与印迹位点紧密结合,被吸附滞留,其他溶质B则快速穿透过膜,直到MIP结合位点饱和。

第一种情况,对于孔径为2nm的微孔MIM,基于模板分子的快速渗透分离,快速传递主要取决于膜结构和MIP位点的密度和分布。结合在印迹位点的模板在"快速"传递中充当固定载体作用,可以改变孔的网状结构,而且结合于微孔MIM中的模板可引起"门效应"增加或减小膜的渗透率。由于非选择性扩散,分离选择性只能通过相对小直径的传递膜孔得以体现。

第二种情况,对于孔径处于50~500nm的大孔MIM,特异分子吸附膜,由于特异吸附产生了选择性,分离能力主要取决于MIP的结合能力。通过模板分子与印迹位点结合,吸附滞留在膜上,当结合能力饱和时将抑制模板分子的传递。

而且,模板分子的结合也改变了分子印迹膜的性能,如膜溶胀的变化影响了膜的渗透率,而溶胀作用的大小也取决于膜的孔径大小。

2. 分子印迹膜的制备与分类 制备MIM的基本思路是在聚合介质中加入印迹分子,成膜后将印迹分子除去,将在聚合物网状结构中留下印迹分子的功能尺寸,同时生成的聚合物与印迹分子之间存在相互作用,将此分离膜用于分离由印迹分子与其他物质构成的混合物,分离膜能识别出印迹分子,从而有效地将混合物分开。MIM的制备方法主要有三种类型:

(1)分步法:用预先合成的MIP制备类似三明治结构的MIM,也叫分子印迹填充膜。

(2)同步法:印迹分子位点和膜孔结构同步形成的MIM。

(3)复合法:在具有合适孔结构的支撑膜内部或表面接上MIP活性层,形成复合MIM。

根据分子印迹膜制备方法的不同,可将分子印迹膜分为3种类型:分子印迹填充膜,分子印迹整体膜和分子印迹复合膜。填充膜是将纳米级的分子印迹聚合物填充在2块过滤板之间,根据其对底物的结合情况评价整体的识别性能。整体膜是将分子印迹聚合物自身作为支撑体制作的一类分子印迹膜。这2种分子印迹膜一般性脆且又易碎,印迹聚合物粉碎、研磨过程中,形态和结构会发生改变,影响到分子印迹聚合物的性能,因此很少使用。复合膜是将分子印迹聚合物镀在多孔支撑膜表面。由于具有超滤或微滤支撑层,因此制备的分子印迹膜可获得大通量和高选择性。

3. 在药物分离领域中的应用

(1) 活性成分的分离纯化:分子印迹技术目前多用于黄酮类,多元酚类,生物碱类,甾体类和香豆素类的分离纯化。如采用湿相转化技术制备的茶碱的 MIP 薄膜,具有不对称结构,包含一致密表层与一多孔支撑亚层,对茶碱的吸附量远大于咖啡因,这表明在相转化的过程中,MIP 记录下了茶碱分子的形状。又如,以柚皮苷为模板分子,采用相转化法制备的丙烯腈 - 丙烯酸共聚物膜。可通过聚合物中羧基与印迹分子中羟基间的相互作用来识别印迹分子。该膜对柚皮苷的吸附量达到 $0.13\mu mol/g$(干膜),而非印迹共聚物对柚皮苷几乎无吸附作用。再如,以苦参碱为模板制作的分子印迹膜,可从槐属植物苦参中提取分离苦参碱,对苦参碱的回收率可达到 71.4%。

(2) 富集复杂样品中的痕量被分析物:MIM 具有从复杂样品中选择性地吸附模板分子或与其结构相近的某一族化合物的能力,非常适合分离富集复杂样品中的痕量被分析物,提高分析的精密度和准确性。

如以原位聚合法制备的士的宁的分子印迹膜,在对中毒老鼠血清和尿液中士的宁富集的同时可进行定量测定,最低检测限为 4.9ng,回收率、精密度良好,可用于法医毒物分析。又如,用奎宁作为模板分子,以醋酸纤维膜为支撑体,制备对奎宁及其类似物有特异选择性的分子印迹复合膜,膜结合性研究表明该膜对模板分子奎宁具有独特的结合能力,结合量可达到 $20.6\mu mol/g$,分离因子为 5.6。膜透过实验表明非模板分子辛可宁透过印迹膜速率较大,这将有利于奎宁和辛可宁的分离。通过测定模板分子和功能单体之间的结合常数和化学计量比,发现采用紫外光引发原位聚合的方法制备的具有支撑膜的邻香草醛分子印迹复合膜,在干扰物存在时印迹膜对模板分子表现出良好的选择透过性能。

(3) 对手性异构体及结构类似物的分离:由于分子印迹膜具有分子水平上的专一性识别,同时具有 MIPs 良好的操作稳定性及识别性质,不受酸、碱、热、有机溶剂等各种环境因素影响的特点,决定了分子印迹膜在手性分离方面的应用。如采用原位聚合法直接在毛细管柱中合成辛可宁印迹填充膜,用压力辅助毛细管电色谱模式拆分非对映异构体辛可宁和辛可尼丁,结果柱效远高于其在高效液相色谱分离中的柱效。以中药延胡索中的 L-四氢巴马丁为模板分子,用原位分子印迹技术,合成的 L- 四氢巴马丁分子印迹填充膜,用于固相萃取,在优化色谱条件下,模板分子具有特异的识别能力,使 D- 和 L- 四氢巴马丁手性对映体得到较好的分离。以(−)-伪麻黄碱和(−)-降麻黄碱为模板,制得 MIM 作为薄层色谱的手性固定相,不仅实现了对相应模板分子的识别,而且还能分离出结构类似的手性化合物麻黄碱和肾上腺素。由此看出,以活性成分为模板分子合成相应的 MIM,可直接从中药中分离与模板分子结构类似、生理活性相似的成分,避免了传统分离的低效性。目前该技术已广泛应用于临床药物的手性分离和分析,分离对象包括药物、氨基酸及衍生物、肽及有机酸等。

分子印迹膜(MIM)因其兼具分子印迹技术与膜分离技术的优点,近年来已成为分子印迹技术领域研究的热点。其最大的特点就是对模板分子的识别具有可预见性,对于特定物质的分离极具针对性。其应用范围已从分离氨基酸、药物等小分子、超分子过渡到某些核苷酸、多肽、蛋白质等生物大分子。

但目前这一技术距离工业应用还有一段距离,主要是由于对分子印迹膜的形态结构与分子识别关系的认识相对不足;对影响膜形态结构的因素仍需进一步研究;同时对分子印迹膜的传质和识别机制的研究相对滞后,因此分子印迹膜的潜在用途还有待进一步开发。

(万海同)

参 考 文 献

[1] 郭立玮.中药分离原理与技术.北京:人民卫生出版社,2010

[2] 陈欢林.新型分离技术.北京:化学工业出版社,2005

[3] 刘莱娥,蔡邦肖,陈益棠.膜技术在污水治理及回用中的应用.北京:化学工业出版社,2005

[4] 张宝泉,刘丽丽,林跃生,等.超临界流体与膜过程耦合技术的研究进展.现代化工,2003,23(5):9-12

[5] 余丹妮,徐德生,冯怡,等.聚酰胺-大孔树脂联用富集益母草总黄酮.中国中药杂志,2008,33(3):264-268

[6] 黄立新,郑文辉,王成章.喷雾冷冻干燥在植物提取和医药中的应用.林产化学与工业,2007,27(增刊):143-146

[7] Leuenberger H,Plitzkom,Puchkovm. Spray freeze drying in a fluidized bed at normal and low pressure. Drying Technology,2006,24(6):711-720

[8] Merymannh T. Sublimation freeze-drying without vacuum. Science,1959,130:628-635

[9] Huang LX,Mujumdar A S. Spray Drying Technology in Guide to Industrial Drying. Mujumdar,India:Vindhya Press,2004

第十五章 制药分离过程的选择与设计

在上述各章中,我们介绍了各种常用的制药分离技术,然而在实际科研、生产中需进行分离操作时,应该怎样加以选择,并对所选技术进行设计和组合呢? 分离技术系指利用物理、化学或物理化学等基本原理与方法将某些混合物分离成两个或多个组成彼此不同的产物的一种单元操作。因此,分离技术的选择过程中,首先应明确分离目标,即选择分离技术的第一步是从确定产品纯度和回收率开始的,而产品纯度则是根据产品的使用目的来确定的。对于制药领域来说,分离的目标基本上可分为单体成分、有效部位(群)及复方精提(制)物。确定了产品纯度和回收率之后,接着就要寻找制药原料与目标产物复杂体系中各组分之间在物理、化学以及生物学方面的性质差异。然后,选择可以巧妙地利用这些差异进行分离并且是最经济的分离方法。

第一节 分离过程的选择

借助一定的分离剂,实现混合物中组分分级、浓缩、富集、纯化、精制与隔离等过程称为分离过程。在包括提取和纯化在内的商业规模的生物医药技术产品的分离过程的工艺设计中,工艺要求所关注的主要指标是:降低总成本;减少样品处理体积;稳定性,即承受操作条件微小波动的能力;缩短分离过程所需时间,以降低产品的降解和提高生产率;高收率;高可靠性和高重现性等。这些指标是选择分离过程的重要考虑因素。

一、分离过程的可行性分析

(一)分离技术的成熟度

在制药工业的发展过程中,精馏、吸收、萃取、吸附、离子交换、结晶等技术的理论基础与工程计算方法等不断成熟,相关单元操作已广泛应用。近年来,随着生物技术的发展以及人们对天然产物的青睐,在传统分离技术基础上也派生出一些新技术,以适应生物加工或天然产物加工的特殊需求。例如,萃取技术派生出了超临界流体萃取、反胶团萃取、双水相萃取等。

上述新型分离技术,在制药工业,尤其在生物合成药和天然药物的分离、纯化中发挥着独特的作用,在提高产品分离质量、节约能耗和环保等方面已显示出传统分离方法无法比拟的优越性和广阔的应用前景。但不同分离过程的技术成熟度和应用成熟度是有差异的,对此,F. J. Zuiderweg通过分析各单元操作目前的"技术成熟度"(横坐标)与"工业应用度"(纵坐标)之间的近似关系,对各分离过程的现状进行了概括(图15-1)。值得注意的是,尽管精馏、吸收等操作已处于"S"形曲线的顶峰附近,但由于此类技术在生产领域中应用广泛,它们的提高与改善将带来极为可观的经济效益,所以不应忽视对它们做进一步的深化研究,使之更加完善。而曲线中间涉及的操作,如结晶、吸附、萃取、膜分离、离子交换等是分离过程发展历史上,基于不同应用场合建立和发展起来的单元操作,它们属于迅速发展中的新兴单元操作或分离技术,需要不断地提高其理论深度并扩展其应用的广度。这些"新"、"老"分离技术的相互交叉、渗透与融合又会促进更新型的分离技术的产生与发展。

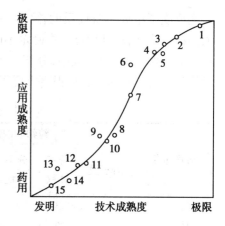

图 15-1　各分离过程的现状

1. 精馏;2. 吸收;3. 结晶;4. 萃取;5. 共沸(或萃取)精馏;6. 离子交换;7. 吸附(气体进料);8. 吸附(液体进料);9. 膜(液体进料);10. 膜(气体进料);11. 色层分离;12. 超临界萃取;13. 液膜;14. 场感应分离;15. 亲和分离

制药的下游加工过程还必须向减少环境污染的清洁生产工艺转变,即在保证产品质量的同时还要符合环保要求,保证原材料、能源的高效利用,并尽可能确保未反应的原材料和水的循环利用。而这些因素也是制药分离过程的可行性分析的主要内容。

(二) 分离技术基本原理对选择分离过程的影响

1. **分离技术基本原理**　分离过程的类型主要取决于第一章所讨论的分离技术原理,而这对制药分离过程的选择具有重要意义。两种或多种物质的混合过程是一个自发过程,而将混合物分离需采用分离手段并消耗一定的能量或分离剂。分离过程的分离剂,为加到分离装置中使过程得以实现的能量或物质,或者两者并用。如蒸馏过程中的热量、萃取过程中的溶剂、吸附过程中的吸附剂、膜分离中的滤膜等。分离因子表示某一单元分离操作或某一分离流程将两种物质分离的程度。一般来说,采用能量分离剂的过程,其热力学效率较高;采用质量分离剂的过程,由于向系统中加入了另一个组分,然后又要将它分离必定要消耗能量,因此,比采用能量分离剂的过程应具有更大的分离因子。

比较各类分离过程,特殊精馏因加入了第三组分——质量分离剂而改变了原物系的相对挥发度,使其不同于常规精馏,欲挥发组分因活化系数的改变而容易分离,从能量消耗的观点看它是合理的。因此在选择分离过程时,精馏应是首先考虑的对象。通常不采用精馏操作的因素是,产品因受热而损坏(表现在产品的变质、变色、聚合等方面),分离因子接近于1,以及需要苛刻的精馏条件。由于能源价格上涨,有人对取代精馏的过程做了评价。其结论是,共沸精馏萃取和变压吸附的应用有明显的增长,结晶和离子交换有一定程度的增加。

不同分离过程采用多级操作的难易程度也是不同的。膜分离过程和其他速率控制过程采用多级操作比较复杂,因为需要把分离剂加到每一级,还常常要把每一级放在彼此隔开的容器内。另一方面,精馏塔却可以把许多级放在一个设备中;各种形式的色层分离可在一个装置中提供更多的分离级,适用于分离因子接近于1和纯度要求很高的分离情况。与此相反,膜分离过程最适用于分离因子较大的系统。

2. **待分离原料体系的物理化学性质**　一般而言,生物与中药制药分离工艺都是基于天然生物物质在溶液中的性质差异来实现分离的,目标产物和杂质之间的多种性质差异,如尺寸、静电荷、疏水性、溶解性和特殊化学基团或者化学官能团的特定排列等,能够用于分离和纯化过程,从而影响分离过程的选择。

对于大多数分离过程,分离因子反映了被分离物质可测的宏观性质的差异。如对精馏而言,相应的宏观性质是蒸气压;对吸收和萃取而言,是溶解度。这些宏观性质的差异归根结底反映了组分本身性质的差异。表 15-1 表示了各种分离过程的分离因子对分子性质的依赖性。从该表可以看出,在确定不同分离过程的分离因子时,不同的分子性质的重要性是不同的。例如,精馏过程中,分离因子反映了各种分子汇聚在一起的能力,分子的大小和形状等简单的几何因素就显得更重要了。

表 15-1　分离因子对分子性质的依赖性

分离过程	纯物质的性质					与质量分离剂或膜的相互作用		
	分子量	分子体积	分子形状	偶极矩、极化度	分子电荷	化学反应平衡	分子大小和形状	偶极矩、极化度
精馏	2	3	4	2	0	0	0	0
结晶	4	2	2	3	2	0	0	0
萃取和吸收	0	0	0	0	0	2	3	2
普通吸附	0	0	0	0	0	2	2	2
分子筛吸附	0	0	0	0	0	0	1	3
渗析	0	2	3	0	0	0	1	3
超滤	0	0	4	0	0	0	0	0
气体扩散	1	0	0	0	0	0	0	0
电泳	2	2	3	0	1	0	0	0
电渗析	0	0	0	0	1	0	2	0
离子交换	0	0	0	0	0	1	2	0

注:表中,1—决定性作用(必须具备差别);2—重要作用;3—次要作用(也许也要通过其他性质);4—作用小;0—无作用

对于任何给定的混合物,应该按照分子性质及其宏观性质的差异选择分离过程。例如,如果混合物中各组分的极性相差较大,可以采用精馏过程;如果各组分的挥发度相差较小,可以采用极性溶剂进行萃取或萃取精馏;如果极性大的分子以极低的浓度存在于混合物中,可以采用极性吸附剂进行吸附分离;如果原料中所含药物组分的分子尺寸分布很宽,如图 15-2 所示,则产品的分离过程设计可以基于分子大小差异来进行,可以选择离心和过滤技术。离心操作能够从原料液中分离细胞,高速离心操作还可用于从水溶液中分离不同大小的生物物质。过滤技术的选择比较广泛,包括微滤、超滤和反渗透等膜分离技术的过滤过程正受到广泛关注。在这些技术应用的过程中,还可选择配合在外加力场作用的过滤过程,例如电渗析技术,就是利用电场与过滤过程的结合,选择性除去特定组分。

对于蛋白质、核苷酸、有机酸等带有静电的组分的分离,可以利用电泳、离子交换

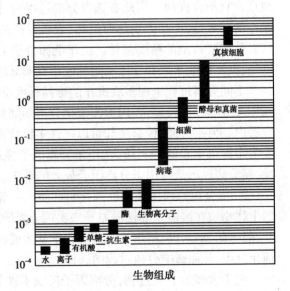

图 15-2　生物组分的大小比较

和离子排阻色谱、离子交换膜来实现。这些组分在水中的溶解度可以通过调整溶液的 pH 值来控制,以实现絮凝、沉淀、吸附和结晶等分离操作。对于生物组分的分离,因其主要在水溶液中制备而得到,当蛋白质、脂类、多糖和有机酸分子缺乏能够形成氢键的电负性原子或者离子时,水分子之间形成氢键的趋势导致这些物质的某些区域往往呈现出疏水特性。因此可以利用其疏水性质,采用疏水色谱、反相色谱、吸附、萃取和沉淀等分离过程实现组分分离。

利用化学基团或者生物材料与被分离分子或组分上的特殊区域相结合的特性进行的分离具有更高的选择性,并可将其他分子或组分留在溶液中。如形成酸碱络合物的萃取或者吸附,又如将单克隆抗体固定到色谱介质上作为吸附配基的生物亲和色谱等。此项技术可应用于各种复杂程度及各种规模的分离。

以青霉素制备工艺为例。青霉素的提取和纯化工艺路线如图 15-3 所示,其中的关键分离操作是有机溶剂萃取过程。为了得到具有活性且高纯度的青霉素,萃取操作必须在一种特殊的离心萃取装置——波特贝尔尼克萃取器中进行,利用该装置可缩短萃取时间,从而减少青霉素在有机溶液中的降解。

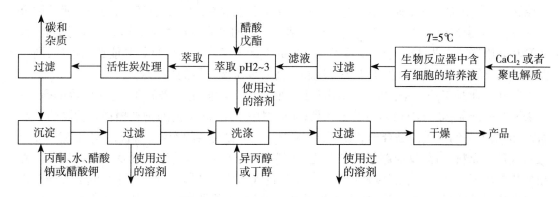

图 15-3　青霉素的提取和纯化工艺流程

因为在青霉素的生产过程中应用了霉菌,故须使用旋转真空过滤器去除生产过程中所形成的霉菌菌落(网状丝菌体)。首先,将氯化钙和一种聚电解质分子加入到丝菌体悬浊液中以形成絮状大颗粒,然后快速过滤并将滤液中的青霉素通过一系列萃取步骤转入到有机溶剂中,有机溶剂通常采用乙酸戊酯,再将青霉素从有机溶剂中转入到 pH 值呈中性的水溶液中。通过这些萃取操作将萃取相中青霉素的浓度提高了约 100 倍。为了去除杂质,在萃取进行过程中或者在其结束后立即向青霉素溶液中加入活性炭,然后通过过滤除去活性炭,并且将青霉素制备成钠盐或者钾盐;再向青霉素钠盐或钾盐溶液中加入丙酮使之沉淀,用乙醇反复洗涤沉淀除去残留杂质。

上述青霉素生产过程中至少使用了 3 种溶剂,有效地回收和循环使用这些溶剂对于确保生产过程的经济效益至关重要。

以枸橼酸的制备工艺为例。作为一种软饮料的酸化剂,枸橼酸的应用率非常高。用于生产枸橼酸的微生物黑曲霉是一种嗜酸菌,在低 pH 值情况下可自溶。利用黑曲霉的这一特性可以简化枸橼酸主要提取操作——萃取,即用溶解在有机溶剂中的长链胺同非离子形态的枸橼酸形成络合物,并将其转移到有机相中。

根据上述原理设计的枸橼酸的生产流程如图 15-4 所示。有机胺 - 枸橼酸复合物溶于有机相,再将此复合物从水溶液中萃取到有机相,而大量的杂质留在水相中,然后利用热水反

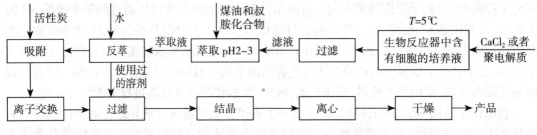

图 15-4 枸橼酸的下游加工工艺流程

萃取可以制备枸橼酸溶液,进而利用活性炭和离子交换对枸橼酸进一步纯化,最后在蒸发结晶器中进行结晶和干燥,得到的成品以枸橼酸 -L- 水化合物或者以无水枸橼酸形式存在。

二、分离过程与清洁工艺

清洁工艺也称无废工艺或少废工艺,它是面向 21 世纪的社会和经济可持续发展的重大课题。所谓清洁工艺,即采用先进的生产工艺和设备,将生产工艺和防治污染有机地结合起来,使污染物减少或消灭在工艺过程中。清洁工艺的本质是从根本上解决工业污染问题。开发和采用清洁工艺,既符合"预防优于治理的方针",又降低了原材料和能源的消耗,同时提高了企业的经济效益,是保护生态环境和经济建设协调发展的最佳途径。

制药工业是工业污染的大户。制药生产所造成的污染主要来源于:①未回收的原料;②未回收的产品;③有用和无用的副产品;④原料中杂质;⑤工艺的物料损耗。就制药工业而言,清洁工艺的本质即是合理利用资源,减少甚至消除废料的产生。制药清洁工艺应综合考虑合理的原料选择,反应路径的洁净化,物料提取、分离技术的选择以及确定合理的流程和工艺参数等。其中化学反应是化学制药生产过程的核心,所以,废物最小化问题必须首先考虑催化剂、反应工艺及设备,并与分离、再循环系统,换热器网络和公用工程等有机结合起来,作为整个系统予以解决。

制药清洁工艺包括的内容很多,其中,与制药分离过程密切相关的有:①降低原材料和能源的消耗,提高有效利用率、回收利用率和循环利用率;②开发和采用新技术、新工艺,改善生产操作条件,以控制和消除污染;③采用生产工艺装置系统的闭路循环技术;④处理生产中的副产物和废物,使之减少或消除对环境的危害;⑤研究、开发和采用低物耗、低能耗、高效率的"三废"治理技术。因此,清洁工艺的开发和采用离不开传统分离技术的改进,新分离技术的研究、开发和工业应用,以及分离过程之间、反应和分离过程之间的集成化。

闭路循环系统是清洁工艺的重要方面,其核心是将生产工艺过程所产生的废物最大限度地回收和循环使用,减少生产过程中排出废物的数量。生产工艺过程的闭路循环见图 15-5。

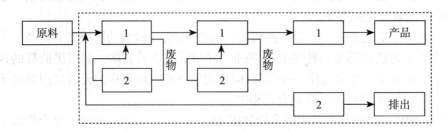

图 15-5 生产工艺过程的闭路循环

如果工艺中的分离系统能够有效地进行分离和再循环,那么该工艺产生的废物就最少。实现分离与再循环系统,使废物最小化的方法可参照以下几种。

(1) 废物直接再循环:在大多数情况下,能直接再循环的废物常常是废水,虽然它已被污染,但仍然能代替部分新鲜水作为进料使用。

(2) 进料提纯:如果进料中的杂质参与反应,那么就会使部分原料或产品转变为废物。避免这类废物产生的最直接方法是将进料净化或提纯。如果原料中有用成分浓度不高,则需提浓,例如许多氧化反应首选空气为氧气来源,而用富氧代替空气可提高反应转化率,减少再循环量,在这种情况下可选用气体膜分离制造富氧空气。

(3) 除去分离过程中加入的附加物质:例如在共沸精馏和萃取精馏中需加入共沸剂和溶剂,如果这些附加物质能够有效循环利用,则不会产生太多的废物,否则应采取措施降低废物的产生。

(4) 附加分离与再循环系统:废物一旦被丢弃,它含有的任何有用物质也将变为废物。在这种情况下,需要认真确定废物中有用物质回收率的大小和对环境构成的污染程度,或许增加分离有用物质的设备,将有用物质再循环是比较经济的办法。

上述分析表明,清洁工艺除应避免在工艺过程中生成污染物即从源头减少三废之外,生成废物的分离、再循环利用和废物的后处理也是极其重要的,而后一部分任务大多是由化工分离操作承担和完成的。

三、生产规模与分离过程设计

在对分离技术进行选择时,生产规模也是需要考虑的最重要因素之一。实际工作中,制药工艺的分离操作基本可分为实验室(小试)、中试及大生产三个不同层次的规模。一般情况下,生产规模的设计和实验室规模的设计会因目的不同而本质迥异。

如果不以工业化生产为近期目标,仅作为科研探索,或分离目的是为了获取用于质量标准控制的“标准品”,那么基本上是实验室规模的工艺操作,对成本、溶剂、对人体危害性的考虑可放在较次要的地位。如在分离、纯化某一中药单体成分时,三氯甲烷、乙酸乙酯、乙醚、正丁醇等多种价高及有害人体健康的有机溶剂被普遍使用。

在实验室规模的研究中,研究者的目标是证实所提出的过程能够得到期望的产品,产品的提取、纯化是以用色谱或 ELISA 等分析手段能够得到有关产品存在的正面结果为目标的。由于在实验室研究中所要解决的问题如此之多,产品收率并不重要。与之截然相反,在生产规模中,虽然产品质量十分重要,但收率也是必须考虑的核心问题。如果产品提取、纯化的收率很低,那么在制药分离过程中花费的精力和资金是毫无意义的。

对于新产品的分离过程设计而言,可选择性质类似的已有产品的工业化生产过程作为重要的借鉴。而采用现有的、已经得到广泛认同的分离过程,在新产品的过程参数(如膜、色谱填料、萃取剂和结晶条件)优选方面仍然具有很大的空间。在分离过程设计中,当待分离料液不足或产品浓度低于预期值时,一个实用的解决方法是向料液中加入目标组分,使其含量达到预期值(即未来正常生产时的产品浓度)。这种建立模拟料液体系的方法有助于分析、确认可能对分离过程产生潜在影响的某些重要因素。这种方法目前广泛用于以生物技术替代有机合成生产有机化学品的生产过程研发中,也可以应用在直接从植物和动物体中获得产品的工业生产过程。

生产规模的分离过程设计必须完全适合工业生产的关于经济、清洁等方面的要求。例如,在开展以研制新药为目的的有效部位或复方精提物的分离操作时,就必须尽量不用上述三氯甲烷、乙酸乙酯、乙醚、正丁醇等有机溶剂。除了生产成本的考虑外,此类溶剂在药物(分离终产品)中的残留及除去,也是后续生产过程中亟待解决的关键问题。因而,在实验室(小试)阶段,就要根据生产目的,选择并确定好分离技术,以确保在日后中试、大生产中通行无阻。

任何生产过程的经济性都依赖于成品的价格和生产速率,因而分离过程的生产规模与分离方法的选择密切相关。例如,很大规模的空气分离装置(空气处理量超过 $2832m^3/h$),采用低温精馏过程最经济,而小规模的空气分离装置往往采用变压吸附或中空纤维气体膜分离等方法更为经济。又如在选择海水淡化方案时,当进料量小于每天 80×10^6L 时,选择反渗透比多级闪蒸发更经济,但对于进料量较大的情况,所选装置正好相反。表 15-2 比较了 4 种生物产品的浓度与生产规模、生产速率之间的关系。

表 15-2　4 种生物产品在反应器中的浓度与生产规模和生产速率的比较

产品	浓度 /(g/L)	规模 /(m³)	生产速率 /(m³/d)
乙醇	70~120	>200	1000
青霉素	10~50	>200	50~200
脊髓灰质炎疫苗	1~4	<50	1~5
蛋白酶	2~5	220	

此外,分离操作的生产规模还受到某些分离过程的单机设备生产能力极限的限制。在某些情况下,最大生产能力表现了某些物理现象对过程的制约;在另外一些情况则反映了制造工业装置的水平。有关主要分离过程在单生产线操作时的最大生产能力可参考相关文献。

一般而言,小规模的生产适用于高附加值产品,其生产率一般不超过 $1m^3/d$。如单克隆抗体即是这样一种医药产品,生产规模小而产品纯度要求高使得单克隆抗体的纯化需要实施若干不同的分离步骤。当反应器中的细胞密度达到给定值后,通过连续离心使得细胞和从细胞中分泌出的 IgG 的水溶液分离,通过超滤去除相对分子质量在 10 万以下的生物物质和蛋白质,然后含有 IgG 的水溶液通过亲和色谱柱,吸附结束后进行洗脱;再利用超滤对洗脱液进行浓缩;最后过滤除菌,以保证产品达到质量要求。

分离操作单元的规模,还与工厂的投资密切相关。一般来说,化工行业建设工厂的投资与其规模的 0.6 次方成正比。但这只适用于大型工厂。当规模小于某种程度后,与规模相关的投资就成为定值。这是因为工艺过程所必需的管道、仪表、泵类、贮罐等的投资与规模大小无关,而这些却占据着工厂投资的较大部分。

另外,规模小与规模大同样要使用很多操作人员,规模变小所投入的劳动力却不会相应减少。因此,对于较小规模,要尽量选择操作简单的,能够自动化进行的分离方法。

第二节　分离过程的技术经济问题

一、分离过程的一般经济原则与优化组合程序

(一) 分离过程的一般经济原则

制药工业实际生产中,工艺流程大多以混合物为生产原料,而它们都是由多种组分组成的,常常会碰到如何分离必要组分的问题,我们就两种较为极端的情况为例来分析讨论解决

的办法。一种是混合物中各组分都以相当的浓度存在其中,另一种是某一组分大量存在而其他各组分之和可作为少量不纯物质看待。

对于前者的分离,需要针对与各组分数相应的分离要素设计各自对应的单元操作,因而从分离成本来看,选择可将能量综合利用的分离方法为上策。对于后者的一般原则是首先分离大量存在的组分。从经济角度出发,设计制药分离工艺时,还可参考下述化工分离和生物分离工艺设计经验:

(1) 应先试选简单的或比较简单的分离方法;如果组分间的选择性在分离过程中基本不变,则应首先分离浓度最高的那个组分。

(2) 若可以使用蒸馏法,就应先行分离挥发度最大的组分;在进行萃取或萃取蒸馏(共沸蒸馏)操作时,紧接着就应在下步工序使萃取剂和溶质分开。

(3) 应避免使用第二分离剂来除去或回收分离媒介(萃取剂等)。

(4) 在进入纯化和制剂成型步骤前,应尽早减少样品体积(其实质是除去水分),初步得到目标产品。因蒸发操作能耗高,且如果某些分离过程的目标产物易分解或沸点高于水,则可通过沉淀、萃取、吸附或亲和作用将目标产品转移到另一相。如为从链霉菌培养液中分离链霉素,可设计若干萃取和离心操作流程,使培养液体积减小 100 多倍而达到浓缩目的。

(5) 尽早提炼目标组分,以简化分离过程。由于杂质存在时,可能发生酶的降解或产品的变形,所以尽早提炼目标组分还可望提高产品质量。然而需要注意的是,高分辨率的分离步骤往往费用较高,所以将减小样品处理体积作为首选因素可能更为经济。

(6) 结晶和沉淀都是一种得到粗品的非常经济的方法,均可实现尽早提炼目标组分的目的。虽然初步的结晶(或沉淀)还不能达到目标产物所要求的纯度,但可采用溶解或重结晶等操作对产品作进一步纯化。

(二) 分离过程的优化组合程序

在分离科学中,所谓最优化就是如何在最短的时间内,用最低的消耗获得最佳的分离效果。这个整体最优化目标又涉及多方面的局部优化,如分离方法的选择,试验方法的建立,试验方案的建立,试验方案中每一单元操作的优化以及各个单元操作之间的最佳组合等。

一般来说,分析测试与工业制备对分离最优化的要求是不完全相同的,前者因消耗很少,故多在追求最佳分离效果的前提下,以尽可能缩短分离时间为主,辅之以低耗能;而后者则是以追求最大经济效益——获取最高利润为目的,故一切分离方法及选择分离工艺的优化均以此为基础。例如只需一步分离就能达到质量要求的简单工艺,会因成本高在工业化生产时不被采纳,而成本很低的工艺流程,哪怕是多到 2~3 步的分离方案,往往会被采纳。这说明即便是局限于分离科学这一狭窄领域中的一个细节,也难于用一个通用的模式来描述最优化。

通过第一章到第十四章的学习,我们已经明确,无论哪一种分离方法,从原则上讲,有以下四点对提高分离度是有效的:

途径 1:尽可能增大外加场。

途径 2:尽可能减少分离过程中欲分离物质熵的增大。

途径 3:尽可能加大难分离物质对之间的差异。

途径 4:对上述 1、2 和 3 所产生的协同作用的优化。

需要指出的是,单纯考虑上述三个途径中的一种或两种还是不够的,必须对这三条途径同时考虑。例如,从现代科学技术角度来讲,施加在毛细管电泳中的外加电压有可能提高到

$10^5\sim10^6$V，但在这么高的电压条件下，且不论设备有多么昂贵，如何尽快散发在此条件下释放的焦耳热就成了一个亟待解决的难题。在增加外场的同时，分离过程的熵增大，分离度不仅不能增加，还可能将设备烧毁。

如单纯从途径 2 的角度出发来提高分离度，结果又会怎样呢？因为熵是系统混乱度和稀释度的量度，它的来源之一是由分子布朗运动所引起的带扩展，可以设法将体系的温度降到很低，甚至接近 −273K。这样虽然有可能达到使谱带中溶质分子几乎停止向外扩散的目的，但此时分子已经几乎停止了运动，溶质又如何在分子水平上进行定向的迁移呢？所以仅通过减少系统熵的办法也是有一定限度的。

途径 3 所论述的是增大难分离物质对之间的差异，即增加溶质对的理化性质如分配系数等的差别。难分离物质对，如手性化合物 X，可能包含组分 1 和组分 2 两种成分，两者的化学和物理性质都相同或十分接近，用一般分离方法无法区分它们的细微差别。这种差异归根结底是由两组分的性质决定的，即在一般条件下它们的标准化学势之间的差异非常小。即便采用了所有能够用于增大该难分离物质对性质差别的方法，有些物质仍难以分离，即便能达到完全分离的程度，代价又十分昂贵。因此途径 3 虽具有很大的发展潜力，但还是只能达到一定的程度。

至于上述优化途径 4，大多属于各个分离方法中的局部参数的优化。把前三种途径放在一起综合考虑，开展途径 4 所表达的优化研究，目前仍是一个尚未解决的难题。

归纳上述分析结果，分离过程最优化组合程序，即分离方法的选择程序大致如图 15-6

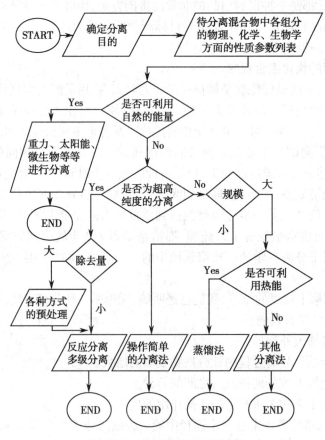

图 15-6　分离方法的选择程序

所示。首先确定分离的目的,并将各物性参数列出;然后分析分离所需的能量,最好能够利用自然的能量;接着要评估规模和程度。如果要求产品具有超高纯度,第十二章所介绍的反应分离可以作为首选,但反应分离的特异性决定其不可能适合所有的情况;若反应分离不适合,只好依赖于多级分离。如果对产品纯度的要求不很高,则应先对处理量的大小进行分析,当规模较小,就可采用自动化操作并尽可能简单的分离方法,并要用电能作为分离所需的能量;当规模较大时,首先要考虑能否利用热能,可以利用热能且相对挥发度(分离系数)大于1.05,应选择蒸馏法,若相对挥发度小于1.05,则可采用萃取技术等其他分离法与蒸馏法相互组合而构成的分离过程。在热能无法利用时就只能选择速度差分离法。

制药工业生产所涉及的分离工艺设计流程可参照上述思路确定相关原则。

二、制药分离过程的技术经济问题

(一)技术经济问题的一般概念

工艺过程的技术经济问题包括技术与经济两方面的指标,既体现出技术的先进性,又体现出经济方面的合理性。如评价某项目技术经济指标的先进程度,即指与国内外最先进技术相比,其总体技术水平、主要技术(性能、性状、工艺参数等)、经济(投入产出比、性能价格比、成本、规模等)、环境、生态等指标所处的位置。包括中药分离在内的生物分离过程开发,受到经济效益因素与社会效益因素的引导,其中经济因素的引导更为直接,因而工艺过程技术经济问题的评估日益受到重视。为此,国际上已形成专门的"生物加工过程经济学",借助该学科有关的理论与软件资源,可以精确估算运行成本和设备投资对于加工过程的影响及预估产品价格,从而利用利润模型来进行详细的经济分析。

Bio Aspen 和 SuperPro Designer 即为目前世界上著名的生物分离过程设计和经济分析软件,使用的必要条件是掌握加工过程相关化合物的物理化学性质。与其他类似的许多软件包一样,上述软件可以用于各种工业生产过程中的建模、评估和优化,具体地说,可以完成以下重要任务:

(1)简化过程流程图的创建。

(2)追踪各组分通过相关设备的流动,确认最终产品物流的组成和数量。

(3)追踪过程中能量和化学物质的消耗。

(4)协助确定合适的设备尺寸。

(5)协助估算投资和操作费用。

(6)提供经济分析。

经济决策模型是"生物加工过程经济学"的另一重要工具,利用经济决策模型可以开展生物分离过程的"内部收益率"、"包含利润的投资回收期"、"净现在值"、"投资回报率"等估算,从而为选择项目与投资方式作出决策。

(二)常用制药分离过程的技术经济问题

以超临界 CO_2 萃取工艺为例讨论产业化的技术经济问题。超临界 CO_2 萃取工艺需要高压设备,工艺过程技术要求高,因而设备投资远较传统分离方法为高。装置的转运费取决于萃取原料性质与选用的操作条件,萃取装置的规模也影响设备投资和运作费用。下面将以设备规模、操作运行、能耗等影响因素为例讨论超临界萃取过程的经济性能。

(1)超临界萃取装置的规模效应问题:超临界萃取装置存在规模效应,设备建设费和加工运转费将受到装置规模的影响。表15-3以美国天然香料生产的数据推算相关费用,数据表明增加装置规模有利于降低设备投资和减少加工费。

表 15-3　超临界萃取装置规模与经济评价

萃取釜体积 /(L)	年处理量 /(t)	建设费 /(百万美元)	原料加工费 /(美元 /kg)
970	770	2.8	1.10
1950	1530	4.1	0.75
2880	2270	5.2	0.62
3890	3060	6.2	0.50

(2) 操作运行对经济成本的影响:表 15-4 和表 15-5 分别列出了辛香料和香草超临界萃取收率和经济测算,其中加工运行费分别为以精油最高收率与最低收率计算所得的费用。

表 15-4　辛香料超临界萃取收率和经济测算

香料品种	原料密度 / (kg/L)	投料量 / (kg/ 批)	萃取时间 (h/ 批)	加工率 (kg/h)	精油收率 (%)	加工运转费	
						美元 / (kg·原料)	美元 / (kg 产品)
黑胡椒	0.36	225	6	75	10~12	1.5	12.8
丁香	0.36	225	3	150	19~22	0.8	3.5
丁香茎	0.36	225	2.5	180	6~8	0.6	8
肉豆蔻	0.34	213	6	71	38~41	1.6	4
肉豆蔻干皮	0.37	231	6	77	34~38	1.5	3.9
肉豆蔻油	0.37	231	4	116	18~22	1.0	4.5
姜	0.40	250	6	83	4~6	1.4	23
乡香果	0.40	250	4	125	7~9	0.9	10.2
肉桂(中国)	0.40	250	4	125	2~3	0.9	30.7
藏茴香	0.35	219	4	109	21~23	1.1	4.6
蔻姜	0.32	200	4	100	20~23	1.2	5.0
桂皮(锡兰)	0.38	238	5	95	2~3	1.2	40.4
平均香料	0.37	231	4.5	103	15~18	1.1	6.2

表 15-5　香草超临界萃取收率和经济测算

香料品种	原料密度 / (kg/L)	投料量 / (kg/ 批)	萃取时间 (h/ 批)	加工率 (kg/h)	精油收率 (%)	加工运转费	
						美元 / (kg·原料)	美元 / (kg 产品)
百里香	0.19	119	4	59	2.1	1.9	92.3
春黄菊	0.185	116	5	46	4.3	2.5	57.9
茴香	0.18	113	2	113	16	1.0	6.4
薄荷	0.22	138	6	46	3.9	2.5	64.4
桉叶	0.23	144	4	72	3.7	1.6	43.3
缬草	0.25	156	4.5	70	4.7	1.7	25.3
山金草	0.15	94	7	27	3.8	4.3	113.1
香子兰	0.37	231	4.5	103	6	1.1	18.7
平均香草	0.22	139	4.62	60	5.6	1.9	34.5

对比表 15-4 和 15-5 中各种香料萃取结果,可以看出,香料密度和萃取时间是影响每千克原料加工转运费的主要因素。密度增加,萃取时间缩短将有利于加工费用的降低。例如辛香料密度大于香草密度,加工费前者只有 1.1 美元 /kg,后者则是 1.9 美元 /kg;由于密度和萃取时间的差别,各品种香料加工费可在 0.6~4.3 美元 /kg 之间变化。萃取产物收率大小将影响按每千克产物计算萃取加工费。例如按产品计算,加工费最低为肉豆蔻 4.0 美元 /kg 产品(精油收率 38%),加工费最高为山金草达 113.1 美元 /kg 产品(精油收率为 3.8%)。

(3) 关于能耗问题:由于二氧化碳的蒸发潜热是已知溶剂中最低的(如 CO_2 蒸发潜热 175.561J/g,相应水为 2.26kJ/g,乙醇为 852.7J/g),同时比传统的溶剂萃取耗时短,步骤少,省去了某些产品的精制过程,因而超临界 CO_2 萃取技术的特点之一是节约能源。但是在工业化过程中,能源消耗占产品成本的比例要作具体分析。如从相平衡数据分析,应用超临界 CO_2 流体从乙醇稀水溶液中浓缩乙醇等有机化合物过程所需的能耗比常规的精馏法要节省很多,工业化有很大优势。

节约能源,降低消耗必须注意做好如下几点:①优化工艺,严格控制操作条件,以提高品率;②严格选用优质的中草药原料;③确保设备完好率,合理安排生产,连续三班运转,不要停停开开;④引进节能技术,从质量上提高装置的能量转化率和利用率。

(4) 超临界萃取与其他技术相比:目前已有 50 升、300 升等超临界 CO_2 萃取设备应用于食品、药品生产。表 15-6 比较了丹参生产工艺中,超临界 CO_2 萃取法与乙醇提取法提取丹参酮 II_A 的总收率和运营成本。从性能价格比而言,超临界 CO_2 提取具有明显的价格和时间优势,且设备投资与乙醇提取的整套设备相当,占地面积小,超临界 CO_2 萃取技术是值得在中药领域应用的一项技术。

表 15-6　超临界 CO_2 萃取法与乙醇提取法的比较

指标	SFE-CO_2 法	乙醇提取法
丹参酮 II_A 收率(%)	1.9	0.9
成本(元)	4000	16 000
全程生产周期(h)	30	200

从技术经济角度看,超临界 CO_2 萃取过程工业化问题必须慎重考虑以下因素:①工业化产品是不是传统方法无法代替的新产品;②有效成分溶解度大小;③萃取装置的时空产率(产量 / 容积 / 时间);④萃取产品的价值。

第三节　评价中药制药分离工程的科学原则

提取分离是中药制药领域的共性关键工艺流程。从早期对中药材中化学成分的提取→分离→结构鉴定→活性分析逐步过渡到化学成分研究与药效活性筛选相结合或以药效活性为导向的化学成分研究模式。与此同时,研究者发现从天然药物中获得的化学成分存在结构复杂、含量低不易工业化生产、生物利用度低、体外药效试验结果与体内药效试验结果不一致、毒副作用增强等问题。进入 21 世纪以来,随着科学技术的不断进步,多学科研究方法的不断融合,有关中药物质基础的研究思路与方法不断涌现,人们对中药尤其是复方的研究取得了一些共识,"强化主效应,兼顾次效应,减少副效应,融整体调节、对抗补充于一体,改变传统中药黑大粗的形象"成为众多研究者孜孜以求的目标。

一、中药与天然产物提取收率合理性的评估

近年来,随着植物提取物在欧美国家的应用越来越广泛,研究人员发现,提取物的复杂组成可引起纯物质和植物提取物间的活性差异。这就意味着,仅以某一成分或某几种成分的含量,即纯度来评价植物提取物的质量及有效性是片面而欠科学的。国际学术界认为,植物提取物可分为基本活性物质与伴生物质,基本活性物质与其制剂的治疗特性完全或大体相关联。伴生物质可分为附加和无活性副产物。附加物质可增强或减弱基本活性物质的作用;无活性副产物无药理作用,其存在往往是不期望的。伴生物质可改变基本活性物质的理化性质,从而影响其生物药剂学参数,特别是影响活性物质从药物处方或植物提取物中的溶出及进一步吸收。中医治病的特点是复方用药,发挥多成分、多途径、多环节、多靶点的综合作用和整体效应。中药制剂的疗效,在很大程度上取决于中药浸提、分离、精制等方法的选择是否恰当,工艺过程是否科学、合理。从制剂学的角度考虑,中药提取物的"伴生物质",因其在制剂过程中可能与基本活性物质发生相互作用,或者其本身可能具有某种活性作用,又或者其可能具有助溶等作用。因此,我们在预测提取物的纯度与收率(大生产上常用出膏率表示)时,应充分考虑伴生物质的存在所造成的影响。

提取收率系指按照规定的提取工艺,单位质量的中药材所产出的流浸膏或干浸膏的质量。出膏率作为中成药制药行业重要的生产管理指标,与产品的质量和成本关系密切。由于中药材的特殊性,实际生产中即使工艺、物料、人员、设备基本一致,出膏率的上下波动也是难免的。为了确保最终产品的质量,特定处方、工艺的出膏率必须控制在合理的范围。出膏率低,通常意味提取不完全,浸膏的单位成本较高;出膏率过高,造成非药效物质过多,影响治疗效果。出膏率高还会造成后续成型困难,不利于制备高效、速效剂型,并会影响成品的性状、溶出性、崩解度、口感等。

随着科学技术的进步,中药提取工艺评估指标也发生了一系列的演变。在尚无成分含量测定只有定性鉴别的年代,中药提取工艺评估指标为固含物得率,生产中出膏率高通常意味着提取完全;在引进了化学指标检测后,提取工艺评估指标发展兼顾固含物得率与指标性成分含量;近年来,在化学指标检测的基础上增加了药理学指标,提取工艺评估指标要考查固含物得率、指标性成分含量与主要药效学结果。进入21世纪,中药提取工艺评估指标的发展趋势则是综合考查固含物得率、指标性成分含量、主要药效学结果、提取物体系吸收特征参数,即在化学、药理学评估的基础上,再加上生物药剂学指标。

中药水提液作为中药制药行业应用最广泛的料液,可视为一种复杂的"高分子稀溶液"类似体系,其中的淀粉、蛋白质、果胶、鞣质等高分子物质的存在状态,与由此所形成的溶液环境性质对提取液后处理过程的影响,包括选择何种过滤方法、目标产物的组成与性质等问题的攻克,涉及一系列与制药分离技术密切相关的理论与技术堡垒。其中,中药溶液环境中溶解性有机物分子量分布,是溶液体系重要的物理化学特征,也是影响分离过程的重要因素。

鉴于中药提取液中水溶性高分子成分、胶体颗粒与细小混悬物是影响提取收率的主要因素,那么控制"提取收率"的主要思路、方法可以有以下两类:①通过正交或均匀设计等统计学方法进行实验设计,优选提取分离工艺流程中的各项操作参数,控制药材中有关高分子物质的溶出;②采取过滤、离心等技术手段,减少提取液中的高分子类物质的含量。

基于思路②的控制中药提取收率的主要方法,可从中药水提液中的胶体颗粒、细小混

悬物质及淀粉、果胶、蛋白质、鞣质等共性高分子物质的特征组成出发,耦合高速离心、絮凝澄清等处理方法及多种场效应技术手段,强化对"非药效物质"的脱除分离过程,构建专门处理中药水提液中非药效物质的技术集成。其中,离心等技术手段是减少提取液中高分子类物质的有效手段。尤其在提取工艺不能发生质的改变,而又必须降低"出膏率"的情形下,采用离心技术往往可收到理想的效果,有关这方面的内容,可参考第三章有关内容。

二、评价中药体系提取、分离过程的科学原则

依据中医药研究与应用的不同需要,提取方法主要有浸渍法、渗漉法、回流法、煎煮法等,分离手段则有膜分离、树脂吸附、超临界流体萃取、双水相萃取、分子蒸馏、亲和色谱等。但这些分离技术多源于其他学科领域,对这些技术用于中药领域的最优工作状态目前尚缺乏科学、合理的评价标准,这也成为这些技术在中药提取分离应用范围受限的主要原因。而依据现代天然产物化学的研究,许多植物类中药已能分离鉴定出 100 种左右化学成分。一个由 4~5 味中药组成的复方可能含有 300~500 种甚至更多的化学成分。从中筛选出效应物质并将它们进行有效分离,使得被分离产物能够代表中药的功用,已经成为中药制药分离工程领域所面临的共性科学问题。

探索符合中医药内涵的现代提取分离技术,并建立与之相符合的质量评价体系是解决这一科学问题的关键所在。这就意味着,目前仅以某一成分或某几种成分的量来控制中药尤其是复方生产过程、评价其质量和有效性显然是有些片面而欠科学的。

鉴于中药物质基础的复杂性,中药提取物是一个具有大量非线性、多变量及相关数据特征的复杂化学体系,其中蕴藏有非常丰富的生物医学信息。为适应中药制药分离工程的需要,可借鉴系统科学的原理,建立中药提取分离评价体系的若干科学原则。

1. 系统性原则　在系统论看来,任何一个系统都是由若干部分,按照一定规则有序组合构成的一个有机整体,整体具有部分或部分总和没有的性质与功能。换言之,整体不等于部分之和,或大于部分之和,或小于部分之和,或近似地等于部分之和。中药是各组分按一定规则组合的一个系统,各组分是组成中药的元素。

由于中药本身就是一个复杂的复方化学体系,如将中药有效成分单体从中药材中分离提纯,使其脱离与其天然共存的化学体系,并不一定就能产生好的吸收与疗效,这也佐证了中药的"药辅共生"理论。

中医药配伍理论指出,方剂君、臣、佐、使的实质在于各效应成分的合理组合。主治效应成分对主病或主证起主要治疗作用,辅治效应成分通过对前者治疗效应的协同、不良反应的拮抗以及直接治疗兼证或次要症状而起辅助治疗作用。两者在体外过程通过物理化学作用、在体内过程中通过药效和药动学作用表现出有规律的相互影响,最终使全方对主治证产生最佳的综合治疗效应。

从药物动力学角度而言,臣、佐、使药中的效应成分可能影响君药中效应成分的吸收、分布、代谢与排泄。另外,药物的疗效不仅与药物的化学结构和剂量有关,药物本身的理化性质不同,也会影响药物的体内过程,尤其是吸收过程,从而影响药物的疗效。如以黄连解毒汤为例研究不同药味组合中盐酸小檗碱的吸收情况,结果表明该方四味药组合应用的疗效明显优于单味生药及其他组合。即多个成分以合理的比例同时作用于机体时产生的药效要优于单个盐酸小檗碱的药效作用。

上述研究充分说明各个中药组分之间存在着潜在的协同或制约的关系,正是基于药物组分之间的潜在关系,针对复杂证候的需要和治则治法提出的要求,按君臣佐使进行有序组合,从而形成既有分工又有合作、既有协同又有制约及整体目标、功能、定位都十分明确的药物组合体。这种组合体的属性或功能,绝不是各味中药属性或功能叠加的总合。根据系统性原则,在对中药及其复方进行提取分离工艺设计时,就必须既要研究中药的组成部分,也要研究各组分之间有机联系的总合。

总之,中药药效物质基础的复杂性决定了应当从中医药理论自身固有的规律出发,着重在以系统、整体为主的方法论指导下,使用整体综合与还原分析相结合的方法,采用多样化的思路和手段进行研究,但也要在避免分析还原思维研究方法中容易忽视、遗漏或丢弃某些有价值信息的弊端。从中医药配伍理论出发,密切联系临床实际,指导中药复方的提取分离研究,才可能充分保留中药的整体优势和特色。

2. 相关性原则 相关性原则是指同一系统的不同组成部分之间按一定的方式相互联系、相互作用,由此决定着系统的结构与整体水平的功能特征。不存在与其他部分无任何联系的孤立部分;不可能把系统划分为若干彼此孤立的子系统。在中药配伍中各组成部分之间的联系,被形象地定义为君臣佐使的关系。君臣佐使某一部分的存在是以其他部分的存在为前提的。君臣佐使之间的联系可以是主次关系,也可以是协同关系、制约关系等。若用逻辑术语表达,即有可能是因果关系、结构关系、功能关系等。因此,在建立中药及其复方提取分离评价体系时,将系统内各组成部分的关联性正确表达出来,应该是我们研究的着眼点之一。

如上所述,植物提取物可分为基本活性物质与伴生物质,伴生物质可改变基本活性物质的理化性质,从而影响其生物药剂学参数,特别是活性物质从药物处方或植物提取物中的溶出和进一步吸收。以植物药为主体的中药,其提取物不仅具有上述体系的基本属性,还因处方"君、臣、佐、使"的配伍原理赋予了伴生物质更丰富的内涵和更具弹性的广阔空间。一方面,提取物中"臣、佐、使"药的有关成分可作为"基本活性物质"与"君"药的有关成分共同发挥多靶点治疗作用;另一方面,作为与"基本活性物质"共存的多种"伴生物质",又因具有某些独特的性质而充当前者的天然辅料,对"基本活性物质"起着促进溶解与吸收的作用。

如膜分离技术及其他诸如树脂吸附、絮凝、高速离心等中药精制手段,其目的都是去除提取物的伴生物质,保留基本活性物质。由于各自技术原理不同,所去除伴生物质的种类与多少也有差异,实验体系精制前后物理化学性质的变化就是伴生物质去除这一微观过程的综合表征。因此,中药精制过程中所采用的不同分离技术对目标产物物理化学参数的改变有何规律,这种改变与中药提取物中伴生物质的组成有何相关性,以及它们对相关活性物质的吸收乃至对药物的疗效有何影响,都是值得我们探究的问题。

相关研究初步显示,不同的提取、分离、纯化方法可得到不同的提取物"伴生物质",而"伴生物质"组成成分的种类与数量的不同又导致提取物体系物理化学性质的不同,进而影响到"基本活性物质"的吸收。鉴于药物体系的物理化学性质与其吸收过程具有密切的相关性。若能深入这一研究,建立起提取物体系物理化学参数与相关药物成分吸收的相关性数学模型,那么只要通过检测药物体系的物理化学参数,即能对其生物利用度有一定的评估。上述研究结果说明,从中药的物理化学性质角度可以评价提取分离物质的优劣。

相关性原则在中药材的提取工艺研究中也具有重要意义。目前有关工艺参数的确定多采用正交、均匀实验设计来优选,这虽然能寻找到单个处方在实验条件下的主要优化工艺参数,但无法阐明提取过程中各工艺参数的相互关系;无法阐明同一成分提取动力学量变一般规律;无法揭示中药药剂学的配伍机制;无法为大规模工业生产提供完整参数系统。

为探索中药材中成分溶出规律的基础,可在假定中药浸提过程的速率是受扩散控制的前提下,根据中药浸提机制和扩散理论,建立在浸提温度保持不变条件下的动力学模型,并讨论浸提时间、溶剂倍量以及颗粒粒度与浸出有效成分浓度之间的函数关系。在上述工作基础上,还可根据 Fick 定律、Noyes-whitney 溶出理论和药材提取过程的实际情况,建立包括代数式的微积分方程组的中药复方溶出动力学数学模型,并对动力学参数求算进行分析。从而为中药提取工艺的量化研究及进一步的优化研究提供一定理论依据。

3. 有序性原则　有序性原则强调系统的最佳状态不仅有量的规定性,而且有质的规定性,质的规定性即有序性,也就是系统在结构和功能上都达到所需的有序化程度。

鉴于中药多组分、多靶点的作用特点,设置多指标检测标准已成为优化中药制剂提取工艺的重要手段。对多指标如何做出一个合理的综合评价,则是最终确立提取工艺的关键。而综合评价中,确定各个评价因素的权重系数又是科学、合理地作出评价的基础,权重系数是对目标值起权衡作用的重要数值,而如何使其体现"有序性"已成为中药提取"正交实验"设计研究领域中引人注目的问题。目前中药提取工艺综合评价中常用的是经验性权数法,它是由专家或主研者根据评价指标的重要性来确定权重系数,受主观因素影响较大。

针对这种情况,研究人员提出了包括层次分析法在内的多种解决方法。其中层次分析法(analytic hierarchy process,AHP 法)是指将一个复杂的多目标决策问题作为一个系统,将目标分解为多个目标或准则,进而分解为多指标(或准则、约束)的若干层次,通过定性指标模糊量化方法算出层次单排序(权数)和总排序,以作为目标(多指标)、多方案优化决策的系统方法。如在中药复方清清颗粒提取工艺优选研究中,依据中药成分提取工艺优选中包含的指标性成分和浸出物的单层次、多指标的体系,在确定指标权重时,采用层次分析法,提高了多指标优选中药复方提取工艺的科学性和准确性。

当处方中含有多味药材时,其制剂工艺的评价用不同种类的成分作为评判指标,其结果才有较广泛的代表性。但由于不同药材中的成分含量有时不在同一数量级,直接累加则使数量级大的对结果的贡献大,而小的贡献小。通过概率转化可使不同量纲及不同数量级的数据整齐化,且包含了原始数据的可比信息,可以直接累加后进行分析。

应用多指标综合评分法时,如何设置指标的权重,需要根据具体情况具体分析。在有效成分明确的前提下,出膏率越高则纯度越低,因此在实验中可以设为负权重系数;如果指标成分不明确,以浸出物多少来代表有效成分时,出膏率的权重系数相应增大,并设为正权重系数。这样进行方差分析所优选出的工艺参数才更加合理。

4. 动态性原则　运动是物质的本身属性,各种物质的特性、形态、结构、功能及其规律性,都是通过运动表现出来的。系统的联系性、有序性是在运动和发展变化中进行的,系统的发展是一个有方向性的动态过程。就中药复方而言,君臣佐使的有序性和方剂的整体功能是在作用于机体时才表现出来的。临床所使用的处方,其君臣佐使的有序性和方剂的整体功能只是理论上的设计,是根据辨证立法提出的要求,依照药物配伍的理论设计,处方的合理性和整体功能是在药物与机体的互动作用下才能体现出来;另一方面,方剂配伍强调随证加减的灵活用药形式，随时将方剂的组成与变化着的证候对应起来，灵活加减、随证变通，既体现了动态的用药原则，更体现了中药用药形式的特点和优势。

国内学者提出，中药复方效应成分群与人体之间存在非线性的复杂作用关系。中药复方作用机制和配伍评价的研究必须牢牢把握中药复方作用的整体性特征，这种整体性本质上体现为中药与人体两个复杂系统的相互作用并形成一个更高级的系统整体。只有在中医药理论指导下，结合现代科学技术深刻地揭示这两个系统间的相互作用关系，才能全面深入地阐明中药复方配伍理论、作用机制及其效应物质基础。要达到这一目标，需要两方面结合：一方面是生物机体（应答系统）在中药干预过程中的系统特征的整体刻画；另一方面是中药复方（干预系统）化学物质系统内在关系的系统揭示，将两个系统关联起来才能够从整体层次上揭示其相互作用。中药复方的研究要求建立与其特点相适应的"系统 - 系统"的研究方法。为此，进一步整合分析两个系统间的交互关系，即系统揭示化学物质组的变化与生物系统应答的时空响应的相关性，已经成为中药复方提取分离路线设计的重要考虑因素。

"中药复方提取分离评价体系"的动态性原则，在设计上还体现在以下两点：一是要用已知探索未知，二是一定要有变量，这样才能获取规律。尤其是变量，是动态原则的体现。如采用 HPLC 检测方法，以淫羊藿苷为主要考察成分，观察不同煎煮时间对含淫羊藿的二仙汤中活性成分含量的动态变化规律。结果发现二仙汤中活性成分淫羊藿苷含量随煎煮时间延长而发生明显变化，含量逐渐减少，最终达到动态平衡。

类似上述的许多实验研究提示，中药提取过程就是各类化学物质不断溶出的过程。提取过程中，某时刻提取液体系中指标成分的浓度反映了相关药味的主要物质在该时刻的溶出状况。通过多点动态测定指标性成分的"药 - 时浓度"，可建立"提取过程药 - 时曲线"，拟合相关数学模型，用于模拟复方提取中各指标性成分的动态变化规律；而通过溶出曲线的拟合，即可将离散数据条件变成连续函数条件，进而使用连续函数的分析方法进行数学建模研究。此类研究为中药提取分离评价体系如何体现其动态性提供了新的研究思路。

中药复方提取分离工艺的评价原则，应在系统的整体性原则和相关性原则的指导下，对其作用的效应物质基础进行探索，充分发挥系统的整体效应，即在中药复方提取分离中最大限度地保留有效成分，去除无效和有害的成分。在中医药配伍理论指导下，借鉴系统科学的基本原则，早日建立科学、合理的中药提取分离评价体系。

（朱华旭）

参 考 文 献

［1］加西亚（美国，Garcia，A.A.）. 生物分离过程科学. 刘铮，詹劲，等译. 北京：清华大学出版社，2004

［2］李淑芬，白鹏. 制药分离工程. 北京：化学工业出版社，2009

［3］郭立玮. 中药分离原理与技术. 北京：人民卫生出版社，2010

［4］大矢晴彦. 分离的科学与技术. 张瑾译. 北京：中国轻工业出版社，1999

［5］Muller R H，Hildebrand G E. 现代给药系统的理论和实践. 胡晋红主译. 北京：人民军医出版社，2004

［6］张兆旺. 中药药剂学. 北京：中国中医药出版社，2003

［7］苏德森.物理药剂学.北京:化学工业出版社,2004

［8］马雪松,谭蔚,朱企新.过滤分离技术应用于中药提取液的实验研究.过滤与分离,2005,15(4):10

［9］耿信笃.现代分离科学理论导引.北京:高等教育出版社,2001

［10］张镜澄,超临界流体萃取.北京:化学工业出版社,2001

［11］刘家祺.分离过程.北京:化学工业出版社,2002

第十六章　制药分离工程研究发展动向与展望

第一节　制药分离工程研究动态

制药分离工程的发展依托于分离科学的发展。为了回顾分离科学发展的轨迹，展望现代分离科学未来的发展趋势，2000年英国科学出版社邀请全球500多位不同领域的分离科技专家编写出版了《分离科学百科全书》，堪称分离科学巨著。紧接着，美国与我国也先后年编撰、出版了《分离科学一百年》。和《现代分离科学与技术丛书》。此类近年问世的大量分离科技相关著作，反映了现代分离科学的发展方向、技术特点与产业需求，展现了国内外在天然产物、生物医药、化工材料等领域所取得的重要成果，必将对制药分离科技领域的进一步拓展起着重要的作用。

一、分离科学共同规律的探索

分离科学技术的门类很多，每一项分离技术都有其各自的技术原理与应用对象，各项分离技术之间的关系往往是互补和不可取代的。但是作为研究分离、浓集和纯化物质的一门学科，这些技术的理论基础又具有共性与交集。探索分离科学的共同规律，特别是各种貌似毫无联系的分离方法之间的共同规律，已成为提升制药分离工程技术研究水平的重要途径之一。例如，组分在相及界面迁移过程中发生了什么变化，它对分离产生了什么样的影响，如何强化对分离有利的因素、抑制不利的因素。又如，蒸发、结晶与超滤这几种看起来风马牛不相及的技术为什么都可用于中药提取液的浓缩，其原理何在，技术设计各有什么特点？再如，大孔吸附树脂与离子交换树脂之间有何相同与区别，各适用于什么体系，为什么？此类问题的系统研究势必推动分离技术在制药工程领域的深入发展。

分离科学的共同规律在中医药领域中的表现也引起了人们的关注。如海螵蛸（主要成分为碳酸钙））是传统中药，具有制酸止痛、收敛止血、涩精止带、收湿敛疮等药效，临床上"研末"内服或外用。蒙脱土也是传统中药（主要成分为硅酸铝），具有"主草叶诸菌毒"功用，用法为"热汤末和服之"。这两种药"末"之间有没有什么共同点呢？现代研究表明，它们具有多孔纳米结构，其作用机制可能是通过吸附、离子交换、催化等物理化学或生物学作用，实现了对体内病原体的分离，而达到中和胃酸、降解毒素、抑制细菌等药理效应。从这个意义上来说，海螵蛸与蒙脱土都应当视为天然分离材料，也为借助当代制药分离工程技术，在继承的基础上对它们加以改造、提高，以更好的服务人类健康提供可能。

二、新应用领域的开拓

应用领域的开拓已成为制药分离工程研究的重要内容与发展动向之一。如吸附分离材料已广泛应用于水处理、环境控制、医用有毒物质分离净化和药物分离纯化等领域。生物活性物质在吸附分离材料上固定化进行蛋白质、核酸的分离纯化，在生物工程和生物技术领域具有重要的意义；微量和痕量物质在吸附分离材料上的富集和分析、鉴定是吸附分离材料具有广泛应用前景的新技术；利用吸附原理制备具有光电功能的新材料也在迅速发展中。又如结晶分离技术用于生物制药领域中间体药液的浓缩、大孔吸附树脂技术用于中药脂质体及游离药物的分离、超临界流体萃取技术用于超细微粒子的制备等，均为相关分离技术新开拓的应用领域。其中原本主要用于水处理的膜分离技术在开拓新应用领域方面的进展令人瞩目，无论是在化工、石油、冶金、电力、军工等重工业领域，还是在医药、纺织、牛奶、饮料、造酒等轻工业领域，特别是在生物工程、环境保护等新兴产业都可以发现它的身影，而其作用也扩展到目标产物的精制、热敏性成分的浓缩、载药乳剂及微球或微囊的制备等。

三、先进技术和新型材料的吸纳

如何将现代科技中最先进的技术和材料应用于分离技术，是制药分离工程学科关注的重要热点。

以吸附分离技术为例，我们可以体会到，"材料"也是制药分离工程研究的重要内容。用于医药的吸附分离材料在生物相容性、吸附选择性、力学强度、耐灭菌性能（热稳定性）诸方面都有一定的要求。目前常用的吸附材料分为活性炭类、多糖类和合成树脂类。多糖类材料是近年发展较快的一种医用高分子吸附分离材料。琼脂糖、壳聚糖和纤维素等均属于多糖类材料。多糖类材料的生物相容性较好，容易将其制成具有良好血液相容性的载体，对其进行更深一步的化学修饰也比较容易，以多糖为载体的医用高分子吸附分离材料研究有着广阔的前景。

还有一类应用较广的吸附分离材料是合成树脂。它分为吸附树脂和离子交换树脂两大类。其中，吸附树脂在制药过程中选择性分离某些药物的作用，主要是通过吸附剂与被吸附物质之间的分子间作用力实现的，因而在吸附分离材料的性能方面，对吸附剂和被吸附物质的选择性、吸附量及牢固程度都有特别的要求。由于常规分离材料缺乏对分离物质的选择性，人们在如何提高吸附分离材料的专一选择性方面进行了大量的研究工作。例如，在基质材料上设计具有与吸附质能够专一结合的功能基团；通过模板分子印迹的方法合成对吸附质具有专一吸附特性的分子印迹材料。而针对吸附质做到"量体裁衣"，想要分离什么物质就专门合成能够用于该类物质分离的材料，向来是吸附分离研究工作者的愿望。

再如超滤技术在中药中的应用日益广泛，很重要的一点是得益于高分子材料的发展。中药物料中高分子物质含量很高，膜的污染较为严重，对膜抗污染性能有较高的要求，而聚丙烯腈、磺化聚砜膜等膜材料的问世为此提供了良好的条件。

四、分离方法联用与最优分离条件

近年来，耦合分离技术引起人们的重视，诸如催化剂精馏、膜精馏、吸附精馏、反应萃取、络合吸附、膜萃取、化学吸收等新型耦合分离技术得到了长足的发展，并成功地应用于生产。它们综合了两种或者两种以上分离技术的优点，具有简化流程、提高收率和降低消耗等优点。耦合分离技术还可以解决许多传统分离技术难以完成的任务，因而在生物工程、制药和新材料等高新技术领域有着广阔的应用前景。如发酵萃取和电泳萃取在生物制品分离方面得到了成功的应用；采用吸附树脂和有机络合剂的络合吸附具有分离效率高和解析再生容易的特点;电动耦合色谱可高效地分离维生素;CO_2 超临界萃取和纳滤耦合可提取贵重的天然产品等。由于耦合分离技术往往比较复杂,设计放大比较困难,因此也推动了化工数学模型和设计方法的研究。

为取得更好的分离纯化效果,采用多种分离纯化技术的联合工艺,已成为中药制药分离领域的重要新动向。如将 65% 的银杏叶提取醇溶液经 ZTC 澄清剂沉降处理,再用大孔吸附树脂吸附、洗脱,最后可得到黄酮和内酯含量分别达到 26%、6% 的银杏叶提取物。大孔吸附树脂与超滤法联用对六味地黄丸进行精制的实验结果表明,其提取物得率为原药材的 4.6%,且有 98% 的丹皮酚与 86% 的马钱素被保留。制备菖蒲益智口服液采用了吸附澄清 - 高速离心 - 微滤法,该纯化工艺能够提高制剂的稳定性,实现了中药口服液的连续无醇化生产。

一些具有复杂结构的天然产物的分离纯化工艺,更是多种分离方法的集成。如多糖的提取、分离、纯化即牵涉到一系列的分离手段:去小分子杂质要用到透析法、阴阳离子交换树脂混合床;多糖结合蛋白质的去除要用蛋白酶,游离蛋白质的去除主要采用 Sevage 法、三氟三氯乙烷法、三氯醋酸法等;粗多糖需通过活性炭柱去色素等杂质;多糖的进一步纯化则还要采用凝胶柱层析法、制备性区域电泳、毛细管电泳、超滤法、醋酸纤维素膜过滤法、亲和层析法等。

五、新型分离原理及方法

寻求新型分离原理及方法是制药分离工程研究的重要内容之一。如物理化学研究指出,不同种类的分子,由于其分子有效直径不同,其平均自由程也不同,不同种类的分子溢出液面不与其他分子碰撞的飞行距离不同。

分子蒸馏技术正是利用不同种类分子溢出液面后平均自由程不同的性质实现分离的目的。轻分子的平均自由程大,重分子的平均自由程小,若在离液面小于轻分子的平均自由程而大于重分子平均自由程处设置一冷凝面,使得轻分子落在冷凝面上而被冷凝,而重分子因达不到冷凝面而返回原来液面,则可达到分离混合物的效果。分子蒸馏技术分离过程中,物料处于高真空、相对低温的环境,停留时间短,损耗极少,特别适合于高沸点、低热敏性物料,尤其是挥发油类等天然产物的分离。

而现代分子生物学则为中药活性成分的分离提供了又一有力手段——细胞色谱法(cell membrane chromatography CMC)。受体药理学研究表明,细胞膜上的药物受体能选择性地识别药物并与之结合,并通过影响细胞内第二或第三信使分子导致一定的生物效应,最终产生药理作用。细胞色谱法正是建立在"细胞膜上的药物受体能选择性地识别药物并与之结合"这种分子生物学原理上的分离技术。该技术可不经提取分离步骤,在特定的 CMC 筛选模型上直接确定中药中的某种活性成分,现已应用于当归、丹参,玉屏风散等多种单味与复方中药药效物质的分离。

第二节 现代信息技术在制药分离工程领域的应用

信息技术和先进测试技术的高速发展为分离科学多层次、多尺度的研究提供了条件。LDV(激光多普勒测速仪)和 PIV(激光成像测速仪)等的应用使研究深度从宏观平均向微观、局部瞬时发展。局部瞬时速度、浓度、扩散系数和传质速率的测量,液滴群生成、运动和聚并过程中界面的动态瞬时变化的研究等引起了人们的重视。分离过程的研究已从宏观传递现象的研究深入到气泡、液滴群、微乳和界面现象等,加深了对分离过程中复杂传递现象的理解。功能齐全的 CFD(计算流体力学)软件可以对分离设备内的流场进行精确的计算和描述,加深了人们对分离设备内相际传递过程机制的认识并对设备强化和放大提供了重要信息。实验研究和计算机模拟相结合成为分离技术研究开发和设计放大的主要途径。

一、计算机化学概述

(一) 计算机化学及其研究方法

1. 什么是计算机化学　计算机化学又称为计算化学。狭义的计算化学专指量子化学。而广义的计算化学则是一个涉及多种学科的边缘学科。计算化学是连接化学、化工与数学、统计学、计算机科学、物理学、药物学、材料科学等学科高度交叉、相互渗透的新的生长点,是许多实用技术的基础,并深受当今计算机与网络通讯技术飞速发展的影响,而处在迅速发展和不断演变之中。

计算化学的问世,将化学带入一个"实验和理论能够共同协力探讨分子体系性质"的新时代,有力地促进了化学界的研究方法和工业界的生产方式不断革新,成为绿色化学和绿色化工的基础。计算机在化学中的应用主要包括两个方面,数值计算问题与非数值计算问题。数值计算问题是计算化学的核心,非数值计算问题则使计算机在化学中的应用扩大到字符处理、仪器、数据库、专家系统、文献、情报检索、图形学、辅助教学、模拟设计、管理工作等层面。

近年来,随着信息技术的迅猛发展,计算化学也展现出更为广阔的的前景。计算机网络技术进一步的发展,使网上化学化工信息的检索变得十分便捷。在计算机辅助结构解析、分子设计和合成路线设计等研究成果的基础上,融合计算机技术、数学、化学及其相关学科的最新理论成就,集成多种关键软件的科技平台的出现,给制药分离工程领域带来无限活力。

2. 计算化学的研究内容与方法　狭义计算化学的研究内容主要有量子结构计算——量子化学和结构化学范畴、物理化学参数的计算——统计热力学范畴、以及化学过程模拟和化工过程计算等。广义计算化学的研究内容则要丰富得多,其中有化学数据挖掘(data mining)、化学结构与化学反应的计算机处理技术、计算机辅助分子设计、计算机辅助合成路线设计、计算机辅助化学过程综合与开发、化学中的人工智能方法等。

计算化学研究问题的方法可用图 16-1 加以表达。

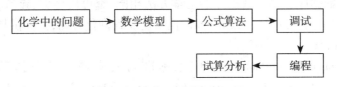

图 16-1　计算化学研究问题的方法

(二) 计算化学常用软件与网络资源

1. 与制药分离工程相关的化学研究主要常用软件　根据作用与功能,与制药分离工程相关的化学领域的常用软件主要可分为以下几类。

(1) 分子结构绘图软件:①二维图形软件,用于描绘化合物的结构式、化学反应方程式、化工流程图、简单的实验装置图等化学常用的平面图形的绘制。②三维结构显示与描绘软件,能够以线图(wire frame),球棍(ball and stick),CPK 及丝带(ribbon)等模式显示化合物的三维结构。

(2) 科学计算和数据处理软件:①通用型,对实验数据进行数学处理、统计分析、傅里叶变换、t- 试验、线性及非线性拟合;绘制二维及三维图形如:散点图、条形图、折线图、饼图、面积图、曲面图、等高线图等。②色谱及红外、Raman 等实验数据的处理。③核磁数据处理软件,处理一维及二维核磁数据,其功能包括傅里叶变换、相位校正、差谱、模拟谱、匀场练习等几乎所有核磁仪器操作软件的功能。

(3) 图谱解析软件:①核磁图谱:可用来估算大多数有机物的 ^1H、^{13}C 化学位移及用线图表示的相应图谱,及估算任何 NMR 活性核的化学位移,并能画出非常逼真的图谱。②红外图谱,能对给定的红外图谱数据自动分析与处理,或对给定的振动谱带给出可能存在的功能团。③质谱,能对给定的质谱图谱数据分析与处理。

(4) 量子化学计算软件:①WinMOPAC:半经验分子轨道(AM1,PM3,MINDO,MNDO/3等)计算程序,计算出的分子轨道及电荷密度等可以用三维图形表示出来。②HyperChem:包括常用的几乎所有分子力学及半经验分子轨道方法及多种基集的从头计算等,并能计算振动光谱、电子光谱、分子动态学等,所得结果可以用非常漂亮的三维图形表示出来。③PC Spartan:其计算方法包括 MM2、AM1、AM1 with Solvent、PM3、从头计算等,亦可将分子轨道及电荷密度等用三维图形表示。

2. 与制药分离工程相关的网络化学资源　随着计算机网络技术的发展和普及,Internet已成为当今科研人员获取科研信息最方便、最快速的渠道。熟悉、利用网络上的优秀的小分子化合物公共数据库资源,可使更多的中药和生物药研究开发人员得到研发新药的灵感和研发过程中所需的资料。

(1) PubChem(有机小分子化合物公共数据库):PubChem 的 URL 为:http://pubchem.ncbi.nlm.nih.gov/。到目前为止,PubChem 拥有 65 万个化合物的结构和生物学阵列等信息,并与美国国立卫生研究院(NIH)免费的公共生物医学文献数据库(PubMed)连接。

PubChem 在生物技术信息国家中心(National Center of Biotechnology Information,NCBI)的 Entrez 信息检索系统中有 3 个链接的数据库。这些数据库子集链接是:物质数据库(PubChem substance),化合物数据库(PubChem compound) 和生物检测数据库(Pub-Chem BioAassay)。PubChem 也提供快速化学结构相似性搜索工具 - 结构检索(Structure Search)。其中,化合物数据库现有记录已经超过 85 万条记录。化合物数据库收载了 65 万个化合物的独特结构。该数据库和物质数据库的检索方法相同,都可用名称、异名、关键词以及化学性质(包括分子质量、氢键供氢体数等)多种检索途径查询化合物,并提供与每个化合物的生物学性质信息的链接。

(2) NIST Chemistry WebBook(美国国家标准与技术局化学数据库):NIST Chemistry WebBook 的 URL 为:http://web-book.nist.gov/chemistry/。NIST(The National Institute of Standards and Technology) Chemistry web Book,是提供各种化合物化学和物理性质的免费查询数据库。该网站提供由美国国家标准和技术研究所(NIST)编辑的热化学、热物理学、离子能量学数据。

NIST 化学数据库提供直接查找化学种类的检索方式,也可由基于相关资料的非直接查找方式检索。该网站提供了相当多检索途径,用户可以十分方便地查找需要的资料。用户可运用普通检索项下输入公式、名称、CAS 登记号、反应、作者、结构等方式进行检索,也可根据被检索对象的物理性质检索,即其离子能量性质、振动和电子能、分子质量、酸度等各种性质来进行查找。NIST 提供的所有资料都会标明化合物的名称、分子质量、CAS 登记号、结构图、该化合物的异名别称,与其他相关资料的链接,以及单位之间的转换。除此之外,该数据库提供的数据还包括:气相热化学数据、凝聚相热化学数据、相转化数据、反应热化学数据、气相离子能量数据、气相红外谱数据、质谱数据、可见紫外谱数据、振动电子谱数据、二原子分子常数、亨利定律数据、气相色谱保留值数据、流体系统的热物理性质等。

(3) NAPRALERT(天然产物数据库):NAPRALERT 的 URL 为:欧洲:http://stneasy.fiz-karlsruhe.de;日本:http://stneasy-japan.cas.org;北美和其他地区:http://stneasy.cas.org。Natural Products Alert(NAPRALERT,天然产物数据库),系世界最大的植物、微生物和动物(主要是海洋动物)提取物的民族医学、传统应用、化学和药理学文献关系数据库。另外,NAPRALERT 还存有相当多的来自于天然资源的已知结构次生代谢产物的化学和药理学(包括人类研究)数据。

NAPRALERT 现在拥有来源于从 1650 年到现在的超过 15 万篇科学研究论文的精华信息。其中大约 80% 的信息是从 1975 年到现在的文献的系统调查得到的。余下的记录是从上溯至 1650 年的回顾索引中挑选出来的。这些文章共涉及 15.1 万个纯化学物种,5.2 万个植物物种、海洋物种、微生物物种和动物物种和 150 万条将上述的文献与生物活性联系起来的记录。

NAPRALERT 数据库以每月大约 600 篇文章的速率增长,这些文章从收载天然产物文献的超过 700 种的各类杂志中得到。其资料的检索比摘要服务(abstracting services)或引用列表(citation listings)更加复杂精密。可获取的数据包括:植物物种、海洋物种、动物物种或微生物物种的所有民族医药、药理学和植物化学 3 个部分的标准描述信息。

以上的几个数据库系统为生物医药学研究者们提供了大量详实的数据和便利的检索途径。总体来说,这几个数据库的内容难免有相互重复之处,但都各有特色,其资料描述侧重点各不相同。PubChem 侧重于化合物结构和化学性质方面,NIST Chemistry Web-Book 则更重视化合物的物理性质描述,NAPRALERT 内容较为全面,提供的付费服务也是更加周到和专业的。

(三) 基于数据挖掘与知识发现的数据处理技术

随着信息技术的迅猛发展,对于数量大、涉及面广的电子化数据,常用的数据库管理系统的查询检索机制和统计学分析方法已经远远不能满足人们的现实需要。人们无法理解并有效地利用这些数据,从而导致了严重的"数据灾难"。这就需要新的技术智能地、自动地将待处理数据转化为对用户有价值的信息和知识,这就是数据挖掘(data mining,DM)和数据库中的知识发现(knowledge discovery in database,KDD)技术产生的背景。

1. 数据挖掘与知识发现的基本概念　数据挖掘是按照既定的业务目标,对大量数据进行探索,揭示隐藏其中的规律性并进一步将之模型化的先进的、有效的方法。它反复运用多种算法从观测数据中提取模式或合适模型,通过凝结各种技术和创造力去探索可能隐藏在数据中的知识。在很多情况下,应用数据挖掘技术是为了实现三种目的:发现知识、使数据可视化、纠正数据。完整的数据挖掘过程一般有以下几个主要步骤:数据收集、数据整理、数据挖掘、数据挖掘结果的评估、分析决策。

知识发现是近年来随着人工智能和数据库技术的发展而出现的一门新兴技术。它被定义为:从大量数据中提取出可信的、新颖的、有效的,并能被人理解的模式的高级处理过程。知识发现处理过程可分为9个阶段:数据准备、数据选取、数据预处理、数据缩减、知识发现目标确定、挖掘算法确定、数据挖掘、模式解释及知识评价。由此可见,数据挖掘只是知识发现的一个处理过程,但却是知识发现最重要的环节。

2. 数据挖掘的主要方法   数据挖掘方法大都基于机器学习、模式识别、统计学等领域知识,主要的数据挖掘方法有下述几种。

(1) 决策树:决策树是建立在信息论基础之上,对数据进行分类的一种方法。首先,通过一批已知的训练数据建立一棵决策树;然后,利用建好的决策树,对数据进行预测。决策树的建立过程可以看成是数据规则的生成过程,因此可以认为,决策树实现了数据规则的可视化,其输出结果也容易理解。决策树方法精确度比较高,结果容易理解,效率也比较高,因而比较常用。

(2) 神经网络:人工神经网络是一种通过训练来学习的非线性预测模型。神经网络用于解决 DM 问题的优势主要表现以下方面,一是分类精确,稳定性好;二是神经网络可用各种算法进行规则提取。它可以完成分类、聚类、特征挖掘等多种数据挖掘任务。目前主要有前馈式网络、反馈式网络和自组织网络3大类神经网络模型。

(3) 关联规则挖掘:关联规则表示数据库中一组对象之间某种关联关系的规则,如"同时发生"或"从一个对象可以推出另一个对象"。关联规则挖掘就是通过关联分析找出数据库中隐藏的关联,利用这些关联规则可以根据已知情况对未知问题进行推测。关联规则的发现过程可以分为两个步骤。第一步,发现所有的大项集,也就是支持度大于给定最小支持度的项集;第二步,从大项集中产生相关规则。挖掘的性能主要由第一步决定,当确定了大项集后,关联规则很容易直观得到。

(4) 多层次数据汇总归纳:数据库中的数据和对象经常包含原始概念层次上的详细信息,将一个数据集合归纳成更高概念层次信息的数据挖掘技术称为数据汇总。其实现方法分为数据立方体和面向属性归纳法两类。数据立方体法又称在线分析处理、多维数据库,其基本思想是通过上卷(roll-up)、下钻(drill-down)、切片(slice)、切块(dice)等操作,从不同维度、不同层次实现对数据库的汇总计算;面向属性的归纳法采用属性迁移、概念树攀登、阈值控制等技术概括相关的数据,形成高层次概念的信息,使得可以从不同抽象层次上看待数据。

(5) 统计学方法:在数据库字段项之间存在两种关系:函数关系和相关关系。对其分析常采用回归分析、相关分析和主成分分析等统计分析方法。

此外,还有最邻近技术、Bayesian 网络、遗传算法、粗糙集方法、可视化技术等方法,在实际应用中应根据情况选用适当的方法。

二、计算机化学在中药制药分离工程领域应用的基本模式与算法

(一)计算机化学在中药制药分离工程领域应用的基本模式

中药药效物质化学组成多元化,又具有多靶点作用机制,是一个具有大量非线性、多变量、变量相关数据特征的复杂体系。面对其中各种影响因素,如何将其化学组成与活性作用耦合以阐明中药复方的作用机制和物质基础;又如何去探讨中药制剂分离过程中药多元药效物质组成与工艺条件的作用及其动态演化过程,从中寻找有关规律呢? 同时,在处理从中医药体系中获取的复杂数据时,因它们具有多变量、变量相关、非均匀分布、非高斯分布等部

分甚至全部特征,通常出现"过拟合"或"欠拟合"现象,而面临"建模结果好"而"预报结果不好"的问题。

下面以"基于数据库技术的中药陶瓷膜污染机制研究思路与方法"为例,阐述计算机化学在中药制药分离工程领域应用的基本模式。

膜过程与应用系统溶液环境有密切关系,其中各类物质的表现,均可对膜过程产生影响。"溶液环境"是指溶液体系所具有的黏度、pH、离子强度、电解质成分等特征性质。这些性质直接影响到与之接触的膜的表面性质,同时溶液性质的变化还会改变其中所含的待分离的颗粒或大分子溶质的性质,造成了膜与溶剂、颗粒、溶质等之间的作用发生变化,从而影响到膜的分离性能。

膜污染是指膜过程中由于被过滤料液中的微粒、胶体离子或溶质分子与膜存在物理化学作用而引起的各种粒子在膜表面或膜孔内吸附或沉积,造成膜孔堵塞或变小并使膜的透过流量与分离特性产生不可逆变化的现象。如第四章所述,膜污染度同膜材质、孔径、膜过程的操作压力及待分离实验体系的"溶液环境"等有关。因对中药水提液缺乏深入系统的研究,特别是其中高分子物质的表现不明,至今难以对中药膜技术应用系统进行优化设计(对其他精制技术亦如此)。

1. 建立中药复杂体系膜污染模型的难点与新的出路　目前国内外有关膜污染机制的研究,基本上都是采用单一或若干纯物质(实验体系)人工模拟污染的思路,通过膜通量变化,考察膜污染过程,建立膜污染数学模型,选用膜清洗方法。如以牛血清蛋白为模拟物;以无机浊度物质和腐殖酸为模拟物;以壳聚糖为模拟物;以鞣质、果胶为模拟物。

应该说,这种方法对污水处理或目标产物化学组成明确的应用体系的膜污染机制研究是有效的。但对于中药水提液这一存在大量非线性、高噪音、多因子复杂体系的溶液环境而言,由于各种影响因素和物料体系多样性,不存在通用的模型。而下述科学假说的提出,为"中药陶瓷膜污染机制研究"项目的设计提供了重要依据。

(1) 植物类药材作为中药主体,都是植物体的组织器官。其水煎液中无一例外的均有大量构成各组织、器官细胞壁的成分及所贮藏的营养物质,如淀粉、果胶、鞣质和蛋白质等,它们的分子量很大,在水中可以胶体形式存在,除少数外,一般无药理活性(某些具有一定的生理活性的高分子成分,可作为特例考虑),可将它们视为"共性高分子物质"。中药提取液体系中这些高分子物质的热力学、动力学与电化学性质是影响膜过程的主要因素,因而"共性高分子物质"可被视为膜对抗物质。

因处方与提取工艺不同,各中药水提液体系中淀粉等共性高分子物质占有不同的比例,采用相对准确的化学分析方法测定"共性高分子物质"的含量,可"定量"研究它们在不同膜过程中对膜结构与膜动力学参数的作用。

(2) 中药水提液本质上是一种化学物质体系,应能对它进行客观的表述。即中药水提液"溶液环境"的宏观性质,可用各种物理化学表征参数描述。而这类表征参数,既来源于体系中各种物质的化学组成,又是其中各种物质不同表现的综合反馈,当然也必定与体系中导致膜污染的因素密切相关。

根据膜科学原理,体系的黏度、密度、浊度、电导、pH、粒径分布等物理化学参数可能对分离过程从而对膜污染产生影响。这些参数有些可由仪器直接测定,另一些则可通过理论计算获得,它们共同构成了可科学地表征中药水提液对膜污染产生影响性质的集合。考虑到生产实际可行性,从中选取若干参数作为研究对象。

(3) 中药水提液复杂体系的"共性高分子物质"、物理化学参数、膜过程阻力分布及膜污染度等最重要的几个数据集之间存在大量非线性、高噪声、多因子的复杂关系,必须借助理论化学对简单物质研究的成果,从中抽提出若干参数和概念,运用人工智能和数据挖掘技术,才能从大量已知数据和实验事实中寻找规律性。

虽然中药水提液及其膜过程因其极其复杂性而被视为"黑匣",难于精确定量与建模,但在经验规律基础上进行归纳并结合第一性原理的演绎,可利用实际中药应用过程所存在的"放大效应"而获得半经验的近似解。这种方法用于研究陶瓷膜过程中的微观变化规律,虽有一定局限性,但作为一种解决复杂体系中膜工程化问题的手段,则表现出较大的灵活性和实用性。

2. 主要研究内容与技术路线 根据以上科学假说,所开展的主要研究内容包括:①建立中药水提液体系理化参数标准化测试方法,开展有关方法学的研究;②采用上述测试技术,选择大样本中药水提液实验体系,测定、计算中药水提液体系"共性高分子物质"含量及膜分离技术精制前后物理化学参数,各阻力分布特征量、膜污染度;③建立中药无机陶瓷膜污染基础数据库;④中药无机陶瓷膜污染数学模型及软件设计:从所建数据库中提取有关数据集合,进行定性分析、定量建模等数据挖掘工作,综合运用统计分析、样本和变量筛选、模式识别、人工智能、机器学习等方法,跨学科交叉研究中药水提液膜污染规律,构建数学模型,开展膜污染防治关键技术研究,并编制"陶瓷膜精制中药的膜污染预报与防治系统"相关软件。

上述研究工作的技术路线如图 16-2 所示。该研究所建立的实验参数体系主要由中药水提液中固含物、果胶等高分子物质含量(W)、物理化学参数(X)、膜阻力分布(Y)及膜污染度(Z)等数据集组成,各具体参数及其含义见表 16-1。

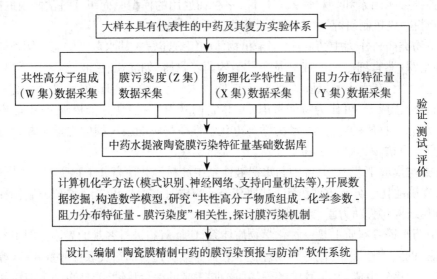

图 16-2　面向中药复杂体系的陶瓷膜污染机制研究技术路线

通过上述分析、讨论,可推导出计算机化学在中药制药分离领域应用的基本模式:①一定样本量中药体系的选择;②与中药制剂学或生物药剂学相关的技术参数表征体系的建立;③数据库设计与构建;④多种数据挖掘算法的筛选与相互印证;⑤潜在规律的发现与验证。

表16-1　中药水提液膜分离参数体系

W变量	含义	X变量	含义	Y变量	含义	Z变量	含义
W_1	固含含量	X_1	H 值	Y_1	膜自身阻力	Z_1	膜污染度
W_2	果胶含量	X_2	电导率	Y_2	表面沉积阻力		
W_3	淀粉含量	X_3	浊度	Y_3	膜堵塞阻力		
W_4	蛋白含量	X_4	黏度	Y_4	浓差极化阻力		
W_5	鞣质含量	X_5	密度				
		X_6	粒径 0.1				
		X_7	粒径 0.5				
		X_8	粒径 0.9				

　　根据表16-1设计的参数体系,以实验手段所获取的80组中药水提液膜过程中的相关数据为基础建立数据库,采用多种算法建立预测函数模型,并用测试集进行预测,获得"一清颗粒"等6种中药复方水提液膜污染度实际值、拟合值和相对误差、均方误差见表16-2,拟合曲线见图16-3。从表16-2知,所得到模型拟合精度高,均方误差为0.6%,可满足拟合要求。

表16-2　六种中药水体液膜污染度实际值、拟合值和相对误差、均方误差

药品名称＼样本编号	1	2	3	4	5	6
	一清颗粒	乳块消片	六味地黄颗粒	车前子	女贞子	续断
实际值	0.7878	0.633	0.6392	0.9417	0.5762	0.8356
拟合值	0.854207	0.773621	0.667094	0.886013	0.664897	0.848228
相对误差	−0.084	−0.222	−0.043	0.059	−0.154	−0.015
均方误差	0.006					

　　数据库的构建是将非线性复杂科学、信息科学和前沿的数理科学与中医药学交叉、渗透、融合的必需手段之一。自上世纪九十年代以来,中医药领域的各种专用数据库,如中药数据库、中药药理及毒理数据库、中药临床效果数据库、国外重要植物药数据库等相继建立。以及在原有《中药化学成分数据库》的基础上,用 ChemOffice、ISIS/Base、Sybl、Catalyst、CatDB 等系统或方法,对中药化学成分信息进行规范处理,所建立的三维药效团数据库拥有中药成分表面物理化学性质、分子动力学(包括分子的总能量、键角、键长、分子振动等)及分子的溶剂效应等信息,可实现药效团的特征和各种参数的空间描述。而中药分离技术设计与制备工艺专用数据库的建立,也已成为制药分离工程的重要任务之一。

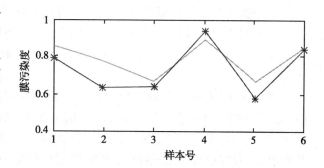

图 16-3　六种中药水提液膜污染度实际和拟合曲线图

(二)常用于中药分离技术领域的计算机化学算法

　　常用的计算机化学方法,包括统计多元分析、主成分分析(principal component analysis,

PCA)、偏最小二乘(partial least squares method,PLS)等,在复杂数据处理过程中发挥了重要作用。近年来,建立在统计学习新理论基础上的支持向量机方法(support vector machine; SVM)相继应用于药物定性或定量构效关系、分析化学的多变量校正、材料设计等领域。将该方法用于中药分离过程优化研究时,通过调节 SVM 模型所选用的核函数及其参数以控制"过拟合"或"欠拟合"现象,可一定程度地解决复杂数据"建模结果好"而"预报结果不好"的问题。采用 SVM 等算法在中药制药工艺研究方面所取得的一系列重要进展,证明 SVM 有望成为中药复杂体系数据挖掘和知识发现的新方法。

前述"陶瓷膜精制中药的膜污染预报与防治系统"软件编制中涉及的算法超过 20 种。其中包括:①最近邻(K-nearest neighbor,KNN);②主成分分析(PCA);③多重判别矢量(MDV);④判别分析(Fisher);⑤偏最小二乘(PLS);⑥白化变换(Sphere);⑦白化线性映射(Lmap);⑧球形映射(Lmap);⑨逆传播人工神经网络(back propagation-artificial neural network,BP-ANN);⑩特征参数的抽提(selection of features);⑪最佳投影识别(optimal map recognition, OMR);⑫逐级投影(hierachical projection);⑬超多面体(hyper-polyhedron);⑭装盒(box);⑮最佳投影回归(optimal projection regression);⑯正交试验设计;⑰统计学习理论;⑱核函数;⑲支持向量机分类;⑳支持向量机回归等。

以上算法在编制有关中药膜过程预报软件中发挥了重要作用。

三、中药复方成分提取动力学数学模型的研究

由于中药物料的特殊性等诸多因素的制约,中药制药工程理论研究和工艺技术的应用至今仍处于粗放式的初级阶段,如目前中药提取工艺的设计多凭经验估算或采用简单的正交、均匀实验设计等方法筛选,其结果往往导致工艺技术选择或设计的"失真"甚至失败。开展中药复方成分提取动力学数学模型的研究,是中药制药分离过程走向稳定、可控的重要基础,可动态、连续、多元研究提取过程各工艺参数的相互关系,及某类成分的动力学变化规律,为工业生产规范化、现代化提供完整的过程信息。

1. 中药浸提过程的动力学模型　中药在提取过程中,溶剂倍量、原料粒度以及浸提时间等是影响药效物质浸出的若干重要因素。为增强对中药制药过程的控制能力,提高药效成分收率和降低生产成本,从理论上研究这些因素与浸出有效成分浓度之间的关系很有必要。

建立适合中药材的提取动力学数学模型,是定量研究中药成分溶出规律的基础。目前,研究人员根据 Fick 定律、Noyes-whitney 溶出理论,考虑到中药材吸水膨胀、药材内透细胞膜传质扩散、中药成分高温消除、分解等实际情况,在建立多元微分方程组提取动力学模型的基础上,运用初始条件,经过拉氏变换,获得中药复方成分溶出动力学拉氏变换象函数一般通用模型。并以补阳还五汤中黄芪甲苷及六味地黄汤中梓醇为目标成分,建立了包含 3 项 e 指数形式的成分溶出浓度解析解及各参数分析方法。继而用统计矩原理解析中药复方总成分动力学参数体系,及其与单个成分的动力学参数的关系,建立了中药复方总量统计矩数学模型。

此外,亦有通过挥发油提取过程动力学的研究,由物质传递速率方程简化得到其函数关系式: $\ln(V_0-V)=-Kt+A$,式中, V_0 为全部药材所含挥发油总体积(ml); V 为挥发油提取装置中已收集的挥发油体积(ml); K、 A 为参数, t 为挥发油提取时间,由此建立起挥发油提取量与提取时间的数学模型。

上述工作为解决天然药物提取工艺参数量化及数学模拟优化问题,奠定了理论和实验基础。

2. 基于"提取过程药-时曲线"拟合的数学模型　中药提取过程实际上是各类化学物质不断溶出的过程,提取过程中,某时刻提取液体系中指标成分的浓度反映了相关药味的主要物质在该时刻的溶出状况。通过多点动态测定药时浓度,可建立"提取过程药-时曲线"。而通过该曲线的拟合,即可将离散数据条件变成连续函数条件,进而使用连续函数的分析方法进行数学建模研究。

该建模方法的关键之一是指标性成分的选定。选择复方中成分为"提取过程药-时曲线"的检测指标时,这些成分必须满足:①是中药的质控指标;②能代表或部分代表复方的主要药效;③多指标同时考察。

为研究黄连解毒汤提取过程相关成分的动态变化规律,可采用 UV、HPLC 法考察该方主要指标性成分——总生物碱、总黄酮、小檗碱、药根碱、巴马汀、黄芩苷、栀子苷等在 10~120min 提取过程中的溶出情况,以建立各指标性成分随时间变化的拟合方程(表 16-3)。并采用下述不同算法,探索构建中药复方提取过程数学模型的新模式。

表 16-3　黄连解毒汤中不同成分动态溶出的拟合方程

指标性成分	拟合方程	R^2	F	P
总生物碱	$Y=62.179+7.27X-0.11X^2+5\times10^{-4}X^3$	0.647	4.887	0.032
总黄酮	$Y=10.023+0.158X-0.003X^2-7.13\times10^{-6}X^3$	0.548	3.23	0.082
小檗碱	$Y=2.883+0.365X-0.0036X^2+2.6\times10^{-5}X^3$	0.736	7.444	0.011
药根碱	$Y=0.029+0.021X-0.003X^2+1.34\times10^{-6}X^3$	0.794	10.276	0.004
巴马汀	$Y=0.206+0.088X-0.001X^2+6.88\times10^{-6}X^3$	0.788	9.938	0.004
黄芩苷	$Y=3.312+0.516X-0.008X^2+3.77\times10^{-5}X^3$	0.496	4.603	0.037
栀子苷	$Y=5.481+0.138X-0.001X^2+3.66\times10^{-6}X^3$	0.49	2.565	0.128

注:表中,Y 为指标性成分的含量(mg/g 生药),X 为时间(min)

(1) 按同一权值相加法,根据总生物碱、总黄酮等七种成分的拟合函数,将七种成分按同一权值相加得到综合拟合函数为:

$$y=84.29343+8.556X-0.1266X^2+0.000568X^3 \tag{16-1}$$

对式(16-1)求解 X 一阶偏导,得到:

$$Y'=8.556-0.2532X+0.0017X^2 \tag{16-2}$$

令 $Y'=0$,求解方程,得到两个极值点:

$$X_1=52 \quad (极大值点)$$
$$X_2=96.9 \quad (极小值点)$$

由此,可得到初步结论:经过求解极值得出总生物碱、总黄酮等七种成分在时间为 52 分钟时达到极大值,极大值点在其拟合图形中如图 16-4 所示。

(2) 通过欧氏距离法求解,求解步骤如下:①分别求解七个方程的极大值点,得到七种成分的最大值为 $X=(50.3,73.1,41.7,56.0,48.0,49.7,91.0)$,注意 X 中的值不是在同一时刻取得;②在 30~100 分钟时间范围,根据拟合函数求解在每一个时刻对应七种成分的动态溶出的含量(mg/g),假设为 $X_1,X_2,X_3,X_4,X_5,X_6,X_7$;③在时间从 30~100 分钟变化时,找出与 X 最近的点即为所寻求的理想时间点,该点应为七种成分动态溶出含量的最大点。其结果:时间 t 为

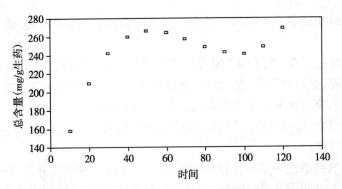

图 16-4　总生物碱、总黄酮等七种成分提取动力学过程

图中 x 轴为时间，y 轴为总生物碱、总黄酮等七种成分总含量

49 分钟时，七种成分动态溶出含量为最大值。

以上两方法的研究结果虽然有一定差异，但不约而同地提示：将黄连解毒汤提取时间控制在 50 分钟左右，既节省时间与能源，又可获得理想的药效物质最大提取率。显然本研究思路与方法对制定科学、合理的中药复方提取工艺具有重要指导意义。

四、计算机化学用于中药提取、浓缩等工艺过程控制的研究

1. 标准偏差绝对距离法、遗传算法等在中药提取过程控制中的应用　提取过程是中药生产的重要环节之一，当提取液中有效成分的含量趋于稳定时即被认为提取过程到达终点。目前中药生产中往往采用固定的提取时间，但由于药材批次间的质量差异和提取过程工况的波动，导致实际的提取终点提前或滞后于规定的提取时间，这势必造成能源与时间的浪费或药材利用率的降低。因此，利用在线检测技术快速判断提取过程的终点具有现实意义。

目前采用 NIR 在线分析技术进行终点判断主要采用光谱差异均方根法（mean square of differences，MSD）和移动块标准偏差法（moving block of standard deviation，MBSD）等模式识别技术，通过计算批次内前后光谱间的差异度来判断终点，而标准偏差绝对距离法（absolute distance of standard deviation，ADSD）通过先建立过程终点的标准光谱库，然后计算在线采集的光谱与标准光谱间的差异度来判断终点。相比于前两种方法，采用 ADSD 法进行终点判断时光谱的扰动对判别结果的影响较小，具有更好的抗干扰能力。该法用于丹参提取过程终点快速判断取得重要成果。

ADSD 方法基本原理为：建立过程终点的 NIR 标准光谱，按下式计算提取时间 i 处在线采集的 NIR 光谱与标准光谱在波数 j 处的标准偏差绝对距离。

$$D_{ij} = \frac{|X_{ij} - \overline{X}_j^s|}{S_j^s} \qquad (16\text{-}3)$$

其中，X_{ij} 为时间 i 处光谱在波数 j 处的吸光度值；D_{ij} 为该光谱在波数 j 处的标准偏差绝对距离；$\overline{X}_j^s$ 和 S_j^s 分别为参与建立提取终点 NIR 标准光谱的所有光谱在波数 j 处的平均值和标准偏差。

选取 D_{ij} 中具有代表性的特征值（如向量中的最大值、按自大到小的前 m 个值或所有值的平均值来表征时间 i 处光谱与提取终点 NIR 标准光谱之间的差异度，当此差异度的变化率趋于零时认为提取过程已达终点。

针对中药生产过程中提取工段的工艺要求，所提出的一种鲁棒性强、易于实施的迭代学

习控制算法采用如下设计：由各类传感器和PID（proportion integration differentiation）控制器形成内路闭环，构成抗扰动的稳定系统；外环迭代学习控制单元ILC（iterative learning control）双闭环结构进一步保证药液的质量。通过该算法自动控制提取工段中每个设备的动作并检测其状态，使控制输出按预定达到最优值。在建立提取罐数学模型的基础上，仿真实验验证了ILC的跟踪效果。

针对中药生产过程中挥发油回收阶段的工艺要求，所提出的基于域进化模型的遗传算法，建立在挥发油回收过程优化数学模型的基础上，通过实时检测控制变量操作设备，使输出按预定达到最优值。实验结果表明该算法提高了挥发油提取率，稳定了产品质量。

2. 基于近红外光谱校正模型的中药浓缩过程在线检测方法 中药提取液的浓缩也是中药生产的关键工艺之一，凭经验控制浓缩过程往往不能保证质量，如浓缩程度不够充分会导致后续工序生产成本增加；而过分浓缩则易引起结焦，且造成收膏困难。

有关中药浓缩过程在线检测方法的基本思路为：获取中药浓缩液标准样品乙醇浓度和指标成分浓度的参考值和近红外光谱，以标准正态变量方法（standard normal variate，SNV）和一阶导数预处理光谱，建立近红外光谱与浓度参考值之间的校正模型，用于实时测定中药醇提液浓缩过程中浓缩液的乙醇和指标成分的浓度，以在线反映浓缩过程的状态。其基本装置如图16-5所示。

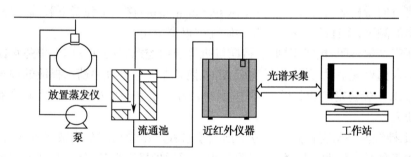

图16-5 近红外在线分析中药浓缩除醇过程装置示意图

有关"红参醇提液浓缩过程近红外光谱在线分析方法"的研究结果表明，测量人参总皂苷和乙醇浓度的校正模型所用波数范围分别为 $5543 \sim 9033cm^{-1}$ 和 $6016 \sim 8658cm^{-1}$，模型测量校正集样本总皂苷浓度的预测误差均方差（RMSEP）和相关系数 r^2 分别是 $1.81g/L$、0.9839，测量乙醇浓度的 RMSEP 和 r^2 分别为 1.58%、0.9977。

五、基于计算机化学方法的中药膜过程研究

随着膜分离技术在中药制药行业的广泛应用，迫切需要能在膜过程中针对膜的污染程度进行即时分析和预测的综合分析系统，以便根据分析结果对中药体系进行相应的预处理，并制定适当的膜清洗方案。传统的分析方法主要基于统计学理论，单一使用回归分析、主成分分析等方法。但中药水提液是一个复杂系统，在膜工艺过程实验中采集到的关于中药水提液原液、提取液、膜分离过程等指标参数达三十多个，这些表征数据具有多变量、非线性、强噪声、自变量相关、非正态分布、非均匀分布等全部或部分特征。计算机化学研究领域的特征提取、遗传算法、神经网络、支持向量机等算法为上述复杂数据的分析和建模预测提供了新的技术手段。

1. 建立在中药水提液理化性质表征技术基础上的膜过程优化研究 通过以支持向量

分类算法为主的数据挖掘技术,研究中药水提液的理化性质(如黏度、密度、浊度、电导、pH、粒径分布等)及其中所含各种物质与膜通量之间的关系,从物理化学角度考察中药的膜分离过程,为科学地分离中药提供理论基础。

　　支持向量分类算法是从线性可分情况下的最优分类面(optimal hyperplane)提出的。所谓最优分类面就是要求分类面不但能将两类样本点无错误地分开,而且要使两类样本的分类空隙最大。所谓支持向量(support vectors)就是在两类样本的分类空隙(margin)最大化条件下求得的离判别函数(超平面方程)最近的向量。该算法不仅可解决线性分类问题,而且可通过核函数(内积函数)技术解决非线性分类问题。图16-6 为利用支持向量网络对未知样本的类别属性 y 进行预报的示意图。

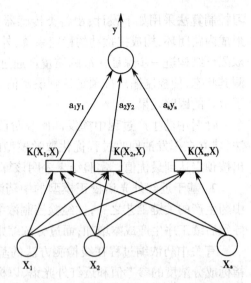

图 16-6　支持向量机模型预报未知样本类别图
输入向量 $x=(x_1,x_2,\cdots\cdots,x_s)k(x_j,x)$ 为第 j 个支持向量 x_j 与输入向量 x 的内积

　　有关支持向量机运行软件可以在 www.seawallsoft.com 网站上免费下载,该软件不仅经过了标准数据的测试,而且已在化学计量学研究中得到应用。

　　初步研究结果表明:模式识别、支持向量机等数据挖掘方法可以作为中药水提液复杂体系的有效的数据处理手段,并得到了适应 Al_2O_3 陶瓷微滤膜处理中药水提液的预报正确率高(或误报率低)、比较稳定的相关模型,但模型中目标变量和因变量之间的因果关系还有待于进一步的研究。

　　2. 人工神经网络与支持向量机方法预测膜过程　尽管从宏观或微观角度出发,已建立了膜过程的各种数学模型。但是,由于膜过程中膜污染机制极其复杂,常涉及多种膜污染形式的叠加,且不同体系以及不同过滤阶段的污染方式又各有特点,再加上模型还涉及数学、物理化学、流体力学、化工等众多学科,因此,要建立普遍适用的膜通量模型具有较大的难度。由此采用计算机化学预测膜过程的研究模式应运而生。

　　"基于特征提取的中药水提液膜分离预测系统"即以中药水提液膜过滤中得到的实验数据为对象,综合应用遗传算法、神经网络、支持向量机法对影响膜污染度的主要因素进行即时分析和预测,并将多种算法集成到同一界面中,既方便使用,又符合综合数据分析由粗到细,由表及里的分析规律。

　　该系统为实时预报系统,可根据膜分离前中药原液的物理化学参数、高分子物质含量、膜阻力分布数据等,实现不同数据源的信息处理和不同时效的膜污染预报,并展开膜污染防治关键技术研究,为不同中药体系实现"表征参数检测 - 膜污染预报 - 提供优化治理方案"模型下的个体化膜污染控制提供一普适模式。

　　从表 16-4 可看出,SVM 支持向量机、RBF(radial basis function)神经网络都具有很好的泛化能力,BP(back-propagation)神经网络次之。RBF 神经网络是一种典型的局部逼近神经网络,在建立中药水提液膜污染预测模型中预测能力较好。SVM 基于结构风险最小化,能由有限训练样本得到决策规则且对独立的测试集仍能得到良好的误差,因此其推广能力较强,能有效解决"过学习"问题,是研究具有小样本、多维、非线性等特点的中药复杂体系非常有效的方法。

表 16-4　三种方法的结果比较

预测方法	相关系数 R	均方误差
SVM	0.9685	0.0003
BP_ANN	0.7415	0.0067
RBF_ANN	0.9514	0.0009

根据上述计算机化学方法建立的系统结构为四个部分:数据文件的获取和处理;特征因素筛选;预报模型优化和建立;预报结果输出,确定原液预处理方案和膜清洗方案。图 16-7 为中药水提液膜分离预测系统结构图。

该系统建立的支持向量机模型预测误差为 3.4%,较单一系统预测准确率高 1.1%,从而较好地解决了单一使用回归分析、主成分分析等方法预测误差大,难以有效进行膜污染预测从而制定水提液预处理及膜清洗方案的工程难题。

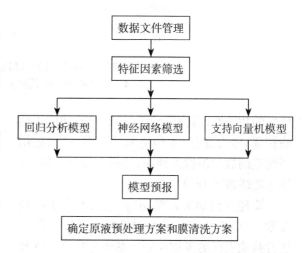

图 16-7　中药水提液膜分离预测系统结构

3. 支持向量机算法用于中药挥发油含油水体超滤通量预测的研究　该研究选择 40 组数据进行模型参数的优化和训练,并对 10 组试验的稳定通量进行预测。同时,对 SVM 算法与 BP 神经网络算法的运行结果进行比较。结果表明,本实验条件下 SVM 算法的预测能力显著强于 BP 神经网络。

其中,SVM 算法设计采用 LibSVM(Matlab 版)工具箱,在 SVM 模型训练时,需选择核函数(kernel function)并合理确定其参数。考虑到适当改变径向基函数(radial basis function)的参数可逼近其他形式的核函数,故采用径向基函数进行回归计算。需设置的参数有核函数中的 gamma 参数,损失参数 C,n-fold 交互检验模式中的参数 n。根据 MSE 最小原则,优化得到的各参数取值为:$\gamma=0.0156$,$C=0.25$,$n=8$。

应用设计好的算法对训练数据进行训练,MSE 达到 0.0270,回归系数 R 为 0.8501。采用该算法对测试数据进行预测。将实际值与预测值(包括 BP 神经网络预测值与 SVM 预测值)进行对比,结果见图 16-8。

从试验结果看,由于样本数较少,虽然 BP 神经网络模型对训练样本的 MSE 和 R 值都较理想,但预测结果却与实际值相差较大。而 SVM 算法以统计学习理论为基础,不涉及概率测度及大数定律等,可用于小样本的研究,它以训练误差作为优化问题的约束条件,以置信范围值最小化作为优化目标,故逼近能力和推广能力兼优,克服了神经网络方法在理论上的缺陷。由试验结果明显可见,其预测准确度较 BP 神经网络显著提高。

4. 超滤膜对生物碱类等物质的透过/截留及其定量结构关系的研究　随着现代信息技术的发展,定量构效关系(quantitative structure activity relationship,QSAR)已成为制药工业药物设计领域的重要手段。因为化合物的结构为非数学量,要想建立某化合物结构与其性质/

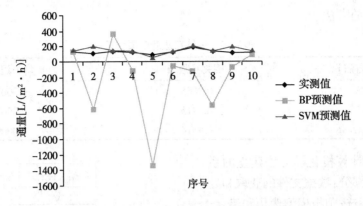

图 16-8　两种算法的预测值与实际值的比较

◆- 实际值；■-BP 预测值；▲-SVM 预测值

活性的相关性，需由结构图提取特征，并应用这些特征（作为变量）去构造数学模型，进而运用所构造的数学模型去预测、预报未知化合物，其技术路线如图 16-9 所示。

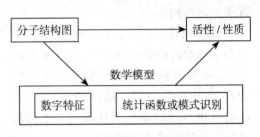

图 16-9　多变元 QSAR 方法

　　要建立构动关系模型，首先需要分子结构参数，这就涉及如何选取对药物分子结构特征进行数值表征的参数问题。基于药物分子本身的性质，常用的分子结构参数包括理化参数（如疏水性参数、沸点、熔点、NMR 谱、IR 谱等）；空间参数（包括二维、三维分子描述符）；电性参数（如 Hammett 电效应参数 σ）；量子化学参数（包括电荷参数及能量参数）等。而与中药化合物分离技术关系比较密切的分子结构参数大致可分为 3 类：疏水性参数、电性参数、空间参数，这些分子结构的参数可通过 ChemOffice2004 软件及相关工具查阅、计算。

　　借助计算机化学技术，可通过中药药效成分的分子结构参数预测超滤膜对生物碱类等物质的透过 / 截留率，用以开展有关分离机制研究，为指导大规模试验以及生产实践提供科学依据。

　　如某研究先获取了生物碱类（小檗碱、巴马汀、药根碱、黄连碱等）与环烯醚萜类（栀子苷、京尼平苷、马钱子苷、梓醇等）等 20 种中药成分在 5 种超滤膜（CA-1K、PS-1K、PES-1K、PS-3K、PES-3K，其中 CA 为醋酸纤维素膜、PS 为聚砜膜、PES 为聚醚砜膜，后缀 1K、3K 表示膜截留相对分子质量 1000、3000）过程中的透过率。再根据膜科学理论，通过 ChemOffice 等软件计算和查阅资料得到可能影响膜透过率的 27 个结构参数，包括辛醇 / 水分配系数 $ALogP$、分子折射系数 CMR、偶极距 μ、极化率 α、分子量 MW、摩尔体积 MV、Vander Waals 半径 r、表面积 S、分子连接性指数等。最后采用偏最小二乘、人工神经网络等作为建模方法，并结合线性相关、投票法、超多面体法删除等多种方法进行变量筛选，建立了上述生物碱类和环烯醚萜类物质共 8 种化合物的 5 种超滤膜透过率定量构效关系模型（表 16-5），建模过程使用 Master1.0 数据挖掘软件实现。

　　从选入模型的参数可以看出，在超滤膜分离化合物的过程中，影响透过率的因素主要包括化合物的自身性质（包括得失电子能力、亲水 / 疏水性）与膜性质的相互作用以及化合物的空间结构。

表16-5　五种超滤膜的构效关系模型

超滤膜	回归模型	建模方法	相关系数
CA-1K	$y=4.849856[CMR]-3.882136[LUMO]+11.424632$	SVM	0.933
PES-1K	$y=61.740-5.217[LUMO]$	PLS	0.989
PS-1K	$y=-40.606-22.670[AlogP]-19.804[LUMO]-87.665[K\&H_2]+131.533[K\&H_3]$	PLS	0.996
PES-3K	$y=127.633-5.118[ROG]-1.334[L_X]$	PLS	0.984
PS-3K	$y=103.634-0.917[AlogP]-0.316[S_{YZ}]$	PLS	0.980

以青藤碱对表16-5中各模型的验证结果表明,上述各种超滤膜的构效关系模型有较好的预测能力,并对中药药效物质膜截留机制的阐述具有重要作用,可为指导大规模试验以及生产实践提供科学依据。

六、计算机模拟技术在制药分离工程技术开发中的应用

数学建模与计算机模拟是制药分离过程的重要研究方法之一,运用数值模拟技术进行工艺模拟与优化研究,能节约时间和成本,具有传统试验方法不可比拟的优势。近年来,采用各种最优化算法,借助计算机仿真技术模拟制药分离过程,已取得较大进展。

(一)分子模拟技术及其在制药分离领域的应用

"分子模拟"是一种计算机辅助实验技术,系利用计算机以原子水平的分子模型来模拟分子的结构与行为,进而模拟分子体系的各种物理化学性质。分子模拟不仅可模拟分子的静态结构,也可模拟分子体系的动态行为(如氢键的缔合与解缔、吸附、扩散等)。计算机模拟既不是实验方法也不是理论方法,它是在实验基础上,通过基本原理,构筑起一套模型与算法,从而计算出合理的分子结构与分子行为。分子模拟法可以模拟现代物理实验方法还无法考察的物理现象和物理过程,从而发展新的理论;并可研究化学反应的路径、过渡态、反应机制等关键问题,代替以往的化学合成、结构分析、物理检测等实验;而进行新材料的设计,则可缩短新材料研制的周期,降低开发成本。

由于膜材料微孔体系的空间限制,其中流体的行为与性质难以通过实验观察和测定,而相关研究又具有重要理论意义,分子模拟技术正大步进入膜材料及化学工程等领域。有关中药溶液结构在膜过程中的动态表现及其对膜微结构的作用、新型膜材料配方等研究内容,均可采纳目前探索多尺度复杂现象的有效方法:实验工作先行,继以扫描探针显微镜技术佐证,最后用分子模拟技术研究机制并反馈进一步实验研究的方向和方法。

作为计算机化学的重要手段,分子模拟技术在蛋白质膜分离领域的应用方兴未艾。如动态Monte Carlo模拟已被用于探讨蛋白质结构转化,其中的HP二维晶格模型很好地抽提了蛋白质结构及其变化的本质,即蛋白质分子结构中疏水核心区域的丧失与重建,并被广泛应用于研究单分子蛋白质结构转换、表面活性剂和高分子辅助蛋白质折叠等问题。采用上述方法发现:在微滤过程中,蛋白质会因疏水作用在膜孔内发生构象转换,进而发生不可逆吸附并形成多层堆积,导致膜污染和通量下降;而提高蛋白质构象的稳定性可以显著降低其对微滤膜的污染。并发现高分子的疏水性、分子量及其浓度对于蛋白质的聚集行为有显著的影响,当其疏水性适宜时,高分子可富集在蛋白表面疏水位点,强化蛋白质分子在水溶液中的分散,从而抑制聚集。高分子还可缠绕在蛋白质分子表面,形成限制性空间从而稳定蛋

白质的天然结构。

分子模拟技术在结晶分离过程优化中也取得重要进展。如采用用单纯运算法则建立的独立数学模型,用于优化溶解酵素和去铁铁蛋白结晶的大小、数量和晶形;建立蛋白去垢剂颗粒相互关系和晶体颗粒间相互作用模型,以研究去垢剂烷基链长度对去垢溶解膜蛋白的结晶效果;采用有限元的排列和 Galerkin 方法,开展溶液结晶过程的建模,对连续结晶和分批结晶过程中晶体质量(大小、形状和纯度)的模型进行优化;通过对蔗糖溶液的连续结晶设备进行计算机静态仿真计算,为合理设计连续结晶设备提供结构参数等。此外,国内外的研究者还从传热、传质间的类比出发,应用工业上已得到广泛应用的传热、传质计算公式,分析结晶过程的传热传质过程。

(二) 计算流体力学技术及其在制药分离领域的应用

计算流体力学(computational fluid dynamics,简称 CFD)是为弥补理论分析方法的不足,而于 20 世纪 60 年代发展起来的。作为计算力学的一个分支,该学科主要采用离散化的数值方法及电子计算机手段,对流体无黏绕流和黏性流动进行数值模拟和分析。其中,无黏绕流包括低速流、跨声速流、超声速流等;黏性流动包括湍流、边界层流动等。

计算流体力学通过数值方法求解流体力学控制方程,并以此预测流体运动规律,具有成本低、速度快、资料完备、风险小等优点,已成为膜科技领域与实验研究、理论分析同等重要的手段。计算流体力学控制方程的通用形式为:

$$\frac{\partial(\rho\Phi)}{\partial t}+\mathrm{div}\,(\rho U\Phi)=\mathrm{div}\,(\Gamma\mathrm{grad}\Phi)+S \tag{16-4}$$

式中,ρ 表示密度,U 为速度,t 为时间变量,Φ 为通用变量,可以表示速度等求解变量;Γ 为广义扩散系数;S 为广义源项。其中处在 Γ 与 S 位置的变量不必为原物理意义的量,而是数值计算模型方程中的一种定义。因而该技术用于具有暂无公认定义表达的某些特征的复杂体系,如中药物料等有独到之处。针对中药体系膜过程复杂的流场分布,引进计算流体力学方法,可增加优化设计的可信度。

FLUENT 软件是目前国际上比较流行的商用 CFD 软件包,该软件从用户需求出发,针对各种复杂流体的物理现象,采用不同的离散格式和数值方法,以期在特定的领域内使计算速度、稳定性和精度等方面达到最佳组合,从而高效率的解决各个领域的复杂流体计算问题。这些软件并能模拟流体流动、传热传质、化学反应和其他复杂的物理现象,软件之间采用了统一的网格生成技术及共同的图形界面,因此大大方便了用户。

近几年来,CFD 技术在膜过程的模拟计算、膜元件和组件的优化设计等方面得到快速发展。如 CFD 软件已成为多孔陶瓷膜构型优化设计的一种有力工具,不但可在 CFD 计算的基础上,通过分析压力场、速度场的变化解释陶瓷膜过程中所存在的壁厚效应、干扰效应、遮挡效应等物理现象,并通过综合分析单位体积的处理量以及能耗等问题,确定膜孔径与几何构型的关系,优选不同孔径陶瓷膜的几何结构尺寸,为陶瓷膜生产提供依据。再如,浓差极化和膜污染限制了反渗透技术的广泛应用,而 CFD 技术则由于精确、效率高、成本低、不受实验条件限制等优势,在相关研究领域发挥了重要作用。

精馏是制药行业的重要分离操作,而筛板塔是应用历史悠久的塔型之一。许多实验都已证明,塔板上流场分布直接决定着精馏的效率。以往塔板设计大多基于经验公式或半经验公式,而现在则可采用 CFD 技术模拟精馏塔场流内气、液两相流动和传质过程,通过研究板式塔和填料塔内气、液流动状况,建立塔板上和填料层的流体力学模型。

国内外研究者亦开始应用 CFD 方法来探究降膜结晶过程传热传质的机制。如通过对溶液中晶体生长的流体力学问题进行研究，提出相关数学模型，并对结晶表面的变化情况进行机制探讨。

第三节　制药分离工程研究展望

一、提高新型分离技术的成熟度

由于分离技术在制药工程领域的应用十分广泛，又因为制药原料、目标产品以及对分离操作要求的多种多样，这就决定了制药分离技术的多样性，并呈现出多学科、高新技术化的鲜明特征。可以毫不夸张地说，近十余年来，特别是进入 21 世纪以来，几乎所有新出现的分离技术都被用于制药过程研究与应用领域。从所发表的文献来看，有关作者除了来自医药院校及研究机构外，还来自综合大学、理工大学、化工大学以及轻工、海洋、农业、林业、食品、环保、煤炭、冶金等院校或研究机构，几乎囊括各行各业。有关制药，特别是中药提取、分离等技术的专业书籍多达近百种，内容涉及离心、膜分离、大孔树脂吸附、超临界流体萃取、双水相萃取、离子交换、分子印迹、螯形包结、结晶、电泳、酶工程技术、免疫亲和色谱、泡沫分离、分子蒸馏、高速逆流色谱、超声波协助提取、微波协助萃取等等。

与此同时，由于多方面的原因，上述分离技术中的大部分仍然处于实验室研究阶段，一些分离过程的理论问题尚未完全弄清楚，多数技术的成熟度有待提高，某些技术距离产业化还相当的遥远。特别是作为生物制药与中药制药分离工程设计基础的热力学和动力学等基础理论几乎还是空白，常常依靠中试加以解决。为此，需要深入开展有关新型分离过程的基础理论研究，建立相关传热、传质数学模型，通过深化对分离过程传递机制的认识，提高工艺设计与优化的自觉性。与此同时，亟待发展与完善计算机模拟技术，为对制药分离过程进行设计、分析和技术经济评估提供得力工具。

鉴于制药过程，尤其是生物制药与中药制药过程的产生的料液多为复杂的非牛顿型流体，具有高黏度等流体力学行为，给传热和两相间的接触带来了特殊的问题，更需要借助化学工程中关于"放大效应"、"返混"、"流体输送"等基本理论。结合生物制药与中药制药过程的特点，研究大型分离装置的流变学特征、热量与质量传递规律，掌握放大方法，改善设备性能，制定科学合理的操作规范，以达到增强分离因子，减少放大效应，提高分离效果的目的。

同时，新型分离技术的应用向着适应清洁生产工艺转变，减少环境污染，确保工厂排污符合环保要求，保证原材料与能源的高效利用、循环利用。

二、建立科学、系统的"中药分离"理论与技术体系

中药复方是祖国医药宝库的重要组成部分，是中医扶正祛邪、辨证论治的集中体现和中医治法治则在组方用药上的具体应用，其君臣佐使等配伍独特规律及效用的优越性已为数千年的临床实践所证明。尽管多年来国内外学者们一直致力于阐明中药复方的作用机制和物质基础，但由于中药复方的博大精深和复杂性，迄今仍难以为其疗效提供科学依据。其关键问题之一，正如王永炎院士指出：中医药研究所面临的是一个复杂巨系统，其主要特征是表征被研究对象的各个指标不是成比例的变化，各指标之间呈非线性关系，不遵循线性系统

的运动规律叠加原理,即如果把整个系统分解成数个较小的系统,并获取各子系统的运动规律,则这些子系统运动规律的叠加不是整个系统的运动规律。

依据中医药研究与应用的不同需要,中药的分离目标可以是单体成分、有效部位、有效组分等,所采用的分离手段则有膜分离、树脂吸附、超临界流体萃取、双水相萃取、分子蒸馏、亲和色谱等。但这些分离技术均源于其他学科领域,因中药复杂体系不能与之密切"兼容",而存在以下两方面的基本问题:①这些技术的应用范围受限;②这些技术不一定工作在最优状态下。

而普遍存在的"提取物越纯,药理及临床作用越不理想"、"单体成分不能完整体现中医药整体治疗作用"等深深困惑着中医药界的严重问题,使中药"分离"技术的滞后已成为中药现代化的瓶颈之一。显然应深入、系统地开展面向中药复杂体系的分离科学与技术研究,努力构造可体现中医药"整体观念"的中药分离理论与技术体系。

而为此就必须面对以下问题:

1. 深入探讨中药分离原理　中药分离原理的内涵应该包括两个方面,其一为基于中医药理论的中药分离原理,暂且称之为中药分离第一性原理;其二为基于现代分离科学的中药分离原理,也暂且称之为中药分离第二性原理。

中药分离第一性原理的要旨在于,在中医药理论的指导下,确认分离目标,选择技术路线,其内涵是如何从中药中筛选出有效成分,又如何将它们进行有效分离,其被分离产物能否代表中药的功用,能否在中医理论指导下,在临床取得原有汤剂应有的疗效并有所提高,这实质上就是中药分离所面临的科学问题。中药分离第二性原理则侧重于解决技术层次的问题,即如何使具有不同技术原理的分离手段与所研究中药体系的性质相互适应,从而选择合理的工艺技术,优化操作参数。

2. 构建中药制药分离技术平台　中药药效物质化学组成多元化,而又具有多靶点作用机制,是一个具有大量非线性、多变量、变量相关数据特征的复杂体系,如何将其化学组成与活性作用耦合以阐明中药复方的作用机制和物质基础,从而建立具有产业化前景的"中药复方药效物质分离与生物活性评价技术体系"?显然需要引入非线性复杂适应系统科学原理及研究思路,从大量貌似杂乱无章的现象(数据)中寻找隐含的规律,用于开辟中医药研究的新领域。而为此就必须面对以下问题:

(1) 引进既可体现分离产物的多元性,又便于产业化操作的分离技术,如膜分离、吸附树脂、二氧化碳超临界萃取等,并构筑多种高新分离技术集成;

(2) 建立可科学描述复杂的化学组成、多层次的药理作用及这两者相关性,并可与信息科学和前沿数理科学接轨的表征技术体系,如主要指标性成分定量分析加以指纹图谱技术、分子生物学色谱技术及建立在基因、分子、细胞水平上的药物活性成分筛选技术等;

(3) 寻找可有效处理从"化学组成"与"作用机制"实验研究中所获取的,具有非线性、多变量等特征的复杂数据的挖掘算法,如统计多元分析、主成分分析、神经网络元、模式识别、支持向量机等,及多种算法的取长补短、相互印证。

上述三大问题的提出与解决必然涉及中医药学、分析化学、物理化学、药理学、分子生物学、现代分离科学、计算化学等许多学科,已足以形成"中药药效物质分离系统工程"这一概念。需要特别指出的是:将"物理化学"和"计算机化学"理论与技术体系纳入中药制药行业,是传统产业走向高新技术化的必由之路。目前石油、冶金等以天然资源为原料的产业均因创立了相关"石油物理化学"与"冶金物理化学",而使传统技术产生质的升华,取得了极大的社会效益与经济效益。将现代分离技术的核心原理——物理化学全面引入中药研究体系，必将为攻克中药药效物质复杂体系的认识盲区提供有力的技术支撑，为中药制药学与现代科学全面兼容提供一个新的平台，为各种高新技术在中药制药行业的产业化扫清道路。

（郭立玮　杨　照）

参 考 文 献

［1］金万勤,陆小华,徐南平.材料化学工程进展.北京:化学工业出版社,2007

［2］耿信笃.现代分离科学理论导引.北京:高等教育出版社,2001

［3］康锴,卢滇楠,张敏莲,等.动态 Monte Carlo 模拟蛋白质与微滤膜相互作用及其对微滤过程的影响[J].化工学报,2007,58(12):3011-3018

［4］张麟,卢滇楠,刘铮.高分子抑制蛋白质聚集的动态 Monte Carlo 模拟.化工学报,2008,59(1):153-159

［5］王艺峰,程时远,王世敏,等.高分子材料模拟中的分子力学法和力场.高分子材料科学与工程,2003,19(1):10-14

［6］Pang·Ning Tan,Michael Steinbach,Vipin Kumar;范明,范宏建,等译.数据挖掘导论.北京:人民邮电出版社,2006

［7］徐南平.面向应用过程的陶瓷膜材料设计、制备与应用.北京:科学出版社,2005

［8］大矢晴彦.分离的科学与技术.张谨译.北京:中国轻工业出版社,1999

［9］郭立玮.中药分离原理与技术.北京:人民卫生出版社,2010

［10］李玲娟,洪弘,徐雪松,等.计算机化学及其在中药分离技术研究领域的应用进展.中国中药杂志,2011,36(24):3389-3396

［11］张海德,李琳,郭祀远.结晶分离技术新进展.现代化工,2001,21(5):13-16

［12］冯毅,宁方芩.中药水提取液冷冻浓缩的初步研究.制冷学报,2002,3:52-54

［13］Wardeh S,Morvan H P. CFD simulations of flow and concentration polarization in spacer filled channels for application to water desalination. Chem Eng Res and Des,2008,86:1107-1116

［14］Rahimi M,Madaeni S S,Abolhasani M,et al. CFD and experimental studies of fouling of a niicrofiltration membrane. Chem Eng Proces,2009,48:1405-1413

［15］Bacehin P,Espinasse B,Bessiere Y,et al. Numerical simulation of colloidal dispersion filtration:description of critical flux and comparison with experimental results. Desalination,2006,192:74-81

［16］侯立安,尹洪波.计算流体力学在纳滤膜分离技术研究中应用.膜科学与技术,2011,31(3):5-10